附CAD光盘

10kV及以下变配电工程通用标准系列图集

架空线路与电缆线路工程通用标准图集 （上册）

（设计·加工安装·设备材料）

《架空线路与电缆线路工程通用标准图集》编写组 编

中国水利水电出版社
www.waterpub.com.cn
·北京·

内 容 提 要

本系列图集共分四套，每套分上、下册。系列图集分别为：《架空线路与电缆线路工程通用标准图集》《变电配电工程通用标准图集》《电气二次回路工程通用标准图集》《现代建筑电气工程通用标准图集》。系列图集所有图都刻录在 CDROM 多媒体光盘中，因而可操作性强，不仅具有参考价值，而且具有实际使用价值。

本套书为《架空线路与电缆线路工程通用标准图集》（上、下册）（附 CAD 光盘）（设计·加工安装·设备材料）。主要内容有第一篇通用技术篇；第二篇架空线路篇，下设四章，第一章 10kV 及以下裸导线架空配电线路，第二章 10kV 及以下绝缘导线架空配电线路，第三章 10kV 及以下不同电压等级绝缘导线同杆架设配电线路，第四章农网 10kV 配电线路；第三篇电缆线路篇，下设四章，第一章 10kV 及以下电力电缆线路，第二章通信电缆管道敷设，第三章电力电缆头安装，第四章电力电缆线路其他工程。

本书可供架空线路与电缆线路设计、施工、安装、设备材料购销、运行维护、检修等专业的技术人员和管理人员阅读、使用，也可供大专院校相关专业师生参考。

图书在版编目（CIP）数据

架空线路与电缆线路工程通用标准图集 : 设计·加工安装·设备材料. 上册 / 《架空线路与电缆线路工程通用标准图集》编写组编. -- 北京 : 中国水利水电出版社, 2018.8
（10kV及以下变配电工程通用标准系列图集）
ISBN 978-7-5170-6778-8

Ⅰ. ①架… Ⅱ. ①架… Ⅲ. ①架空线路－配电线路－架线施工－图集②电力电缆－工程施工－图集 Ⅳ. ①TM726-64

中国版本图书馆CIP数据核字(2018)第201595号

书　名	10kV 及以下变配电工程通用标准系列图集 **架空线路与电缆线路工程通用标准图集** （设计·加工安装·设备材料）（上册）（附 CAD 光盘） JIAKONG XIANLU YU DIANLAN XIANLU GONGCHENG TONGYONG BIAOZHUN TUJI
作　者	《架空线路与电缆线路工程通用标准图集》编写组　编
出版发行	中国水利水电出版社 （北京市海淀区玉渊潭南路 1 号 D 座　100038） 网址：www.waterpub.com.cn E-mail：sales@waterpub.com.cn 电话：(010) 68367658（营销中心）
经　售	北京科水图书销售中心（零售） 电话：(010) 88383994、63202643、68545874 全国各地新华书店和相关出版物销售网点
排　版	中国水利水电出版社微机排版中心
印　刷	天津嘉恒印务有限公司
规　格	210mm×297mm　16 开本　44 印张　2053 千字
版　次	2018 年 8 月第 1 版　2018 年 8 月第 1 次印刷
印　数	0001—2000 册
定　价	**248.00 元**（附光盘 1 张）

凡购买我社图书，如有缺页、倒页、脱页的，本社营销中心负责调换

前 言

　　到 2020 年，我国要实现国内生产总值和城乡居民收入在 2010 年水平上的"双倍增"，意味着我国 GDP 平均增速达到 7.2%～7.8%。按此预测，到 2020 年，我国全社会用电量达到 8.4 万亿 kW·h，经济社会对于电力的依赖度增加，未来配电网将面临巨大的考验。提升配电网运行水平、建设智能配电网将成为未来电力系统重要的工作之一。本系列图集是为配合《国家发展改革委关于加快配电网建设改造的指导意见》（发改能源〔2015〕1899 号）和国家能源局《配电网建设改造行动计划（2015—2020 年）》（国能电力〔2015〕290 号）的贯彻落实，满足第一线工程技术人员的急需而编写的。本系列图集从工程实际出发，综合地吸取了全国城乡电网建设与改造的实践经验，系统地归纳了中压电网（10kV、6kV、3kV）和低压电网（380V/220V）的变配电工程的设计范例，设计、施工安装与设备材料三大环节紧密相连，为方便设计人员出图，配备了与图集配套的 CAD 光盘。毫无疑问，本系列图集必将为新一轮城乡电网建设与改造的规范化、标准化、科学化、智能化提供有力的技术支持。本系列图集所遵循的编写原则是：全面、系统、新颖、权威、实用、可用。所有图样均采用新国标图形符号绘制，并遵守计算机辅助绘图规定，选用模数 M 为 2.5mm 的网络系统。图集中尺寸单位无标注的均为毫米（mm）。本系列图集所有图都刻录在 CDROM 多媒体光盘中，因而可操作性强，不仅具有参考价值，而且具有实用价值。

　　为方便不同专业的读者使用，本系列图集共分四套出版，每套分上、下册。分别为：《架空线路与电缆线路工程通用标准图集》（上、下册）（附 CAD 光盘）（设计·加工安装·设备材料）、《变电配电工程通用标准图集》（上、下册）（附 CAD 光盘）（设计·加工安装·设备材料）、《电气二次回路工程通用标准图集》（上、下册）（附 CAD 光盘）（设计·加工安装·设备材料）、《现代建筑电气工程通用标准图集》（上、下册）（附 CAD 光盘）（设计·施工安装·设备材料）。每本书整体框架分为"篇、章、节"三个层次。每章分为若干节，节下的每一页图纸都有一个唯一的图号。《架空线路与电缆线路工程通用标准图集》分为三篇，即第一篇通用技术篇；第二篇架空线路篇，下设四章，第一章 10kV 及以下裸导线架空配电线路，第二章 10kV 及以下绝缘导线架空配电线路，第三章 10kV 及以下不同电压等级绝缘导线同杆架设配电线路，第四章农网 10kV 配电线路；第三篇电缆线路篇，下设四章，第一章 10kV 及以下电力电缆线路，第二章通信电缆管道敷设，第三章电力电缆头安装，第四章电力电缆线路其他工程。《变电配电工程通用标准图集》分为两篇，第一篇通用技术篇；第二篇变配电工程篇，下设六章，第一章 10kV 变配电所建筑构造，第二章室内变配电装置，第三章常规室外变配电装置，第四章预制箱式变电站，第五章电力需求侧 10kV 配电系统，第六章农网变配电工程。《电气二次回路工程通用标准图集》分为两篇，第一篇通用技术篇；第二篇二次回路篇，下设四章，第一章 10kV 配电设备典型组合系统和继电保护，第二章低压盘、柜及二次回路，第三章低压备用电源和应急电源，第四章电能计量装置。《现代建筑电气工程通用标准图集》分为两篇，第一篇通用技术篇；第二篇建筑电气篇，下设五章，第一章新建住宅小区配电工程，第二章建筑物内电气工程，第三章电气照明节能设计与常用灯具安装，第四章电视、电话、广播及安全防范系统，第五章综合布线系统工程设计与施工。

本图集由王晋生主编。

参加本图集编写工作的有：胡中流、李军华、张丽、王雪、兰成杰、王政、郑雅琴、赵琼、王京伟、王京疆、朱学亮、周小云、古丽华、张文斌、杨军、范辉、李佳辰、李培、胡玉楼、宋荣、卢德民、焦玉林、李禹萱、胡玉明、王彬、裴钰、任毅、陈昌伟、白斌、钟晓玲、王娜、韩宵、李康、许杰、杨惠娟、李晓玲、彭利军、侯华、周艳、王琛、李征、王亭、郭佩雨、王璐、吴艳钟、张文娟。

提供资料并参与部分编写工作和图表绘制工作的还有：叶常容、李建基、张强、张方、高水、石峰、王卫东、石威杰、丁毓山、贺和平、任旭印、潘利杰、程宾、张倩、张娜、李俊华、石宝香、成冲、张明星、郭荣立、王峰、李新歌、尹建华、苏跃华、刘海龙、李小方、李爱丽、胡兰、王志玲、李自雄、陈海龙、李亮、韩国民、刘力侨、任翠兰、张洋、吕洋、任华、李翱翔、孙雅欣、李红、王岩、李景、赵振国、任芳、魏红、薛军、吴爽、李勇高、王慧、杜涛涛、李启明、郭会霞、霍胜木、邢烟、李青丽、谢成康、杨虎、马荣花、张贺丽、薛金梅、李荣芳、马良、孙洋洋、胡毫、余小冬、丁爱荣、王文举、冯娇、徐文华、陈东、毛玲、李键、孙运生、尚丽、王敏州、杨国伟、李红、刘红军、白春东、林博、魏健良、周凤春、黄杰、董小玫、郭贞、吕会勤、王爱枝、孙金力、孙建华、孙志红、孙东生、王彬、王惊、李丽丽、吴孟月、闫冬梅、孙金梅、张丹丹、李东利、王忠民、赵建周、李勇军、陈笑宇、谢峰、魏杰、赵军宪、王奎淘、张继涛、杨景艳、史长行、田杰、史乃明、吉金东、马计敏、李立国、郝宗强、吕万辉、王桂荣、刁发良、秦喜辰、徐信阳、乔可辰、姜东升、温宁、郭春生、李耀照、朱英杰、刘立强、王力杰、胡士锋、牛志刚、张志秋、宋旭之、乔自谦、高庆东、吕学彬、焦现锋、李炜、闫国文、苗存园、权威、蒋松涛、张平、黄锦、田宇鲲、曹宝来、王烈、刘福盈、崔殿启、白侠、陈治玮、李志刚、张柏刚、王志强、史春山、代晓光、刘德文、隋秋娜、林自成、何建新、王佩其、骆耀辉、石鸿侠、皮爱珍、何利红、徐军、邓花菜、吴皓明、曹明、金明、周武、田细和、林露、邹爱华、罗金华、宋子云、谢丽华、刘文娟、李菊英、肖月娥、李翠英、于利、傅美英、石章超、刘雅莹、甘来华、喻秀群、唐秀英、廖小云、杨月娥、周彩云、金绵曾、唐冬秀、刘菊梅、焦斌英、曾芳桃、谢翠兰、王学英、王玉莲、刘碧辉、宋菊华、李淑华、路素英、许玉辉、余建辉、黄伟玲、冠湘梅、周勇、秦立生、曹辉、周月均、张金秀、程淑云、李福容、卿菊英、许建纯、陈越英、周玉辉、周玉兰、黄大顺、曹冻平、蒋兴、彭罗、胡三姣、邓青莲、谢荣柏、何淑媛、高爱华、曹伍满、程淑莲、刘招良、黄振山、周松江、王灿、叶军、李仑兵、金续曾、彭友珍、乔斌、王京开、袁翠云、陈化钢、石威杰、崔元春、崔连秀、张宏彦、周海英、冷化新、初春、张丽、张鹏罡、王立新、曲宏伟、梁艳、王松岩、于福荣、崔连华、潘瑞辉、孙敬东、都业国、孟令辉、张晓东、万志太、方向申、郭宏海、赵长勇、栾相东、迟文仲、仲维斌、莫金辉、莫树森、黄金东、朱晓东、金昌辉、金美华、姜德华、白明、刘涛、万莹、霍云、邢志艳、邵清英、赵世民、初宝仁、王月、汪永华、钱青海、祁菲等。

在图集的编写过程中，我们参阅了大量的已有图册、图集，以及部分厂商的产品说明书和产品图册，在此谨向文献资料的编撰者和提供者致以诚挚的谢意。

本书可供架空线路与电缆线路设计、施工、安装、设备材料购销、运行维护、检修等专业的技术人员和管理人员阅读使用，也可供大专院校相关专业师生参考。

限于作者的水平，图集中难免有错误和不当之处，敬请读者批评指正。

作者
2018 年 2 月

总 目 录

前言

上 册

第一篇 通用技术篇

目 录

第二篇　架空线路篇

第二章　10kV 及以下绝缘导线架空配电线路 ························· 389

第一节　10（6）kV 常规金具绝缘导线架空线路 ························· 389

下　册

第三篇 电缆线路篇

第一篇　通用技术篇

一、设计程序

设计部门承接配电工程设计任务，主要以上一级或同级电力主管部门或发改委的计划任务书作为依据。按规定，只有接到计划任务书以后，设计部门才能开始设计。投资较小的项目由县（市）电力部门或发改委下达计划任务书。投资较大的项目要由地（市）电力部门甚至省（自治区、直辖市）电力部门或发改委下达计划任务书。

设计部门接到计划任务书以后即可开始组织设计。首先是搜集必要的原始资料，包括负荷情况、电源情况、气象资料、水文地质资料、配电线路路径沿途情况等。有了足够的基础资料后，就能按计划任务书的要求着手设计。

按常规，设计分两个阶段进行。设计的第一阶段叫做初步设计，第二阶段叫做施工设计。只有当初步设计经有关部门批准后，才能进行施工设计。

城乡电网建设与改造是"功在当代、利在千秋"的大事。李克强总理主持的 2013 年 7 月 31 日的国务院常务会议明确指出："提高以人为核心的新型城镇化质量。要按先规划、后建设，先地下、后地上等原则"，"加强城市配电网建设，推进电网智能化。"国家发改委、国家电网公司和南方电网公司对此非常重视。要求设计单位必须采用国产设备和原材料，引导电力企业采用技术先进、质量优良、安全可靠的国产设备，保证工程质量，必须高标准、高质量地完成城乡电网建设改造工程。要高度重视规划设计工作，要严格遵守先规划、后设计、再施工的原则，严禁违反基建程序，搞边勘察、边设计、边施工的"三边"工程。

城乡电网改造工程设计要遵循"安全可靠、经济适用、符合国情、因地制宜"的原则，各项目法人要根据改造工程的实际情况，推行标准设计、典型设计和限额设计。10kV 及以下配电网的具体设计工作由各县（市、区）电力公司负责，由其项目负责人根据批复的规划要求负责审批。

二、初步设计的内容

初步设计的主要任务是确定方案，并为订货提供数据。按规定，只有当初步设计被批准以后才能向供应部门提出订货要求。国家规定，在城乡电网建设与改造所需主要设备产品采购活动中，要按照全国统一市场原则，鼓励公平竞争，反对地方保护和行业垄断，反对低价倾销等不正当竞争行为。城乡电网建设与改造工程所需主要设备产品，应从国家发改委审定的《全国城乡电网建设与改造所需主要设备产品及生产企业推荐目录》中择优选用，并建立档案。电力企业要建立规范的城乡电网设备采购制度，全面推行招投标制。

由于初步设计只解决方案问题，所以也就不要求做得很详细。主要是通过初步设计证明方案是可行的，即方案是从全面发出的，统筹兼顾，做到远近结合，以近期为主。工程项目占地少、投资省、采用符合国家现行有关标准的效率高、能耗低、性能先进的电气产品。工程项目便于施工，投产后便于运行和检修。总之可以做到保障人身安全、供电可靠、技术先进和经济合理。

一个配电工程项目的初步设计大致包括以下几部分内容。

（一）说明书

要用简明的文字说明设计的依据，建设的必要性及规模。介绍该方案的占地面积和建筑面积，主结线方案特点，短路电流大小及选用设备情况，所用电、操作电源及保护方案等。

第一章	10kV及以下配电网设计		第一节 设计程序、内容及要求
图号	1-1-1-1	图名	设计程序、内容及要求（一）

（二）计算书

一般包括以下几部分：

（1）短路电流计算及电气设备选择。

（2）配电装置的尺寸确定和校验。

（3）架构受力的计算。

（4）保护装置整定电流的计算和校验。

（三）图纸

1. 功能性文件图纸

（1）概略图。用单线表示法表示系统、分系统、装置、部件、设备、软件中各项目之间的主要关系和连接的简图，俗称主结线图。这是最重要的一张图纸，是所有其他图纸的依据。主结线图除了要表明各种电气设备有相互联系外，还应表明设备的规范，防侵入电波及感应雷的措施，中性点接地方式，电压互感器和电流互感器的配置等。主结线图应反映本期工程和远景的区别，一般用实线表示本期工程，用虚线表示远景工程。

（2）网络图。在地图上表示诸如发电站、变电站和电力线、电信设备和传输线之类的电网的概略图。在配电线路工程中俗称线路路径图。表明配电线路的实际地理位置，跨越的山川河流道路建筑物等。

（3）电路图。表示系统、分系统、装置、部件、设备、软件等实际电路的简图。采用按功能排列的图形符号来表示各元件和联结关系，以表示功能而不需考虑项目的实体尺寸、形状和位置。如二次结线图、继电保护展开图等。

2. 位置文件图纸

（1）总平面图。这是表示建筑工程服务网络、道路工程、相对于测定点的位置、地表资料、进入方式和工区总体布局的平面图。体现在架空配电线

路上要出"平断面图"，由此图可以清楚地看出线路经过地段的地形断面情况，各杆位之间地平面相对高差、导线对地距离、弛度及交叉跨越的立面情况。

（2）安装图（平面图）。表示各项目安装位置的图。

（3）安装简图。表示各项目之间连接的安装图。如表明建筑物内采光装置的安装简图等。

（4）布置图。经简化或补充以给出某种特定目的所需信息的装配图。如开关柜列和控制柜列的布置图等。

3. 接线文件图纸

（1）接线图（表）。表示或列出一个装置或设备的连接关系的简图。

（2）单元接线图（表）。表示或列出一个结构单元内连接关系的接线图（表）。

（3）互连接线图（表）。表示或列出不同结构单元之间连接关系的接线图（表）。

（4）端子接线图（表）。表示或列出一个结构单元的端子和该端子上的外部连接（必要时包括内部接线的接线图）（表）。

（5）电缆图（表）（清单）。提供有关电缆，诸如导线的识别标记、两端位置以及特性、路径和功能（如有必要）等信息的简图（表）（清单）。

4. 项目表

俗称主要设备材料汇总表，这是给设备订货招标直接提供依据的一份资料。它是根据主结线图，线路平断面图及其他图纸制定出来的。要求主要设备准确，没有遗漏。如有要求还应提出备用设备材料汇总表。

5. 安装说明文件

（1）安装说明文件。给出有关工程项目所有系统、装置、设备或元件的安装条件以及供货、交付、卸货、安装和测试说明或信息的文件。

（2）试运转说明文件。给出有关工程项目所有系统、装置、设备或元件试运转和启动时的初始调节、模拟方法、推荐的设定值以及为了实现开发和正常发挥功能所需采取措施的说明或信息的文件。

（3）其他文件。如给出有关工程项目的使用说明文件、维修程序说明文件、可靠性和可维修性说明文件、手册、指南、图纸和文件清单等。

（四）工程概预算书

一般由概预算员编制完成，城乡电网建设改造工程实行限额设计。

三、施工设计的内容

初步设计经有关部门审核批准后即可着手施工设计。施工设计应以初步设计为依据，但并不是说初步设计所确定的方案就一点也不能变动。恰恰相反，在施工设计阶段，往往因为认识有了提高，或情况有所变化，会对初步设计做局部的修改，使设计更加合理和完善。

施工设计是施工的依据，重点要表达施工情况。因为通过审核都不可避免要有些修改，所以初步设计中的图纸在施工设计阶段还要重新绘出，并要达到施工设计的要求。详细注明尺寸和所用设备、材料。除了这些图纸外，还应有设备安装图，它是各种设备安装就位的依据。在施工中若遇到非定型产品时，只能通过个别加工的办法解决，还要绘制设备加工图。

由于施工设计的图纸较多，应分成几卷。

如果说初步设计只要求提出主要设备和材料汇总表，在施工设计阶段就要求提出全部设备材料清单。一般在每张图纸上都应附有设备材料表，在每一个部分应有该部分的设备材料汇总表，在总的部分应有设备材料总表。

施工设计也有说明书，主要说明经过施工设计后对初步设计所提方案又有哪些修改。在计算书中，如果短路电流和设备选择方面没有变化，施工设计就不再出计算书，只对防雷保护和接地网设计与计算两部分提出计算书。

一、中压配电线路设计的一般规定

中压配电线路的规划设计应符合下列规定：

(1) 中心城区宜采用电缆线路，郊区、一般城区和其他无条件采用电缆的地段可采用架空线路。

(2) 架空线路路径的选择应符合图 1-1-2-2 上表和高压架空线路路径选择规定。

(3) 电缆的应用条件、路径选择、敷设方式和防火措施应符合前述电缆线路的有关规定。

(4) 配电线路的分段点和分支点应装设故障指示器。

二、中压架空线路设计规定

(1) 在下列不具备采用电缆形式供电区域，应采用架空绝缘导线线路：

1) 线路走廊狭窄，裸导线架空线路与建筑物净距不能满足安全要求时。

2) 高层建筑群地区。

3) 人口密集，繁华街道区。

4) 风景旅游区及林带区。

5) 重污秽区。

6) 建筑施工现场。

(2) 导线和截面选择应符合下列规定：

1) 架空导线宜选择钢芯铝绞线及交联聚乙烯绝缘线。

2) 导线截面应按温升选择，并按允许电压损失、短路热稳定和机械强度条件校验，有转供需要的干线还应按转供负荷时的导线安全电流验算。

3) 为方便维护管理，同一供电区，相同接线和用途的导线截面宜规格统一，不同用途的导线截面宜按表 1 的规定选择。

(3) 中压架空线路杆塔应符合下列规定：

1) 同一变电站引出的架空线路宜多回同杆（塔）架设，但同杆（塔）架设不宜超过四回。

表1　中压配电线路导线截面选择　单位：mm²

线路型式	主干线			分支线			
架空线路	—	240	185	150	120	95	70
电缆线路	500	400	300	240	185	150	120	70

注　1. 主干线主要指从变电站馈出的中压线路、开关站的进线和中压环网线路。
　　2. 分支线是指引至配电设施的线路。

2) 架空配电线路直线杆宜采用水泥杆，承力杆（耐张杆、转角杆、终端杆）宜采用钢管杆或窄基铁塔。

3) 架空配电线路宜采用 12m 或 15m 高的水泥杆，必要时可采用 18m 高的水泥杆。

4) 各类杆塔的设计、计算应符合现行国家标准《66kV 及以下架空电力线路设计规范》（GB 50061）

的有关规定。

(4) 中压架空线路的金具、绝缘子应符合下列规定：

1) 中压架空配电线路的绝缘子宜根据线路杆塔形式选用针式绝缘子、瓷横担绝缘子或蝶式绝缘子。

2) 城区架空配电线路宜选用防污型绝缘子。黑色金属制造的金具及配件应采用热镀锌防腐。

3) 重污秽及沿海地区，按架空线路通过地区的污秽等级采用相应外绝缘爬电比距的绝缘子。

4) 架空配电线路宜采用节能金具，绝缘导线金具宜采用专用金具。

5) 绝缘子和金具的安装设计宜采用安全系数法，绝缘子和金具机械强度的验算及安全系数应符合现行国家标准《66kV 及以下架空电力线路设计规范》（GB 50061）的有关规定。

三、中压电缆线路设计规定

中压电缆线路的设计和电缆选择应符合下列规定：

(1) 电缆截面应按线路敷设条件校正后的允许载流量选择，并按允许电压损失、短路热稳定等条件校验，有转供需要的主干线应验算转供方式下的安全载流量，电缆截面应留有适当裕度；电缆缆芯截面宜按图 1-3-1-1 的规定选择。

(2) 中压电缆的缆芯对地额定电压应满足所在电力系统中性点接地方式和运行要求。中压电缆的绝缘水平应符合表 2 的规定。

表2　中压电缆绝缘水平选择　单位：kV

系统标称电压，U_n		10		20	
电缆额定电压 U_0/U	U_0 第一类 *	6/10	—	12/20	—
	U_0 第二类 **	—	8.7/10	—	18/20
缆芯之间的工频最高电压 U_{max}		12		24	
缆芯对地雷电冲击耐受电压峰值 U_{P1}		75	95	125	170

* 指中性点有效接地系统。
** 指中性点非有效接地系统。

(3) 中压电缆宜选用交联聚乙烯绝缘电缆。

(4) 电缆敷设在有火灾危险场所或室内变电站时，应采用难燃或阻燃型外护套。

(5) 电缆线路的设计应符合现行国家标准《电力工程电缆设计规范》（GB 50217）的有关规定。

架空配电线路跨越铁路、道路、河流等设施及各种架空线路交叉或接近的允许距离

单位：m

项目		铁路 电气化线路	铁路 标准轨距	公路 高速、一、二级	公路 三、四级	电车道 有轨及无轨	通航河流	不通航河流	弱电线路 一、二级	弱电线路 三级	电力线路/kV 3～10	20	35～110	154～220	330	500	特殊管道	一般管道、索道	人行天桥
导线在跨越档内的接头要求		—	不得接头	不得接头	—	不得接头	不得接头	—	不得接头	—	不得接头						不得接头	不得接头	—
导线固定方式		—	双固定	双固定	—	双固定	双固定	—	双固定		双固定						双固定	双固定	—

最小垂直距离（线路电压/kV）

线路电压/kV	铁路 至轨顶	铁路 接触线或承力索	公路 至路面	电车道 至承力索或接触线／至路面	通航河流 至最高航行水位的最高船桅顶	通航河流 至常年高水位	不通航河流 至最高洪水位	不通航河流 冬季至冰面	弱电线路（至被跨越线）一、二级	三级	电力线路 至导线 3～10	20	35～110	154～220	330	500	特殊管道 至管道任何部分	一般管道、索道 至管道任何部分	人行天桥 至天桥上的栏杆顶
110	7.5	3.0	7.0	3.0/10.0	6.0	2.0	3.0	6.0	3.0	3.0	3.0	3.0	4.0	5.0	6.0	—	4.0	3.0	6.0
35～66	7.5	3.0	7.0	3.0/10.0	6.0	2.0	3.0	5.0	3.0	3.0	3.0	3.0	4.0	5.0	6.0	—	4.0	3.0	6.0
20	7.5	3.0	7.0	3.0/10.0	6.0	2.0	3.0	5.0	2.5	2.0	3.0	3.0	4.0	5.0	8.5	—	4.0	3.0	6.0
3～10	7.5	3.0	7.0	3.0/9.0	6.0	1.5	3.0	5.0	2.0	2.0	3.0	3.0	4.0	5.0	8.5	—	3.0	2.0	5.0

导线人天桥边缘（人行天桥桥边缘）：5.0

最小水平距离（线路电压/kV）

线路电压/kV	铁路 电杆外缘至轨道中心 交叉	平行	公路 电杆外缘至路基边缘 开阔地区／路径受限地区 交叉	平行	电车道 市区内	通航河流	弱电线路 在路径受限制地区，两线路边导线间 一、二级	三级	电力线路 在路径受限制地区，两线路边导线间 3～10	20	35～110	154～220	330	500	特殊管道 至管道任何部分 路径受限地区	一般管道、索道 至管道任何部分 开关部分 最高杆（塔）高	人行天桥 导线边缘至天桥边缘
110	交叉：塔高加3.1m，无法满足小交叉时，应适当减小，但不得小于30m	30	交叉：8.0m；平行：最高杆塔高	5.0	0.5	最高杆（塔）高	4.0	4.0	2.5	2.5	5.0	5.0	9.0	13.0	4.0	5.0	5.0
35～66	最高杆塔加3.1m	10	5.0	5.0	0.5		4.0	3.5	3.5	2.5	5.0	7.0	7.0	13.0	4.0	3.0	5.0
20		5	1.0	1.0	0.5		2.0	2.5	2.5		5.0	7.0	9.0	13.0	3.0	3.0	5.0
3～10			0.5	0.5	0.5								13.0		2.0	2.0	4.0

其他要求

1. 最高洪水位指有抗洪能力、有抗洪船只航行的河流，不通航河流应协商确定。
2. 不通航河流指不能通航和浮运的河流。
3. 常年高水位指5年一遇洪水位。
4. 最高洪水位，对50年一遇线路，为50年一遇洪水位，对大于20kV或等于20kV线路，为20年一遇，小于35kV线路。

1. 两平行线路在开阔地区的水平距离不应小于电杆高度，电压相同时，电压高的线路应架设在上方。
2. 公用线路应在专用线路上方。
3. 电力线与弱电线路交叉时，交叉点不应在弱电电杆处，交叉档内电力线路与弱电线路的最小水平距离，应计及架空电线质量及架空线路的要求。
4. 对路径受限制地区的电力线路导线与线路边导线的最小水平距离，为计及最大风偏。

1. 特殊管道指地面上的输送易燃、易爆物的管道。根据天桥规范两端确定。
实际安装时，电压点不应小于电杆高度。
交叉点在管道检查井（孔）处、索道、管道与交叉时，交叉应接地。

一、中压开关站

中压开关站应符合下列规定：

(1) 当变电站的10(20)kV出线走廊受到限制、10(20)kV配电装置馈线间隔不足且无扩建余地时，宜建设开关站。开关站应配合城市规划和市政建设同步进行，可单独建设，也可与配电站配套建设。

(2) 开关站宜根据负荷分布均匀布置，其位置应交通运输方便，具有充足的进出线通道，满足消防、通风、防潮、防尘等技术要求。

(3) 中压开关站转供容量可控制在10～30MVA，电源进线宜为2回或2进1备，出线宜为6～12回。开关站接线应简单可靠，宜采用单母线分段接线。

二、中压室内配电站

(1) 配电站站址设置应符合下列规定：

1) 配电站位置应接近负荷中心，并按照配电网规划要求确定配电站的布点和规模。站址选择应符合现行国家标准《20kV及以下变电所设计规范》(GB 50053)的有关规定。

2) 位于居住区的配电站宜按"小容量、多布点"的原则设置。

(2) 室内配电站应符合下列规定：

1) 室内站可独立设置，也可与其他建筑物合建。

2) 室内站宜按两台变压器设计，通常采用两路进线，变压器容量应根据负荷确定，宜为315～1000kVA。

3) 变压器低压侧应按单母线分段接线方式，装设分段断路器；低压进线柜宜装设配电综合监测仪。

4) 配电站的形式、布置、设备选型和建筑结构等应符合现行国家标准《20kV及以下变电所设计规范》(GB 50053)的有关规定。

三、预装箱式变电站

预装箱式变电站应符合下列规定：

(1) 受场地限制无法建设室内配电站的场所可安装预装箱式变电站；施工用电、临时用电可采用预装箱式变电站。预装箱式变电站只设1台变压器。

(2) 中压预装箱式变电站可采用环网接线单元，单台变压器容量宜为315～630kVA，低压出线宜为4～6回。

(3) 预装箱式变电站宜采用高燃点油浸变压器，需要时可采用干式变压器。

(4) 受场地限制无法建设地上配电站的地方可采用地下预装箱式配电站。地下预装箱式配电站应有可靠的防水防潮措施。

四、台架式变压器（变台）

台架式变压器应符合下列规定：

(1) 台架变应靠近负荷中心。变压器台架宜按最终容量一次建成。变压器容量宜为500kVA及以下，低压出线宜为4回及以下。

(2) 变压器台架对地距离不应低于2.5m，高压跌落式熔断器对地距离不应低于4.5m。

(3) 高压引线宜采用多股绝缘线，其截面按变压器额定电流选择，但不应小于$25mm^2$。

(4) 台架变的安装位置应避开易受车辆碰撞及严重污染的场所，台架下面不应设置可攀爬物体。

(5) 下列类型的电杆不宜装设变压器台架：转角、分支电杆；设有低压接户线或电缆头的电杆；设有线路开关设备的电杆；交叉路口的电杆；人员易于触及和人口密集地段的电杆；有严重污秽地段的电杆。

一、中压配电设备选择

1. 配电变压器

配电变压器选型应符合下列规定：

（1）配电变压器应选用符合国家标准要求的环保节能型变压器。

（2）配电变压器的耐受电压水平应满足表1的规定。

（3）配电变压器的容量宜按下列范围选择：

1）台架式三相配电变压器宜为50～500kVA。

2）台架式单相配电变压器不宜大于50kVA。

3）配电站内油浸变压器不宜大于630kVA，干式变压器不宜大于1000kVA。

（4）配电变压器运行负载率宜按60％～80％设计。

2. 配电开关设备

配电开关设备应符合下列规定：

（1）中压开关设备应满足环境使用条件、正常工作条件的要求，其短路耐受电流和短路分断能力应满足系统短路热稳定电流和动稳定电流的要求。

（2）设备参数应满足负荷发展的要求，并应符合网络的接线方式和接地方式的要求。

（3）断路器柜应选用真空或六氟化硫断路器柜系列；负荷开关环网柜宜选用六氟化硫或真空环网柜系列。在有配网自动化规划的区域，设备选型应满足配电网自动化的遥测、遥信和遥控的要求，断路器应具备电动操作功能；智能配电站应采用智能设备。

（4）安装于户外、地下室等易受潮或潮湿环境的设备，应采用全封闭的电气设备。

3. 电缆分接箱

电缆分接箱应符合下列规定：

（1）电缆分接箱宜采用屏蔽型全固体绝缘，外壳应满足使用场所的要求，应具有防水、耐雨淋及耐腐蚀性能。

（2）电缆分接箱内宜预留备用电缆接头。主干线上不宜使用电缆分接箱。

4. 柱上高压电器

柱上开关及跌落式熔断器应符合下列规定：

（1）架空线路分段、联络开关应采用体积小、少维护的柱上无油化开关设备，当开关设备需要频繁操作和放射型较大分支线的分支点宜采用断路器。

（2）户外跌落式熔断器应满足系统短路容量要求，宜选用可靠性高、体积小和少维护的新型熔断器。

高、中压配电设备的耐受电压水平见表1。

表1 高、中压配电设备的耐受电压水平

标称电压/kV	设备最高电压/kV	设备种类	雷电冲击耐受电压峰值/kV				短时工频耐受电压有效值/kV			
			相对地	相间	断口		相对地	相间	断口	
					断路器	隔离开关			断路器	隔离开关
110	126	变压器	450/480	—	—	—	185/200	—	—	—
		开关	450、550	450、550	520、630	200、230	200、230	255、265
66	72.5	变压器	350	—	—	—	150	—	—	—
		开关	325	325	325	375	155	155	155	197
35	40.5	变压器	185/200	—	—	—	80/85	—	—	—
		开关	185	185	185	215	95	95	95	118
20	24	变压器	125（95）	—	—	—	55/50	—	—	—
		开关	125	125	125	145	65	65	65	79
10	12	变压器	75（60）	—	—	—	35（28）	—	—	—
		开关	75（60）	75（60）	85（70）	42（28）	42（28）	49（35）
0.4	—	开关	4～12				2.5			

注 1．分子、分母数据分别对应外绝缘和内绝缘。
2．括号内、外数据分别对应是、非低电阻接地系统。
3．低压开关设备的工频耐受电压和冲击耐受电压取决于设备的额定电压、额定电流和安装类别。

二、配电设施过电压保护和接地

（1）中低压配电线路和配电设施的过电压保护和接地设计应符合现行行业标准《交流电气装置的过电压保护和绝缘配合》（DL/T 620）和《交流电气装置的接地》（DL/T 621）的有关规定。

（2）中低压配电线路和配电设施的过电压保护宜采用复合型绝缘护套氧化锌避雷器。

（3）采用绝缘导线的中、低压配电线路和与架空线路相连接的电缆线路，应根据当地雷电活动情况和实际运行经验采取防雷措施。

一、低压配电线路设计

1. 低压配电线路的选型规定

低压配电线路的选型应符合下列规定：

（1）低压配电线路应根据负荷性质、容量、规模和路径环境条件选择电缆或架空形式，架空线路的导体根据路径环境条件可采用普通绞线或架空绝缘导线。

（2）低压配电导体系统宜采用单相二线制、两相三线制、三相三线制和三相四线制。

2. 低压架空线路

低压架空线路应符合下列规定：

（1）架空线路宜采用架空绝缘线，架设方式可采用分相式或集束式。当采用集束式时，同一台变压器供电的多回低压线路可同杆架设。

（2）架空线路宜采用不低于 10m 高的混凝土电杆，也可采用窄基铁塔或钢管杆。

（3）导线采用垂直排列时，同一供电台区导线的排列和相序应统一，中性线、保护线或保护中性线（PEN 线）不应高于相线。采用水平排列时，中性线、保护线或保护中性线（PEN 线）应排列在靠建筑物一侧。

（4）导线宜采用铜芯或铝芯绝缘线，导体截面按近期 5 年规划，中期 10 年，远期 10 年及以上规划负荷确定，线路末端电压应符合现行国家标准《电能质量 供电电压偏差》（GB/T 12325）的有关规定。导线截面宜按表 1 的规定选择。

表 1   低压配电线路导线截面选择

导线型式	主干线/mm²				分支线/mm²		
架空绝缘线	240	185	—	120	95	70	50
电缆线路	240	185	150	—	120	95	70
中性线	低压三相四线制中的 N 线截面，宜与相线截面相同						
保护线	当相线截面≤16mm²，宜和相线截面相同；相线截面>16mm²，宜取 16mm²；相线截面>35mm²，宜取相线截面的 50%						

3. 低压电缆线路

低压电缆线路应符合下列规定：

（1）低压电缆的芯数应根据低压配电系统的接地形式确定，TT 系统、TN-C 系统或中性线和保护线的部分共用系统（TN-C-S）应采用四芯电缆，TN-S 系统应采用五芯电缆。

（2）沿同一路径敷设电缆的回路数为 4 回及以上时，宜采用电缆沟敷设；4 回以下时，宜采用槽盒式直埋敷设。在道路交叉较多、路径拥挤地段而不宜采用电缆沟和直埋敷设时，可采用电缆排管敷设。在北方地区，当采用排管敷设方式时，电缆排管应敷设在冻土层以下。

（3）低压电缆的额定电压（U_0/U）宜选用 0.6kV/1kV。

（4）电缆截面规格宜取 2～3 种，宜按表 1 的规定选择。

二、低压配电设备选择

1. 低压开关设备

低压开关设备的配置和选型应符合下列规定：

（1）配电变压器低压侧的总电源开关和低压母线分段开关，当需要自动操作时，应采用低压断路器。断路器应具有必要的功能及可靠的性能，并能实现连锁和闭锁。

（2）开关设备的额定电压、额定绝缘电压、额定冲击耐受电压应满足环境条件、系统条件、安装条件和设备结构特性的要求。

（3）设备应满足正常环境使用条件和正常工作条件下接通、断开和持续额定工况的要求，应满足短路条件下耐受短路电流和分断能力的要求。

（4）具有保护功能的低压断路器应满足可靠性、选择性和灵敏性的规定。

2. 隔离电器

隔离电器的配置和选型应符合下列规定：

（1）自建筑外引入的配电线路，应在室内靠近进线点便于操作维护的地方装设隔离电器。

（2）低压电器的冲击耐压及断开触头之间的泄漏电流应符合现行国家标准的规定。

（3）低压电器触头之间的隔离距离应是可见的或明显的，并有"合"（I）或"断"（O）的标记。

（4）隔离电器的结构和安装，应能可靠地防止意外闭合。

（5）隔离电器可采用单极或多极隔离开关、隔离插头、插头或插座等形式，半导体电器不应用作隔离电器。

3. 导体材料

导体材料选型应符合下列规定：

（1）导体材料及电缆电线可选用铜线或铝线。民用建筑宜采用铜芯电缆或电线，下列场所应选用铜芯电缆或电线：

1）易燃易爆场所。

2）特别潮湿场所和对铝有腐蚀场所。

3）人员聚集的场所，如影剧院、商场、医院、娱乐场所等。

4）重要的资料室、计算机房、重要的库房。

5）移动设备或剧烈震动场所。

6）有特殊规定的其他场所。

（2）导体的类型应根据敷设方式及环境条件选择。

第一章　10kV及以下配电网设计		第三节　低压配电网设计
图号	1-1-3-1	图名
		低压配电线路设计和低压配电设备选择

一、基本规定

低压配电系统的接地形式和接地电阻应符合现行行业标准《交流电气装置的接地》（DL/T 621）的有关规定。

二、低压配电系统保护接地形式

TT 系统见图 1。

IT 系统见图 2。

TN-C 系统见图 3。

TN-C-S 系统见图 4。

TN-S 系统见图 5。

20 世纪 50 年代，通常将 TN 保护接地形式称为"接零"，顾名思义，是认为在三相对称系统中性线上流过的电流为零，也称中性线为零线，所以称"接零"。从 20 世纪 90 年代，按照 IEC 的文件，我国很多技术规程已明确低压配电系统的保护接地形式分为 TT、IT 和 TN 3 种形式。但直到现在还有的书上称"接零"，接零这一不规范术语无法区别 TN-C、TN-C-S 和 TN-S 3 种系统。因此，应摒弃"接零"的说法。

图 1 TT 系统

L1、L2、L3—电源的第 1 相、第 2 相和第 3 相；

N—中性线；PE—接地保护线；E—接地极

注 电源中性点直接接地，设备的外露可导电部分直接在设备安装处接地，该接地点与电源中性点接地点无电气连接，由于农村负荷分散线路长，故适合农村电网，是没有接地保护线的三相四线制系统。

图 2 IT 系统

注 电源中性点通过高阻抗接地或不接地，用电设备外露可导电部分在设备安装处直接接地。IT 系统一般不从中性点引出中性线 N，是三相三线制系统。

图 3 TN-C 系统

注 电源中性点直接接地，从电源中性点引出的中性线既是中性线又是接地保护线，称为中性接地保护线，用 PEN 表示。设备的外露可导电部分用接地保护线直接与 PEN 线相连接。整个系统的中性导体和接地保护体是合一的，但用电设备的中性导体和保护导体不可合一，要分别与 PEN 连接，是中性线和接地保护线合一的三相四线制系统。

用电设备外露可导电部分

图 4　TN-C-S 系统

注　电源中性点直接接地，从电源中性点引出的中性线是中性导体与保护导体合一的，在某处将 PEN 重复接地后将中性导体与保护导体分开，以后也不允许再将中性导体和保护导体合在一起。

设备外露可导电部分

图 5　TN-S 系统

注　电源中性点直接接地，引出的中性导体和接地保护导体是分开的，不允许合并，也不允许重复接地，称为三相四线制系统，加专门接地保护线，是推荐的接地保护方式，凡有条件的地方应优先采用，适合于城镇厂矿企业。有人称为三相五线制系统，不规范。

三、接地类别

接地项目名称及接地电阻值要求见表 1。

表 1　接地类别、接地项目名称和接地电阻值

接地类别	接地项目名称	接地电阻值 /Ω
电气设备接地	100kVA 及以上变压器（发电机）	≤4
	100kVA 及以上变压器供电线路的重复接地	≤10
	100kVA 以下变压器（发电机）	≤10
	100kVA 以下变压器供电线路的重复接地	≤30
	高、低压电气设备的联合接地	≤4
	电流、电压互感器二次绕组接地	≤10
	架空引入线绝缘子脚接地	≤20
	装在变电所与母线连接的避雷器接地	≤10
	配电线路中性线每一重复接地装置	≤10
	3～10kV 配、变电所高、低压共用接地装置	≤4
	3～10kV 线路在居民区混凝土电杆接地装置	≤30
	低压电力设备接地装置	≤4
	电子设备接地	≤4
	电子设备与防雷接地系统共用接地体	≤1
	电子计算机安全接地	≤4
	医疗用电气设备接地	≤4
	静电屏蔽体的接地	≤4
	电气试验设备接地	≤4
防雷接地	一类防雷建筑物防雷接地装置	≤10
	二类防雷建筑物防雷接地装置	≤10
	三类防雷建筑物防雷接地装置	≤30
	一类工业建筑物防雷接地装置	≤10
	二类工业建筑物防雷接地装置	≤10
	三类工业建筑物防雷接地装置	≤30
	露天可燃气体储气柜的防雷接地	≤30
	露天油罐的防雷接地	≤10
	户外架空管道的防雷接地	≤20
	水塔的防雷接地	≤30
	烟囱的防雷接地	≤30
	微波站、电视台的天线塔防雷接地	≤5
	微波站、电视台的机房防雷接地	≤1
	卫星地面站的防雷接地	≤1
	广播发射台天线塔防雷接地装置	≤0.5
	广播发射台发射机房防雷接地装置	≤10
	雷达站天线与雷达主机工作接地共用接地体	≤1
	雷达试验调试场防雷接地	≤1

四、接地形式选择

接地形式应按下列规定选择：

（1）低压配电系统可采用 TN 和 TT 接地形式，一个系统只应采用一种接地形式。

（2）设有变电所的公共建筑和场所的电气装置和施工现场专用的中性点直接接地电力设施应采用 TN-S 接地形式。

（3）有专业人员维护管理的一般性厂房和场所的电气装置应采用 TN-C 接地形式。

（4）无附设变电所的公共建筑和场所的电气装置应采用 TN-C-S 接地形式，其保护中性导体应在建筑物的入口处作等电位联结并重复接地。

（5）在无等电位联结的户外场所的电气装置和无附设变电所的公共建筑和场所的电气装置可采用 TT 接地形式。当采用 TT 接地形式时，除变压器低压侧中性点直接接地外，中性线不得再接地，且保持与相线同等的绝缘水平。

（6）只使用三相电源的设备，如扬水站、泵房等，可采用 IT 接地形式。

五、建筑物内的低压电气装置

建筑物内的低压电气装置应采用等电位连接。

六、低压漏电保护装置（剩余电流动作保护器）的配置和选型

低压漏电保护的配置和选型应符合下列规定：

（1）采用 TT 或 TN-S 接地形式的配电系统，漏电保护器应装设在电源端和负荷端，根据需要也可在分支线端装设漏电保护器。

（2）采用 TN-C-S 接地形式的配电系统，应在负荷端装设漏电保护器，采用 TN-C 接地形式的配电系统，需对用电设备采用单独接地，形成局部 TT 系统后采用末级漏电保护器。TN-C-S 和 TN-C 接地系统不应装设漏电总保护和漏电中级保护。

（3）低压配电系统采用两级及以上的漏电保护时，各级漏电保护器的动作电流和动作时间应满足选择性配合要求。

（4）主干线和分支线上的漏电保护器应采用三相（三线或四线）式，末级漏电保护器根据负荷特性采用单相式或三相式。

第一章	10kV及以下配电网设计		第三节 低压配电网设计
图号	1-1-3-4	图名	低压配电网的接地（三）

13

一、继电保护和自动装置应满足的基本要求

继电保护和自动装置配置应满足可靠性、选择性、灵敏性、速动性的要求，继电保护装置宜采用成熟可靠的微机保护装置。继电保护和自动装置配置应符合现行国家标准《继电保护和安全自动装置技术规程》(GB/T 14285)的有关规定。

二、高压配电设施继电保护及自动装置的配置规定

高压配电设施继电保护及自动装置的配置应符合下列规定：

(1) 35～110kV变电站中压配电设施继电保护及自动装置配置宜根据表1的规定经计算后配置。

(2) 保护通道应符合下列规定：

1) 为满足纵联保护通道可靠性的要求，应采用光缆传输通道，纤芯数量应满足保护通道的需要。

2) 每回线路保护应有4芯纤芯，线路两端的变电站，应为每回线路保护提供两个复用通道接口。

三、中、低压配电设施继电保护及自动装置的配置规定

中、低压配电设施继电保护及自动装置宜按表2的规定配置。

表1　　　　　　　　　35～110kV变电站中压配电设施继电保护及自动装置配置

被保护设备名称	保护类别		
	主保护	后备保护	自动装置
10kV、20kV线路	速断 t/o	过流 t，单相接地 t	低周减载，三相一次重合闸
	纵联电流差动	过流 t，单相接地 t	电缆、架空短线路和要求装设的线路
10kV、20kV电容器	短延时速断 t/o	内部故障：熔断器-低电压，单、双星-不平衡电压保护过电压、过电流、单相接地保护	电容自动投切
10kV、20kV接地变压器	速断 t/o	过流 t，零序Ⅰ(t)、Ⅱ(t)，瓦斯	保护出口三时段：分段、本体、主变低压
10kV、20kV站用变压器	速断 t/o	过流 t，零序Ⅰ(t)、Ⅱ(t)，瓦斯	380V分段开关应设备自投装置，空气开关应设操作单元
10kV、20kV分段母线	宜采用不完全差动	过流 t	备自投，PT并列装置

表2　　　　　　　　　中、低压配电设施继电保护及自动装置配置

被保护设备名称		保护配置
10/0.4kV 配电变压器	油式＜800kVA	高压侧采用熔断器式负荷开关环网柜，用限流熔断器作为速断和过流、过负荷保护
	干式＜1000kVA	
	油式≥800kVA	高压侧采用断路器柜、配置遮断、过流、过负荷、温度、瓦斯（油浸式）保护，对重要变压器，当电流速断保护灵敏度不符合要求时也可采用纵差保护
	干式≥1000kVA	
10kV、20kV配电线路		1. 宜采用三相、两段式电流保护，视线路长度、重要性及选择性要求设置瞬时或延时速断，保护装在电源侧，远后备方式，配用自动重合闸装置。 2. 电缆和架空短线路采用纵联电流差动，配电流后备。 3. 环网线路宜开环运行，平行线路不宜并列运行，合环运行的配电网应配置纵差保护。 4. 对于低电阻接地系统应配置两段式零序电流保护。 5. 零序电流构成方式：电缆线路或经电缆引出的架空线路，宜采用零序电流互感器；对单相接地电流较大的架空线路，可采用三相电流互感器组成零序电流滤过器
0.4kV配电线路		配置短路过负荷、接地保护，各级保护应具有选择性。空气断路器或熔断器的长延时动作电流应大于线路的计算负荷电流，小于工作环境下配电线路的长期允许载流量
配电设施自动装置		1. 具有双电源的配电装置，在电源进线侧应设备用电源自投装置；在工作电源断开后，备用电源动作投入，且只能动作一次，但在后一级设备发生短路、过负荷、接地等保护动作、电压互感器的熔断器熔断时应闭锁不动作。 2. 对多路电源供电的中、低压配电装置，电源进线侧应设置闭锁装置，防止不同电源并列

注　1. 保护信息的传输宜采用光纤通道。对于线路电流差动保护的传输通道，往返均应采用同一信号通道传输。
　　2. 非有效接地系统，保护装置宜采用三相配置。
　　3. 架空线路或电缆、架空混合线路，如用电设备允许且无备用电源自动投入时，应装设重合闸。

第一章　10kV及以下配电网设计		第四节　配电网二次部分设计
图号	1-1-4-1	图名　继电保护和自动装置

一、配电自动化

1. 配电自动化的规划和实施

配电自动化的规划和实施应符合下列规定：

（1）配电自动化规划应根据城市电网发展及运行管理需要，按照因地制宜、分层分区管理的原则制定。

（2）配电自动化的建设应遵循统筹兼顾、统一规划、优化设计、局部试点、远近结合、分步进行的原则实施；配电自动化应为建设智能配电网创造条件。

（3）配电自动化的功能应与城市电网一次系统相协调，方案和设备选择应遵循经济、实用的原则，注重其性能价格比，并在配电网架结构相对稳定、设备可靠、一次系统具有一定的支持能力的基础上实施。

（4）配电自动化的实施方案应根据应用需求、发展水平和可靠性要求的不同分别采用集中、分层、就地自动控制的方式。

2. 配电自动化结构

配电自动化结构宜符合下列规定：

（1）配电自动化系统应包括配电主站、配电子站和配电远方终端。配电远方终端包括配电网馈线回路的柱上和开关柜馈线远方终端（FTU）、配电变压器远方监控终端（TTU）、开关站和配电站远方监控终端（DTU）、故障监测终端等。

（2）系统信息流程为：配电远方终端实施数据采集、处理并上传至配电子站或配电主站，配电主站或子站通过信息查询、处理、分析、判断、计算与决策，实时对远方终端实施控制、调度命令并存储、显示、打印配电网信息，完成整个系统的测量、控制和调度管理。

3. 配电自动化功能

配电自动化宜具备下列功能：

（1）配电主站应包括实时数据采集与监控功能：

1）数据采集和监控包括数据采集、处理、传输，实时报警、状态监视、事件记录、遥控、定值远方切换、统计计算、事故追忆、历史数据存储、信息集成、趋势曲线和制表打印等功能；

2）馈电线路自动化正常运行状态下，能实现运行电量参数遥测、设备状态遥信、开关设备的遥控、保护、自动装置定值的远方整定以及电容器的远方投切。事故状态下，实现故障区段的自动定位、自动隔离、供电电源的转移及供电恢复。

（2）配电子站应具有数据采集、汇集处理与转发、传输、控制、故障处理和通信监视等功能。

（3）配电远方终端应具有数据采集、传输、控制等功能。也可具备远程维护和后备电池高级管理等功能。

二、配电网通信

（1）配电网通信应满足配电网规模、传输容量、传输速率的要求，遵循可靠、实用、扩容方便和经济的原则。

（2）通信介质可采用光纤、电力载波、无线、通信电缆等种类。优先使用电力专网通信，使用公网通信时，必须考虑二次安全防护措施。

（3）配电远方终端至子站或主站的通信宜选用通信链路，采用链型或自愈环网等拓扑结构；当采用其他通信方式时，同一链路和环网中不宜混用多种通信方式。

（4）通信系统应采用符合国家现行有关标准并适合本系统要求的通信规约。

一、电能计量装置分类及准确度选择

电能计量装置分类及准确度选择应符合表 1 的规定。

表 1　电能计量装置分类及准确度选择

电能计量装置类别	月平均用电量/(kW·h)*	准确度等级			
		有功电能表	无功电能表	电压互感器	电流互感器
Ⅰ	≥500 万	0.2S 或 0.5S	2.0	0.2	0.2S 或 0.2**
Ⅱ	≥100 万	0.5S 或 0.5	2.0	0.2	0.2S 或 0.2**
Ⅲ	≥10 万	1.0	2.0	0.5	0.5S
Ⅳ	<315kVA	2.0	3.0	0.5	0.5S
Ⅴ	低压单相供电	2.0	—	—	0.5S

* 计量装置类别划分除用月平均用电量外，还有用计费用户的变压器容量、发电机的单机容量以及其他特有的划分规定应符合现行行业标准《电能计量装置技术管理规程》(DL/T 448)的有关规定。

** 0.2 级电流互感器仅用于发电机出口计量装置。

二、计量互感器选型及接线

计量互感器选型及接线应符合下列规定：

(1) Ⅰ类、Ⅱ类、Ⅲ类计量装置应配置计量专用电压、电流互感器或者专用二次绕组；专用电压、电流互感器或专用二次回路不得接入与电能计量无关的设备。

(2) Ⅰ类、Ⅱ类计量装置中电压互感器二次回路电压降不应大于其额定二次电压的 0.2%；其他计量装置中电压互感器二次回路电压降不应大于其额定二次电压的 0.5%。

(3) 计量用电流互感器的一次正常通过电流宜达到额定值的 60% 左右，至少不应小于其额定电流的 30%，否则应减小变比并选用满足动热稳定要求的电流互感器。

(4) 互感器二次回路的连接导线应采用铜质单芯绝缘线，电流二次回路连接导线截面按互感器额定二次负荷计算确定，不应小于 4mm²。电压二次回路连接导线截面按允许电压降计算确定，不应小于 2.5mm²。

(5) 互感器实际二次负载应在其 25%～100% 额定二次负荷范围内。

(6) 35kV 以上关口电能计量装置中电压互感器二次回路，不应经过隔离开关辅助接点，但可装设专用低阻空气开关或熔断器。35kV 及以下关口电能计量装置中电压互感器二次回路，不应经过隔离开关辅助接点和熔断器等保护电器。

三、电能表

电能表应符合下列规定：

(1) 110kV 及以上中性点有效接地系统和 10kV、20kV、35kV 中性点非绝缘系统应采用三相四线制电能表；10kV、20kV、35kV 中性点绝缘系统应采用三相三线制电能表。

(2) 全电子式多功能电能表应为有功多费率、双向计量、8 个时段以上，配有 RS485 或 R232 数据通信口，具有数据采集、远传功能、失压计时和四象限无功电能。

(3) 关口电能表标定电流不应超过电流互感器额定电流的 30%，其最大电流应为电流互感器额定电流的 120% 左右。

四、高、中压关口计量点的设置规定

高、中压关口计量点应设置在供用电设施的产权分界处或合同协议中规定的贸易结算点。产权分界处不具备装表条件时，关口电能计量装置可安装在变压器高压侧或联络线的另一端，变压器、母线或线路等的损耗和无功电量应协商确定，由产权所有者负担。

对10kV专用线路供电的用户，应采用高压计量方式，对非专线供电的专变用户宜根据配电变压器的容量采用高压或低压计量方式，并相应配置Ⅲ类或Ⅳ类关口计量箱。

五、低压电能计量点设置规定

低压电能计量点设置应符合下列规定：

（1）用户专用变压器低压侧应配置Ⅳ类关口计量装置，采用标准的低压电能计量柜或电能计量箱。

（2）居民住宅、别墅小区等非专用变供电的用户应按政府有关规定实施"一户一表，按户装表"，消防、水泵、电梯、过道灯、楼梯灯等公用设施应单独装表。

（3）多层或高层建筑内的电能计量箱应集中安装在便于抄表和维护的地方；在居民集中的小区，应装设满足计费系统要求的低压集中（自动）抄表装置。

（4）电能计量箱宜采用非金属复合材料壳体，当采用金属材料计量箱时，壳体应可靠接地。

六、电量自动采集系统

变电站和大容量用户的电量自动采集系统应符合下列规定：

（1）110kV、35kV和10kV变配电站及装机容量为315kVA及以上的大容量用户宜设置电量自动采集系统。

（2）电量自动采集系统应具有下列功能：

1）数据自动采集。

2）电力负荷控制。

3）供电质量监测。

4）计量装置监测。

5）电力电量数据统计分析等。

（3）电量自动采集系统的性能和通信接口应符合下列规定：

1）性能可靠、功能完善、数据精确，具有开放性、可扩展性、良好的兼容性和易维护性。

2）通信接口方便、灵活，通信规约应符合国家标准。

3）通信信道应安全、成熟、可靠，能支持多种通信方式。

4）通信终端应具有远程在线升级终端应用程序功能。

第一章 10kV及以下配电网设计		第四节 配电网二次部分设计
图号	1-1-4-4	图名 电能计量（二）

17

一、我国典型气象区

我国典型气象区如表1所示。

气温、风速和覆冰厚度称为架空线路的设计气象条件三要素。

设计气象条件应根据沿线气象资料的数理统计结果及附近已有线路的运行经验确定，当沿线的气象与典型气象区接近时，宜采用典型气象区所列数值。

在选取架空线路的气象参数时，要注意搜集和分析沿线附近各气象台站的资料，重视已建电力线路、通信线路的运行资料，必要时，可在新建线路经过的某些地段设立气象观测站。

对架空线路某些地段（如相对高差变化较大的地段、狭口、山峰、冷暖气流交汇处等）的气象参数要特别重视。这些地段由于受微气候的影响，其气象参数同线路其他地段可能有较大的差别。另外，对架空输电线路沿线附近的空气污秽情况和雾天资料也要搜集，把它作为确定线路绝缘水平的依据之一。

表1　　　　　　　　　　　　　　我国典型气象区

气象区		I	II	III	IV	V	VI	VII	VIII	IX
大气温度/°C	最高	+40								
	最低	-5	-10	-10	-20	-10	-20	-40	-20	-20
	覆冰	-5								
	基本风速②	+10	+10	-5	-5	+10	-5	-5	-5	-5
	安装	0	0	-5	-10	-5	-10	-15	-10	-10
	雷电过电压	+15								
	操作过电压、年平均气温	+20	+15	+15	+10	+15	+10	-5	+10	+10
风速/(m/s)	基本风速	31.5	27.0	23.5	23.5	27.0	23.5	27.0	27.0	27.0
	覆冰	10①							15	
	安装	10								
	雷电过电压	15	10							
	操作过电压	0.5×基本风速折算至导线平均高度处的风速（不低于15m/s）								
覆冰厚度	厚度/mm	0	5	5	5	10	10	10	15	20
	冰的密度/(g/cm³)	0.9								

① 一般情况下覆冰同时风速10m/s，当有可靠资料表明需加大风速时可取为15m/s。

② 基本风速是按基准高10m制定的。

二、基本风速

（1）确定基本风速时，应按当地气象台、站10min时距平均的年最大风速为样本，并宜采用极值I型分布作为概率模型。

（2）山区线路宜采用统计分析和对比观测等方法，由邻近地区气象台、站的气象资料推算山区的基本风速，并应结合实际运行经验确定。当无可靠资料时，宜将附近平原地区的统计值提高10%。

（3）轻冰区宜按无冰、5mm或10mm覆冰厚度设计，中冰区宜按15mm或20mm覆冰厚度设计，重冰区宜按20mm、30mm、40mm或50mm覆冰厚度等设计，必要时还宜按稀有覆冰条件进行验算。

三、覆冰厚度

（1）导线覆冰的种类及物理特性，如表2所示。

表2　　导线覆冰的种类及物理特性

种类	性　质
雨凇	透明冰，坚硬，密度0.9g/cm³，附着力强
混合凇	不透明或半透明冰，坚硬，密度0.6～0.9g/cm³，附着力强
软雾凇	白色，呈粒状雪，质轻，密度0.3～0.6g/cm³，附着力较弱
白霜	白色，雪状，针状结晶，密度0.05～0.3g/cm³，附着力弱
雪和雾	干雪或凝结雪，密度低，附着力弱

第二章　10kV及以下架空配电线路	第一节　气象条件和地质条件
图号　1-2-1-1　　图名	架空线路设计气象条件三要素（一）

（2）设计时应加强对沿线已建线路设计、运行情况的调查，并应考虑微地形、微气象条件以及导线易舞动地区的影响。

（3）按我国的设计标准，把冰区分为两类：即覆冰厚度小于20mm的地区为轻冰区；不小于20mm的地区为重冰区。轻冰区和重冰区的杆塔荷载条件是不同的。

（4）冰资料的搜集和处理。冰荷载是设计架空输电线路的重要参数，对有覆冰现象的地区要重视冰资料的搜集。搜集沿线气象站的覆冰资料，如冰的种类、直径、密度或单位长度的冰重等。

从气象台站和观冰站搜集到的冰资料，应进行必要的分析和换算。第一，要确定冰的种类及其物理特性，单位长度的冰重；第二，根据单位长度的冰重换算至密度为0.9g/cm³的导线等值覆冰厚度；第三，用数理统计法计算出一定重现期的冰厚概率值。

四、大气温度

气温的变化，引起导线热胀冷缩，影响架空线路的弧垂和应力。气温高，导线由于热胀引起的伸长量越大，弧垂增加越多，应考虑导线对交叉跨越物和对地距离；气温低，导线缩短，应力增加越多，应考虑导线的机械强度。

设计用年平均气温应按下列规定取值：

（1）当地区年平均气温在3～17℃时，宜取与年平均气温值邻近的5的倍数值。

（2）当地区年平均气温小于3℃和大于17℃时，分别按年平均气温减少3℃和5℃后，取与此数邻近的5的倍数值。

五、安装工况

安装工况风速应采用10m/s，覆冰厚度应采用无冰，同时气温应按下列规定取值：

（1）最低气温为−40℃的地区，宜采用−15℃。

（2）最低气温为−20℃的地区，宜采用−10℃。

（3）最低气温为−10℃的地区，宜采用−5℃。

（4）最低气温为−5℃的地区，宜采用0℃。

第二章　10kV及以下架空配电线路		第一节　气象条件和地质条件
图号	1-2-1-2	图名　架空线路设计气象条件三要素（二）

一、配电线路工程设计中气象条件选择

一般在配电线路工程设计中，先根据电压等级、负荷容量、送电距离、远景规划等要求，确定绝缘导线的线种、回路数和规格，经选线勘测后，根据平面图及纵（横）断面图，进行杆塔定位，确定杆高、挡距等，再根据该地区的气象条件、土壤种类等资料，利用本图集进行杆型、绝缘子、横担、拉线、基础等选型设计。

选用全国典型气象区，设计选取最大风速为30m/s和25m/s两级，覆冰厚度分为0、5mm、10mm、15mm共4级。

使用典型气象区应注意以下几点：

（1）架空线路最大风速，对高压线路应采用离地面10m高处；十年一遇10min平均最大值。如无可靠资料，在空旷平坦地区不应小于25m/s，在山区宜采用附近平地风速的1.1倍，且不应小于25m/s。

（2）对当地不同的气象条件，可分别以最大风速和覆冰厚度相对应，找出大致相同的气象条件，如相差较大，可参照（1）条确定。

（3）电杆导线的风荷载应按下式计算，即

$$W = \frac{9.807CFv^2}{16}$$

式中　W——电杆或导线风荷载，N；

　　　C——风载体形系数，采用下列数值，环形截面钢筋混凝土杆为0.6，矩形截面钢筋混凝土杆为1.4，导线直径＜17mm的为1.2，导线直径≥1.7mm的为1.1，导线覆冰，不论直径大小均为1.2；

　　　F——电杆杆身侧面的投影面积或导线直径与水平挡距的乘积，m²；

　　　v——设计风速，m/s。

二、地质条件

地质条件是电杆基础设计至关重要的因素。本图集仅选用可塑型黏土一种地质条件作为计算依据，若遇较松软的地质，应对电杆基础进行倾覆稳定验算。其安全系数不应小于下列数值：

直线杆1.5；耐张杆1.8；终端杆2.0。

地质条件主要参数见表1。

表1　　　　　　地质条件主要参数

地耐力/kPa	150
抗剪角/(°)	28
土容重/(kN/m³)	16

第二章　10kV及以下架空配电线路	第一节　气象条件和地质条件
图号　1-2-1-3	图名　配电线路设计中气象条件和地质条件选择

路径选择宜采用卫片、航片、全数字摄影测量系统和红外测量等新技术；在地质条件复杂地区，必要时宜采用地质遥感技术；综合考虑线路长度、地形地貌、地质、冰区、交通、施工、运行及地方规划等因素，进行多方案技术经济比较，做到安全可靠、环境友好、经济合理。

一、路径选择应避开的方面

（1）路径选择应避开军事设施、大型工矿企业及重要设施等，符合城镇规划，与地方发展和规划相协调。

（2）路径选择应避开以下地带或区域。

1）路径选择宜避开不良地质地带和采空影响区，当无法避让时，应开展塔位稳定性评估，并采取必要的措施。

2）宜避开重冰区、导线易舞动区及影响安全运行的其他地区。辽宁省的鞍山、丹东、锦州一带，湖北省的荆门、荆州、武汉一带是全国范围内输电线路发生舞动较多的地区，导线舞动对线路安全运行所造成的危害十分重大，诸如线路频繁跳闸与停电、导线的磨损、烧伤与断线，金具及有关部件的损坏等，造成重大的经济损失与社会影响，因此对舞动多发区应尽量避让。

3）宜避开原始森林、自然保护区和风景名胜区。

二、路径选择应考虑和注意的事项

（1）路径选择应考虑与电台、机场、弱电线路等邻近设施的相互影响。

（2）路径选择宜靠近现有国道、省道、县道及乡镇公路，充分使用现有的交通条件，方便施工和运行。

（3）大型发电厂和枢纽变电站的进出线、两回或多回路相邻线路应统一规划。规划走廊中的两回路或多回路线路，要根据技术经济比较，确定是否推荐采用同塔架设。当线路路径受到城市规划、工矿区、军事设施、复杂地形等的限制，在线路走廊狭窄地段且第二回路线路的走廊难以预留时，宜采用同杆塔架设。

三、耐张段长度的确定

（1）耐张段长度由线路的设计、运行、施工条件和施工方法确定，并吸取 2008 年初冰灾运行经验，单导线线路不宜大于 5km，轻、中、重冰区的耐张段长度分别不宜大于 10km、5km、3km，当耐张段长度较长时应考虑防串倒措施，例如，轻冰区每隔 7～8 基（中冰区每隔 4～5 基）设置一基纵向强度较大的加强型悬垂型杆塔，防串倒的加强型悬垂型杆塔其设计条件除按常规悬垂型杆塔工况计算外，还应按所有导、地线同侧有断线张力（或不平衡张力）计算。

（2）根据 2008 年年初我国南方地区发生冰灾事故的经验，当输电线路与主干铁路、高速公路交叉时，宜提高标准，采用独立耐张段，必要时考虑结构重要性系数 1.1，并按验算冰校核交叉跨越物的间距。

四、灾害性事故的预防

山区线路在选择路径和定位时，应注意控制使用挡距和相应的高差，避免出现杆塔两侧大小悬殊的挡距，当无法避免时应采取必要的措施，提高安全度。

五、大跨越路径方案，应通过综合技术经济比较确定

（1）大跨越的基建投资大，运行维护复杂，施工工艺要求高，故一般应该尽量减少或避免。因此，选线中遇有大跨越应结合整个路径方案综合考虑。往往有这样的情况，某个方案路径长度虽增加了几公里，但避免了大跨越或减少跨越挡距，反而降低了造价，从全局看是合理的，这一点应引起足够重视。

（2）在以往跨河基础设计中，个别工程在建成后，由于河床变迁，塔位受冲刷，花了很多投资防护，严重影响线路安全运行。故要求设计跨河基础考虑 50 年河床变迁情况，以保证杆塔基础不被冲刷。另外，要求跨越杆塔宜设置在 5 年一遇洪水淹没区以外，以确保运行安全。工程中如受条件限制，基础受洪水淹没。应考虑局部冲刷以及漂浮物或流冰等撞击的影响，并采取措施。

第二章　10kV及以下架空配电线路		第二节　路径选择原则
图号	1-2-2-1	图名	路径选择一般原则

（1）架空配电线路选择关系到线路工程的合理性、经济性和运行的可靠性。因此，架空配电线路的路径选择，应认真进行调查研究，综合考虑运行、施工和路径长短等因素，统筹兼顾，全面安排，做到经济合理。

（2）市区、乡镇所在地范围内架空线路应与城市规划、乡、镇规划相结合，线路走廊位置应与各种管线和其他市政设施统一安排。农村架空线路径也应和农村经济发展规划和农田水利建设规划相结合，农村、工业和照明户线路统一安排。

（3）应尽量减少与其他设施交叉，当与其他架空线路交叉时，其交叉点不应选在被跨越线路的杆塔顶上。架空配电线路与其他架空电力线路的交叉处应保持表1规定的距离。

表1　架空配电线路与其他架空电力线路
交叉处距离　　　　　　　　单位：m

线路电压	3kV以下	3~10kV	35~66kV
距离	3.0	3.0	4.0

（4）架空电力线路跨越架空弱电线路的交叉角，应符合表2规定。

表2　架空配电线路与架空弱电线路的交叉角

弱电线路等级	一级	二级	三级
交叉角	>45°	≥30°	不限制

（5）应避开洼地、冲刷地带，不良地质区、原始森林区以及影响安全的其他地区。

（6）不宜跨越房屋与有爆炸危险和可燃液（气）体的生产厂房、仓库、储罐等接近时，应符合有关规程规定。

（7）架空电力线路通过林区，应砍伐出通道。10kV及以下架空电力线路的通道宽度，不应小于线路两侧向外各延伸5m。树木生长高度不超过2m或导线与树木（考虑自然生长高度）之间的垂直距离应符合表3规定。

表3　导线与树木之间的最小垂直距离

线路电压/kV	35~110	154~220	330	500（参考值）
垂直距离/m	4.0	5.0	6.0	8.0

（8）在不影响施工运行情况下，可不砍伐通道。

（9）架空配电线路通过林区，经济作物林以及城市绿化灌木林时，不宜砍伐通道。

（10）市区内的架空线路尽量沿城市主道路架设，杆塔应适当增加高度，缩小挡距，以提高对地距离。路径走向一定和城市规划部门协商，统一规划，中、低压架空配电线路应同杆架设，并做到同杆并架的线路为同电源、同地区，中、低压配电线路的导线相位排列名应统一。

（11）为美化市容、提高空间利用率，市区内提倡"一杆多用"。必要时可采用管型铁塔。在实施时应校验杆塔强度和不违反《安全标准规定》。

第二章　10kV及以下架空配电线路	第二节　路径选择原则
图号　1-2-2-2	图名　架空配电线路路径选择原则

一、基本要求

架空配电线路所用的导线，应使用符合国家技术标准的铝绞线或钢芯铝绞线，地线可使用合格的镀锌钢绞线。

在沿海地区，由于盐雾或有化学腐蚀气体存在的地区，可采用防腐铝绞线、铜绞线或采取其他措施。

在线路走廊狭窄和建筑物稠密地区，繁华街道、游览区等特殊地区，可采用绝缘铝绞线。

二、导线的安全系数

导线的最小安全系数见表1。

表1　　　　　导线的最小安全系数

导线种类	单股	多股	
		一般地区	重要地区
铝绞线、钢芯铝绞线及铝合金线	—	2.5	3.0
铜绞线	2.5	2.0	2.5

三、导线截面选择和校验

导线的截面应按以下原则进行选择。

（1）10kV及以下架空配电线路的导线截面一般按计算负荷允许电压损失和机械强度确定。即用经济电流密度选择导线截面，用允许电压损失来校验，用导线机械强度来检验。

（2）当用电压损失来校验导线截面时，有：

1）高压线路自供电的变电站二次侧出口至线路末端变压器或末端受电变电站一次侧入口的允许电压损失为供电变电站二次侧额定电压（6kV、10kV）的5%。

2）低压线路自配电变压器二次侧出口至线路末端（不包括接户线）的允许电压损失，一般为额定配电电压的（220V、380V）的4%。

（3）配电线路的导线不应采用单股铝线或铝合金线，高压线路的导线不应采用单股铜线。

架空配电线路的导线最小截面，按机械强度检验时，不应小于表2中的数值。

表2　　　　导线最小截面　　　单位：mm^2

导线种类	高压线路		低压线路
	居民区	非居民区	
铝绞线及铝合金线	35	25	16
钢芯铝绞线	25	16	16
铜绞线	16	16	直径3.2mm

低压线路与铁路交叉跨越档，当采用裸铝绞线时截面不应小于$35mm^2$。

（4）导线截面一般情况下除了按上述原则选择外，还应与当地配电网发展规划相结合，留有发展余地，考虑负荷发展。如无发展规划，配电线路导线截面不宜小于表3中的数值。

表3　　　配电线路导线截面的最小值　　单位：mm^2

导线种类	高压线路			低压线路		
	主干线	分干线	分支线	主干线	分干线	分支线
铝绞线及铝合金线	120	70	35	70	50	35
钢芯铝绞线	120	70	35	70	50	35
铜绞线	—	—	16	50	35	16

在市区中的中、低压线路，可根据条件选用裸导线、绝缘导线或绝缘电缆。

主干导线不宜超过两种，并按远期规划考虑，其导线截面一般可参考表4选用。

表4　　城市中、低压配电线路选用导线截面表

电压等级	导线截面/mm^2（按铝绞线考虑）	
380/220V（主干线）	150，120，95	
10kV	主干线	240，185，150
	次干线	150，120，95
	分支线	不小于50

第二章　10kV及以下架空配电线路		第三节　导线
图号	1-2-3-1	图名　导线的安全系数、导线截面选择、排列和挡距（一）

（5）架空配电线路导线的长期允许载流量应按周围空气温度进行校正。当导线按发热条件验算时，最高允许工作温度宜取＋70℃。验算时的周围空气温度采用当地最热月份的月平均最高温度。

（6）三相四线制的中性线截面，不应小于表5中的数值，单相制的中性线截面应与相线截面相同。

表5　　　　　中性线最小截面

线制 导线种类	相线截面	中性线截面
铝绞线及 钢芯铝绞线	LJ LGJ 50mm²及以下	与相线截面相同
	LJ LGJ 70mm²及以上	不小于相线截面的50%，但不小于50mm²
铜绞线	TJ35mm²及以下	与相线截面相同
	TJ50mm²及以上	不小于相线截面的50%，但不小于50mm²

四、导线排列

（1）高压线路的导线应采用三角形排列或水平排列。双回路同杆架设时，宜采用三角排列或垂直三角排列，低压线路的导线，宜采用水平排列。城镇的高压配电线路和低压配电线路宜同杆架设，且是同一回电源。

（2）同一地区线路的导线相序排列应统一，一般符合下列规定。

1）高压线路：面向线路负荷方向，从左侧起导线排列顺序为A、B、C。

2）低压线路：面向负荷方向从左起导线排列顺序为A、B、C。

（3）电杆上的中性线应靠近电杆，如线路沿建筑物架设，应靠近建筑物。中性线的位置不应高于同一回路的相线。在同一地区内，中性线的排列应统一。

五、导线间的距离及横担间的垂直距离

（1）架空配电线路导线间的距离，应根据运行经验确定，如无可靠运行资料，不应小于表6中的数值。

表6　　架空线路导线间的最小距离　单位：m

电压	挡距/m 40及以下	50	60	70	80	90	100
高压	0.60	0.65	0.70	0.75	0.85	0.90	1.00
低压	0.30	0.40	0.45	—	—	—	—

（2）同杆架设的双回路或高低压同杆架设的线路，横担间的垂直距离不应小于表7中的数值。

表7　　　同杆架设的线路横担间的
最小垂直距离　单位：m

杆型 导线排列方式	直线杆	分支或转角杆
高压与高压	0.80	0.45/0.60
高压与低压	1.20	1.00
低压与低压	0.60	0.30

注　转角或分支线如为单回路，则分支线横担距主干线横担为0.60m，如为双回路线，则分支线横担距上排主干线横担取0.45m，距下排主干线横担取0.60m。

（3）高、低压线路的挡距，可采用表8中的数值。

（4）高压线路的过引线、引下线、接户线与相邻导线间的净空距离不应小于0.3m，低压线路不应小于0.15m，高压线路的导线与接线，电杆或构架间的净空距离不应小于0.2m；低压线路不应小于0.1m。高压线路的引下线与低压线间的距离不宜小于0.2m。

六、挡距

架空配电线路挡距见表8。

表8　　　　架空配电线路挡距　单位：m

地区	电压 高压	低压
城区	40～50	30～45
居住区	35～50	30～40
郊区	50～100	40～60

序　号		导线型号	安全系数	最大使用应力 /MPa	最大使用张力 /kN	适用规律挡距 /m
裸导线	1	LJ－25	2.5	58.80	1.45	30～60
	2	LJ－35	2.5	58.80	2.02	30～60
	3	LJ－50	2.5	58.80	2.91	30～60
	4	LJ－70	3.0	45.70	3.17	30～60
	5	LJ－95	3.0	45.60	4.57	30～60
	6	LJ－120	4.0	36.70	4.45	30～60
	7	LJ－150	4.0	36.70	5.45	30～60
	8	LJ－185	4.0	36.70	6.72	30～60
	9	LGJ－35	3.0	88.30	3.59	30～80
	10	LGJ－50	3.0	88.30	4.97	30～80
	11	LGJ－70	4.0	66.20	5.26	30～80
	12	LGJ－95	5.0	56.80	6.47	30～80
	13	LGJ－120	5.0	56.80	7.64	30～80
	14	LGJ－150	6.0	47.30	8.19	30～80
	15	LGJ－185	6.0	47.30	10.0	30～80
	16	LGJ－240	7.0	40.60	11.20	30～80
	17	LGJ－35	2.5	106.00	4.31	80～120
	18	LGJ－50	2.5	106.00	5.97	80～120
	19	LGJ－70	3.0	88.30	7.01	80～120
	20	LGJ－95	4.0	71.00	8.09	80～120
	21	LGJ－120	4.0	71.00	9.55	80～120
	22	LGJ－150	5.0	56.80	9.78	80～120
	23	LGJ－185	5.0	56.80	12.0	80～120
	24	LGJ－240	6.0	47.30	13.0	80～120
绝缘线	25	JKLYJ－120	7.0	20.60	2.48	60
	26	JKLYJ－185	7.0	20.60	3.82	60
	27	JKLYJ－240	8.0	18.06	4.33	60

注　表中序号17～24导线技术数据适用于规律挡距为80m以上的大跨越。

第二章　10kV及以下架空配电线路		第三节　导线
图号	1-2-3-3	图名　架空配电线路常用导线设计技术规范

注：1. 施工紧线时应严格按照导线安装曲线中相应温度下的弧垂（导线弛度）进行紧线。

2. 导线安装曲线已采用减少弧垂法考虑了导线架设后塑性伸长对弧垂的影响。弧垂减少的百分数分别为：铝绞线、铝芯绝缘线20%；钢芯铝绞线12%。

注：1. 施工紧线时应严格按照导线安装曲线中相应温度下的弧垂（导线弛度）进行紧线。

2. 导线安装曲线已采用减少弧垂法考虑了导线架设后塑性伸长对弧垂的影响，弧垂减少的百分数分别为：铝绞线、铝芯绝缘线20%；钢芯铝绞线12%。

注：1. 施工紧线时应严格按照导线安装曲线中相应温度下的弧垂（导线弛度）进行紧线。
2. 导线安装曲线已采用减少弧垂设后塑性伸长对弧垂的影响，导线架设后考虑了减少弧垂的百分数分别为：铝绞线、铝芯绝缘线20%；钢芯铝绞线12%。

第二章　10kV及以下架空配电线路		第三节　导线
图号	1-2-3-6	图名 导线安装曲线图（三）

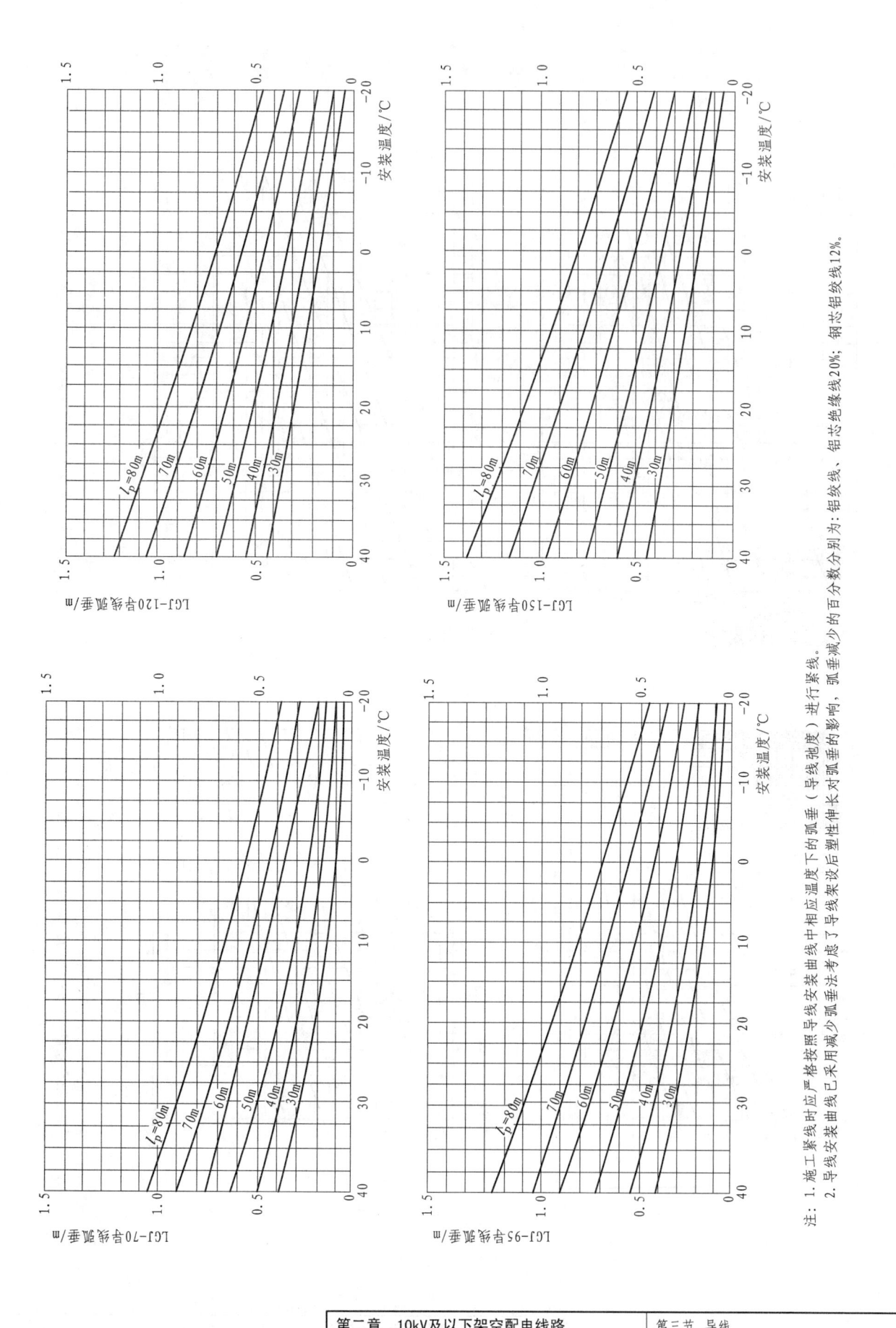

注: 1. 施工紧线时应严格按照导线安装曲线中相应温度下的弧垂（导线弛度）进行紧线。
    2. 导线安装曲线已采用减少弧垂法考虑了导线架设后塑性伸长对弧垂的影响，弧垂减少的百分数分别为：铝绞线、铝芯绝缘线20%；钢芯铝绞线12%。

第二章	10kV及以下架空配电线路		第三节 导线
图号	1-2-3-7	图名	导线安装曲线图（四）

注：1. 施工紧线时应严格按照导线安装曲线中相应温度下的弧垂（导线弛度）进行紧线。
2. 导线安装曲线已采用减少弧垂法考虑了导线架设后塑性伸长对弧垂的影响，弧垂减少的百分数分别为：铝绞线、铝芯绝缘线20%；钢芯铝绞线12%。

注：1. 施工紧线时应严格按照导线安装曲线中相应温度下的弧垂（导线弛度）进行紧线。
　　2. 导线安装曲线法考虑了导线架设后塑性伸长对弧垂的影响，弧垂减少的百分数分别为：铝绞线、铝芯绝缘线20%；钢芯铝绞线12%。

注：1. 施工紧线时应严格按照导线安装曲线中相应温度下的弧垂（导线弛度）进行紧线。
2. 导线安装曲线已采用减少弧垂法考虑了导线架设后塑性伸长对弧垂的影响，弧垂减少的百分数分别为：铝绞线、铝芯绝缘线20%；钢芯铝绞线12%。

第二章　10kV及以下架空配电线路		第三节　导线
图号	1-2-3-10	图名	导线安装曲线图（七）

一、电杆

（1）架空配电线路主要采用钢筋混凝土电杆（包括普通钢筋混凝土电杆和预应力钢筋混凝土电杆），在市区和走廊狭窄或转角杆打线困难地区，可采用管型铁塔或窄基铁塔。

（2）配电架空线路所用钢筋混凝土电杆、管型铁塔、窄基铁塔等杆塔宜采用定型产品，杆塔的构造要求应符合国家标准。钢筋混凝土电杆的强度计算应采用安全系数法。

（3）需要接地的混凝土电杆应设置接地螺母，接地螺母与电杆主筋应有可靠的电气连接，配电线路采用预应力电杆时，其主筋不应兼做地下引线。

（4）各型电杆应按照下列载荷条件进行计算：①最大风速、无冰、未断线；②覆冰相应风速、未断线；③最低气温无冰、无风、未断线（适用于转角杆和终端杆）。

（5）10kV配电线路所使用电杆通常高度为10～18m，电杆梢径为φ150～190，城市内10kV配电线路有时和35kV线路共杆，其杆型可视具体情况选择，管型铁塔更为如此。

（6）钢筋混凝土电杆一般都使用铁横担，按使用条件分为直线担和避雷器安装横担。一般情况下架空配电线路直线杆或15°以下小转角杆可选用单横担；15°～45°转角杆宜采用双横担，45°以上转角杆可使用十字横担或无横担三层抱箍组装的垂直串型转角杆。

（7）钢筋混凝土电杆的强度设计安全系数见表1。

表1   强度设计安全系数

电 杆	强度设计安全系数	电 杆	强度设计安全系数
普通钢筋混凝土电杆	≥1.7	普通混凝土电杆	≥1.7
预应力混凝土电杆	≥1.8		

二、基础

（1）架空配电线路的基础应结合当地的运行经验、材料来源、地质情况等条件进行设计。一般情况下底盘、卡盘和拉线盘全部为预制钢筋混凝土构件。在有条件的地方宜采用岩石的底盘、卡盘和拉线盘。

（2）电杆的埋深需进行倾覆稳定验算。

（3）电杆埋深见表2。

表2   电 杆 埋 深

杆高/m	8.0	9.0	10.0	11.0	12.0	13.0	15.0	18.0
埋深/m	1.5	1.6	1.7	1.8	1.9	2.0	2.3	2.6～3.0

（4）常见6种土壤的性能参数见表3。

表3   常见6种土壤的性能参数

土壤名称		重力密度 $Y/(kN \cdot m^{-3})$	计算上拔角 α	计算抗剪角 β	被动土抗力特性 $m/(kN \cdot m^{-3})$	许可耐压力 P/kPa
大块碎石		19.6	32°	40°	90.16	392
中沙粗石		17.64	30°	37°	70.56	392
细沙、粉沙		15.68	23°	28°	43.41	196
黏土	坚硬	17.64	30°	45°	102.9	294
	硬塑	16.66	25°	35°	61.45	226.4
	可塑	15.68	20°	30°	47.04	176.4

三、防雷接地

（1）无避雷线的高压配电线路，在居民区的钢筋混凝土电杆宜接地，铁塔应接地，接地电阻不宜超过30Ω。中性点直接接地的低压电力网和高、低压共杆的电力网其钢筋混凝土杆的铁横担或铁杆应与PEN线连接。钢筋混凝土杆的钢筋宜与PEN线连接。中性点非直接接地的低压电力网其钢筋混凝土杆宜接地，铁杆应接地，接地电阻不宜超过50Ω。

（2）有避雷线的配电线路，其接地装置在雷雨季节干燥时间的工频接地电阻不宜大于表4中的数值。

（3）雷电活动强烈的地方和经常发生雷击故障的杆塔和线段，如采取设置避雷器的保护方式时，其接地电阻也应符合相关规定。

（4）柱上油开关、负荷开关及电缆终端的避雷器，其接地应与设备的金属外壳连接，其接地电阻不超过10Ω。

（5）电力线路之间以及电力线路与弱电线路交叉，如规程要求接地时，其电阻也应符合相关规定。一般不宜超过表4中所列数值的2倍。

（6）电杆的接地电阻见表4。

表4   接 地 电 阻

土壤电阻率 $/(\Omega \cdot m)$	100及以下	100～500	500～1000	1000～2000	2000以上
工频接地电阻 $/\Omega$	10	15	20	25	30

钢筋混凝土电杆规格及配筋

电杆类别	规格	配筋根数及直径/mm	备注
拔梢混凝土杆	$\phi150\times8000$	$24\times\phi5.5$	高强度冷拔钢丝
	$\phi150\times9000$	$24\times\phi5.5$	
	$\phi150\times10000$	$28\times\phi5.5$	
	$\phi190\times10000$	$12\times\phi12$	Q235A
	$\phi190\times12000$	$12\times\phi14$	
	$\phi190\times15000$	$14\times\phi14$	
拔梢混凝土杆上段	S19-9-1414	$14\times\phi14$	
	S19-9-1216	$12\times\phi16$	
	S19-9-1416	$14\times\phi16$	
	S19-12-1216	$12\times\phi16$	
	S19-12-1416	$14\times\phi16$	
	S19-12-1616	$16\times\phi16$	
	S23-9-1216	$12\times\phi16$	
	S23-9-1416	$14\times\phi16$	
	S23-9-1616	$16\times\phi16$	
	S23-12-1416	$14\times\phi16$	
	S23-12-1616	$16\times\phi16$	
	S23-12-1816	$18\times\phi16$	
拔梢混凝土杆下段	X31-6-1614	$16\times\phi14$	
	X31-6-1416	$14\times\phi16$	
	X31-6-1616	$16\times\phi16$	
	X35-6-1416	$14\times\phi16$	
	X35-6-1616	$16\times\phi16$	
	X35-6-1816	$18\times\phi16$	
	X39-6-1616	$16\times\phi16$	
	X39-6-1816	$18\times\phi16$	
	X39-6-2016	$20\times\phi16$	

　　配合杆型组装的混凝土电杆有底盘3种：0.6m×0.6m，0.8m×0.8m，1.0m×1.0m；拉线盘4种：0.3m×0.6m，0.4m×0.8m，0.5m×1.0m，0.6m×1.2m；卡盘9种：1.0m/340mm，1.0m/370mm，1.2m/260mm，1.2m/340mm，1.2m/370mm，1.4m/340mm，1.4m/370mm，1.4m/410mm，1.4m/480mm。

第二章　10kV及以下架空配电线路	第四节　电杆基础和防雷接地
图号　1-2-4-2	图名　钢筋混凝土电杆规格配筋及电杆基础三盘规格

一、配电线路拉线要求

（1）配电线路的拉线应采用镀锌钢绞线或镀锌铁线。

（2）拉线应按电杆受力情况装设，拉线方式一般分普通拉线、V形拉线、水平拉线和弓形拉线4种。拉线与电杆夹角宜取45°，如受地形限制，可适当减小，但不能小于30°。

（3）因受地形环境限制，不能装设拉线时，允许采用撑杆，撑杆埋深宜为1m，其底部应垫底盘或石块。撑杆与主杆的夹角以30°为宜。

（4）钢筋混凝土电杆的拉线宜不装设拉紧绝缘子，如拉线从导线之间穿过，在重要路口应装设拉紧绝缘子。在断拉线情况下，拉紧绝缘子距地面不应小于2.5m，拉紧绝缘子的型号应根据拉线截面的大小选择。

（5）拉线棒应采用镀锌圆钢，其大小应按承受的拉力计算确定，且直径不得小于16mm，拉线棒带UT型线夹调整拉线松紧。在严重腐蚀地区，除镀锌外，还应适当加大直径2～4mm或采取其他有效防腐措施。

（6）拉线应装设拉线标志保护管。

（7）在城市或乡镇人口稠密和交通方便的地区，为防止漏电，保证人身安全，防止行人、自行车、摩托车及汽车等机动车与拉线相撞，造成人为事故，所有拉线应装设拉线标志保护管和警告标志。

二、拉线材料、最小规格和强度安全系数

拉线材料	镀锌钢绞线	镀锌铁线
最小规格	25mm²	3×φ4.0mm
强度安全系数	≥2.0	≥2.5

三、利用水平拉线跨越道路和其他设施时应符合的要求

序号	内　容
1	跨越汽车道路时，拉线对路边的垂直距离最小不小于4.5m，对行车路面中心的垂直距离不小于6.5m
2	跨越电车行车线时，对路面中心垂直距离不应小于9m
3	拉线杆倾斜角度宜取10°～20°，杆的埋深可为杆长的1/6

四、线路的转角、耐张和终端杆的拉线应符合的要求

序号	内　容
1	线路转角在45°及以下时，允许装设分角拉线
2	线路转角在45°以上时，应装设顺线型拉线
3	当电杆两侧导线截面相差较大时，应装设对穿拉线
4	终端杆应装设终端拉线
5	双横担如为高压与高压或高压与低压时，应装Y型拉线；如为低压与低压且导线截面在50mm²及以下时，可只做一组拉线
6	拉线盘的埋深不宜小于1.2m

五、各型电杆拉线与导线配合规格表

杆型 ＼ 导线规格	K₁、ZJ₁、JC₁、JC₂型杆	ZJ₂型	NJ₁型	NJ₂型	NJ₃、D、D₁型杆	ZF₁、ZF₂、ZF₃型杆	ZSJ₁型杆
LGJ－35 LJ－20	GJ－35	GJ－35	GJ－35	GJ－35	GJ－35	GJ－35	GJ－50
LGJ－50 LJ－95～120	GJ－35	GJ－35	GJ－35	GJ－50	GJ－50	GJ－50	GJ－50
LGJ－70 LJ－150	GJ－35	GJ－35	GJ－50	GJ－70	GJ－70	GJ－70	GJ－50
LGJ－95～185 LJ－185	GJ－50	GJ－50	GJ－50	GJ－70	GJ－100	GJ－100	GJ－50

注　SJ₂、SJ₃、K₂、K₃型杆及山区拉线规格按组装图选取。

第二章　10kV及以下架空配电线路		第五节　拉线
图号	1-2-5-1	图名　配电线路拉线要求和规格

（1）接户线是指配电线路与用户建筑物外第一支持点之间架空导线，又分为高压接户线和低压接户线。

（2）高压接户线的挡距不宜大于40m。挡距超过40m时，应按高压配电线路设计，低压接户线挡距不宜大于25m。挡距超过25m宜设接户杆。低压接户线的挡距不应超过40m。

（3）高压接户线导线的截面不应小于下列数值：钢芯铝绞线——16mm²；铝绞线——25mm²。

（4）低压接户线应采用绝缘导线，导线截面应根据允许载流量选择，但不应小于表1的数值。

表1　　　　低压接户线的最小截面

架设方式	挡距/m	最小截面/mm²	
		绝缘铜线	绝缘铝线
自电杆上引下	10以下	0.5	4.0
	10～25	4.0	6.0
沿墙敷设	6及以下	2.5	4.0

（5）高压接户线使用绝缘导线时，线间距离不应小于0.45m。

（6）低压接户线的线间距离不应小于表2中的数值。

表2　　　　低压接户线的最小线间距离

架设方式	挡距/m	线间距离
自电杆上引下	25及以下	0.15
	25以上	0.20
沿墙敷设	6及以下	0.10
	6以上	0.15

（7）低压线路的零线和相线交叉处，应保持一定的距离或采取绝缘措施。

（8）接户线受电端的对地面距离不应小于下列数值：高压接户线——4m；低压接户线——2.5m。

（9）跨越街道的低压接户线至路面中心的垂直距离不应小于下列数值：通车街道——6m；通车困难的街道、小街道——3.5m；胡同（里、弄、巷）——3m。

（10）高、低压接户线至地面的垂直距离应符合表3中的数值。

表3　　　高、低压接户线至地面的垂直距离　单位：m

线路经过地面	线路电压	
	高压	低压
居民区	6.5	6.0
非居民区	5.5	5.0
不能通航也不能浮运的河、湖（至冬季冰面）	5.0	5.0
不能通航也不能浮运的河、湖（至50年一遇洪水位）	3.0	3.0
交通困难地区	4.5	4.0

一、基本要求

（1）配电线路绝缘子及架空配电线路所使用的金具均需符合国家有关标准，绝缘子组装方式应防止瓷裙积水。

（2）配电线路用的所有铁件均为热镀锌件。

（3）绝缘子、金具的使用安全系数如下：

瓷横担	≥3.0
针式绝缘子	≥2.5
悬式绝缘子	≥2.0
蝴蝶式绝缘子	≥2.5
复合绝缘子	≥2.5
金具	≥2.5

（4）拉紧绝缘子型号选择如下：

导线种类 型号	J-4.5	J-9
镀锌钢绞线/mm²	25、35	50
镀锌铁线（股）	3、5、7	9、11

二、高压线路

（1）直线杆采用针式绝缘子或瓷横担，在城市或重要负荷线路可采用户外棒型支柱复合绝缘子。本图集铁横担安装就按复合绝缘子设计，具体应用可视具体条件选用，当使用铁横担时，针式绝缘子宜采用高一级电压绝缘子，如 P-15T 或 PS-15，优先使用 FZSM-10/4 型。

（2）耐张杆宜采用两个悬式绝缘子组成的绝缘子串或瓷拉棒，有条件的线路特别是城市内配电架空线路可使用 FXBW 型悬式绝缘子。

三、低压线路

（1）直线杆一般采用低压针式瓷瓶或低压瓷横担，在城市或低压主干线和重要负荷大用户线路上，如为铁横担推荐使用高压针式瓷瓶，如 P-10。

（2）耐张杆使用低压蝴蝶式绝缘子或一个悬式绝缘子。

四、常见 7 种高、低压绝缘子串

绝缘子串形式	组装方式	备注
高压瓷拉棒	一根瓷拉棒（2 种）	10kV 裸线
高压绝缘子串	一个悬式绝缘子，一个蝶式绝缘子	10kV 裸线
高压绝缘子串	两个悬式绝缘子	10kV 裸线
高压绝缘子串	两个悬式绝缘子	10kV 绝缘线
低压绝缘子串	一个蝶式绝缘子	380V 裸线
低压绝缘子串	一个高压绝缘子	380V 绝缘线

一、预绞丝新型金具工作原理和特征

预绞式系列产品采用了特殊的工作原理,其主要特征是各种线夹均可快捷、简便地在现场操作,无需任何专用工具,徒手就可以把它绕装到导线上,一个人即可完成全部操作。每个线夹均有一段额外的绞拉长度,保证握紧力可达导线或拉线额定拉断(R.B.S.)100%以上。线夹的安装质量易于保证。不需专门训练,肉眼即可进行检验,外观简洁美观,安装时一致性强。可与多种金具配合使用。并且该产品具有良好的导电、散热性能,便于维护、高效节能,具有良好的经济性,是一种替代传统金具的新型产品,现已广泛应用于电力、通信及铁路行业。

二、预绞丝新型金具分类和用途特点

(1)预绞式耐张线夹(DG)。是一种拉力强又操作简单的耐张线夹,可以用在主要和分支配电线路的裸导线和架空绝缘导线上。当它用在架空绝缘导线上,它沿着导线均匀缠绕在绝缘层外面,从而起到保护绝缘导线的目的,可替代目前在线路上常用的包括螺栓型在内的耐张线夹。

(2)预绞式绑线。预绞式绑线比手绑线保护导线有更大的改善。它用来保护由风摆和振动引起的磨损。相对于手绑线,预绞式绑线的材料更加坚固,安装后的质量具有良好的一致性。

(3)预绞式接续条。可分为普通接续条、钢芯铝绞线接续条(全张力接续条)、跳线接续条、T型接续条等。能弯曲的预绞式接续条可以用来连接或维修导线、钢绞线。用于导线的接续条,不管是钢芯铝绞线还是铝导线均可以恢复100%的机械强度和导电性。安装时不需使用其他工具,徒手就可以操作,十分钟内就可以完成安装,省时省力,大大提高工作效率,尤其是在偏僻的地方,无需携带和使用笨拙沉重的压缩工具。

(4)预绞式拉线耐张线夹(GDE)。预绞式拉线耐张线夹提供了一种简便的方法来固定拉线,不仅可用在电线杆上、下把,同时也可用在地锚或中间隔离绝缘子上。它的拉断力达到或超过拉线额定拉断力,同时它的制造材料和拉线的材料相同,使用寿命大大延长。独特的设计原理使得产品运行稳定可靠。

(以上资料由北京帕尔普线路器材有限公司提供。)

（1）裸线高压配电线路的边导线与建筑物之间最大风偏情况下的水平距离：高压不应小于1.5m；低压不应小于1.0m。导线与建筑物的垂直距离在最大弧垂情况下，不应小于3.0m。

（2）绝缘线高压配电线路的边导线与建筑物之间最大风偏情况下的水平距离：高压不应小于0.75m；低压不应小于0.2m。导线与建筑物的垂直距离在最大弧垂情况下，不应小于2.5m。

（3）各种导线配电线路的挡距（m），宜采用下表中数值。耐张段长度不宜大于1km。

地区 \ 导线及电压级	裸线 高压	裸线 低压	绝缘线
城 镇	40～50	40～50	＜60
郊 区	60～100	40～60	

（4）裸线高压耐张杆的跳线弧垂以0.5m为宜，横担下方不易跳线时，可通过针式绝缘子在横担上方跳线。绝缘线高压耐张杆的跳线弧垂可适当缩小。

（5）裸线配电线路每相的过引线、引下线与邻相的过引线、引下线或导线之间的净空距离：高压不应小于0.3m；低压不应小于0.15m。

（6）绝缘线配电线路每相的过引线、引下线与邻相的过引线、引下线或导线之间的净空距离：高压不应小于0.2m；低压不应小于0.05m。

（7）配电线路导线最小线间距离（m）如下：

线距电压 \ 挡距/m \ 导线	裸线 40及以下	50	60	70	80	90	100	绝缘线
高压	0.60	0.65	0.70	0.75	0.85	0.90	1.00	0.50
低压	0.30	0.40	0.45	—	—	—	—	0.30

注 1. 表中所列数值适用于导线的各种排列方式。
　　　2. 靠近电杆低压的两导线的水平距离，不应小于0.5m。

（8）同杆架设线路横担之间的最小垂直距离（m）如下：

电压类型 \ 导线及杆型	裸线 直线杆	裸线 分支或转角杆	绝缘线
高压与高压	0.80	0.45/0.60	0.50
高压与低压	1.20	1.00	1.00
低压与低压	0.60	0.30	0.30

注 转角或分支如为单回线，则分支线横担距主干线横担为0.6m；如为双回线，则分支线横担距上排主干线横担为0.45m，距下排主干线横担为0.6m。

（9）低压绝缘接户线的最小线间距离（m）如下：

架设方式		挡距	线间距离
自电杆上引下		25及以下	0.15
沿墙敷设	水平排列	4及以下	0.10
	垂直排列	6及以下	0.15

（10）绝缘线与绝缘线交叉跨越最小距离（m）如下：

线路电压	高 压	低 压
高 压	1.00	1.00
低 压	1.00	0.50

（11）裸线配电线路的导线与拉线、电杆或构架之间的净空距离：高压不应小于0.2m；低压不应小于0.1m。

（12）绝缘线配电线路的导线与拉线、电杆或构架之间的净空距离：高压不应小于0.2m；低压不应小于0.05m。

（13）裸线及绝缘线的高压引下线与低压线间的净空距离不宜小于0.2m。

（14）绝缘线配电线路与35kV及以上线路同杆架设时，两线路导线横担的垂直距离不应小于下列数值：35kV 2.0m；110kV 3.0m。

（15）跨越道路的水平拉线，对路面中心的垂直距离不应小于6m；跨越电车引车线的水平拉线，对路面中心的垂直距离不应小于9m。

（16）郊区配电线路连续直线杆超过10基时，宜适当装设防风拉线。对土质不好的地区，可根据运行经验适当增加防风拉线。

（17）混凝土杆的拉线，可不装设拉线绝缘子，如拉线从导线之间穿过，应装设拉线绝缘子。装设位置应使其在断拉线情况下，拉线绝缘子距地面不小于2.5m。

（18）变压器高、低压引下线，宜采用多股绝缘线，其截面应按变压器额定电流选择，但不应小于16mm²。

（19）电缆上杆在保护钢管内敷设时，要用沥青将保护钢管封口。

一、电力电缆型号选择

（1）35kV 及以下三芯电缆可选用铜芯或铝芯电缆。

（2）电缆型号及其适用范围。常用的电缆型号、名称及其适用范围见下表。

电缆型号及其适用范围

型号		名　称	适　用　范　围
铜芯	铝芯		
YJV	YJLV	交联聚乙烯绝缘聚氯乙烯护套电力电缆	敷设在室内外、隧道内需固定在托架上，排管中或电缆沟中以及松散土中直埋，不能承受拉力与压力
YJY	YJLY	交联聚乙烯绝缘聚氯乙烯护套电力电缆	同 YJV、YJLV 型
YJY22	YJLV22	交联聚乙烯绝缘钢带铠装聚氯乙烯护套电力电缆	可用于土壤直埋敷设，能承受机械外力作用，但不能承受大的拉力
YJV23	YJLV23	交联聚乙烯绝缘钢带铠装聚乙烯护套电力电缆	同 YJV22、YJLV22 型
YJV32	YJLV32	交联聚乙烯绝缘细钢丝铠装聚氯乙烯护套电力电缆	敷设于水中或高落土壤中，电缆能承受相当的拉力
YJV33	YJLV33	交联聚乙烯绝缘细钢丝铠装聚乙烯护套电力电缆	同 YJV23、YJLV23 型
YJV42	YJLV42	交联聚乙烯绝缘粗钢丝铠装聚氯乙烯护套电力电缆	敷设于水中或高落差较大的隧道或竖井中，电缆能承受较大的拉力
YJV43	YJLV43	交联聚乙烯绝缘粗钢丝铠装聚乙烯护套电力电缆	同 YJV42、YJLV42 型
YJLW02	YJLLW02	交联聚乙烯绝缘皱纹铝护套聚氯乙烯外护套电力电缆	可在潮湿环境及地下水位较高的地方使用，并能承受一定的压力
YJLW03	YJLLW03	交联聚乙烯绝缘皱纹铝护套聚乙烯外护套电力电缆	同 YJLW02、YJLLW02 型

二、电力电缆截面选择

（1）最大工作电流作用下的缆芯温度，不得超过按电缆使用寿命确定的允许值，持续工作回路的缆芯工作温度，应符合下表的要求。

导体最高允许温度

电缆类型	最高允许温度/℃	
	额定负荷时	短路时
聚氯乙烯绝缘	70	160
交联聚乙烯绝缘	90	250

（2）电缆导体最小截面的选择，应同时满足规划载流量和通过系统最大短路电流时热稳定的要求。

（3）连接回路在最大工作电流作用下的电压降，不得超过该回路允许值。

（4）对于 10kV 及以下电缆可根据制造厂提供的载流量，并结合考虑不同温度时的载流量校正系数、不同土壤热阻系数时的载流量校正系数、直埋多根并行敷设时的载流量校正系数来综合计算。

第三章　电力电缆配电线路		第一节　电力电缆
图号	1-3-1-1	图名　电力电缆型号及截面选择

一、结构设计要求

（1）电缆隧道及电缆沟对于地震区的可液化土地基，应按有关规范的要求对地基进行处理。

（2）覆土条件：电缆隧道及电缆沟的顶部及沟壁外部均考虑覆土，电缆隧道顶部覆土计算厚度分为 500mm、1000mm 和 2000mm 3 种。

（3）地下水位：对于覆土厚度≤500mm 的情况，地下水位要求低于自然地面下 1000mm；对于覆土厚度为 1000mm 和 2000mm 的情况，地下水位要求低于自然地面下 800mm。

（4）地基承载力 f_a（经过修正后的持力层地基承载力特征值）：沟顶覆土厚 500mm，$f_a \geq 80kPa$；沟顶覆土厚 1000mm，$f_a \geq 100kPa$；沟顶覆土厚 2000mm，$f_a \geq 130kPa$。

（5）电缆隧道不适用于湿陷性黄土，多年冻土、膨胀土、淤泥和淤泥质土、冲填土、杂填土、岩基或其他特殊土层构成的地基。如需在以上地基使用，必须按有关规范对地基进行处理。

（6）沟道顶部活荷载标准值取过重车荷载 20t，沟壁活荷载标准值取 $10kN/m^2$。

（7）土壤条件：抗浮验算时沟顶覆土重度取 $16kN/m^3$；强度计算时沟顶覆土重度取 $20kN/m^3$；沟壁侧向土压力计算时，地下水以上土的重度取 $18kN/m^3$，地下水以下土的重度取 $20kN/m^3$；土的折算内摩擦角取 $\varphi = 20°$。

（8）混凝土重度：抗浮验算混凝土重度取 $24kN/m^3$；强度计算混凝土重度取 $25kN/m^3$。

（9）结构安全等级为二级，结构重要性系数取 1.0，限制裂缝宽度 $W_{max} \leq 0.2mm$。

（10）抗震设防类别为乙类，混凝土构件抗震等级为三级。

（11）地基基础设计等级为甲级。

二、结构设计用料

（1）电缆隧道及电缆沟垫层强度等级为 C15。

（2）电缆隧道混凝土强度等级为 C30，抗渗等级为 S6。

（3）混凝土最大氯离子含量应小于 0.2%，最大间含量应小于 $3.0kg/m^3$。

（4）当混凝土有抗冻要求时，则应符合现行有关国家标准的要求。

（5）电缆沟采用 MU7.5 机制砖砌成，水泥砂浆标号不低于 M7.5。

（6）角钢电缆支架采用 Q235A 钢。

（7）钢筋：直径 $d \leq 8mm$ 为 HPB235 钢，直径 $d \geq 10mm$ 为 HRB335 钢，爬梯、预埋件采用 Q235B 钢。

第三章 电力电缆配电线路		第一节 电力电缆
图号	1-3-1-2	图名	结构设计要求和结构设计用料

（1）电缆隧道及电缆沟为防止地下水渗入，沟底及外壁周围用高分子防水卷材包封，做法详见有关标准。

（2）电缆隧道底板、顶板及沟壁均为两层钢筋，钢筋之间采用φ8mm×500mm（梅花形布置）扎接。

（3）电缆隧道每隔25m设置伸缩缝，缝宽为20mm，中间用弹性防水材料封堵。

（4）电缆隧道内部净高不宜小于1.9m时的工作通道宽度，单侧支架时不宜小于0.9m，双侧支架时不宜小于1.0m。

（5）电缆沟内部净高1.0m及1.0m以下时的工作通道宽度，单侧支架时不宜小于0.45m，双侧支架时不宜小于0.5m。内部净高超过1.0m时的工作通道宽度，单侧支架时不宜小于0.6m，双侧支架时不宜小于0.7m。

（6）电缆隧道内工作通道，设计有人行步道，步道宽0.5m，高0.1m，用C20素混凝土浇制。

（7）组合悬挂式玻璃钢支架及承插式玻璃钢支架，用于敷设10kV及以下的三芯电力电缆，其支架由厂家直接供给，并含支架所需的预埋件。平板型玻璃钢支架，用于敷设35kV及以上的单芯电力电缆，其支架的制作由厂家照设计图纸加工，预埋件也按设计要求由厂家加工并供给。

（8）电缆隧道每50～60m做一个直通型工作井，T形隧道接口处做三通型工作井，十字形隧道接口处做四通型工作井。

（9）电缆隧道的角钢电缆支架上下各用一根—50mm扁铁焊接联通，并从隧道上部引出与接地装置焊接。

（10）电缆排管在浇制混凝土时预埋两根—50mm扁铁，从端头引出与接地装置焊接。

（11）电缆排管直线段每60m做一个直通型工作井，所有转弯处必须做工作井，T形排管接口处做三通型工作井，十字形排管接口处做四通型工作井。

（12）在电缆隧道及电缆排管的工作井内，必须将隧道、排管各端的接地扁铁连通。

（13）电力电缆敷设时应考虑一定数量的裕长，

在电缆路径的两端应设置电缆裕沟。路径较长时，根据需要在路径的中部也应设置一个或几个电缆裕沟。

（14）工作井内的爬梯，施工图中设计为活动的悬挂式角钢爬梯，还备有可固定的圆管爬梯，可随意选用。若使用固定的圆管爬梯，可在井口壁及底部浇制预埋件，并与爬梯焊接。

（15）电缆隧道浇灌或电缆沟砌制时，应将支架所需预埋件按尺寸要求埋入沟壁内，以备焊接或安装电缆支架使用。

（16）电缆隧道混凝土护层：墙、顶板为30mm；底板为40mm。

（17）电缆隧道内未考虑低压照明，设计可选用一定数量的应急照明灯。

（18）电力电缆的金属层必须接地，三芯电缆的金属护层，应在电缆线路两终端和接头处实施接地。

（19）单芯电力电缆的金属护层上任一点非直接接地处的正常感应电压不得大于50V，线路较短时，电缆金属护层可一端直接接地，另一端经保护接地；线路较长时，电缆中间部位的金属护层可直接接地，两端的金属护层采用保护接地；若线路很长，可将线路分成多个单元，金属护层采用交叉互联接地，且应满足每个单元任一点非直接接地的感应电压不得大于50V的要求。

（20）电力电缆接地装置的工频接地电阻，不得大于4Ω。否则应延长接地极，或采取其他降阻措施，以达到要求为止。

（21）电缆隧道及电缆沟内的电缆支架，设计有角钢支架、组合悬挂式玻璃钢支架、承插式玻璃钢支架、平板型玻璃钢支架4种形式。各种支架所需的预埋件不同，要根据支架形式，选定所需的预埋件施工图，在沟道施工时把预埋件埋置在沟壁内。

（22）缆隧道及电缆沟内采用玻璃钢支架时，考虑电缆的接地需求，每隔50m可采用一组角钢支架，并与接地扁铁及接地装置焊接。

（23）电力电缆敷设在隧道中应考虑防火，对易受外部影响引起火灾的电缆密集场所，应设置阻火隔墙或刷防火涂料，最好采用阻燃电缆。

一、一般要求

（1）敷设电缆前应检查电缆是否有机械损伤。

（2）敷设的全部路径应满足所使用的电缆允许弯曲半径要求。

（3）敷设的路径应尽量避开和减少穿越地下管道（包括热力管道、上下水管道、煤气管道等）公路、铁路及通信电缆等。

（4）电缆支持点间距离：本图集按水平敷设时电力电缆为 1000mm，控制电缆为 800mm；垂直敷设时电力电缆为 1500mm，控制电缆为 1000mm。

（5）电缆层架间距：本图集按 6～10kV 交联聚乙烯绝缘电缆为 200～250mm，控制电缆为 120mm；当采用难燃封闭槽盒时，层架间距为 $h+80$（h 表示槽盒外壳高度）设计。

（6）电缆在支架上水平敷设时，电力电缆间净距不应小于 35mm，且不应小于电缆外径。控制电缆间净距不作规定。在沟底敷设时 1kV 以上的电力电缆与控制电缆间净距不应小于 100mm。

（7）电缆在支架上水平敷设时，在终端、转弯及接头两侧应加以固定，垂直敷设则在每一支持点处固定。

（8）敷设电缆和计算电缆长度时，均应留有一定的裕量。

（9）电缆在室外明敷时，宜有遮阳措施。

（10）对运行中可能遭受机械损伤的电缆部位（如在非电气人员经常活动的地坪以上 2m 及地中引出的地坪下 0.2m 范围）应采取保护措施。

二、直埋敷设

（1）敷设深度不应小于 0.7m。

（2）当冻土层厚超过 0.7m 时，应将电缆敷设在冻土层下或采取防护措施。

（3）禁止电缆在其他管道上下平行敷设。

（4）直埋电缆敷设前应将沟底铲平夯实。

（5）电力电缆直埋敷在壕沟里，必须按施工图要求上下铺砂，并沿电缆路径全线覆盖混凝土盖板，电缆路径上面在转角处及直线部分每 50m 铺设电缆标志块或埋设电缆标志桩。

（6）电力电缆直埋敷设的回填土应无杂质，并对电缆无腐蚀性。

（7）直埋敷设的电力电缆与公路交叉时，应穿入保护管内，保护范围应超出路基 2.5m 以上。

（8）直埋敷设的电力电缆与铁路交叉时，应穿入保护管内，保护范围应超出路基，并超出铁路两侧的排水沟 0.5m 以上。

（9）电力电缆保护管内壁应光滑无毛刺，保护管内径不小于电缆外径的 1.5 倍。

三、敷设于保护管或排管内

（1）保护管或排管内径不应小于电缆外径的 1.5 倍。

（2）保护管的弯曲半径不应小于所穿电缆的最小允许弯曲半径。

（3）当电缆有中间接头时，应放在电缆工作井中。

（4）一般每管只穿一根电缆。

（5）电缆进入排管的端口处应有防止电缆外护层受到磨损的措施。

（6）石棉水泥管，混凝土管块电缆排管穿过铁路、公路及有重型车辆通过的场所时，应选用混凝土包封敷设方式。当石棉水泥管排管敷设在可能发生位移的土壤中（如流沙层、8 度及以上地震基本裂度区、回填土地段等）应选用钢筋混凝土包封敷设方式。当石棉水泥管顶距地面不足 500mm 时，应根据工程实际另行计算确定配筋数量。

第三章 电力电缆配电线路			第二节 电力电缆配电线路施工
图号	1-3-2-2	图名	电力电缆敷设要求（一）

（7）敷设电缆排管时，排管向工作井侧应有不小于0.5%的排水坡度。

（8）电缆排管应在终端、分支处、敷设方向及标高变化处设置工作井。在直线段工作井间的距离不宜大于100m。

四、敷设于电缆构筑物中

（1）在电缆隧道、电缆沟、夹层等中有重要回路电缆时，严禁含有易燃气、油管路，也不得含有可能影响环境温升持续超过5℃的供热管路。

（2）电缆沟、电缆隧道应考虑分段排水，底部向集水井应有不小于0.5%的坡度，每隔50m设一集水井。

（3）电缆在支架上敷设时，电力电缆在上，控制电缆在下。1kV以下的电力电缆和控制电缆可并列敷设，当双侧设有支架时，1kV以下的电力电缆和控制电缆，尽可能与1kV以上的电力电缆分别敷于不同侧支架上，当并列明敷时，其净距不应小于150mm。

（4）电缆隧道长度大于7m时，两端应设出口。当长度小于7m时，可设一个出口。两个出口间距超过75m时应增加出口。

（5）电缆隧道内应有照明，电压不超过36V。

（6）电缆沟、隧道一般采用自然通风。电缆沟和隧道内的温度不应超过最热月的日最高温度平均值加5℃，如缺乏准确计算资料，则当功率损失达150～200W/m时，应考虑机械通风。具体工程设计应与通风专业密切配合。

五、电缆阻火

（1）电缆进入沟、隧道、夹层、竖井、工作井、建筑物以及配电屏、开关柜、控制屏、保护屏时，应做阻火封堵。电缆穿入保护管时管口应密封。

（2）在电缆隧道及重要回路电缆沟中，应在下列部位设置阻火墙：

1）电缆沟、隧道的分支处。

2）电缆进入控制室、配电装置室、建筑物和厂区围墙处。

3）长距离电缆沟、隧道每相距100m处应设置带防火门的阻火墙。

六、其他要求

（1）各种金属构件、配件均须采取有效防腐措施。

（2）本图集如与颁布的相关国家标准、规范有不一致之处，以及图中未尽事宜应遵照国家标准规范执行。

第三章　电力电缆配电线路			第二节　电力电缆配电线路施工	
图号	1-3-2-3	图名	电力电缆敷设要求（二）	

一、一般规定

(1) 电缆通道畅通,排水良好。金属部分的防腐层完整。隧道内照明、通风符合设计要求。

(2) 电缆型号、电压、规格、长度、附件符合设计要求。

(3) 电缆外观应无损伤、绝缘良好,当对电缆的密封有怀疑时,应进行潮湿判断;直埋电缆与水底电缆应经试验合格。

(4) 在带电区域内敷设电缆,应有可靠的安全措施。

(5) 电缆敷设时,不应损坏电缆构筑物(电缆沟、隧道、电缆井和防水层)。

(6) 三相四线制系统中应采用四芯电力电缆,不应采用三芯电缆另加一根单芯电缆或以导线、电缆金属护套作中性线。

(7) 电缆各支持点间的距离应符合相关规定。电缆的最小弯曲半径应符合下表中的规定。

电缆形式		多芯	单芯
控制电缆		10D	
橡皮绝缘电力电缆	无铅包、钢铠护套	10D	
	裸铅包护套	15D	
	钢铠护套	20D	
聚氯乙烯绝缘电力电缆		10D	
交联聚乙烯绝缘电力电缆		15D	20D
油浸纸绝缘电力电缆	铅包	30D	
	铅包 有铠装	15D	20D
	无铠装	20D	
自容式充油(铅包)电缆			20D

注 表中 D 为电缆外径。

(8) 黏性油浸纸绝缘电缆最高点与最低点之间的最大位差,不应超过下表中的规定,当不满足要求时,应采用适应于高位差的电缆。

电压/kV	电缆护层结构	最大允许敷设位差/m
1	无铠装	20
	铠装	25
6~10	铠装或无铠装	15
35	铠装或无铠装	5

(9) 敷设电缆时,电缆允许敷设最低温度,在敷设前 24h 内的平均温度以及敷设现场的温度不应低于下表中的规定;当温度低于下表中的规定值时,应采取措施。

电缆类型	电缆结构	允许敷设最低温度/℃
油浸纸绝缘电力电缆	充油电缆	-10
	其他油纸电缆	0
橡皮绝缘电力电缆	橡皮或聚乙烯护套	-15
	裸铅套	-20
	铅护套钢带铠装	-7
塑料绝缘电力电缆	—	0
控制电缆	耐寒护套	-20
	橡皮绝缘聚乙烯护套	-15
	聚氯乙烯绝缘聚氯乙烯护套	-10

二、机械敷设电缆工艺规定

(1) 电缆放线架应放置稳妥、位置合适,钢轴的强度和长度应与电缆盘重量和宽度相配合。敷设前应按设计和实际路径计算每根电缆长度,合理安排每盘电缆,减少电缆接头。

(2) 电缆敷设时,电缆应从盘的上端引出,不应使电缆在支架上及地面摩擦拖拉。电缆上不得有铠装压扁、电缆绞拧、护层折裂等未消除的机械损伤。

(3) 用机械敷设电缆时的最大牵引强度(N/mm²)宜符合下表中的规定,充油电缆总拉力不应超过 27kN。

牵引方式	牵引头		钢丝网套		
受力部位	铜芯	铝芯	铅套	铝套	塑料护套
允许牵引强度	70	40	10	40	7

(4) 用机械敷设电缆的速度不宜超过 15m/min。110kV 及以上电缆或在较复杂路径上敷设时,其速度应适当放慢。

(5) 在复杂的条件下用机械敷设大截面电缆时,应进行施工组织设计,确定敷设方法、线盘架设位置、电缆牵引方向,校核牵引力和侧压力,配备敷设人员和机具。

第三章 电力电缆配电线路		第二节 电力电缆配电线路施工
图号	1-3-2-4	图名 电缆敷设施工工艺规定(一)

（6）机械敷设电缆时，应在牵引头或钢丝网套与牵引钢铠之间装设防捻器。

三、电力电缆接头的布置应符合下列要求

（1）并列敷设的电缆，其接头的位置要相互错开。

（2）电缆明敷时的接头，应用托板托置固定。

（3）直埋电缆接头盒外面应有防止机械损伤的保护盒（环氧树脂接头盒除外）。位于冻土层内的保护盒，盒内宜注以沥青。

四、电缆的固定工艺要求

（1）电缆敷设时应排列整齐，不宜交叉，加以固定，并及时装设标志牌。

（2）在下列地方应将电缆加以固定：

1）垂直敷设或超过45°倾斜敷设的电缆在每个支架上；桥架上每隔2m处；

2）水平敷设的电缆，在电缆首末两端及转弯、电缆接头的两端处；当对电缆间距有要求时，每隔5～10m处；

3）单芯电缆的固定应符合设计要求。

（3）交流系统的单芯电缆或分相后的分相铅套电缆的固定夹具不应构成闭合磁路。

（4）裸铅（铝）套电缆的固定处，应加软衬垫保护。

（5）护层有绝缘要求的电缆，在固定处应加绝缘衬垫。

五、标志牌的装设要求

（1）在电缆终端头、电缆接头、拐弯处、夹层内、隧道及竖井的两端、人井内等地方，电缆上应装设标志牌。

（2）标志牌上应注明线路编号。当无编号时，应写明电缆型号、规格及起讫地点；并联使用的电缆应有顺序号。标志牌的字迹应清晰不易脱落。

（3）标志牌规格宜统一。标志牌应能防腐，挂装应牢固。

六、绝缘和封闭要求

（1）沿电气化铁路或有电气化铁路通过的桥梁上明敷电缆的金属护层或电缆金属管道，应沿其全长与金属支架或桥梁的金属构件绝缘。

（2）电缆进入电缆沟、隧道、竖井、建筑物、盘（柜）以及穿入管子时，出入口应封闭，管口应密封。

七、电缆的排列要求

（1）电力电缆和控制电缆不应配置在同一层支架上。

（2）高低压电力电缆，强电、弱电控制电缆应按顺序分层配置，一般情况宜由上而下配置，但在含有35kV以上高压电缆引入柜盘时，为满足弯曲半径要求，可由下而上配置。

八、电缆在支架上的敷设要求

（1）控制电缆在普通支架上，不宜超过1层，桥架上不宜超过3层。

（2）交流三芯电力电缆，在普通支吊架上不宜超过1层，桥架上不宜超过2层。

（3）交流单芯电力电缆，应布置在同侧支架上，当按紧贴的正三角形排列时，应每隔1m用绑带扎牢。

九、其他

（1）电缆与热力管道、热力设备之间的净距，平行时应不小于1m，交叉时应不小于0.5m，当受条件限制时，应采取隔热保护措施。电缆通道应避开锅炉的看火孔和制粉系统的防爆门；当受条件限制时，应采取穿管或封闭槽盒等隔热防火措施。电缆不宜平行敷设于热力设备和热力管道的上部。

（2）明敷在室内及电缆沟、隧道、竖井内带有麻护层的电缆，应剥除麻护层，并对其铠装加以防腐。

（3）电缆敷设完毕后，应及时清除杂物，盖好盖板。必要时，尚应将盖板缝隙密封。

一、电缆头的作用和分类

电缆中间头和电缆终端头统称为电缆头，是电缆线路中的重要组成部分，它起着导电、绝缘和密封的作用。

(1) 电缆终端头是电缆与其他电气设备可靠连接和满足一定绝缘和密封要求的电缆末端附件。电缆终端头有户内和户外之分。户外电缆头必须有良好的密封和防水结构，并适应环境（污秽等）和气候的变化。户内电缆头比较简单。

(2) 电缆中间头是将一段电缆与另一段电缆连接起来的电缆连续附件。因为电缆头的安装质量决定电缆运行的质量（统计表明我国电缆线路的事故70%左右发生在电缆头上），所以对电缆头的安装必须严格要求。

二、对电缆头的基本要求

(1) 有良好的导体连接。要求电缆头的接触电阻小而稳定，接头电阻与同长度、同截面、同材料的导体电阻的比值，对新安装电缆头不大于1；对运行中的电缆头应不大于1.2；电缆头要有足够的抗拉强度，对于固定敷设的电力电缆，接头的抗拉强度应达到导体抗拉强度的50%，不同金属连接，例如铜、铝不同材料电缆连接应使两种金属分子互相渗透，例如采用铜、铝摩擦焊和铜、铝闪光焊。

(2) 要求绝缘可靠，并有一定裕度。

(3) 要求良好的密封来保证绝缘不受潮、不变质、不流失。

(4) 电缆头要求结构简单、体积小、材料省，安装维修方便，并兼顾外形美观。

三、对电缆头绝缘材料的要求

电缆头的质量、绝缘水平和使用寿命与电缆头使用的绝缘材料有直接关系，因此，对电缆头所使用的绝缘胶和绝缘带，性能必须良好，具体有以下几点要求。

(1) 对绝缘胶的要求。

1) 绝缘胶要有足够的黏度，在运行温度下，绝缘胶不能流失或流入电缆内，以免造成绝缘水平下降或使电缆铅皮过度膨胀而损坏。

2) 硬质合成胶不能太脆，并应有良好的黏附力，以免绝缘开裂而造成电缆吸潮进水。

3) 绝缘胶的收缩率不可过大，一般为0.0005～

0.0007m/℃，在绝缘胶冷却收缩的过程中，由于表面张力的作用，使其中间部分凹陷，形成锥形凹面，其深度称为"收缩深度"，在制作电缆头时，要考虑到绝缘胶的热胀冷缩特性，以确保收缩深度不致过大。

4) 绝缘胶要有良好的化学稳定性，对所接触金具、缆芯及其他绝缘材料，不应有腐蚀性。

5) 绝缘胶的电气性能（主要考虑交流击穿强度和介质损耗）均应符合要求，介质损耗随深度的变化不可过大，否则在运行中会导致绝缘层热状态的恶性循环，以造成热击穿。

(2) 对绝缘带的要求。对绝缘带，除满足电气性能和化学性能外，还应有一定的弹性、耐油性和耐热性，如果将电缆按电缆头设计切割为成型纸卷，并经真空干燥、浸渍处理，以此代替绝缘带，可以提高安装质量与功效。

(3) 对电缆头的其他要求：应符合国家标准有关规定。

四、电缆终端和接头制作的一般规定和准备工作

(1) 电缆终端与接头的制作，应由经过培训的熟悉工艺的人员进行。

(2) 电缆终端及接头制作时，应严格遵守制作工艺规程；充油电缆尚应遵守油务及真空工艺等有关规程的规定。

(3) 在室外制作6kV及以上电缆终端与接头时，其空气相对湿度宜为70%及以下；当湿度大时，可提高环境温度或加热电缆。制作塑料绝缘电力电缆终端与接头时，应防止尘埃、杂物落入绝缘内。严禁在雾或雨中施工。在室内及充油电缆施工现场应备有消防器材。室内或隧道中施工应有临时电源。

五、10kV及以下电缆终端与接头应符合的要求

(1) 形式、规格应与电缆类型如电压、芯数、截面、护层结构和环境要求一致。

(2) 结构应简单、紧凑、便于安装。

(3) 所用材料、部件应符合技术要求。

(4) 主要性能应符合现行国家标准《额定电压26/35kV及以下电力电缆附件基本技术要求》(GB 11033) 的规定。

第三章　电力电缆配电线路		第三节　电缆头
图号	1-3-3-1	图名　电缆头制作工艺（一）

六、附加绝缘材料和连接金具

（1）采用的附加绝缘材料除电气性能应满足要求外，尚应与电缆本体绝缘具有相容性。两种材料的硬度、膨胀系数、抗张强度和断裂伸长率等物理性能指标应接近。橡塑绝缘电缆应采用弹性大、黏接性能好的材料作为附加绝缘。

（2）电缆线芯连接金具，应采用符合标准的连接管和接线端子，其内径应与电缆线芯紧密配合，间隙不应过大；截面宜为线芯截面的1.2~1.5倍。采用压接时，压接钳和模具应符合规格要求。

（3）电力电缆接地线应采用铜绞线或镀锡铜编织线，其截面面积不应小于表1规定。110kV及以上电缆的截面面积应符合设计规定。

表1　　　　　电缆终端接地线截面

电缆截面 /mm²	接地线截面 /mm²	电缆截面 /mm²	接地线截面 /mm²
120及以下	16	150及以上	25

七、制作电缆终端和接头要求

制作电缆终端和接头前，应熟悉安装工艺资料，做好检查，并符合下列要求。

（1）电缆绝缘状况良好，无受潮；塑料电缆内不得进水；充油电缆施工前应对电缆本体、压力箱、电缆油桶及纸卷桶逐个取油样，做电气性能试验，并应符合标准。

（2）附件规格应与电缆一致；零部件应齐全无损伤；绝缘材料不得受潮；密封材料不得失效。壳体结构附件应预先组装，清洁内壁；试验密封，结构尺寸符合要求。

（3）施工用机具齐全，便于操作，状况清洁，

消耗材料齐备，清洁塑料绝缘表面的溶剂宜遵循工艺导则准备。

（4）必要时应进行试装配。

八、控制电缆连接要求

控制电缆在下列情况下可有接头，但必须连接牢固，并不应受到机械拉力。

（1）当敷设的长度超过其制造长度时。

（2）必须延长已敷设竣工的控制电缆时。

（3）当消除使用中的电缆故障时。

九、电缆头制作工艺要求

（1）制作电缆终端与接头，从剥切电缆开始应连续操作直至完成，缩短绝缘暴露时间。剥切电缆时不应损伤线芯和保留的绝缘层。附加绝缘的包绕、装配、热缩等应清洁。

（2）充油电缆线路有接头时，应先制作接头；两端有位差时，应先制作低位终端头。

（3）电缆终端和接头应采取加强绝缘、密封防潮、机械保护等措施。6kV及以上电力电缆的终端和接头，尚应有改善电缆屏蔽端部电场集中的有效措施，并应确保外绝缘相间距离和对地距离。

（4）35kV及以下电缆在剥切线芯绝缘、屏蔽、金属护套时，线芯沿绝缘表面至最近接地点（屏蔽或金属护套端部）的最小距离应符合表2的要求。

表2　　　　　电缆终端和接头中最小距离

额定电压 /kV	最小距离 /mm	额定电压 /kV	最小距离 /mm
1	50	10	125
6	100	35	250

（5）塑料绝缘电缆在制作终端头和接头时，应彻底清除半导电屏蔽层。对包带石墨屏蔽层，应使用溶剂擦去碳迹；对挤出屏蔽层，剥除时不得损伤绝缘表面，屏蔽端部应平整。

（6）三芯油纸绝缘电缆应保留统包绝缘 25mm，不得损伤。剥除屏蔽碳墨纸，端部应平整。弯曲线芯时应均匀用力，不应损伤绝缘纸；线芯弯曲半径不应小于其直径的 10 倍。包缠或灌注、填充绝缘材料时，应消除线芯分支处的气隙。

（7）充油电缆终端和接头包绕附加绝缘时，不得完全关闭压力箱。制作中和真空处理时，从电缆中渗出的油应及时排出，不得积存在瓷套或壳体内。

（8）电缆线芯连接时，应除去线芯和连接管内壁油污及氧化层。压接模具与金具应配合恰当。压缩比应符合要求。压接后应将端子或连接管上的凸痕修理光滑，不得残留毛刺。采用锡焊连接铜芯，应使用中性焊锡膏，不得烧伤绝缘。

（9）三芯电力电缆接头两侧电缆的金属屏蔽层（或金属套）、铠装层应分别连接良好，不得中断，跨接线的截面不应小于上页表 1 的接地线截面的规定。直埋电缆接头的金属外壳及电缆的金属护层应做防腐处理。

（10）三芯电力电缆终端处的金属护层必须接地良好；塑料电缆每相铜屏蔽和钢铠应锡焊接地线。电缆通过零序电流互感器时，电缆金属护层和接地线应对地绝缘，电缆接地点在互感器以下时，接地线应直接接地；接地点在互感器以上时，接地线应穿过互感器接地。

（11）装配、组合电缆终端和接头时，各部件间的配合或搭接处必须采取堵漏、防潮和密封措施。铅包电缆铅封时应擦去表面氧化物；搪铅时间不宜过长，铅封必须密实无气孔。充油电缆的铅封应分两次进行，第一次封堵油，第二次成形和加强，高位差铅封应用环氧树脂加固。

塑料电缆宜采用自黏带、黏胶带、胶黏剂（热熔胶）等方式密封，塑料护套表面应打毛，黏结表面应用溶剂除去油污，黏结应良好。

电缆终端、接头及充油电缆供油管路均不应有渗漏。

（12）充油电缆供油系统的安装应符合下列要求：

1）供油系统的金属油管与电缆终端间应有绝缘接头，其绝缘强度不低于电缆外护层；

2）当每相设置多台压力箱时，应并联连接；

3）每相电缆线路应装设油压监视或报警装置；

4）仪表应安装牢固，室外仪表有防雨措施，施工结束后应进行整定；

5）调整压力油箱的油压，使其在任何情况下都不应超过电缆允许的压力范围。

（13）电缆终端上应有明显的相色标志，且应与系统的相色一致。控制电缆终端可采用一般包扎，接头应有防潮措施。

第三章　电力电缆配电线路		第三节　电缆头	
图号	1-3-3-3	图名	电缆头制作工艺（三）

一、设计目的和设计范围

（1）设计目的。为确保 10kV 变电站的建设达到安全、经济、供电可靠、技术先进、运行方便，所以必须按《10kV 及以下变电站设计规范》及其他有关规定，对 10kV 变电站进行精心设计，力求达到各地变电站的统一标准，做到标准化、规范化。

（2）10kV 变电站设计的范围。本节所编 10kV 变电站包括 10kV 杆上变压器台、10kV 露天变电站、10kV 电力变压器室（包括内、外附车间变压所）以及新型的全密闭变电站（箱式变电站）等各种类型变电站的布置，安装方式及有关设备材料加工的图纸。

二、所址选择的原则及应注意的问题

（1）所址选择的一般原则：①变电站应靠近负荷中心并尽量接近电源侧；②进出线方便并有利于运行维护及事故处理；③避开有剧烈振动场所和高温场所；也不宜设在多尘或有腐蚀性气体的场所。

（2）选择所址应注意的几个问题：①不应设在厕所、浴室或其他经常积水场所的正下方，且不与上述场所相贴邻；②不应设在有爆炸或火灾危险环境的正上方或正下方。当受环境限制，需要与有爆炸或火灾危险环境的建筑物毗连时，应符合国家标准《爆炸和火灾危险环境电力装置设计规范》的规定；③远离或避开有爆炸和火灾危险的场所，并符合《爆炸和火灾危险环境电力装置设计规范》和《高层民用建筑设计防火规范》等有关规定；④杆上变台、露天变电站还应注意防火、防爆、防尘，并离开有上述危险的场所。

三、对变配电所（站）电气部分的一般规定

（1）配电装置的布置和导体、电器、架构的选择，应符合正常运行、检修、短路和过电压等情况的要求。

（2）配电装置各回路的相序排列应一致，硬导体应涂刷相色油漆或相色标志。色别应为 L1 相黄色，L2 相绿色，L3 相红色。

（3）海拔超过 1000m 的地区，配电装置应选择适用于该海拔高度的电器和电瓷产品，其外部绝缘的冲击和工频试验电压，应符合现行国家标准《高压电气设备绝缘试验电压和试验方法》的有关规定。

（4）电气设备外露可导电部分，必须与接地装置有可靠的电气连接。成排的配电装置的两端均应与接地线相连。

四、对电气主接线的基本要求

（1）变配电站的主接线应根据电源情况、负荷性质及大小、供电范围等具体情况，经过经济、技术分析而定，要求接线简单、运行灵活、供电可靠。

（2）配、变电站的高、低压母线，宜采用单母线或单母线分段，当供电连续性要求较高时，高压母线可采用分段单母线带旁路或双母线接线，同一用户的两台变压器，要分列运行。

（3）全厂（或全区）只有一台容量较小的变压器时，其一次侧不宜设高压开关柜。

五、对电气主接线相关电气设备选型规定

（1）变配电站专用电源线的开关宜采用断路器或带熔断器的负荷开关，当无继电保护或自动装置要求时，且出线回路少无需带负荷操作时，可采用隔离开关或跌落式熔断器做保护电器。

（2）总配电站以放射型向各分配电站供电时，该分配电站的电源进线开关宜采用隔离开关或隔离触头，当分配电站需要带负荷操作或继电保护、自动装置有要求时，应采用断路器。

（3）变配电站的 10kV 或 6kV 非专用电源的进线侧，应装设带保护的开关设备。

（4）10kV 或 6kV 母线的分段处宜装设断路器，当不需带负荷操作且无继电保护和自动装置时，可装设隔离开关或隔离触头。

（5）变配电站的引出线宜装设断路器。当满足继电保护和操作要求时，可装设带熔断器的负荷开关。

第四章	10kV/0.4kV变配电所（站）	第一节 设计
图号	1-4-1-1	图名	10kV/0.4kV变配电所（站）设计规定（一）

(6) 向频繁操作的高压用电设备供电的出线开关兼做操作开关时应采用具有频繁操作性能的断路器。

(7) 10kV 或 6kV 固定式配电装置的出线侧，在架空出线回路或有反馈可能的电缆出线回路中，应装设线路隔离开关。

(8) 采用 10kV 或 6kV 熔断器负荷开关固定式配电装置时，应在电源侧装设隔离开关。

(9) 接在母线上的避雷器和电压互感器，宜合用一组隔离开关，配电站、变电站架空进、出线上的避雷器回路中，可不装设隔离开关。

(10) 由地区电网供电的配电站电源进线处，宜装设供计费用的专用电压、电流互感器。

六、变压器一次侧开关的装设规定

(1) 以树干式供电时，应装设带保护的开关设备或跌落式熔断器。

(2) 以放射式供电时，宜装设隔离开关或负荷开关。当变压器在本配电站内时，可不装设开关。

(3) 变压器低压侧电压为 0.4kV 的总开关，宜采用低压断路器或隔离开关。当有继电保护或自动切换电源要求时，低压侧总开关和母线分段开关均应采用低压断路器。

(4) 当低压母线为双电源，变压器低压侧总开关和母线分段开关采用低压断路器时，在总开关的出线侧及母线分段开关的两侧，宜装设闸刀开关或隔离触头。

七、变压器的选择

(1) 变压器台数应根据负荷特点和经济运行进行选择。当符合下列条件之一时，宜装设两台及以上变压器：①有大量一级或二级负荷时，应设两台变压器，当一台故障或检修时，另一台应保证重要负荷不停电；②季节性负荷变化较大，此时可选两台容量不等的变压器，根据负荷变化而停运一台；③集中负荷较大。可用两台或多台分列运行。装有两台及以上变压器的变电站，当其中任一台变压器断开时，其余变压器的容量应满足一级负荷及二级负荷的用电。

(2) 变电站中单台变压器（低压为 0.4kV）的容量不宜大于 1250kVA。

(3) 在一般情况下，动力和照明宜共用变压器。当属下列情况之一时，可设专用变压器：①当照明负荷较大或动力和照明采用共用变压器严重影响照明质量及灯泡寿命时，可设照明专用变压器；②单台单相负荷较大时，宜设单相变压器；③冲击性负荷较大，严重影响电能质量时，可设冲击负荷专用变压器；④在电源系统不接地或经阻抗接地，电气装置外露导电体就地接地系统（IT系统）的低压电网中，照明负荷应设专用变压器；⑤道路路灯照明用电可设单独路灯照明专用变压器。

(4) 多层或高层主体建筑内变电站，宜选用不燃或难燃型变压器，例如干式变压器。

(5) 在多尘或有腐蚀性气体严重影响变压器安全运行的场所，应选用防尘型或防腐型变压器。

(6) 新装变压器应采用低损耗节能变压器。

八、变配电所（站）的自用电源

(1) 配电站所用电源宜引自就近的配电变压器 220V/380V 侧。重要或规模较大的配电站，宜设所用变压器。柜内所用可燃油油浸变压器的油量应小于 100kg。

(2) 采用交流操作时，供操作、控制、保护、信号等的所用电源，可引自电压互感器。

(3) 当电磁操动机构采用硅整流合闸时，宜设两回路所用电源，其中一路应引自接在电源进线断路器前面的所用变压器。

九、操作电源

(1) 供一级负荷的配电站或大型配电站，当装有电磁操动机构的断路器时，应采用 220V/110V 蓄电池组作为合、分闸直流操作电源；当装有弹簧储能操动机构的断路器时，宜采用小容量镉镍电池装置作为合、分闸操作电源。

(2) 中型配电站当装有电磁操动机构的断路器时，合闸电源宜采用硅整流，分闸电源可采用小容量镉镍电池装置或电容储能。对重要负荷供电时，合、分闸电源宜采用镉镍电池装置。当装有弹簧储能操动机构的断路器时，宜采用小容量镉镍电池装置或电容储能式硅整流作为合、分闸操作电源。采用硅整流作为电磁操动机构合闸电源时，应校核该整流合闸电源能保证断路器在事故情况下可靠合闸。

(3) 小型配电站宜采用弹簧储能操动机构合闸和分闸的全交流操作。

十、变配电所（站）形式的选定原则

(1) 变配电所（站）的形式应根据用电负荷的状况和周围环境确定。

(2) 负荷较大的车间和站房，宜设附设变电站或半露天变电站。

(3) 负荷较大的多跨厂房，负荷中心在厂房中部且环境许可时，宜设车间内变电站或组合式成套变电站。

第四章	10kV/0.4kV变配电所（站）	第一节　设计
图号	1-4-1-2	图名
		10kV/0.4kV变配电所（站）设计规定（二）

（4）高层或大型民用建筑内，宜设室内变电站或组合式成套变电站；负荷小而分散的工业企业和大中城市的居民区，宜设独立变电站，有条件时也可附设变电站或户外箱式变电站。

（5）环境允许的中小城镇居民区和工厂的生活区，当变压器容量在315kVA及以下时，可采用杆上变压器或露天台式变压器变电站。变压器台架应按最终容量一次建成。

十一、变配电装置的布置要求

（1）带可燃性油的高压配电装置，宜装设在单独的高压配电室内。当高压开关柜的数量为6台及以下时，可与低压配电屏设置在同一房间内。

（2）不带可燃性油的高、低压配电装置和非油浸的电力变压器，可设置在同一房间内。具有符合IP3X防护等级外壳的不带可燃性油的高、低压配电装置和非油浸的电力变压器，当环境允许时，可相互靠近布置在车间内。IP3X防护要求应符合现行国家标准《低压电器外壳防护等级》的规定，能防止直径大于2.5mm的固体异物进入壳内。

（3）室内变电站的每台油量为100kg及以上的三相变压器，应设在单独的变压器室内。

（4）在同一配电室内单列布置高、低压配电装

置时，当高压开关柜或低压配电屏顶面有裸露带电导体时，两者之间的净距不应小于2m；当高压开关柜和低压配电屏的顶面封闭外壳防护等级符合IP2X级时，两者可靠近布置。IP2X防护要求应符合现行国家标准《低压电器外壳防护等级》的规定，能防止直径大于12mm的固体异物进入壳内。

（5）变电站宜单层布置。当采用双层布置时，变压器应设在底层。设于二层的配电室应设搬运设备通道、平台或孔洞。

（6）高（低）压配电室内，宜留有适当数量配电装置的备用位置。

（7）高压配电装置的柜顶为裸母线分段时，两段母线分段处宜装设绝缘隔板，其高度不应小于0.3m。

十二、通道及围栏要求

（1）室内、外配电装置的最小电气安全净距，应符合表1中的规定。

（2）露天或半露天变电站的变压器四周应设不低于1.7m高的固定围栏（墙）。变压器外廓与围栏（墙）的净距不应小于0.8m，变压器底部距地面不应小于0.3m，相邻变压器外廓之间的净距不应小于1.5m。

表1		室内、外配电装置的最小电气安全净距				单位：mm
适 用 范 围	地点	额定电压/kV				
		＜0.5	3	6	10	
无遮拦裸带电部分至地（楼）面之间	室内	屏前2500 屏后2300	2500	2500	2500	
	室外	2500	2700	2700	2700	
有IP2X防护等级遮拦的通道净高	室内	1900	1099	1900	1900	
裸带电部分至接地部分和不同相的裸带电部分之间	室内	20	75	100	125	
	室外	75	200	200	200	
距地（楼）面2500mm以下裸带电部分的遮拦等级为IP2X时	室内	100	175	200	225	
	室外	175	300	300	300	
不同时停电检修的无遮拦裸导体之间的水平距离	室内	1875	1875	1900	1925	
	室外	2000	2200	2200	2200	
裸带电部分至无孔固定遮拦	室内	50	105	130	155	
裸带电部分至用钥匙或工具才能打开或拆卸的栅栏	室内	800	825	850	875	
	室外	825	950	950	950	
低压母排引出线或高压引出线的套管至屋外人行通道地面	室外	3650	4000	4000	4000	

第四章	10kV/0.4kV变配电所（站）		第一节 设计
图号	1-4-1-3	图名	10kV/0.4kV变配电所（站）设计规定（三）

（3）当露天或半露天变压器供给一级负荷用电时，相邻的可燃油油浸变压器的防火净距不应小于5m，若小于5m时，应设置防火墙。防火墙应高出油枕顶部，且墙两端应大于挡油设施各0.5m。

（4）可燃油油浸变压器外廊与变压器室墙壁和门的最小净距，应符合表2中的规定。

表2　可燃油油浸变压器外廊与变压器室墙壁和门的最小净距

变压器容量 /kVA	100~1000	1250及以上
变压器外廊与后壁、侧壁净距/mm	600	800
变压器外廊与门净距/mm	800	1000

（5）设置于变电站内的非封闭式干式变压器，应装设高度不低于1.7m的固定遮栏，遮拦网孔不应大于40mm×40mm。变压器的外廊与遮拦的净距不宜小于0.6m，变压器之间的净距不应小于1.0m。

（6）配电装置的长度大于6m时，其柜（屏）后通道应设两个出口，低压配电装置两个出口间的距离超过15m时，尚应增加出口。

高压配电室内各种通道最小宽度，应符合表3中的规定。

表3　高压配电室内各种通道最小宽度　单位：mm

开关柜布置方式	柜后维护通道	柜前操作通道	
		固定式	手车式
单排布置	800	1500	单车长度+1200
双排面对面布置	800	2000	双车长度+900
双排背对背布置	1000	1500	单车长度+1200

注　1. 固定式开关柜为靠墙布置时，柜后与墙净距应大于50mm，侧面与墙净距应大于200mm；
　　2. 通道宽度在建筑物的墙面遇有柱类局部凸出时，凸出部位的通道宽度可减少200mm。

（7）当电源从柜（屏）后进线且需在柜（屏）正背后墙上另设隔离开关及其手动操动机构时，柜（屏）后通道净宽不应小于1.5m，当柜（屏）背面的防护等级为IP2X时，可减为1.3m。

（8）低压配电室内成排布置的配电屏，其屏前、屏后的通道最小宽度应符合表4中的规定。

表4　配电屏前、屏后通道最小宽度　单位：mm

形式	布置方式	屏前通道	屏后通道
固定式	单排布置	1500	1000
	双排面对面布置	2000	1000
	双排背对背布置	1500	1500
抽屉式	单排布置	1800	1000
	双排面对面布置	2300	1000
	双排背对背布置	1800	1000

注　当建筑物墙面遇有柱类局部凸出时，凸出部位的通道宽度可减少200mm。

十三、对变配电所（站）建筑构造要求

（1）高压配电室宜设不能开启的自然采光窗，窗台距室外地坪不宜低于1.8m；低压配电室可设能开启的自然采光窗。配电室临街的一面不宜开窗。

（2）变压器室、配电室、电容器室的门应向外开启。相邻配电室之间有门时，此门应能双向开启。

（3）配电站各房间经常开启的门、窗，不宜直通相邻的酸、碱、蒸汽、粉尘和噪声严重的场所。

（4）变压器室、配电室、电容器室等应设置防止雨、雪和蛇、鼠类小动物从采光窗、通风窗、门、电缆沟等进入室内的设施。

（5）配电室、电容器室和各辅助房间的内墙表面应抹灰刷白。地（楼）面宜采用高标号水泥抹面压光。配电室、变压器室、电容器室的顶棚以及变压器室的内墙面应刷白。

（6）长度大于7m的配电室应设两个出口，并宜布置在配电室的两端。长度大于60m时，宜增加一个出口。当变电站采用双层布置时，位于楼上的配电室应至少设一个通向室外的平台或通道的出口。

（7）配电站、变电站的电缆夹层、电缆沟和电缆室，应采取防水、排水措施。

第四章　10kV/0.4kV变配电所（站）		第一节　设计
图号	1-4-1-4	图名　10kV/0.4kV变配电所（站）设计规定（四）

十四、通风要求

（1）变压器室宜采用自然通风。夏季的排风温度不宜高于 45℃，进风和排风的温差不宜大于 15℃。

（2）电容器室应有良好的自然通风，通风量应根据电容器允许温度，按夏季排风温度不超过电容器所允许的最高环境空气温度计算。当自然通风不能满足排热要求时，可增设机械排风。电容器室应设温度指示装置。

（3）变压器室、电容器室当采用机械通风时，其通风管道应采用非燃烧材料制作，当周围环境污秽时，宜加空气过滤器。

（4）配电室宜采用自然通风。高压配电室装有较多油断路器时，应装设事故排烟装置。

十五、消防要求

（1）可燃油油浸电力变压器室的耐火等级应为一级。高压配电室、高压电容器室和非燃（或难燃）介质的电力变压器室的耐火等级不应低于二级。低压配电室和低压电容器室的耐火等级不应低于三级，屋顶承重构件应为二级。

（2）有下列情况之一时，可燃油油浸变压器室的门应为甲级防火门：①变压器室位于车间内；②变压器室位于容易沉积可燃粉尘、可燃纤维的场所；③变压器室附近有粮、棉及其他易燃物大量集中的露天堆场；④变压器室位于建筑物内；⑤变压器室下面有地下室。

（3）变压器室的通风窗，应采用非燃烧材料。

（4）当露天或半露天变电站采用可燃油油浸变压器时，其变压器外廓与建筑物外墙的距离应大于或等于5m。当小于5m时，建筑物外墙在下列范围内不应有门、窗或通风孔：①油量大于1000kg 时，变压器总高度加3m 及外廓两侧各加3m；②油量在1000kg 及以下时，变压器总高度加3m 及外廓两侧各加1.5m。

（5）民用主体建筑内的附设变电站和车间内变电站的可燃油油浸变压器室，应设置容量为100％变压器油量的储油池。

（6）有下列情况之一时，可燃油油浸变压器室应设置容量为100％变压器油量的挡油设施，或设置容量为20％变压器油量挡油池并能将油排到安全处所的设施：①变压器室位于容易沉积可燃粉尘、可燃纤维的场所；②变压器室附近有粮、棉及其他易燃物大量集中的露天场所；③变压器室下面有地下室。

（7）附设变电站、露天或半露天变电站中，油量为1000kg 及以上的变压器，应设置容量为100％油量的挡油设施。

（8）在多层和高层主体建筑物的底层布置装有可燃性油的电气设备时，其底层外墙开口部位的上方应设置宽度不小于1.0m 的防火挑檐。多油开关室和高压电容器室均应设有防止油品流散的设施。

第四章　10kV/0.4kV变配电所（站）		第一节　设计
图号	1-4-1-5	图名

10kV/0.4kV变配电所（站）设计规定（五）

变配电所（站）房间对建筑构造要求（一）

房间名称	高压配电室（有充油设备）	高压电容器室	油浸变压器室	干式变压器室	高压配电室（无充油设备）	低压配电室	控制室	值班室
建筑物耐火等级	二级	二级（油浸式）	一级（不燃或难燃介质时为二级）	二级	二级	三级	二级	二级
屋面	应保温，隔热层及良好的防水排水措施							
顶棚								
屋檐	防止屋面雨水沿外墙面流下							
内墙面	邻近带电部分的内墙面只刷台，其他部分抹灰并刷台		勾缝并刷白，墙基应防止油浸蚀。与有爆炸危险场所相邻的墙内侧应抹灰并刷台			抹灰并刷台		
采光和采光窗	宜设固定的自然采光窗，窗外应加钢丝网或夹丝玻璃，防止雨、雪和小动物进入，其窗台距室外地坪宜≥1.8m，在寒冷、污秽尘埃或风沙大的地区，宜设双层玻璃窗，临街一面不宜开窗	可设采光窗，其要求与高压配电室（有充油设备）相同	不设采光窗		同高压配电室（有充油设备）	允许用木窗	允许用木窗，能开启的窗应设纱窗，在寒冷的地区采用纱大的双层玻璃窗	
通风窗	如需要应采用百叶窗内加钢丝网（网孔≤10×10），防止雨、雪和小动物进入	采用百叶窗内加钢丝网（网孔≤10×10），防止雨、雪和小动物进入	通风窗应采用不燃烧材料制作，应有防止雨、雪和小动物进入的措施；进出风窗都采用百叶窗，进风窗内设钢丝网，网孔≤10×10的，不能满足要求时，可只装设网孔≤10×10的钢丝网	设置在地面上同变压器室上；设置在地下室时，应有良好的送排风系统	同高压配电室（有充油设备）			

变配电所（站）房间对建筑构造要求（二）

房间名称	高压配电室（有充油设备）	高压电容器室（油浸）	油浸变压器室	干式变压器室	高压配电室（无充油设备）	低压配电室	控制室	值班室
建筑物耐火等级	二级	二级	一级（不燃或难燃介质为二级）	二级	二级	三级	二级	
地坪	高强度等级水泥抹面压光	高强度等级水泥压面向高抬高地坪方案通风效果较好	低式布置采用卵石或碎石铺设，厚度为250，支压器四周用水泥地坪抹平；高式布置用水泥地坪600需用混凝土抹平，应向中间通风及排油孔作2%的坡度	水泥压光	高强度等级水泥抹面压光或水磨石		水磨石或水泥压光	
门	房间长度超过7m时，应设置两个门	应为向外开并采用防火门，应装弹簧锁，严禁用通往低压配电室外的门（一般为非防火门），当门应向建筑物内开启，且门总重量＞60kg，内总重量为非燃烧体或难燃体材料	门应向外开，当相邻配电室有门时，该门应能向双向开启或向低压向低压方向开启	采用铁门或木门内侧用铁皮。单扇门宽≥1.5m时，应在大门上加开小门。大门及大门上的小门应向外开启，其开启角度≥120°，同时要尽量降低小门的门槛高度，使在室内外地坪标高不同时的门出入方便	房间长度超过8m时，应设置两个门	允许用木制	允许用木制：在南方炎热地区经常开启的通向屋外的门还应设置纱门	
电缆沟电缆室	水泥抹光未采取防水、排水措施；若采用花纹钢板，要求平整光洁，重量＜50kg							
采暖及其他	5℃	宜采用钢管焊接且不应有法兰、螺纹接头或阀门	—	—	同高压配电室 5℃	同高压配电室 5℃	18℃	—

钢筋混凝土电缆沟选用表

地沟型号	L	h	b	a
R0404(5)-1	400	400(500)	150	150
R0604(5)-1	600			
R0804(5)-1	800			
R0406-1	400	600	150	150
R0606-1	600			
R0806-1	800			
R1006-1	1000			200
R0610-1	600	1000	200	150
R0810-1	800			
R1010-1	1000			
R1210-1	1200			200

钢筋混凝土电缆沟尺寸示意图

素混凝土电缆沟选用表

地沟型号	L	h	b	a
C0404(5)-1	400	400(500)	150	150
C0604(5)-1	600			
C0804(5)-1	800			
C0406-1	400	600	150	150
C0606-1	600			
C0806-1	800			
C1006-1	1000			200
C0610-1	600	1000	150	150
C0810-1	800			
C1010-1	1000			
C1210-1	1200			200

素混凝土电缆沟尺寸示意图

砌体电缆沟选用表

地沟型号	L	h	b	a
Z0404(5)-1	400	400(500)	150	150
Z0604(5)-1	600			
Z0804(5)-1	800			
Z0406-1	400	600	150	150
Z0606-1	600			
Z0806-1	800			
Z1006-1	1000			150
Z0408-1	400	800	150	150
Z0608-1	600			
Z0808-1	800			
Z1008-1	1000			
Z1208-1	1200			200

砌体电缆沟尺寸示意图

第四章　10kV/0.4kV变配电所（站）	第二节　建筑构造
图号　1-4-2-3	图名　变配电所（站）房间对建筑构造要求（三）

澎内传®（Penetron）水泥基渗透结晶型防水材料相关技术资料

一、产品描述

澎内传®（Penetron）水泥基渗透结晶型防水材料，是由特别选制的石英砂及多种活性化学物质与硅酸盐水泥混合配制而成，为混凝土提供有效、持久的防水保护。

二、防水机理

澎内传®（Penetron）水泥基渗透结晶型防水材料的防水机理来自于深入混凝土结构内部多种活性化学成分间的化学反应。活性化学成分渗入混凝土内部，在混凝土中催化形成不溶于水的结晶体，填充、封堵毛细管和收缩裂缝，使水无法进入从而达到防水的目的。渗透结晶过程既可顺水压也可逆水压方向进行。澎内传®的化学成分能够不断地进行渗透结晶过程。无水时，澎内传®的活性成分处于休眠状态；当在与水接触时就会重新激活，产生新的晶体，而且会渗入混凝土内更深层。

三、产品特性

产品名称	性 能 特 征	适 用 范 围
澎内传®401 水泥基渗透结晶型防水涂料	所含有的化学活性物质，具有极强的渗透性和催化结晶能力，渗入混凝土内部封闭孔隙和 0.4mm 以下收缩裂缝，可保护混凝土及钢筋，具有耐穿刺及自行修复能力。产生永久性的防水效果，耐化学物质侵蚀，无毒、无味，适用于潮湿或初凝的混凝土基面上，迎水面、背水面防水效果相同。 主要指标：①28d 抗折强度 5.78MPa；②28d 抗压强度 36.4MPa；③黏结力 1.4MPa；④28d 抗渗压力 0.8MPa；⑤二次抗渗压力 0.9MPa；⑥凿除涂层后抗渗压力 1.4MPa；⑦无毒（符合生活饮用水安全性评价标准）、无味；⑧耐酸碱；⑨渗透深度 31cm	广泛适用于新、旧混凝土结构、构筑物、饮水、排水的贮水池及建筑地下等多部位的防水防潮工程
澎内传®701 渗透结晶型防水封闭剂	可封闭 2mm 以下的裂缝，遇水后可再封闭新产生的发丝裂缝，喷涂后不影响混凝土表面的黏结力，可提高混凝土表面硬度，可阻止水和氯化物、硫酸盐及其他液体侵入，提高混凝土的抗风化、碳化能力	适用于混凝土屋面、桥面、机场跑道、体育场看台，任何混凝土暴露部位的防水
澎内传®803 水泥基渗透结晶型防水添加剂	综合性能特点与 401 相同。 在混凝土搅拌时加入，为混凝土提供永久的防水保护	适用于饮用水池、排污及水处理池、游泳池、地铁、隧道等地下构筑物等防水防潮工程

四、施工工艺

澎内传®（Penetron）防水材料的施工工艺简单。只需要将材料按粉∶水＝5∶3（体积比）配制好，用刷子或刮板用力将材料均匀地涂覆到潮湿、干净、较毛糙的混凝土或水泥砂浆基面上，就可完成防水施工。施工完毕 24h 后，需用雾状的水每日养护 3 次，养护 3d。但如果通风不畅，湿度较大的环境下则不必养护，只需注意通风。

注：澎内传®（Penetron）防水系统为美国原产地产品，并通过 ISO9001 认证、NSF 环保认证、欧盟 EC 认证、中国无毒环保产品认证。

城市名称	温度/℃	城市名称	温度/℃	城市名称	温度/℃	城市名称	温度/℃	城市名称	温度/℃	城市名称	温度/℃	城市名称	温度/℃
北京市	30	大连	26	盐池	27	济南	31	吉安	34	长沙	33	遵义	29
上海市	32	河北省		中卫	27	青岛	27	赣州	33	株洲	34	毕节	26
天津市	29	承德	28	固原	23	菏泽	31	福建省		芷江	32	威宁	21
重庆市	33	张家口	27	青海省		临沂	30	建阳	33	邵阳	32	贵阳	28
黑龙江省		唐山	29	西宁	22	江苏省		南平	34	衡阳	34	安顺	25
爱辉	25	保定	31	格尔木	22	连云港	31	福州	33	零陵	33	独山	26
伊春	25	石家庄	31	都兰	19	徐州	31	永安	33	彬州	34	兴仁	25
齐齐哈尔	27	邢台	31	共和	20	淮阴	31	上杭	32	广西壮族自治区		云南省	
鹤岗	25	山西省		玛多	11	南通	31	漳州	33	桂林	32	昭通	24
佳木斯	26	大同	26	玉树	17	南京	32	厦门	31	柳州	32	丽江	22
安达	27	阳泉	28	甘肃省		武进	32	河南省		百色	32	腾冲	23
哈尔滨	27	太原	28	敦煌	30	安徽省		安阳	32	梧州	32	昆明	23
鸡西	26	介休	28	酒泉	26	亳县	31	新乡	32	南宁	32	蒙自	26
牡丹江	27	阳城	29	山丹	25	蚌埠	32	三门峡	31	北海	31	思茅	25
绥芬河	23	运城	32	兰州	26	合肥	32	开封	32	广东省		景洪	31
吉林省		内蒙古自治区		平凉	25	六安	32	郑州	32	韶关	33	西藏自治区	
通榆	28	海拉尔	25	天水	27	芜湖	32	洛阳	32	汕头	31	索县	24
吉林	27	锡林浩特	26	武都	28	安庆	32	商丘	32	广州	31	那曲	22
长春	27	二连浩特	28	新疆维吾尔自治区		屯溪	33	许昌	32	阳江	31	昌都	23
四平	27	通辽	28	阿勒泰	26	浙江省		平顶山	32	湛江	31	拉萨	23
延吉	26	赤峰	28	克拉玛依	30	杭州	33	南阳	32	海南省		林芝	26
通化	26	呼和浩特	26	伊宁	27	舟山	30	驻马店	32	海口	32	日喀则	25
辽宁省		陕西省		乌鲁木齐	29	宁波	32	信阳	32	西沙	30	台湾省	
开原	27	榆林	28	吐鲁番	36	金华	34	湖北省		四川省		台北	31
阜新	28	延安	28	哈密	32	衢州	33	光化	33	广元	30	花莲	30
抚顺	28	宝鸡	30	喀什	29	温州	31	宜昌	34	甘孜	19	恒春	31
沈阳	28	西安	31	和田	30	江西省		武汉	33	南充	32	香港	
朝阳	29	汉中	29	山东省		九江	33	江陵	32	万县	33	香港	31
本溪	28	安康	31	烟台	27	景德镇	34	恩施	34	成都	29		
锦州	28	宁夏回族自治区		德州	31	南昌	33	黄石	29	宜宾	30		
鞍山	28	石嘴山	27	莱阳	29	上饶	33	湖南省		西昌	26		
营口	28	银川	27	淄博	31	萍乡	33	岳阳	33	贵州省			
丹东	27	吴忠	27	潍坊	30			常德	33	思南	32		

注：1. 本表中数据均摘自国家标准《采暖通风与空气调节设计规范》(GBJ 19—87)(2001年版)。

2. 夏季通风室外计算温度可按下式确定：

$$t_{wf} = 0.71 t_{rp} + 0.29 t_{max}$$

其中：t_{wf}——夏季通风室外计算温度，℃；t_{rp}——累年最热月平均温度，℃；t_{max}——累年极端最高温度，℃。

第四章　10kV/0.4kV变配电所（站）		第二节　建筑构造
图号	1-4-2-5	图名　全国主要城市夏季通风计算温度

安装 S₉/S₉－M 型变压器

变压器容量/kVA	进出风窗中心高差 h/m	进出风窗面积之比 $F_j:F_c$	进风温度 $t_j=30℃$ 进风窗面积 F_j/m^2	出风窗面积 F_c/m^2	进风温度 $t_j=35℃$ 进风窗面积 F_j/m^2	出风窗面积 F_c/m^2
1250～2000	2.0	1:1	2.43	2.43	4.53	4.53
		1:1.5	1.97	2.96	3.65	5.48
		1:2	1.76	3.53	3.33	6.65
	2.5	1:1	2.18	2.18	4.05	4.05
		1:1.5	1.77	2.65	3.27	4.90
		1:2	1.58	3.16	2.97	5.95
	3.0	1:1	1.98	1.98	3.70	3.70
		1:1.5	1.61	2.42	2.98	4.48
		1:2	1.44	2.88	2.72	5.43
	3.5	1:1	1.74	1.74	3.43	3.43
		1:1.5	1.49	2.24	2.76	4.14
		1:2	1.33	2.66	2.51	5.03
	4.0	1:1	1.72	1.72	3.20	3.20
		1:1.5	1.40	2.10	2.58	3.88
		1:2	1.25	2.49	2.35	4.70

通风窗的有效面积计算公式，进出风口面积相等时：

$$F_j = F_c = \frac{KP}{4\Delta t}\sqrt{\frac{\sum\xi}{hr_p(r_j - r_p)}}$$

进出风口面积不等时：

$$F_j = \frac{KP}{4\Delta t}\sqrt{\frac{\xi_j + \alpha^2\xi_c}{hr_p(r_j - r_c)}} \qquad F_c = \frac{F_j}{\alpha}$$

其中：F_j—进风口有效面积，m^2；F_c—出风口有效面积，m^2；h—进出风窗中心高差，m；P—变压器全部损耗，kW；K—因屋顶受大阳热辐射而增加热量的通风面积修正系数之和；Δt—出风口与进风口空气的温差，℃；$\Delta t = t_c - t_j$；$\sum\xi$—进出风口的局部阻力系数之和；ξ_j—进风口的局部阻力系数，取 1.4；ξ_c—出风口的局部阻力系数，取 2.3；r_p—平均空气容重，kg/m^3；r_j—进风口空气容重，kg/m^3；r_c—出风口空气容重，kg/m^3；α—进、出风口面积之比。

安装 S₉/S₉－M 型变压器

变压器容量/kVA	出进风窗中心高差 h/m	进出风窗面积之比 $F_j:F_c$	进风温度 $t_j=30℃$ 进风窗面积 F_j/m^2	出风窗面积 F_c/m^2	进风温度 $t_j=35℃$ 进风窗面积 F_j/m^2	出风窗面积 F_c/m^2
200～630	2.0	1:1	0.86	0.86	1.61	1.61
		1:1.5	0.70	1.05	1.30	1.96
		1:2	0.63	1.26	1.18	2.36
	2.5	1:1	0.77	0.77	1.44	1.44
		1:1.5	0.63	0.94	1.17	1.75
		1:2	0.57	1.14	1.05	2.10
	3.0	1:1	0.70	0.70	1.31	1.31
		1:1.5	0.57	0.86	1.06	1.60
		1:2	0.52	1.04	0.96	1.92
	3.5	1:1	0.65	0.65	1.21	1.21
		1:1.5	0.53	0.79	0.98	1.48
		1:2	0.48	0.96	0.89	1.78
800～1000	2.0	1:1	1.41	1.41	2.62	2.62
		1:1.5	1.14	1.71	2.11	3.17
		1:2	1.02	2.04	1.92	3.85
	2.5	1:1	1.26	1.26	2.34	2.34
		1:1.5	1.02	1.53	1.89	2.83
		1:2	0.91	1.82	1.72	3.44
	3.0	1:1	1.15	1.15	2.14	2.14
		1:1.5	0.93	1.40	1.72	2.59
		1:2	0.83	1.66	1.57	3.14
	3.5	1:1	1.06	1.06	1.98	1.98
		1:1.5	0.86	1.29	1.60	2.40
		1:2	0.77	1.54	1.45	2.91

说明：进、出口通风窗的实际面积应为表中查得的有效面积乘以不同的构造系数 K。金属百叶窗：$K=1.67$；金属百叶窗加铁丝网：$K=2.0$。

安装 SC9/(SCB9) 型变压器

变压器容量 /kVA	进出风窗中心高差 /m	进出风窗面积之比 $F_j:F_c$	进风温度 $t_j=30℃$ 进风窗面积 F_j/m^2	出风窗面积 F_c/m^2	进风温度 $t_j=35℃$ 进风窗面积 F_j/m^2	出风窗面积 F_c/m^2
630	2.0	1:1	1.45	1.45	4.09	4.09
	2.0	1:1.5	1.16	1.73	3.27	4.90
	2.5	1:1	1.29	1.29	3.65	3.65
	2.5	1:1.5	1.03	1.55	2.92	4.38
	3.0	1:1	1.18	1.18	3.34	3.34
	3.0	1:1.5	0.94	1.41	2.67	4.00
	3.5	1:1	1.09	1.09	3.09	3.09
	3.5	1:1.5	0.87	1.31	2.47	3.71
800	2.0	1:1	1.69	1.69	4.78	4.78
	2.0	1:1.5	1.35	2.03	3.82	5.73
	2.5	1:1	1.51	1.51	4.37	4.37
	2.5	1:1.5	1.21	1.81	3.50	5.24
	3.0	1:1	1.38	1.38	3.90	3.90
	3.0	1:1.5	1.10	1.65	3.12	4.68
	3.5	1:1	1.28	1.28	3.61	3.61
	3.5	1:1.5	1.02	1.53	2.89	4.33
1000	2.0	1:1	1.95	1.95	5.50	5.50
	2.0	1:1.5	1.56	2.33	4.40	6.60
	2.5	1:1	1.74	1.74	4.92	4.92
	2.5	1:1.5	1.39	2.08	3.93	5.90
	3.0	1:1	1.59	1.59	4.49	4.49
	3.0	1:1.5	1.27	1.90	3.59	5.38
	3.5	1:1	1.47	1.47	4.16	4.16
	3.5	1:1.5	1.18	1.76	3.33	4.99
1250	2.0	1:1	2.36	2.36	6.67	6.67
	2.0	1:1.5	1.89	2.83	5.34	8.00
	2.5	1:1	2.11	2.11	5.96	5.96
	2.5	1:1.5	1.69	2.53	4.77	7.15
	3.0	1:1	1.93	1.93	5.44	5.44
	3.0	1:1.5	1.54	2.31	4.36	6.53
	3.5	1:1	1.78	1.78	5.05	5.05
	3.5	1:1.5	1.43	2.14	4.04	6.05
	4.0	1:1	1.67	1.67	4.72	4.72
	4.0	1:1.5	1.34	2.00	3.77	5.66

安装 SC8/(SCB8) 型变压器

变压器容量 /kVA	进出风窗中心高差 /m	进出风窗面积之比 $F_j:F_c$	进风温度 $t_j=30℃$ 进风窗面积 F_j/m^2	出风窗面积 F_c/m^2	进风温度 $t_j=35℃$ 进风窗面积 F_j/m^2	出风窗面积 F_c/m^2
1600	2.0	1:1	2.83	2.83	7.99	7.99
	2.0	1:1.5	2.26	3.39	6.39	9.59
	2.5	1:1	2.53	2.53	7.15	7.15
	2.5	1:1.5	2.02	3.03	5.72	8.57
	3.0	1:1	2.31	2.31	6.52	6.52
	3.0	1:1.5	1.85	2.77	5.22	7.82
	3.5	1:1	2.14	2.14	6.05	6.05
	3.5	1:1.5	1.71	2.56	4.84	7.25
	4.0	1:1	2.00	2.00	5.65	5.65
	4.0	1:1.5	1.60	2.40	4.52	6.78
2000	2.0	1:1	3.40	3.40	9.62	9.62
	2.0	1:1.5	2.72	4.08	7.69	11.53
	2.5	1:1	3.04	3.04	8.60	8.60
	2.5	1:1.5	2.43	3.65	6.88	10.31
	3.0	1:1	2.77	2.77	7.85	7.85
	3.0	1:1.5	2.22	3.33	6.28	9.41
	3.5	1:1	2.57	2.57	7.28	7.28
	3.5	1:1.5	2.06	3.08	5.82	8.73
	4.0	1:1	2.41	2.41	6.80	6.80
	4.0	1:1.5	1.93	2.89	5.44	8.16
2500	2.0	1:1	4.04	4.04	11.42	11.42
	2.0	1:1.5	3.23	4.84	9.13	13.69
	2.5	1:1	3.61	3.61	10.21	10.21
	2.5	1:1.5	2.89	4.33	8.17	12.24
	3.0	1:1	3.30	3.30	9.32	9.32
	3.0	1:1.5	2.64	3.95	7.46	11.18
	3.5	1:1	3.05	3.05	8.64	8.64
	3.5	1:1.5	2.44	3.68	6.91	10.36
	4.0	1:1	2.86	2.86	8.08	8.08
	4.0	1:1.5	2.29	3.43	6.46	9.69

说明：此数据摘自《采暖通风与空气调节设计规范》(GBJ 19—87)。

平面电气安全净距示意图2

注：
1. 变压器高压侧进线方式：架空进线或电缆进线；
2. 变压器低压侧出线方式：母线引出；
3. 变压器在室内的布置方式：宽面布置和窄面布置；
4. 变压器安装方式：附设式低（高）、附设式封闭式、车间内式有（无）风坑式；
5. 变压器室结构型式：敞开式或封闭式；
6. 附设式电力变压器室不设贮油池，车间内式电力变压器室设贮油池；
7. 变压器室通风方式：自然通风；
8. 示意图1、3中，（）内尺寸适用于变压器容量为1000kVA以上时，括号外尺寸适用于变压器容量为1250kVA以上时；
9. 示意图2中，（）内尺寸适用于低压柜为抽屉式时。

平面电气安全净距示意图1

平面电气安全净距示意图3

第四章　10kV/0.4kV变配电所（站）		第三节　安全净距和出线选择
图号	1-4-3-1	图名 　变配电所（站）平面电气安全净距要求（一）

63

平面电气安全净距示意图3

平面电气安全净距示意图2

平面电气安全净距示意图1

平面电气安全净距示意图6

平面电气安全净距示意图5

平面电气安全净距示意图4

第四章　10kV/0.4kV变配电所（站）		第三节　安全净距和出线选择
图号	1-4-3-2	图名	变配电所（站）平面电气安全净距要求（二）

变压器低压侧出线选择　　变压器低压侧中性点接地线选择

变压器容量/kVA	变压器阻抗电压/%	低压电缆出线/mm² VV-0.6/1kV	低压电缆出线/mm² YJV-0.6/1kV	低压母线出线/mm²	母线槽/A	BV电线/mm²	VV电缆/mm²	铜母线/mm²	裸铜绞线/mm²	镀锌扁钢/mm²
30		4×16	4×16			1×16	1×16	15×3	1×16	25×4
50		3×35+1×16	3×25+1×16			1×16	1×16	15×3	1×16	25×4
80		3×70+1×35	3×50+1×25			1×25	1×25	15×3	1×16	25×4
100		3×95+1×50	3×70+1×35			1×25	1×25	15×3	1×25	25×4
125		3×120+1×70	3×95+1×50			1×35	1×35	15×3	1×35	25×4
160	4	3×185+1×95	3×120+1×70			1×50	1×50	15×3	1×35	25×4
200		3×240+1×120	3×185+1×95			1×50	1×50	15×3	1×35	25×4
250		2(3×150+1×70)	3×240+1×120	3(40×4)+(30×3)	630	1×70	1×70	15×3	1×50	40×4
315		2(3×240+1×120)	2(3×150+1×70)	3(40×5)+(30×4)	630	1×70	1×70	20×3	1×50	40×4
400		3[2(1×185)]+(1×185)	2(3×240+1×120)	3(50×5)+(40×4)	800	1×95	1×95	20×3	1×70	40×4
500		3[2(1×240)]+(1×240)	3[2(1×185)]+(1×185)	3(63×6.3)+(40×5)	1000	1×120	1×120	25×3	1×70	40×5
630		3[2(1×400)]+(1×400)	3[2(1×240)]+(1×240)	3(80×6.3)+(50×6.3)	1250	1×150	1×150	25×3	1×95	50×5
800	6	3[4(1×185)]+2(1×185)	3[2(1×400)]+(1×400)	3(100×6.3)+(50×6.3)	1600	1×120	1×120	30×4	1×95	50×5
1000		3[4(1×240)]+2(1×240)	3[4(1×185)]+2(1×185)	3(100×8)+(80×6.3)	2000	1×150	1×150	30×4	1×95	50×5
1250		3[4(1×400)]+2(1×400)	3[4(1×240)]+2(1×240)	3(125×10)+(63×10)	2500	1×185	1×185	30×4	1×120	63×5
1600				3[2(100×10)]+(100×10)	3150		1×240	40×4	1×150	80×5
2000				3[2(125×10)]+(125×10)	4000		1×240	40×4	1×850	100×5
2500				3[3(125×10)]+(125×16)	5000		1×300	40×5	1×240	80×8

说明：1. 变压器低压侧出线按环境温度选择铜芯电缆、铜母线、母线槽，过载系数取1.25。单芯电缆并列系数取0.8；多芯电缆取0.9，VV型电缆取0.9，YJV型电缆取0.96，VV型电缆温度系数取0.94，YJV型电缆取0.8，母线温度校正系数取0.887，电缆按河北宝丰集团资料选择。
2. 中性点接地线按变压器Dyn11接法，变压器负序及零序阻抗等于正序阻抗，变压器低压侧出线5m，短路切除时间0.6s计算。

相关技术参数（一）

外形图　S9型变压器　S9-M型变压器

变压器型号	额定容量/kVA	损耗/W 空载	损耗/W 负载	外形尺寸/mm L	W	H	M	N	A	D	C	重量/kg 器身	总重
S9-200/10	200	480	2500	1305	975	1440	550	550	2960	925	1055	585	895
S9-250/10	250	560	3050	1360	1184	1496	550	650	3150	980	1125	715	1105
S9-315/10	315	670	3650	1595	985	1521	550	650	3240	1010	1165	820	1245
S9-400/10	400	800	4300	1515	1390	1600	550	750	3780	1085	1555	980	1530
S9-500/10	500	960	5100	1740	1395	1580	660	750	3970	1145	1630	1155	1755
S9-630/10	630	1200	6200	1875	1265	1825	660	850	4230	1199	1800	1430	2195
S9-800/10	800	1400	7500	2040	1275	1900	660	850	4370	1274	1800	1665	2560
S9-1000/10	1000	1700	10300	2000	1460	1950	820	850	4500	1329	1800	1900	3065
S9-1250/10	1250	1950	12000	2130	1660	2015	820	850	4800	1393	1900	2160	3430
S9-1600/10	1600	2400	14500	2190	1680	2075	820	900	5030	1453	2100	2560	4160
S9-2000/10	2000	2520	17820	2395	2400	2530	820	820	5000	2530	1500	2100	3490
S9-M-200/10	200	480	2600	1308	765	1373	550	550	1940	880	1050	545	940
S9-M-250/10	250	560	3050	1365	790	1412	660	660	2065	940	1125	665	1125
S9-M-315/10	315	670	3650	1393	805	1397	660	660	2200	960	1200	820	1250
S9-M-400/10	400	800	4300	1460	840	1537	660	660	2350	1040	1300	980	1400
S9-M-500/10	500	960	5150	1507	840	1660	660	660	4000	1100	1600	1155	1170
S9-M-630/10	630	1200	6200	1702	977	1500	820	820	2800	1140	1600	1345	2235
S9-M-800/10	800	1400	7500	1732	982	1617	820	820	2820	1215	1600	1565	2530
S9-M-1000/10	1000	1700	10300	1810	1050	1660	820	820	2570	1270	1300	1705	2805
S9-M-1250/10	1250	1950	12000	1870	1070	1828	820	820	3300	1380	1900	2032	3370
S9-M-1600/10	1600	2400	14500	1645	1980	1875	820	900	5030	1451	2100	2560	4160
S9-M-2000/10	2000	2536	17800	1720	2296	2147	820	820	5000	2530	1500	2650	5865

注：表中数据为参考数据，具体数据请参照厂家样本。

第四章　10kV/0.4kV变配电所（站）	第四节　变压器与器件选择
图号　1-4-4-1	图名　变压器选择（一）

相关技术参数（二）

第四章　10kV/0.4kV变配电所（站）	第四节　变压器与器件选择
图号　1-4-4-2	图名　变压器选择（二）

落地式变压器台器件选择表

变压器容量/kVA		400	500	630	800	1000	1250	备注
变压器阻抗电压/%		4	4	4.5	4.5	4.5 (5.5)	4.5 (5.5)	
变压器额定电流/A	高压 10kV	23.1	28.9	36.4	46.2	57.7	72.2	计算值
	高压 6kV	38.5	48.1	60.6	77.0	96.2	120.3	计算值
	低压 0.4kV	577.4	721.6	909.3	1154.7	1443	1804	计算值
跌落式熔断器额定电流/A	熔管/熔体 10kV	100/50	100/50	100/75	200/100			
	熔管/熔体 6kV	100/75	100/100	200/100	200/150			
低压母线规格 TMY	相	50×5	63×6.3	80×6.3	100×6.3	100×8	125×10	
	中	40×4 (50×5)	40×5 (63×6.3)	40×6.3 (80×6.3)	50×6.3 (100×6.3)	80×6.3 (100×8)	63×10 (125×10)	
母线固定金具 MWP	相	101	101	102	103	103	104	
	中	101	101	101	101	102	101	

杆上变压器台熔断丝选择表

变压器容量/kVA		30	50	63	80	100	125	160	200	250	315
高压侧额定电压/kV	高压	10 / 6	10 / 6	10 / 6	10 / 6	10 / 6	10 / 6	10 / 6	10 / 6	10 / 6	10 / 6
	低压										
额定电流/A	高压 (10kV/6kV)	1.7 / 2.9	2.9 / 4.8	3.6 / 6.1	4.6 / 7.7	5.8 / 9.6	7.2 / 12.0	9.2 / 15.4	11.5 / 19.2	14.4 / 24.0	18.2 / 30.3
	低压	43.3	72.2	91.0	115.5	144.3	180.4	231.0	289.0	361.0	455.0
高压熔丝额定电流/A		10	10	10	15	15	20	30	30	40	50

氧化锌避雷器选择表

额定电压/kV	10	6	0.4/0.23
型号规格	YH5WS-17/50 Y5W-17/50 TB1-10 (A)	YH5WS-10/30 Y5W-10/30	Y3W-0.28/1.3

注：1. 当跌落式熔断器熔管用 200A 规格时，可选用 HRW11-10F/200 或 NCX 型。

2. TB1-10A 为带氧化锌避雷器的脱扣式避雷装置，由广东从化电力局、鸿盛机电公司研制。

3. 对 Dyn11 接线的变压器，当用电以大容量单相负荷为主，或以气体放电灯负荷较大，或谐波电流较大，低压中性母线可取括号内规格（与相线等截面）。

第四章　10kV/0.4kV 变配电所（站）		第四节　变压器与器件选择
图号	1-4-4-3	图名　落地式变压器台和杆上变压器台器件选择

一、产品引用标准

标准号	标准名
GB/T 17467	高压/低压预装式变电站 eqvIEC1330：1995
JB/T 10217	组合式变压器
DL/T 537	高压/低压预装箱式变电站选用导则

二、正常使用环境条件（其他使用条件按国家标准相关规定）

项目	界限
海拔/m	≤1000□
环境温度/℃	＋40～－25□
风速/(m/s)	≤35
相对湿度（25℃时）/%	日平均值≤95 月平均值≤90
地震引发地面加速度/(m/s²)	水平＜3 垂直＜1.5
安装地点倾斜度	≤3°
安装地点状况	无火灾、爆炸危险、化学腐蚀及剧烈振动，地势较高，避开低洼积水处

三、系统运行条件

名称	参数	
额定频率/Hz	50□	60□
额定电压/kV	10□	6□
设备最高电压/kV	12□	7.6□
始端短路电流/kA		
中性点接地方式	不接地□ 小电阻接地□ 其他□	

四、预装式变电站类型

安装地点：户外

供电方式：单端 □

环网（或双端）□

型　式：组合式变压器（共箱式）□

预装型（改进型组变）□

紧凑型 □

普通型 □

智能型 □

五、安全防护与环保要求

（1）高压电气。

高压配电装置应配备带电显示器□，接地故障指示器□并应设有完善的防电气误操作闭锁（五防）。双电源供电两受电开关间应根据不同运行方式装设可靠连锁、机械闭锁。

（2）低压系统。

接地形式为TN系统：TN-S□、TN-C-S□、

TN-C□

TT系统□

IT系统□

（3）设备接地。

箱体应设专用接地导体，其上应设有不少于两个与接地网相连的固定连接端子，并应有明显接地标志。接地端子用不小于M12的铜质螺栓，接地铜带截面不小于30mm²。

（4）箱体全绝缘结构，外观色彩与环境协调。

（5）噪声水平：装用油浸变压器55dB；装用干式变压器65dB。

集中居民区推荐用S11-M、S11、S12-M、S12卷铁芯变压器。

六、结构要求

（1）箱壳防护等级：IP33。

（2）箱体布置形式：目字形□；品字形□；带操作通道□。

（3）箱体材料：不锈钢□；钢板漆膜□；敷铝锌钢板□；玻纤增强塑料板□；特种玻纤增强水泥预制板□；其他□。

（4）箱体应具备防尘、防雨、防锈蚀、防小动物、防凝露功能。

（5）凡电缆井未附设入口的，应提出在隔室底部设置人孔。

七、变压器有关参数、性能和绝缘水平

（1）变压器及有关参数、性能。

变压器在连续额定容量状态下的温度限值：顶层温升65K；绕组平均温升65K。

选 项	□	□	□	□	□	□	□	□	□	□	□	□
变压器容量/kVA	50	100	160	200	250	315	400	500	630	800	1000	1250
阻抗电压/%	4/4								4.5/6	4.5/6	4.5/6	4.5 (5.5) /6
变压器类别	普通油浸变压器 □　　密封式油浸变压器 □　　干式变压器 □											
变压器型号	S9/S9 - M□/□S10/S10 - M□/□S11/S11 - M□/□S12/S12 - M□/□ 5H11/SH11 - M□/□SH12/SH12 - M□/□SC□SG□											
变比	10/0.4kV □　　6/0.4kV □											
调压范围	±5%　±2×2.5% □　　有载调压 □											
接线组别	Yyn0 □　　Dyn11 □											
低压回路数	1 □　　4 □　　6 □　　8 □　　12 □											
冷却方法	自然通风 □　　机械通风 □											
绝缘油	优质矿物油 □　　高燃点油 □　　其他 □											
绝缘等级	E □　　H □　　A □											

注　1. 分子/分母分别为油变/干变的参数或普通型/全密封型；

　　2. 低压回路数包括电容器回路，补偿容量按15%～30%S_r选择；

　　3. E、H、A 最高温升限值 K 分别为75、125、65。

（2）变压器的绝缘水平。

选　项	□	□
额定电压/kV	10	6
工频耐压（有效值）/kV	35/28	25/20
冲击耐压（峰值）/kV	75	60

注　分子为油浸变试验值，分母为包封线圈式干变试验值。

八、高压单元

高压电缆进出线	配备全绝缘全屏蔽预制式高压电缆附件电缆截面/mm²		
高压避雷器	氧化锌□　　阀型□		
高压负荷开关	国产□	二位置□　　四位置 T/V□/□	
	进口□	压气式□　　真空□　　SF₆□	

九、低压单元

（1）低压主开关类型。

（2）低压分路开关类型。

（3）低压开关技术参数。

项　目	单位	参　数
额定电压	V	400
主回路额定电流	A	2000
主回路额定短时耐受电流	kA	50（1s）
分回路额定短时耐受电流	kA	37（1s） 45（1s）　$S_e \geqslant 1000$kVA
分回路电流	A	工程决定

低压无功补偿_____ kvar，自动跟踪投切□

十、功能件

计量方式：低压计量□；高压计量□

315kVA 及以上变压器应装湿度、温度监测装置□

800kVA 及以上油浸式变压器应装气体继电器□

断相保护□；主开关欠压保护□

主开关分励跳闸□；分路漏电保护□

负控装置□；自控排风□

干变风机控制□；凝露控制□

注：1. 电缆进出口应埋设DN100镀锌钢管，埋设深度不应小于0.5m，管口宜做成喇叭形，钢管向外倾斜5/100，防雨水内灌。

2. 基础通风口有效面积根据变压器容量所需通风面积确定。

3. 基础上表面应打水平尺以保证水平，水平倾斜度不超过10mm，避免引起预装式变电站安装变形。

4. 接地体埋设深度不应小于0.6m，双面埋接，焊口涂防锈漆；接地电阻不大于4Ω。

变压器参数

序号	外壳型号	变压器容量/kVA	外形尺寸/mm			备注
			宽W	长L	高H	
1	ZW413	~80	2000	2000	2365	
2	ZW401	~315	1850	2500	2365	
3	ZW403	~500	2350	2600	2490	
4	ZW402	~630	2250	2800	2490	可装配环网柜

平面布置图

第四章 10kV/0.4kV变配电所（站）	第五节 户外预装式变配电站
图号　1-4-5-4　图名	预装式变电站布置图及地基图（品字形）

注: 1. 电缆进出口应埋设DN100镀锌钢管，埋设深度不应小于0.5m，管口宜做成喇叭形，钢管向外倾斜5/100，防雨水内灌。

2. 基础通风口有效面积根据变压器容量所需通风面积确定。

3. 基础上表面应打水平尺以保证水平，水平倾斜度不超过10mm，避免引起预装式变电站安装变形。

4. 接地体埋设深度不应小于0.6m，双面焊接，焊口涂防锈漆；接地电阻不大于4Ω。

变压器参数

序号	外壳型号	变压器容量 /kVA	外形尺寸 /mm 宽 W	外形尺寸 /mm 长 L	外形尺寸 /mm 高 H	备 注
1	ZW305	250	1550	2700	2133	
2	ZW335	500	1600	2600	1980	
3	ZW325	800	1800	2640	2150	
4	ZW301	800	2050	3070	2340	
5	ZW304	800	2050	3200	2340	
6	ZW303	800	2420	3120	2595	
7	ZW302	1250	2420	3350	2595	

第四章 10kV/0.4kV变配电所（站）	第五节 户外预装式变配电站
图号 1-4-5-5	图名 预装式变电站布置图及地基图（目字形）

注: 1. 电缆进出口应埋设DN100镀锌钢管，埋设深度不应小于0.5m，管口宜做成喇叭形，钢管向外倾斜5/100，防雨水内灌。
2. 基础通风口有效面积根据变压器容量所需通风面积确定。
3. 基础上表面应打水平尺以保证水平，水平倾斜度不超过10mm，避免引起预装式变电站安装变形。
4. 接地体埋设深度不应小于0.6m，双面焊接，焊口涂防锈漆；焊口涂防锈漆；接地电阻不大于4Ω。

与预装式变电站
接地铜排连接

100截面热镀锌角钢

平面布置图

变压器参数

序号	外壳型号	变压器容量/kVA	外形尺寸/mm			备注
			宽W	长L	高H	
1	ZW514	630	1850	4600	2215	
2	ZW512	250	2200	5400	2650	
3	ZW522	2×1250	2600	6000	2650	两台变压器
4	ZW530	2×1250	2940	6300	2650	两台变压器

电气概略图（一次主接线图）

SG10-500/10, Dyn11
10(6)±2×2.5%/0.4kV, U_k=4%

10（6）kV

FLN36-12D/630-25
FLN36-12D/630-25
FLRN36-12D/630-25
GSN-10
GSN-10
GSN-10
SFLAJ-12kV
HY5WZ-17/50
FYS-0.22

TMY-4（63×6）+50×6

电气一次接线图		L1	L2				L3						L4
开关柜编号		L1	L2				L3						L4
开关柜名称		进线	出线（1）				出线（2）						电容
开关柜型号		GGD2	GGD2				GGD2						GGD2
开关柜外型尺寸（宽×深×高）		800×600×2000	800×600×2000				800×600×2000						800×600×2000
变压器容量		500kVA											
电容器补偿量/kvar													120kvar
刀开关HD13BX-□/31		1000	600				800						BCMJ0.4-20-3
主要电器设备	空气开关YSM3-□SD/3P	YSA2-2000H/3P	200	400	225	225	100	225	100	100	225	225	400
	电流互感器LMZ1-0.5	4×1000/5	75/5	400/5	300/5	300/5	75/5	300/5	150/5	150/5	300/5	300/5	3×300/5
	电流表42L6-A	3×1000/5	75/5	400/5	300/5	300/5	75/5	300/5	150/5	150/5	300/5	300/5	3×300/5
	额定脱扣电流/A	800	63	300	200	200	63	200	100	100	200	200	200
	瞬时脱扣电流/A	6000	500	3000	2000	2000	500	2000	1000	1000	2000	2000	2000

计量

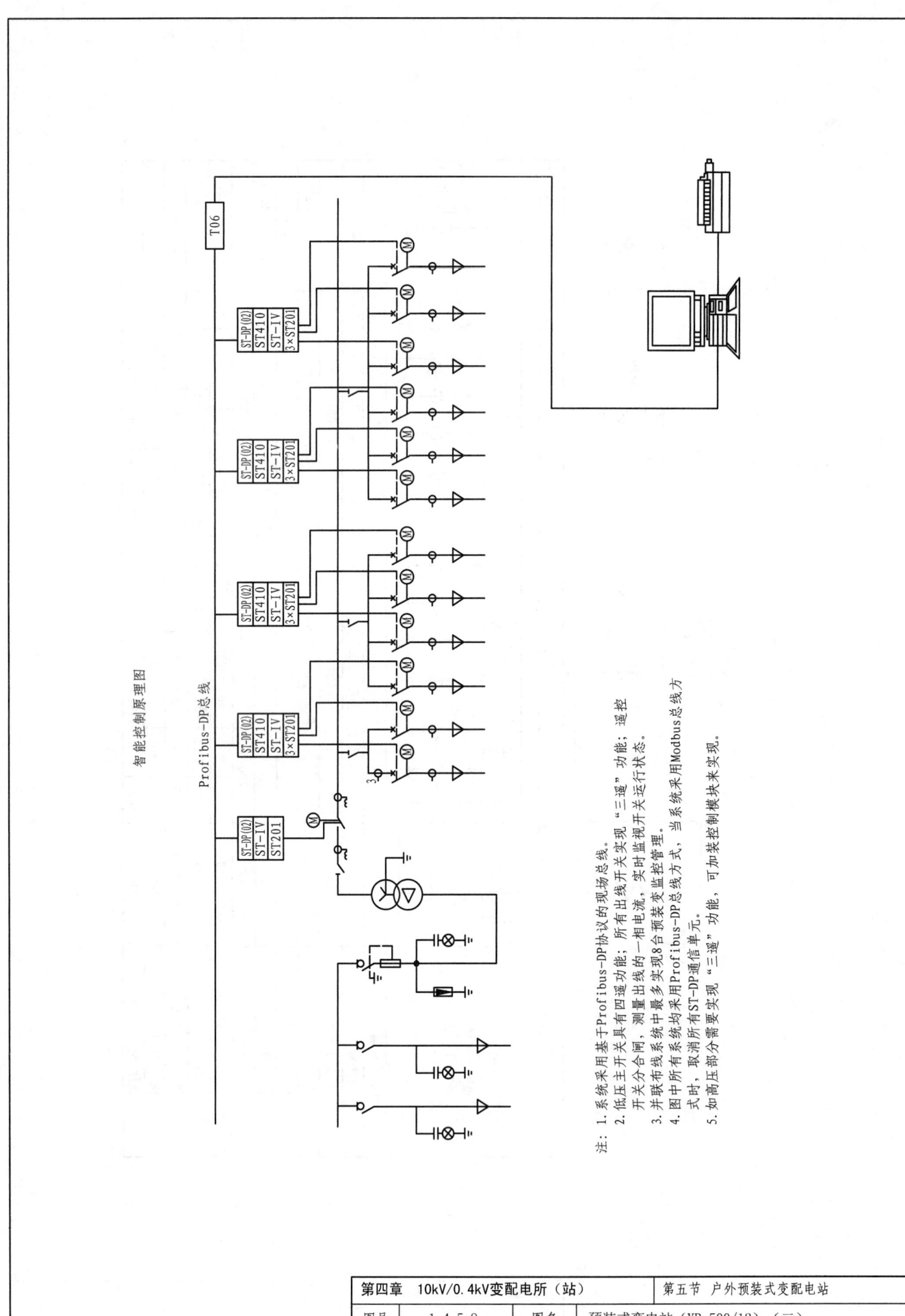

智能控制原理图

Profibus-DP总线

注：1. 系统采用基于Profibus-DP协议的现场总线。
　　2. 低压主开关具有四遥功能，所有出线开关实现"三遥"功能；遥控
　　　　开关分合闸，测量出线的一相电流，实时监视开关运行状态。
　　3. 并联布线系统中最多实现8台预装变电监控管理。
　　4. 图中所有系统均采用Profibus-DP通信方式，当系统采用Modbus总线方
　　　　式时，取消原有ST-DP通信单元。
　　5. 如高压部分需要实现"三遥"功能，可加装控制模块来实现。

第四章　10kV/0.4kV变配电所（站）		第五节　户外预装式变配电站
图号	1-4-5-8	图名	预装式变电站（YB-500/12）（二）

说明：

1. 外形特点
   (1) 预装变外壳采用特殊配方的非金属材料制造，具有隔热、美观大方、环保，与周围环境相协调等优点。
   (2) 外壳参考高度为2600mm，根据实际情况可作调整。
   (3) 本图号与YB-1000/12预装式变电站通用。
2. 基础
   (1) 开挖基坑时，需进行素土夯实，湿松散杂须作地基加固处理。基础施工地点应选周围地势的最高点，以防积水受潮。
   (2) 安装敦用混凝土浇制，也可以用砖砌并在其顶面及侧面用1：25水泥砂浆粉面20厚，安装敦脚螺栓预埋在经过处理并浇制平整的钢筋平台板上。预制操作踏板系预制钢筋混凝土平板。
   (3) 在当地脚螺钉附近最少预埋两处作接地线杆。
   (4) 基础底面负重不得小于2000kg/㎡。

平面布置图

基础布置图

| 第四章　10kV/0.4kV变配电所（站） | 第五节　户外预装式变配电站 |
| 图号　1-4-5-9 | 图名　预装式变电站（YB-500/12）（三） |

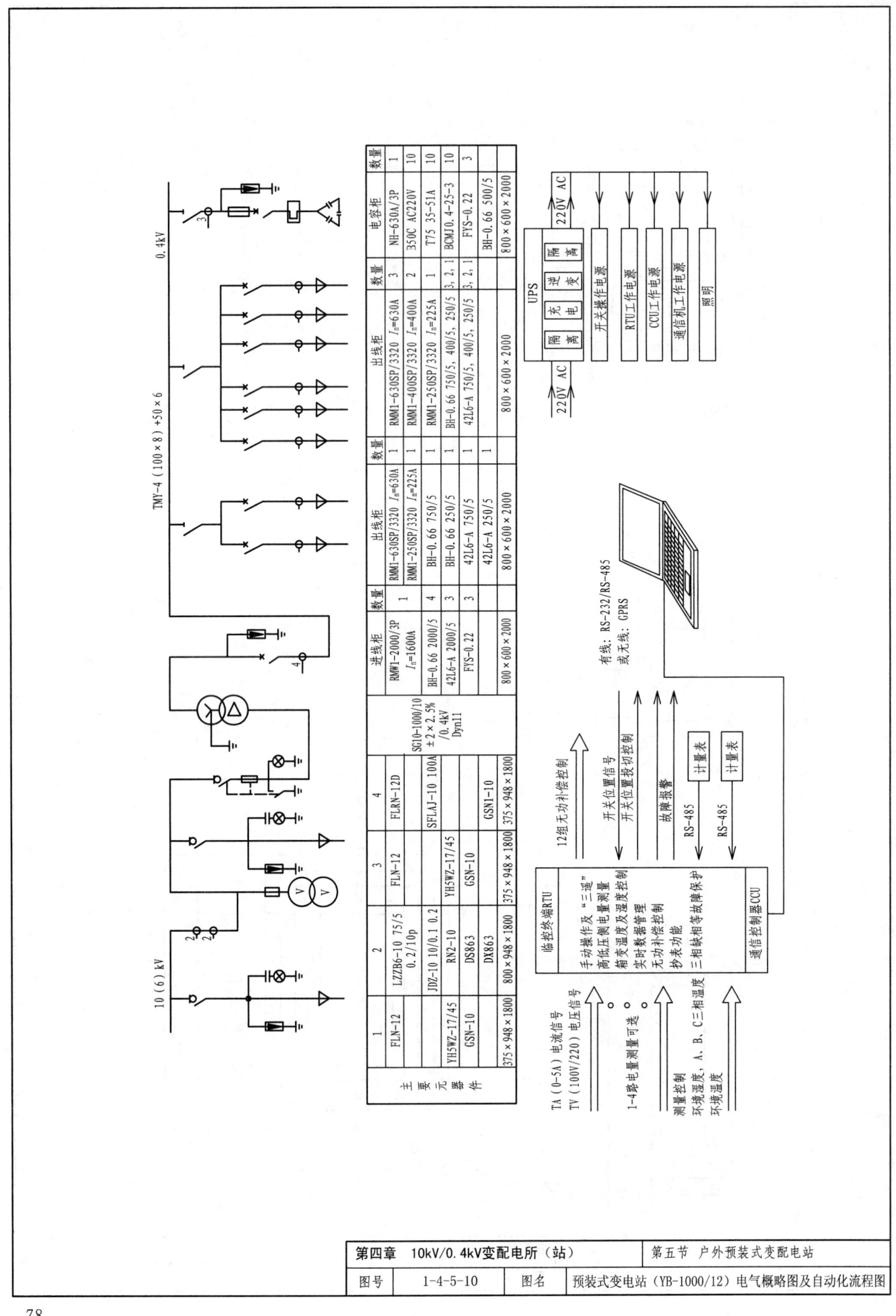

主要元器件	1	2	3	4	进线柜		数量	出线柜		数量	出线柜		数量	电容柜	数量
	FLN-12	LZZB6-10 75/5 0.2/10p	FLN-12	FLRN-12D	RMW1-2000/3P I_n=1600A		1	RMM1-630SP/3320 I_n=630A	RMM1-250SP/3320 I_n=225A	1	RMM1-630SP/3320 I_n=630A	RMM1-400SP/3320 I_n=400A	3	NH-630A/3P	1
		JDZ-10 10/0.1 0.2	RN2-10	SFLAJ-10 100A	BH-0.66 2000/5		4	BH-0.66 750/5	BH-0.66 250/5	4	RMM1-250SP/3320 I_n=225A		2	350C AC220V	10
	YH5WZ-17/45		YH5WZ-17/45		42L6-A 2000/5		3	42L6-A 750/5	42L6-A 250/5	3	BH-0.66 750/5, 400/5, 250/5		1	T75 35-51A	10
	GSN-10	DS863	GSN-10	GSN1-10	FYS-0.22		3				42L6-A 750/5, 400/5, 250/5		3:2:1	BCMJ0.4-25-3	10
		DX863											3:2:1	FYS-0.22	3
	375×948×1800	800×948×1800	375×948×1800	375×948×1800	800×600×2000			800×600×2000			800×600×2000			BH-0.66 500/5 800×600×2000	

SG10-1000/10 ±2×2.5% 0.4kV Dyn11

10(6)kV

0.4kV

TMY-4(100×8)+50×6

测量控制
环境温度，A、B、C三相温度
环境温度

TA(0~5A)电流信号
TV(100V/220)电压信号
1-4路电量测量可选

通信控制器CCU

临控终端RTU

手动操作及"三遥"
高低压侧电量测量
箱变温度及及温度控制
实时数据管理
无功补偿控制
三相缺相等故障保护
抄表功能

12组无功补偿控制
开关位置信号
开关位置投切控制
故障报警
RS-485
RS-485

计量表
计量表

有线：RS-232/RS-485
或无线：GPRS

220V AC

UPS

隔离
充电
逆变
隔离

隔离变
开关操作电源
RTU工作电源
CCU工作电源
通信机工作电源
照明

220V AC

注:
1. 电缆进出口应埋设DN100镀锌钢管,埋设深度不应小于0.5m,管口宜做成喇叭形,钢管口宜做成喇叭形,钢管向外倾斜5/100,防雨水内灌。
2. 基础上表面应打水平以保证水平,难免引起组合式变压器安装变形。
3. 接地体埋设深度不应小于0.6m,双面焊接,焊口涂防锈漆;接地电阻不大于4Ω。

结构形式	容量	W	H	D	W₁	D₁	D₂	H₁	质量/kg
标准品字形	≤125kVA	2050	1580	1116	1330	508	575	1340	2000
	160~315kVA	2050	1580	1340	1130	508	650	1340	2450
	400~500kVA	2050	1580	1560	1230	508	695	1340	3400
	630~800kVA	2050	1710	1690	1420	632	775	1480	3600
	1000kVA	2050	1710	1820	1420	632	815	1480	4000
	1250kVA	2050	1710	1840	1560	632	795	1480	4800
大品字形	≤125kVA	2250	1900	1280	1180	632	615	1240	2100
	160~315kVA	2250	1900	1470	1130	632	650	1340	2550
	400~500kVA	2250	1900	1524	1230	632	695	1340	3500
	630~800kVA	2250	1900	1690	1420	632	775	1480	3700
	1000kVA	2250	1900	1820	1420	632	815	1840	4100

第四章 10kV/0.4kV变配电所(站)	第五节 户外预装式变配电站
图号 1-4-5-11	图名 组合变布置图及地基图(品字形)

注：1. 电缆进出口应埋设DN100镀锌钢管，埋设深度不应小于0.5m，管口宜做成喇叭形，钢管向外倾斜5/100，避免引起组合式变压器安装变形。

2. 基础上表面应打水平尺以保证水平，双面焊接，焊口涂防锈漆；接地电阻不大于4Ω。防雨水内灌。

3. 接地体埋设深度不应小于0.6m，接地引线埋设深度不应大于4Ω。

结构形式	容量	W	D	W_1	D_1	质量/kg
一体目字形	≤125kVA	1820	1720	1210	535	2000
	160~500kVA	1820	1820	1400	680	2900
	630~800kVA	2000	1860	1400	720	3600
	1000~1250kVA	2200	1920	1450	785	4900

第四章　10kV/0.4kV变配电所（站）	第五节　户外预装式变配电站	
图号	1-4-5-12	图名	组合变布置图及地基图（目字形）

注：
1. 电缆进出口应埋设DN100镀锌钢管，埋设深度不应小于0.5m，管口宜做成喇叭形，钢管向外倾斜5/100，防雨水内灌。
2. 基础上表面应打水平尺以保证变压器安装水平，避免引起组合式变压器安装变形。
3. 接地体埋设深度不应小于0.6m，双面焊接，焊口涂防锈漆；接地电阻不大于4Ω。

1-1

与预装式变电站接地铜排连接

100截面热镀锌角钢

C20混凝土垫层

C10素混凝土垫层

接地排

φ8@150
φ8@200
φ8@150

φ8@150

C10素混凝土垫层

要求地基承载力标准值80kPa或以上，如不能达到，应作地基处理。

2-φ12

2-φ12

集水沟

相邻构筑物

相邻构筑物

1000

W-200

W+100

1500

150

150

150

520

70

D-200

D+100

D₂

预埋4-M16螺栓

电缆支架

600

400

390

W

低压柜

变压器TM

低压间隔LV

高压间隔HV

600

340

D

D₂

D₂

4×φ30安装孔

H

H

W

W₁

结构形式	容量	W	H	D	W₁	D₁	D₂	H₁	质量/kg
一体L形	≤125kVA	2650	1580	1400	1330	508	575	1240	2400
	160~315kVA	2650	1710	1730	1130	508	650	1340	3150
	400~500kVA	2650	1710	1730	1230	632	695	1340	3350
	630~800kVA	2650	1710	1730	1420	632	775	1480	4000
	1000kVA	2650	1710	1730	1420	632	815	1480	4400
	1250kVA	2650	1710	2000	1560	632	795	1480	5200

一、结构特点

本方案为目字形布置的组合式变压器结构，其结构特点是低压出线回路多、容量大，改变了传统品字形美变低压出线回路受限制的问题。

另外将变压器器身、负荷开关、环网开关、保护用熔断器、避雷器等设备统一设计放置在同一油箱中。油箱采用全密封结构。选用高燃点变压器油，铁芯也可采用非晶合金铁芯，三相五柱式，空载损耗低。10kV套管出线采用专用的肘形电缆头，也有配置带负荷插拔的肘形电缆头，易于接入或断开电源。油浸式负荷开关简单可靠，操作方便。

二、外形特点

(1) 运用文化石、瓷砖、琉璃瓦等材料将智能型箱变变电站进行装饰，使之能够外形美观，能够融入自然、与环境协调一致。

(2) 采用艺术木板装潢。

(3) 运用造船厂户外环保漆或不锈钢外壳保使箱变经久耐用，适合在各种恶劣环境中运行。

第四章	10kV/0.4kV变配电所（站）		第五节 户外预装式变配电站
图号	1-4-5-14	图名	组合变（ZGS-500/12）外形尺寸及平面布置图

注: 1. 基础耐力要求60kPa以上，基础四周向外排水，采用红砖水泥砂浆砌筑，内外墙壁用1:2水泥砂浆20mm厚，掺2%防水剂粉刷。电缆沟底面需向集水管侧略为倾斜，以防积水。

2. 地网埋深0.8m，变压器中性点及所有电气设备的金属外壳、电缆支架、配电室铁门应与接地网可靠连接，接地极间不应小于5m，地网铺设完后，应在晴天测量接地电阻，其阻值不应大于4Ω，若超过此值，须每隔5m增设接地极。接地极、接地带为推荐值，施工时根据现场可适当调整。

3. 图中尺寸为推荐值，施工时根据现场可适当调整。

负荷名称	1号馈线	2号馈线	3号馈线	4号馈线	电容器
安装容量/kW	20	50	50	80	60kvar
计算电流/A	30	75	75	120	89

HR5-100/31
BH-0.66 100/5
FYS-0.22
aM3-30A
B30C AC220V
T45 30A
BCMJ0.4-15-3

第四章　10kV/0.4kV变配电所（站）	第五节　户外预装式变配电站
图号　1-4-5-15	图名　组合变（ZGS-200/12）电气概略图及基础布置图

83

注:
1. 预装变占地15.6㎡。
2. 台阶面层铺地砖。面层加设φ6@150钢筋网，双向布置。
3. 爬梯构件C1，角钢均为L50×4。
4. 土建施工时，基础开挖应达到设计深度并达到原土层，超挖部分可回填8:2级配砂石。
5. 基槽开挖后应做好接地网，再做回填或垫层。
6. 预埋电缆管数根据数及方向按实际情况确定。

第四章 10kV/0.4kV变配电所（站）			第五节 户外预装式变配电站
图号	1-4-5-16	图名	组合变（ZGS-500/12）电气概略图及基础布置图

（1）低压电器安装前的检查，应符合下列要求：

1）设备铭牌、型号、规格，应与被控线路或设计相符。

2）外壳、漆层、手柄，应无损伤或变形。

3）内部仪表、灭弧罩、瓷件、胶木电器，应无裂纹痕。

4）螺丝应拧紧。

5）具有主触头的低压电器，触头的接触应紧密，采用 0.05mm×10mm 的塞尺检查，接触两侧的压力应均匀。

6）附件应齐全、完好。

（2）低压电器的安装高度，应符合设计要求。当设计无规定时，应符合下列要求：

1）落地安装的低压电器，其底部宜高出地面50～100mm。

2）操作手柄转轴中心与地面的距离，宜为1200～1500mm；侧面操作的手柄与建筑物或设备的距离，不宜小于200mm。

（3）低压电器的固定，应符合下列要求：

1）低压电器根据其不同的结构，可采用支架、金属板、绝缘板固定在安装梁上或底板上，金属板、绝缘板应平整，板厚应符合设计要求；当采用卡轨支撑安装时，卡轨应与低压电器匹配，并用固定夹或固定螺栓与壁板紧密固定，严禁使用变形或不合格的卡轨。

2）紧固件应采用镀锌制品，螺栓规格应选配适当，电器的固定应牢固、平稳。

3）有防震要求的电器应增加减震装置；其紧固螺栓应采取防松措施。

4）固定低压电器时，不得使电器内部受额外应力。

（4）电器的外部接线，应符合下列要求：

1）接线应按接线端头标志进行。

2）接线应排列整齐、清晰、美观，导线绝缘应良好、无损伤。

3）电源侧进线应接在进线端，即固定触头接线端；负荷侧出线应接在出线端，即可动触头接线端。

4）电器的接线应采用铜质或有电镀金属防锈层的螺栓和螺钉，连接时应拧紧，且应有防松装置。

5）外部接线不得使电器内部受到额外应力。

6）母线与电器连接时，接触面应符合现行国家标准《电气装置安装工程 母线装置施工及验收规范》的有关规定。连接处不同相的母线最小电气间隙，应符合下表的规定。

不同相的母线最小电气间隙

额定电压/V	最小电气间隙/mm
$U \leqslant 500$	10
$500 < U \leqslant 1200$	14

（5）电器的金属外壳、框架的接零或接地，应符合现行国家标准《电气装置安装工程接地装置施工及验收规范》的有关规定。

（6）低压电器绝缘电阻的测量，应符合下列规定：

1）测量应在下列部位进行，对额定工作电压不同的电器，应分别进行测量。

①主触头在断开位置时，同极的进线端及出线端之间。

②主触头在闭合位置时，不同极的带电部件之间、触头与线圈之间以及主电路与同它不直接连接的控制和辅助电路（包括线圈）之间。

③主电路、控制电路、辅助电路等带电部件与金属支架之间。

2）测量绝缘电阻所用兆欧表的等级及所测量的绝缘电阻值，应符合现行国家标准《电气装置安装工程 电气设备交接试验标准》的有关规定。

（7）低压电器的试验，应符合现行国家标准《电气装置安装工程 电气设备交接试验标准》的有关规定。

一、低压断路器

（1）低压断路器安装前的检查，应符合下列要求：

1）衔铁工作面上的油污应擦净。

2）触头闭合、断开过程中，可动部分与灭弧室的零件不应有卡阻现象。

3）各触头的接触平面应平整；开合顺序、动静触头分闸距离等，应符合设计要求或产品技术的规定。

4）受潮的灭弧室，安装前应烘干，烘干时应监测温度。

（2）低压断路器的安装，应符合下列要求：

1）低压断路器的安装，应符合产品技术文件的规定；当无明确规定时，宜垂直安装，其倾斜度不应大于5°。

2）低压断路器与熔断器配合使用时，熔断器应安装在电源侧。

（3）低压断路器操动机构的安装，应符合下列要求：

1）操作手柄或传动杠杆的开、合位置应正确；操作力不应大于产品的规定值。

2）电动操动机构接线应正确；在合闸过程中，开关不应跳跃；开关合闸后，限制电动机或电磁铁通电时间的连锁装置应及时动作；电动机或电磁铁通电时间不应超过产品的规定时间。

3）开关辅助触点动作应正确可靠，接触应良好。

4）抽屉式断路器的工作、试验、隔离3个位置的定位应明显，并应符合产品技术文件的规定。

5）抽屉式断路器空载时进行抽、拉数次应无卡阻，机械连锁应可靠。

（4）低压断路器的接线，应符合下列要求：

1）裸露在箱体外部且易触及的导线端子，应加绝缘保护。

2）有半导体脱扣装置的低压断路器，其接线应

符合相序要求，脱扣装置的动作应可靠。

二、低压隔离开关、刀开关、转换开关及熔断器组合电器

（1）隔离开关与刀开关的安装，应符合下列要求：

1）开关应垂直安装。

2）可动触头与固定触头的接触应良好；大电流的触头或刀片宜涂复合脂。

3）安装杠杆操作机构时，应调节杠杆长度，使操作到位且灵活；开关辅助接点指示应正确。

4）开关的动触头与两侧压板距离应调整均匀，合闸后接触面应压紧，刀片与静触头中心线应在同一平面，且刀片不应摆动。

（2）转换开关安装后，其手柄位置指示应与相应的接触片位置相对应；定位机构应可靠；所有的触头在任何接通位置上应接触良好。

（3）带熔断器或灭弧装置的负荷开关接线完毕后，检查熔断器应无损伤，灭弧栅应完好，且固定可靠；电弧通道应畅通，灭弧触头各相分闸应一致。

三、漏电保护器及消防电气设备

（1）漏电保护器的安装、调整试验应符合下列要求：

1）按漏电保护器产品标志进行电源侧和负荷侧接线。

2）带有短路保护功能的漏电保护器安装时，应确保有足够的灭弧距离。

3）在特殊环境中使用的漏电保护器，应采取防腐、防潮或防热等措施。

4）电流型漏电保护安装后，除应检查接线无误外，还应通过试验按钮检查其动作性能，并应满足要求。

（2）火灾探测器、手动火灾报警按钮、火灾报警控制器、消防控制设备等的安装，应按现行国家标准《火灾自动报警系统施工及验收规范》（GB 50166）执行。

第五章 低压电器及低压成套配电设备	第一节 低压电器安装施工
图号 1-5-1-2	图名 低压电器施工技术（一）

四、熔断器

（1）熔断器及熔体的容量，应符合设计要求，并核对所保护电气设备的容量与熔体容量相匹配；对后备保护、限流、自复、半导体器件保护等有专用功能的熔断器，严禁替代。

（2）熔断器安装位置及相互间距离，应便于更换熔体。

（3）有熔断器指示器的熔断器，其指示器应装在便于观察的一侧。

（4）瓷质熔断器在金属底板上安装时，其底座应垫软绝缘衬垫。

（5）安装具有几种规格的熔断器，应在底座旁标明规格。

（6）有触及带电部分危险的熔断器，应配齐绝缘抓手。

（7）带有接线标志的熔断器，电源线应按标志进行接线。

（8）螺旋式熔断器的安装，其底座严禁松动，电源应接在熔心引出的端子上。

五、低压接触器及电动机启动器

（1）低压接触器及电动机启动器安装前的检查，应符合下列要求：

1）衔铁表面无锈斑、油垢；接触面应平整、清洁。可动部分应灵活无卡阻；灭弧罩之间应有间隙；灭弧线圈绕向应正确。

2）触头的接触应紧密，固定主触头的触头杆应固定可靠。

3）当带有常闭触头的接触器与磁力启动器闭合时，应先断开常闭触头，后接通主触头；当断开时应先断开主触头，后接通常闭触头，且三相主触头的动作应一致，其误差应符合产品技术文件的要求。

4）电磁启动器热元件的规格应与电动机的保护特性相匹配；热继电器的电流调节指示位置应调整在电动机的额定电流值上，并应按设计要求进行定值校验。

（2）低压接触器和电动机启动器安装完毕后，应进行下列检查：

1）接线应正确。

2）在主触头不带电的情况下，启动线圈间断通电，主触头动作正常，衔铁吸合后应无异常响声。

（3）可逆启动器或接触器，电气连锁装置和机械连锁装置的动作均应正确、可靠。

（4）星、三角启动器的检查、调整应符合下列要求：

1）启动器的接线应正确；电动机定子绕组正常工作应为三角形接线。

2）手动操作的星、三角启动器，应在电动机转速接近运行转速时进行切换；自动转换的启动器应按电动机负荷要求正确调节延时装置。

（5）自耦减压启动器的安装、调整，应符合下列要求：

1）自耦变压器应垂直安装。

2）油浸式自耦变压器的油面不得低于标定的油面线。

3）减压抽头在65％～80％额定电压下，应按负荷要求进行调整；启动时间不得超过自耦减压启动允许的启动时间。

（6）手动操作的启动器，触头压力应符合产品技术文件的规定，操作应灵活。

（7）接触器或启动器均应进行通断检查；用于重要设备的接触器或启动器尚应检查其启动值，并应符合产品技术文件的规定。

（8）变阻式启动器的变阻器安装后，应检查其电阻切换程序、触头压力、灭弧装置及启动值，并应符合设计要求或产品技术文件的规定。

六、继电器及按钮

（1）继电器安装前后的检查，应符合下列要求：

1）可动部分动作应灵活、可靠。

2）表面污垢和铁芯表面防锈剂应清除干净。

（2）按钮的安装应符合下列要求：

1）按钮之间的距离宜为50～80mm，按钮箱之间的距离宜为50～100mm，当倾斜安装时，其与水平的倾角不宜小于30°。

2）按钮操作应灵活、可靠、无卡阻。

3）集中在一起安装的按钮应有编号或不同的识别标志，"紧急"按钮应有明显标志，并设保护罩。

第五章　低压电器及低压成套配电设备	第一节　低压电器安装施工
图号　1-5-1-3	图名　低压电器施工技术（二）

七、电阻器及频敏变阻器

（1）电阻器的电阻元件，应位于垂直面上。电阻器垂直安装不应超过四箱；当超过四箱时应另列一组。有特殊要求的电阻器，其安装方式应符合设计规定。电阻器底部与地面间，应留有间隙，并不应小于150mm。

（2）电阻器的接线，应符合下列要求：

1）电阻器与电阻元件的连接应采用铜或钢的裸导体，接触应可靠。

2）电阻器引出线夹板或螺栓应设置与设备接线图相应的标志。

3）多层叠装的电阻箱的引出导线，应采用支架固定，并不妨碍电阻元件的更换。

（3）电阻器内部不应有断路或短路；其直流电阻值的误差应符合产品技术文件的规定。

（4）频敏变阻器的调整，应符合下列要求：

1）频敏变阻器的极性和接线应正确。

2）频敏变阻器的抽头和气隙调整，应使电动机启动特性符合机械装置的要求。

3）频敏变阻器配合电动机进行调整过程中，连续启动数次及总的启动时间，应符合产品技术文件的规定。

第五章　低压电器及低压成套配电设备		第一节　低压电器安装施工
图号	1-5-1-4	图名	低压电器施工技术（三）

一、一般规定

（1）本规定适用于各类配电盘、保护盘、控制盘、屏、台、箱和成套柜等及其二次回路接线安装工程的施工和验收。

（2）盘、柜装置及二次回路接线的安装工程应按已批准的设计进行施工。

（3）盘、柜等在搬运和安装时应采取防振、防潮、防止框架变形和漆面受损等安全措施，必要时可将装置性设备和易损元件拆下单独包装运输。当产品有特殊要求时，尚应符合产品技术文件的规定。

（4）盘、柜应存放在室内或能避雨、雪、风、沙的干燥场所。对有特殊保管要求的装置性设备和电气元件，应按规定保管。

（5）采用的设备和器材，必须是符合国家现行技术标准的合格产品，并有合格证件。设备应有铭牌。

（6）设备和器材到达现场后，应在规定期限内作验收检查，并应符合下列要求：

1）包装及密封良好。

2）开箱检查型号、规格符合设计要求，设备无损伤，附件、备件齐全。

3）产品的技术文件齐全。

4）按本规范要求外观检查合格。

（7）施工中的安全技术措施，应符合规范和国家现行有关安全技术标准及产品技术文件的规定。

（8）设备安装用的紧固件，应用镀锌制品，并宜采用标准件。

（9）盘、柜上模拟母线的标志颜色应符合下表模拟母线的标志颜色的规定：

模拟母线的标志颜色

电压/kV	颜色	电压/kV	颜色	电压/kV	颜色
交流 0.23	深灰	交流 13.8～20	浅绿	交流 220	紫
交流 0.4	黄褐	交流 35	浅黄	交流 330	白
交流 3	深绿	交流 60	橙黄	交流 500	淡黄
交流 6	深蓝	交流 110	朱红	直流 0.22	褐
交流 10	绛红	交流 154	天蓝	直流 500	深紫

注 1. 模拟母线宽度宜为 6～12mm。

2. 设备的模拟涂色时应与相同电压等级的母线颜色一致。

3. 本表不适用于弱电屏以及流程模拟的屏台。

（10）二次回路接线施工完毕在测试绝缘时，应有防止弱电设备损坏的安全技术措施。

（11）安装调试完毕后，建筑物中的预留孔洞及电缆管口应做好封堵。

（12）盘、柜的施工及验收，除按本规范规定执行外，尚应符合国家现行的有关标准规范的规定。

二、要求

与盘、柜装置及二次回路接线安装工程有关的建筑工程施工，应符合下列要求：

（1）与盘、柜装置及二次回路接线安装工程有关建筑物、构筑物的建筑工程质量，应符合国家现行的建筑工程及验收规范中的有关规定。当设备或设计有特殊要求时，应满足其要求。

（2）设备安装前建筑工程应具备下列条件：

1）屋顶、楼板施工完毕，不得渗漏。

2）结束室内地面工作，室内沟道无积水、杂物。

3）预埋件及预留孔符合设计要求，预埋件应牢固。

4）门窗安装完毕。

5）进行装饰工作时有可能损坏已安装设备或设备安装后不能再进行施工的装饰工作全部结束。

（3）对有特殊要求的设备，安装调试前建筑工程应具备下列条件：

1）所有装饰工作完毕，清扫干净。

2）装有空调或通风装置等特殊设施的，应安装完毕，投入运行。

第五章 低压电器及低压成套配电设备	第二节 盘、柜及二次回路安装施工
图号 1-5-2-1	图名 盘、柜及二次回路接线施工的一般规定和要求

（1）盘、柜基础型钢安装允许偏差的规定见下表：

基础型钢安装的允许偏差

项　目	允许偏差/mm		备注
	每米	全长	
直线度	<1	<5	环形布置按设计要求
平面度	<1	<5	
位置误差及平行度	—	<5	

（2）基础型钢安装后，其顶部宜高出抹平面10mm；手车式成套柜按产品技术要求执行。基础型钢应有明显的可靠接地。

（3）盘、柜安装在振动场所，应按设计要求采取防震措施。

（4）盘、柜及盘、柜内设备与各构件间连接应牢固。主控制盘、继电保护盘和自动装置盘等不宜与基础型钢焊死。

（5）盘、柜单独或成列安装时，其垂直度、水平偏差以及盘、柜面偏差和盘、柜间接缝的允许偏差应符合下表的规定。

盘、柜的安装

项　目		允许偏差/mm
垂直度（每米）		<1.5
水平偏差	相邻两盘顶部	<2
	成列盘顶部	<5
盘面偏差	相邻两盘边	<1
	成列盘面	<5
盘间接缝		<2

模拟母线应对齐、其误差不应超过视差范围，并应完整，安装牢固。

（6）端子箱安装应牢固，封闭良好，并应能防潮、防尘。安装的位置应便于检查；成列安装时，应排列整齐。

（7）盘、柜、台、箱的接地应牢固良好。装有电器的可开启的门，应以裸铜软线与接地的金属构架可靠地连接。成套柜应装有供检修用的接地装置。

（8）成套柜的安装应符合下列要求：

1）机械闭锁、电气闭锁应动作准确、可靠。

2）动触头与静触头的中心线应一致，触头接触紧密。

3）二次回路辅助开关的切换触点应动作准确，接触可靠。

4）柜内照明齐全。

（9）抽出式配电柜的安装尚应符合下列要求：

1）抽屉推拉应灵活轻便，无卡阻、碰撞现象，抽屉应能互换。

2）抽屉的机械连锁装置应动作正确可靠，断路器分闸后，隔离触头才能分开。

3）抽屉与柜体间的二次回路连接插件应接触良好。

4）抽屉与柜体间的接触及柜体、柜架的接地应良好。

（10）手车式柜的安装尚应符合下列要求：

1）检查防止电气误操作的"五防"装置齐全，并动作灵活可靠。

2）手车推拉应灵活轻便，无卡阻、碰撞现象，相同型号的手车应能互换。

3）手车推入工作位置后，动触头顶部与静触头底部的间隙应符合产品要求。

4）手车和柜体间的二次回路连接插件应接触良好。

5）安全隔离板应开启灵活，随手车的进出而相应动作。

6）柜内控制电缆的位置不应妨碍手车的进出，并应牢固。

7）手车与柜体间的接地触头应接触紧密，当手车推入柜内时，其接地触头应比主触头先接触，拉出时接地触头比主触头后断开。

（11）盘、柜的漆层应完整、无损伤。固定电器的支架等应刷漆。安装于同一室内且经常监视的盘、柜，其盘面颜色宜和谐一致。

第五章　低压电器及低压成套配电设备		第二节　盘、柜及二次回路安装施工
图号	1-5-2-2	图名　盘、柜的安装规定和要求

（1）电器的安装应符合下列要求：

1）电器元件质量良好，型号、规格应符合设计要求，外观应完好，且附件齐全，排列整齐，固定牢固，密封良好。

2）各电器应能单独拆装更换，而不应影响其他电器及导线束的固定。

3）发热元件宜安装在散热良好的地方；两个发热元件之间的连线应采用耐热导线或裸铜线套瓷管。

4）熔断器的熔体规格、断路器的整定值应符合设计要求。

5）切换压板应接触良好，相邻压板间应有足够安全距离，切换时不应碰及相邻的压板；对于一端带电的切换压板，应使在压板断开情况下，活动端不带电。

6）信号回路的信号灯、光字牌、电铃、电笛、事故电钟等应显示准确，工作可靠。

7）盘上装有装置性设备或其他有接地要求的电器，其外壳应可靠接地。

8）带有照明的封闭式盘、柜应保证照明完好。

（2）端子排的安装应符合下列要求：

1）端子排应无损坏，固定牢固，绝缘良好。

2）端子应有序号，端子排应便于更换且接线方便；离地高度宜大于350mm。

3）回路电压超过400V时，端子板应有足够的绝缘，并涂以红色标志。

4）交、直流端子应分段布置。

5）强、弱电端子宜分开布置；当有困难时，应有明显标志，并设空端子隔开或设加强绝缘隔板。

6）正、负电源之间以及经常带电的正电源与合闸或跳闸回路之间，宜以一个空端子隔开。

7）电流回路应经过试验端子，其他需断开的回路宜经特殊端子或试验端子。试验端子应接触良好。

8）潮湿环境宜采用防潮端子。

9）接线端子应与导线截面匹配，不应使用小端子配大截面导线。

（3）二次回路的连接件均采用铜质制品；绝缘件应采用自熄性阻燃材料。

（4）盘、柜的正面及背面各电器、端子牌等应标明编号、名称、用途及操作位置，其标明的字迹应清晰、工整，且不易脱色。

（5）盘、柜上的小母线应采用直径不小于6mm的铜棒或铜管，小母线两侧应有标明其代号或名称的绝缘标志牌，字迹应清晰、工整，且不易脱色。

（6）二次回路的电气间隙和爬电距离应符合下列要求：

1）盘、柜内两导体间，导电体与裸露的不带电的导体间应符合下表允许最小电气间隙及爬电距离的要求。

允许最小电气间隙及爬电距离

额定电压/V	≤60	>60	≤60	>60
	额定工作电流/A			
	电气间隙/mm		爬电距离/mm	
≤60	3.0	5.0	3.0	5.0
60<U≤300	5.0	6.0	6.0	8.0
300<U≤500	8.0	10.0	10.0	12.0

2）屏顶上小母线不同相或不同极的裸露载流部分之间，裸露载流部分与未经绝缘的金属体之间，电气间隙不得小于12mm；爬电距离不得小于20mm。

（7）盘、柜内带电母线应有防止触及的隔离防护装置。

（1）二次回路接线应符合下列要求：

1）按图施工，接线正确。

2）导线与元件间采用螺栓连接、插接、焊接或压接等，均应牢固可靠。

3）盘、柜内导线不应有接头，导线芯线应无损伤。多股导线与端子、设备连接时，应压接相应规格的终端附件。

4）电缆芯线和所配导线的端部均应标明其回路编号，编号应正确，字迹清晰且不易脱色。

5）配线应整齐、清晰、美观，导线绝缘应良好，无损伤。

6）每个接线端子的每侧接线宜为1根，不得超过2根。对于插接式端子，不同截面积的2根导线不得接在同一端子上；对于螺栓连接端子，当接2根导线时，中间应加平垫片。

7）二次回路接地应设专用螺栓。

（2）盘、柜内的配线电流回路应采用电压不低于500V的铜芯绝缘导线，其截面积不应小于2.5mm²；其他回路截面不应小于1.5mm²；对电子元件回路、弱电回路采用锡焊连接时，在满足载流量和电压降及有足够机械强度的情况下，可采用不小于0.5mm²截面积的绝缘导线。

（3）用于连接门上的电器、控制台板等可动部分的导线尚应符合下列要求：

1）应采用多股软导线，敷设长度应有适当裕度。

2）线束应有外套塑料管等加强绝缘层。

3）与电器连接时，端部应绞紧，并应加终端附件或搪锡，不得松散、断股。

4）在可动部位两端应用卡子固定。

（4）引入盘、柜内的电缆及其芯线应符合下列要求：

1）电缆、导线不应有中间接头，必要时，接头应接触良好、牢固，不承受机械拉力，并应保证原有绝缘水平。屏蔽电缆应保证其原有的屏蔽电气连接作用。

2）引入盘、柜的电缆应排列整齐、编号清晰、避免交叉，并应固定牢固，不得使所接的端子排受到机械应力。

3）铠装电缆在进入盘、柜后，应将钢带切断，切断处的端部应扎紧，并将钢带接地。

4）使用静态保护、控制等逻辑回路的控制电缆，应采用屏蔽电缆。其屏蔽层应按设计要求的接地方式予以接地。

5）橡胶绝缘的芯线应用外套绝缘管保护。

6）盘、柜内的电缆芯线，应接垂直或水平有规律地配置，不得任意歪斜交叉连接。备用芯线长度应留有适当余量。

7）强、弱电回路不应使用同一根电缆，并应分别成束分开排列。

8）电缆芯线及绝缘不应有损伤，单股芯线不应因弯曲半径过小而损坏芯线和绝缘。单股芯线弯圆接线时，其弯线方向应与螺栓紧固方向一致。多股软线与端子连接时，应压接相应规格的终端附件。

（5）直流回路中具有水银触点的电器，电源正极应接到水银侧触点的一端。在油污环境中，应采用耐油的绝缘导线。在日光直射环境中，橡胶或塑料绝缘导线应采取防护措施。

一、工程交接验收时应符合的要求

（1）电器的型号、规格符合设计要求。

（2）电器的外观检查完好，绝缘器件无裂纹，安装方式符合产品技术文件的要求。

（3）电器安装牢固、平整，符合设计及产品技术文件的要求。

（4）电器的接零、接地可靠。

（5）电器的连接线排列整齐、美观。

（6）绝缘电阻值符合要求。

（7）活动部件动作灵活、可靠，连锁传动装置动作正确。

（8）标志齐全完好、字迹清晰。

二、通电后应符合的要求

（1）操作时动作应灵活、可靠。

（2）电磁器件应无异常响声。

（3）线圈及接线端子的温度不应超过规定。

（4）触头压力、接触电阻不应超过规定。

三、验收时应提交的资料和文件

（1）变更设计的证明文件。

（2）制造厂提供的产品说明书、合格证件及竣工图纸等技术文件。

（3）安装技术记录。

（4）调整试验记录。

（5）根据合同提供的备品、备件清单。

第五章　低压电器及低压成套配电设备	第三节　低压电器及低压成套配电设备安装工程交接验收要求
图号　1-5-3-1	图名　交接验收要求和通电后要求

一、在验收时进行检查的要求

（1）盘、柜的固定及接地应可靠，盘、柜漆层应完好、清洁整齐、标志规范。

（2）盘、柜内所装电器元件应齐全完好，安装位置正确，固定牢固。

（3）所有二次回路接线应准确、连接可靠、标志齐全清晰、绝缘符合要求。

（4）手车或抽屉式开关柜在推入或拉出时应灵活，机械闭锁可靠，照明装置应齐全、完好。

（5）柜内一次设备的安装质量验收要求应符合国家现行有关标准、规范的规定。

（6）用于热带地区的盘、柜应具有防潮、抗霉和耐热性能，按现行国家标准《热带电工产品通用技术》要求验收。

（7）盘、柜及电缆管道安装完后，应做好封堵。可能结冰的地区还应有防止管内积水结冰的措施。

（8）备品、备件及专用工具等应移交齐全。

二、在验收时应提交的资料

（1）工程竣工图。

（2）制造厂提供的产品说明书、调试大纲、试验方法、试验记录、合格证件及安装图样等技术文件。

（3）变更设计的证明文件。

（4）根据合同提供的备品、备件清单。

（5）安装技术记录。

（6）调整试验记录。

三、在验收时应提交的文件

（1）变更设计的证明文件。

（2）制造厂提供的产品说明书、试验记录、合格证件及安装图样等技术文件。

（3）安装技术记录。

（4）备品、备件清单。

第五章　低压电器及低压成套配电设备	第三节　低压电器及低压成套配电设备安装工程交接验收要求
图号　1-5-3-2	图名　交接验收应提交资料和文件

一、住宅分类

（1）多层住宅：是指 7 层及以下居住类建筑。

（2）小高层住宅：是指 8～18 层居住类建筑。

（3）高层住宅：是指 19 层及以上居住类建筑。

（4）超高层住宅：是指建筑高度超过 100m 的居住类建筑。

（5）高级住宅：是指建筑装修标准高和设有空气调节系统的住宅。

二、住宅项目配电设施建设基本规定

（1）住宅项目配电设施的建设应坚持统一规划的原则，应与电力网的运行现状、规划相结合，建设标准应安全、经济、适用，宜适度超前。

（2）住宅项目配电设施建设工程接入方式应满足电力系统安全和经济的要求，调度运行方式灵活，在满足供电可靠性的前提下力求简洁。

（3）住宅项目配电设施建设工程设备的选型应执行国家有关技术经济政策，选用运行安全可靠、技术先进、经济合理、维护方便、操作简单、环保节能的设备，应采用典型设计、典型设备，做到标准化、规范化，避免同类设备多种型号混用。选用配电设备应为具有良好运行业绩的产品，禁止使用国家明令淘汰及运行故障多、安全可靠性差的产品。

三、供电方案的内容

供电方案是指电力供应的具体实施计划。供电方案包括：供电方式，负荷分级，供电电源位置，出线方式，供电线路敷设，供电回路数、走径、跨越，电能计量方式，电能质量及无功补偿，电能信息采集装置，重要负荷，保安电源配置，调度通信及自动化，非线性负荷治理，产权分界等内容。

四、供电电源点确定的一般原则

（1）电源点应具备足够的供电能力，能提供合格的电能质量，以满足用户的用电需求；在选择电源点时应充分考虑各种相关因素，确保电网和用户端受电装置的安全运行。

（2）对多个可选的电源点，应进行技术经济比较后确定。

（3）根据用户的负荷性质和用电需求，确定电源点的回路数和种类。

（4）根据城市地形、地貌和城市道路规划要求，就近选择电源点。由规划部门审批路径时同时确定电缆或架空方式供电。电源路径应短捷顺直，减少与道路交叉，避免近电远供、迂回供电。

（5）居住区终期配变容量在 1500kVA 及以下时，可就近接入电网公共连接点。

（6）居住区终期配变容量在 1500kVA 以上时，应接入公用开关站。

（7）居住区终期配变容量在 3000kVA 及以上时，应新建开关站。

开关站作为变电站 10kV 母线的延伸，应能实现区域内 10kV 电能开闭和负荷再分配，具备 2 路及以上进线，8 路及以上出线，高压母线采用单母分段结构，站内可设配电变压器向就地用户供电，一般按户内方式建设。

（8）居住区终期配变容量在 30000kVA 及以上，在项目立项阶段应按城市电网规划同步预留公用变电站建设用地及电缆通道。用地规模由供电企业依照相关规范提出，作为市政基础设施用地报当地城市规划部门审批。

五、用电容量的确定方法

（1）住宅项目用电容量配备的基本标准为：建筑面积 50m² 及以下的住宅，基本配置容量每户 4kW；建筑面积 50m² 以上、120m² 及以下的住宅，基本配置容量每户 8kW；建筑面积 120m² 以上、150m² 及以下的住宅，基本配置容量每户 12kW；建筑面积 150m² 以上的住宅，基本配置容量每户 16kW；独栋别墅按实际需求配置容量。政府另有规定的按政府相关文件规定执行。

第六章　新建住宅小区配电工程建设		第一节　住宅小区与供电方案
图号	1-6-1-1	图名　住宅分类与供电方案编制（一）

（2）居住区内公共设施负荷按实际设备容量计算，设备容量不明确时，按负荷密度估算：物业管理类 $60\sim100W/m^2$；商业（会所）类 $100\sim150W/m^2$。

（3）变压器配置容量计算方法：变压器配置容量 $=\sum（用电负荷×K_p）$，配置系数 K_p 应按下表选用：

序号	变压器供电范围内住宅户数	配置系数 K_p
1	200 户以下	0.6
2	200 户及以上	0.5
3	低压供电公建设施	0.8

配置系数是指配置变压器的容量（kVA）或低压配电干线馈送容量（kVA）与居住区低压用电负荷（kW）之比值，根据变压器或低压配电干线所供居民住宅总户数的多少，综合考虑同时率、功率因数、设备负载率等因素确定。

六、变压器台数和容量的选择

（1）为提高供电可靠性，降低线损，较大规模的住宅小区内的公用变压器应遵循小容量、多布点、靠近负荷中心的原则进行配置。

（2）箱变一般用于施工用电、临时用电场合、架空线路入地改造地区，以及现有配电室无法扩容改造的场所，新建住宅小区建设时应尽量减少箱变的使用，尽可能采用配电室供电方式，当小区前期建设无配电室土建位置时方采用箱变。

（3）小区变配电室内变压器容量和台数，应按实际需要设置，土建部分按最终规模一次建成。配电室宜设两台或两台以上变压器，两台变压器的低压宜采用互联方式，便于变压器经济运行。油浸式变压器、干式变压器单台容量不应超过800kVA，油浸式变压器标准序列选用 200kVA、315kVA、400kVA、630kVA、800kVA；干式变压器标准序列选用 200kVA、315kVA、500kVA、630kVA、800kVA。

（4）柱上油浸式变压器的单台容量不应超过400kVA，标准序列选用 200kVA、315kVA、400kVA。

配电变压器指将 10kV/20kV 电压等级变压成为 400V 电压等级的配电设备，简称配变，按绝缘材料可分为油浸式配变（简称油变）、干式配变（简称干变）。

（5）预装式箱式变单台容量不应超过 630kVA，标准序列选用 315kVA、400kVA、630kVA。

预装式变电站也称为箱式变电站或组合式变电站，指由中压开关、配电变压器、低压出线开关、无功补偿装置和计量装置等设备共同安装于一个封闭箱体内的户外配电装置。

七、开关站、配电室设置原则

（1）对于以小高层、高层住宅为主、负荷比较集中的居住区以及别墅区，采用电缆＋中压开关站＋配电室方式，双电源或双回路供电。

（2）开关站、配电室原则上应单独设置，进出线方便，接近市政道路或小区道路，与周边总体环境相协调，满足环保、消防等要求，没有条件时可与建筑相结合。原则上设置在地面以上，如受条件所限，可设置在地下，但必须做到：如果有负二层及以下，配电室设置负一层；如果仅有负一层，配电室地面高度应比负一层地面高 300mm 以上，地下层内并应有排水设施。居住区内应考虑其中一个配电室具备存放安全工器具、备品、备件等运行维护物品的功能。

（3）开关站、配电室与建筑结合时，应避免与居民住宅直接为邻，尽量安排在物业、办公、商场用房等公建内，但建筑物使用的各种管道，不能在站内通过，同时上层不能设置厕所、浴室、厨房或其他用水场所，防止漏水。当开关站、配电室的正上方、正下方为住宅、客房、办公室等场所时，开关站、配电室应作屏蔽、减震、隔音措施。变压器设置在建筑物楼层内时，应采取防止变压器与建筑物共振的措施。

（4）独立设置的开关站、配电室，其外观造型、建筑风格、建筑细节、建筑色彩和其外立面主要材质应与周围环境统一协调，融入整体环境中，进出电缆管线应隐蔽设置。

第六章 新建住宅小区配电工程建设		第一节 住宅小区与供电方案
图号	1-6-1-2	图名	住宅分类与供电方案编制（二）

一、开关站、配电室基本要求

（1）站内一般采用自然通风，通风必须完全满足设备散热的要求，同时要考虑事故排风装置，并设置防止雨、雪及小动物从通风设施等通道进入室内的措施。

（2）站内采用 SF$_6$ 开关时，应设置 SF$_6$ 浓度报警仪，底部应加装强制排风装置，并设置专用排风通道抽排至室外地面。

（3）开关站、配电室的消防要求：

1）耐火等级不应低于二级，门窗应采用非燃烧材料。

2）站内应具有两条以上人员进出通道。变压器室的门、配电室的门应向外开启。相邻配电室间的门从消防角度考虑应单向开启。

3）站内应配备手持式干粉和二氧化碳灭火器，在室内设置专用灭火器具安置的场所，设置地点应明显和便于取用。

4）高层建筑物内的中压开关站、配电室等，必须设置有火灾报警装置。

（4）开关站、配电室的照明要求：

1）照明电源电压采用 220V 低压电源，电源来自低压站用电屏（箱）。

2）站内的裸导体的正上方，不应布置灯具和明敷线路。当在站内裸导体上方布置灯具时，灯具与裸导体的水平净距不应小于 1m，灯具不得采用吊链和软线吊装。操作走廊的灯具距地面高度应大于 3m。

3）照明配电箱不应采用可燃物制作，导线引出线孔应光滑无毛刺，照明配电箱上应标明用电线路的名称。

4）每个站（室）配置一套事故照明装置。

（5）地下中压开关站、配电室的特殊要求：

1）地下中压开关站、配电室的净高度一般不小于 3.9m；若有管道通风设备或电缆沟的还需增加通风管道或电缆沟的高度。

2）地下或半地下中压开关站、配电室，具有能保证人员和设备进出的通道，设备通道高度为站内最高设备高度加 0.3m，其最小宽度为站内最大设备宽度加 1.2m。如无设备进出通道，则应在地面建筑内设置专用吊物孔，占用面积及高度应保证最大设备能起吊和进出。

二、电缆基本要求

（1）中压电缆截面配置原则。

充分考虑满足将来负荷增长的需要，按远景规模设置，并满足系统短路容量要求。主干线应选用 3×400mm^2、3×300mm^2，支线应选用 3×240mm^2、3×120mm^2、3×70mm^2（选用前应校验短路电流）。

（2）低压干线及分接表箱电缆截面配置原则：

1）单根电缆供电容量计算方法。

单根电缆供电容量＝Σ供电范围内居民住宅负荷×K_p，配置系数 K_p 应按下表选用：

序号	供电范围内居民住宅户数	配置系数 K_p
1	3 户及以下	1.0
2	3 户以上，12 户以下	不小于 0.8
3	12 户以上，36 户及以下	不小于 0.7
4	36 户以上	不小于 0.6

2）单根电缆截面的配置。

为了满足居民住宅负荷十年自然增长而不更换电缆的要求，单根电缆截面按以下要求配置：

①在上述计算供电容量的基础上×1.5，作为选择电缆截面的供电容量。

②由以上供电容量计算出电流值，再根据电流值选择电缆截面。0.4kV 低压电缆主干线推荐采用 240mm^2、185mm^2，分支线采用 120mm^2、70mm^2、35mm^2。

第六章　新建住宅小区配电工程建设		第一节　住宅小区与供电方案
图号	1-6-1-3	图名	住宅小区配电工程规划和设计（一）

三、居住区负荷分级

居住区供配电设施负荷分级表

类别	用电设备（或场所）名称	负荷等级
高层和超高层住宅	消防用电、走道照明、客梯电力、排污泵、变频调速（恒压供水）生活水泵、建筑面积大于5000m²的人防工程	一级负荷
小高层住宅	消防用电、客梯电力、排污泵、交频调速（恒压供水）生活泵、主要通道及楼梯间照明、建筑面积不大于5000m²的人防工程	二级负荷
	不属于一级和二级负荷的其他负荷	三级负荷
地下汽车库（含人防工程）	基本通信设备、应急通信设备、柴油电站配套的附属设备、应急照明	一级负荷
	重要的风机、水泵 三种通风方式装置系统 正常照明 洗消用电加热淋浴器 区域水源的用电设备 电动防护密闭门、电动密闭门和电动密闭阀门	二级负荷
	不属于一级和二级负荷的其他负荷	三级负荷

注 本条规定不包括居住区内的大型公共建筑的用电负荷，其负荷分级参照相关标准执行。

四、居住区内部中压供电方式

（1）居住区一般应采用电缆＋中压开关站＋配电室方式，双电源或双回路供电。个别情况可采用架空线路＋柱上变压器方式或电缆＋箱交方式，单电源供电。

（2）根据居住区规模及负荷分级，居住区供电方式可分为5种类型：A、B、C、D、E类。

五、A类供电方式

（1）适用于包含有超高层、高层、小高层住宅的居住区、高档居住区及别墅区等，区内具有一级、二级负荷。

（2）采用双回路供电（有条件时采用双电源），自同一变电站（中压开关站）引出双回线路，接入区内中压开关站，在区内形成环网供电。见下图。

说明：虚线表示各地市可根据实际情况决定是否采用环网。

A 类供电方式

六、B类供电方式

（1）适用于仅包含7层及以下居住类建筑的居住区，区内无一级、二级负荷。

（2）采用单环式供电，出自变电站（中压开关站）的中压母线的单回馈线构成单环网，开环运行。有条件时电源可取自不同变电站（中压开关站），见下页图。

第六章　新建住宅小区配电工程建设		第一节　住宅小区与供电方案
图号	1-6-1-4	图名
		住宅小区配电工程规划和设计（二）

说明：虚线表示各地市可根据实际情况决定是否采用联络。

B 类供电方式

七、C 类供电方式

（1）适用于独栋的高层、小高层居住类建筑。

（2）采用配电室方式，并应采用双电源供电，参见下图；负荷密度很大时单个配电室内可设置 4 台变压器。

C 类供电方式

环网单元：也称环网柜，用于中压电缆线路分段、联络及分接负荷。按使用场所可分为户内环网单元和户外环网单元；按结构可分为整体式和间隔式。

八、D 类供电方式

（1）适用于零星多层（9 层及以下）居住类建筑。

（2）采用电缆＋箱式变电站方式，单电源供电，见下图。

D 类供电方式

九、E 类供电方式

（1）适用于不带电梯的保障性居住类建筑。

（2）采用架空线路＋柱上变压器方式，单电源供电，见下图。

E 类供电方式

十、居住区低压供电方式

（1）低压配电网，一般采用放射式结构，供电半径不宜大于 150m。经核算能确保满足居民用电电压质量时，可根据实际情况适当延长至 250m。超过 250m 时需进行电压质量校核。

（2）公建设施供电的低压线路及桥架，不得与住宅供电的低压线路及桥架共用。

第六章 新建住宅小区配电工程建设	第一节 住宅小区与供电方案
图号 1-6-1-5	图名 住宅小区配电工程规划和设计（三）

（3）多层住宅低压供电，以住宅楼单元为供电单元，采用经低压电缆分接箱向各单元放射式供电。

（4）小高层住宅，根据用电负荷的具体情况，可以采用放射式或树干式向楼层供电。

（5）高层住宅，宜采用分区树干式供电；向高层住宅供电的竖井内干线，宜采用低压密集型母线，并根据负荷要求分段供电。小高层建筑，低压垂直干线选用电缆。

十一、低压电缆分接箱的设置和接入规定

电缆分接箱是用于电缆线路中分接负荷的配电装置，不能用作线路联络或分段。

（1）分接箱应装设在用电负荷中心的位置。

（2）住宅楼应采用经低压电缆分接箱向各住宅单元放射式供电的接入方式。

（3）分接箱内应预留1～2个备用间隔。

（4）通过电缆接入时应根据现场施工条件等因素采取管、沟敷设方式，不宜直埋。进住宅单元时应设转角井。穿越道路时应采取加固等保护措施，敷设上应避免外部环境等因素影响。

十二、低压电缆敷设规定

（1）在居住区内，采用穿保护管、沟槽或电缆桥架敷设方式。

（2）进入住宅楼，采用穿保护管或电缆竖井敷设方式。电缆竖井应单独设立，不具备条件时可与通信电缆共用，但应分别在竖井两侧敷设或采取隔离措施以防止干扰；不得与煤气、自来水共用。

十三、电缆通道配置规定

（1）电缆管道与其他管线的间距需满足相关规程要求。

（2）敷设电力电缆应采用穿保护管、沟槽或电缆桥架敷设方式。

（3）穿越住宅小区车辆道路、停车场等区域，应采用抗压力保护管。其他区域应采用非金属保护管，上部敷设水泥盖板。

（4）电缆中间接头处可设置中间井，或采用直埋加装保护盒敷设方式，保护盒宜采用玻璃钢材料（无碱或低碱）。

（5）在集中敷设地区应视现场实际情况多敷设实际使用管数20%（最低不少于2孔）的保护管作为事故备用孔。

（6）所有电缆排管建设时应同时考虑通信光缆的通道要求。

（7）在电缆终端头、电缆接头、电缆井的两端，电缆上应装设标志牌，注明电缆编号、型号、规格及起止地点。

（8）电缆路径上应设立明显标志，采用多种形式的标志标明下有电缆管道，标志应与小区环境协调。

第六章 新建住宅小区配电工程建设		第一节 住宅小区与供电方案
图号	1-6-1-6	图名	住宅小区配电工程规划和设计（四）

一、10kV开关柜

（1）在满足系统技术参数的条件下，10kV开关柜推荐使用节能型、小型化、无油化、免检修、少维护的高可靠性设备。

（2）10kV开关柜采用成套式开关柜，即移开式开关柜、固定式环网型开关柜。其中断路器或负荷开关均可选用真空型或SF₆型，其操作机构为电动/手动弹簧机构或永磁操作机构，断路器及其操作机构应为"一体化"设备。

（3）采用环网柜的开关站方案中，断路器为电动/手动操作机构，进线间隔设单相电压互感器、计量装置，各间隔均装设面板式接地故障短路指示器。

（4）开关柜应具有完善"五防"闭锁功能。

（5）开关柜应有电动操作功能，并配自动化通信接口。

（6）防护等级不低于IP4X要求。

二、0.4kV开关柜

（1）低压开关柜宜选用分立元件拼装框架式产品，并绝缘封闭。开关柜宜采用抽屉式或固定柜（GGD），防护等级不低于IP31规定，并具有安全认证标志（3C）。

（2）低压进线总开关和分段开关宜采用框架式空气断路器，额定极限短路分断能力达到65kA。低压分路采用塑壳断路器或框架式断路器，额定极限短路分断能力达到50kA，配电子脱扣器，三段保护。

（3）低压开关柜的外壳应优先采用敷铝锌钢板，钢板厚度不小于2mm。

三、10kV电力电缆

（1）10kV电压等级应选用三芯统包型交联聚乙烯绝缘电力电缆。

（2）根据使用环境可采用防水外护套、阻燃型，

电缆线路的土建设施如不能有效保护电缆时，应选用铠装电缆。

（3）三相统包电缆的金属电力电缆载流量的计算和选取应结合敷设环境统筹考虑，应考虑不同环境温度、不同管材热阻系数、不同土壤热阻系数及多根电缆并行敷设时等各种载流量校正系数来综合计算。

（4）除根据不同的供电负荷和电压损失进行选择后，还应综合考虑温升、热稳定、安全和经济运行等因素。

四、0.4kV电缆和低压电缆分接箱

（1）0.4kV电缆应采用交联聚乙烯绝缘铜芯电缆或铝合金电缆。低压电缆进出站室集中敷设时，应选用A类阻燃电缆。

（2）低压分支箱外壳采用高强度复合SMC环保型壳体或其他高强度非金属壳体。

（3）低压分支箱母排采用全绝缘铜母排。

（4）低压分支箱分路一般控制在4～6路，分路若采用低压开关，额定电流选用200A和400A。

（5）低压分支箱结构应紧凑合理，密封良好，具有较高的防水性能。

五、10kV变压器

（1）配电变压器应根据技术发展，选用节能环保型、低损耗、低噪声的电力变压器（如非晶合金变压器、卷铁芯变压器等）。油浸式变压器应选用全密封变压器，其噪声水平应低于45dB，干式变压器噪声水平应低于48dB。

（2）接线组别为Dyn11。

（3）型号：

1）油浸式变压器宜选用11型及以上。

2）干式变压器宜选用10型及以上。

一、欧式箱变

（1）欧式箱变应优先选择紧凑型、全密封、全绝缘结构。外壳应满足正常户外使用条件，优先选择 GRC 外壳材料。箱体应有安全可靠的防护性能，防护等级不低于 IP33 要求。

（2）箱变应能够安全而且方便地进行正常的操作、检修和维护；外观应美观并尽量与周边环境相适应，具有良好的视觉效果。

（3）高压单元可根据实际需要配置，应采用 2～3 单元，进出线均应配备带电显示器、故障指示器。

（4）高压室应装设可兼容终端负荷开关、空气环网开关、SF$_6$ 环网。环网柜宜优先采用 SF$_6$ 全充气式，确保人安全，真正做到免维护。其主要参数应满足环网柜的要求。

（5）箱变低压总开关应采用框架式空气断路器，额定极限短路分断能力达到 65kA，并具有微处理器的电子式控制器；低压出线开关采用塑壳断路器，额定极限短路分断能力选到 50kA，配电子脱扣器，三段保护。

（6）箱变内应装设无功补偿装置。

二、美式箱变

（1）美式箱变外壳防护等级应不低于 IP33 规定。

（2）美式箱变的高压侧应采用二工位负荷开关（终端型），变压器带两级熔断器保护。应配置肘形全绝缘氧化锌避雷器，可带负荷拔插的肘形绝缘头（额定电流 200A）。进出线电缆头处均应配备带电显示器、故障指示器。

（3）美式箱变低压不设置总开关，低压馈出回路出线数一般配置 4～6 路，采用塑壳断路器，塑壳断路器有过载及短路保护，额定极限短路分断能力达到 50kA。

（4）美式箱变内应装设无功补偿装置。

三、居民照明集中装表电能计量箱

（1）居民住宅用电实行一户一表计量方式。应采用远程自动抄表方式。

（2）多层住宅表箱宜集中安装在 1～2 层的楼道间内。高层住宅一般情况下每 4～6 层装设一个集中表箱，集中表箱表位数不宜超过 16 位，当表位数超过 16 位时，应选择适当楼层增设集中表箱。楼道间或竖井内装表处应按表位数预留位置，并留有足够的检修、维护空间。

（3）单户住宅（含别墅）用电，应采用单户表箱。表箱应安装在户外，便于抄表和维护，安装有防雨和防阳光直射计量表计等防护措施，以减少表计的故障发生，延长表计的使用年限。

（4）导线保护管应进入表箱内，保护导线不受损坏。

（5）表箱之间供电电源，可通过加装低压电缆分接箱方式连接，不允许在表箱之间串接。

一、配电变压器电能计量装置配置要求

（1）采用公建设施专用变压器供电时，应采用高供高计的计量方式，同步设计，同步建设、同步投运用电信息采集装置（专变采集终端）。计量用电流互感器二次绕阻与电能表之间采用分相接线方式，对三相三线制接线的电能计量装置，其2台电流互感器二次绕组与电能表之间宜采用四线连接。

（2）采用公用变压器供电时，应在低压总出线侧安装电能计量装置，同步设计、同步建设、同步投运用电信息采集装置（集中器）。对于箱式变压器，可直接在计量室装设电能计量装置及用电信息采集装置（集中器）。计量用电流互感器二次绕组与电能表之间采用分相接线方式。三相四线制连接的电能计量装置，其3台电流互感器二次绕组与电能表之间宜采用六线连接。

（3）互感器二次回路的连接导线应采用铜质单芯绝缘线。对电流二次回路，连接导线截面积应按电流互感器的额定二次负荷计算确定，至少应不小于4mm²。对电压二次回路，连接导线截面积应按允许的电压降计算确定，至少应不小于2.5mm²。

（4）电能表应配置符合国家电网公司、中国南方电网公司企业标准的智能电能表，其通信规约应符合DL/T 645的要求，具有两个及以上独立RS-485通信接口。

（5）电能计量装置的精确度等级符合标准《电能计量装置技术管理规程》（DL/T 448）。

二、低压用户电能计量装置配置要求

（1）新建住宅配电工程项目的每个最终用电客户均应设置计量点，并具备用电信息采集功能。低压用电客户电能计量装置及用电信息采集装置由智能电能表、采集器、集中器、低压三相动力计量箱、低压居民型计量箱、低压电流互感器、断路器及接户线等组成。

（2）计量电能表优选单相远程费控智能电能表（载波）、单相远程费控智能电能表。

（3）单相电能表宜选用5（60）A规格。三相电能表依负荷情况选定标定电流，标定电流分为10（60）A和1.5（6）A两种。

（4）计量箱宜采用如SMC等耐腐蚀非金属材料外壳。

三、用电信息采集装置配置要求

（1）用电信息采集系统远程通信可采用光纤网络方式、GPRS/CDMA等无线通信方式，或MODEM等其他有线通信方式。

（2）用电信息采集系统本地通信宜采用载波通信方式，采集器通过RS-485通信方式采集智能电能表信息，集中器通过载波通信方式采集采集器或智能电能表信息。

（3）用电信息采集系统装置（专变终端、集中器、采集器）应符合国家电网公司《电力用户用电信息采集系统功能规范》（Q/GDW 373）等标准。

第六章 新建住宅小区配电工程建设		第二节 住宅小区配电工程主要设备材料选型
图号	1-6-2-3	图名　电能计量装置配置要求

（1）低压配电电压应采用 220V/380V。带电导体系统的型式宜采用单相二线制、两相三线制、三相三线制和三相四线制。

（2）在正常环境的车间或建筑物内，当大部分用电设备为中小容量，且无特殊要求时，宜采用树干式配电。

（3）当用电设备为大容量，或负荷性质重要，或在有特殊要求的车间、建筑物内，宜采用放射式配电。

（4）当部分用电设备距供电点较远，而彼此相距很近、容量很小的次要用电设备，可采用链式配电，但每一回路环链设备不宜超过 5 台，其总容量不宜超过 10kW。容量较小用电设备的插座，采用链式配电时，每一条环链回路的设备数量可适当增加。

（5）在高层建筑物内，当向楼层各配电点供电时，宜采用分区树干式配电；但部分较大容量的集中负荷或重要负荷，应从低压配电室以放射式配电。

（6）平行的生产流水线或互为备用的生产机组，根据生产要求，宜由不同的回路配电；同一生产流水线的各用电设备，宜由同一回路配电。

（7）在 TN 及 TT 系统接地形式的低压电网中，宜先用 Dyn11 接线组别的三相变压器作为配电变压器。

注：TN 系统——在此系统内，电源有一点与地直接连接，负荷侧电气装置的外露可导电部分则通过保护线（PE 线）与该点连接。

TT 系统——在此系统内，电源有一点与地直接连接，负荷侧电气装置的外露可导电部分连接的接地极和电源的接地极无电气联系。

（8）在 TN 及 TT 系统接地型式的低压电网中，当选用 Yyn0 接线组别的三相变压器时，其由单相不平衡负荷引起的中性线电流不得超过低压绕组额定电流的 25%，且其一相的电流在满载时不得超过额定电流值。

注：Yyn0 接线组别的三相变压器是指表示其高压绕组为星形、低压绕组亦为星形且有中性点和"0"接线组别的三相变压器。

（9）当采用 220V/380V 的 TN 及 TT 系统接地形式的低压电网时，照明和其他电力设备宜由同一台变压器供电。必要时亦可单独设置照明变压器供电。

（10）由建筑物外引入的配电线路，应在室内靠近进线点便于操作维护的地方装设隔离电器。

1）当维护、测试和检修设备需断开电源时，应设置隔离电器。

2）隔离电器应使所在回路与带电部分隔离，当隔离电器误操作会造成严重事故时，应采取防止误操作的措施。

3）隔离电器宜采用同时断开电源所有极的开关或彼此靠近的单极开关。

4）隔离电器可采用下列电器：

①单极或多极隔离开关、隔离插头；

②插头与插座；

③连接片；

④不需要拆除导线的特殊端子；

⑤熔断器。

5）半导体电器严禁作隔离电器。

（11）通断电流的操作电器可采用下列电器：

1）负荷开关及断路器。

2）继电器及接触器。

3）半导体电器。

4）10A 及以下的插头与插座。

（12）低压配电设计所选用的电器，应符合国家现行的有关标准，并应符合下列要求：

1）电器的额定电压应与所在回路标称电压相适应。

2）电器的额定电流不应小于所在回路的计算电流。

3）电器的额定频率应与所在回路的频率相适应。

4）电器应适应所在场所的环境条件。

5）电器应满足短路条件下的动稳定与热稳定的要求。用于断开短路电流的电器，应满足短路条件下的通断能力。

（13）验算电器在短路条件下的通断能力，应采用安装处预期短路电流周期分量的有效值，当短路点附近所接电动机额定电流之和超过短路电流的 1% 时，应计入电动机反馈电流的影响。

（1）一级负荷的供电电源应符合下列规定：

1）一级负荷应由两个电源供电；当一个电源发生故障时，另一个电源不应同时受到损坏。

2）一级负荷中特别重要的负荷，除由两个电源供电外，尚应增设应急电源，并严禁将其他负荷接入应急供电系统。

（2）下列电源可作为应急电源：

1）独立于正常电源的发电机组。

2）供电网络中独立于正常电源的专用的馈电线路。

3）蓄电池。

4）干电池。

（3）根据允许中断供电的时间可分别选择下列应急电源：

1）允许中断供电时间为15s以上的供电，可选用快速自启动的发电机组。

2）自投装置的动作时间能满足允许中断供电时间的，可选用带有自动投入装置的独立于正常电源的专用馈电线路。

3）允许中断供电时间为毫秒级的供电，可选用蓄电池静止型不间断供电装置、蓄电池机械贮能电机型不间断供电装置或柴油机不间断供电装置。

4）应急电源的工作时间，应按生产技术上要求的停车时间考虑。当与自动启动的发电机组配合使用时，不宜少于10min。

（4）符合下列情况之一时，用电单位宜设置自备电源：

1）需要设置自备电源作为一级负荷中特别重要负荷的应急电源时或第二电源不能满足一级负荷的

条件时。

2）设置自备电源较从电力系统取得第二电源经济合理时。

3）有常年稳定余热、压差、废气可供发电，技术可靠、经济合理时。

4）所在地区偏僻，远离电力系统，设置自备电源经济合理时。

（5）应急电源与正常电源之间必须采取防止并列运行的措施。

（6）供配电系统的设计，除一级负荷中特别重要负荷外，不应按一个电源系统检修或故障的同时另一电源又发生故障进行设计。

（7）二级负荷的供电系统，宜由两回线路供电，在负荷较小或地区供电条件困难时，二级负荷可由一回6kV及以上专用的架空线路或电缆供电。当采用架空线时，可为一回架空线供电；当采用电缆线路时，应采用两根电缆组成的线路供电，其每根电缆应能承受100%的二级负荷。

（8）需要两回电源线路的用电单位，宜采用同级电压供电。但根据各级负荷的不同需要及地区供电条件，亦可采用不同电压供电。

（9）有一级负荷的用电单位难以从地区电力网取得两个电源而有可能从邻近单位取得第二电源时，宜从该单位取得第二电源。

（10）同时供电的两回及以上供配电线路中一回路中断供电时，其余线路应能满足全部一级负荷及二级负荷。

（11）供电系统应简单可靠，同一电压供电系统的变配电级数不宜多于两级。

一、一般规定

(1) 配电线路的敷设应符合下列条件：

1) 符合场所环境的特征。

2) 符合建筑物和构筑物的特征。

3) 人与布线之间可接近的程度。

4) 由于短路可能出现的机电应力。

5) 在安装期间或运行中布线可能遭受的其他应力和导线的自重。

(2) 配电线路的敷设，应避免下列外部环境的影响：

1) 应避免由外部热源产生热效应的影响。

2) 应防止在使用过程中因水的侵入或因进入固体物而带来的损害。

3) 应防止外部的机械性损害而带来的影响。

4) 在有大量灰尘的场所，应避免由于灰尘聚集在布线上所带来的影响。

5) 应避免由于强烈日光辐射而带来的损害。

二、绝缘导线布线

(1) 直敷布线可用于正常环境的屋内场所，并应符合下列要求：

1) 直敷布线应采用护套绝缘导线，其截面不宜大于 6mm²；布线的固定点间距，不应大于 300mm。

2) 绝缘导线至地面的最小距离应符合表 1 的规定。

表 1　绝缘导线至地面的最小距离

布线方式		最小距离/m
导线水平敷设时：	屋内	2.5
	屋外	2.7
导线垂直敷设时：	屋内	1.8
	屋外	2.7

3) 当导线垂直敷设至地面低于 1.8m 时，应穿管保护。

(2) 瓷（塑料）夹布线宜用于正常环境的屋内场所和挑檐下的屋外场所。

鼓形绝缘子和针式绝缘子布线宜用于屋内、屋外场所。

(3) 采用瓷（塑料）夹、鼓形绝缘子和针式绝缘子在屋内、屋外布线时，绝缘导线至地面的距离，应符合表 1 的规定。

(4) 采用鼓形绝缘子和针式绝缘子在屋内、屋外布线时，绝缘导线最小间距，应符合表 2 的规定。

表 2　屋内、屋外布线的绝缘导线最小间距

支持点间距 L	导线最小间距/mm	
	屋内布线	屋外布线
L≤1.5m	50	100
1.5m<L≤3m	75	100
3m<L≤6m	100	150
6m<L≤10m	150	200

(5) 绝缘导线明敷在高温辐射或对绝缘导线有腐蚀的场所时，导线之间及导线至建筑物表面的最小净距，应符合图 1-7-2-3 中表的规定。

(6) 屋外布线的绝缘导线至建筑物的最小间距，应符合表 3 的规定。

表 3　绝缘导线至建筑物的最小间距

布线方式	最小间距/mm
水平敷设时的垂直间距 在阳台、平台上和跨越建筑物顶 在窗户上 在窗户下	 2500 200 800
垂直敷设时至阳台、窗户的水平间距	600
导线至墙壁和构架的间距（挑檐下除外）	35

(7) 金属管、金属线槽布线宜用于屋内、屋外场所，但对金属管、金属线槽有严重腐蚀的场所不宜采用。

在建筑物的顶棚内，必须采用金属管、金属线槽布线。

(8) 明敷或暗敷于干燥场所的金属管布线应采用管壁厚度不小于 1.5mm 的电线管。直接埋于素土内的金属管布线，应采用水煤气钢管。

(9) 电线管与热水管、蒸汽管同侧敷设时，应敷设在热水管、蒸汽管的下面。当有困难时，可敷设在其上面。其相互间的净距不宜小于下列数值：

第七章　建筑物内配电工程		第二节　建筑物内低压配电工程
图号	1-7-2-1	图名　配电线路敷设（一）

1）当电线管敷设在热水管下面时为 0.2m，在上面时为 0.3m。

2）当电线管敷设在蒸汽管下面时为 0.5m，在上面时为 1m。

3）当不能符合上述要求时，应采取隔热措施。对有保温措施的蒸汽管，上下净距均可减至 0.2m。

4）电线管与其他管道（不包括可燃气体及易燃、可燃液体管道）的平行净距不应小于 0.1m。当与水管同侧敷设时，宜敷设在水管的上面。管线互相交叉时的距离，不宜小于相应上述情况的平行净距。

（10）塑料管和塑料线槽布线宜用于屋内场所和有酸碱腐蚀介质的场所，但在易受机械操作的场所不宜采用明敷。

（11）塑料管暗敷或埋地敷设时，引出地（楼）面的一段管路，应采取防止机械损伤的措施。

（12）布线用塑料管（硬塑料管、半硬塑料管、可挠管）、塑料线槽，应采用难燃型材料，其氧指数应在 27 以上。

（13）穿管的绝缘导线（两根除外）总截面积（包括外护层）不应超过管内截面面积的 40%。

（14）金属管布线和硬质塑料管布线的管道较长或转弯较多时，宜适当加装拉线盒或加大管径；两个拉线点之间的距离应符合下列规定：

1）对无弯管路时，不超过 30m。

2）两个拉线点之间有一个转变时，不超过 20m。

3）两个拉线点之间有两个转弯时，不超过 15m。

4）两个拉线点之间有三个转弯时，不超过 8m。

（15）穿金属管或金属线槽的交流线路，应使所有的相线和 N 线在同一外壳内。

（16）不同回路的线路不应穿于同一根管路内，但符合下列情况时可穿在同一根管路内：

1）标称电压为 50V 以下的回路。

2）同一设备或同一流水作业线设备的电力回路和无防干扰要求的控制回路。

3）同一照明灯具的几个回路。

4）同类照明的几个回路，但管内绝缘导线总数不应多于 8 根。

（17）在同一个管道里有几个回路时，所有的绝缘导线都应采用与最高标称电压回路绝缘相同的

绝缘。

三、钢索布线

（1）钢索布线在对钢索有腐蚀的场所，应采取防腐蚀措施。

钢索上绝缘导线至地面的距离，在屋内时为 2.5m；屋外时为 2.7m。

（2）钢索布线应符合下列要求：

1）屋内的钢索布线，采用绝缘导线明敷时，应采用瓷夹、塑料夹、鼓形绝缘子或针式绝缘子固定；用护套绝缘导线、电缆、金属管或硬塑料管布线时，可直接固定于钢索上。

2）屋外的钢索布线，采用绝缘导线明敷时，应采用鼓形绝缘子或针式绝缘子固定；采用电缆、金属管或硬塑料管布线时，可直接固定于钢索上。

（3）钢索布线所采用的铁线和钢绞线的截面，应根据跨距、荷重和机械强度选择，其最小截面不宜小于 10mm²。钢索固定件应镀锌或涂防腐漆。钢索除两端拉紧外，跨距大的应在中间增加支持点；中间的支持点间距不应大于 12m。

（4）在钢索上吊装金属管或塑料管布线时，应符合下列要求：

1）支持点最大间距符合表 4 的规定。

表 4　钢索上吊装金属管或塑料管支持点的最大间距

布线类别	支持点间距/mm	支持点距灯头盒/mm
金属管	1500	200
塑料管	1000	150

2）吊装接线盒和管道的扁钢卡子宽度不应小于 20mm；吊装接线盒的卡子不应少于 2 个。

（5）钢索上吊装护套线绝缘导线布线时，应符合下列要求：

1）采用铝卡子直敷在钢索上，其支持点间距不应大于 500mm；卡子距接线盒不应大于 100mm。

2）采用橡胶和塑料护套绝缘线时，接线盒应采用塑料制品。

（6）钢索上采用瓷瓶吊装绝缘导线布线时，应符合下列要求：

1）支持点间距不应大于 1.5m。线间距离，屋内不应小于 50mm；屋外不应小于 100mm。

2）扁钢吊架终端应加拉线，其直径不应小于 3mm。

第七章　建筑物内配电工程		第二节　建筑物内低压配电工程
图号	1-7-2-2	图名　配电线路敷设（二）

四、裸导体布线

（1）裸导体布线应用于工业企业厂房，不得用于低压配电室。

（2）无遮护的裸导体至地面的距离，不应小于3.5m；采用防护等级不低于IP2X的网孔遮栏时，不应小于2.5m。遮栏与裸导体的间距，应符合（4）的规定。

（3）裸导体与需经常维护的管道同侧敷设时，裸导体应敷设在管道的上面。

1）裸导体与需经常维护的管道（不包括可燃气体及易燃、可燃液体管道）以及与生产设备最凸出部位的净距不应小于1.8m。

2）当其净距小于或等于1.8m时，应加遮护。

（4）裸导体的线间及裸导体至建筑物表面的最小净距应符合表5的规定。

表5　裸导体的线间及裸导体至建筑物表面的最小净距

固定点间距 L	最小净距/mm
L≤2m	50
2m<L≤4m	100
4m<L≤6m	150
6m<L	200

硬导体固定点的间距，应符合在通过最大短路电流时的动稳定要求。

（5）起重行车上方的裸导体至起重行车平台铺板的净距不应小于2.3m，当其净距小于或等于2.3m时，起重行车上方或裸导体下方应装设遮护。

除滑触线本身的辅助导线外，裸导体不宜与起重行车滑触线敷设在同一支架上。

五、封闭式母线布线

（1）封闭式母线宜用于干燥和无腐蚀气体的屋内场所。

（2）封闭式母线至地面的距离不应小于2.2m；母线终端无引出线和引入线时，端头应封闭。

当封闭式母线安装在配电室、电机室、电气竖井等电气专用房间时，其至地面的最小距离可不受此限制。

六、竖井布线

（1）竖井内布线适用于多层和高层建筑物内垂直配电干线的敷设。

（2）竖井垂直布线时应考虑下列因素：

1）顶部最大垂直变位和层间垂直变位对干线的影响。

2）导线及金属保护管自重所带来的载重及其固定方式。

3）垂直干线与分支干线的连接方法。

（3）竖井内垂直布线采用大容量单芯电缆、大容量母线作干线时，应满足下列条件：

1）载流量要留有一定的裕度。

2）分支容易、安全可靠、安装及维修方便和造价经济。

（4）竖井的位置和数量应根据用电负荷性质、供电半径、建筑物的沉降缝设置和防火分区等因素确定。选择竖井位置时尚应符合下列要求：

1）靠近用电负荷中心，应尽可能减少干线电缆的长度。

2）不应和电梯、管道间共用同一竖井。

3）避免邻近烟囱、热力管道及其他散热量大或潮湿的设施。

（5）竖井的井壁应是耐火极限不低于1h的非燃烧体。竖井在每层楼应设维护检修门并应开向公共走廊，其耐火等级不应低于三级。同时楼层间应采用防火密封隔离；电缆和绝缘线在楼层间穿钢管时，两端管口空隙应作密封隔离。

（6）竖井内的同一配电干线，宜采用等截面导体，当需变截面时不宜超过二级，并应符合保护规定。

（7）竖井内的高压、低压和应急电源的电气线路，相互之间的距离应等于或大于300mm，或采取隔离措施，并且高压线路应设有明显标志。当强电和弱电线路在同一竖井内敷设时，应分别在竖井的两侧敷设或采取隔离措施以防止强电对弱电的干扰，对于回路线数及种类较多的强电和弱电的电气线路，应分别设置在不同竖井内。

（8）管路垂直敷设时，为保证管内导线不因自重而折断，应按下列规定装设导线固定盒，在盒内用线夹将导线固定：

1）导线截面在50mm²及以下，长度大于30m时。

2）导线截面在50mm²以上，长度大于20m时。

一、一般规定

(1) 选择电缆路径时，应按下列要求：

1) 应使电缆不易受到机械、振动、化学、地下电流、水锈蚀、热影响、蜂蚁和鼠害等各种损伤。

2) 便于维护。

3) 避开场地规划中的施工用地或建设用地。

4) 电缆路径较短。

(2) 对于露天敷设的电缆，尤其是有塑料或橡胶外护层的电缆，应避免日光长时间的直晒，必要时应加装遮阳罩或采用耐日照的电缆。

(3) 电缆在屋内、电缆沟、电缆隧道和竖井内明敷时，不应采用黄麻或其他易延燃的外保护层。

(4) 电缆不应在有易燃、易爆及可燃的气体管道或液体管道的隧道或沟道内敷设。当受条件限制需要在这类隧道内敷设电缆时，必须采取防爆、防火的措施。

(5) 电缆不宜在有热管道的隧道或沟道内敷设电力电缆，当需要敷设时，应采取隔热措施。

(6) 支承电缆的构架，采用钢制材料时，应采取热镀锌等防腐措施；在有较严重腐蚀的环境中，应采取相适应的防腐措施。

(7) 电缆的长度，宜在进户处、接头、电缆头处或地沟及隧道中留有一条余量。

二、电缆在室内敷设

(1) 无铠装的电缆在屋内明敷，当水平敷设时，其至地面的距离不应小于 2.5m；当垂直敷设时，其至地面的距离不应小于 1.8m。当不能满足上述要求时应有防止电缆机械损伤的措施；当明敷在配电室、电机室、设备层等专用房间内时，不受此限制。

(2) 相同电压的电缆并列明敷时，电缆的净距不应小于 35mm，且不应小于电缆外径；当在桥架、托盘和线槽内敷设时，不受此限制。

1kV 及以下电力电缆及控制电缆与 1kV 以上电力电缆宜分开敷设。当并列明敷时，其净距不应小于 150mm。

(3) 架空明敷的电缆与热力管道的净距不应小于 1m；当其净距小于或等于 1m 时应采取隔热措施。电缆与非热力管道的净距不应小于 0.5m，当其净距小于或等于 0.5m 时应在与管道接近的电缆段上，以及由该段两端向外延伸不小于 0.5m 以内的电缆段上，采取防止电缆受机械损伤的措施。

(4) 钢索上电缆布线吊装时，电力电缆固定点间的间距不应大于 0.75m；控制电缆固定点间的间距不应大于 0.6m。

(5) 电缆在屋内埋地穿管敷设时，或电缆通过墙、楼板穿管时，穿管的内径不应小于电缆外径的 1.5 倍。

(6) 桥架距离地面的高度，不宜低于 2.5m。

(7) 电缆在桥架内敷设时，电缆总截面面积与桥架横断面面积之比，电力电缆不应大于 40%，控制电缆不应大于 50%。

(8) 电缆明敷时，其电缆固定部位应符合表 1 的规定。

表 1   电缆的固定部位

敷设方式	构 架 型 式	
	电缆支架	电缆桥架
垂直敷设	电缆的首端和尾端	电缆的上端
	电缆与每个支架的接触处	每隔 1.5~2m 处
水平敷设	电缆的首端和尾端	电缆的首端和尾端
	电缆与每个支架的接触处	电缆转弯处
		电缆其他部位每隔 5~10m 处

(9) 电缆桥架内每根电缆每隔 50m 处，电缆的首端、尾端及主要转弯处应设标记，注明电缆编号、型号规格、起点和终点。

三、电缆在电缆沟或隧道内敷设

(1) 电缆在电缆沟和隧道内敷设时，其支架层间垂直距离和通道宽度的最小净距应符合表 2 的规定。

第七章　建筑物内配电工程		第二节　建筑物内低压配电工程	
图号	1-7-2-4	图名	电缆布线（一）

表2　电缆支架层间垂直距离和通道宽度的最小净距　　单位：m

名　　称		电缆隧道	电缆沟	
			沟深0.6m及以下	沟深0.6m以上
通道宽度	两侧设支架	1.0	0.3	0.5
	一侧设支架	0.9	0.3	0.45
支架层间垂直距离	电力线路	0.2	0.15	0.15
	控制线路	0.12	0.1	0.1

（2）电缆沟和电缆隧道应采取防水措施；其底部排水沟的坡度不应小于0.5%，并应设集水坑；积水可经集水坑用泵排出，当有条件时，积水可直接排入下水道。

（3）在多层支架上敷设电缆时，电力电缆应放在控制电缆的上层；在同一支架上的电缆可并列敷设。

当两侧均有支架时，1kV及以下的电力电缆和控制电缆宜与1kV以上的电力电缆分别敷设于不同侧支架上。

（4）电缆支架的长度，在电缆沟内不宜大于350mm；在隧道内不宜大于500mm。

（5）电缆在电缆沟或隧道内敷设时，支架间或固定点间的最大间距应符合表3的规定。

表3　电缆支架间或固定点间的最大间距　　单位：m

敷设方式	塑料护套、铅包、铝包、钢带铠装		钢丝铠装
	电力电缆	控制电缆	
水平敷设	1.0	0.8	3.0
垂直敷设	1.5	1.0	6.0

（6）电缆沟在进入建筑物处应设防火墙。电缆隧道进入建筑物处，以及在进入变电所处，应设带门的防火墙。防火门应装锁。电缆的穿墙处保护管两端应采用难燃材料封堵。

（7）电缆沟或电缆隧道，不应设在可能流入熔化金属液体或损害电缆外护层和护套的地段。

（8）电缆沟一般采用钢筋混凝土盖板，盖板的

重量不宜超过50kg。

（9）电缆隧道内的净高不应低于1.9m。局部或与管道交叉处净高不宜小于1.4m。

隧道内应采取通风措施，有条件时宜采用自然通风。

（10）当电缆隧道长度大于7m时，电缆隧道两端应设出口，两个出口间的距离超过75m时，尚应增加出口，人孔井可作为出口，人孔井直径不应小于0.7m。

（11）电缆隧道内应设照明，其电压不应超过36V；当照明电压超过36V时，应采取安全措施。

（12）与隧道无关的管线不得穿过电缆隧道。电缆隧道和其他地下管线交叉时，应避免隧道局部下降。

四、电缆埋地敷设

（1）电缆直接埋地敷设时，沿同一路径敷设的电缆数量不宜超过8根。

（2）电缆在屋外直接埋地敷设的深度不应小于700mm；当直埋在农田时，不应小于1m。应在电缆上下各均匀铺设细砂层，其厚度宜为100mm，在细砂层应覆盖混凝土保护板等保护层，保护层宽度应超出电缆两侧各50mm。

在寒冷地区，电缆应埋设于冻土层以下。当受条件限制不能深埋时，可增加细砂层的厚度，在电缆上方和下方各增加的厚度不宜小于200mm。

（3）电缆通过下列各地段应穿管保护，穿管的内径不应小于电缆外径的1.5倍：

1）电缆通过建筑物和构筑物的基础、散水坡、楼板和穿过墙体等处。

2）电缆通过铁路、道路处和可能受到机械损伤的地段。

3）电缆引出地面2m至地下200mm处的一段和人容易接触使电缆可能受到机械损伤的地方。

（4）埋地敷设的电缆之间及其与各种设施平行或交叉的最小净距，应符合表4的规定。

表4 埋地敷设的电缆之间及其与各种
设施平行或交叉的最小净距 单位：m

项目	敷设条件	
	平行时	交叉时
建筑物、构筑物基础	0.5	
电杆	0.6	
乔木	1.5	
灌木丛	0.5	
1kV及以下电力电缆之间，以及与控制电缆之间	0.1	0.5（0.25）
通信电缆	0.5（0.1）	0.5（0.25）
热力管沟	2.0	0.5
水管、压缩空气等	1.0（0.25）	0.5（0.25）
可燃气体及易燃液体管道	1.0	0.5（0.25）
铁路	3.0（与轨道）	1.0（与轨底）
道路	1.5（与路边）	1.0（与路面）
排水明沟	1.0（与沟边）	0.5（与沟底）

注 1. 路灯电缆与道路灌木丛平行距离不限。
　　2. 表中括号内数字，是指局部地段电缆穿管，加隔板保护或加隔热层保护后允许的最小净距。
　　3. 电缆与铁路的最小净距不包括电气化铁路。

（5）电缆与建筑物平行敷设时，电缆应埋设在建筑物的散水坡外。电缆引入建筑物时，所穿保护管应超出建筑物散水坡100mm。

（6）电缆与热力管沟交叉，当采用电缆穿隔热水泥管保护时，其长度应伸出热力管沟两侧各2m；采用隔热保护层时，其长度应超过热力管沟和电缆两侧各1m。

（7）电缆与道路、铁路交叉时，应穿管保护，保护管应伸出路基1m。

（8）埋地敷设电缆的接头盒下面必须垫混凝土基础板，其长度宜超出接头保护盒两端0.6～0.7m。

（9）电缆带坡度敷设时，中间接头应保持水平；

多根电缆并列敷设时，中间接头的位置应互相错开，其净距不应小于0.5m。

（10）电缆在拐弯、接头、终端和进出建筑物等地段，应装设明显的方位标志，直线段上应适当增设标桩，标桩露出地面宜为150mm。

五、电缆在排管内敷设

（1）电缆在排管内的敷设，应采用塑料护套电缆或裸铠装电缆。

（2）电缆排管应一次留足备用管孔数，但电缆数量不宜超过12根。当无法预计发展情况时，可留1～2个备用孔。

（3）当地面上均匀荷载超过10t/m²时或排管通过铁路及遇有类似情况时，必须采取加固措施，防止排管受到机械损伤。

（4）排管孔的内径不应小于电缆外径的1.5倍。但穿电力电缆的管孔内径不应小于90mm；穿控制电缆的管孔内径不应小于75mm。

（5）电缆排管的敷设安装应符合下列要求：

1）排管安装时，应有倾向人孔井侧不小于0.5%的排水坡度，并在人孔井内设集水坑，以便集中排水。

2）排管顶部距地面不应小于0.7m，在人行道下面时不应小于0.5m。

3）排管沟底部应垫平夯实，并应铺设厚度不应小于60mm的混凝土垫层。

（6）排管可采用混凝土管、陶土管或塑料管。

（7）在转角、分支或变更敷设方式改为直埋或电缆沟敷设时，应设电缆人孔井。在直线段上，应设置一定数量的电缆人孔井，人孔井间的距离不应大于100m。

（8）电缆人孔井的净空高度不应小于1.8m，其上部人孔的直径不应小于0.7m。

第七章　建筑物内配电工程		第二节　建筑物内低压配电工程	
图号	1-7-2-6	图名	电缆布线（三）

一、一般规定

（1）配电线路应装设短路保护、过负载保护和接地故障保护，作用于切断供电电源或发出报警信号。

（2）配电线路采用的上下级保护电器，其动作应具有选择性；各级之间应能协调配合。但对于非重要负荷的保护电器，可采用无选择性切断。

（3）对电动机、电焊机等用电设备的配电线路的保护，除应符合本章要求外，尚应符合现行国家标准《通用用电设备配电设计规范》（GB 50055）的规定。

二、短路保护

（1）配电线路的短路保护，应在短路电流对导体和连接件产生的热作用和机械作用造成危害之前切断短路电流。

（2）绝缘导体的热稳定校验应符合下列规定：

1）当短路持续时间不大于 5s 时，绝缘导体的热稳定应按下式进行校验：

$$S \geqslant \frac{I}{K}\sqrt{t} \qquad (1)$$

式中　S——绝缘导体的线芯截面，mm^2；

　　　I——短路电流有效值（均方根值），A；

　　　t——在已达到允许最高持续工作温度的导体内短路电流持续作用的时间，s；

　　　K——不同绝缘的计算系数。

2）不同绝缘、不同线芯材料的 K 值，应符合下表的规定。

不同绝缘的 K 值

绝缘 线芯	聚氯乙烯	丁基橡胶	乙丙橡胶	油浸纸
铜芯	115	131	143	107
铝芯	76	87	94	71

3）短路持续时间小于 0.1s 时，应计入短路电流非周期分量的影响；大于 5s 时应计入散热的影响。

（3）当保护电器为符合《低压断路器》（JB 1284）的低压断路器时，短路电流不应小于低压断路器瞬时或短延时过电流脱扣器整定电流的 1.3 倍。

（4）在线芯截面减小处、分支处或导体类型、敷设方式或环境条件改变后载流量减小处的线路，当越级切断电路不引起故障线路以外的一级、二级负荷的供电中断，且符合下列情况之一时，可不装设短路保护：

1）配电线路被前段线路短路保护电器有效的保护，且此线路和其过负载保护电器能承受通过的短路能量。

2）配电线路电源侧装有额定电流为 20A 及以下的保护电器。

3）架空配电线路的电源侧装有短路保护电器。

三、过负载保护

（1）配电线路的过负载保护，应在过负载电流引起的导体温升对导体的绝缘、接头、端子或导体周围的物质造成损害前切断负载电流。

（2）下列配电线路可不装设过负载保护：

1）二、条的（1）、（2）、（3）款所规定的配电线路，已由电源侧的过负载保护电器有效地保护。

2）不可能过负载的线路。

（3）过负载保护电器宜采用反时限特性的保护电器，其分断能力可低于电器安装处的短路电流值，但应能承受通过的短路能量。

（4）过负载保护电器的动作特性应同时满足下列条件：

$$I_B \leqslant I_n \leqslant I_z \qquad (2)$$
$$I_2 \leqslant 1.45 I_z \qquad (3)$$

式中　I_B——线路计算负载电流，A；

　　　I_n——熔断器熔体额定电流或断路器额定电流或整定电流，A；

　　　I_z——导体允许持续载流量，A；

　　　I_2——保证保护电器可靠动作的电流，A，当保护电器为低压断路器时，I_2 为约定时间内的约定动作电流，当为熔断器时，I_2 为约定时间内的约定熔断电流。

注：按式（2）和式（3）校验过负载保护电器的动作特性，当采用符合《低压断路器》（JB 1284）的低压断路器时，延时脱扣器整定电流（I_n）与导体允许持续载流量（I_z）的比值不应大于 1。

（5）突然断电比过负载造成的损失更大的线路，其过负载保护应作用于信号而不应作用于切断电路。

（6）多根并联导体组成的线路采用过负载保护，其线路的允许持续载流量（I_z）为每根并联导体的允许持续载流量之和，且应符合下列要求：

1）导体的型号、截面、长度和敷设方式均相同。

2）线路全长内无分支线路引出。

3）线路的布置使各并联导体的负载电流基本相等。

第七章　建筑物内配电工程		第三节　配电线路保护
图号	1-7-3-1	图名 短路保护和过负载保护

一、一般规定

（1）接地故障保护的设置应能防止人身间接电击以及电气火灾、线路损坏等事故。接地故障保护电器的选择应根据配电系统的接地形式，移动式、手握式或固定式电气设备的区别，以及导体截面等因素经技术经济比较确定。

（2）防止人身间接电击的保护采用下列措施之一时，可不采用上条规定的接地故障保护。

1）采用双重绝缘或加强绝缘的电气设备（Ⅱ类设备）。

2）采取电气隔离措施。

3）采用安全超低压。

4）将电气设备安装在非导电场所内。

5）设置不接地的等电位连接。

注：Ⅱ类设备的定义应符合《电工电子设备按电击防护分类》（GB/T 12501）的规定。

（3）本节接地故障保护措施所保护的电气设备，只适用于防电击保护分类为Ⅰ类的电气设备。设备所在的环境为正常环境，人身电击安全电压限值（U_L）为50V。

注：Ⅰ类设备的定义应符合《电工电子设备按电击防护分类》（GB/T 12501）的规定。

（4）采用接地故障保护时，在建筑物内应将下列导电体作总等电位联结：

1）PE、PEN干线，见表1。

表1　　　　　　DE、PEN干线

保护线（PE线）	为防电击用来与下列任一部分作电气连接的导线： 1. 外露可导电部分。 2. 装置外可导电部分。 3. 总接地线或总等电位联结端子。 4. 接地极。 5. 电源接地点或人工中性点
中性线（N线）	与电源的N点连接并能起传输电能作用的导体
保护中性线（PEN线）	具有PE线和N线两种功能的导体

2）电气装置接地极的接地干线。

3）建筑物内的水管、煤气管、采暖和空调管道等金属管道。

4）条件许可的建筑物金属构件等导电体。

上述导电体宜在进入建筑物处接向总等电位联结端子。等电位联结中金属管道连接处应可靠地连通导电。

（5）当电气装置或电气装置某一部分的接地故障保护不能满足切断故障回路的时间要求时，尚应在局部范围内作辅助等电位联结。

当难以确定辅助等电位联结的有效性时，要采用下式进行校验：

$$R \leqslant \frac{50}{I_a}$$

式中　R——可同时触及的外露可导电部分和装置外可导电部分之间，故障电流产生的电压降引起接触电压的一段线段的电阻，Ω；

I_a——切断故障回路时间不超过5s的保护电器动作电流，A。

注：当保护电器为瞬时或短延时动作的低压断路器时，I_a值应取低压断路器瞬时或短延时过电流脱扣器整定电流的1.3倍。

第七章　建筑物内配电工程		第三节　配电线路保护	
图号	1-7-3-2	图名	接地故障保护（一）

二、TN 系统的接地故障保护

（1）TN 系统配电线路接地故障保护的动作特性应符合下式要求：

$$Z_s I_a \leqslant U_o$$

式中　Z_s——接地故障回路的阻抗，Ω；
　　　I_a——保证保护电器在规定的时间内自动切断故障回路的电流，A；
　　　U_o——相线对地标称电压，V。

注： TN 系统——在此系统内，电源有一点与地直接连接，负荷侧电气装置的外露可导电部分则通过 PE 线与该点连接。其定义应符合现行国家标准《交流电气装置的接地设计规范》（GB 50065）的规定。

（2）相线对地标称电压为 220V 的 TN 系统配电线路的接地故障保护，其切断故障回路的时间应符合下列规定：

1）配电线路或仅供给固定式电气设备用电的末端线路，不宜大于 5s。

2）供电给手握式电气设备和移动式电气设备的末端线路或插座回路，不应大于 0.4s。

（3）当采用熔断器作接地故障保护，且符合下列条件时，可认为满足上条的要求。

1）当要求切断故障回路的时间小于或等于 5s 时，短路电流（I_d）与熔断器熔体额定电流（I_n）的比值不应小于表 2 的规定。

表 2　切断接地故障回路时间小于或等于 5s 的 I_d/I_n 最小比值

熔体额定电流/A	4～10	12～63	80～200	250～500
I_d/I_n	4.5	5	6	7

2）当要求切断故障回路的时间小于或等于 0.4s 时，短路电流（I_d）与熔断器熔体额定电流（I_n）的比值不应小于表 3 的规定。

表 3　切断接地故障回路时间小于或等于 0.4s 的 I_d/I_n 最小比值

熔体额定电流/A	4～10	16～32	40～63	80～200
I_d/I_n	8	9	10	11

（4）当配电箱同时有第（2）条第 1）款、第

2）款所述的两种末端线路引出时，应满足下列条件之一：

1）自配电箱引出的第 4.4.7 条第一款所述的线路，其切断故障回路的时间不应大于 0.4s。

2）使配电箱至总等电位联结回路之间的一段 PE 线的阻抗不大于 $\dfrac{U_L}{U_o} Z_s$，或作辅助等电位联结。

注： U_L：安全电压限值为 50V。

（5）TN 系统配电线路应采用下列的接地故障保护：

1）当过电流保护能满足第 2 条要求时，宜采用过电流保护兼作接地故障保护。

2）在三相四线制配电线路中，当过电流保护不能满足本规范第 4.4.7 条的要求且零序电流保护能满足时，宜采用零序电流保护，此时保护整定值应大于配电线路最大不平衡电流。

3）当上述第 1）款、第 2）款的保护不能满足要求时，应采用漏电电流动作保护。

三、TT 系统的接地故障保护

（1）TT 系统配电线路接地故障保护的动作特性应符合下式要求：

$$R_A I_a \leqslant 50V$$

式中　R_A——外露可导电部分的接地电阻和 PE 线电阻，Ω；
　　　I_a——保证保护电器切断故障回路的动作电流，A，当采用过电流保护电器时，反时限特性过电流保护电器的 I_a 为保证在 5s 内切断的电流；采用瞬时动作特性过电流保护电器的 I_a 为保证瞬时动作的最小电流。当采用漏电电流动作保护器时，I_a 为其额定动作电流 $I_{\Delta n}$。

注： TT 系统——在此系统内，电源有一点与地直接连接，负荷侧电气装置外露可导电部分连接的接地极和电源的接地极无电气联系。其定义应符合现行国家标准《交流电气装置的接地设计规范》（GB 50065）的规定。

（2）TT 系统配电线路内由同一接地故障保护电器保护的外露可导电部分，应用 PE 线连接至共用的接地极上。当有多级保护时，各级宜有各自的接地极。

四、接地故障采用漏电电流动作保护

（1）PE 或 PEN 线严禁穿过漏电电流动作保护器中电流互感器的磁回路。

（2）漏电电流动作保护器所保护的线路及设备外露可导电部分应接地。

（3）TN 系统和 TT 系统配电线路采用漏电电流动作保护时，可选用下列接线方式之一：

1）将被保护的外露可导电部分与漏电电流动作保护器电源侧的 PE 线相连接，并应符合二之（1）条的要求。

2）将被保护的外露可导电部分接至专用的接地极上，并应符合本节（三）（2）的要求。

（4）为减少接地故障引起的电气火灾危险而装设的漏电电流动作保护器，其额定动作电流不应超过 0.5A。

（5）多级装设的漏电电流动作保护器，应在时限上有选择性配合。

五、保护电器的装设位置

（1）保护电器应装设在操作维护方便，不易受机械损伤，不靠近可燃物的地方，并应采取避免保护电器运行时意外损坏对周围人员造成伤害的措施。

（2）保护电器应装设在被保护线路与电源线路的连接处，但为了操作与维护方便可设置在离开连接点的地方，并应符合下列规定：

1）线路长度不超过 3m。
2）采取将短路危险减至最小的措施。
3）不靠近可燃物。

（3）当将从高处的干线向下引接分支线路的保护电器装设在距连接点的线路长度大于 3m 的地方时，应满足下列要求：

1）在分支线装设保护电器前的那一段线路发生短路或接地故障时，离短路点最近的上一级保护电器应能保证符合本规范规定的要求动作。

2）该段分支线应敷设于不燃或难燃材料的管、槽内。

（4）短路保护电器应装设在低压配电线路不接地的各相（或极）上，但对于中性点不接地且 N 线不引出的三相三线配电系统，可只在二相（或极）上装设保护电器。

（5）在 TT 或 TN-S 系统中，当 N 线的截面与相线相同，或虽小于相线但已能为相线上的保护电器所保护，N 线上可不装设保护；当 N 线不能被相线保护电器所保护时，应另在 N 线上装设保护电器保护，将相应相线电路断开，但不必断开 N 线。

（6）在 TT 或 TN-S 系统中，N 线上不宜装设电器将 N 线断开，当需要断开 N 线时，应装设相线和 N 线一起切断的保护电器。

当装设漏电电流动作的保护电器时，应能将其所保护的回路所有带电导线断开。在 TN 系统中，当能可靠地保持 N 线为地电位时，N 线可不需断开。

（7）在 TN-C 系统中，严禁断开 PEN 线，不得装设断开 PEN 线的任何电器。当需要在 PEN 线装设电器时，只能相应断开相线回路。

一、10kV用电客户电能计量装置设置原则

电能计量装置是为计量电能所必需的计量器具和辅助设备的总体，包括电能表、负荷管理终端、配变监测计量终端、集中抄表数据采集终端、集中抄表集中器、计量柜（计量表箱）、电压互感器、电流互感器、试验接线盒及其二次回路等。

（1）应在客户每一个受电点内按照不同的电价类别，分别安装电能计量装置，每个受电点作为客户的一个计费单位。

（2）根据业扩要求选择高供高计或者高供低计计量方式。

（3）电能计量装置原则上应设在电力设施的产权分界处。对专线供电的高压客户，应在变电站出线处计量；特殊情况下，专线供电的客户可在客户侧计量。

（4）10kV及以下电力客户处的电能计量点应采用统一标准的电能计量柜（箱），低压计量柜应紧邻进线处，高压计量柜则可设置在主受电柜后面。

（5）计量方式。

1）高供高计方式。

高压侧为中性点绝缘系统，宜采用三相三线计量方式。

2）高供低计方式。

低压侧为中性点非绝缘系统，应采用三相四线计量方式。

3）高供高计专变客户应采用专用计量柜，对不具备安装高压计量柜条件的，可考虑采用10kV组合式互感器。

4）高压计量电流互感器的一次额定电流，应按总配变容量确定，为达到相应的动热稳定要求，其电能计量互感器应选用高动热稳定电流互感器。

5）对于10kV双回路供电的情况，两回路应分别安装电能计量装置，电压互感器不得切换。

二、低压用电客户电能计量装置设置原则

（1）应在客户每一个受电点内按照不同的电价类别，分别安装电能计量装置，每个受电点作为客户的一个计费单位。

（2）对于100kVA以下的公用变压器供电客户和公用变压器参考计量点，采用低压计量方式，按容量分为三相（400V）计量方式和单相（220V）计量方式。

（3）电能计量装置原则上应设在电力设施的产权分界处。如果产权处不具备安装条件或者为了方便管理，可调整在其他位置。

（4）城镇居民用电一般实行一户一表。

（5）低压计量方式：

1）低压侧为中性点直接接地系统，应采用三相四线电能表。

2）低压供电方式为单相者应安装单相电能表；低压供电方式为三相者应安装三相四线电能表。

3）负荷电流为50A及以下时，宜采用直接接入式的电能表；负流为50A以上时，宜采用经电流互感器接入式的电能表。

（6）低压供电客户采用专用计量表箱。计量表箱是对客户用电进行计量的专用箱。适合安装电能表、低压互感器、计量自动化终端设备和试验接线盒，适用于10kV高供高计、10kV高供低计和380/220V低压计量方式。

第八章　电能计量装置			第一节　电能计量装置设置原则
图号	1-8-1-1	图名	用电客户电能计量装置设置原则

一、电能表配置

根据用电客户类别、用电容量、使用条件，用电客户电能表配置规定详见表1。

表 1　各类别用电户计量点计量电能表配置表

用电客户类别	配变容量	电 能 表	备注
高供高计专用变压器计量点	315kVA 及以上	三相三线多功能电能表（Ⅰ、Ⅱ类客户配0.5S级电能表；Ⅲ类客户配1.0级电能表）	配互感器
高供低计专用变压器计量点	315kVA 以下	三相四线多功能电能表（Ⅲ类及Ⅳ类客户配1.0级电能表）	
10kV 上网电厂计量点		三相三线多功能电能表（配0.5S级电能表）	

二、电流互感器

（1）电能计量装置应采用独立的专用电流互感器。

（2）电流互感器的额定一次电流确定，应保证其计量绕组在正常运行时的实际负荷电流达到额定值的60%左右，至少应不小于20%。

（3）选取电流互感器可参考表2，该配置是以正常负荷电流与配变容量相接近计算的，对正常负荷电流与配变容量相差太大的需结合实际情况选取计量用互感器，计算原则为（对于总柜计量）：计量互感器额定电流应大于该母线所带所有负荷额定电流的1.1倍。

（4）计量回路应先经试验接线盒后再接入电能表。

（5）额定电流。

（6）额定二次电流标准值为1A或5A。

（7）计量用电流互感器准确级应选取0.2S。

（8）额定输出标准值。

额定输出标准值在下列数值中选取：

二次电流为1A时：10kV电流互感器，0.15～3VA；0.4kV电流互感器，0.15～1VA；

二次电流为5A时：10kV电流互感器，3.75～15VA；0.4kV电流互感器，1～3VA。

（9）计量电流互感器配置参见表2。

表 2　用电客户配置电能计量用互感器参考表

变压器容量/kVA	10kV 电流互感器		
	高压 TA 额定一次电流/A	低压 TA 额定一次电流/A	准确度等级
50		100	0.2S
80		150	0.2S
100	10	200	0.2S
125	10	200	0.2S
160	15	300	0.2S
200	15	400	0.2S
250	20	400	0.2S
315	30	500	0.2S
400	30	750	0.2S
500	40	1000	0.2S
630	50	1000	0.2S
800	75	1500	0.2S
1000	75	2000	0.2S
1250	100	2500	0.2S
1600	150	3000	0.2S
2000	150	4000	0.2S

第八章　电能计量装置		第二节　电能计量装置技术要求
图号	1-8-2-1	图名　10kV用电客户电能计量装置技术要求（一）

三、电压互感器

（1）电压互感器的额定电压：额定一次电压应满足电网电压的要求；额定二次电压应和计量仪表、监控设备等二次设备额定电压相一致。

（2）计量用电压互感器准确级应选取 0.2。

（3）电压互感器实际二次负载应在 2.5VA 至互感器额定负载范围内。

（4）计量回路不应作为辅助单元的供电电源。

四、电能计量柜

（1）电能计量柜必须符合国家和行业有关规定的要求。

（2）电能计量柜的外壳面板上，应按 JB 5777.2 的规定，设置主电路的模拟图形。

（3）柜中各单元之间宜以隔板或箱（盒）式组建区分和隔离。

（4）整体式电能计量柜——将计量单元及辅助单元等所有电气设备及部件装设在一个（或几个并列构成一体的）金属封闭柜体内的计量柜。

（5）电能计量柜的门上应装设机械型弹子门锁和备有可铅封的设施。

（6）计量柜内应留有足够的空间来安装计量器具，包括电压互感器、电流互感器、高压熔断器、试验接线盒、电能表、测控接线盒及其他相关表计的安装。

1）计量柜的二次计量室预留安装两块三相表计的位置，要求各类型计量柜的二次计量室深度至少为 150mm，宽度至少为 750mm，高度至少为 600mm。计量柜设计安装时，前面通道宽度要求不少于 1.5m，双列并排安装中间通道宽度不小于 2.5m。

2）电能表安装高度及间距：电能表安装高度距地面在 800～1800mm 之间（表底端离地尺寸）；低压计量柜要求低压计量装置在总开关前，对电缆为下进线时，独立的计量表箱安装在 1700～2000mm 的高度（表箱箱顶离地尺寸）。

3）电能表、试验盒的间距要求：

三相电能表与三相电能表之间的水平间距不小于 80mm；

电表与试验盒之间的垂直间距不小于 150mm。

（7）高压计量柜一次设备室内应装设防止误打开操作的安全联锁装置，计量柜门严禁安装联锁跳闸回路。

（8）如采用手车式计量柜计量时，电能表、电压互感器和电流互感器必须全部装设在同一车架内。

计量二次回路严禁采用插接式装置来导通电压、电流。

（9）计量柜内一次设备与二次设备之间必须采用隔离板完全隔离。

（10）计量柜内电能表、互感器的安装位置，应考虑现场拆换的方便，互感器的铭牌要便于查看。

（11）计量柜内装挂表的底板采用聚氯乙烯绝缘板，聚氯乙烯绝缘板厚度不小于 10mm，与柜的金属板有 10mm 间距，并至少使用 8 处螺丝有效将聚氯乙烯绝缘板与柜金属底板紧固。表计固定位采用 ϕ5mm 螺丝孔或万能表架。挂表的底板或万能表架到观察窗的距离不大于 175mm。

（12）能进入计量柜内的各位置均应有可靠的加封点。计量柜的前、后门必须能加封印，加封装置采用锁销螺丝（柱式螺丝外加紧锁螺母的形式），螺丝柱应焊接，禁止只在内侧以螺母上紧代替焊接形式。为减少计量柜的加封点并能达到确保计量柜的密封、防窃电功能，要求除前门可打开外，其他门（包括柜顶）采用内置螺丝形式，在外不能打开。

（13）计量室前门上应带有观察窗，以便于抄读电量与观察表计运行情况。观察窗应采用厚 4mm 无色透明聚碳酸酯材料制作，面积应满足抄表和监视二次回路的要求，对于柜宽不大于 1000mm 的柜型，观察窗不小于 400mm×500mm（宽×高），（对于 1200mm 宽的柜型，观察窗尺寸可适当放大），边框采用铝合金型材或具有足够强度工程塑料构成，密封性能良好。

（14）计量柜的金属外壳和门应有接地端钮并要可靠接地，计量柜所有能够开启的柜门要求用铜编织带接地。门的开启位置要方便试验、抄表和日常维护。

（15）计量柜及柜内应采用不锈钢螺丝安装。

（16）柜内铜排母线布置，能方便上进线或下进线的电缆连接。母线安装布置，应符合相应有关动稳定和热稳定的要求。

（17）应具有耐久而清晰的铭牌，铭牌应安装在易于观察的位置。计量柜天线孔的要求：密封的金属柜对无线信号产生屏蔽，应引出外置天线，处置天线头固定在计量柜（箱）的左（右）外上侧，并加套塑料小盒保护。天线孔大小应允许天线螺丝头通过，圆孔直径不小于 15mm。

（18）计量柜内配置的元件参考见表 3。

表 3　　　　　计量柜内需配置的元件

序号	10kV 高压电能计量柜
1	多功能电能表
2	负荷管理终端
3	高压电流互感器
4	高压电压互感器
5	试验接线盒
6	负荷管理终端门接点
7	测控接线盒

（19）母线和导体的颜色及排列：计量柜内母线和导体的颜色应符合《电工成套装置中的导线颜色》（GB 2681）的规定。计量柜中母线相序排列从计量柜正面观看应符合表 4 的规定。

表 4　　　　主电路母线颜色及相序排列

相序	颜色	母线安装相互位置（从柜正面看）		
		垂直排列	水平排列	前后排列
A 相	黄色	上	左	远
B 相	绿色	中	中	中
C 相	红色	下	右	近
中性线	黑和蓝色	最下	最右	最近
接地线	黄绿双色			

（20）使用带高压计量室的一体化箱式变电站时，其内置的电能计量柜必须符合本规范的技术要求。

（21）壳体和机械组件应具有足够的机械强度，在储运安装操作检修时不应发生有害的变形。

（22）电能计量柜顶部应设置吊装用挂环。

（23）电气设备及部件应选用符合其产品标准要求、经鉴定合格的产品应按产品安装使用说明书的要求进行安装和接线。

五、熔断器

（1）10kV 的电压互感器一次侧应装设 10kV 熔断器。安装在客户侧的 10kV 电压互感器，其计量绕组二次侧不允许装设熔断器或空气开关。

（2）选用熔断器熔丝应具有一定的抗冲击电流的通流能力。

（3）客户计量装置的高压熔断器，其额定电流应选用 1A 或 2A。

六、试验接线盒

（1）试验接线盒具有带负荷现场校表和带负荷换表功能。

（2）试验接线盒体的制造应采用阻燃塑料。所有电压、电流回路的压接螺丝及用于现场测试插接的螺丝均为黄铜材料制造，面盖的固封应采用不锈钢螺丝。接线盒中用于压接导线的螺丝，其直径不得小于 5mm；螺丝应采用平圆头的型式，并采用十加一的开启方式。

（3）产品外观应光洁无毛刺，接线盒底板与盒体的粘接应密实牢固。面盖应有防联片错位的功能，当连接片处于错误位置时，接线盒的面盖将无法合上。接线盒具有电压端子现场插接的功能，其底部应留有 3mm 的空隙。

（4）试验接线盒盖应能加封，同时接线盒盖应具备覆盖试验接线预留孔等防窃电功能。

七、互感器二次回路

（1）二次电路铜导线截面积。

1）计量二次回路的连接导线宜使用铜质单芯绝缘线。电流电路导线截面积不应小于 4mm²，电压电路导线截面积不应小于 2.5mm²。

2）辅助单元的控制信号等导线截面积不应小于 1.5mm²。

（2）二次电路导线外皮颜色。

电流互感器和电压互感器二次回路的 A、B、C 各相导线应分别采用黄、绿、红颜色线，中性线应采用黑色或者蓝色线，接地线采用黄绿线。

（3）电流互感器和电压互感器二次回路导线均应加装与图纸相符的端子编号，导线排列顺序应按正相序（即 A、B、C 相为自左向右或自上向下）排列。

（4）所有电流互感器的二次接线均应采用分相接线方式。

（5）10kV 电压、电流互感器二次回路应从输出端子直接接至试验接线盒，不能有接头。中间不得经过任何辅助接点、接头或其他连接端子。

（6）电能计量用互感器二次回路上不得接入任何与计量无关的设备。

（7）10kV 电压互感器及电流互感器二次回路均应只有一处可靠接地。

（8）电流互感器二次回路每只接线螺钉最多只允许接入两根导线。低压电流互感器二次回路不接地。

（9）当导线接入的端子是接触螺钉，应根据螺钉的直径将导线的末端弯成一个环。其弯曲方向应与螺钉旋入方向相同，螺钉与导线间、导线与导线间应加垫圈。

一、电能表配置

根据用电客户类别、用电容量、使用条件，用电客户电能表的配置见表1。

表1   各类别用电客户计量电能表配置参考表

计量需求类别	容量 /kW	电 能 表	备 注
低供低计	$P<8$	单相电能表 10（60）A、2.0级 5（30）A、2.0级	直接接入式
	$5\leqslant P<15$	单相电能表 20（80）A、2.0级	直接接入式
	$10\leqslant P<20$	三相电能表 10（60）A、1.0级	直接接入式
	$20\leqslant P<30$	三相电能表 20（80）A、1.0级	直接接入式
	$25\leqslant P<100$	三相电能表 5（10）A、1.0级	配互感器
公变计量点		三相四线配变监测计量终端 5（10）A、1.0级	配互感器

二、电流互感器

（1）电能计量装置应采用独立的专用电流互感器。

（2）电流互感器的额定一次电流确定，应保证其计量绕组在正常运行时的实际负荷电流达到额定值的60%左右，至少应不小于20%。

（3）电流互感器额定二次电流宜选取5A。

（4）选取电流互感器可参考表2，该配置是以正常负荷电流与配变容量或报装容量相接近计算的，对正常负荷电流与配变容量相差太大的需结合实际情况选取计量用互感器。

表2   用电客户配置电能计量用互感器参考表

变压器容量 /kVA	0.4kV低压电流互感器		
	计算电流 /A	额定一次电流 /A	准确度等级
50	72	100	0.2S
80	115	150	0.2S
100	144	200	0.2S
125	180	200	0.2S
160	230	300	0.2S
200	288	400	0.2S
250	360	400	0.2S
315	454	500	0.2S
400	577	750	0.2S
500	721	1000	0.2S
630	909	1000	0.2S
800	1154	1500	0.2S
1000	1443	2000	0.2S
1250	1804	2500	0.2S
1600	2309	3000	0.2S
2000	2886	4000	0.2S

注 计量设备元件的技术参数须符合南方电网公司和南方电网公司计量相关要求。

三、电能计量柜

（1）电能计量柜必须符合《电能计量柜》（GB/T 16934）、《电能计量装置安装接线规则》（DL/T 825）和《低压成套开关设备和控制设备》（GB 7251.1）的要求。

（2）计量柜内应留有足够的空间来安装计量器具，包括电流互感器、试验接线盒、电能表及其他相关元件的安装。

（3）计量柜的二次计量室预留安装两块三相表计的位置，要求各类型计量柜的二次计量室深度至少为 150mm 但不宜大于 400mm，宽度至少为 800mm，高度至少为 750mm。计量柜设计安装时，前面通道宽度要求不小于 1500mm，双列并排（面对面）安装中间通道宽度不小于 2300mm。

（4）电能表安装高度及间距：电能表安装高度距地面在 800～1800mm 之间（表底端离地尺寸）；低压计量柜要求低压计量装置在总开关前。独立的计量表箱安装在 1700～2000mm 的高度（表箱箱顶离地尺寸）。

（5）计量柜内元件安装的间距要求：

1）三相电能表与三相电能表之间的水平间距不小于 80mm。

2）单相电能表与单相电能表之间的水平间距不小于 50mm。

3）电表与试验盒之间的垂直间距不小于 150mm。

（6）计量柜一次设备室内应装设防止误打开操作的安全联锁装置，计量柜门严禁安装联锁跳闸回路。

（7）计量柜内一次设备与二次设备之间必须采用隔离板完全隔离。

（8）计量柜内电能表、互感器的安装位置，应考虑现场拆换的方便，互感器的铭牌要便于查看。

（9）计量柜内装挂表的底板采用聚氯乙烯绝缘板，聚氯乙烯绝缘板厚度不小于 10mm，与柜的金属板有 10mm 间距，并至少使用 8 处螺丝有效将聚氯乙烯绝缘板与柜金属底板紧固。表计固定采用 ϕ5mm 螺丝孔或万能表架。挂表的底板或万能表架到观察窗的距离不大于 175mm。

（10）能进入计量柜内的各位置均应有可靠的加封点。计量柜的前、后门必须是能加封印的门，加封装置采用锁销螺丝（柱式螺丝外加紧锁螺母的形式），螺丝柱应焊接，禁止只在内侧以螺母上紧代替焊接形式。为减少计量柜的加封点并能达到确保计量柜的密封、防窃电功能，要求除前门可打开外，其他门（包括柜顶）采用内置螺丝形式，在外不能打开。

（11）计量室前门上应带有观察窗，以便于抄读电量与观察表计运行情况。观察窗应采用厚 4mm 无色透明聚碳酸酯材料制作，尺寸应满足抄表和监视二次回路的要求，对于柜宽不大于 1000mm 的柜型，观察窗不小于 400mm×500mm（宽×高），（对于 1200mm 宽的柜型，观察窗尺寸可适当放大），边框采用铝合金型材或具有足够强度工程塑料构成，密封性能良好。

（12）计量柜的金属外壳和门应有接地端钮并要可靠接地，计量柜所有能够开启的柜门要求用铜编织带接地。门的开启位置要方便试验、抄表和日常维护。

（13）计量柜及柜内采用不锈钢螺丝或热镀锌螺丝安装。

（14）柜内铜排母线布置，能方便上进线或下进线的电缆连接。母线安装布置，应符合有关动稳定和热稳定的要求。

（15）应具有耐久而清晰的铭牌，铭牌应安装在易于观察的位置。电能计量柜的外壳面板上，设置主电路的模拟图形。

（16）密封的金属柜应引出外置天线，外置天线头固定在计量柜（计量表箱）的左（右）外上侧，并加套塑料小盒保护。天线孔大小应允许天线螺丝头通过，圆孔直径不小于 15mm。

第八章　电能计量装置		第二节　电能计量装置技术要求
图号	1-8-2-5	图名	低压用电客户电能计量装置技术要求（二）

（17）计量柜内需配置的元件见表3。

表3　　　　计量柜内需配置的元件

序号	低压电能计量柜
1	三相四线电能表或智能计量终端
2	低压电流互感器
3	试验接线盒

（18）母线和导体的颜色及排列：计量柜内母线和导体的颜色应符合《电工成套装置中的导线颜色》（GB 2681）的规定。计量柜中母线相序排列从计量柜正面观看应符合表4的规定。

表4　　　母线颜色和相序排列（从柜正面看）

相序	颜色	垂直排列	水平排列	前后排列
A 相	黄	上	左	远
B 相	绿	中	中	中
C 相	红	下	右	近
中性线	黑或蓝色	最下	最右	最近
接地线	黄绿双色			

四、计量表箱

（1）箱体为户外箱设计，技术条件须符合《电能计量柜》（GB/T 16934）、《电能计量装置安装接线规则》（DL/T 825）和《低压成套开关设备和控制设备》（GB 7251）的要求。

（2）箱体材料主要分为金属和非金属两大类。材料应能满足 GB 7251.3 标准中关于材料试验的要求（验证冲击强度、验证绝缘材料的耐热能力、验证绝缘材料对内部电作用引起的非正常发热和着火危险的耐受能力），材料性能应满足相应的环境要求。

（3）金属材料选用不锈钢板、镀锌钢板等材料。其中不锈钢板宜采用无磁性不锈钢，厚度不小于 1.2mm；镀锌钢板厚度不小于 1.5mm。金属箱体外表面应有保护涂覆层，户外保安条件较好的地方宜使用金属材料表箱。

（4）非金属材料应选用环保材料，如 PC（聚碳酸酯）、SMC（电气用纤维增强片状模塑料）等材料。箱体底座可采用阻燃 ABS（丙烯腈-丁二烯-苯乙烯共聚物）。非金属材料应具有抗紫外线、抗老化、耐腐蚀、抗冲击等功能。非金属箱体厚度不小

于 3mm。户内安装和户外保安条件不好的地方宜使用非金属材料表箱。

（5）箱内配备便于电表安装的绝缘板及万能表架。挂表的绝缘材料应能使用螺丝，绝缘板可采用厚度不小于 8mm 的聚氯乙烯板，绝缘方采用环氧树脂（开槽），预配 ϕ5mm 挂表螺丝。

（6）计量表箱安装在 1700～2000mm 的高度（表箱箱顶离地尺寸）。

（7）计量表箱体分上下结构和左右结构形式，分别独立、隔离，上下（或左右）门锁独立。计算表箱的进出线孔及门框均配橡胶圈。电缆进出孔大小应根据计量表箱的容量设计。箱体必须能防雨，防小动物，散热好，耐高温。

（8）计量表箱内元件安装的间距要求：

1）三相电能表与三相电能表之间的水平间距不小于 80mm。

2）单相电能表与单相电能表之间的水平间距不小于 50mm。

3）多表位表箱电能表上下边之间的垂直间距不小于 100mm。

4）电能表与试验接线盒之间的垂直间距不小于 150mm。

5）低压互感器之间的间距不小于 80mm。

（9）计量表箱内电能表安装位置，应考虑现场拆换工作的方便，计量表箱内应留有足够的空间来安装电能表、低压电流互感器、负荷管理终端等。

（10）计量表箱左右两侧开百叶孔，左右结构计量表箱内一、二次隔离的隔板需以百叶孔的形式作隔离。

（11）计量表箱正面右下方有箱体的铭牌，铭牌上要注明生产厂家、型号、规格、生产日期等。表箱视窗下方留有标示位字样。计量表箱正面观察窗下方印中国南方电网标志、警告语及警告符号和"供电服务热线 95598"等字样。

（12）计量表箱门必须能加封，加封装置采用锁销螺丝。箱门采用门轴销（门合页），严禁采用外焊接的门轴销形式。表箱门上的锁要求结实可靠。

（13）计量表箱体必须有接地装置，安装用可调节挂耳，配安装挂耳螺丝、螺母，采用不锈钢或热镀锌螺丝、螺母。

第八章　电能计量装置		第二节　电能计量装置技术要求
图号	1-8-2-6	图名　低压用电客户电能计量装置技术要求（三）

（14）计量表箱正面对应电能表应有可观察用的窗户，以便于抄读电量与观察表计运行情况，观察窗采用透明聚碳酸酯材料，厚度不小于4mm，应有良好的密封性、透光性，并有足够的强度。观察窗的大小应满足监视及抄表的要求。观察窗的位置可根据电表安装位置做适当调整。单相电能表视窗面积不小于135mm×135mm，三相电能表视窗不小于150mm×150mm。

（15）从侧面穿孔引天线置外，孔位应有防雨措施。

（16）计量表箱内一次设备位置应使用可移动的不锈钢（或镀锌）万能角铁，用于安装电流互感器。电流互感器的安装应便于查看铭牌。

（17）金属箱门背焊铰链及大孔中间焊加强骨，箱体及门板应有加强骨以保证整体刚度。表箱内隔板上的电线进出孔具体位置可根据箱内实际情况自行调整。

（18）计量表箱表前表后开关室有两道门。内门上留有开关操作口，外门打开后，可操作开关。内门打开后，方可更换开关。表前开关采用带智能可调脱扣器的断路器或隔离开关。

（19）计量表箱内隔板上的电线走线孔的具体位置，可根据箱内实际情况，厂家自行调整。

（20）低压计量装置的电压回路上不允许加装熔断器和开关。

（21）各类计量表箱规格、配置及材质的要求应符合《南方电网公司电能计量装置典型设计-低压用电客户电能计量卷（下卷·典型设计图集）》中设计的要求。

五、试验接线盒

（1）试验接线盒具有带负荷现场校表和带负荷换表功能。

（2）试验接线盒体的制造应采用阻燃塑料。接线盒内所有螺丝均采用为黄铜材料制造，面盖的固封应采用不锈钢螺丝。接线盒中用于压接导线的螺丝直径为5mm，螺丝应采用平圆头的形式、并采用十加一的开启方式。

（3）产品外观应光洁无毛刺，接线盒底板与盒体的粘接应密实牢固。面盖应有防联片错位的功能，当连接片处于错误位置时，接线盒的面盖将无法合上。接线盒电压端子具有现场插接的功能，其底部应留有3mm的空隙。

（4）试验接线盒应能加封，同时接线盒盖应具备覆盖试验接线盒预留孔等防窃电功能。

六、二次回路

（1）电流回路和电压回路的连接导线宜使用铜质单芯绝缘线。电流二次回路导线截面积不小于4mm^2。电压回路导线截面积不小于2.5mm^2。

（2）计量二次回路的A、B、C各相导线应分别采用黄、绿、红颜色线，中性线应采用黑色或者蓝色线，接地线采用黄绿线。

（3）计量二次回路导线均应加装与图纸相符的端子编号，导线排列顺序应按正相序（即A、B、C相为自左向右或自上向下）排列。

（4）所有电流二次接线均应采用分相接线方式。

（5）电压、电流二次回路应从输出端子直接接至试验接线盒，不能有断开点。中间不得有任何辅助接点、接头或其他连接端子。

（6）电能计量用二次回路上不得接入任何与计量无关的设备。

一、电能计量柜的安装及接线要求

（1）电能计量柜的安装接线必须严格执行《电能计量装置安装接线规则》（DL/T 825）的要求。

（2）电能计量柜的形式（包括外形尺寸）应适合使用场所的环境条件，保证使用、操作、测试等工作的安全、方便。

（3）一次负荷连接导线要满足实际负荷要求，导线连接处的接触及支撑要可靠，保证与计量及其他设备、设施的安全距离，防止相间短路或接地。

（4）计量柜上安装的表计对地高度应在 0.8～1.8m 之间；互感器的对地高度要适宜，便于安装、更换、周期检定。

（5）安装接线后的孔洞、空隙应用防鼠泥严密封堵，以防鼠害及小动物进入柜体。

二、电能表的安装要求

（1）电能表应安装在电能计量柜内，不得安装在活动的柜门上。

（2）电能表应垂直安装，所有的固定孔须采用螺栓固定，固定孔应采用螺纹孔或采用其他方式确保单人工作将能在柜（箱）正面紧固螺栓。表中心线向各方向的倾斜不大于1°。

（3）电能表端钮盒的接线端子，应以"一孔一线""孔线对应"为原则。

（4）三相电能表应按正相序接线。

（5）电能表应安装在干净、明亮的环境下，便于拆装、维护和抄表。

三、负荷管理终端的安装要求

（1）负荷管理终端应安装在计量柜（计量表箱）内，柜内安装位置与电能表安装要求一致。宜与计量电流回路串联，宜与计量电压回路并联连接，应接入与电能表通信的 RS—485 线。

（2）安装有独立计量装置的负荷管理终端交流电源应直接从计量端子接线盒上引接终端电源。避免交流电源选择在受控开关的出线侧，以免开关断开后终端失电。

（3）安装位置应考虑终端的工作环境要求（−20～+50℃，相对湿度 RH≤95%）、无线信号的强弱（留有足够大的透明观察窗，不被密封金属柜屏蔽）、终端和各种通信线不易被破坏、终端的检查和设置操作方便等因素。

（4）负荷管理终端需要选择接入受控开关；可按所带负荷容量分别接入，以便分级控制负荷。受控开关应在计量柜后，避免开关断开后终端失电。

如高供高计的可控配变开关，低压计量在低压总开关前的可控低压总开关，在低压总开关后计量的可控生产用电分开关。

（5）负荷管理终端天线安装要求。

现场采集终端天线必须要放置在无线信号强度较好的地方，要求信号强度满足数据传输要求。

密封的金属柜对无线信号产生屏蔽，如果终端安装于完全密封的金属装置内（如箱式变压器柜内），则必须引出外置天线。

地下室通信信号很弱的地方需要安装外置天线。

寻找合适位置安放外置天线头，应考虑信号的强弱，应保证天线安装在不易被破坏的地方，同时注意防雷击。

一般情况下，要求将外置天线头固定在计量柜（箱）的左外上侧，并加套塑料小盒保护。天线的引线需固定，天线及引线的安装位置不能影响计量检定、检修工作。

四、门接点安装要求

（1）门接点安装数量根据现场的实际需要确定。

（2）门接点安装要选择合适的位置，避免因安装位置不当，影响日后对表计、终端的维护。接线端子以实际终端为准。

（3）门接点安装在计量柜门内侧对应门锁的柜边，离下边框（300±50）mm 处。

（4）门接点信号电缆可选用 RVVP2×0.3mm² 的软护套线，接入终端端子前必须用线针端子压接之后接入。

五、所用电缆及导线安装要求

（1）电源电缆：计量柜内应用铜质单芯绝缘线，截面积不小于2.5mm²；引出计量柜外时，应用铠装电缆，截面积不小于2.5mm²。

（2）控制电缆应用铠装屏蔽电缆，导线截面积不小于2×1.5mm²。终端控制常开接点与断路器的励磁线圈连接。

（3）信号电缆应用铠装屏蔽电缆，导线截面积不小于2×1.5mm²。终端遥信接点与断路器遥信常闭接点连接，接线端子以设备实际标注为准。

（4）门接点连接线：应用软护套线，导线截面积不小于2×0.3mm²。接入终端端子前必须用线针端子压接之后接入。

（5）交流采样电流电压导线：应用铜质单芯绝缘线，电流导线截面积不小于4mm²；电压导线截面积不小于2.5mm²。

第八章　电能计量装置		第三节 电能计量装置安装接线要求
图号	1-8-3-1	图名	10kV用电客户电能计量装置安装接线要求

一、布置方式

普通三相客户宜采用独立计量表箱，单相居民用电客户应采用集中计量表箱；居民小区多层住宅应配置电表房集中安装计量表箱；对于较分散的居民客户，可根据实际情况采用独立计量表箱。

二、电能计量柜（计量表箱）安装及接线要求

（1）电能计量柜（计量表箱）的安装接线必须严格执行《电能计量装置安装接线规则》（DL/T 825）的要求。

（2）电能计量柜（计量表箱）的形式（包括外形尺寸）应适合使用场所的环境条件，保证使用、操作、测试等工作的安全、方便。

（3）一次负荷连接导线要满足实际负荷要求，导线连接处的接触及支撑要可靠，保证与计量及其他设备、设施的安全距离，防止相间短路或接地。

（4）计量表箱在安装时，要特别注意与高压设备的安全距离。一次导线穿过计量表箱外壳时，不得将导线绝缘破坏，并在外壳上装设防护套，以防短路或接地。计量柜内的一次回路及其一次设备与二次回路及其二次设备之间采用隔离板完全隔离。柜中各单元之间宜以隔板或箱（盒）式组建区分和隔离。

（5）电能计量柜（计量表箱）上安装的表计对地高度应在 0.8～1.8m 之间；互感器的对地高度要适宜，便于安装、更换、周期检定。

（6）电能计量柜（计量表箱）宜安装在干燥、无灰尘、无振动、无强电场或强磁场的室内，一般环境温度为 −10～50℃，湿度不大于 95％。

（7）电流和电压二次回路的 A、B、C 各相导线应分别采用黄、绿、红颜色线，中性线应采用黑色或者蓝色线，接地线采用黄绿线。

（8）经电流互感器接入的低压三相四线电能表，其电压引入线应单独接入，不得与电流线共用，电压引入线的另一端应接在电流互感器一次电源侧，并在电源侧母线上另行引出，禁止在母线连接螺丝处引出。电压引入线与电流互感器一次电源应同时切合。

（9）双回路供电，应分别安装电能计量装置。

（10）直接接入式电能表。

（11）属金属外壳的直接接入式电能表，如装在非金属盘上，外壳必须接地。

（12）直接接入式电能表的导线最小截面应根据额定的正常负荷电流按表1选择。

表1　　　　　　　　导线截面选择表

负荷电流/A	铜芯绝缘导线截面/mm²
$I<20$	6.0
$20{\leqslant}I<40$	10.0
$40{\leqslant}I<60$	16.0
$60{\leqslant}I$	≥25.0

（13）多股线须带压接头或镀锡处理。

（14）安装接线后的孔洞、空隙应用防鼠泥严密封堵，以防鼠害及小动物进入箱体。

（15）接线基本要求：按图施工、接线正确；电气连接可靠、接触良好；配线整齐美观；导线无损伤、绝缘良好。

第八章　电能计量装置		第三节　电能计量装置安装接线要求
图号	1-8-3-2	图名　低压用电客户电能计量装置安装接线要求（一）

（16）引入计量柜（计量表箱）的电缆标志牌应清晰、正确，排列整齐，避免交叉。并应安装牢固，不得使所接的接线盒受到机械应力。

（17）计量柜（计量表箱）内的电缆芯线应按照垂直或水平的规律配置，不得任意歪斜交叉连接，备用芯线长度应留有适当的余量。

（18）计量柜（计量表箱）内的导线不应有接头，导线的芯线应无损伤。用螺丝连接时，弯线方向应与螺丝旋紧的方向一致，并应加垫圈。

（19）计量柜（计量表箱）内上下相邻的电能表、试验接线盒之间导线应直接连接。

（20）电流回路、电压回路压接的金属部分长度应为 25～30mm，确保接线柱的两个螺钉均能牢靠压住铜芯且不外露。

三、互感器的安装要求

（1）同一组的电流互感器应采用制造厂、型号、额定电流变比准确度等级、二次容量均相同的互感器。同一计量点各相电流互感器进线端极性应一致。

（2）低压电流互感器二次绕组不接地。

（3）电流互感器二次回路导线出线距离电能表大于 10m 时，应采用金属铠装电缆。互感器的二次回路导线通过阻燃的封闭套管引至计量表箱。

四、电能表的安装要求

（1）三相四线三元件有功电能表的电压线圈每相应直接接到试验端子盒每相电源。三相四线三元件有功电能表的零线应直接接到试验端子盒的电源的零线。

（2）经电流互感器接入的低压三相四线电能表，其电压引入线应单独接入，不得与电流线共用，电压引入线的另一端应接在电流互感器一次电源侧，并在电源侧母线上另行引出，禁止在母线连接螺丝处引出。电压引入线与电流互感器一次电源应同时切合。

（3）电能表端钮盒的接线端子，宜以"一孔一线""孔线对应"为原则。

（4）三相电能表应按正相序接线。

五、门接点安装要求

在计量表箱门内侧对应门锁的箱边，离下边框（300±50）mm 处。

六、所用电缆及导线要求

（1）电源电缆：计量柜内应用铜质单芯绝缘线，截面积不小于 2.5mm²；引出计量柜外时，应用铠装电缆，截面积不小于 2.5mm²。

（2）控制电缆应用铠装屏蔽电缆，导线截面积不小于 2×1.5mm²。终端控制常开接点跟断路器的励磁线圈连接。

（3）信号电缆应用铠装屏蔽电缆，导线截面积不小于 2×1.5mm²。终端遥信接点跟断路器遥信常闭接点连接，接线端子以设备实际标注为准。

（4）门接点连接线：应用软护套线，导线截面积不小于 2×0.3mm²。接入终端端子前必须用线针端子压接之后接入。

终端工作电源的一般选取原则：选取电源可靠性最高的点，如低压总开关前、有母联的母线、不受控的办公用电进线侧等。

（5）交流采样电流电压导线：应用铜质单芯绝缘线，电流导线截面积不小于 4mm²；电压导线截面积不小于 2.5mm²。

第八章　电能计量装置		第三节　电能计量装置安装接线要求
图号	1-8-3-3	图名　低压用电客户电能计量装置安装接线要求（二）

建筑物综合布线系统是建筑物或建筑群内的传输网络。它既使电话交换系统和数据通信系统及其他信息管理系统彼此相连，又使这些设备与外部通信网络相连接。它包括建筑物到外部网络或线路上的连接点与工作区的话音或数据终端之间的所有电缆、光缆及相关联的布线部件。综合布线系统的设计应遵循如下规定。

（1）综合布线系统应与信息设施系统、信息化应用系统、公共安全系统、建筑设备管理系统等统筹规划、相互协调，并按照各系统信息的传输要求优化设计。

（2）综合布线系统应为开放式网络拓扑结构，应能支持语音、数据、图像、多媒体业务等信息传递的应用。

（3）综合布线系统工程宜按工作区、配线子系统、干线子系统、建筑群子系统、设备间、进线间、管理7个部分进行设计。

（4）设计综合布线系统应采用开放式星形拓扑结构，该结构下的每个分支子系统都是相对独立的单元，对每个分支单元系统改动都不影响其他子系统。只要改变结点连接就可使网络在星形、总线、环形等各种类型间进行转换。

（5）综合布线系统工程的产品类别及链路、信道等级的确定，应综合考虑建筑物的功能、应用网络、业务终端类型、业务的需求及发展、性能价格、现场安装条件等因素。

（6）综合布线系统工程设计应根据通信业务、计算机网络拓扑结构等因素，选用合适的综合布线系统的元件与设施。选用产品的各项指标应高于系统指标，以保证系统指标并且具有发展的余地。同时也应考虑工程造价及工程要求。

（7）综合布线系统在进行系统配置设计时，应充分考虑用户近期需要与远期发展，使之具有通用性、灵活性和可扩展性，尽量避免布线系统投入正常使用以后，较短的时间又要进行扩建与改建，造成资金浪费。一般来说，布线系统的水平配线应以远期需要为主，垂直干线应以近期实用为主。

（8）应根据系统对网络的构成、传输缆线的规格、传输距离等要求选用相应等级的综合布线产品。

（9）同一布线信道及链路的缆线和连接器件应保持系统等级与阻抗的一致性。

（10）对于综合布线系统，电缆和接插件之间的连接应考虑阻抗匹配和平衡与非平衡的转换适配。在工程（D~F级）中特性阻抗应符合100Ω标准。在系统设计时，应保证布线信道和链路在支持相应等级应用中的传输性能，如果选用6类布线产品，则缆线、连接硬件、跳线等都应达到6类，才能保证系统为6类。如果采用屏蔽布线系统，则所有部件都应选用带屏蔽的硬件。

（11）FD、BD、CD配线设备应采用8位模块通用插座或卡接式配线模块（多对、25对及回线型卡接模块）和光纤连接器件及光纤适配器（单工或双工的ST、SC或SFF光纤连接器件及适配器）。

（12）单模和多模光缆的选用应符合网络的构成方式、业务的互通互连方式及光纤在网络中的应用传输距离。一般在楼内宜采用多模光缆，建筑物之间宜采用多模或单模光缆，需直接与电信业务经营者相连时宜采用单模光缆。

（13）综合布线系统光纤信道应采用标称波长为850nm和1300nm的多模光纤及标称波长为1310nm和1550nm的单模光纤。

（14）为保证传输质量，配线设备连接的跳线宜选用产业化制造的电、光各类跳线，在电话应用时宜选用双芯对绞电缆。

（15）设计相应等级的布线系统信道及永久链路、CP链路时应考虑下列具体指标项目：

1）3类、5类布线系统应考虑指标项目为衰减、近端串音（NEXT）。

2）5E类、6类、7类布线系统，应考虑指标项目为插入损耗（IL）、近端串音、衰减串音比（ACR）、等电平远端串音（ELFEXT）、近端串音功率和（PSNEXT）、衰减串音比功率和（PSACR）、等电平远端串音功率和（PSELEFXT）、回波损耗（RL）、时延、时延偏差等。

3）屏蔽的布线系统还应考虑非平衡衰减、传输阻抗、耦合衰减及屏蔽衰减。

4）6A类、7类布线系统在应用时，还应考虑信道电缆（6根对一根4对对绞电缆）的外部串音功率和（PSANEXT）和2根相邻4对对绞电缆间的外部串音（ANEXT）。

（16）综合布线系统工程设计中应考虑机械性能指标（如缆线结构、直径、材料、承受拉力、弯曲半径等）。

（17）综合布线系统作为建筑物的公用通信配套设施在工程设计中应满足多家电信业务经营者提供业务的需求。

（18）大楼智能化建设中的建筑设备、监控、出入口控制等系统的设备在提供满足 TCP/IP 协议接口时，也可使用综合布线系统作为信息的传输介质，为大楼的集中监测、控制与管理打下良好的基础。综合布线系统以一套单一的配线系统，综合通信网络、信息网络及控制网络，可以使相互间的信号实现互联互通。

（19）综合布线系统设施及管线的建设，应纳入建筑与建筑群相应的规划设计之中。工程设计时，应根据工程项目的性质、功能、环境条件和近、远期用户需求进行设计。应考虑施工和维护方便，确保综合布线系统工程的质量和安全，做到技术先进、经济合理。

（20）综合布线系统的设备应选用经过国家认可的产品质量检验机构鉴定合格的、符合国家有关技术标准的定型产品。

（1）一个独立的需要设置终端设备（TE）的区域宜划分为一个工作区。工作区应由配线子系统的信息插座模块（T0）延伸到终端设备处的连接缆线及适配器组成。

（2）工作区适配器的选用宜符合下列规定：

1）设备的连接插座应与连接电缆的插头匹配，不同的插座与插头之间应加装适配器。

2）在连接使用信号的数模转换，光、电转换，数据传输速率转换等相应的装置时，采用适配器。

3）对于网络规程的兼容，采用协议转换适配器。

4）各种不同的终端设备或适配器均安装在工作区的适当位置，并应考虑现场的电源与接地。

（3）工作区信息点为电端口时，应采用8位模块通用插座（RJ45），光端口宜采用SFF小型光纤连接器件及适配器。信息点电端口如为7类布线系统时，采用RJ45或非RJ45型的屏蔽8位模块通用插座。

（4）每一个工作区信息插座模块（电、光）数量不宜少于2个，并满足各种业务的需求。

（5）一个工作区的服务面积，应按不同的应用功能确定。目前建筑物的功能类型较多，大体上可以分为商业、文化、媒体、体育、医院、学校、交通、通用工业等类型，因此对工作区面积的划分应根据应用的场合作具体的分析后确定，工作区面积需求可参照表1所示内容。

（6）信息插座底盒数量应以插座盒面板设置的开口数确定，每一个底盒支持安装的信息点数量不宜大于2个。

（7）光纤信息插座模块安装的底盒大小应充分考虑到水平光缆（2芯或4芯）终接处的光缆盘留空间和满足光缆对弯曲半径的要求。

（8）工作区的信息插座模块应支持不同的终端设备接入，每一个8位模块通用插座应连接1根4对对绞电缆（即1根4对对绞电缆应全部固定终接在1个8位模块通用插座上，不允许将1根4对对绞电缆终接在2个或2个以上8位模块通用插座上）；对每一个双工或2个单工光纤连接器件及适配器连接1根2芯光缆。

表1　　　　　工作区面积划分参考表

建筑物类型及功能	工作区面积/m²
网管中心、呼叫中心、信息中心等终端设备较为密集的场地	3～5
办公区	5～10
会议、会展	10～60
商场、生产机房、娱乐场所	20～60
体育场馆、候机室、公共设施区	20～100
工业生产区	60～200

注　1. 对于应用场合，如终端设备的安装位置和数量无法确定时，或使用场地为大客户租用并考虑自设置计算机网络时，工作区的面积可按区域（租用场地）面积确定。

2. 对于IDC机房（为数据通信托管业务机房或数据中心机房）可按生产机房每个机架的设置区域考虑工作区面积。对于此类项目，涉及数据通信设备安装工程设计，应单独考虑实施方案。

（9）多用户信息插座和集合点的配线设备应安装于墙体或柱子等建筑物固定的位置。

（10）工作区信息插座的安装宜符合下列规定：

1）安装在地面上的接线盒应防水和抗压。

2）安装在墙面或柱子上的信息插座底盒、多用户信息插座盒及集合点配线箱体的底部离地面的高度宜为300mm。集合点配线箱体还可以根据工程要求安装在吊顶内或活动地板下。

（11）工作区的电源应符合下列规定：

1）每1个工作区至少应配置1个220V交流电源插座。

2）工作区的电源插座应选用带保护接地的单相电源插座，保护接地与N线应严格分开。

第九章　建筑物综合布线系统工程设计	第二节　设计要求
图号　1-9-2-1	图名　综合布线系统的工作区设计要求

129

（1）配线子系统应由工作区的信息插座模块、信息插座模块至电信间配线设备（FD）的配线电缆和光缆、电信间的配线设备及设备缆线和跳线等组成。

（2）根据工程提出的近期和远期终端设备的设置要求，用户性质、网络构成及实际需要确定建筑物各层需要安装信息插座模块的数量及其位置，配线应留有充分的发展余地。

（3）配线子系统缆线应采用非屏蔽或屏蔽4对对绞电缆，在需要时也可采用室内多模或单模光缆。

（4）每一个工作区信息点数量的确定范围比较大，从现有的工程情况分析，从设置1～10个信息点的现象都存在，并预留了电缆、光缆及备份的信息插座模块。因为建筑物用户性质不一样，功能要求和实际需求不一样，信息点数量不能仅按办公楼的模式确定，尤其是对于专用建筑（如电信、金融、体育场馆、博物馆等建筑）更应加强需求分析，做出合理的配置。

每个工作区信息点数量可按用户的性质、网络构成和需求来确定，工作区信息点数量需求可参照表1所示内容。

表1　　　　信息点数量配置参考表

建筑物功能区	信息点数量（每一工作区）			备注
	语音	数据	光纤（双口）	
办公区（一般）	1个	1个	—	—
办公区（重要）	1个	2个	1个	对数据信息有较大需求
出租或大客户区域	2个或2个以上	2个或2个以上	1个或2个以上	指整个区域的配置量
办公区（政务工程）	2～5个	2～5个	1个或1个以上	涉及内、外网络时

注　对出租或大客户区域信息点数量需求为区域的整个出口需求量，并不代表区域内信息点总的数量。

（5）从电信间至每一个工作区水平光缆宜按2芯光缆配置。光缆至工作区域满足用户群或大客户使用时，光纤芯数至少应有2芯备份，按4芯水平光缆配置。

（6）连接至电信间的每一根水平电缆/光缆应终接于相应的配线模块，配线模块与缆线容量相适应。

第九章　建筑物综合布线系统工程设计		第二节　设计要求
图号	1-9-2-2	图名
		综合布线系统的配线子系统设计要求（一）

（7）电信间FD主干侧各类配线模块应按电话交换机、计算机网络的构成及主干电缆/光缆的所需容量要求及模块类型和规格的选用进行配置。

楼层配线设备FD可由IDC配线模块、RJ45配线模块和光纤连接盘三大类型组成。在工程设计中，通常采用IDC配线模块支持干线侧、RJ45配线模块支持水平侧的语音配线。RJ45或光纤连接盘支持数据配线。

（8）电信间FD采用的设备缆线和各类跳线宜按计算机网络设备的使用端口容量和电话交换机的实装容量、业务的实际需求或信息点总数的比例进行配置，比例范围为25%～50%。

（9）CP集合点安装的连接器件应选用卡接式配线模块或8位模块通用插座或各类光纤连接器件和适配器。

（10）当集合点（CP）配线设备为8位模块通用插座时，CP电缆宜采用带有单端RJ45插头的产业化产品，以保证布线链路的传输性能。

（11）电信间FD与电话交换配线及计算机网络设备之间的连接方式应符合下列要求：

1）电话交换配线的连接方式应符合图1要求。

图1 电话交换配线的连接方式

FD支持电话系统配线设备有两大类型：FD配线设备采用IDC配线模块如图2所示；FD配线设备建筑物主干侧采用IDC配线模块和水平侧采用RJ45配线模块如图3所示。

图2 FD配线设备采用IDC配线模块连接方式

图3 FD配线设备采用IDC和RJ45配线模块连接方式

2）数据系统连接方式。

①经跳线连接的方式应符合图4要求。

图4 数据系统连接方式（经跳线连接）

FD支持数据系统配线设备有两大类型，RJ45配线模块和光纤互连装置盘，连接方式如图5～图7所示。

图 5 数据系统连接方式（经跳线连接）一

图 6 数据系统连接方式（经跳线连接）二

图 7 数据系统连接方式（经跳线连接）三

②经设备缆线连接应符合图 8 要求。

图 8 数据系统配线设备有两大类型，RJ45 连接装置盘，连接方式如图 9～图 11 所示。

图 9 数据系统连接方式（经设备缆线连接）一

图 10 数据系统连接方式（经设备缆线连接）二

图 11 数据系统连接方式（经设备缆线连接）三

③数据主干侧经设备缆线连接，水平侧经跳线连接应符合图 12 要求。

图 12 数据系统配线设备有两大类型，RJ45 配线模块和光纤互连装置盘，连接方式如图 13～图 15 所示。

FD 支持数据系统配线设备有两大类型，RJ45 连接装置盘，连接方式如图 9～图 11 所示。

FD 支持数据系统配线设备有两大类型，RJ45 配线模块和光纤互连装置盘，连接方式如图 13～图 15 所示。

第九章 建筑物综合布线系统工程设计		第二节 设计要求
图号	1-9-2-4	图名	综合布线系统的配线子系统设计要求（三）

图 13　数据系统连接方式（经设备缆线和跳线连接）一

图 14　数据系统连接方式（经设备缆线和跳线连接）二

图 15　数据系统连接方式（经设备缆线和跳线连接）三

第九章　建筑物综合布线系统工程设计		第二节　设计要求
图号	1-9-2-5	图名
		综合布线系统的配线子系统设计要求（四）

一、综合布线系统的干线子系统设计要求

（1）干线子系统应由设备间至电信间的干线电缆和光缆、安装在设备间的建筑物配线设备（BD）及设备缆线和跳线组成。

（2）干线子系统所需要的电缆总对数和光纤总芯数，应满足工程的实际需求，并留有适当的备份容量。主干缆线宜设置电缆与光缆，并互相作为备份路由。

（3）干线子系统主干缆线应选择较短的安全的路由。主干电缆宜采用点对接终接，也可采用分支递减终接。

（4）点对点端接是最简单、最直接的配线方法，电信间的每根干线电缆直接从设备间延伸到指定的楼层电信间。分支递减终接是用1根大对数干线电缆来支持若干个电信间的通信容量，经过电缆接头保护箱分出若干根小电缆，它们分别延伸到相应的电信间，并终接于目的地的配线设备。

（5）如果电话交换机和计算机主机设置在建筑物内不同的设备间，宜采用不同的主干缆线来分别满足语音和数据的需要。

（6）在同一层若干电信间之间宜设置干线路由。

（7）建筑物与建筑群配线设备处各类设备缆线和跳线的配备宜符合图1－9－2－3中（8）条的规定。

（8）如语音信息点8位模块通用插座连接ISDN用户终端设备，并采用S接口（4线接口）时，相应的主干电缆则应按2对线配置。

（9）干线子系统缆线选择。

1）确定缆线中语音和数据信号的分设：语音信号采用大对数电缆，数据信号采用光缆。

2）根据综合布线系统的配置确定缆线的类型及规格。

a. 支持语音建筑物主干电缆的总对数按水平电缆总对数的25％计，即为每个语音信息点配1对对绞线，还应考虑10％的线对作为冗余。支持语音建筑物主干电缆可采用规格为25对、50对或100对的大对数电缆。

b. 支持数据的建筑物主干宜采用光缆，2芯光纤可支持1台SW（或HUB）交换机或1个SW群（或HUB群），在光纤总芯数上备用2芯光纤作为冗余。

c. 支持数据的建筑物主干采用4对对绞电缆时，1根4对对绞电缆可支持1台SW（或HUB）交换机或1个SW群（或HUB群）。

（a）当采用SW群（或HUB群）时，每1个SW群（或HUB群）备用1～2根4对对绞电缆作为冗余。

（b）当未采用SW群（或HUB群）时，每2～4台SW（或HUB）备用1根4对对绞电缆作为冗余。

二、综合布线系统的建筑群子系统设计要求

（1）建筑群子系统应由连接多个建筑物之间的主干电缆和光缆、建筑群配线设备（CD）及设备缆线和跳线组成。

（2）CD宜安装在进线间或设备间，并可与入口设施或BD合用场地。

（3）CD配线设备内、外侧的容量应与建筑物内连接BD配线设备的建筑群主干缆线容量及建筑物外部引入的建筑群主干缆线容量相一致。

（4）确定建筑群子系统缆线的路由、根数及敷设方式。

（5）确定建筑群干线电缆、光缆、公用网和专用网电缆、光缆的引入及保护。

第九章 建筑物综合布线系统工程设计	第二节 设计要求
图号　1-9-2-6	图名　干线子系统、建筑群子系统设计要求

（1）电信间主要是为楼层安装配线设备（为机柜、机架、机箱等安装方式）和楼层计算机网络设备（HUB 或 SW）的场地，并可考虑在该场地设置缆线竖井、等电位接地体、电源插座、UPS 配电箱等设施。在场地面积满足的情况下，也可设置建筑物诸如安防、消防、建筑设备监控系统、无线信号覆盖等系统的布缆线槽和功能模块的安装。如果综合布线系统与弱电系统设备合设于同一场地，从建筑的角度出发，称为弱电间。

（2）电信间的使用面积不宜小于 5m²，也可根据工程中配线设备和网络设备的容量进行调整。

一般情况下，综合布线系统的配线设备和计算机网络设备采用 19in 标准机柜安装。机柜尺寸通常为 600mm×800mm×2000mm（宽×深×高），共有 42U 的安装空间。机柜内可安装光纤连接盘、RJ45（24 口）配线模块、多线对卡接模块（100 对）、理线架、计算机 SW/HUB 设备等。如果按建筑物每层电话和数据信息点各为 200 个考虑配置上述设备，大约需要有 2 个 19in（42U）的机柜空间，以此测算电信间面积至少应为 5m²（2.5m×2.0m）。对于涉及布线系统设置内、外网或专用网时，19in 机柜应分别设置，并在保持一定间距的情况下预测电信间的面积。

（3）电信间温、湿度按配线设备要求提出，如在机柜中安装计算机网络设备（SW/HUB）时环境应满足设备提出的要求，温、湿度的保证措施由空调专业负责解决。

（4）电信间应采用外开丙级防火门，门净宽度应大于设备宽度，宽度宜为 0.7～1.0m。室温应保持在 10～35℃，相对湿度宜保持在 20%～80%。如果安装信息网络设备时，应符合相应的设计要求。

（5）电信间的数量应按所服务的楼层范围及工作区面积来确定。如果该层信息点数量不大于 400 个，配线电缆长度在 90m 范围以内，宜设置 1 个电信间；当超出这一范围时宜设 2 个或多个电信间；每层的信息点数量较少，水平缆线长度不大于 90m 的情况下，宜几个楼层合设一个电信间。

（6）电信间应与强电间分开设置，电信间内或紧邻处应设置缆线竖井。

（7）电信间的设备安装和电源要求，应符合图 1-9-2-1 中（10）条和（11）条的规定。

（8）电信间设备布置，如下图所示。

电信间设备布置示意图（单位：mm）

注：本图为 2 个机柜的方案，机柜宽度以 600 为例。如采用 800 宽机柜，应相应增加电信间面积。

（1）设备间是在每幢建筑物的适当地点进行网络管理和信息交换的场地。对于综合布线系统工程设计，设备间主要安装建筑物配线设备。电话交换机、计算机网络设备及入口设施也可与配线设备安装在一起。

（2）设备间是大楼的电话交换机设备和计算机网络设备，以及建筑物配线设备（BD）安装的地点，也是进行网络管理的场所。对综合布线工程设计而言，设备间主要安装总配线设备。当信息通信设施与配线设备分别设置时考虑到设备电缆有长度限制的要求，安装总配线架的设备间与安装电话交换机及计算机主机的设备间之间宜尽量靠近。

（3）在设备间内安装的BD配线设备干线侧容量应与主干缆线的容量相一致。设备侧的容量应与设备端口容量相一致或与干线侧配线设备容量相同。

（4）BD配线设备与电话交换机及计算机网络设备的连接方式亦应符合图1-9-2-3中（11）条的要求。

（5）设备间位置应根据设备的数量、规模、网络构成等因素，综合考虑确定。

（6）每幢建筑物内应至少设置1个设备间，如果电话交换机与计算机网络设备分别安装在不同的场地或根据安全需要，也可设置2个或2个以上设备间，以满足不同业务的设备安装需要。

（7）设备间的设计应符合下列规定：

1）设备间宜处于干线子系统的中间位置，并考虑主干缆线的传输距离与数量。

2）设备间宜尽可能靠近建筑物线缆竖井位置，有利于主干缆线的引入。

3）设备间的位置宜便于设备接地。

4）设备间应尽量远离高低压变配电、电机、X射线、无线电发射等有干扰源存在的场地。

5）设备间室内温度应保持在10～35℃，相对湿度应保持在20%～80%，并应有良好的通风。若设备间内安装有程控用户交换机或计算机网络设备时，室内温度和相对湿度应符合相关规定。

6）设备间内应有足够的设备安装空间，其使用面积不应小于10m²，该面积不包括程控用户交换机、计算机网络设备等设施所需的面积在内。

7）设备间梁下净高不应小于2.5m，采用外开双扇门，门宽不应小于1.5m。

（8）设备间应防止有害气体（如氯、碳水化合物、硫化氢、氮氧化物、二氧化碳等）侵入，并应有良好的防尘措施，尘埃含量限值宜符合下表的规定。

尘 埃 含 量 限 值

参数	数值			
尘埃颗粒的最大直径 /μm	0.5	1	2	5
灰尘颗粒的最大浓度 /（粒子数/m³）	1.4×10^7	7×10^5	2.4×10^5	1.3×10^5

注 灰尘粒子应是不导电的，非铁磁性和非腐蚀性的。

（9）在地震区的区域内，设备安装应按规定进行抗震加固。

（10）设备安装宜符合下列规定：

1）机架或机柜前面的净空不应小于800mm，后面的净空不应小于600mm。

2）壁挂式配线设备底部离地面的高度不宜小于300mm。

（11）设备间应提供不少于两个220V带保护接地的单相电源插座，但不作为设备供电电源。

（12）设备间如果安装电信设备或其他信息网络设备时，设备供电应符合相应的设计要求。

（13）上述的安装工艺要求，均以总配线设备所需的环境要求为主，适当考虑安装少量计算机网络等设备，如果与程控电话交换机、计算机网络等设备和配套设备合装在一起，则安装工艺要求应执行相关规范的规定。

第九章　建筑物综合布线系统工程设计	第二节　设计要求
图号　1-9-2-8	图名　综合布线系统设备间设计要求

（1）进线间是建筑物外部通信和信息管线的入口部位，并可作为入口设施和建筑群配线设备的安装场地。

（2）进线间是一个建筑物宜设置1个，一般位于地下层，外线宜从两个不同的路由引入进线间，有利于与外部管道连通。进线间与建筑物红外线范围内的人孔或手孔采用管道或通道的方式互连。进线间因涉及因素较多，难以统一提出具体所需面积，可根据建筑物实际情况，并参照通信行业和国家现行标准进行设计。

（3）进线间一般提供给多家电信业务经营者使用，通常设于地下一层。进线间主要作为室外电、光缆引入楼内的成端与分支及光缆的盘长空间位置。对于光缆至大楼（FTTB）、至用户（FTTH）、至桌面（FTTO）的应用及光缆数量日益增多的现状，进线间就显得尤为重要。由于许多的商用建筑物地下一层环境条件已大大改善，也可以安装电缆、光缆的配线架设备及通信设施。在不具备设置单独进线间或入楼电缆、光缆数量及入口设施容量较小时，建筑物也可以在入口处采用地沟或设置较小的空间完成缆线的成端与盘长，入口设施则可安装在设备间，但宜设置单独的场地，以便功能分区。

（4）建筑群主干电缆和光缆、公用网和专用网电缆、光缆及天线馈线等室外缆线进入建筑物时，应在进线间成端转换成室内电缆、光缆，并在缆线的终端处可由多家电信业务经营者设置入口设施，入口设施中的配线设备应按引入的电缆、光缆容量配置。

（5）电信业务经营者在进线间设置的入口配线设备应与BD或CD之间敷设相应的连接电缆、光缆，实现路由互通。缆线类型与容量应与配线设备相一致。

（6）在进线间缆线入口处的管孔数量应满足建筑物之间、外部接入业务及多家电信业务经营者缆线接入的需求，并应留有2～4孔的余量。

（7）进线间应设置管道入口。

（8）进线间应满足缆线的敷设路由、成端位置及数量、光缆的盘长空间和缆线的弯曲半径、充气维护设备、配线设备安装所需的场地空间和面积。

（9）进线间的大小应按进线间的进线管道最终容量及入口设施的最终容量设计。同时应考虑满足多家电信业务经营者安装入口设施等设备的面积。

（10）进线间宜靠近外墙和在地下设置，以便于缆线引入。进线间设计应符合下列规定：

1）进线间应采用相应防火级别的防火门，门向外开，宽度不小于1000mm。

2）进线间应防止渗水，宜设有抽排水装置。

3）进线间应与布线系统垂直竖井连通。

4）进线间应设置防有害气体措施和通风装置，排风量按换气次数不少于5次/h确定。

（11）与进线间无关的管道不宜通过。

（12）进线间入口管道口所有布放缆线和空闲的管孔应采取防火材料封堵，做好防水处理。

（13）进线间如安装配线设备和信息通信设备时，应符合设备安装设计的要求。

第九章　建筑物综合布线系统工程设计		第二节　设计要求
图号	1-9-2-9	图名　综合布线系统进线间设计要求

（1）管理应对工作区、电信间、设备间、进线间的配线设备、缆线、信息插座模块等设施按一定的模式进行标志和记录。

（2）管理应对设备间、电信间、进线间和工作区的配线设备、缆线、信息点等设施按一定的模式进行标志和记录。内容包括：管理方式、标志、色标、连接等。这些内容的实施，将给今后维护和管理带来很大的方便，有利于提高管理水平和工作效率，特别是较为复杂的综合布线系统，如果采用计算机进行管理，其效果将十分明显。目前，市场上已有商用的管理软件可供使用者选用。综合布线的各种配线设备，应用色标区分干线电缆、配线电缆或设备端点，同时，还应采用标签表明端接区域、物理位置、编号、容量、规格等，以便维护人员在现场一目了然地加以识别。

（3）管理宜符合下列规定：

1）综合布线系统工程宜采用计算机进行文档记录与保存，简单且规模较小的综合布线系统工程可按图纸资料等纸质文档进行管理，并做到记录准确、及时更新、便于查阅；文档资料应实现汉字化。

2）综合布线的每一电缆、光缆、配线设备、端接点、接地装置、敷设管线等组成部分均应给定唯一的标识符，并设置标签。标识符应采用相同数量的字母和数字等标明。

3）电缆和光缆的两端均应标明相同的标识符。

4）设备间、电信间、进线间的配线设备宜采用统一的色标区别各类业务与用途的配线区。

（4）所有标签应保持清晰，并满足使用环境要求。

（5）在每个配线区实现线路管理的方式是在各色标区域之间按应用的要求，采用跳线连接。色标用来区分配线设备的性质，分别由按性质划分的配线模块组成，且按垂直或水平结构进行排列。

综合布线系统使用的标签可采用粘贴型和插入型。

电缆和光缆的两端应采用不易脱落和磨损的不干胶条标明相同的编号。

（6）对于规模较大的布线系统工程，为提高布线工程维护水平与网络安全，宜采用电子配线设备对信息点或配线设备进行管理，以显示与记录配线设备的连接、使用及变更状况。

（7）电子配线设备目前应用的技术有多种，在工程设计中应考虑到电子配线设备的功能、管理范围、组网方式、管理软件、工程投资等方面，合理地加以选用。

（8）综合布线系统相关设施的工作状态信息应包括：设备和缆线的用途，使用部门，组成局域网的拓扑结构，传输信息速率，终端设备配置状况，占用器件编号，色标，链路与信道的功能和各项主要指标参数及完好状况，故障记录等，还应包括设备位置和缆线走向等内容。

第二篇　架空线路篇

一、设计气象条件

设计选取：最大风速为 30m/s、25m/s 2 级；覆冰厚度为 0mm、5mm、10mm、15mm 4 级。

二、导线、避雷线

（1）导线、避雷线型号及截面为 LJ-16～240、LGJ-16～240、GJ-25～50。

（2）导线、避雷线的安全系数见表 1。

表 1　　　导线、避雷线的安全系数

导线规格	安全系数	导线规格	安全系数
LJ-16 LJ-25 LJ-35 LJ-50	2.5、3.0	LGJ-16	2.5、3.0
		LGJ-25 LGJ-35	3.0
LJ-70 LJ-95	3.0	LGJ-50 LGJ-70	3.5
LJ-120 LJ-150 LJ-185 LJ-210 LJ-240	4.0	LGJ-95 LGJ-120 LGJ-150 LGJ-185	4.0
GJ-25 GJ-35 GJ-50	4.0	LGJ-210 LGJ-240	4.5

三、导线排列

导线均采用三角形排列。

四、线间距离及挡距

（1）导线间水平距离为 1.4m，当横担距顶相固定处为 0.5m 时，导线最小间距为 0.97m，其最大允许挡距为 90m；当横担距顶相固定处距离为 0.8m 时，导线最小间距为 1.28m，其最大允许挡距为 120m。

（2）高、低压合架时，高压横担距杆顶抱箍距离为 0.5m，最大允许挡距为 50m。

五、杆型

本图集杆型有 30 种，具体杆型详见杆型一览图。

六、电杆

电杆采用环形钢筋混凝土电杆（GB 396）和环形预应力混凝土电杆（GB 4623）。

七、土壤

选用常用的 6 种土壤，其有关数据见表 2。

表 2　　　土　壤　特　性　表

土壤名称		重力密度 $\gamma/(kN/m^3)$	计算 上拔角 $\alpha/(°)$	计算 抗剪角 $\beta/(°)$	被动土 抗力特性 $m/(kN/m^3)$	许可 耐压力 P/kPa
大块碎石		19.6	32	40	90.16	392
中砂、粗砂		17.64	30	37	70.56	392
细砂、粉砂		15.68	23	28	43.41	196
黏土	坚硬	17.64	30	45	102.9	294
	硬塑	16.66	25	35	61.45	225.4
	可塑	15.68	20	30	47.04	176.4

八、横担

横担一律采用角钢铁横担。图中 * 为带斜材横担。

九、绝缘子

（1）直线杆采用针式绝缘子；当电压为 6kV 时采用 P-10T 型；当电压为 10kV 时采用 P-15T 型。在条件允许的情况下转角杆也可用针式绝缘子，具体选择详见附录中的针式绝缘子选择表。

（2）承力杆采用 2 片 XP-7（C）悬式绝缘子组合方式。

	第一章　10kV及以下裸导线架空配电线路	第一节　10(6)kV裸导线铁横担架空线路
图号	2-1-1-1	图名	说明（一）

十、拉线

（1）拉线方式分为：普通拉线、V形拉线、水平拉线、弓形拉线4种。

（2）拉线材料均采用镀锌钢绞线，并按《镀锌钢绞线》（GB 1200）中的公称抗拉强度为 $1270N/mm^2$ 进行设计。

（3）底把采用拉线棒，并带 UT 型线夹调整拉线松紧。

（4）拉线根据规程要求装设拉紧绝缘子。

十一、基础

底盘、卡盘和拉线盘全部为预制钢筋混凝土构件。

十二、防雷、接地

（1）带避雷线的电线路，每基电杆不连避雷线的工频接地电阻，在雷季干燥时，不宜超过表3所列数值。

（2）雷电活动强烈的地方和经常发生雷击故障的杆塔和线段，如采取设置避雷器的保护方式时，其接地电阻也应符合表3的规定。

（3）在居民区无避雷线的钢筋混凝土电杆宜接地，接地电阻不宜超过30Ω（沥青路面或有运行经验地区的钢筋混凝土杆不必另设人工接地装置）。

（4）柱上油开关、负荷开关及电缆终端的避雷器，其接地线应与设备的金属外壳连接，其接地电阻不应超过10Ω。

（5）电力线路之间以及电力线路与弱电线路交叉根据规范要求接地时，其接地电阻不宜超过表3所列数值的2倍。

十三、金具

本图集采用的电力金具符合《架空线路用预绞式金具技术条件》（DL/T 763）等标准的要求。

表3　带避雷线的线路杆塔的工频接地电阻（Ω）

土壤电阻率/(Ω·m)	工频接地电阻
100 及以下	10
100 以上至 500	15
500 以上至 1000	20
1000 以上至 2000	25
2000 以上	30

第一章　10kV及以下裸导线架空配电线路		第一节　10(6)kV裸导线铁横担架空线路
图号	2-1-1-2	图名　说明（二）

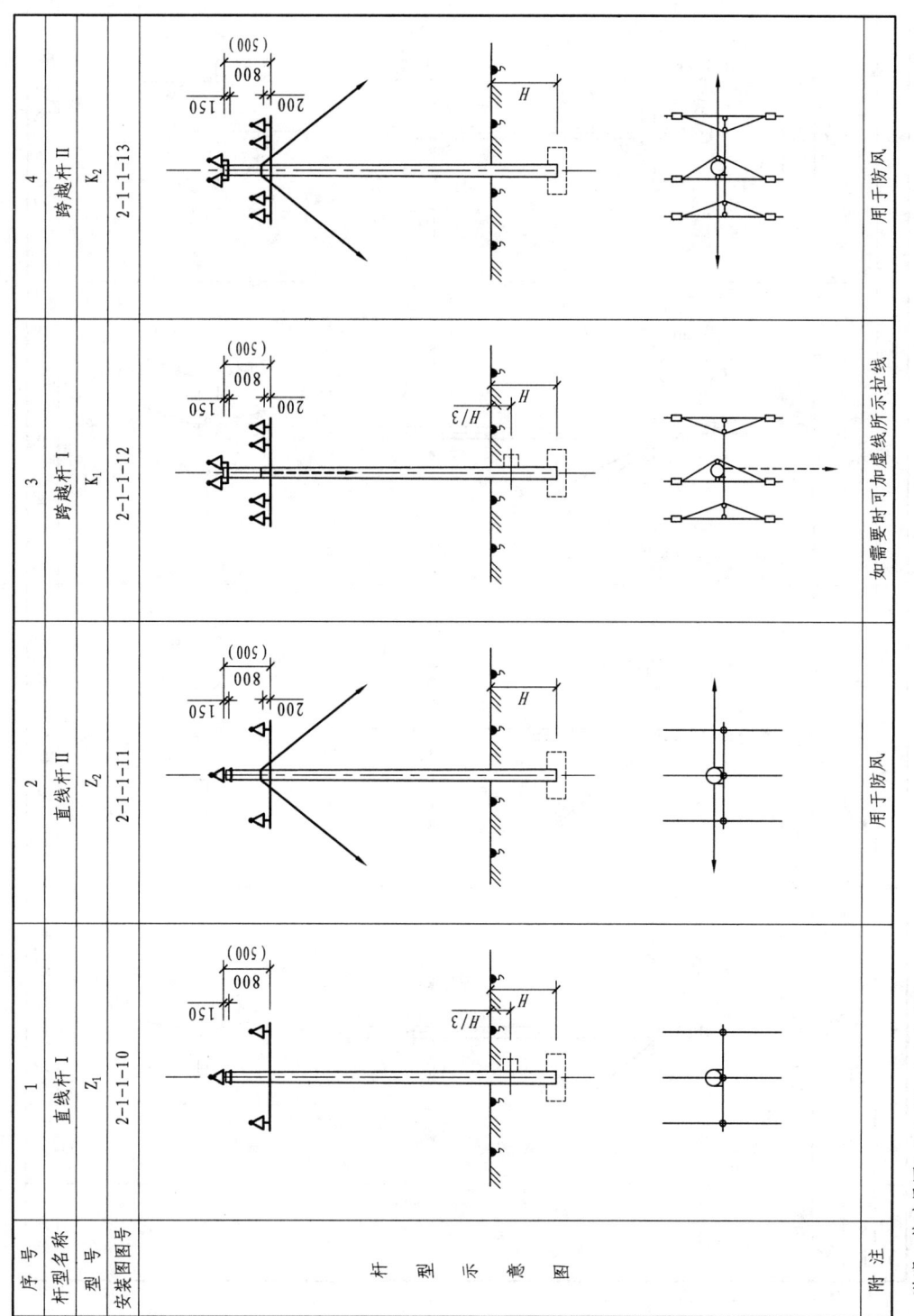

序号	1	2	3	4
杆型名称	直线杆 I	直线杆 II	跨越杆 I	跨越杆 II
型号	Z_1	Z_2	K_1	K_2
安装图图号	2-1-1-10	2-1-1-11	2-1-1-12	2-1-1-13
杆 型 示 意 图				
附 注		用于防风	如需要时可加虚线所示拉线	用于防风

说明：基础见图2-1-1-92～2-1-1-100。

第一章　10kV及以下裸导线架空配电线路		第一节　10(6)kV裸导线铁横担架空线路
图号	2-1-1-3	图名　30种铁横担线路杆型总揽（一）

143

序号	5	6	7	8
杆型名称	直线转角杆Ⅰ	直线转角杆Ⅱ	耐张转角角杆Ⅰ	耐张转角角杆Ⅱ
型号	ZJ₁	ZJ₂	NJ₁	NJ₂
安装图图号	2-1-1-14	2-1-1-15	2-1-1-16	2-1-1-17
杆型示意图				
附注	适用转角范围见附录	适用转角范围见附录	适用于45°及以下转角	适用于45°及以上转角

说明：基础见图2-1-1-92～2-1-1-100。

图号	2-1-1-4	图名	30种铁横担线路杆型总揽（二）

144

序 号	9	10	11	12
杆型名称	耐张杆	终端杆Ⅰ	终端杆Ⅱ	终端杆Ⅲ
型 号	N	D_1	D_2	D_3
安装图图号	2-1-1-18	2-1-1-19	2-1-1-20	2-1-1-21
杆 型 示 意 图				
附 注	可兼5°以下转角	架空引入	架空引入带避雷器	一根电缆引入

说明：基础见图2-1-1-92～2-1-1-100。

序 号	13	14	15	16
杆型名称	终端杆IV	终端杆V	终端杆VI	直线分歧杆I
型 号	D_4	D_5	D_6	ZF_1
安装图图号	2-1-1-22	2-1-1-23	2-1-1-24	2-1-1-25
杆 型 示 意 图				
附 注	两根电缆引入	一根电缆引入带跌开式熔断器	两根电缆引入带跌开式熔断器	架空T字分歧

说明：基础见图2-1-1-92～2-1-1-100。

序号	17	18	19	20
杆型名称	直线分歧杆Ⅱ	直线分歧杆Ⅲ	直线分歧杆Ⅳ	转角分歧杆Ⅰ
型号	ZF₂	ZF₃	ZF₄	JF₁
安装图图号	2-1-1-26	2-1-1-27	2-1-1-28	2-1-1-29
杆型示意图				
附注	电缆分歧	电缆分歧带跌开式熔断器	架空T字分歧带跌开式熔断器	架空分歧

说明：基础见图2-1-1-92～2-1-1-100。

序号	21	22	23	24
杆型名称	转角分岐杆Ⅱ	转角分岐杆Ⅲ	跌开式熔断器安装杆	避雷器安装杆
型号	JF₂	JF₃	RW	FS
安装图图号	2-1-1-30	2-1-1-31	2-1-1-32	2-1-1-33
杆型示意图				

附注　说明：基础见图2-1-1-92～2-1-1-100。
电缆分岐适用于45°及以下转角
电缆分岐带跌开式熔断器适用于45°及以下转角

序号	25	26	27	28	29	30
杆型名称	隔离开关安装杆 I	隔离开关安装杆 II	负荷开关、油断路器安装杆	带避雷线直线杆	带高压避雷线终端杆 I	带高压避雷线终端杆 II
型号	GK₁	GK₂	FK、DK	BZ	BD₁	BD₂
安装图图号	2-1-1-34	2-1-1-35	2-1-1-36	2-1-1-37	2-1-1-38	2-1-1-39
杆型示意图						
附注	单极	三极联动			避雷线终端高压线通过	全部终端

说明：基础见图2-1-1-92～2-1-1-100。

<table>
明　细　表
</table>

序号	名　称	规　格						单位	数量	附　注
1	电杆	φ170			φ190			根	1	长度由工程设计定
2	U形抱箍	I₂	II₂	III₂	I₃	II₃	III₃	副	1	见图2-1-1-61
3	M形抱铁	II			III			个	1	见图2-1-1-60
4	杆顶支座抱箍（一）	II			III			副	1	见图2-1-1-62
5	横担	见图2-1-1-110～2-1-1-112						根	1	见图2-1-1-42
6	针式绝缘子	P-15（10）T						个	3	

<table>
第一章　10kV及以下裸导线架空配电线路	第一节　10(6)kV裸导线铁横担架空线路
图号　2-1-1-10	图名　Z₁型直线杆 I 杆顶安装工艺图
</table>

明　细　表

序号	名　称	规　格						单位	数量	附　注
1	电杆	φ170			φ190			根	1	长度由工程设计定
2	U形抱箍	I₂	II₂	III₂	I₃	II₃	III₃	副	1	见图2-1-1-61
3	M形抱铁	II			III			个	1	见图2-1-1-60
4	杆顶支座抱箍（一）	II			III			副	1	见图2-1-1-62
5	横担	见图2-1-1-110~2-1-1-112						根	1	见图2-1-1-42
6	针式绝缘子	P-15（10）T						个	3	
7	拉线	GJ-25						组	2	见图2-1-1-47、2-1-1-48

说明：如实际需要时，可加装一组拉线，其位置如虚线所示。

明 细 表

序号	名 称	规 格		单位	数量	附 注
1	电杆	φ170	φ190	根	1	长度由工程设计定
2	U形抱箍	I₂ II₂ III₂ I₃ II₃ III₃		副	1	见图2-1-1-61
3	M形抱铁	II	III	个	1	见图2-1-1-60
4	杆顶支座抱箍（二）	II	III	副	1	见图2-1-1-62
5	横担	见图2-1-1-110～2-1-1-112		根	1	见图2-1-1-42
6	针式绝缘子	P-15（10）T		个	6	
7	并沟线夹	JB型		个	6	
8	拉线	GJ-25		组	1	见图2-1-1-47、图2-1-1-48
第一章　10kV及以下裸导线架空配电线路				第一节　10（6）kV裸导线铁横担架空线路		
图号	2-1-1-12	图名		K₁型跨越杆Ⅰ杆顶安装工艺图		

152

序号	名　　称	规　　格		单位	数量	附　　注
1	电杆	φ170	φ190	根	1	长度由工程设计定
2	U形抱箍	I₂　II₂　III₂	I₃　II₃　III₃	副	1	见图2-1-1-61
3	M形抱铁	II	III	个	1	见图2-1-1-60
4	杆顶支座抱箍（二）	II	III	副	1	见图2-1-1-62
5	横担	见图2-1-1-110～2-1-1-112		根	1	见图2-1-1-42
6	针式绝缘子	P-15(10)T		个	6	
7	并沟线夹	JB型		个	6	
8	拉线	GJ-25		组	1	见图2-1-1-47、图2-1-1-48

第一章　10kV及以下裸导线架空配电线路		第一节　10(6)kV裸导线铁横担架空线路
图号	2-1-1-13	图名　K₂型跨越杆II杆顶安装工艺图

说明：绝缘子适用转角范围见附录，若设卡盘
能满足倾覆要求时，可取消拉线。

明 细 表

序号	名 称	规 格		单位	数量	附 注
1	电杆	ϕ170	ϕ190	根	1	长度由工程设计定
2	U形抱箍	I$_2$ II$_2$ III$_2$	I$_3$ II$_3$ III$_3$	副	1	见图2-1-1-61
3	M形抱铁	II	III	个	1	见图2-1-1-60
4	杆顶支座抱箍（一）	II	III	副	1	见图2-1-1-62
5	横担	见图2-1-1-110～2-1-1-112		根	1	见图2-1-1-42
6	针式绝缘子	P-15(10)T		个	3	
7	拉线	GJ-25		组	1	见图2-1-1-47、图2-1-1-48

第一章 10kV及以下裸导线架空配电线路		第一节 10(6)kV裸导线铁横担架空线路
图号	2-1-1-14	图名	ZJ$_1$型直线转角杆 I 杆顶安装工艺图

说明：绝缘子适用转角范围见附录，若设卡盘能满足倾覆要求时，可取消拉线。

明 细 表

序号	名 称	规 格		单位	数量	附 注
1	电杆	φ170	φ190	根	1	长度由工程设计定
2	M形抱铁	Ⅱ	Ⅲ	个	1	见图2-1-1-60
3	杆顶支座抱箍（一）	Ⅱ	Ⅲ	副	1	见图2-1-1-62
4	横担	见图2-1-1-110~2-1-1-112		副	1	见图2-1-1-42
5	针式绝缘子	P-15(10)T		个	6	
6	拉线	GJ-25		组	1	见图2-1-1-47、图2-1-1-48

第一章　10kV及以下裸导线架空配电线路			第一节　10(6)kV裸导线铁横担架空线路
图号	2-1-1-15	图名	ZJ₂型直线转角杆Ⅱ杆顶安装工艺图

说明：1. 本图适用于45°及以下转角。
2. 辅助拉线按耐张杆型选择截面，主拉线根据转角度数选择截面。

辅助拉线

主拉线

辅助拉线

明　细　表

序号	名　　称	规　　格		单位	数量	附　注
1	电杆	φ170	φ190	根	1	长度由工程设计定
2	M形抱铁	II	III	个	2	见图2-1-1-60
3	杆顶支座抱箍（一）	II	III	副	1	见图2-1-1-62
4	拉线及中导线抱箍（二）	II₂	II₃	副	1	见图2-1-1-63
5	横担	见图2-1-1-110～2-1-1-112		副	1	见图2-1-1-43
6	拉板			块	2	见图2-1-1-75
7	针式绝缘子	P-15（10）T		个	3	
8	耐张绝缘子串			串	6	见图2-1-1-40、2-1-1-41
9	并沟线夹	JB型		个	6	
10	拉线	见图2-1-1-113～2-1-1-117		组	3	见图2-1-1-47、2-1-1-48

第一章　10kV及以下裸导线架空配电线路			第一节　10（6）kV裸导线铁横担架空线路
图号	2-1-1-16	图名	NJ₁型耐张转角杆Ⅰ杆顶安装工艺图

说明：本图适用于45°及以上转角，
拉线截面按终端杆型选择。

明 细 表

序号	名 称	规 格		单位	数量	附 注
1	电杆	$\phi170$	$\phi190$	根	1	长度由工程设计定
2	M形抱铁	II	III	个	4	见图2-1-1-60
3	拉线及中导线抱箍（二）	II₂	II₃	副	1	见图2-1-1-63
4	横担	见图2-1-1-110～2-1-1-112		副	2	见图2-1-1-43、2-1-1-44
5	拉板			块	2	见图2-1-1-75
6	针式绝缘子	P-15(10)T		个	2	
7	耐张绝缘子串			串	6	见图2-1-1-40、2-1-1-41
8	并沟线夹	JB型		个	6	
9	拉线	见图2-1-1-113～2-1-1-117		组	2	见图2-1-1-47、2-1-1-48

第一章　10kV及以下裸导线架空配电线路		第一节　10(6)kV裸导线铁横担架空线路
图号	2-1-1-17	图名　NJ₂型耐张转角杆II杆顶安装工艺图

说明：本图可兼作5°以下转角使用。

明 细 表

序号	名 称	规 格		单位	数量	附 注
1	电杆	$\phi 170$	$\phi 190$	根	1	长度由工程设计定
2	M形抱铁	II	III	个	2	见图2-1-1-60
3	杆顶支座抱箍（一）	II	III	副	1	见图2-1-1-62
4	横担	见图2-1-1-110~2-1-1-112		副	1	见图2-1-1-43
5	拉板			块	2	见图2-1-1-75
6	针式绝缘子	P-15（10）T		个	1	
7	耐张绝缘子串			串	6	见图2-1-1-40、图2-1-1-41
8	并沟线夹	JB型		个	6	
9	拉线	见图2-1-1-113~2-1-1-117		组	2	见图2-1-1-47、图2-1-1-48

第一章　10kV及以下裸导线架空配电线路		第一节　10(6)kV裸导线铁横担架空线路
图号	2-1-1-18	图名　N型耐张杆杆顶安装工艺图

明 细 表

序号	名　称	规　格		单位	数量	附　注
1	电杆	φ170	φ190	根	1	长度由工程设计定
2	M形抱铁	II	III	个	2	见图2-1-1-60
3	杆顶支座抱箍（一）	II	III	副	1	见图2-1-1-62
4	横担	见图2-1-1-110～2-1-1-112		副	1	见图2-1-1-43、图2-1-1-44
5	拉板			块	2	见图2-1-1-75
6	针式绝缘子	P-15（10）T		个	1	
7	耐张绝缘子串			串	6	见图2-1-1-40、图2-1-1-41
8	并沟线夹	JB型		个	6	
9	拉线	见图2-1-1-113～2-1-1-117		组	1	见图2-1-1-47、图2-1-1-48

第一章　10kV及以下裸导线架空配电线路		第一节　10(6)kV裸导线铁横担架空线路
图号	2-1-1-19	图名	D₁型终端杆I杆顶安装工艺图

明　细　表

序号	名　称	规　格		单位	数量	附　注
1	电杆	ϕ170	ϕ190	根	1	长度由工程设计定
2	M形抱铁	II	III	个	2	见图2-1-1-60
3	杆顶支座抱箍（二）	II	III	副	1	见图2-1-1-62
4	横担	见图2-1-1-110～2-1-1-112		副	1	见图2-1-1-43、图2-1-1-44
5	拉板			块	2	见图2-1-1-75
6	针式绝缘子	P-15(10)T		个	1	
7	耐张绝缘子串			串	6	见图2-1-1-40、图2-1-1-41
8	并沟线夹	JB型		个	9	
9	拉线	见图2-1-1-113～2-1-1-117		组	1	见图2-1-1-47、图2-1-1-48
10	避雷器	FS4-10(6)		个	3	
11	避雷器固定支架			个	3	见图2-1-1-65
12	接地装置			组	1	见图2-1-1-46

第一章　10kV及以下裸导线架空配电线路	第一节　10(6)kV裸导线铁横担架空线路
图号　2-1-1-20	图名　D₂型终端杆II杆顶安装工艺图

160

明 细 表

序号	名　称	规　格		单位	数量	附　注
1	电杆	φ170	φ190	根	1	长度由工程设计定
2	M形抱铁	II	III	个	2	见图2-1-1-60
3	杆顶支座抱箍（一）	II	III	副	1	见图2-1-1-62
4	横担	见图2-1-1-110～2-1-1-112		副	1	见图2-1-1-43、图2-1-1-44
5	拉板			块	1	见图2-1-1-75
6	针式绝缘子	P-15(10)T		个	1	
7	耐张绝缘子串			串	3	见图2-1-1-40、图2-1-1-41
8	并沟线夹	JB型		个	3	
9	拉线	见图2-1-1-113～2-1-1-117		组	3	见图2-1-1-47、图2-1-1-48
10	针式绝缘子固定支架			副	1	见图2-1-1-87
11	电缆终端盒			组	1	见图2-1-1-80
12	避雷器	FS4-10(6)		个	3	
13	避雷器固定支架			个	3	见图2-1-1-65
14	接地装置			组	1	见图2-1-1-46

第一章　10kV及以下裸导线架空配电线路		第一节　10(6)kV裸导线铁横担架空线路
图号	2-1-1-21	图名 　　D₃型终端杆III杆顶安装工艺图

明 细 表

序号	名　称	规　格		单位	数量	附　注
1	电杆	φ170	φ190	根	1	长度由工程设计定
2	M形抱铁	II	III	个	2	见图2-1-1-60
3	杆顶支座抱箍（二）	II	III	副	1	见图2-1-1-62
4	横担	见图2-1-1-110～2-1-1-112		副	1	见图2-1-1-43、图2-1-1-44
5	拉板			块	1	见图2-1-1-75
6	针式绝缘子	P-15(10)T		个	5	
7	耐张绝缘子串			串	3	见图2-1-1-40、图2-1-1-41
8	并沟线夹	JB型		个	6	
9	拉线	见图2-1-1-113～2-1-1-117		组	1	见图2-1-1-47、图2-1-1-48
10	针式绝缘子固定支架			副	2	见图2-1-1-87
11	电缆终端盒			组	2	见图2-1-1-80
12	避雷器	FS4-10(6)		个	3	
13	避雷器固定支架			个	3	见图2-1-1-65
14	接地装置			组	1	见图2-1-1-46

第一章　10kV及以下裸导线架空配电线路	第一节　10(6)kV裸导线铁横担架空线路
图号　2-1-1-22	图名　D₄型终端杆Ⅳ杆顶安装工艺图

说明：序号3、5中括号内的型号用于
横担距杆顶支座抱箍为500mm时。

明 细 表

序号	名 称	规 格		单位	数量	附 注
1	电杆	φ170	φ190	根	1	长度由工程设计定
2	M形抱铁	II	III	个	2	见图2-1-1-60
3	M形抱铁	III（II）	IV（III）	个	1	见图2-1-1-60
4	杆顶支座抱箍（一）	II	III	副	1	见图2-1-1-62
5	U形抱箍	I_3（I_2）	I_4（I_3）	副	1	见图2-1-1-61
6	横担	见图2-1-1-110～2-1-1-112		个	1	见图2-1-1-43、图2-1-1-44
7	跌开式熔断器固定横担			根	1	见图2-1-1-68
8	拉线	见图2-1-1-113～2-1-1-117		组	1	见图2-1-1-47、图2-1-1-48
9	针式绝缘子	P-15（10）T		个	1	
10	耐张绝缘子串			串	3	见图2-1-1-40、图2-1-1-41
11	电缆终端盒			个	3	见图2-1-1-80
12	避雷器	FS4-10（6）		个	3	
13	跌开式熔断器	RW9-10		个	3	
14	并沟线夹	JB型		个	3	
15	拉板			块	1	见图2-1-1-75
16	针式绝缘子固定支架			副	1	见图2-1-1-87
17	避雷器固定支架			副	3	见图2-1-1-65
18	跌开式熔断器固定支架			副	3	见图2-1-1-70
19	接地装置			组	1	见图2-1-1-46

第一章　10kV及以下裸导线架空配电线路　第一节　10（6）kV裸导线铁横担架空线路

图号	2-1-1-23	图名	D_5型终端杆V杆顶安装工艺图

说明：序号3中括号内的型号用于横担
距杆顶支座抱箍为500mm时。

明 细 表

序号	名 称	规 格		单位	数量
1	电杆	φ170	φ190	根	1
2	M形抱铁	II	III	个	2
3	M形抱铁	III（II）	IV（III）	个	1
4	杆顶支座抱箍（二）	II	III	副	1
5	方头螺栓	M16×270	M16×290	个	2
6	方螺母	M16		个	2
7	垫圈	16		个	4
8	横担			副	1
9	跌开式熔断器固定横担			根	2
10	拉线			组	1
11	针式绝缘子	P-15（10）T		个	5
12	耐张绝缘子串			串	3
13	电缆终端盒			个	3
14	避雷器	FS4-10（6）		个	3
15	跌开式熔断器	RW9-10		个	6
16	并沟线夹	JB型		个	6
17	拉板			块	1
18	针式绝缘子固定支架			副	2
19	避雷器固定支架			副	3
20	跌开式熔断器固定支架			副	6
21	接地装置			组	1

第一章	10kV及以下裸导线架空配电线路	第一节 10（6）kV裸导线铁横担架空线路
图号	2-1-1-24	图名	D₆型终端杆VI杆顶安装工艺图

明 细 表

序号	名 称	规 格		单位	数量
1	电杆	$\phi170$	$\phi190$	根	1
2	M形抱铁	II	III	个	3
3	杆顶支座抱箍（一）	II	III	副	1
4	横担			根	1
5	横担			副	1
6	拉板			块	1
7	针式绝缘子	P-15(10)T		个	4
8	耐张绝缘子串			串	3
9	并沟线夹	JB型		个	3
10	拉线			组	1
11	U形抱箍	I₂ II₂ III₂ I₃ II₃ III₃		副	1

图号	2-1-1-25	图名	ZF₁型直线分歧杆I杆顶安装工艺图

明 细 表

序号	名　　称	规　　格						单位	数量
1	电杆	$\phi170$			$\phi190$			根	1
2	U形抱箍	I$_2$	II$_2$	III$_2$	I$_3$	II$_3$	III$_3$	副	1
3	M形抱铁		II			III		个	1
4	杆顶支座抱箍（二）		II			III		副	1
5	横担							个	1
6	针式绝缘子		P-15(10)T					个	4
7	避雷器		FS4-10(6)					个	3
8	并沟线夹		JB型					个	6
9	电缆终端盒							个	1
10	针式绝缘子固定支架							副	1
11	避雷器固定支架							副	3
12	接地装置							组	1

第一章　10kV及以下裸导线架空配电线路		第一节　10(6)kV裸导线铁横担架空线路
图号	2-1-1-26	图名 　ZF$_2$型直线分歧杆II杆顶安装工艺图

说明：序号3、5中括号内的型号用于横担距杆顶支座抱箍为500mm时。

明 细 表

序号	名 称	规 格		单位	数量
1	电杆	φ170	φ190	根	1
2	U形抱箍	I₂ | II₂ | III₂	I₃ | II₃ | III₃	副	1
3	U形抱箍	I₃（I₂）	I₄（I₃）	副	1
4	M形抱铁	II	III	个	1
5	M形抱铁	III（II）	IV（III）	个	1
6	杆顶支座抱箍（二）	II	III	副	1
7	横担			个	1
8	跌开式熔断器固定横担			根	1
9	针式绝缘子	P-15(10)T		个	4
10	避雷器	FS4-10(6)		个	3
11	跌开式熔断器	RW9-10		个	3
12	并沟线夹	JB型		个	6
13	电缆终端盒			个	1
14	针式绝缘子固定支架			副	1
15	避雷器固定支架			副	3
16	跌开式熔断器固定支架			副	3
17	接地装置			组	1

第一章 10kV及以下裸导线架空配电线路		**第一节 10(6)kV裸导线铁横担架空线路**
图号	2-1-1-27	图名	**ZF₃型直线分歧杆III杆顶安装工艺图**

明 细 表

序号	名 称	规 格		单位	数量
1	电杆	$\phi170$	$\phi190$	根	1
2	U形抱箍	I₂ II₂ III₂	I₃ II₃ III₃	副	1
3	M形抱铁	II	III	个	3
4	杆顶支座抱箍（二）	II	III	副	1
5	横担			根	1
6	横担			副	1
7	避雷器	FS4-10(6)		个	3
8	跌开式熔断器	RW9-10		个	3
9	耐张绝缘子串			串	3
10	并沟线夹	JB型		个	6
11	接地装置			组	1
12	避雷器固定支架			副	3
13	拉线			组	1
14	针式绝缘子	P-15(10)T		个	5
15	针式绝缘子固定横担			副	1

第一章	10kV及以下裸导线架空配电线路		第一节 10(6)kV裸导线铁横担架空线路
图号	2-1-1-28	图名	ZF₄型直线分歧杆IV杆顶安装工艺图

说明: 本图适用于45°及以下转角。

明　细　表

序号	名　称	规　格		单位	数量
1	电杆	$\phi 170$	$\phi 190$	根	1
2	M形抱铁	II	III	个	3
3	杆顶支座抱箍（一）	II	III	副	1
4	拉线及中导线抱箍（二）	II_2	II_3	副	1
5	横担			根	1
6	横担			副	1
7	拉板			块	3
8	针式绝缘子	P-15(10)T		个	4
9	耐张绝缘子串			串	9
10	并沟线夹	JB型		个	9
11	拉线			组	2
12	拉线			组	1

第一章	10kV及以下裸导线架空配电线路		第一节　10(6)kV裸导线铁横担架空线路
图号	2-1-1-29	图名	JF₁型转角分歧杆 I 杆顶安装工艺图

说明：本图适用于45°及以下转角。辅助拉线按耐张
杆型选择截面，主拉线根据转角度数选择。

明 细 表

序号	名 称	规 格		单位	数量
1	电杆	$\phi170$	$\phi190$	根	1
2	M形抱铁	II	III	个	2
3	杆顶支座抱箍（一）	II	III	副	1
4	拉线及中导线抱箍（二）	II_2	III_3	副	2
5	横担			副	1
6	拉板			块	2
7	针式绝缘子	P-15(10)T		个	4
8	耐张绝缘子串			串	6
9	并沟线夹	JB型		个	12
10	拉线			组	3
11	避雷器	FS4-10(6)		个	3
12	避雷器固定支架			副	3
13	针式绝缘子固定支架			副	1
14	电缆终端盒			个	1
15	接地装置			组	1

第一章　10kV及以下裸导线架空配电线路	第一节　10(6)kV裸导线铁横担架空线路
图号　2-1-1-30　　图名	JF₂型转角分歧杆II杆顶安装工艺图

说明：1. 序号3、6中括号内的型号用于横担距
拉线及中导线抱箍为500mm时。
2. 辅助拉线按耐张杆型选择截面，主拉线
根据转角度数选择。

明　细　表

序号	名　称	规　格		单位	数量
1	电杆	$\phi170$	$\phi190$	根	1
2	M形抱铁	II	III	个	2
3	M形抱铁	III（II）	IV（III）	个	1
4	杆顶支座抱箍（二）	II	III	副	1
5	拉线及中导线抱箍（二）	II_2	III_3	副	2
6	U形抱箍	$I_3（I_2）$	$I_4（I_3）$	副	1
7	横担			副	1
8	跌开式熔断器固定横担			根	1
9	拉线			组	3
10	针式绝缘子	P-15(10)T		个	4
11	耐张绝缘子串			串	3
12	电缆终端盒			个	1
13	避雷器	FS4-10(6)		个	3
14	跌开式熔断器	RW9-10		个	3
15	并沟线夹	JB型		个	12
16	拉板			块	2
17	针式绝缘子固定支架			副	1
18	避雷器固定支架			副	3
19	跌开式熔断器固定支架			副	3
20	接地装置			组	1

第一章	10kV及以下裸导线架空配电线路		第一节　10(6)kV裸导线铁横担架空线路
图号	2-1-1-31	图名	JF₃型转角分歧杆III杆顶安装工艺图

说明：序号3、5中括号内的型号用于横担距拉线及中导线抱箍为500mm时。

明 细 表

序号	名 称	规 格		单位	数量
1	电杆	$\phi 170$	$\phi 190$	根	1
2	M形抱铁	II	III	个	2
3	M形抱铁	III（II）	IV（III）	个	1
4	拉线及中导线抱箍（一）	II_2	III_3	副	1
5	U形抱铁	$I_3（I_2）$	$I_4（I_3）$	个	1
6	横担			副	1
7	跌开式熔断器固定横担			根	1
8	针式绝缘子	P-15(10)T		个	2
9	耐张绝缘子串			串	6
10	跌开式熔断器	RW9-10		个	3
11	拉板			块	2
12	针式绝缘子固定支架			副	2
13	跌开式熔断器固定支架			副	3

第一章 10kV及以下裸导线架空配电线路		第一节 10(6)kV裸导线铁横担架空线路
图号	2-1-1-32	图名 RW型跌开式熔断器杆杆顶安装工艺图

明 细 表

序号	名 称	规 格		单位	数量
1	电杆	ϕ170	ϕ190	根	1
2	杆顶支座抱箍（二）	II	III	副	1
3	U形抱箍	I$_2$ II$_2$ III$_2$ I$_3$ II$_3$ III$_3$		副	1
4	M形抱铁	II	III	个	1
5	横担			根	1
6	针式绝缘子	P-15(10)T		个	3
7	避雷器	FS4-10(6)		个	3
8	并沟线夹	JB型		个	3
9	避雷器固定支架			副	3
10	接地装置			组	1

第一章 10kV及以下裸导线架空配电线路		第一节 10(6)kV裸导线铁横担架空线路	
图号	2-1-1-33	图名	FS型避雷器杆杆顶安装工艺图

明　细　表

序号	名　称	规　格		单位	数量
1	电杆	ϕ170	ϕ190	根	1
2	M形抱铁	II	III	个	2
3	拉线及中导线抱箍（一）	II_2	II_3	副	1
4	单级隔离开关横担			副	1
5	户外单级隔离开关	GW1-10		台	3
6	耐张绝缘子串			串	6
7	拉板			块	2
8	接地装置			组	1

第一章　10kV及以下裸导线架空配电线路	第一节　10(6)kV裸导线铁横担架空线路
图号　2-1-1-34	图名　GK₁型隔离开关杆I杆顶安装工艺图

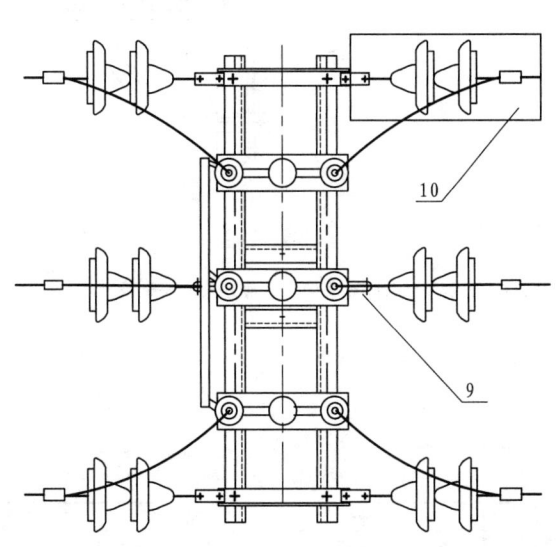

操作杆固定抱箍及卡箍设置表

操作杆长度/m 个数及位置 杆高/m	距杆顶距离/m		
	1	2	3
9　6.2	2.0	—	—
10　7.1	2.0	5.0	—
11　8.0	2.0	5.5	—
12　8.9	2.0	6.0	—
15　11.5	2.0	5.5	9.0

明　细　表

序号	名　称	规　格		单位	数量
1	电杆	ϕ170	ϕ190	根	1
2	杆顶支座抱箍（二）	II	III	副	1
3	三极隔离开关托架	II	III	副	1
4	撑角抱箍	II	III	副	1
5	三极隔离开关操作杆	Dg25水煤气管		m	
6	隔离开关操作杆固定抱箍			副	1~3
7	隔离开关操作杆卡箍			副	1~3
8	隔离开关操作机构固定抱箍			副	2
9	拉板			块	2
10	耐张绝缘子			串	6
11	户外高压隔离开关	GW4-10		台	1
12	手动操动机构	CS11		套	1
13	接地装置			处	1

第一章　10kV及以下裸导线架空配电线路	**第一节　10(6)kV裸导线铁横担架空线路**
图号　　2-1-1-35	图名　　GK$_2$型隔离开关杆II杆顶安装工艺图

说明: 根据工程实际需要确定负荷开关或油断路器。

明 细 表

序号	名 称	规 格		单位	数量
1	电杆	φ170	φ190	根	1
2	M形抱铁	II	III	个	2
3	M形抱铁	III	IV	个	2
4	杆顶支座抱箍(二)	II	III	副	1
5	横担			副	1
6	针式绝缘子	P-15(10)T		个	2
7	耐张绝缘子串			串	6
8	柱上高压负荷开关	FW11-10		台	1
	柱上高压油断路器	DW10-10 II			
9	避雷器	FS4-10(6)		个	6
10	并沟线夹	JB型		个	6
11	拉板			块	2
12	针式绝缘子固定支架			副	2
13	油开关安装支架			副	1
14	避雷器固定支架			副	6
15	接地装置			组	1

第一章 10kV及以下裸导线架空配电线路		第一节 10(6)kV裸导线铁横担架空线路
图号	2-1-1-36	图名	FK型或DK型负荷开关杆或油断路器杆杆顶安装工艺图

明 细 表

序号	名 称	规 格			单位	数量
1	电杆	ϕ190			根	1
2	U形抱箍	I $_4$	II $_4$	III$_4$	副	2
3	M形抱铁	IV			个	2
4	杆顶支座抱箍（一）				副	1
5	横担				根	1
6	横担				根	1
7	针式绝缘子	P-15(10)T			个	3
8	避雷线固定支架				副	1
9	接地装置				组	1

明　细　表

序号	名　　称	规　格			单位	数量
1	电杆	ϕ190			根	1
2	U形抱箍	I$_4$	II$_4$	III$_4$	副	2
3	M形抱铁	IV			个	2
4	横担				根	1
5	横担				根	1
6	拉线	截面与避雷线规格相同			组	1
7	针式绝缘子	P-15(10)T			个	3
8	避雷器	FS4-10(6)			个	3
9	并沟线夹	JB型			个	3
10	楔型线夹	NX型			副	1
11	平行挂板	PD型			块	1
12	避雷器固定支架				副	3
13	接地装置				组	1

第一章　　10kV及以下裸导线架空配电线路		第一节　10(6)kV裸导线铁横担架空线路
图号	2-1-1-38	图名　　BD₁型带高压避雷线终端杆I杆顶安装工艺图

序号	名　称	规　格	单位	数量
1	电杆	$\phi190$	根	1
2	M形抱铁	IV	个	2
3	杆顶支座抱箍(一)	IV	副	1
4	横担		副	1
5	V形拉线		组	1
6	针式绝缘子	P-15(10)T	个	1
7	耐张绝缘子串		串	3
8	电缆终端盒		组	1
9	避雷器	FS4-10(6)	个	3
10	并沟线夹	JB型	个	3
11	楔型线夹	NX型	个	1
12	平行挂板	PD型	个	1
13	拉板		块	1
14	针式绝缘子固定支架		副	1
15	避雷器固定支架		副	3
16	接地装置		组	1

明　细　表

第一章　10kV及以下裸导线架空配电线路	第一节　10(6)kV裸导线铁横担架空线路
图号　2-1-1-39	图名　BD₂型带高压避雷线终端杆Ⅱ杆顶安装工艺图

型式一

型式二

耐张线夹选择表

型 号	适用导线范围	
	铝绞线	钢芯铝绞线
NLD-1	LJ-25~50	LGJ-16~50
NLD-2	LJ-70~95	LGJ-70~95
NLD-3	LJ-120~185	LGJ-120~150
NLD-4	LJ-210~240	LGJ-185~240

说明：明细表中括号内的数值适用于安装于顶相时的槽形绝缘子。

明　细　表

序号	名　称	规　格	单位	数量	
1	耐张线夹	NLD型	个	1	1
2	盘型悬式绝缘子	XP-7	个	2	
3	盘型悬式绝缘子	XP-7C	个		2
4	碗头挂板	W-7B	个	1	
5	平行挂板	PS-7	个		1
6	球头挂环	Q-7	个	1	
7	直角挂板	Z-7	个	1	
8	U形挂环	U-7	个		1（2）

第一章　10kV及以下裸导线架空配电线路		第一节　10(6)kV裸导线铁横担架空线路
图号	2-1-1-40	图名　耐张绝缘子串杆上组装工艺图（一）

型式三

型式四

说明：明细表中括号内的数值适用于
安装于顶相时的槽形绝缘子。

耐张线夹选择表

导线截面/mm²	耐张线夹型号
16	DG-4554
25	DG-4541
35	DG-4542
50	DG-4543
70	DG-4545
95	DG-4546
120	DG-4547
150	DG-4548
185	DG-4549
210	DG-4550
240	DG-4550

明　细　表

序号	名　称	规　格	单位	数量		附注
1	耐张线夹	见左表	个	1	1	见左表
2	盘型悬式绝缘子	XP-7	个	2		
3	盘型悬式绝缘子	XP-7C	个		2	
4	碗头挂板	W-7B	个	1		
5	平行挂板	PS-7	个		1	
6	球头挂环	Q-7	个	1		
7	直角挂板	Z-7	个	1		
8	U形挂环	U-7	个		1（2）	
9	心形环	TCB	个	1	1	

第一章　10kV及以下裸导线架空配电线路			第一节　10（6）kV裸导线铁横担架空线路
图号	2-1-1-41	图名	耐张绝缘子串杆上组装工艺图（二）

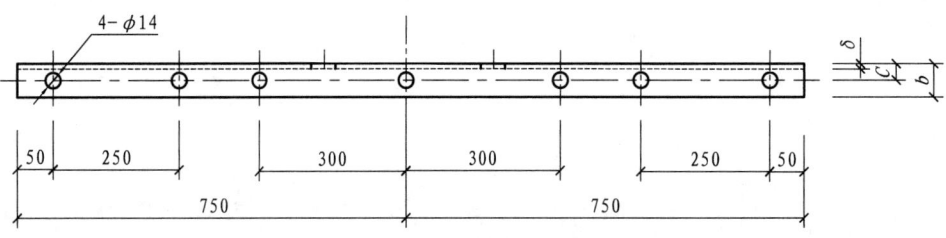

说明：横担应热镀锌。

各种型号横担的尺寸及适用范围（mm）

型号	b	δ	D	C	l	电杆梢径
I_2	63	6	18	35	220	$\phi170$
I_3					240	$\phi190$
II_2	75	8	22	42	220	$\phi170$
II_3					240	$\phi190$
III_2	90	8	22	49	220	$\phi170$
III_3					240	$\phi190$

明 细 表

序号	名 称	规 格	单位	数量	附 注
1	角钢	$Lb×\delta×1500$	根	1	

第一章　10kV及以下裸导线架空配电线路		第一节　10(6)kV裸导线铁横担架空线路
图号	2-1-1-42	图名	单横担加工制造图

组装图

序号1

各种型号横担的尺寸及适用范围（mm）

型 号	b	δ	D	C	螺栓规格	螺母	垫圈	l	电杆梢径
$2 I_2$	63	6	18	35	M16×240	M16	16	220	$\phi170$
$2 I_3$					M16×260			240	$\phi190$
$2 II_2$	75	8	22	42	M18×240	M18	18	220	$\phi170$
$2 II_3$					M18×260			240	$\phi190$
$2 III_2$	90	8	22	49	M20×240	M20	20	220	$\phi170$
$2 III_3$					M20×260			240	$\phi190$

说明：横担及零件应热镀锌。

明 细 表

序号	名 称	规 格	单位	数量
1	角钢	$Lb×\delta×1500$	根	2
2	五孔连板	$-60×6×L$	副	2
3	方头螺栓	见上表	个	4
4	方螺母	见上表	个	4
5	垫圈	见上表	个	8

组装图

序号1

序号2

各种型号横担的尺寸及适用范围（mm）

型号	b	δ	D	C	螺栓规格	螺母	垫圈	l	电杆梢径
$2\,\mathrm{I}_2^*$	63	6	18	35	M16×240	M16	16	220	$\phi170$
$2\,\mathrm{I}_3^*$					M16×260			240	$\phi190$
$2\,\mathrm{II}_2^*$	75	8	22	42	M18×240	M18	18	220	$\phi170$
$2\,\mathrm{II}_3^*$					M18×260			240	$\phi190$

说明：1.横担及零件应热镀锌。
 2.表中的*表示横担带斜材。

明 细 表

序号	名 称	规 格	单位	数 量
1	角钢	$Lb\times\delta\times1500$	根	2
2	角钢	$Lb\times\delta\times620$	根	2
3	五孔连板	$-60\times6\times L$	副	2
4	方头螺栓	见上表	个	4
5	方螺母	见上表	个	8
6	垫圈	见上表	个	12

第一章　10kV及以下裸导线架空配电线路		第一节　10(6)kV裸导线铁横担架空线路
图号	2-1-1-44	图名
		带斜材双横担加工制造组装图

说明：横担应热镀锌。

各种型号横担的尺寸及适用范围（mm）

型 号	b	δ	D	C	l	电杆梢径
I	63	6	18	35		
II	75	8	22	42	240	φ190
III	90	8	22	49		

明 细 表

序号	名 称	规 格	单位	数量	附注
1	角钢	L b×δ×650	根	1	

第一章 10kV及以下裸导线架空配电线路	第一节 10(6)kV裸导线铁横担架空线路
图号　2-1-1-45　图名	带避雷线直线杆顶相横担制造图

说明: 1. 电杆接地要求及各种情况下的接地电阻值见说明书。当土壤电阻率和接地体材料与下表不符时,应另行计算。
2. 如电杆上还装有其他需要接地的设备,也应与接地引下线相连接,每一个连接处增加一个并沟线夹。
3. 接地引下线亦可采用抱箍的固定方式,抱箍制造图见图2-1-1-46。
4. 电杆有接地螺母时,接地引下线可直接接到接地螺母上。

单根水平接地体的接地电阻值(Ω)

土壤电阻率/(Ω·m)	接地体材料及尺寸/mm		接地体长度L/m											
			5	10	15	20	25	30	35	40	50	60	80	100
100	扁钢	40×4	23.4	13.9	10.1	8.1	6.74	5.8	5.1	4.58	3.8	3.26	2.54	2.12
	圆钢	φ12	25	14.7	10.7	8.46	7.04	6.08	5.34	4.78	3.96	3.40	2.66	2.20
250	扁钢	40×4	58.5	34.8	25.3	20.3	16.9	14.5	12.8	11.5	9.5	8.2	6.4	5.3
	圆钢	φ12	63	36.8	26.75	21.15	17.6	15.2	13.35	11.95	9.9	8.5	6.65	5.5
500	扁钢	40×4	117	69.5	50.5	40.5	33.7	29	25.5	22.9	19	16.3	12.7	10.6
	圆钢	φ12	125	73.5	53.5	42.3	35.2	30.4	26.7	23.9	19.8	17	13.3	11

明 细 表

序号	名 称	规 格	单位	数量	附 注
1	接地引下线	LJ-25	m	—	长度根据杆高定
2	镀锌铁线	φ4	m	—	
3	并沟线夹	JBL/JBT/JJB/JJP	个	3	
4	接地线	φ8圆钢	m	—	数量依杆高定
5	保护管	φ30×2200	根	1	材料自选
6	接地体	圆钢或扁钢	m	L	长度见上表

第一章 10kV及以下裸导线架空配电线路	第一节 10(6)kV裸导线铁横担架空线路
图号 2-1-1-46	图名 钢筋混凝土电杆接地装置安装工艺图

名称 钢绞线截面/mm²	可调式 UT型线夹	不可调式 UT型线夹	楔型线夹	平行挂板	双拉线联板
25~35	NUT-1		NX-1	PD-7	LV-1214
50	NUT-2		NX-2	PD-10	LV-2015
70	NUT-2		NX-2	PD-10	LV-3018
100	NUT-3	NU-3		PD-12	LV-3018

说明：1. 拉线及H值选择见有关标准。
2. A值根据拉线角度及UT型线夹大小确定。
3. 拉线棒与拉线盘连接后，其圆环开口处应用铁线缠绕。

明 细 表

序号	名 称	规 格	单位	数量 单拉线	数量 双拉线	附 注
1	拉线棒		根	1	1	
2	拉线盘		块	1	1	
3	拉线抱箍		副	1	2	
4	可调式UT型线夹	见选择表	个	1	2	
5	楔形线夹	见选择表	个	1	2	GJ-100用不可调式UT型线夹
6	双拉线联板	见选择表	块		1	
7	平行挂板	见选择表	块	1	2	
8	U形挂环	U-12	个		1	
9	钢绞线		m			数量由工程定

第一章　10kV及以下裸导线架空配电线路	第一节　10(6)kV裸导线铁横担架空线路
图号　2-1-1-47	图名　楔形线夹单、双钢绞线普通拉线组装工艺图

<table>
<tr><th colspan="5">钢绞线截面</th></tr>
<tr><th>钢绞线截面/mm²</th><th>名称</th><th>可调式
UT型线夹</th><th>预绞式
耐张线夹</th><th>鸡心环</th></tr>
<tr><td>25</td><td></td><td>GUT-10</td><td>GDE-10025</td><td>TH-2535</td></tr>
<tr><td>35</td><td></td><td>GUT-10</td><td>GDE-10035</td><td>TH-2535</td></tr>
<tr><td>50</td><td></td><td>GUT-20</td><td>GDE-10050</td><td>TH-5070</td></tr>
<tr><td>70</td><td></td><td>GUT-20</td><td>GDE-10070</td><td>TH-5070</td></tr>
<tr><td>100</td><td></td><td>GUT-30</td><td>BG-10100</td><td>TH-100</td></tr>
</table>

<table>
<tr><th>钢绞线截面/mm²</th><th>名称</th><th>U形挂环</th><th>双拉线联板</th></tr>
<tr><td>2×25</td><td></td><td>U-12</td><td>LV-1214</td></tr>
<tr><td>2×35</td><td></td><td>U-12</td><td>LV-2015</td></tr>
<tr><td>2×50</td><td></td><td>U-16</td><td>LV-3018</td></tr>
<tr><td>2×70</td><td></td><td>U-25</td><td>LV-3018</td></tr>
</table>

零件4放大图

拉线抱箍螺栓

上把

零件5放大图

说明：1. 拉线、拉线盘及H值选择见有关标准。
2. A值根据拉线角度及UT型线夹大小确定。
3. 拉线棒与拉线盘连接后，其圆环开口处应用铁线缠绕。

明 细 表

<table>
<tr><th>序号</th><th>名 称</th><th>规 格</th><th>单位</th><th colspan="2">数量</th><th>附 注</th></tr>
<tr><th></th><th></th><th></th><th></th><th>单拉线</th><th>双拉线</th><th></th></tr>
<tr><td>1</td><td>拉线棒</td><td></td><td>根</td><td>1</td><td>1</td><td>见图2-1-1-91</td></tr>
<tr><td>2</td><td>拉线盘</td><td></td><td>块</td><td>1</td><td>1</td><td>见图2-1-1-98～2-1-1-100</td></tr>
<tr><td>3</td><td>拉线抱箍</td><td></td><td>副</td><td>1</td><td>2</td><td>见图2-1-1-63</td></tr>
<tr><td>4</td><td>可调式UT型线夹</td><td>见选择表</td><td>个</td><td>1</td><td>2</td><td></td></tr>
<tr><td>5</td><td>预绞式耐张线夹</td><td>见选择表</td><td>个</td><td>1</td><td>2</td><td></td></tr>
<tr><td>6</td><td>双拉线联板</td><td>见选择表</td><td>块</td><td></td><td>1</td><td></td></tr>
<tr><td>7</td><td>鸡心环</td><td></td><td>块</td><td>1</td><td>2</td><td></td></tr>
<tr><td>8</td><td>U形挂环</td><td>见选择表</td><td>个</td><td></td><td>1</td><td></td></tr>
<tr><td>9</td><td>钢绞线</td><td></td><td>m</td><td colspan="2"></td><td>数量由工程定</td></tr>
</table>

<table>
<tr><td>第一章　10kV及以下裸导线架空配电线路</td><td>第一节　10(6)kV裸导线铁横担架空线路</td></tr>
<tr><td>图号　2-1-1-48</td><td>图名　预绞式耐张线夹单、双钢绞线普通拉线组装工艺图</td></tr>
</table>

名称 钢绞 线截面/mm²	可调式 UT型线夹	不可调式 UT型线夹	楔形线夹	平行挂板
25~35	NUT-1		NX-1	PD-7
50~70	NUT-2		NX-2	PD-10
100	NUT-3	NU-3		PD-12

III

I

II

说明：1.拉线及H值选择见有关标准。
　　　2.拉线棒与拉线盘连接后，其圆环开口处
　　　　应用铁线缠绕。

明 细 表

序号	名 称	规 格	单位	数量	附 注
1	拉线棒		根	1	
2	拉线盘		块	1	
3	拉线抱箍		副	2	
4	可调式UT型线夹	见选择表	个	2	
5	楔型线夹	见选择表	个	2	GJ-100用不可调式UT型线夹
6	平行挂板	见选择表	块	2	
7	钢绞线		m		数量由工程定

第一章　10kV及以下裸导线架空配电线路	第一节　10(6)kV裸导线铁横担架空线路
图号　2-1-1-49	图名　楔形线夹水平拉线组装工艺图

选 择 表

钢绞线截面/mm² \ 名称	可调式 UT型线夹	预绞式 耐张线夹	鸡心环
25	GUT-10	GDE-10025	TH-2535
35	GUT-10	GDE-10035	TH-2535
50	GUT-20	GDE-10050	TH-5070
70	GUT-20	GDE-10070	TH-5070
100	GUT-30	BG-10100	TH-100

说明：1. 拉线、拉线盘及 H 值选择见有关标准。
2. 拉线棒与拉线盘连接后，其圆环开口处
应用铁线缠绕。

明 细 表

序号	名 称	规 格	单位	数量	附 注
1	拉线棒		根	1	
2	拉线盘		块	1	
3	拉线抱箍		副	2	
4	可调式UT型线夹	见选择表	个	2	
5	预绞式耐张线夹	见选择表	个	2	
6	鸡心环	见选择表	块	2	
7	钢绞线		m		数量由工程定

第一章　10kV及以下裸导线架空配电线路		第一节　10(6)kV裸导线铁横担架空线路
图号	2-1-1-50	图名　预绞式耐张线夹水平拉线组装工艺图

選 择 表

名称 钢绞 线截面/mm²	可调式 UT型线夹	不可调式 UT型线夹	楔形线夹	平行挂板	双拉线联板
25～35	NUT-1		NX-1	PD-7	LV-1214
50	NUT-2		NX-2	PD-10	LV-2015
70	NUT-2		NX-2	PD-10	LV-3018
100	NUT-3	NU-3		PD-12	LV-3018

说明：1. 拉线及H值选择见有关标准。
2. A值根据拉线角度及楔形线夹大小确定。
3. 拉线棒与拉线盘连接后，其圆环开口处应用铁线缠绕。

明 细 表

序号	名　称	规　格	单位	数量	附　注
1	拉线棒		根	1	
2	拉线盘		块	1	
3	拉线抱箍		副	4	
4	可调式UT型线夹	见选择表	个	4	
5	楔形线夹	见选择表	个	4	GJ-100用不可调式UT型线夹
6	双拉线联板	见选择表	个	1	
7	平行挂板	见选择表	块	4	
8	U形挂环	U-12	个	1	
9	钢绞线		m		数量由工程定

第一章　10kV及以下裸导线架空配电线路		第一节　10(6)kV裸导线铁横担架空线路
图号	2-1-1-51	图名
		楔形线夹双钢绞线水平拉线组装工艺图

选择表

名称 钢绞线截面/mm²	可调式 UT型线夹	预绞式 耐张线夹	鸡心环
25	GUT-10	GDE-10025	TH-2535
35	GUT-10	GDE-10035	TH-2535
50	GUT-20	GDE-10050	TH-5070
70	GUT-20	GDE-10070	TH-5070
100	GUT_1-30	BG-10100	TH-100

名称 钢绞线截面/mm²	U形挂环	双拉线联板
2×25	U-12	LV-1214
2×35	U-12	LV-2015
2×50	U-16	LV-3018
2×70	U-25	LV-3018

I

II

IV

说明：1.拉线、拉线盘及H值选择见有关标准。
　　　2.A值根据拉线角度及UT型线夹大小确定。
　　　3.拉线棒与拉线盘连接后，其圆环开口处
　　　　应用铁线缠绕。

明 细 表

序号	名 称	规 格	单位	数量	附 注
1	拉线棒		根	1	
2	拉线盘		块	1	
3	拉线抱箍		副	4	
4	可调式UT型线夹	见选择表	个	4	
5	预绞式耐张线夹	见选择表	个	4	
6	双拉线联板	见选择表	个	1	
7	鸡心环	见选择表	块	4	
8	U形挂环	见选择表	个	1	
9	钢绞线		m		数量由工程定

第一章　10kV及以下裸导线架空配电线路	第一节　10(6)kV裸导线铁横担架空线路
图号　　2-1-1-52　　图名	预绞式耐张线夹双钢绞线水平拉线组装工艺图

192

名称 钢绞 线截面/mm²	可调式 UT型 线夹	不可调式 UT型线夹	楔形线夹	平行挂板	双拉线联板
25~35	NUT-1		NX-1	PD-7	LV-1214
50	NUT-2		NX-2	PD-10	LV-2015
70	NUT-2		NX-2	PD-10	LV-3018
100	NUT-3	NU-3		PD-12	LV-3018

说明：1．两拉线截面不同时，双拉线联板按大截面拉线选择。
　　　2．拉线棒、拉线盘、U形拉环，按两拉线截面之和进行选择。
　　　3．拉线棒与拉线盘连接后，其圆环开口处应用铁线缠绕。

明　细　表

序号	名　称	规　格	单位	数量	附　注
1	拉线棒		根	1	
2	拉线盘		块	1	
3	拉线抱箍		副	2	
4	可调式UT型线夹	见选择表	个	2	
5	楔型线夹	见选择表	个	2	GJ-100用不可调式UT型线夹
6	双拉线联板	见选择表	块	1	
7	平行挂板	见选择表	块	2	
8	U形挂环	U-12	个	1	
9	钢绞线		m		数量由工程定

第一章　10kV及以下裸导线架空配电线路　　第一节　10(6)kV裸导线铁横担架空线路

图号	2-1-1-53	图名	楔形线夹V形拉线组装工艺图

選 择 表

名称 钢绞线截面/mm²	可调式 UT型线夹	预绞式 耐张线夹	鸡心环
25	GUT-10	GDE-10025	TH-2535
35	GUT-10	GDE-10035	TH-2535
50	GUT-20	GDE-10050	TH-5070
70	GUT-20	GDE-10070	TH-5070
100	GUT-30	BG-10100	TH-100

名称 钢绞线截面/mm²	U形挂环	双拉线联板
2×25	U-12	LV-1214
2×35	U-12	LV-2015
2×50	U-16	LV-3018
2×70	U-25	LV-3018

说明：1. 两拉线截面不同时，双拉线联板按大截面拉线选择。
　　　2. 拉线棒、拉线盘、U形拉环，按两拉线截面之和进行选择。
　　　3. 拉线棒与拉线盘连接后，其圆环开口处应用铁线缠绕。

明 细 表

序号	名　称	规　格	单位	数量	附　注
1	拉线棒		根	1	
2	拉线盘		块	1	
3	拉线抱箍		副	2	
4	可调式UT型线夹	见选择表	个	2	
5	预绞式耐张线夹	见选择表	个	2	
6	双拉线联板	见选择表	块	1	
7	鸡心环	见选择表	块	2	
8	U形挂环	U-12	个	1	
9	钢绞线		m		数量由工程定

第一章　10kV及以下裸导线架空配电线路	第一节　10(6)kV裸导线铁横担架空线路
图号　2-1-1-54	图名　预绞式耐张线夹V形拉线组装工艺图

撑铁组装图

选型表

钢绞线	GJ-25	GJ-35	GJ-50	GJ-70
钢线卡子	JK-1		JK-2	

说明：1. 拉线及H值选择见图2-1-1-113～2-1-1-117。
      2. 拉线棒与拉线盘连接后，其圆环开口处应用铁线缠绕。
      3. 本图适用拉线规格为GJ-70及以下。

明　细　表

序号	名　称	规　格	单位	数量	附　注
1	拉线棒		根	1	
2	拉线盘		块	1	
3	拉线抱箍		副	1	
4	可调式UT型线夹		个	1	
5	楔形线夹		个	1	
6	钢线卡子	见选型表	个	6	
7	鸡心环		个	2	
8	撑铁		副	1	
9	平行挂板	图2-1-1-53	块	1	
10	钢绞线		m		数量由工程定
11	M形抱铁		个	2	

第一章　10kV及以下裸导线架空配电线路 | 第一节　10(6)kV裸导线铁横担架空线路

| 图号 | 2-1-1-55 | 图名 | **弓形拉线及撑铁组装工艺图** |

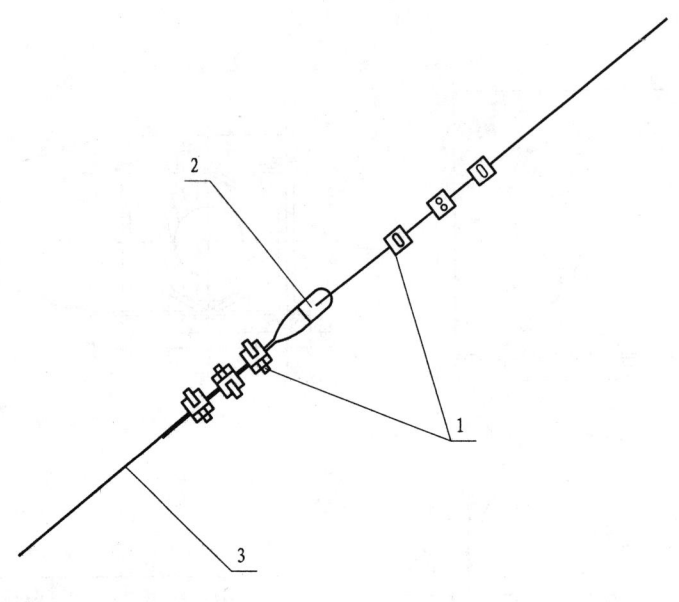

选　型　表

钢绞线	GJ-25	GJ-35	GJ-50	GJ-70
钢线夹子	JK-1		JK-2	
拉紧绝缘子	J-4.5		J-9	

明　细　表

序号	名　称	规　格	单位	数量	附　注
1	钢线卡子	见选型表	个	6	
2	拉紧绝缘子	见选型表	个	1	
3	钢绞线		m		数量由工程定

第一章　10kV及以下裸导线架空配电线路	第一节　10(6)kV裸导线铁横担架空线路
图号　2-1-1-56	图名　钢线卡子固定方法拉紧绝缘子组装工艺图

选 型 表

名称 钢绞线截面/mm²	预绞式耐张线夹	拉紧绝缘子
25	CDE-10025	J-4.5
35	CDE-10035	
50	CDE-10050	J-9
70	CDE-10070	
100	BG-10100	153002

明 细 表

序号	名 称	规 格	单位	数量	附 注
1	预绞式耐张线夹	见选型表	个	2	
2	拉紧绝缘子	见选型表	个	1	
3	钢绞线		m		数量由工程定

第一章 10kV及以下裸导线架空配电线路	第一节 10(6)kV裸导线铁横担架空线路
图号 2-1-1-57	图名 预绞式耐张线夹固定方法拉紧绝缘子组装工艺图

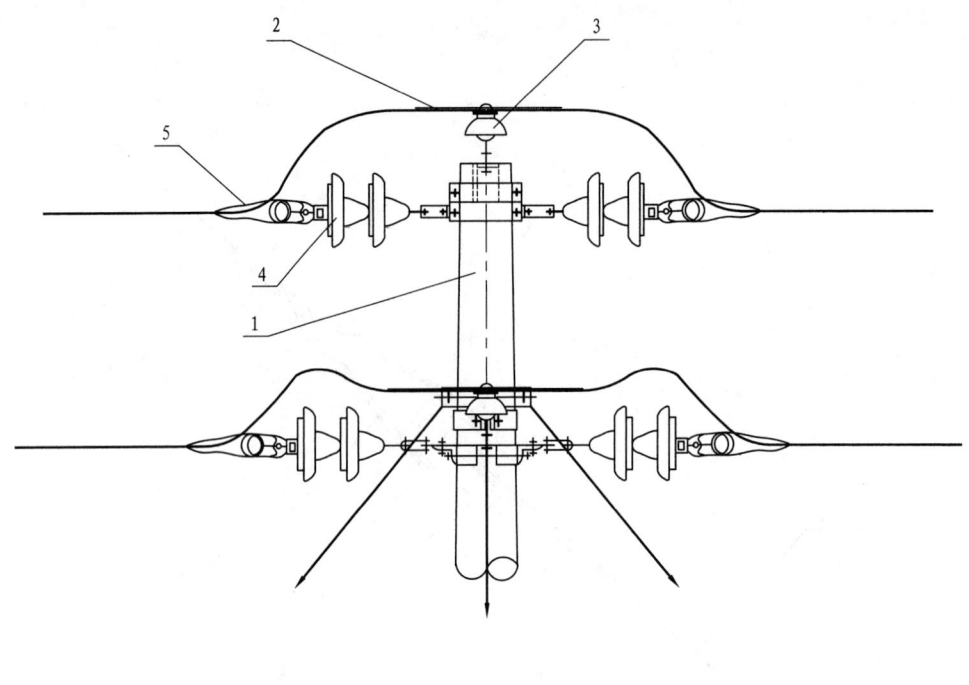

跳线接续条

跳线接续条选择表

导线截面/mm²		跳线接续条
LGJ	LJ	
25		JLS-0116
35		JLS-0120
	50	JLS-0123
50		JLS-0124
	70	JLS-0127
70		JLS-0133
90	120	JLS-0134
120		JLS-0140

明　细　表

序号	名　称	规　格	单位	数量	附　注
1	电杆		根	1	长度由工程设计定
2	跳线接续条	见上表	个	3	
3	针式绝缘子	P-15(10)T	副	3	
4	耐张绝缘子串		副	6	
5	预绞式耐张线夹	GDE	副	6	

第一章　10kV及以下裸导线架空配电线路	第一节　10(6)kV裸导线铁横担架空线路
图号　2-1-1-58	图名　耐张杆跳线接续组装工艺图

A-A

说明：撑杆埋深以1m左右为宜，其底部
应垫以底盘或块石。

明 细 表

序号	名 称	规 格				单位	数量
电杆梢径及距杆顶距离	φ150	1.5m以内	1.5～3.0m	—	—	单位	数量
	φ170	—	1.5m以内	1.5～3.0m	—		
	φ190	—	—	1.5m以内	1.5～3.0m		
1	撑杆支架	I	II	III	IV	副	1
2	M形抱铁	I	II	III	IV	个	4
3	U形抱箍	I				副	1
4	撑杆顶铁	$L63 \times 6 \times (100+l)$				副	1
5	方头螺栓	M16×210	M16×230	M16×250	M16×270	个	4
6	方螺母	M16				个	4
7	垫圈	16				个	8

第一章 10kV及以下裸导线架空配电线路		第一节 10(6)kV裸导线铁横担架空线路
图号	2-1-1-59	图名	钢筋混凝土电杆撑杆组装工艺图

说明：零件应热镀锌。

各型M形抱铁尺寸及适用范围（mm）

型号	l	L	电杆梢径及距杆顶距离		
			$\phi150$	$\phi170$	$\phi190$
I	133	180	1.5m以内	—	—
II	139	200	1.5～3.0m	1.5m以内	—
III	145	220	—	1.5～3.0m	1.5m以内
IV	151	240	—	—	1.5～3.0m

明 细 表

序号	名 称	规 格	单位	数量	附注
1	扁钢	$-60\times5\times(L+70)$	块	1	
2	扁钢	$-60\times5\times95$	块	2	

第一章 10kV及以下裸导线架空配电线路		第一节 10(6)kV裸导线铁横担架空线路
图号	2-1-1-60	图名 用扁钢制作M形抱铁尺寸及适用范围

说明: 1. 零件应热镀锌。
　　　2. 半圆弧间锻打锤扁。

各型抱箍尺寸及适用范围（mm）

型号	适用横担规格	ϕd	a	b	螺母	垫圈	R	下料长 L	电杆梢径及距杆顶距离		
									$\phi150$	$\phi170$	$\phi190$
I₁							80	550	1.5m以内	—	—
I₂							90	605	1.5~3.0m	1.5m以内	—
I₃	L50 L63	$\phi16$	33.5	6	M6	16	100	660	3.0~4.5m	1.5~3.0m	1.5m以内
I₄							110	710	—	3.0~4.5m	1.5~3.0m
I₅							120	760	—	—	3.0~4.5m
II₁							80	550	1.5m以内	—	—
II₂							90	605	1.5~3.0m	1.5m以内	—
II₃	L75	$\phi18$	36.3	7	M18	18	100	660	3.0~4.5m	1.5~3.0m	1.5m以内
II₄							110	710	—	3.0~4.5m	1.5~3.0m
II₅							120	760	—	—	3.0~4.5m
III₁							80	550	1.5m以内	—	—
III₂							90	605	1.5~3.0m	1.5m以内	—
III₃	L90	$\phi20$	39.3	8	M20	20	100	660	3.0~4.5m	1.5~3.0m	1.5m以内
III₄							110	710	—	3.0~4.5m	1.5~3.0m
III₅							120	760	—	—	3.0~4.5m

明 细 表

序号	名 称	规 格	单位	数量	附 注
1	圆钢	$\phi d \times L$	根	1	
2	方螺母	见上表	个	2	
3	垫圈	见上表	个	2	

第一章　10kV及以下裸导线架空配电线路		第一节　10(6)kV裸导线铁横担架空线路
图号	2-1-1-61	图名　用圆钢制作抱箍尺寸及适用范围

（一）型

（二）型

（三）型

各型抱箍尺寸（mm）

型号	D	下料长L	电杆梢径
I	152	340	$\phi150$
II	172	370	$\phi170$
III	192	400	$\phi190$
IV	212	430	$\phi190$

说明：各零件均应热镀锌。

明　细　表

序号	名　　称	规　　格	单位	数量		
				（一）型	（二）型	（三）型
1	角钢	$L63\times6\times180$	块	1	2	2
2	扁钢	$-60\times6\times L$	块	2	2	2
3	扁钢	$-56\times6\times56$	块	1	2	2
4	方头螺栓	$M16\times70$	个	2	2	2
5	方螺母	M16	个	2	2	2
6	垫圈	16	个	4	4	4

(一) 型

序号2

序号3

说明：1. 各零件均应热镀锌。
　　　2. 括号内尺寸用于抱箍（一）型。
　　　3. 抱箍（一）型序号2在拉线为GJ-50及以下时取消。

(二) 型

各型抱箍尺寸及适用范围（mm）

型号	适用拉线及导线	δ	b	c	φd	R	下料长L	螺栓	螺母垫圈	电杆梢径及距杆顶距离		
										φ150	φ170	φ190
I₁	GJ-25～50	5	50	30	φ18	80	350	M16×90	M16、16	1.5m以内	—	—
I₂						90	385			1.5～3.0m	1.5m以内	—
I₃						100	415			—	1.5～3.0m	1.5m以内
I₄						110	445			—	—	1.5～3.0m
II₁	GJ-70、LJ-25～240 LGJ-16～240	6	60	30	φ20	80	350	M18×90	M18、18	1.5m以内	—	—
II₂						90	385			1.5～3.0m	1.5m以内	—
II₃						100	415			—	1.5～3.0m	1.5m以内
II₄						110	445			—	—	1.5～3.0m
III₁	GJ-100	7	70	40	φ26	80	350	M24×110	M24、24	1.5m以内	—	—
III₂						90	425			1.5～3.0m	1.5m以内	—
III₃						100	455			—	1.5～3.0m	1.5m以内
III₄						110	490			—	—	1.5～3.0m

明 细 表

序号	名 称	规 格	单位	数量		附 注
				(一) 型	(二) 型	
1	扁钢	$-b×δ×L$	块	2	2	
2	扁钢		块	4	12	
3	扁钢	$-b×10×70$	块		4	
4	方头螺栓	见上表	个	2	2	
5	方螺母	见上表	个	2	2	
6	垫圈	见上表	个	4	4	

第一章　10kV及以下裸导线架空配电线路		第一节　10(6)kV裸导线铁横担架空线路
图号	2-1-1-63	图名　拉线及中导线抱箍（一）型、（二）型加工制造图

（一）型　　　　　　　　　　　　　　（二）型

说明：各零件应热镀锌。

各型抱箍尺寸及适用范围（mm）

型号	下料长 L_1	下料长 L_2	R	电杆梢径及距杆顶距离		
				$\phi150$	$\phi170$	$\phi190$
I₁	408	345	80	1.5m以内	—	—
I₂	443	380	90	1.5～3.0m	1.5m以内	—
I₃	473	410	100	3.0～4.5m	1.5～3.0m	1.5m以内
I₄	503	440	110	—	3.0～4.5m	1.5～3.0m
I₅	538	475	120	—	—	3.0～4.5m
II₁	568	505	130	4.5～6.0m	—	—
II₂	598	535	140	6.0～7.5m	4.5～6.0m	—
II₃	628	565	150	7.5～9.0m	6.0～7.5m	4.5～6.0m
II₄	663	600	160	—	7.5～9.0m	6.0～7.5m
II₅	693	630	170	—	—	7.5～9.0m

明　细　表

序号	名　称	规　格	单位	数量	附　注
1	扁钢	$-30\times3\times L_1$	块	1	
2	方头螺栓	M10×70	个	2	
3	方螺母	M10	个	2	
4	垫圈	10	个	4	
5	扁钢	$-30\times3\times L_2$	块	2（1）	括号内为图（一）数量

第一章　10kV及以下裸导线架空配电线路　　　　　第一节　10(6)kV裸导线铁横担架空线路

| 图号 | 2-1-1-64 | 图名 | 接地引下线抱箍（一）型、（二）型加工制造图 |

说明：各零件均应热镀锌。

明 细 表

序号	名　称	规　格	单位	数量	附　注
1	角钢	L50×5×300	根	1	
2	方头螺栓	M16×50	个	1	
3	方螺母	M16	个	1	
4	垫圈	16	个	2	

第一章　10kV及以下裸导线架空配电线路		第一节　10(6)kV裸导线铁横担架空线路
图号	2-1-1-65	图名	避雷器固定支架加工制造图(材质为角钢)

序号2

说明：各零件均应热镀锌。

明　细　表

序号	名　　称	规　　格	单位	数量	附　注
1	圆钢	$\phi10\times102$	根	1	
2	扁钢	$-40\times4\times40$	块	1	
3	方螺母	M10	个	2	

图号	2-1-1-66	图名	避雷线固定支架加工制造图（材质为圆钢、扁钢）

序号1

各种型号横担的尺寸及适用范围（mm）

型号	b	δ	D	C	螺栓规格	螺母	垫圈	l	电杆梢径
I_2	63	6	18	35	M16×240	M16	16	220	$\phi170$
I_3					M16×260			240	$\phi190$
II_2	75	8	22	42	M18×240	M18	18	220	$\phi170$
II_3					M18×260			240	$\phi190$
III_2	90	8	22	49	M20×240	M20	20	220	$\phi170$
III_3					M20×260			240	$\phi190$

说明: 1.横担及各零件均应热镀锌。
     2.瓷横担架空线路可取消五孔连板。

明 细 表

序号	名 称	规 格	单位	数量
1	角钢	$Lb×\delta×2000$	根	2
2	角钢	$L50×5×510$	根	3
3	五孔连板	$-60×6×L$	根	2
4	方头螺栓	见上表	个	4
5	方螺母	见上表	个	4
6	垫圈	见上表	个	8
7	方头螺栓	M16×130	个	6
8	方螺母	M16	个	6
9	垫圈	16	个	12

第一章　10kV及以下裸导线架空配电线路		第一节　10(6)kV裸导线铁横担架空线路
图号	2-1-1-67	图名　单极隔离开关横担加工制造图

说明：横担应热镀锌。

明　细　表

序号	名　　称	规　　格	单位	数量	附　注
1	角钢	$L50 \times 5 \times 1800$	根	1	

第一章　10kV及以下裸导线架空配电线路		第一节　10(6)kV裸导线铁横担架空线路
图号	2-1-1-68	图名　跌开式熔断器固定横担加工制造图（一）

序号2

序号1

组装图

各种型号横担的尺寸及适用范围（mm）

型号	b	δ	D	C	螺栓规格	螺母	垫圈	l	电杆梢径
2 I$_2$	63	6	18	35	M16×240	M16	16	220	$\phi170$
2 I$_3$					M16×260			240	$\phi190$
2 II$_2$	75	8	22	42	M18×240	M18	18	220	$\phi170$
2 II$_3$					M18×260			240	$\phi190$
2 III$_2$	90	8	22	49	M20×240	M20	20	220	$\phi170$
2 III$_3$					M20×260			240	$\phi190$

说明：横担及各零件均应热镀锌。

明 细 表

序号	名 称	规 格	单位	数量
1	角钢	$Lb×\delta×1800$	根	1
2	角钢	$Lb×\delta×1800$	根	1
3	方头螺栓	见上表	个	4
4	方螺母	见上表	个	4
5	垫圈	见上表	个	8

第一章　10kV及以下裸导线架空配电线路	第一节　10(6)kV裸导线铁横担架空线路
图号　　2-1-1-69	图名　　跌开式熔断器固定横担加工制造图（二）

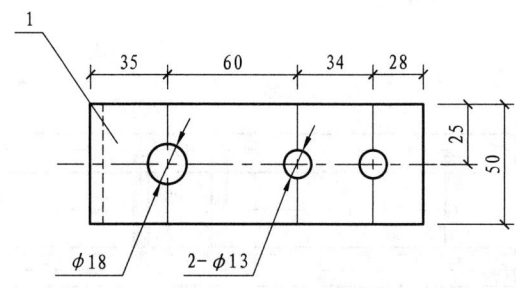

说明：零件应热镀锌。

明 细 表

序号	名　称	规　格	单位	数量
1	扁钢	$-50 \times 5 \times 172$	根	1
2	方头螺栓	$M16 \times 50$	个	1
3	方螺母	M16	个	1
4	垫圈	16	个	2

组装图

斜撑（一）

斜撑（二）

横担（一）

横担（二）

说明：A值根据开关设备确定。

斜撑尺寸表（mm）

梢径	$\phi170$	$\phi190$
l	230	250
下料长L	1142	1162

明 细 表

序号	名 称	规 格		单位	数量
		$\phi170$	$\phi190$		
1	横担（一）	L63×6×900		根	1
2	横担（二）	L63×6×900		根	1
3	扁钢	-80×6×80		块	4
4	斜撑（一）	L50×5×L		根	1
5	斜撑（二）	L50×5×L		根	1
6	方头螺栓	M16×270	M16×290	个	5
7	方螺母	M16		个	5
8	垫圈			个	10

隔离开关托架

托架左撑角

托架右撑角

托架尺寸（mm）

型号	l值	适应梢径
II	246	$\phi170$
III	266	$\phi190$

说明：各零件均应热镀锌。

明 细 表

序号	名 称	规 格	单位	数量
1	角钢	$L75\times6\times2200$	根	2
2	角钢	$L63\times6\times600$	根	2
3	角钢	$L63\times6\times348$	根	2
4	角钢	$L50\times5\times1096$	根	2
5	角钢	$L50\times5\times1096$	根	2
6	托架拉板	$-60\times6\times220$	块	4
7	方头螺栓	$M16\times50$	个	24
8	方头螺栓	$M12\times50$	个	2
9	方螺母	M16	个	24
10	方螺母	M12	个	2
11	垫圈	16	个	48
12	垫圈	12	个	4

第一章 10kV及以下裸导线架空配电线路	第一节 10(6)kV裸导线铁横担架空线路
图号 2-1-1-72	图名 三极隔离开关托架加工制造图

隔离开关操动机构固定抱箍I

操作杆卡箍

隔离开关操作杆固定抱箍II

抱箍型号及适用范围（mm）

型　　号		下料长	R	电杆梢径及距杆顶距离	
I	II	L		$\phi170$	$\phi190$
—	II₂	370	100	1.5～3.0m	—
I₁	II₃	400	110	3.0～4.5m	1.5～3.0m
I₂	II₄	435	120	4.5～6.0m	3.0～4.5m
I₃	II₅	465	130	6.0～7.5m	4.5～6.0m
I₄	II₆	495	140	—	6.0～7.5m
I₅	II₇	530	150	—	7.5～9.0m
I₆	—	590	170	—	10.5～12.0m

说明：各零件均应热镀锌。

明　细　表

序号	名　称	规　格	单位	数量
1	扁钢	$-40\times6\times L$	块	2
2	扁钢	$-40\times6\times400$	块	1
3	扁钢	$-40\times4\times L$	块	1
4	扁钢	$-40\times4\times(L\times150)$	块	1
5	扁钢	$-25\times4\times275$	块	1
6	方头螺栓	M10×70	个	4
7	方头螺栓	M10×50	个	2
8	方螺母	M10	个	6
9	垫圈	10	个	12

第一章　10kV及以下裸导线架空配电线路		第一节　10(6)kV裸导线铁横担架空线路
图号	2-1-1-73	图名　三极隔离开关操作机构固定抱箍、卡箍加工制造图

托架拉板

托架撑角抱箍

撑角抱箍尺寸（mm）

型号	D值	下料长L	电杆梢径
Ⅱ	180	410	φ170
Ⅲ	200	445	φ190

说明：各零件均应热镀锌。

明 细 表

序号	名 称	规 格	单位	数量
1	扁钢	−60×6×220	根	1
2	扁钢	−50×6×L	根	2
3	方头螺栓	M12×70	个	2
4	方螺母	M12	个	2
5	垫圈	12	个	4

第一章　10kV及以下裸导线架空配电线路		第一节　10(6)kV裸导线铁横担架空线路
图号	2-1-1-74	图名 |托架拉板及撑角抱箍加工制造图

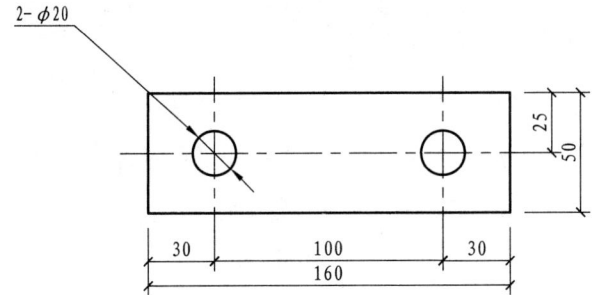

说明：零件应热镀锌。

明　细　表

序号	名　称	规　格	单位	数量
1	扁钢	-50×5×160	块	1
2	方头螺栓	M16×50	个	1
3	方螺母	M16	个	1
4	垫圈	16	个	2

图号	2-1-1-75	图名	50×5扁钢拉板加工制造图

展　开　图

说明：零件应热镀锌。

明　细　表

序号	名　称	规　格	单位	数量	附　注
1	扁钢	-40×4，L=270	块	1	

第一章　10kV及以下裸导线架空配电线路			第一节　10(6)kV裸导线铁横担架空线路	
图号	2-1-1-76	图名	40×4扁钢拉板加工制造图	

各型铁连板尺寸（mm）

型号	I	II	III
A	257	297	347
L	357	397	447

说明：横担应热镀锌。

明　细　表

序号	名　称	规　格	单位	数量	附　注
1	扁钢	−40×4×L	根	1	

第一章　10kV及以下裸导线架空配电线路		**第一节　10(6)kV裸导线铁横担架空线路**
图号	2-1-1-77	图名　40×4扁钢连板加工制造图

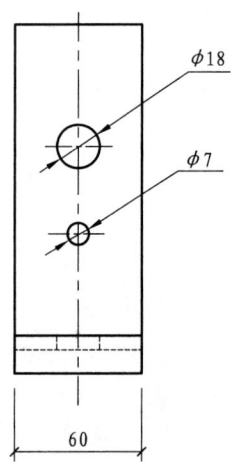

说明：零件应热镀锌。

明 细 表

序号	名 称	规 格	单位	数量	附 注
1	扁钢	-60×6×205	块	1	
2	方头螺栓	M20×50	个	1	
3	方螺母	M20	个	1	
4	垫圈	20	个	2	

第一章　10kV及以下裸导线架空配电线路	第一节　10(6)kV裸导线铁横担架空线路
图号　2-1-1-78	图名　60×6扁钢弯板加工制造图

匚形板开孔规格（mm）

横担规格	D
L63×63×6	18
L75×75×8	22
L90×90×8	22

明 细 表

序号	名 称	规 格	单位	数量
1	匚形板	-120×6×560	块	1
2	方头螺栓	M16×50	个	1
3	方螺母	M16	个	1
4	垫圈	16	个	2

第一章 10kV及以下裸导线架空配电线路	第一节 10(6)kV裸导线铁横担架空线路
图号 2-1-1-79	图名 120×6扁钢匚形板加工制造图

WDZ户外整体式
WD户外鼎足式 电缆终端盒安装

WDC户外全瓷式
WDH户外环氧树脂式 电缆终端盒安装

说明：序号7栏内，斜杠上的数字为电缆终端盒距杆顶的安装距离。例如：梢径 ϕ190电杆，当终端盒安装在2.25m以上时用I$_3$，安装在2.25～3.75m时用I$_4$，安装在3.75～4.5m时用I$_5$。

明 细 表 （一）

序号	名称	编号	规 格						单位	数量	附注
			1	2	3	4	5	6			
1	电缆终端盒	低压	WDC WDH	WDC	WDZ	WD			个	1	
		高压	WDH	WDC	WD-232	WD-233	WD-234	WDZ	个	1	
2	低压电缆截面/mm²		16～240						根	1	
3	高压电缆/mm²	6kW	16～240	16～70	95～185	240	16～240		根	1	长度由工程设计定
		10kW		16～50	70～150	185～240					
4	电缆终端盒固定支架		I	II					副	1	
5	加固抱箍								副	1	

明 细 表 （二）

序号	名称	编号	规 格										单位	数量
			1	2	3	4	5	6	7	8	9	10		
	电缆终端盒距杆顶安装距离		1.5～3.0m	1.5～3.0m	1.5～3.0m	1.5～3.0m	1.5～3.0m	1.5～3.0m	1.5～3.0m	3.0～4.5m	1.5～3.0m	3.0～4.5m		
5	电杆	梢径	ϕ150		ϕ170		ϕ190						根	1
		长度	9	10	9	10	10	11	12		15			
6	U形抱箍		I₃		I₃		I₄	I₄	I₅	I₄	I₅		副	1
7	电缆固定抱箍I		I₁ 2.25m/I₂		I₂ 2.25m/I₃		I₃	I₄ 2.25m		3.75m/I₅			副	1
8	电缆固定抱箍II		规格与数量由工程设计确定										副	
9	电缆固定抱箍III		III₂/III₃	III₃/III₄	III₄/III₄	III₄/III₅	III₅/III₆	III₆/III₆	III₆/III₇	III₈/III₈			副	各1
10	电缆保护钢管		ϕ80×2250mm										根	1
11	接地装置												处	1

第一章　10kV及以下裸导线架空配电线路　　第一节　10(6)kV裸导线铁横担架空线路

图号	2-1-1-80	图名	**单电缆终端盒杆上安装工艺图**

WDC户外全瓷式
WDH户外环氧树脂式电缆终端盒安装

WDZ户外整体式
WD户外鼎足式电缆终端盒安装

说明：图2-1-1-81中电缆终端盒安装范围为距杆顶1.5~3.0m。

明 细 表 （一）

序号	名称编号		规 格						单位	数量	附注
			1	2	3	4	5	6			
1	电缆终端盒	低压	WDC WDH	WDC	WDZ	WD			个	2	
		高压	WDH	WDC	WD-232	WD-233	WD-234	WDZ	个	2	
2	低压电缆截面/mm²		16~240						根	2	
3	高压电缆/mm²	6kW	16~240		16~70	95~185	240	16~240	根	2	长度由工程设计定
		10kW			16~50	70~150	185~240				
4	电缆终端盒固定支架		I		II				副	2	
5	加固抱箍								副	2	

明 细 表 （二）

序号	名称编号		规 格								单位	数量
			1	2	3	4	5	6	7	8		
5	电杆	梢径	φ150		φ170		φ190				根	1
		长度	9	10	9	10	10	11	12	15		
6	方头螺栓		M16×250		M16×270		M16×290				个	2
7	方螺母		M16								个	2
8	垫圈		16								个	4
9	电缆固定抱箍I		I₁		I₂		I₃				副	2
10	电缆固定抱箍II		规格与数量由工程设计确定								副	
11	电缆固定抱箍III		III₂ III₃	III₃ III₄	III₃ III₄	III₄ III₅	III₅ III₆	III₅ III₆	III₆ III₇	III₈ III₉	副	各1
12	电缆保护钢管		φ80×2250mm								根	2
13	接地装置										处	1

各型抱箍尺寸及适用范围

型号	I_1	I_2	I_3	I_4	I_5	II_1	II_2	II_3	II_4	II_5	II_6	II_7	II_8	III_1	III_2	III_3	III_4	III_5	III_6	III_7	III_8	III_9
l/mm	210					60								45								
R_1 S	根据所保护的外径确定																					
R/mm	90	100	110	120	130	90	100	110	120	130	140	150	160	100	110	120	130	140	150	160	170	180
电杆梢径抱箍距杆顶距离 $\phi150$	1.5~3.0 m	3.0~4.5 m	4.5~6.0 m			1.5~3.0 m	3.0~4.5 m	4.5~6.0 m						3.0~4.5 m	4.5~6.0 m	6.0~7.5 m	7.5~9.0 m					
$\phi170$		1.5~3.0 m	3.0~4.5 m	4.5~6.0 m			1.5~3.0 m	3.0~4.5 m	4.5~6.0 m						3.0~4.5 m	4.5~6.0 m	6.0~7.5 m	7.5~9.0 m				
$\phi190$			1.5~3.0 m	3.0~4.5 m	4.5~6.0 m			1.5~3.0 m	3.0~4.5 m	4.5~6.0 m	6.0~7.5 m	7.5~9.0 m	9.0~10.5 m			4.5~6.0 m	6.0~7.5 m	7.5~9.0 m	9.0~10.5 m	10.5~12.0 m	12.0~13.5 m	

说明：1. 明细表中 L_1、L_2、L_3 为下料长度。
2. I型抱箍的扁钢规格为-40×6。
3. 各零件均应热镀锌。

明　细　表

序号	名　称	规　格	单位	数量	附注
1	扁钢	$-40 \times 4 \times L_1$	块	1	L_1根据工程定
2	扁钢	$-40 \times 4 \times L_2$	块	1	L_2根据工程定
3	扁钢	$-40 \times 4 \times L_3$	块	1	L_3根据工程定
4	方头螺栓	M10×60	个	4	
5	方螺母	M10	个	4	
6	垫圈	10	个	8	

第一章　10kV及以下裸导线架空配电线路		第一节　10(6)kV裸导线铁横担架空线路
图号	2-1-1-82	图名
		单电缆杆上固定抱箍加工制造图

各型抱箍尺寸及适用范围

型 号		I_1	I_2	I_3	I_4	I_5	II_1	II_2	II_3	II_4	II_5	II_6	II_7	II_8	III_1	III_2	III_3	III_4	III_5	III_6	III_7	III_8	III_9
l/mm		210					60								45								
R_1		根据所保护的外径确定																					
S																							
R/mm		90	100	110	120	130	90	100	110	120	130	140	150	160	100	110	120	130	140	150	160	170	180
电杆梢径抱箍距杆顶距离	$\phi150$	1.5~3.0m	3.0~4.5m	4.5~6.0m	|	|	1.5~3.0m	3.0~4.5m	4.5~6.0m	|	|	|	|	|	3.0~4.5m	4.5~6.0m	6.0~7.5m	7.5~9.0m	|	|	|	|	|
	$\phi170$	|	1.5~3.0m	3.0~4.5m	4.5~6.0m	|	|	1.5~3.0m	3.0~4.5m	4.5~6.0m	|	|	|	|	|	3.0~4.5m	4.5~6.0m	6.0~7.5m	7.5~9.0m	|	|	|	|
	$\phi190$	|	|	1.5~3.0m	3.0~4.5m	4.5~6.0m	|	1.5~3.0m	3.0~4.5m	4.5~6.0m	6.0~7.5m	7.5~9.0m	9.0~10.5m	|	|	|	|	4.5~6.0m	6.0~7.5m	7.5~9.0m	9.0~10.5m	10.5~12.0m	12.0~13.5m

说明：1. 明细表中L_1、L_2为下料长度。
　　　2. I型抱箍的扁钢规格为-40×6。
　　　3. 各零件均应热镀锌。

序号	名　　称	规　格	单位	数量	附　注
1	扁钢	$-40 \times 4 \times L_1$	块	2	L_1根据工程定
2	扁钢	$-40 \times 4 \times L_2$	块	2	L_2根据工程定
3	方头螺栓	$M10 \times 60$	个	6	
4	方螺母	M10	个	6	
5	垫圈	10	个	12	

明　细　表

第一章　10kV及以下裸导线架空配电线路	第一节　10(6)kV裸导线铁横担架空线路
图号　2-1-1-83	图名　双电缆杆上固定抱箍加工制造图

223

序号1、2

组装图

说明：1.括号内尺寸用于序号1。
　　　2.零件应热镀锌。

明　细　表

序号	名　称	规　格	单位	数量
1	抱箍	-25×4×163	块	2
2	抱箍	-25×4×144	块	2
3	连板	-25×4×70	块	4
4	撑铁	-40×4×230	块	2
5	扁钢	-40×4×360	块	1
6	方头螺栓	M10×40	个	4
7	方螺母	M10	个	4
8	垫圈	10	个	8

第一章　10kV及以下裸导线架空配电线路	第一节　10(6)kV裸导线铁横担架空线路
图号　2-1-1-84	图名　电缆终端头固定支架（Ⅰ）加工制造组装图

固定支架安装尺寸表（mm）

电缆型号	额定电压/kV	电缆标称截图/mm²	A	B
WDZ	6~10	16~240	220	160
WD-232	6	10~70		125
	10	16~50		
WD-233	6	95~185	250	
	10	70~150		173
WD-234	6	240		
	10	185~240		

说明：零件应热镀锌。

明 细 表

序号	名 称	规 格	单位	数量
1	扁钢	$-80 \times 8 \times 1000$	块	1
2	扁钢	$-80 \times 8 \times (290+B)$	块	1
3	方头螺栓	$M16 \times 50$	个	3
4	方螺母	M16	个	3
5	垫圈	16	个	6

第一章　10kV及以下裸导线架空配电线路	第一节　10(6)kV裸导线铁横担架空线路
图号　　2-1-1-85	图名　　电缆终端头固定支架（Ⅱ）加工制造图

加固抱箍

序号1

序号2

序号3

说明：1. 当采用WD型户外鼎足式电缆终端头时序号1取消。
　　　2. 零件应热镀锌。

明　细　表

序号	名　　称	规　　格	单位	数量
1	上抱箍	−25×4×195	个	2
2	下抱箍	−25×4×133	个	2
3	撑铁	−40×4×301	根	2
4	方头螺栓	M10×40	个	4
5	螺母	M10	个	4
6	垫圈	10	个	8

第一章　10kV及以下裸导线架空配电线路		第一节　10(6)kV裸导线铁横担架空线路
图号	2-1-1-86	图名　加固抱箍加工制造图

组装图

序号1

序号2

选型表

电杆梢径	螺栓规格	l/mm
$\phi 150$	M16×220	200
$\phi 170$	M16×240	220
$\phi 190$	M16×260	240

说明：零件应热镀锌。

明细表

序号	名称	规格	单位	数量
1	角钢	$L50×5×1720$	根	1
2	角钢	$L50×5×1720$	根	1
3	钢管	$Dg20×25$	根	2
4	方头螺栓	见上表	个	2
5	方螺母	M16	个	2
6	垫圈	16	个	4
7	方头螺栓	M18×90	个	2
8	方螺母	M18	个	2
9	垫圈	18	个	4

说明：各零件均应热镀锌。

序号	名 称	规 格	单位	数量
1	扁钢	−50×5×250	根	1
2	方头螺栓	M16×50	个	1
3	方螺母	M16	个	1
4	垫圈	16	个	2

第一章　10kV及以下裸导线架空配电线路		第一节　10(6)kV裸导线铁横担架空线路
图号	2-1-1-88	图名　针式绝缘子固定支架加工制造图

序号1

组装图

角钢型号及固定螺栓适用范围(mm)

型号	螺栓规格	L	电杆梢径
$2I_2$	M16×240	220	$\phi170$
$2I_3$	M16×260	240	$\phi190$

说明:横担及各零件均应热镀锌。

明　细　表

序号	名　称	规　格	单位	数量
1	角钢	$L50×5×600$	根	2
2	方头螺栓	见上表	个	2
3	方螺母	M16	个	2
4	垫圈	16	个	4

撑杆支架

撑杆支架展开图

撑杆顶铁

各种撑杆支架尺寸及适用范围(mm)

型号	l	电杆梢径及距杆顶距离		
		$\phi 150$	$\phi 170$	$\phi 190$
I	180	1.5m	—	—
II	200	1.5~3.0m	1.5m	—
III	220	—	1.5~3.0m	1.5m
IV	240	—	—	1.5~3.0m

说明：零件应热镀锌。

明 细 表

序号	名 称	规 格	单位	数量
1	角钢	$L63×6×(174+2l)$	根	1
2	角钢	$L63×6×(100+l)$	根	1

第一章 10kV及以下裸导线架空配电线路	第一节 10(6)kV裸导线铁横担架空线路
图号 2-1-1-90	图名 撑杆支架及撑杆顶铁加工制造图

各型五孔连板尺寸及适用范围（mm）

说明：零件应热镀锌。

型　号			I	II	III
A			255	285	305
L			545	575	595
电杆梢径及距杆顶距离	φ170	L63×6	1.65m以上	—	—
		L75×8	—	1.65m以上	—
		L90×8	—	—	1.65m以上
	φ190	L63×6	—	1.65m以上	—
		L75×8	—	1.65m以上	—
		L90×8	—	—	1.65m以上

明　细　表

序号	名　　称	规　　格	单位	数量
1	扁钢	-60×6×L	块	1
2	方头螺栓	M16×50	个	2
3	方螺母	M16	个	2
4	垫圈	16	个	4

第一章　10kV及以下裸导线架空配电线路		第一节　10(6)kV裸导线铁横担架空线路
图号	2-1-1-91	图名　五孔连板加工制造图

拉线棒尺寸和适用范围

拉线棒型号	I₁	I₂	I₃	II₁	II₂	II₃	II₄	II₅	III₁	III₂	III₃	III₄	III₅
ϕd/mm	$\phi16$	$\phi19$	$\phi22$	$\phi16$	$\phi19$	$\phi22$	$\phi28$	$\phi32$	$\phi16$	$\phi19$	$\phi22$	$\phi28$	$\phi32$
l/mm	2100			2700					3300				
下料长L/mm	2610			3230					3830				
拉线盘埋深/m $\beta=45°$	—			1.3~1.6					1.7~2.0				
$\beta=60°$	1.3~1.5			1.6~2.1					2.2~2.6				

拉线棒型号	IV₁	IV₂	IV₃	IV₄	IV₅	V₁	V₂	V₃	V₄	V₅
ϕd/mm	$\phi16$	$\phi19$	$\phi22$	$\phi28$	$\phi32$	$\phi16$	$\phi19$	$\phi22$	$\phi28$	$\phi32$
l/mm	3900					4500				
下料长L/mm	4430					5030				
拉线盘埋深/m $\beta=45°$	2.1~2.5					2.6~2.8				
$\beta=60°$	2.7~2.8					—				

说明:零件应热镀锌。

拉线与拉线棒对照表

拉线规格	GJ-25	GJ-35	GJ-50	GJ-70	GJ-100	2×GJ-70	2×GJ-100
拉线棒直径/mm	$\phi16$	$\phi16$	$\phi16$	$\phi19$	$\phi22$	$\phi28$	$\phi32$

明 细 表

序号	名 称	规 格	单位	数量
1	圆钢	$\phi d \times L$	根	1

第一章　10kV及以下裸导线架空配电线路	第一节　10(6)kV裸导线铁横担架空线路
图号　2-1-1-92	图名　拉线棒尺寸和适用范围及拉线棒加工制造图

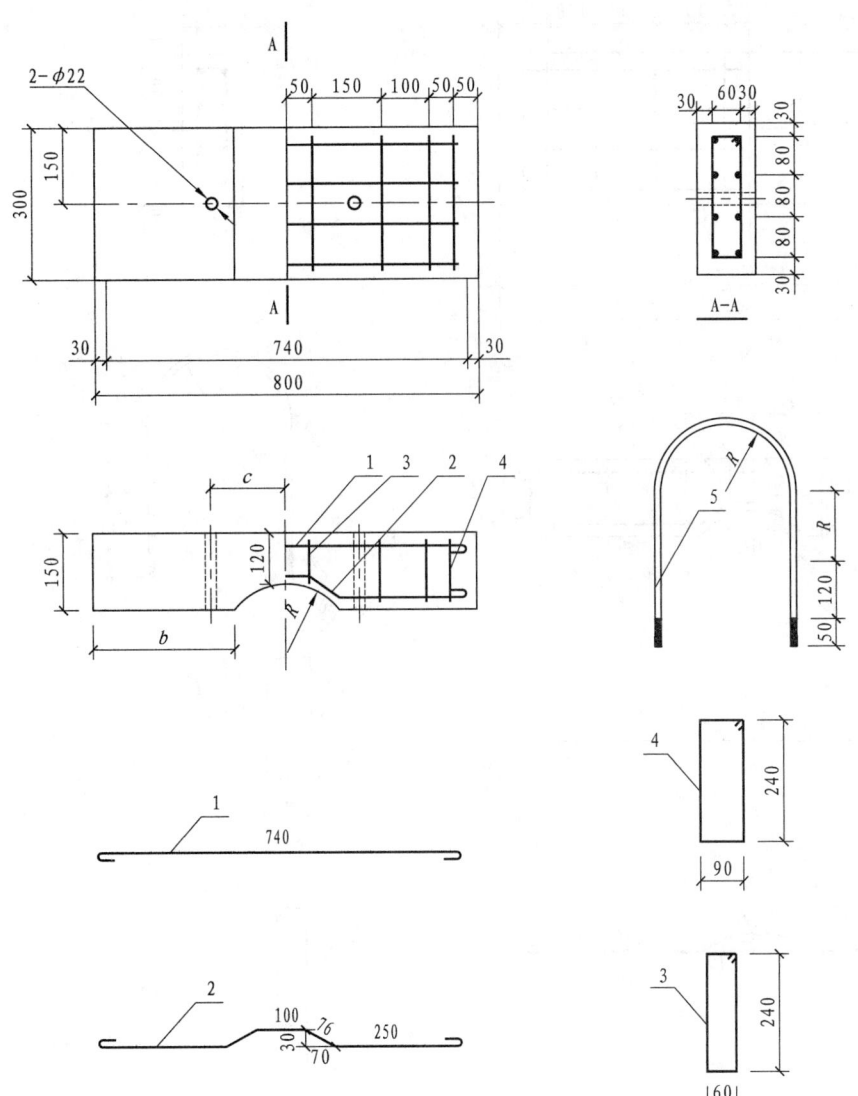

说明：卡盘强度：极限抗弯矩3.53kN·m。
　　　　极限土抗力25.68kN。

尺寸表（mm）

型 号	R	b	c	卡盘处主杆直径
KP8-1	140	313	132	243~276
KP8-2	160	307	152	289~321
KP8-3	185	285	177	333~369

明 细 表

序号	名称	规格	长度/mm	单位	数量	质　量/kg 一件	质　量/kg 小计	合计
1	主钢筋	$\phi 8$	840	根	4	0.33	1.3	6.2-1
2	主钢筋	$\phi 8$	852	根	4	0.34	1.4	
3	箍筋	$\phi 6$	700	根	2	0.16	0.3	6.4-2
4	箍筋	$\phi 6$	760	根	6	0.17	1.0	
5	U形抱箍	$\phi 18$带帽垫	1060-1 1160-2 1290-3	根	1	2.2-1 2.4-2 2.7-3	2.2 2.4 2.7	6.7-3
6	混凝土	200号	—	m³	0.036	部件总质量		90

第一章　10kV及以下裸导线架空配电线路		第一节　10(6)kV裸导线铁横担架空线路
图号	2-1-1-93	图名　钢筋混凝土电杆KP8卡盘加工制造图

说明: 卡盘强度: 极限抗弯矩5.49kN·m。
　　　　极限土抗力33.7kN。

尺寸表 (mm)

型　号	R	b	c	卡盘处主杆直径
KP10-1	140	413	132	243~276
KP10-2	160	407	152	289~321
KP10-3	185	385	177	333~369

明　细　表

序号	名　称	规格	长度/mm	单位	数量	质　量/kg 一件	质　量/kg 小计	质　量/kg 合计
1	主钢筋	ϕ10	1070	根	4	0.66	2.6	9.2-1
2	主钢筋	ϕ10	1082	根	4	0.67	2.7	
3	箍筋	ϕ6	700	根	2	0.16	0.3	9.4-2
4	箍筋	ϕ6	760	根	8	0.17	1.4	
5	U形抱箍	ϕ18带帽垫	1060-1	根	1	2.2-1	2.2	9.7-3
			1160-2			2.4-2	2.4	
			1290-3			2.7-3	2.7	
6	混凝土	200号	—	m³	0.045	部件总质量		113

第一章　10kV及以下裸导线架空配电线路		第一节　10(6)kV裸导线铁横担架空线路	
图号	2-1-1-94	图名	钢筋混凝土电杆KP10卡盘加工制造图

说明：卡盘强度：极限抗弯矩7.84kN·m。
极限土抗力41.65kN。

尺寸表（mm）

型 号	R	b	c	卡盘处主杆直径
KP12-1	140	513	132	243~276
KP12-2	160	507	152	289~321
KP12-3	185	485	177	333~369

明　细　表

序号	名称	规格	长度/mm	单位	数量	质　量/kg 一件	质　量/kg 小计	质　量/kg 合计
1	主钢筋	$\phi12$	1290	根	4	1.15	4.6	
2	主钢筋	$\phi12$	1302	根	4	1.16	4.6	13.1-1
3	箍筋	$\phi6$	700	根	2	0.16	0.3	
4	箍筋	$\phi6$	760	根	8	0.17	1.4	13.3-2
5	U形抱箍	$\phi18$带帽垫	1060-1 1160-2 1290-3	根	1	2.2-1 2.4-2 2.7-3	2.2 2.4 2.7	13.6-3
6	混凝土	200号	—	m³	0.054	部件总质量		135

第一章	10kV及以下裸导线架空配电线路	第一节 10(6)kV裸导线铁横担架空线路
图号	2-1-1-95	图名	钢筋混凝土电杆KP12卡盘加工制造图

A—A

尺寸表（mm）

型号	D	R	b	适用主杆根径
DP6-1	310	155	145	257～290
DP6-2	360	180	120	303～337
DP6-3	410	205	95	350～390

说明：1.吊环与钢筋钩好后扎牢。
　　　2.底盘强度：极限下压力185.22kN。

明　细　表

序号	名称	规格	长度/mm	单位	数量	质　量/kg		
						一件	小计	合计
1	钢筋	$\phi6$	615	根	8	0.14	1.1	1.4
2	吊环	$\phi6$	650	个	2	0.14	0.3	
3	混凝土	200号	—	m³	0.06	部件总质量		150

第一章　10kV及以下裸导线架空配电线路		第一节　10(6)kV裸导线铁横担架空线路
图号	2-1-1-96	图名

钢筋混凝土电杆DP6底盘加工制造图

A—A

尺寸表（mm）

型号	D	R	b	适用主杆根径
DP8-1	310	155	245	257～290
DP8-2	360	180	220	303～337
DP8-3	410	205	195	350～390

说明：1. 吊环与钢筋钩好后扎牢。
　　　2. 底盘强度：极限下压力234.22kN。

明　细　表

序号	名称	规格	长度/mm	单位	数量	质　量/kg		
						一件	小计	合计
1	钢筋	$\phi8$	840	根	12	0.33	4.0	4.3
2	吊环	$\phi6$	650	个	2	0.14	0.3	
3	混凝土	200号	—	m³	0.11	部件总质量		275

第一章　10kV及以下裸导线架空配电线路		第一节　10(6)kV裸导线铁横担架空线路
图号	2-1-1-97	图名	钢筋混凝土电杆DP8底盘加工制造图

A—A

尺寸表（mm）

型号	D	R	b	a	适用主杆根径
DP10-1	310	155	105	520	257~290
DP10-2	360	180	110	580	303~337
DP10-3	410	205	115	640	350~390

说明：1. 吊环与钢筋钩好后扎牢。
　　　2. 底盘强度：极限下压力307.72kN。

明　细　表

序号	名　称	规　格	长度/mm	单位	数量	质　量/kg		
						一件	小计	合计
1	钢筋	$\phi10$	1070	根	16	0.66	10.6	11.2
2	吊环	$\phi6$	650	个	4	0.14	0.6	
3	混凝土	200号	—	m³	0.15	部件总质量		375

第一章　10kV及以下裸导线架空配电线路	第一节　10(6)kV裸导线铁横担架空线路
图号　2-1-1-98　　图名	钢筋混凝土电杆DP10底盘加工制造图

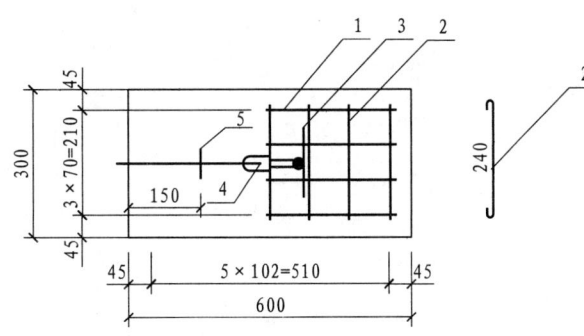

说明：1. 拉环见图2-1-1-102拉环制造图。
　　　2. 在浇制混凝土以前，用铁丝将拉环与短钢筋扎牢。
　　　3. 吊环必须与主钢筋钩好后扎牢。
　　　4. 拉线盘强度：极限拉力80.85kN。

明　细　表

序号	名　称	规　格	长度/mm	单位	数量	质　量/kg		
						一件	小计	合计
1	主钢筋	$\phi 8$	640	根	4	0.25	1.0	6.9
2	副钢筋	$\phi 6$	315	根	7	0.07	0.5	
3	短钢筋	$\phi 6$	150	根	2	0.03	0.1	
4	拉环	$\phi 24$	—	副	1	5.1	5.1	
5	吊环	$\phi 6$	420	个	2	0.09	0.2	
6	混凝土	200号	—	m^3	0.029	部件总质量		73

第一章　10kV及以下裸导线架空配电线路		第一节　10(6)kV裸导线铁横担架空线路	
图号	2-1-1-99	图名	钢筋混凝土电杆LP6拉线盘加工制造图

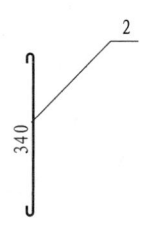

说明: 1.拉环见图2-1-1-102拉环制造图。
　　　2.在浇制混凝土以前,用铁丝将拉环与短钢筋扎牢。
　　　3.吊环必须与主钢筋钩好后扎牢。
　　　4.拉线盘强度:极限拉力137.2kN。

明　细　表

序号	名　称	规　格	长度/mm	单位	数量	质　量/kg		
						一件	小计	合计
1	主钢筋	$\phi10$	870	根	6	0.54	3.2	
2	副钢筋	$\phi6$	415	根	7	0.09	0.6	10.4
3	短钢筋	$\phi6$	150	根	2	0.03	0.1	
4	拉环	$\phi28$	—	副	1	6.3	6.3	
5	吊环	$\phi6$	420	个	2	0.09	0.2	
6	混凝土	200号	—	m³	0.05	部件总质量		125

第一章　10kV及以下裸导线架空配电线路	第一节　10(6)kV裸导线铁横担架空线路
图号　2-1-1-100　图名　钢筋混凝土电杆LP8拉线盘加工制造图	

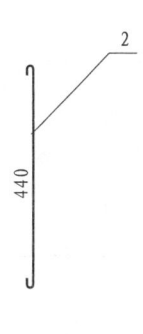

说明：1. 拉环见图2-1-1-102拉环制造图。
　　　2. 在浇制混凝土以前，用铁丝将拉环与短钢筋扎牢。
　　　3. 吊环必须与主钢筋钩好后扎牢。
　　　4. 拉线盘强度：极限拉力203.84kN。

明　细　表

序号	名　称	规　格	长度/mm	单位	数量	质　量/kg		
						一件	小计	合计
1	主钢筋	$\phi12$	1090	根	6	0.97	5.8	
2	付钢筋	$\phi6$	515	根	7	0.11	0.8	
3	短钢筋	$\phi6$	150	根	2	0.03	0.1	14.6
4	拉环	$\phi32$	—	副	1	7.7	7.7	
5	吊环	$\phi6$	420	个	2	0.09	0.2	
6	混凝土	200号	—	m³	0.076	部件总质量		190

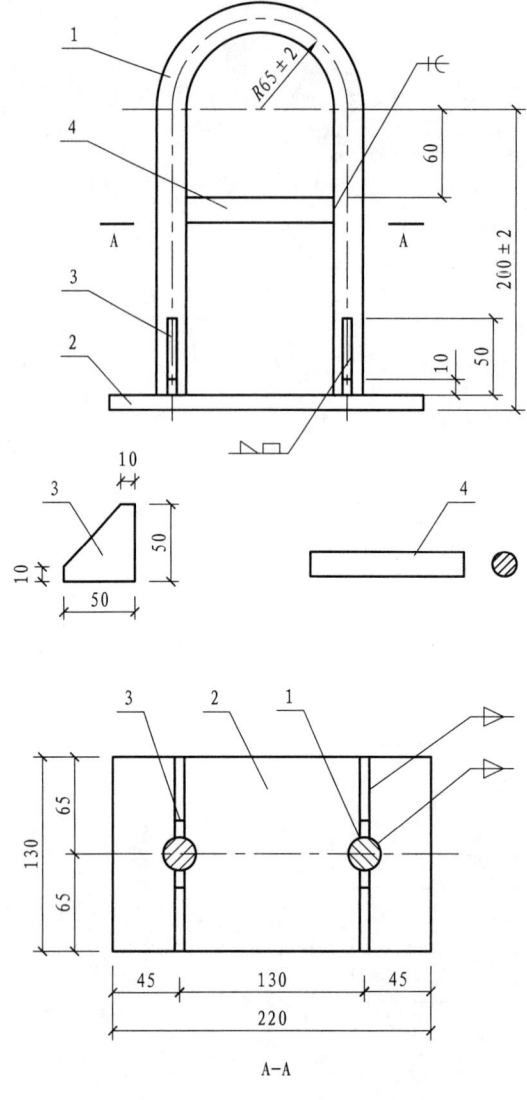

A-A

说明：1. φ32拉环配合LP10使用；φ28拉环配合LP8使用；
　　　φ24拉环配合LP6使用。
　　 2. 拉环在加强短筋以上要求热镀锌防腐，其余部分
　　　要求将铁锈除净。

明　细　表

序号	名　称	规　格	长度/mm	单位	数量	质　量/kg		
						一件	小计	合计
1	拉环	φ24	576	根	1	2.05	2.1	5.1
2	钢板	−130×10	220	块	1	2.25	2.3	
3	加劲板	−50×6	50	块	4	0.12	0.5	
4	加强短筋	φ16	106	根	1	0.16	0.2	
1	拉环	φ28	572	根	1	2.76	2.8	6.3
2	钢板	−130×12	220	块	1	2.70	2.7	
3	加劲板	−50×6	50	块	4	0.12	0.5	
4	加强短筋	φ20	102	根	1	0.26	0.3	
1	拉环	φ32	568	根	1	3.58	3.6	7.7
2	钢板	−130×14	220	块	1	3.15	3.2	
3	加劲板	−50×6	50	块	4	0.12	0.5	
4	加强短筋	φ24	98	根	1	0.35	0.4	

第一章　10kV及以下裸导线架空配电线路		第一节　10(6)kV裸导线铁横担架空线路
图号	2-1-1-102	图名　配合LP10、LP8、LP6使用的拉环加工制造图

A－A

说明：1.底盘的增设根据底盘选择表确定。
2.埋深根据工程设计确定。

明　细　表

序号	名　称	规　格	单位	数量	附　注
1	电杆		根	1	
2	浆砌片石		m³	1.5	
3	砂子		m³	0.4	
4	碎石、素土		m³		分层夯实

第一章　10kV及以下裸导线架空配电线路	第一节　10(6)kV裸导线铁横担架空线路
图号　2-1-1-103	图名　钢筋混凝土电杆加强型基础（一）

序号2

I局部放大

B-B

说明：底盘的增设根据底盘选择表确定。

明 细 表

序号	名 称	规 格	单位	数量	附 注
1	电杆		根	1	
2	混凝土桩		根	34	
3	圈筋	φ4.0镀锌铁线	圈	6	
4	箍筋	φ4×450	根	5	
5	主筋	φ6×1500	根	4	
6	混凝土	200号	m³	0.023	
7	碎石、素土		m³		分层夯实

第一章 10kV及以下裸导线架空配电线路		第一节 10(6)kV裸导线铁横担架空线路
图号	2-1-1-104	图名	钢筋混凝土电杆加强型基础（二）

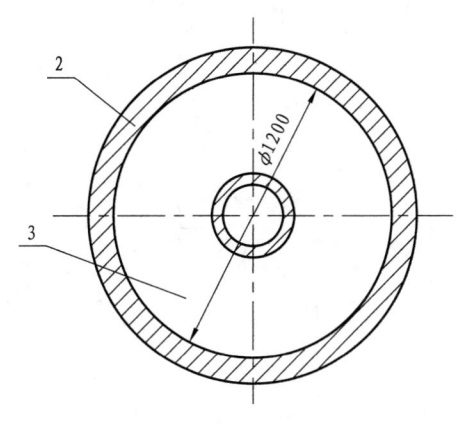

A-A

说明：1.水泥管内所填素土应夯实，根据工程需要，
　　　可用水泥封住管的顶部和底部.
　　　2.底盘的增设根据底盘选择表确定。
　　　3.水泥管内如用块石和水泥浆浇筑时，可不设
　　　底盘。

明　细　表

序号	名　称	规　格	单位	数量	附　注
1	电杆		根	1	
2	水泥管	$\phi 1200 \times 1000$	根	1	
3	素土、碎石		m³		分层夯实

第一章　10kV及以下裸导线架空配电线路			第一节　10(6)kV裸导线铁横担架空线路	
图号	2-1-1-105	图名	钢筋混凝土电杆加强型基础（三）	

导线规格	安全系数k	代表挡距/m 转角/(°)																											
		50							**70**							**90**							**120**						
		0	5	10	15	20	25	30	0	5	10	15	20	25	30	0	5	10	15	20	25	30	0	5	10	15	20	25	30
LJ-25	2.5																												
LJ-25	3.0																												
LJ-35	2.5																												
LJ-35	3.0																												
LJ-50	2.5																												
LJ-50	3.0																												
LJ-70	3.0																												
LJ-95	3.0																												
LJ-120	4.0																												
LJ-150	4.0																												
LJ-185	4.0																												
LJ-210	4.0																												
LJ-240	4.0																												
LGJ-16	2.5																												
LGJ-16	3.0																												
LGJ-25	3.0																												
LGJ-35	3.0																												
LGJ-50	3.5																												
LGJ-70	3.5																												
LGJ-95	4.0																												
LGJ-120	4.0																												
LGJ-150	4.0																												
LGJ-185	4.0																												
LGJ-210	4.5																												
LGJ-210	4.5																												

说明：表中斜线部分采用悬式绝缘子。

代表挡距/m 转角/(°) 导线规格 安全系数k		50								70							90							120						
		0	5	10	15	20	25	30	0	5	10	15	20	25	30	0	5	10	15	20	25	30	0	5	10	15	20	25	30
LJ-25	2.5																												
LJ-25	3.0																												
LJ-35	2.5																												
LJ-35	3.0																												
LJ-50	2.5																												
LJ-50	3.0																												
LJ-70	3.0																												
LJ-95	3.0																												
LJ-120	4.0																												
LJ-150	4.0																												
LJ-185	4.0																												
LJ-210	4.0																												
LJ-240	4.0																												
LGJ-16	2.5																												
LGJ-16	3.0																												
LGJ-25	3.0																												
LGJ-35	3.0																												
LGJ-50	3.5																												
LGJ-70	3.5																												
LGJ-95	4.0																												
LGJ-120	4.0																												
LGJ-150	4.0																												
LGJ-185	4.0																												
LGJ-210	4.5																												
LGJ-240	4.5																												

注：表中斜线部分采用悬式绝缘子。

第一章　10kV及以下裸导线架空配电线路		第一节　10（6）kV裸导线铁横担架空线路
图号	2-1-1-107	图名　用于6kV铁横担线路P-10T绝缘子适用范围表（v=30m/s）

导线规格	安全系数k
LJ-25	2.5
LJ-25	3.0
LJ-35	2.5
LJ-35	3.0
LJ-50	2.5
LJ-50	3.0
LJ-70	3.0
LJ-95	3.0
LJ-120	4.0
LJ-150	4.0
LJ-185	4.0
LJ-210	4.0
LJ-240	4.0
LGJ-16	2.5
LGJ-16	3.0
LGJ-25	3.0
LGJ-35	3.0
LGJ-50	3.5
LGJ-70	3.5
LGJ-95	4.0
LGJ-120	4.0
LGJ-150	4.0
LGJ-185	4.0
LGJ-210	4.5
LGJ-240	4.5

说明：表中斜线部分采用悬式绝缘子。

第一章	10kV及以下裸导线架空配电线路	第一节	10(6)kV裸导线铁横担架空线路
图号	2-1-1-108	图名	用于10kV铁横担线路P-15T绝缘子适用范围表（v=25m/s）

248

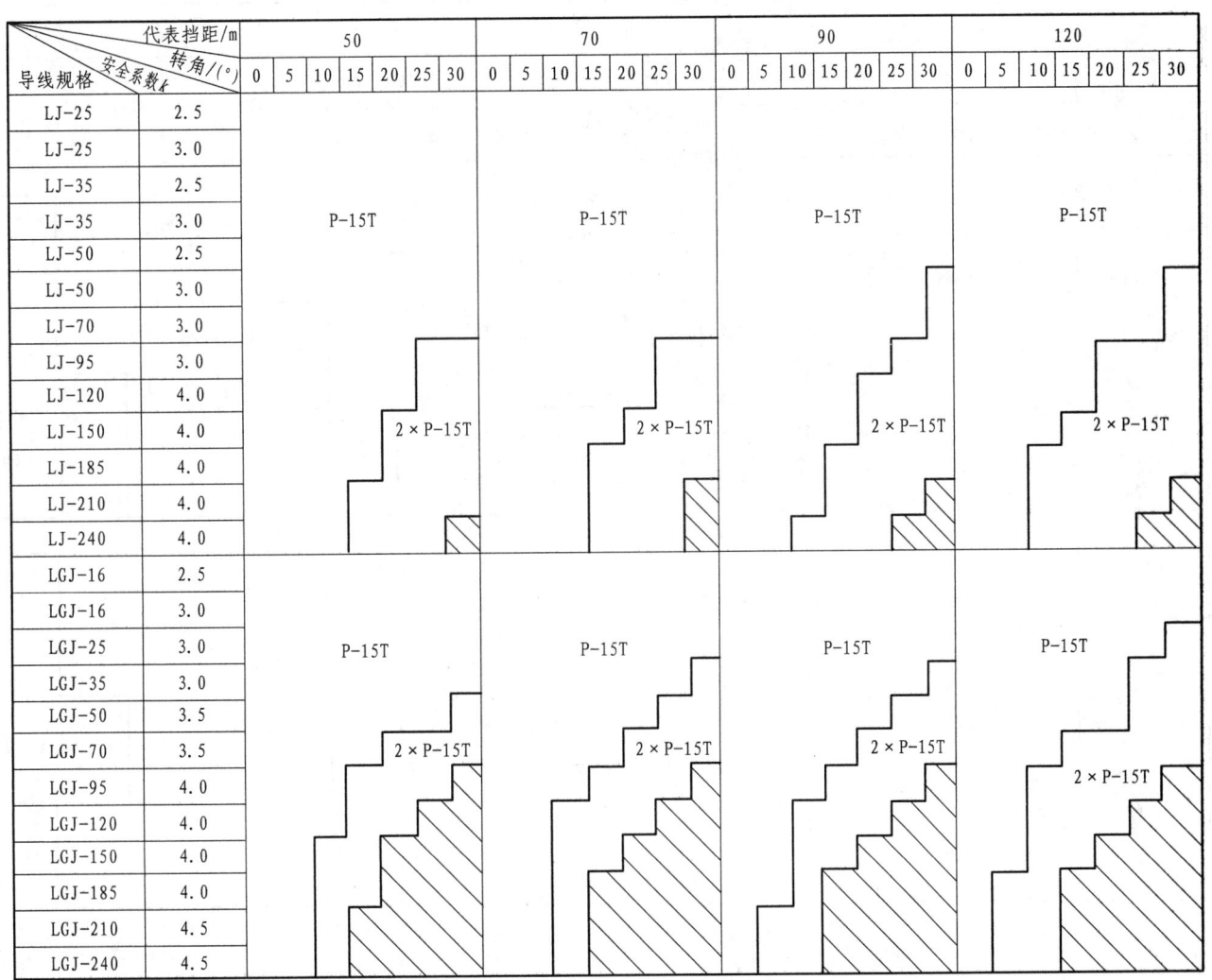

导线规格	安全系数k	50							70							90							120						
	转角/(°)	0	5	10	15	20	25	30	0	5	10	15	20	25	30	0	5	10	15	20	25	30	0	5	10	15	20	25	30
LJ-25	2.5																												
LJ-25	3.0																												
LJ-35	2.5																												
LJ-35	3.0																												
LJ-50	2.5																												
LJ-50	3.0																												
LJ-70	3.0																												
LJ-95	3.0																												
LJ-120	4.0																												
LJ-150	4.0																												
LJ-185	4.0																												
LJ-210	4.0																												
LJ-240	4.0																												
LGJ-16	2.5																												
LGJ-16	3.0																												
LGJ-25	3.0																												
LGJ-35	3.0																												
LGJ-50	3.5																												
LGJ-70	3.5																												
LGJ-95	4.0																												
LGJ-120	4.0																												
LGJ-150	4.0																												
LGJ-185	4.0																												
LGJ-210	4.5																												
LGJ-240	4.5																												

说明：表中斜线部分采用悬式绝缘子。

第一章 10kV及以下裸导线架空配电线路		第一节 10(6)kV裸导线铁横担架空线路
图号	2-1-1-109	图名	用于10kV铁横担线路P-15T绝缘子适用范围表（v=30m/s）

杆型 代表挡距m 覆冰厚度mm 导线规格	直线（Z、K）及直线转角Ⅰ（ZJ₁）															
	50				70				90				120			
	0	5	10	15	0	5	10	15	0	5	10	15	0	5	10	15
LJ-25																
LJ-35																
LJ-50																
LJ-70	$L63×6$（Ⅰ）				$L63×6$（Ⅰ）				$L63×6$（Ⅰ）				$L63×6$（Ⅰ）			
LJ-95																
LJ-120																
LJ-150															$L75×8$（Ⅱ）	
LJ-185								$L75×8$（Ⅱ）				$L75×8$（Ⅱ）				
LJ-210																$L90×8$（Ⅲ）
LJ-240																
LGJ-16																
LGJ-25																
LGJ-35														$L63×6$（Ⅰ）		
LGJ-50																
LGJ-70	$L63×6$（Ⅰ）				$L63×6$（Ⅰ）				$L63×6$（Ⅰ）							
LGJ-95																
LGJ-120															$L75×8$（Ⅱ）	
LGJ-150																
LGJ-185												$L75×8$（Ⅱ）				$L90×8$（Ⅲ）
LGJ-210											$L75×8$（Ⅱ）					
LGJ-240				$L75×8$（Ⅱ）				$L75×8$（Ⅱ）								

说明：用于直线杆型（Z）、跨越杆型（K）及直线转角杆型（ZJ₁）在覆冰厚度为0～15mm、代表挡距为50～120m、使用不同导线规格时的横担规格选择。

第一章　10kV及以下裸导线架空配电线路	第一节　10(6)kV裸导线铁横担架空线路	
图号	2-1-1-110	图名
		10(6)kV铁横担选择表（一）

杆型 代表档距/m 覆冰厚度/mm 导线规格	直线转角II（ZJ₂）															
	50				70				90				120			
	0	5	10	15	0	5	10	15	0	5	10	15	0	5	10	15
LJ-25																
LJ-35																
LJ-50																
LJ-70																
LJ-95	2×L63×6（2I）				2×L63×6（2I）				2×L63×6（2I）				2×L63×6（2I）			
LJ-120																
LJ-150																
LJ-185																
LJ-210																2×L75×8（2II）
LJ-240																
LGJ-16																
LGJ-25																
LGJ-35																
LGJ-50																
LGJ-70	2×L63×6（2I）				2×L63×6（2I）				2×L63×6（2I）				2×L63×6（2I）			
LGJ-95																
LGJ-120																
LGJ-150																
LGJ-185																2×L75×8（2II）
LGJ-210																
LGJ-240																

注：用于直线转角杆型（ZJ₂）横担规格选择，适用范围同序号8说明。

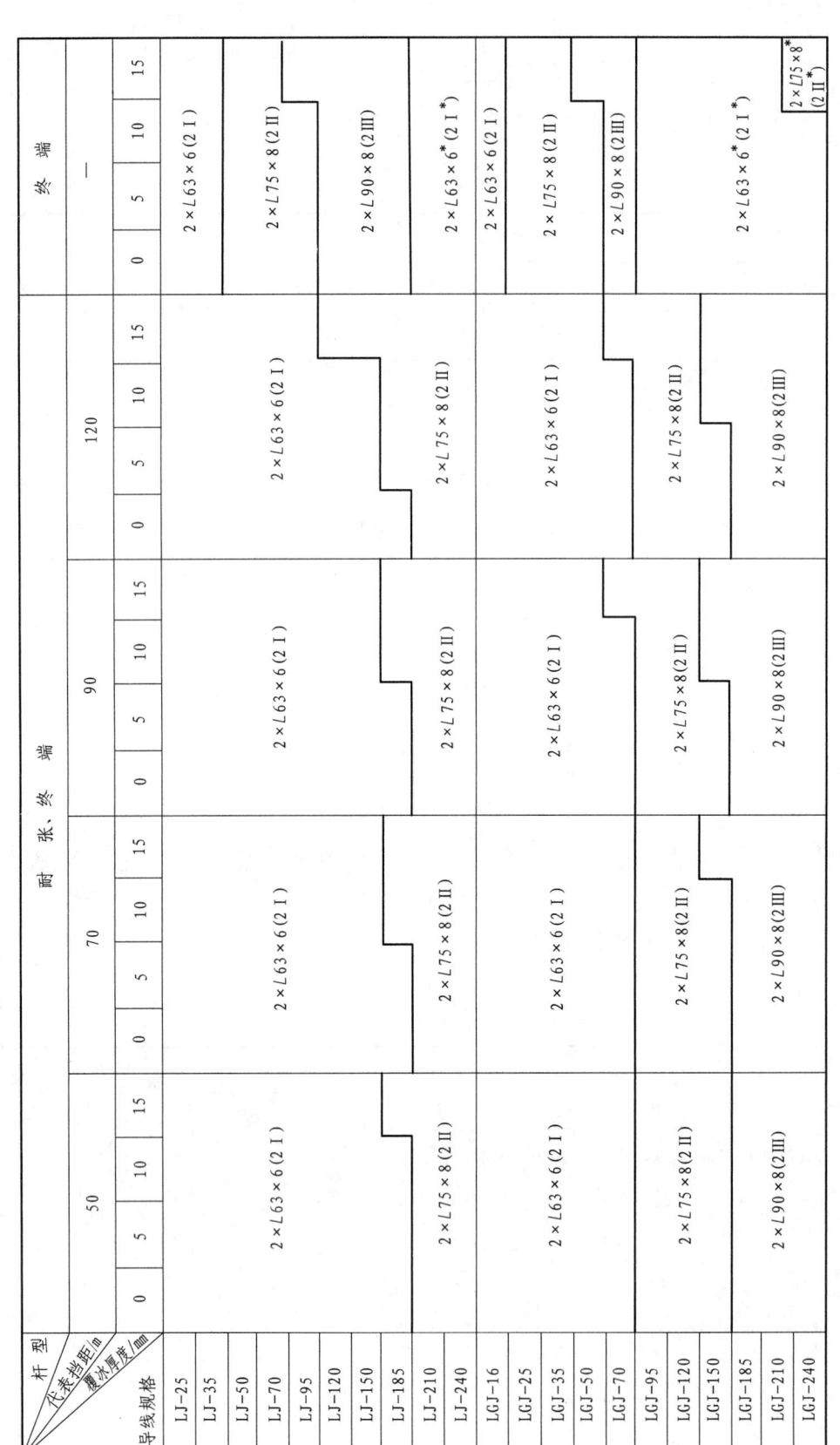

说明：表中的*表示横担带斜材。

注：用于所有耐张杆、终端杆型的横担规格选择，适用范围同序号8说明。

第一章　10kV及以下裸导线架空配电线路	第一节　10(6)kV裸导线铁横担架空线路
图号　2-1-1-112	图名　10(6)kV铁横担选择表（三）

第一章　10kV及以下裸导线架空配电线路　　第一节　10(6)kV裸导线铁横担架空线路

| 图号 | 2-1-1-113 | 图名 | 10(6)kV普通、弓形拉线截面选择表（一）（v=25m/s） |

拉线截面选择表（单位：mm²；代表档距分档 50、70、90、120 m；拉线对地夹角 β 取 45°、60°）

导线规格	安全系数	代表档距 lₒ/m	耐张 45°	耐张 60°	耐张 60°	终端 45°	终端 60°	终端 60°	5°转角杆 45°	5°转角杆 60°	15°转角杆 45°	15°转角杆 60°	30°转角杆 45°	30°转角杆 60°	45°转角杆 45°	45°转角杆 60°
LJ-25	2.5	50 70	—	—	—	25	25	25	25	25	25	25	25	25	25	25
LJ-25	3.0	50 70	—	—	—	25	25	25	25	25	25	25	25	25	25	25
LJ-35	2.5	50 70	25	25	25	25	25	25	25	25	25	25	25	25	25	25
LJ-35	3.0	50 70	25	25	25	25	25	25	25	25	25	25	25	25	25	35
LJ-50	2.5	50 70	25	25	25	25	25	35	25	25	25	25	25	35	25	25
LJ-50	3.0	50 70	25	25	25	35	35	35	25	25	25	35	35	35	35	35
LJ-70	3.0	50 70	25	25	25	35	50	50	25	25	35	35	35	50	50	50
LJ-95	3.0	50 70	35	35	50	50	70	70	25	35	35	50	50	70	70	70
LJ-120	4.0	50 70	50	50	70	70	100	100	35	50	50	70	70	100	100	100
LJ-150	4.0	50 70	70	70	100	100	100	100	50	70	70	100	100	2×70	2×70	2×70
LJ-185	4.0	50 70													
LJ-210	4.0	50 70													
LJ-240	4.0	50 70													
LGJ-16	2.5	50 70	25	25	25	25	25	25	25	25	25	25	25	25	25	25
LGJ-16	3.0	50 70	25	25	25	25	25	35	25	25	25	25	25	35	25	35
LGJ-25	3.0	50 70	25	25	25	35	35	50	25	25	25	35	35	50	35	50
LGJ-35	3.0	50 70	25	25	35	50	50	70	25	35	35	50	50	70	50	70
LGJ-50	3.5	50 70	35	35	50	70	70	100	35	50	50	70	70	100	70	100
LGJ-70	3.5	50 70	35	50	70	100	100	2×70	50	70	70	100	100	2×70	100	2×70
LGJ-95	4.0	50 70	50	70	100	2×70	2×70	2×100	70	2×70					2×70	2×100
LGJ-120	4.0	50 70													
LGJ-150	4.0	50 70													
LGJ-185	4.0	50 70													
LGJ-210	4.5	50 70													
LGJ-240	4.5	50 70													

注：用于风速 v=25m/s 时拉线截面的选择。根据线路转角度，拉线对地夹角 β、代表档距 lₒ、导线规格，可直接从表中查出所需拉线截面（包括耐张杆和终端杆）。弓形拉线查 β=45° 一栏。当线路转角大于45° 时，拉线截面应按终端杆型选择。

253

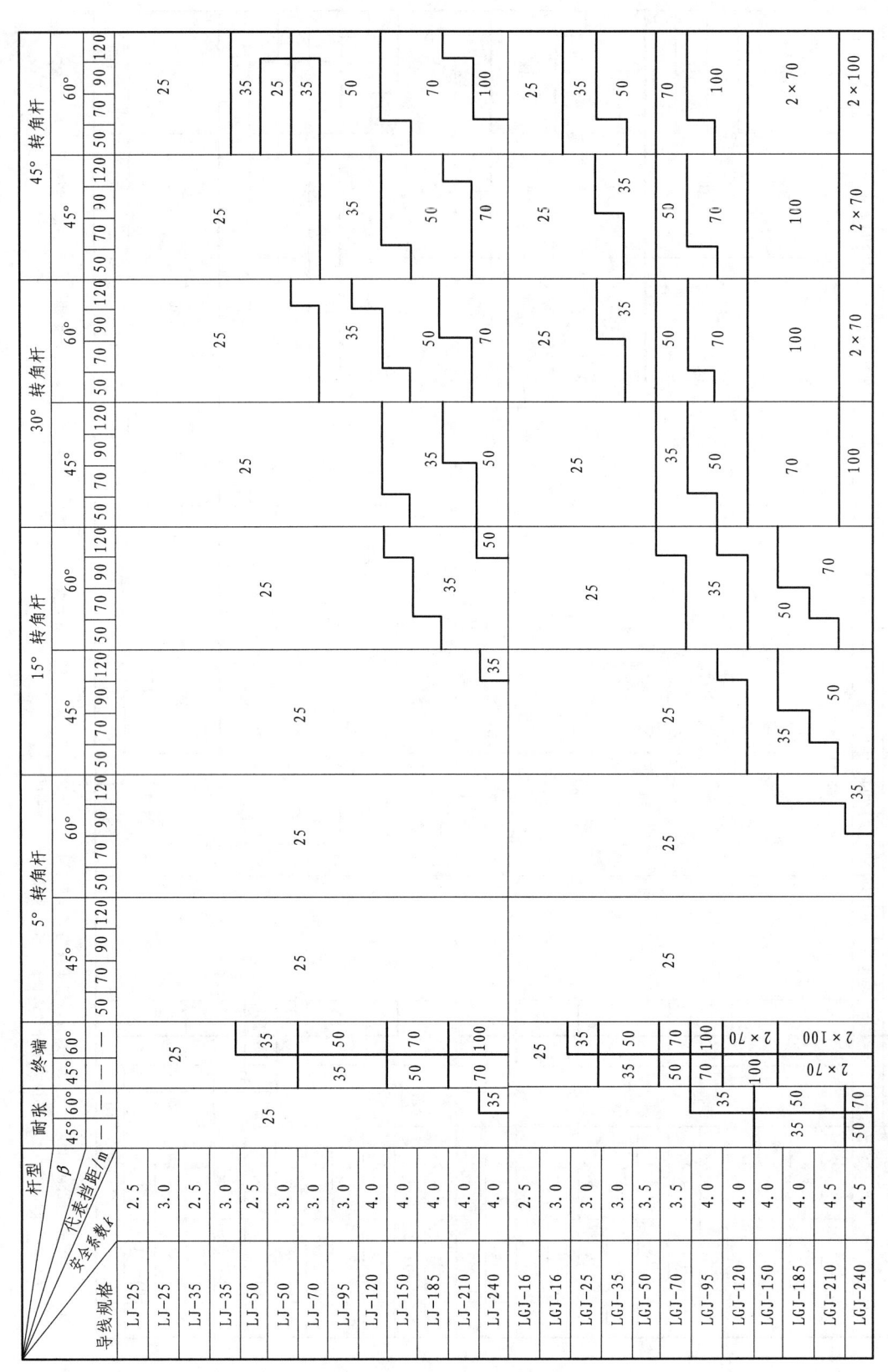

注: 1. 用于风速 v=30m/s 时拉线截面的选择, 适用范围同序号17。
2. 弓形拉线查 β=45° 一栏。

第一章 10kV及以下裸导线架空配电线路	第一节 10(6)kV裸导线铁横担架空线路
图号 2-1-1-114	图名 10(6)kV普通、弓形拉线截面选择表（二）（v=30m/s）

10(6)kV水平拉线（水平部分）拉线截面选择表（v=25m/s，v=30m/s）

说明：用于风速 v=25m/s、v=30m/s 时拉线截面的选择，适用范围同序号17。

导线规格	安全系数k	耐张 25/30	终端 25/30	5°转角杆 25/30	15°转角杆 25/30	30°转角杆	45°转角杆
LJ-25	2.5	—	—	25	25	25	25
LJ-25	3.0	—	—	25	25	25	25
LJ-35	2.5	—	—	25	25	25	25
LJ-35	3.0	25	25	25	25	25	25
LJ-50	2.5	25	25	25	25	25	25
LJ-50	3.0	25	25	25	25	25	25
LJ-70	3.0	25	25	25	25	35	35
LJ-95	3.0	25	35	25	25	35	35
LJ-120	4.0	25	50	25	25	35	50
LJ-150	4.0	25	50	25	25	35	50
LJ-185	4.0	25	50	25	25	35	50
LJ-210	4.0	25	50	25	25	35	50
LJ-240	4.0	25	50	25	25	35	50
LGJ-16	2.5	25	25	25	25	25	25
LGJ-16	3.0	25	25	25	25	25	25
LGJ-25	3.0	25	25	25	25	25	35
LGJ-35	3.0	25	25	25	25	25	35
LGJ-50	3.5	25	35	25	25	35	50
LGJ-70	3.5	25	50	25	25	50	70
LGJ-95	4.0	25	70	25	25	50	70
LGJ-120	4.0	25	100	25	25	50	100
LGJ-150	4.0	25	100	25	25	70	100
LGJ-185	4.0	25	100	25	35	70	100
LGJ-210	4.5	35	100	25	35	70	100
LGJ-240	4.5	35	100	25	35	100	100

导线规格	安全系数	耐张 45°	耐张 60°	终端 45°	终端 60°	终端 60°	5°转角杆 45°	5°转角杆 60°	15°转角杆 45°	15°转角杆 60°	30°转角杆 45°	30°转角杆 60°	45°转角杆 45°	45°转角杆 60°
LJ-25	2.5	25	—	25	—	—	25	25	25	25	25	25	25	25
LJ-25	3.0													
LJ-35	2.5													
LJ-35	3.0													
LJ-50	2.5													
LJ-50	3.0			35	35							35	35	35	35
LJ-70	3.0				50								50		50
LJ-95	3.0			50	70						35			50	70
LJ-120	4.0														
LJ-150	4.0														
LJ-185	4.0														
LJ-210	4.0														
LJ-240	4.0														
LGJ-16	2.5	25		25			25	25	25	25	25	25	25	25
LGJ-16	3.0													
LGJ-25	3.0			35	35									
LGJ-35	3.5				50					35	35	35	35	35
LGJ-50	3.5		35		50						50		50	50
LGJ-70	4.0			50	70				35	50	50	70	70	70
LGJ-95	4.0			70	100									100
LGJ-120	4.0			100	2×70				50		100	100	100	100
LGJ-150	4.0	35			2×70					70				2×70
LGJ-185	4.0		50		2×100									
LGJ-210	4.5													
LGJ-240	4.5													

说明：1. 用于风速v=25m/s时拉线截面的选择，适用范围同序号17。
2. 号形拉线查 β=45° 一栏。

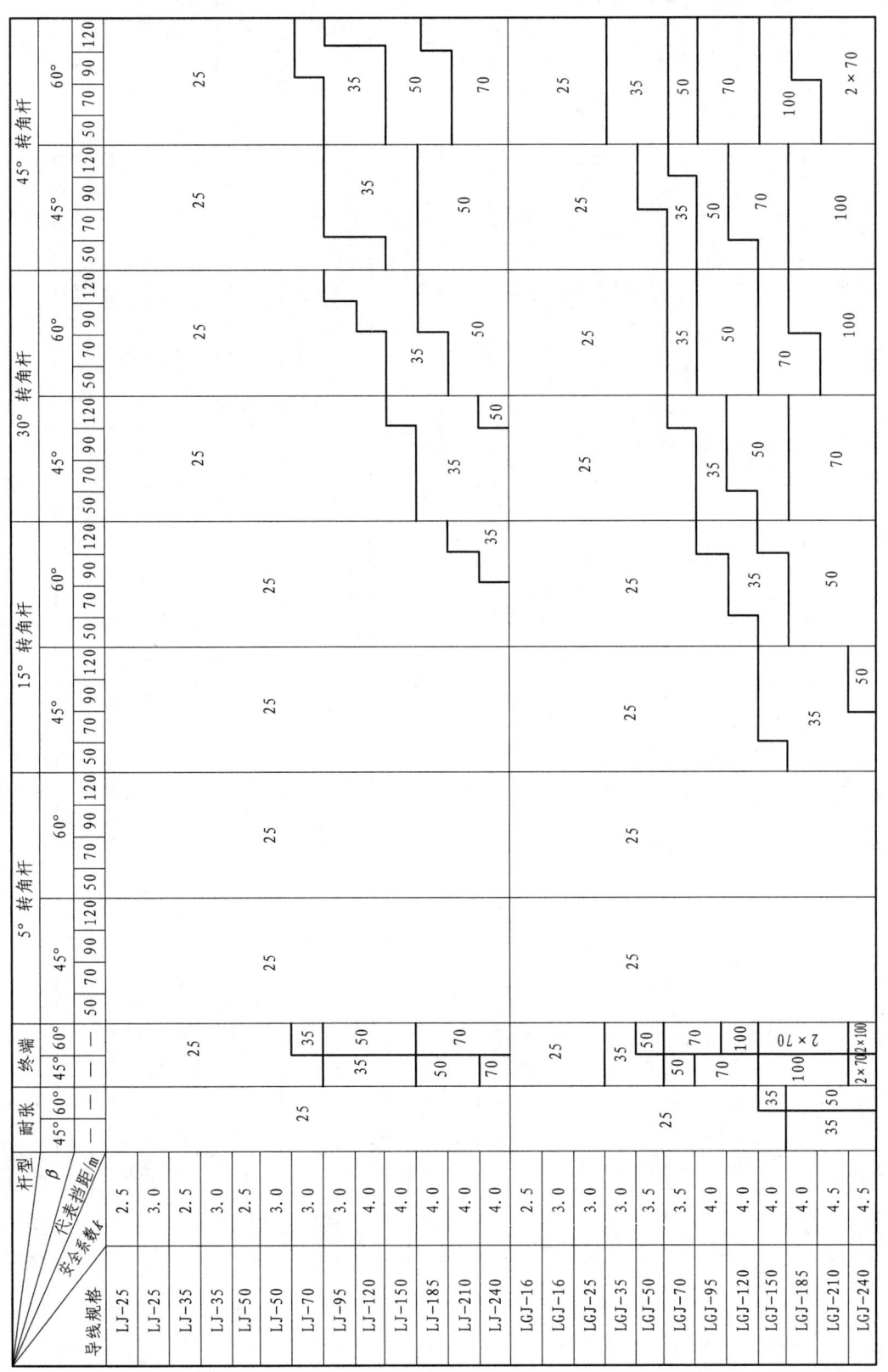

注：用于风速 $v=30\text{m/s}$ 时拉线截面的选择，适用范围同序号17。
弓形拉线查 $\beta=45°$ 一栏。

导线规格	安全系数f	代表挡距/m
LJ-25		2.5
LJ-25		3.0
LJ-35		2.5
LJ-35		3.0
LJ-50		2.5
LJ-50		3.0
LJ-70		3.0
LJ-95		3.0
LJ-120		4.0
LJ-150		4.0
LJ-185		4.0
LJ-210		4.0
LJ-240		4.0
LGJ-16		2.5
LGJ-16		3.0
LGJ-25		3.0
LGJ-35		3.0
LGJ-50		3.5
LGJ-70		3.5
LGJ-95		4.0
LGJ-120		4.0
LGJ-150		4.0
LGJ-185		4.0
LGJ-210		4.5
LGJ-240		4.5

导线规格	安全系数 k	转角/(°) 0				2				4				6				8			
代表挡距/m		50	70	90	120	50	70	90	120	50	70	90	120	50	70	90	120	50	70	90	120
LJ-25	2.5	148.2	207.5	266.8	355.7	209.0	268.3	327.5	416.4	269.7	329.0	388.2	477.1	330.3	389.5	448.7	537.5	390.9	450.0	509.2	597.9
LJ-25	3.0	148.2	207.5	266.8	355.7	198.9	258.1	317.4	406.3	249.4	308.7	367.9	456.8	300.0	359.2	418.4	507.2	350.4	409.5	468.7	557.4
LJ-35	2.5	173.5	243.0	312.4	416.5	253.9	323.3	392.7	496.8	334.2	403.6	473.0	577.1	414.5	483.8	553.1	657.1	494.6	563.8	633.0	736.9
LJ-35	3.0	173.5	243.0	312.4	416.5	240.5	309.9	379.3	483.4	307.4	376.8	446.2	550.3	374.3	443.6	512.9	616.9	441.0	510.2	579.5	683.3
LJ-50	2.5	206.8	289.5	372.2	496.3	317.5	400.2	482.9	607.0	428.1	510.7	593.4	717.4	538.5	621.1	703.8	827.7	648.3	731.4	813.9	937.7
LJ-50	3.0	206.8	289.5	372.2	496.3	299.0	381.7	464.5	588.5	391.2	473.8	556.5	680.5	483.2	565.8	648.8	772.3	575.1	657.6	740.1	863.9
LJ-70	3.0	248.2	347.4	446.7	595.6	375.5	474.8	574.0	722.9	502.8	602.0	701.2	850.0	629.9	729.0	828.1	976.8	756.8	855.8	954.8	1103.4
LJ-95	3.0	286.8	401.5	516.2	688.2	454.8	569.5	684.2	856.4	622.8	737.4	852.1	1024.0	790.5	905.1	1019.6	1191.5	958.1	1072.5	1186.9	1358.5
LJ-120	4.0	327.4	458.4	589.4	785.8	496.8	627.8	758.8	955.2	666.1	797.0	927.9	1124.2	835.2	966.0	1096.8	1292.9	1004.0	1134.6	1265.3	1461.3
LJ-150	4.0	361.9	506.7	651.4	868.6	565.3	710.0	854.7	1071.8	768.4	913.1	1057.8	1274.8	971.4	1115.9	1260.5	1477.3	1174.0	1318.4	1462.8	1679.5
LJ-185	4.0	368.6	516.0	663.5	884.6	616.7	764.1	911.6	1132.7	864.6	1012.0	1159.3	1380.4	1112.3	1259.6	1406.8	1627.6	1359.6	1506.7	1653.8	1874.4
LJ-210	4.0	394.9	552.9	710.9	947.8	676.4	834.3	992.3	1229.2	957.6	1115.5	1273.5	1510.2	1238.6	1396.3	1554.1	1790.7	1519.1	1676.7	1834.3	2070.7
LJ-240	4.0	421.3	589.8	758.3	1011.0	737.6	906.1	1074.6	1327.1	1053.7	1222.1	1390.5	1643.1	1369.5	1537.8	1706.1	1958.5	1684.9	1853.0	2021.1	2273.2
LGJ-16	2.5	127.5	178.5	229.5	306.1	213.1	264.1	315.1	391.6	298.6	349.6	400.6	477.0	384.0	434.9	485.9	562.3	469.3	520.2	571.1	647.4
LGJ-16	3.0	127.5	178.5	229.5	306.1	198.8	249.8	300.8	377.3	270.1	321.1	372.0	448.5	341.2	392.2	443.1	519.5	412.3	463.2	514.1	590.4
LGJ-25	3.0	159.9	223.9	287.9	383.8	268.0	332.0	395.9	491.9	376.0	439.9	503.9	599.7	483.8	547.7	611.6	707.4	591.6	655.4	719.2	814.9
LGJ-35	3.0	187.5	262.5	337.5	450.0	334.4	409.4	484.4	596.9	481.2	556.2	631.1	743.6	627.9	702.8	777.7	890.0	774.4	849.2	924.0	1036.2
LGJ-50	3.5	220.6	308.8	397.1	529.4	388.8	477.0	565.2	697.6	556.9	645.1	733.7	865.5	724.8	812.9	901.0	1033.2	892.5	980.5	1068.5	1200.6
LGJ-70	3.5	261.9	366.7	471.5	628.7	495.2	599.9	704.7	861.8	728.2	833.0	937.7	1094.7	961.1	1065.8	1170.4	1327.3	1193.7	1298.2	1402.7	1559.5
LGJ-95	4.0	312.7	437.7	562.9	750.5	618.1	743.2	868.2	1055.9	923.3	1048.3	1173.3	1360.8	1228.2	1353.2	1478.2	1665.4	1532.7	1657.5	1782.3	1969.5
LGJ-120	4.0	346.3	484.8	623.3	831.1	704.0	842.5	981.0	1188.0	1061.5	1199.9	1338.4	1546.0	1418.7	1557.1	1695.6	1902.2	1775.4	1913.6	2051.8	2259.1
LGJ-150	4.0	360.0	504.0	648.3	864.4	832.3	976.3	1120.4	1336.5	1304.2	1448.1	1592.1	1808.1	1775.6	1919.5	2063.4	2279.2	2246.6	2390.3	2534.0	2749.6
LGJ-185	4.0	397.9	556.7	715.8	954.4	958.9	1117.9	1277.0	1515.5	1519.8	1678.8	1837.7	2076.2	2080.3	2239.1	2398.0	2636.2	2640.2	2798.8	2957.4	3195.5
LGJ-210	4.5	429.3	601.0	772.7	1030.2	1005.1	1176.8	1348.5	1606.0	1580.7	1752.3	1923.9	2181.3	2155.8	2327.2	2498.7	2755.9	2730.2	2901.5	3072.8	3329.7
LGJ-240	4.5	457.9	641.1	824.3	1099.0	1104.5	1287.7	1470.8	1745.5	1750.8	1933.2	2116.9	2391.5	2396.5	2579.4	2762.3	3036.7	3041.5	3224.2	3407.0	3681.0
GJ-25	4.0	151.7	212.3	273.0	333.6																
GJ-35	4.0	179.2	250.9	322.6	394.3																
GJ-50	4.0	206.8	289.5	372.2	455.0																

注：1. 本表为每根导线水平力值。
2. 表中单位为 N。

说明：可配合《电杆及卡盘允许倾覆弯矩表（一）v＝25m/s》使用。本表列出了在线路转角为 0~45°、代表挡距为 50~120m、使用不同导线规格时的水平力值。

注：1. 本表为每根导线水平力值。
2. 表中单位为N。

导线规格	安全系数k	转角10° 50	70	90	120	转角15° 50	70	90	120	转角25° 50	70	90	120	转角35° 50	70	90	120	转角45° 50	70	90	120
LJ-25	2.5	451.3	510.4	569.4	658.0	601	660	719	807	898	956	1014	1101	1189	1245	1302	1386	1470	1525	1579	1661
LJ-25	3.0	400.7	459.1	518.8	607.4	525	584	643	731	773	831	888	975	1014	1070	1127	1212	1248	1302	1357	1439
LJ-35	2.5	574.5	643.6	712.8	816.5	773	842	911	1014	1166	1234	1302	1404	1551	1617	1683	1782	1923	1987	2052	2148
LJ-35	3.0	507.6	576.7	645.9	749.6	673	742	810	914	1000	1068	1136	1237	1320	1386	1452	1551	1629	1694	1758	1854
LJ-50	2.5	758.9	841.3	923.7	1047.4	1033	1115	1197	1320	1575	1655	1736	1857	2104	2183	2262	2381	2618	2695	2771	2886
LJ-50	3.0	666.8	749.2	831.6	955.2	895	971	1059	1182	1346	1426	1507	1628	1787	1865	1944	2063	2214	2290	2367	2481
LJ-70	3.0	883.5	982.3	1081.2	1229.6	1198	1297	1395	1545	1822	1919	2016	2161	2431	2526	2621	2763	3022	3114	3206	3343
LJ-95	3.0	1125.3	1239.5	1353.8	1525.2	1541	1655	1769	1939	2365	2477	2589	2757	3170	3279	3389	3553	3951	4057	4163	4322
LJ-120	4.0	1112.5	1302.9	1433.4	1629.1	1592	1721	1851	2046	2421	2549	2677	2868	3232	3357	3482	3669	4018	4139	4260	4441
LJ-150	4.0	1376.3	1520.5	1664.7	1881.1	1880	2023	2167	2382	2875	3017	3158	3370	3849	3987	4126	4333	4794	4928	5062	5262
LJ-185	4.0	1606.6	1753.4	1900.3	2120.6	2221	2367	2513	2733	3437	3581	3725	3941	4627	4768	4908	5119	5782	5918	6054	6259
LJ-210	4.0	1799.2	1956.6	2114.0	2350.0	2496	2653	2810	3045	3876	4031	4185	4416	5227	5377	5528	5754	6537	6683	6829	7048
LJ-240	4.0	1999.8	2167.7	2335.5	2587.3	2784	2951	3118	3368	4335	4499	4664	4911	5853	6014	6175	6416	7327	7482	7638	7872
LGJ-16	2.5	554.5	605.3	656.1	732.3	766	817	867	943	1185	1235	1285	1360	1596	1644	1693	1766	1994	2041	2088	2159
LGJ-16	3.0	483.2	534.0	584.9	661.1	659	710	761	836	1009	1058	1108	1183	1350	1399	1447	1520	1681	1728	1776	1846
LGJ-25	3.0	699.1	762.8	826.6	922.1	967	1030	1093	1188	1496	1559	1621	1715	2014	2075	2136	2228	2517	2576	2636	2724
LGJ-35	3.0	920.6	995.3	1070.0	1182.1	1284	1359	1433	1545	2005	2078	2151	2261	2710	2782	2853	2961	3395	3464	3534	3637
LGJ-50	3.5	1059.9	1147.8	1235.7	1367.6	1477	1564	1651	1783	2301	2388	2474	2603	3109	3193	3277	3405	3892	3974	4055	4178
LGJ-70	3.5	1425.8	1530.2	1634.6	1791.2	2004	2108	2212	2367	3148	3250	3353	3506	4269	4368	4468	4618	5356	5453	5550	5695
LGJ-95	4.0	1836.8	1961.4	2086.0	2272.9	2594	2718	2842	3028	4093	4215	4337	4520	5560	5679	5799	5978	6985	7101	7217	7390
LGJ-120	4.0	2131.7	2269.6	2407.6	2614.6	3019	3156	3293	3499	4775	4910	5045	5248	6494	6626	6758	6957	8164	8292	8420	8612
LGJ-150	4.0	2716.8	2860.3	3003.9	3219.1	3888	4031	4174	4388	6207	6348	6488	6699	8479	8616	8753	8960	10686	10819	10952	11152
LGJ-185	4.0	3199.1	3357.6	3516.0	3753.7	4592	4749	4907	5144	7348	7504	7659	7892	10050	10201	10353	10580	12674	12821	12968	13188
LGJ-210	4.5	3303.8	3474.8	3645.9	3902.5	4733	4903	5073	5328	7561	7729	7896	8148	10332	10496	10660	10905	13025	13183	13342	13580
LGJ-240	4.5	3685.6	3868.1	4050.5	4324.2	5290	5472	5655	5926	8466	8645	8824	9092	11578	11753	11928	12190	14602	14712	14941	15195

10(6)kV转角水平力表（一）（v=30m/s）

导线规格	安全系数k	转角 0° 50	70	90	120	转角 2° 50	70	90	120	转角 4° 50	70	90	120	转角 6° 50	70	90	120	转角 8° 50	70	90	120
LJ-25	2.5	213.4	298.8	384.2	512.2	274.2	359.5	444.9	572.9	334.9	420.2	505.5	633.5	395.5	480.7	566.0	693.8	455.9	541.1	626.3	754.0
LJ-25	3.0	213.4	298.8	384.2	512.2	264.1	349.4	434.8	562.8	314.6	399.9	485.2	613.2	365.1	450.3	535.6	663.5	415.4	500.6	585.7	713.5
LJ-35	2.5	249.9	349.9	449.8	599.7	330.3	430.2	530.2	680.1	410.6	510.5	610.4	760.2	490.7	590.5	690.4	840.1	570.7	670.4	770.2	919.7
LJ-35	3.0	249.9	349.9	449.8	599.7	316.9	416.8	516.8	666.7	383.8	483.7	583.6	733.4	450.5	550.3	650.2	799.9	517.2	616.9	716.6	866.2
LJ-50	2.5	297.8	416.9	536.0	714.7	408.5	527.6	646.7	825.3	519.0	638.1	757.1	935.7	629.4	748.6	867.3	1045.7	739.4	858.4	977.3	1155.5
LJ-50	3.0	297.8	416.9	536.0	714.7	390.0	509.1	628.2	806.9	482.1	601.2	720.2	898.8	574.1	693.0	812.0	990.4	665.8	784.7	903.5	1081.7
LJ-70	3.0	357.4	500.3	643.2	857.6	484.7	627.6	770.5	984.9	611.9	754.8	897.6	1111.9	738.9	881.7	1024.4	1238.5	865.1	1008.3	1150.9	1364.8
LJ-95	3.0	412.9	578.1	743.3	991.1	581.0	746.2	911.3	1159.0	748.9	914.0	1079.0	1326.7	916.5	1081.5	1246.4	1493.9	1083.9	1248.7	1413.5	1660.6
LJ-120	4.0	471.5	660.1	848.7	1131.6	640.9	829.5	1018.0	1300.9	810.1	998.6	1187.1	1469.8	979.0	1167.4	1355.7	1638.2	1147.7	1335.8	1524.0	1806.2
LJ-150	4.0	521.1	729.6	938.1	1250.7	724.5	932.9	1141.3	1454.0	927.6	1135.9	1344.2	1656.7	1130.4	1338.2	1546.7	1859.0	1332.9	1540.8	1748.8	2060.7
LJ-185	4.0	530.8	743.1	955.4	1273.9	778.9	991.2	1203.5	1521.9	1026.7	1238.9	1451.1	1769.4	1274.3	1486.3	1698.3	2016.4	1521.4	1733.2	1945.0	2262.6
LJ-210	4.0	568.7	796.2	1023.7	1364.9	850.1	1077.6	1305.0	1646.6	1131.3	1358.6	1586.0	1927.0	1412.1	1639.3	1866.4	2207.0	1692.5	1919.4	2146.3	2486.7
LJ-240	4.0	606.6	849.3	1091.9	1455.9	922.9	1165.5	1408.2	1772.1	1239.0	1481.5	1724.0	2087.7	1554.6	1796.5	2039.3	2402.7	1869.8	2111.9	2353.5	2717.0
LGJ-16	2.5	183.6	257.1	330.6	440.7	269.2	342.6	416.1	526.1	354.7	428.1	501.5	611.6	440.0	513.4	586.8	696.8	525.3	598.6	671.8	781.7
LGJ-16	3.0	183.6	257.1	330.6	440.7	254.9	328.4	401.8	512.0	326.2	399.6	473.0	583.1	397.3	470.6	544.0	654.0	468.3	541.5	614.8	724.7
LGJ-25	3.0	230.3	322.4	414.5	552.7	338.3	430.5	522.6	660.7	446.3	538.4	630.4	768.5	554.1	646.1	738.1	876.1	661.8	753.7	845.5	983.4
LGJ-35	3.0	270.0	378.0	486.0	648.0	416.0	524.9	632.9	794.9	563.7	671.6	779.6	941.5	710.3	818.2	926.0	1087.8	856.7	964.4	1072.2	1233.8
LGJ-50	3.5	317.6	444.7	571.8	762.4	485.4	612.9	739.9	930.5	653.9	780.9	907.8	1098.3	821.7	948.6	1075.5	1265.6	989.3	1116.1	1242.8	1432.9
LGJ-70	3.5	377.2	528.1	679.0	905.3	610.4	761.3	912.1	1138.4	843.4	994.2	1145.0	1371.2	1076.2	1226.9	1377.6	1603.6	1308.6	1459.1	1609.7	1835.4
LGJ-95	4.0	450.3	630.5	810.6	1080.8	755.7	935.8	1115.9	1386.0	1060.8	1240.8	1420.8	1690.9	1365.6	1545.6	1725.6	1995.6	1670.0	1849.7	2029.4	2298.9
LGJ-120	4.0	498.6	698.1	897.6	1196.7	856.3	1055.8	1255.2	1554.3	1213.8	1413.1	1612.4	1911.4	1570.8	1770.0	1969.2	2268.0	1927.4	2126.4	2325.4	2623.8
LGJ-150	4.0	518.7	726.1	933.6	1244.8	990.8	1198.2	1405.6	1716.8	1462.5	1669.9	1877.3	2188.2	1933.9	2141.1	2348.3	2659.0	2404.2	2611.6	2818.9	3129.0
LGJ-185	4.0	572.6	801.7	1030.8	1374.3	1133.8	1362.8	1591.9	1935.4	1694.7	1923.6	2152.5	2495.9	2255.0	2483.7	2712.5	3055.6	2814.6	3043.1	3271.6	3614.4
LGJ-210	4.0	618.1	865.4	1112.7	1483.5	1194.0	1441.2	1688.4	2059.3	1769.5	2016.6	2263.7	2634.3	2344.4	2591.3	2838.2	3208.2	2918.6	3165.3	3411.9	3781.9
LGJ-240	4.5	659.4	923.2	1186.9	1582.6	1306.0	1569.0	1833.4	2229.0	1952.1	2215.7	2479.3	2874.7	2597.7	2861.1	3124.5	3519.6	3242.5	3505.6	3768.7	4163.4
GJ-25	4.0	218.4	305.7	393.1	480.4																
GJ-35	4.0	258.1	361.3	464.6	567.8																
GJ-50	4.0	297.8	416.9	536.0	655.1																

注：1. 本表为每根导线水平力值。
2. 表中单位为 N。

说明：可配合《电杆及卡盘允许倾覆弯矩表（一）v=30m/s》使用。本表列出了在线路转角 0°～45°，代表档距为 50～120m，使用不同导线规格时的水平力值。

导线规格	安全系数 k	转角 45°				转角 35°				转角 25°				转角 15°				转角 10°			
	代表档距/m	120	90	70	50	120	90	70	50	120	90	70	50	120	90	70	50	120	90	70	50
LJ-25	2.5	1806	1688	1609	1530	1536	1414	1332	1251	1254	1129	1045	962	962	835	751	666	813.9	686.3	610.3	516.3
LJ-25	3.0	1584	1466	1387	1308	1361	1239	1158	1076	1128	1003	920	836	886	759	675	590	763.3	635.7	550.7	465.6
LJ-35	2.5	2317	2179	2086	1994	1957	1814	1719	1624	1582	1436	1338	1241	1196	1047	948	849	999.1	849.7	750.1	650.6
LJ-35	3.0	2023	1885	1792	1700	1726	1583	1488	1393	1416	1270	1172	1075	1095	947	848	749	932.1	782.8	683.2	583.6
LJ-50	2.5	3088	2923	2812	2702	2589	2418	2305	2191	2070	1896	1780	1663	1536	1359	1241	1123	1264.9	1086.9	968.2	849.6
LJ-50	3.0	2683	2518	2408	2298	2271	2101	1987	1837	1842	1667	1551	1435	1398	1221	1103	985	1172.8	994.8	876.1	757.4
LJ-70	3.0	3586	3387	3255	3123	3013	2808	2672	2536	2417	2208	2068	1928	1803	1590	1448	1307	1490.6	1277.0	1134.6	992.2
LJ-95	3.0	4602	4373	4220	4068	3842	3605	3448	3290	3052	2810	2649	2488	2240	1994	1830	1666	1826.9	1580.1	1415.5	1251.0
LJ-120	4.0	4761	4500	4325	4151	3999	3729	3540	3369	3206	2930	2746	2562	2389	2108	1921	1734	1973.6	1691.8	1503.9	1316.0
LJ-150	4.0	5615	5326	5134	4941	4697	4399	4200	4001	3743	3438	3234	3031	2761	2451	2244	2038	2261.8	1950.3	1747.6	1535.0
LJ-185	4.0	6618	6324	6128	5932	5491	5187	4984	4782	4321	4010	3803	3596	3119	2803	2592	2382	2508.4	2191.1	1979.6	1768.1
LJ-210	4.0	7433	7118	6908	6698	6152	5926	5609	5392	4823	4490	4268	4046	3458	3120	2894	2669	2765.5	2425.6	2199.0	1972.4
LJ-240	4.0	8283	7946	7722	7498	6840	6493	6261	6030	5345	4990	4753	4516	3809	3449	3208	2967	3030.5	2667.9	2426.2	2184.4
LGJ-16	2.5	2283	2182	2114	2046	1895	1789	1719	1649	1491	1384	1312	1240	1077	967	895	822	866.5	756.7	683.5	610.4
LGJ-16	3.0	1971	1869	1801	1733	1649	1544	1474	1404	1314	1207	1135	1063	970	861	788	715	795.2	685.5	612.3	539.1
LGJ-25	3.0	2880	2753	2668	2582	2389	2257	2169	2082	1880	1745	1655	1565	1356	1219	1128	1036	1090.4	952.7	861.0	769.2
LGJ-35	3.0	3820	3671	3571	3471	3150	2995	2892	2789	2455	2296	2191	2086	1741	1580	1473	1366	1379.4	1218.0	1110.4	1002.8
LGJ-50	3.5	4393	4217	4099	3982	3625	3444	3322	3201	2830	2644	2520	2396	2014	1825	1699	1573	1599.6	1409.8	1283.2	1156.6
LGJ-70	3.5	5951	5742	5602	5463	4882	4666	4522	4378	3776	3555	3408	3261	2642	2417	2268	2118	2066.8	1841.3	1691.0	1540.7
LGJ-95	4.0	7695	7445	7279	7113	6293	6035	5863	5691	4842	4579	4403	4227	3355	3087	2909	2730	2601.9	2332.7	2153.3	1973.8
LGJ-120	4.0	8950	8674	8490	8305	7305	7020	6830	6640	5605	5313	5118	4923	3862	3565	3367	3170	2978.9	2680.8	2482.1	2283.4
LGJ-150	4.0	11503	11216	11024	10832	9322	9026	8828	8630	7071	6767	6564	6362	4765	4457	4251	4045	3598.0	3288.4	3081.4	2874.7
LGJ-185	4.0	13576	13259	13047	12836	10981	10653	10438	10216	8302	7967	7743	7519	5560	5219	4992	4765	4172.0	3829.8	3601.6	3373.4
LGJ-210	4.5	13999	13656	13428	13199	11338	10984	10748	10512	8590	8228	7987	7746	5778	5410	5165	4920	4354.0	3984.6	3738.2	3491.9
LGJ-240	4.5	15641	15276	15032	14788	12651	12274	12022	11771	9564	9178	8921	8663	6405	6013	5751	5490	4805.9	4411.8	4149.1	3886.3

注：1. 本表为每根导线水平力值。
2. 表中单位为 N。

图号	2-1-1-121	图名	10(6)kV转角水平力表（二）（v=30m/s）

电杆梢径/mm	杆长/m	埋深/m	大块碎石				中沙、粗沙				细沙、粉沙			
			无卡盘	KP8	KP10	KP12	无卡盘	KP8	KP10	KP12	无卡盘	KP8	KP10	KP12
φ150	8	1.5	5792	10057	11123	12190	4232	7604	8447	9290	2553	4625	5143	5661
	9	1.6	7378	12231	13444	14657	5376	9213	10172	11131	3227	5584	6174	6763
	10	1.7	9285	14763	16133	17502	6754	11084	12167	13250	4042	6703	7368	8034
φ170	8	1.5	6048	10313	11379	12446	4411	7783	8626	9469	2626	4698	5216	5733
	9	1.6	7681	12533	13746	14960	5586	9422	10381	11340	3308	5665	6254	6843
	10	1.7	9640	15119	16488	17858	6998	11328	12411	13494	4131	6792	7457	8123
φ190	10	1.7	9996	15474	16844	18213	7242	11572	12655	13737	4221	6881	7547	8212
	11	1.8	12387	18529	20064	21600	8963	13818	15031	16245	5218	8201	8947	9692
	12	1.9	15203	22046	23757	25468	10994	16404	17756	19108	6403	9727	10558	11389
	13	2.0	18495	26077	27973	29869	13373	19367	20866	22364	7801	11484	12405	13325
	15	2.3	31891	41918	42039	42039	23318	31245	33226	35208	14105	18976	20193	21411

电杆梢径/mm	杆长/m	埋深/m	坚硬黏土				硬塑黏土				可塑黏土			
			无卡盘	KP8	KP10	KP12	无卡盘	KP8	KP10	KP12	无卡盘	KP8	KP10	KP12
φ150	8	1.5	9578	14399	15604	16809	4827	7754	8486	9218	3246	5490	6052	6613
	9	1.6	12268	17752	19124	20495	6155	9485	10318	11150	4121	6674	7313	7951
	10	1.7	15504	21696	23243	23676	7755	11515	12455	13395	5177	8060	8781	9502
φ170	8	1.5	9884	14704	15803	15803	4971	7898	8630	9361	3333	5577	6139	6700
	9	1.6	12631	18116	19487	20858	6321	9651	10484	11316	4218	6772	7411	8049
	10	1.7	15933	22124	23671	25219	7947	11707	12647	13586	5287	8170	8891	9611
φ190	10	1.7	16361	22552	23676	23676	8139	11899	12838	13778	5397	8280	9000	9721
	11	1.8	20362	26029	26029	26029	10108	14323	15377	16431	6689	9921	10729	11537
	12	1.9	25077	32810	34744	36677	12436	17132	18306	19480	8222	11823	12724	13624
	13	2.0	30587	39156	41298	41372	15165	20369	21669	22970	10025	14016	15013	16011
	15	2.3	42039	42039	42039	42039	26630	33512	35232	36953	17924	23201	24521	25840

修正系数表

埋深增加量/m	0.1	0.2	0.3	0.4	0.5	0.6
修正系数	1.16	1.32	1.48	1.64	1.8	1.96

说明：用于风速 $v=25m/s$ 时配合《环形钢筋混凝土电杆标准检验弯矩表》《环形预应力混凝土电杆标准检验弯矩表》进行电杆及卡盘选择，本表列出了在6种土壤下无卡盘及设卡盘时，各种不同规格的电杆所允许的倾覆弯矩值，根据该值及电杆标准检验弯矩值选择电杆。

第一章 10kV及以下裸导线架空配电线路	第一节 10(6)kV裸导线铁横担架空线路
图号 2-1-1-122	图名 电杆及卡盘允许倾覆弯矩表（一）（v=25m/s）

电杆梢径 /mm	杆长 /m	埋深 /m	大块碎石				中沙、粗沙				细沙、粉沙			
			无卡盘	KP8	KP10	KP12	无卡盘	KP8	KP10	KP12	无卡盘	KP8	KP10	KP12
φ150	8	1.5	5379	9644	10710	11777	3819	7191	8034	8877	2140	4212	4730	5248
	9	1.6	6826	11679	12892	14105	4825	8661	9620	10579	2676	5032	5622	6211
	10	1.7	8570	14048	15418	16787	6039	10369	11452	12535	3327	5988	6653	7319
φ170	8	1.5	5592	9857	10924	11990	3956	7327	8170	9013	2171	4242	4760	5278
	9	1.6	7073	11926	13139	14353	4979	8815	9774	10733	2701	5058	5647	6236
	10	1.7	8856	14334	15704	17073	6213	10544	11626	12709	3347	6008	6673	7338
φ190	10	1.7	9142	14620	15989	17359	6387	10718	11800	12883	3366	6027	6692	7357
	11	1.8	11312	17453	18989	20524	7887	12742	13956	15170	4143	7126	7871	8617
	12	1.9	13876	20719	22430	24141	9667	15077	16429	17781	5076	8400	9231	10062
	13	2.0	16886	24467	26362	28258	11763	17757	19255	20754	6190	9873	10794	11715
	15	2.3	29651	39679	42039	42039	21078	29005	30987	32969	11866	16736	17954	19171

电杆梢径 /mm	杆长 /m	埋深 /m	坚硬黏土				硬塑黏土				可塑黏土			
			无卡盘	KP8	KP10	KP12	无卡盘	KP8	KP10	KP12	无卡盘	KP8	KP10	KP12
φ150	8	1.5	9166	13986	15191	16396	4414	7341	8073	8805	2833	5078	5639	6200
	9	1.6	11717	17201	18572	19943	5603	8933	9766	10599	3569	6123	6761	7400
	10	1.7	14789	20980	22528	23676	7040	10800	11740	12680	4462	7345	8066	8787
φ170	8	1.5	9429	14249	15454	15803	4515	7442	8174	8906	2877	5122	5683	6244
	9	1.6	12024	17508	18879	20250	5714	9044	9877	10709	3611	6165	6803	7442
	10	1.7	15148	21339	22887	24434	7163	10922	11862	12802	4502	7385	8106	8827
φ190	10	1.7	15506	21697	23245	23676	7285	11044	11984	12924	4542	7425	8146	8867
	11	1.8	19287	26029	26029	26029	9033	13248	14301	15355	5614	8846	9654	10462
	12	1.9	23750	31483	33417	35350	11109	15805	16979	18153	6895	10496	11397	12297
	13	2.0	28976	37545	39687	41372	13554	18758	20059	21360	8415	12405	13403	14400
	15	2.3	42039	42039	42039	42039	24391	31273	32993	34713	15685	20962	22281	23601

修正系数表

埋深增加量/m	0.1	0.2	0.3	0.4	0.5	0.6
修正系数	1.16	1.32	1.48	1.64	1.8	1.96

注：用于风速 v＝30m/s 时进行电杆及卡盘的选择，适用范围同图 2-1-1-122 说明。

第一章　10kV及以下裸导线架空配电线路		第一节　10(6)kV裸导线铁横担架空线路
图号	2-1-1-123	图名
		电杆及卡盘允许倾覆弯矩表（二）（v=30m/s）

整根锥形杆标准检验弯矩

标准检验弯矩/(kN·m)			φ150						φ170					φ190						
			B	C	D	E	F	G	D	E	F	G	H	F	G	H	I	J	K	L
L/m	L_1/m	L_2/m	1.25	1.50	1.75	2.00	2.25	2.50	1.75	2.00	2.25	2.50	2.75	2.25	2.50	2.75	3.00	3.50	4.00	5.00
8.00	6.45	1.30	8.06	9.68	11.29	12.90	14.51	16.12	11.29	12.90	14.51	16.12		14.51	16.13					
9.00	7.25	1.50	9.06	10.88	12.69	14.50	16.31	18.12	12.69	14.50	16.31	18.12		16.31			21.75	25.38	29.00	36.25
10.0	8.05	1.70		12.08	14.09	16.10	18.11	20.12	14.09	16.10	18.11	20.12	22.14	18.11	20.12	22.14	24.15			
11.0	8.85	1.90			15.49					17.70	19.91	22.12	24.34	19.91	22.12	24.34	26.55			
12.0	9.75	2.00								19.50	21.94	24.38	26.81	21.94	24.38	26.81	29.25	34.12	39.00	
13.0	10.55	2.20									23.74	26.38	29.01	23.74	26.38	29.01	31.65	36.93	42.20	52.75
15.0	12.25	2.50												27.56	30.62	33.69	36.75	42.88		

附 图

18m组装锥形杆杆段标准检验弯矩

检验断面处弯矩/(kN·m)			φ190						φ310				
			检验断面直径/mm	标准检验弯矩/(kN·m)					检验断面直径/mm	标准检验弯矩/(kN·m)			
L/m	L_1/m	L_2/m											
9.00	7.25	1.50	290	22	25	30	35	38	410	45	55	60	70

说明：1. 本表载自国家标准《环形钢筋混凝土电杆》(GB 396)。

2. 本表所列标准检验弯矩值为允许值。

整根锥形杆标准检验弯矩

标准检验弯矩/(kN·m)			梢径/mm φ150								梢径/mm φ170						梢径/mm φ190					
L/m	L1/m	L2/m	B 1.25	C 1.50	C1 1.50	D 1.75	E 2.00	F 2.25	G 2.50	I 3.00	D 1.75	E 2.00	G 2.50	I 3.00	J 3.50	K 4.00	E 2.00	G 2.50	I 3.00	J 3.50	K 4.00	L 5.00
8.00	6.45	1.30	8.06	9.68	10.64	11.29	12.90	14.51	16.12	19.35	11.29	12.90	16.12				12.90		19.35		25.80	
9.00	7.25	1.50	9.06	10.88	11.96	12.69	14.50	16.31	18.12	21.75	12.69	14.50	18.12	21.75	25.38		14.50		21.75	25.38	29.00	36.25
10.0	8.05	1.70		12.08	13.28	14.08	16.10	18.11	20.12	24.15	14.09	16.10	20.12	24.15	28.18	32.20	16.10	20.12	24.15			
11.0	8.85	1.90		13.28		15.49						17.70		26.55			17.70	22.12	26.55			
12.0	9.75	2.00										19.50	24.38				19.50	24.38	29.25	34.12	39.00	
13.0	10.55	2.20															21.10	26.38	31.65	36.93	42.20	
15.0	12.25	2.50															24.50	30.62	36.75	42.88		

附 图

（附图：锥形杆示意，标注尺寸 D、d，长度 L_2、L_1、L_3、L）

18m组装锥形杆杆段标准检验弯矩

检验断面处弯矩/(kN·m)			梢径/mm φ190							梢径/mm φ310					
L/m	L1/m	L2/m	检验断面直径/mm	标准检验弯矩/(kN·m)						检验断面直径/mm	标准检验弯矩/(kN·m)				
9.00	7.25	1.50	290	17	20	25	30	35	40	410	45	55	60	70	80

说明：1. 本表载自国家标准《环形混凝土电杆》(GB 4623)。

2. 本表所列标准检验弯矩值为允许值。

拉线盘埋深选择表（m）

普通、水平拉线

拉线规格	拉线夹角β	大块碎石 LP6	LP8	LP10	中沙、粗沙 LP6	LP8	LP10	细沙、粉沙 LP6	LP8	LP10	坚硬粘土 LP6	LP8	LP10	硬塑粘土 LP6	LP8	LP10	可塑粘土 LP6	LP8	LP10
GJ-25	45°	1.3			1.3			1.4			1.3			1.3			1.5	1.3	
GJ-25	60°	1.3			1.3			1.5			1.3			1.3			1.6	1.4	
GJ-35	45°	1.3			1.3			1.6			1.3			1.5	1.3		1.7	1.5	
GJ-35	60°	1.3			1.3			1.7			1.3			1.6	1.4	1.3	1.8	1.6	1.4
GJ-50	45°	1.3			1.4			1.8	1.3		1.4	1.3		1.6	1.5	1.4	1.9	1.8	1.5
GJ-50	60°	1.4	1.3		1.5	1.3		1.9	1.4	1.3	1.5	1.4		1.8	1.6	1.5	2.1	1.9	1.6
GJ-70	45°	1.5	1.4	1.3	1.6	1.5	1.4	2.0	1.5	1.4	1.6	1.5		1.9	1.7	1.6	2.2	2.1	1.9
GJ-70	60°	1.6	1.5	1.4	1.7	1.6	1.5	2.2	1.6	1.5	1.7	1.6	1.3	2.0	1.9	1.7	2.4	2.2	2.0
GJ-100	45°		1.6	1.5		1.7	1.6		1.7	1.6		1.7	1.4		2.0	1.9		2.4	2.2
GJ-100	60°		1.7	1.6		1.9	1.7		1.9	1.7		1.9	1.5		2.2	2.0		2.5	2.4
2×GJ-70	45°		1.8	1.7		2.0	1.9			1.9			1.6		2.3	2.2			2.6
2×GJ-70	60°			1.9		2.2	2.0			2.0			1.7			2.4			2.8
2×GJ-100	45°			2.0		2.3	2.2			2.2			1.8			2.5			
2×GJ-100	60°			2.1		2.5	2.3			2.3						2.7			

弓形拉线

拉线规格	拉线夹角β	大块碎石 LP6	LP8	LP10	中沙、粗沙 LP6	LP8	LP10	细沙、粉沙 LP6	LP8	LP10	坚硬粘土 LP6	LP8	LP10	硬塑粘土 LP6	LP8	LP10	可塑粘土 LP6	LP8	LP10
GJ-25	90°	1.3			1.3			1.5	1.4	1.3	1.3			1.5	1.3		1.7	1.5	1.3
GJ-35	90°	1.3			1.4			1.8	1.6	1.5	1.4	1.3		1.7	1.5	1.4	1.9	1.7	1.5
GJ-50	90°	1.5	1.3		1.6	1.5	1.3	2.1	1.8	1.7	1.6	1.5	1.3	1.9	1.8	1.6	2.2	2.0	1.8
GJ-70	90°	1.7	1.6	1.4	1.9	1.7	1.6	2.3	2.1	2.0	1.8	1.7	1.6	2.2	2.0	1.9	2.5	2.3	2.1

拉线垂直荷载表（kN）

拉线规格	GJ-25	GJ-35	GJ-50	GJ-70	GJ-100	2×GJ-70	2×GJ-100
垂直荷载 β=45°、β=90°	10.6	14.8	19.7	27.8	38.9	55.6	77.7
垂直荷载 β=60°	13.0	18.1	24.1	34.1	47.6	68.2	95.2

说明：《拉线盘埋深选择表》按普通、水平拉线及弓形拉线分为两大类，列出了在6种土壤下，3种规格的拉线盘使用不同规格（弓形拉线专用）时的拉线盘埋深值。《拉线垂直荷载表》列出了各种拉线及弓形拉线对地夹角β=45°、β=60°及β=90°，当其对地夹角β=45°、β=60°时的拉线垂直荷载值（弓形拉线按β=45°时的垂直荷载取最大允许值），配合《基础允许最大垂直荷载表》使用。

第一章　10kV及以下裸导线架空配电线路	第一节　10(6)kV裸导线铁横担架空线路
图号　2-1-1-126　图名	拉线盘埋深选择表和拉线垂直荷载表

覆冰厚度/mm	0				5				10				15			
代表挡距/m 导线规格	50	70	90	120	50	70	90	120	50	70	90	120	50	70	90	120
LJ-16	21	30	38	51	91	128	164	219	231	323	415	554	439	615	791	1055
LJ-25	34	48	62	82	114	159	204	273	263	368	473	629	480	673	865	1153
LJ-35	46	65	83	111	132	186	239	319	289	405	520	693	515	720	925	1234
LJ-50	67	94	121	161	165	230	297	395	332	406	599	798	571	798	1026	1369
LJ-70	96	134	173	229	205	287	370	492	384	538	691	922	632	885	1138	1518
LJ-95	127	178	229	307	249	348	448	597	439	616	791	1055	700	979	1259	1678
LJ-120	164	228	294	392	297	416	534	713	500	700	900	1200	773	1081	1390	1853
LJ-150	200	279	360	479	344	481	619	825	557	779	1003	1336	839	1175	1511	2015
LJ-185	246	345	444	592	403	564	725	967	628	879	1130	1507	923	1292	1661	2215
LJ-210	283	396	510	679	448	626	806	1075	682	955	1227	1636	985	1379	1774	2365
LJ-240	322	451	579	173	495	693	892	1189	738	1033	1328	1772	1050	1471	1890	2521
LGJ-16	32	45	59	77	106	148	190	254	248	347	447	595	460	644	828	1104
LGJ-25	51	72	92	123	134	187	241	322	286	401	516	687	508	711	915	1219
LGJ-35	70	98	126	169	162	225	290	387	322	451	579	773	552	773	993	1325
LGJ-50	97	135	175	232	198	277	357	475	369	517	664	885	609	852	1096	1461
LGJ-70	136	191	246	328	251	351	451	601	433	607	780	1041	686	961	1235	1647
LGJ-95	188	264	338	452	318	444	571	762	516	722	928	1237	783	1097	1410	1880
LGJ-120	230	323	416	554	370	518	666	887	578	810	1041	1388	857	1199	1541	2055
LGJ-150	297	416	534	713	450	630	811	1080	673	942	1212	1615	965	1351	1737	2316
LGJ-185	362	507	652	869	527	738	950	1267	763	1068	1373	1830	1067	1494	1921	2561
LGJ-210	422	590	760	1013	598	837	1076	1435	843	1180	1518	2024	1158	1622	2084	2779
LGJ-240	476	667	858	1143	662	925	1190	1587	916	1282	1648	2198	1239	1735	2230	2975
GJ-25	112	157	201	268	133	269	346	461	342	478	616	821	561	785	1010	1347
GJ-35	156	219	280	375	245	343	440	587	403	564	725	967	630	882	1134	1513
GJ-50	208	291	374	498	305	426	549	731	472	660	848	1131	707	990	1273	1697

说明：1. 本表为每根导线垂直荷载值。

　　　2. 表中单位为 N。

　　　3. 本表列出 3 种类型的导线（其中 GJ 为避雷线）的每根导线垂直荷载值，配合《基础允许最大垂直荷载表》使用。

第一章　10kV及以下裸导线架空配电线路	第一节　10(6)kV裸导线铁横担架空线路
图号　2-1-1-127	图名　导线（LJ、LGJ、GJ）垂直荷载表

电杆梢径/mm	杆长/m	埋深/m	大块碎石				中沙、粗沙				细沙、粉沙			
			无底盘	DP6	DP8	DP10	无底盘	DP6	DP8	DP10	无底盘	DP6	DP8	DP10
φ150	8	1.5	5.6	95.8	116.4	149.1	5.6	96.8	118.2	151.9	0.8	57.8	104.9	166.0
	9	1.6	5.7	94.8	114.8	146.8	5.7	95.7	116.6	149.7	0.6	58.2	106.0	167.9
	10	1.7	5.8	93.6	113.1	144.4	5.8	94.7	115.1	147.5	0.3	58.6	107.0	169.8
φ170	8	1.5	6.0	95.6	116.2	148.9	6.0	96.5	118.0	151.7	0.8	57.5	104.6	165.8
	9	1.6	6.1	94.5	114.6	146.5	6.1	95.4	116.4	149.5	0.5	57.9	105.7	167.6
	10	1.7	6.2	93.4	112.9	144.1	6.1	94.4	114.8	147.2	0.2	58.5	106.7	169.5
φ190	10	1.7	6.5	93.1	112.6	143.9	6.5	94.1	114.5	147.0	0.1	58.0	106.4	169.2
	11	1.8	6.6	92.0	110.9	141.5	6.5	93.0	112.9	144.7	—	58.3	107.4	171.0
	12	1.9	6.6	90.8	109.2	139.1	6.5	91.8	111.3	142.5	—	58.6	108.3	172.8
	13	2.0	6.6	89.7	107.5	136.6	6.4	90.7	109.6	140.2	—	58.9	109.3	174.7
	15	2.3	6.8	86.8	103.0	130.0	6.6	87.9	105.4	134.1	—	60.5	112.8	180.8
	18	2.0	4.7	86.2	104.0	133.1	4.5	87.0	106.0	136.5	—	55.1	105.5	170.8

电杆梢径/mm	杆长/m	埋深/m	坚硬黏土				硬塑黏土				可塑黏土			
			无底盘	DP6	DP8	DP10	无底盘	DP6	DP8	DP10	无底盘	DP6	DP8	DP10
φ150	8	1.5	3.2	92.2	118.2	151.9	1.5	67.9	122.8	153.3	0.3	50.7	92.3	146.4
	9	1.6	3.1	92.1	116.6	149.7	1.3	67.8	123.0	151.2	—	50.6	92.4	146.8
	10	1.7	2.9	92.0	115.1	147.5	1.0	67.7	123.0	149.1	—	50.4	92.5	147.1
φ170	8	1.5	3.4	91.9	118.0	151.7	1.6	67.7	122.6	153.1	0.3	50.5	92.1	146.2
	9	1.6	3.2	91.8	116.4	149.5	1.3	67.5	122.7	150.9	—	50.3	92.1	146.5
	10	1.7	3.0	91.7	114.8	147.2	1.0	67.4	122.7	148.8	—	50.1	92.1	146.8
φ190	10	1.7	3.1	91.4	114.5	147.0	0.9	67.1	122.4	148.5	—	49.8	91.8	146.5
	11	1.8	2.8	91.2	112.9	144.7	0.5	66.9	122.5	146.3	—	49.5	91.8	146.7
	12	1.9	2.5	91.1	111.3	142.5	—	66.6	122.5	144.1	—	49.3	91.8	147.0
	13	2.0	2.1	90.9	109.6	140.2	—	66.4	122.5	142.0	—	49.0	91.7	147.2
	15	2.3	1.4	91.0	105.4	134.1	—	66.4	123.2	136.1	—	48.9	92.3	148.6
	15	2.0	—	87.2	106.0	136.5	—	62.7	118.8	138.2	—	45.2	87.9	143.4

说明：1. 表中数值单位为 kN。

2. 本表列出了 6 种土壤在无底盘及有底盘（3 种规格）的情况下，在使用不同规格的电杆时最大允许垂直荷载值，该值应大于或等于各种垂直荷载之和（导线总垂直荷载＋拉线垂直荷载）。

第一章 10kV及以下裸导线架空配电线路		第一节 10(6)kV裸导线铁横担架空线路
图号	2-1-1-128	图名	钢筋混凝土电杆基础最大允许垂直荷载表

铝 绞 线 （LJ）

标称截面积 /mm²	结构 根数/直径 /mm	计算截面 /mm²	外径 /mm	直流电阻 不大于 /(Ω/km)	计算拉断力 /N	计算质量 /(kg/km)	交货长度 不小于 /m
16	7/1.70	15.89	5.10	1.802	2840	43.5	4000
25	7/2.15	25.41	6.45	1.127	4355	69.6	3000
35	7/2.50	34.36	7.50	0.8332	5760	94.1	2000
50	7/3.00	49.48	9.00	0.5786	1930	135.5	1500
70	7/3.60	71.25	10.80	0.4018	10950	195.1	1250
95	7/4.16	95.14	12.48	0.3009	14450	260.5	1000
120	19/2.85	121.21	14.25	0.2373	19420	333.5	1500
150	19/3.15	148.07	15.75	0.1943	23310	407.4	1250
185	19/3.50	182.80	17.50	0.1574	28440	503.0	1000
210	19/3.75	209.85	18.75	0.1371	32260	577.4	1000
240	19/4.00	238.76	20.00	0.1205	36260	656.9	1000

说明：以上摘自国家标准《钢绞线及钢芯铝绞线》（GB 1179—83）。《圆线同心绞架空导线》（GB/T 1179—1999）将铝绞线表示为孔，其
　　　规格号为：15.89、25.41、34.36、49.48、71.25、95.14、121.21、148.07、182.80、209.85、238.76、297.57、397.83、
　　　502.90、631.30、805.36等。

第一章 10kV及以下裸导线架空配电线路			第一节 10(6)kV裸导线铁横担架空线路
图号	2-1-1-129	图名	铝绞线规格参数表

钢 芯 铝 绞 线 （LGJ）

标称截面积铝/钢/mm²	结构 根数/直径/mm		计算截面/mm²			外径/mm	直流电阻不大于/(Ω/km)	计算拉断力/N	计算质量/(kg/km)	交货长度不小于/m
	铝	钢	铝	钢	总计					
16/3	6/1.85	1/1.85	16.13	2.69	18.82	5.55	1.779	6130	65.2	3000
25/4	8/2.32	1/2.32	25.36	4.23	29.59	6.96	1.131	9290	102.6	3000
35/6	6/2.72	1/2.72	34.86	5.81	40.67	8.16	0.8230	12630	141.0	3000
50/8	6/3.20	1/3.20	48.25	8.04	56.29	9.60	0.5946	16870	195.1	2000
70/10	6/3.80	1/3.80	68.05	11.34	79.39	11.40	0.4217	23390	275.2	2000
95/15	26/2.15	7/1.67	94.39	15.33	109.72	13.61	0.3058	35000	380.8	2000
120/20	26/2.38	7/1.85	115.67	18.82	134.49	15.07	0.2496	41000	466.8	2000
150/25	26/2.70	7/2.10	148.86	24.25	173.11	17.10	0.1939	54110	601.0	2000
185/30	26/2.08	7/2.32	181.34	29.59	210.93	18.88	0.1592	64320	732.6	2000
210/35	26/3.22	7/2.50	211.73	34.36	246.09	20.38	0.1363	74250	853.9	2000
240/40	26/3.42	7/2.66	238.85	38.90	277.75	21.66	0.1209	83370	964.3	2000

说明：以上摘自国家标准《钢绞线及钢芯铝绞线》（GB 1179—83）。该标准虽然被《圆线同心绞架空导线》（GB/T 1179—1999）代替，但电气工程界仍习惯沿用 1983 年标准。1999 年标准将钢芯铝绞线表示为 JL/G1A、JL/G1B、JL/G2A、JL/G2B、JL/G3A；标称截面积改为规格号，即 16、25、40、63、100、125、160、200、250、315、400、450、500、560、630、710、800、900、1000、1120、1250 等。

第一章　10kV及以下裸导线架空配电线路	第一节　10(6)kV裸导线铁横担架空线路
图号　2-1-1-130	图名　钢芯铝绞线规格参数表

导线允许拉力表

导线规格	安全系数	计算拉断力 /N	允许拉力 /N
LJ－16	2.5	2840	1136
LJ－25	2.5	4355	1742
LJ－25	3.0	4355	1452
LJ－35	2.5	5760	2304
LJ－35	3.0	5760	1920
LJ－50	2.5	7930	3172
LJ－50	3.0	7930	2643
LJ－70	3.0	1095	3650
LJ－95	3.0	14450	4817
LJ－120	4.0	19420	4855
LJ－150	4.0	23310	5828
LJ－185	4.0	28440	7110
LJ－210	4.0	32260	8065
LJ－240	4.0	36260	9065
LGJ－16	2.5	6130	2452
LGJ－16	3.0	6130	2043
LGJ－25	3.0	9290	3097
LGJ－35	3.5	12630	3609
LGJ－50	3.5	16870	4820
LGJ－70	3.5	23390	6683
LGJ－95	4.0	35000	8750
LGJ－120	4.0	41000	10250
LGJ－150	4.0	54110	13528
LGJ－185	4.0	64320	16080
LGJ－210	4.5	74250	16500
LGJ－240	4.5	83370	18527

镀锌钢绞线（GJ）

标称截面积 /mm²	钢绞线直径 /mm	结构 根数/直径 /mm	全部钢筋断面积 /mm²	参考质量 /(kg/100m)	钢丝破断拉力总和 kN，不小于
25	6.9	7/2.3	29.08	23.09	36.93
35	7.8	7/2.6	37.17	29.51	47.20
50	9.6	7/3.2	56.30	44.70	71.50
70	11.5	19/2.3	78.94	62.84	100.25
100	13.0	19/2.6	100.88	80.30	128.12

说明：1. 以上摘自国家标准《镀锌钢绞线》（GB 1200）、《铝绞线及钢芯铝绞线》（GB 1179）。

2. 直线耐张杆张力按允许拉力的 30% 计算。

第一章　10kV及以下裸导线架空配电线路	第一节　10(6)kV裸导线铁横担架空线路
图号　2-1-1-131　图名	镀锌钢绞线规格表及导线允许拉力表

一、选型设计具体步骤

一般在配电线路工程设计中先根据负荷容量、远景规划等要求确定导线规格，经选线勘测后，根据平面图［特殊地形和跨越场所还需要局部纵（横）断面图］进行杆塔定位，确定杆高、代表挡距等，再根据该地区的气象条件、土壤种类等资料，利用本图集进行杆型、绝缘子、横担、拉线、基础等选型设计的具体步骤如下：

第一步：电杆选择

1. 直线杆（包括跨越杆）、不设拉线的直线型小转角杆及设备杆，其电杆选择应满足条件如下。

单回路线路：

$$M_B \geqslant M_D$$

带避雷线的单回路线路：

$$M_B \geqslant M_D'$$

式中　M_B——电杆标准检验弯矩值，kN·m，见图 2-1-1-124、图 2-1-1-125；

　　　M_D——导线在地面处引起的弯矩值，N·m；

　　　M_D'——避雷线及导线在地面处引起的弯矩值，N·m。

M_D、M_D' 的计算公式如下：

$$M_D = FH_1 + 2FH_2 = F(H_1 + 2H_2)$$

$$M_D' = F'H + FH_1 + 2FH_2$$

式中　F——导线水平力，N，由 10(6)kV 转角水平力表（见图 2-1-1-118～2-1-1-

121）查出；

　　　F'——避雷线水平力，N，由 10(6)kV 转角水平力表（见图 2-1-1-118、图 2-1-1-120）查出；

　　　H_1——上导线对地面垂直距离，m；

　　　H_2——下导线对地面垂直距离，m；

　　　H——避雷线对地面垂直距离，m。

2. 设拉线的电杆选择

为统一电杆规格，该类电杆一般可先按直线杆选择，然后按下述方法校验（杆型 ZJ$_1$、ZJ$_2$ 可不做校验）。

条件：　　　　　　$M_B' \geqslant M_L$

式中　M_B'——拉线抱箍处电杆允许弯矩值，N·m，由电杆制造厂家提供；

　　　M_L——导线对拉线抱箍处产生的弯矩值，N·m。

当不满足上述条件时应重新选择电杆规格。

为简化计算，采用下列公式：

$$M_L = Fh_1 \text{（拉线抱箍在横担上方）}$$

$$M_L = F(h_1 + 2h_2) \text{（拉线抱箍在横担下方）}$$

式中　F——导线允许拉力或水平力，N，由图 2-1-1-132或图 2-1-1-118～2-1-1-121查出；

　　　h_1——上导线距拉线抱箍处的垂直距离，m；

　　　h_2——下导线距拉线抱箍处的垂直距离，m。

第一章　10kV及以下裸导线架空配电线路		第一节　10(6)kV裸导线铁横担架空线路
图号	2-1-1-132	图名　进行杆型、绝缘子、横担、拉线、基础等选型设计步骤和举例（一）

第二步：倾覆校验及卡盘选择

电杆倾覆校验应满足条件如下。

单回路线路：

$$M_Q \geqslant M_D$$

带避雷线的单回路线路：

$$M_Q \geqslant M'_D$$

式中 M_Q——允许倾覆弯矩值，N·m，由电杆及卡盘允许倾覆弯矩表（见图2-1-1-122、图2-1-1-123）查出，如果加大电杆埋深，可用所列修正系数乘以所查数值对 M_Q 进行修正；

其他符号意义同前。

注意事项如下：

（1）带拉线的电杆不需要进行倾覆验算。

（2）18m电杆均设补强拉线。

第三步：电杆主要部件选择

利用绝缘子适用范围表、铁横担选择表、拉线截面选择表、转角水平力表、电杆标准检验弯矩表、荷载表等及杆顶组装工艺图进行选择，选择步骤如下：

（1）绝缘子选择。

（2）横担选择。

（3）拉线及其附件选择。

（4）底盘选择。

（5）其他部件的选择（如开关设备、电缆终端盒、接地装置等自行选择，不再说明）。

二、选型设计举例

有一段10kV单回路架空线路，路径经过的气象条件：风速 $v=25\text{m/s}$、导线覆冰厚度为10mm，土壤为坚硬黏土。导线规格为LGJ-70（安全系数 $k=3.5$），代表挡距为80m，假定电杆高度均为10m，横担距顶相的距离为0.5m。正在运行的变电所出线为电缆方式，规划（设计的）变电所进线为架空方式，路径直线平面示意图如下：

1号杆——终端杆 V（D_5）；

2号杆——跨越杆 I（K_1）；

3号杆——跨越杆 I（K_1）；

4号杆——直线转角杆 I（ZJ_1）；

5号杆——直线转角杆 II（ZJ_2）；

6号杆——直线杆（Z_1）；

7号杆——耐张转角杆 I（NJ_1）；

8号杆——直线杆 I（Z_1）；

9号杆——耐张转角杆 II（NJ_2）；

10号杆——终端杆 I（D_1）；

11号杆——隔离开关杆 I（GK_2）。

第一步：电杆选择

（一）2号、3号、6号、8号、11号电杆选择

根据本例要求，从10(6)kV转角水平力表（一）（$v=25\text{m/s}$）（见图2-1-1-118）中查出在转角为0°、代表挡距为90m一栏里每根导线水平力 $F=471.5\text{N}$，计算如下：

$$
\begin{aligned}
M_D &= F(H_1 + 2H_2) \\
&= 471.5 \times [(10-1.7) + 2 \times (10-1.7-0.5)] \\
&\approx 11269(\text{N·m}) \approx 11.27\text{kN·m}
\end{aligned}
$$

再从环形钢筋混凝土电杆标准检验弯矩表（见图 2-1-1-124）中查出杆高为 10m，满足条件 $M_B \geqslant M_D$ 电杆规格的 M_B 值如下。

$\phi 170 \times 10 \times D$：　　$M_B = 14.09 kN \cdot m$

$\phi 190 \times 10 \times F$：　　$M_B = 18.11 kN \cdot m$

以上两种规格的电杆均能满足本例使用要求。本例选用 $\phi 190 \times 10 \times F$。根据需要也可选用环形预应力混凝土电杆（见图 2-1-1-125）。

（二）4 号电杆选择

本例为 2°51′ 小转角杆型，如不设拉线，从 10(6)kV 转角水平力表（一）（$v=25m/s$）（见图 2-1-1-118）中查出在转角度为 4°、代表挡距为 90m 一栏里每根导线水平力 $F=937.7N$，计算 M_D 如下：

$M_D = F(H_1 + 2H_2)$

$= 937.7 \times [(10+1.7) + 2 \times (10-1.7-0.5)]$

≈ 22411（N·m）$\approx 22.41 kN \cdot m$

再从图 2-1-1-124 中查出杆高为 10m、满足条件 $M_B \geqslant M_D$ 的电杆规格及其 M_B 值如下：

$\phi 190 \times 10 \times I$：　　$M_B = 24.15 kN \cdot m$

如设拉线，则与 2 号、3 号、6 号、8 号、11 号电杆选择相同，即选 $\phi 190 \times 10 \times F$ 电杆。

（三）1 号、9 号、10 号电杆选择

按终端杆受力情况验算，从导线允许拉力表（见图 2-1-1-131）中查出 LGJ-70 的允许拉力 $F=6683N$，则：

$M_L = F(h_1 + 2h_2) = 6683 \times (0.75 + 2 \times 0.25)$

≈ 8354（N·m）（9 号杆）

$M_L = Fh_1 = 6683 \times 0.3$

$= 2005$（N·m）（1 号、10 号杆）

已知某厂生产的 $\phi 190 \times 10 \times F$ 电杆，距杆顶 0.9m、0.45m 处允许使用弯矩分别为 8500N·m＞8354N·m、6000N·m＞2005N·m，满足要求。

（四）5 号、7 号电杆选择

以 7 号电杆为例，从 10(6)kV 转角水平力表（二）（见图 2-1-1-119）中查出转角为 45°，LGJ-70 的水平力为 5550N·m。

则：$M_L = 5550 \times 0.3 = 1665$（N·m），选 $\phi 190 \times 10 \times F$ 满足要求。

第二步：倾覆校验及卡盘选择

（一）2 号、3 号、6 号、8 号、11 号电杆校验

根据本例所给条件，从电杆及卡盘允许倾覆弯矩表（一）（$v=25m/s$）（见图 2-1-1-122）中查出坚硬黏土及对应的 $\phi 190$、10m 电杆一栏里允许倾覆弯矩 $M_Q = 16361N \cdot m ＞ M_D = 11269N \cdot m$，说明当埋深 1.7m、无卡盘时能满足倾覆要求。

（二）4 号电杆校验及卡盘选择

因 $M_Q = 16361N \cdot m ＜ M_D = 22411N \cdot m$，可知本杆在埋深为 1.7m、无卡盘时不能满足倾覆要求，可采用卡盘或加大其埋深两种方法解决。

1. 采用卡盘方法

查图 2-1-1-122，可知当采用卡盘型号为 KP8 时：

$M_Q = 22552N \cdot m ＞ M_D = 22411N \cdot m$

可满足倾覆要求。

2. 采用加大埋深的方法

当埋深为 2.0m 时，埋深增加量 $= 2.0-1.7 = 0.3$（m），查修正系数表得修正系数为 1.48，M_Q 修正如下：

$M_Q = 16361 \times 1.48 \approx 24214$（N·m）$＞ 22411N \cdot m$

即 $M_Q ＞ M_D$ 满足倾覆要求。

第一章　10kV及以下裸导线架空配电线路		第一节　10(6)kV裸导线铁横担架空线路
图号	2-1-1-134	图名	进行杆型、绝缘子、横担、拉线、基础等选型设计步骤和举例（三）

274

上述两种方法均能满足倾覆要求，可任选一种。

第三步：电杆主要部件选择

（一）1号电杆

选用带跌开式熔断器的终端杆V（D_5）型。

1. 绝缘子选择

见杆顶安装工艺图（图2-1-1-23）。

2. 横担选择

根据导线为LGJ-70、覆冰厚度为10mm的条件，查10(6)kV铁横担选择表（三）（见图2-1-1-112）的终端杆一栏，选用2×L90×8规格横担，再根据电杆梢径为φ190，从横担制造图（见图2-1-1-42）中查出当角钢规格为2×L90×8时横担型号为2Ⅲ₃。

3. 拉线选择

（1）拉线截面选择。

根据导线为LGJ-70、终端杆、风速$v=25$m/s，如选用普通拉线的型式（对地夹角$\beta=45°$），从10(6)kV普通、弓形拉线截面选择表（一）（$v=25$m/s）（见图2-1-1-113）中查出拉线规格为GJ-50，可满足使用要求。

（2）选择拉线盘型号及埋深

根据土壤特征从拉线盘埋深选择表（见图2-1-1-126）中查出坚硬黏土一栏，当拉线盘型号为LP6，其埋深为1.4m时可满足使用要求。

拉线的组装及零配件应按照单、双钢绞线普通拉线组装图（见图2-1-1-47、图2-1-1-48）进行选型组装。

4. 底盘选择

（1）导线垂直荷载。

根据导线为LGJ-70、覆冰厚度为10mm、代表挡距为80m，从导线垂直荷载表（见图2-1-1-127）中查出每根导线垂直荷载为780N，终端杆按其一半计算，即780/2＝390（N），导线根数为3根，总垂直荷载为3×390＝1170（N）＝1.17kN。

（2）拉线垂直荷载。

根据拉线规格为GJ-50、$\beta=45°$，从拉线垂直荷载表（见图2-1-1-126）中查出拉线垂直荷载为19.7kN。

（3）底盘选择。

作用在电杆基础的总垂直荷载为导线与拉线垂直荷载之和，即1.17＋19.7＝20.87（kN）。从基础允许最大垂直荷载表（见图2-1-1-128）中查出φ190、长10m电杆、坚硬黏土，当无底盘时，基础允许最大垂直荷载为3.1kN<20.87kN，不能满足要求，需加装底盘。当选用DP6底盘时，基础允许最大垂直荷载为91.4kN>20.87kN，故选用DP6可满足使用要求。

（二）2号电杆

因跨越公路，故选跨越杆Ⅰ（K_1）。

1. 绝缘子选择

见杆顶安装工艺图（图2-1-1-12）。

2. 横担选择

根据导线为LGJ-70、覆冰厚度为10mm、挡距为80m的跨越杆，从10(6)kV铁横担选择表（一）（见图2-1-1-110）中选出L63×6规格横担，再根据电杆梢径φ190，从横担制造图（见图2-1-1-42）中查出当角钢规格为L63×6时，横担型号为Ⅰ₃。

第一章 10kV及以下裸导线架空配电线路		第一节 10(6)kV裸导线铁横担架空线路
图号	2-1-1-135	图名	进行杆型、绝缘子、横担、拉线、基础等选型设计步骤和举例（四）

275

3. 底盘选择

(1) 导线垂直荷载。

已知导线总垂直荷载为

$$3 \times 780 = 2340 \text{（N）} = 2.34\text{kN}$$

(2) 底盘选择。

方法基本与1号电杆各部件选择中底盘选择相同。由于本杆不设拉线，故总垂直荷载即为2.34kN。无底盘时，基础允许最大垂直荷载为3.1kN＞2.34kN，不需加底盘。

（三）3号电杆各部件选择

与2号电杆相同。

（四）4号电杆

1. 绝缘子选择

由于4号电杆转角度为2°15′，从P-15T绝缘子适用范围表（$v=25\text{m/s}$）（见图2-1-1-108）中查出代表挡距为90m、转角为5°一栏里P-15T绝缘子可满足使用要求。即可选用直线转角杆 I（ZJ_1）杆型（见图2-1-1-14）。

2. 横担选择

与2号电杆各部件选择中横担选择相同，即选用∠63×6规格横担，型号为 I_3。

3. 底盘选择

与2号电杆各部件选择中底盘选择方法相同。

（五）5号电杆

1. 绝缘子选择

由于5号电杆转角度为18°5′，从P-15T绝缘子适用范围表（$v=25\text{m/s}$）（见图2-1-1-108）中查出代表挡距为90m、转角为20°一栏里2×P-15T绝缘子可满足使用要求。即可选用直线转角杆

II（ZJ_2）杆型（图2-1-1-15）。

2. 横担选择

根据导线为LGJ-70、覆冰厚度为10mm、挡距为80m、ZJ_2杆型，从10(6)kV铁横担选择表（二）（见图2-1-1-111）中选出2×L63×6规格横担，再根据电杆梢径为ϕ190从横担制造图（见图2-1-1-43）中查出角钢规格为L63×6时，横担型号为2I_3。

3. 拉线选择

(1) 拉线截面选择

根据导线为LGJ-70、ZJ_2杆型、风速$v=25\text{m/s}$，如拉线为普通型式（拉线对地夹角$\beta=60°$），从10 (6) kV普通、弓形拉线截面选择表（一）（$v=25\text{m/s}$）（见图2-1-1-113）中查出转角为30°、代表挡距为90m一栏里拉线为GJ-50可满足使用要求。

(2) 选择拉线盘型号及其埋深

根据土壤为坚硬黏土，从拉线盘埋深选择表（见图2-1-1-126）中查出拉线规格为GJ-50、$\beta=60°$时，选用拉线盘型号为LP6，其埋深为1.5m可满足使用要求。

拉线组装和零配件按照单、双钢绞线普通拉线组装图（见图2-1-1-47、图2-1-1-48）进行选型组装。

4. 底盘选择

(1) 导线垂直荷载。

已知导线总垂直荷载为

$$3 \times 780 = 2340 \text{（N）} = 2.34\text{kN}$$

第一章　10kV及以下裸导线架空配电线路	第一节　10(6)kV裸导线铁横担架空线路
图号 2-1-1-136	图名 进行杆型、绝缘子、横担、拉线、基础等选型设计步骤和举例（五）

（2）拉线垂直荷载。

根据拉线规格为 GJ-50、$\beta=60°$，从拉线垂直荷载表（见图 2-1-1-126）中查出拉线垂直荷载为 24.1kN。

（3）底盘选择。

作用在电杆基础的最大垂直荷载为

$$2.34+24.1=26.44 \text{（kN）}$$

从基础允许最大垂直荷载表（见图 2-1-1-128）中查出底盘为 DP6 时基础允许垂直荷载为 91.4kN＞26.44kN，故选用 DP6 可满足使用要求。

（六）6 号电杆

绝缘子的选择见杆顶安装工艺图（图 2-1-1-10），其余各部件选择与 2 号电杆各部件选择内容、方法相同。

（七）7 号电杆

该杆型转角度为 42°30′，故应选用耐张转角杆 I₁（NJ₁）。

1. 绝缘子选择

见耐张转角杆 I₁（NJ₁）杆顶安装图（见图 2-1-1-16）。

2. 横担选择

从 10(6)kV 铁横担选择表（三）（见图 2-1-1-112）中查出耐张横担、覆冰 10mm、代表挡距为 90m 一栏里选出 $2×L63×6$ 规格横担，再根据电杆梢径为 $\phi190$，从横担制造图（见图 2-1-1-43）查出当角钢规格为 $L63×6$ 时，横担型号为 $2I_3$。

3. 拉线选择

（1）拉线截面选择。

（a）主拉线的选择。

从 10(6)kV 普通、弓形拉线截面选择表（一）（$v=25\text{m/s}$）（见图 2-1-1-112）中查出转角为 45°、$\beta=45°$、代表挡距为 90m 一栏里 GJ-50 可满足使用要求。

（b）辅助拉线的选择。

方法同上，但辅助拉线一律按耐张杆型选择，$\beta=45°$ 时，选用 GJ-25 拉线可满足使用要求。

（2）选择拉线盘型号及其埋深。

根据已知条件从拉线盘埋深选择表（见图 2-1-1-126）中查出主拉线采用 LP6，埋深为 1.4m；辅助拉线采用 LP6，埋深为 1.3m，可满足使用要求。

4. 底盘选择

（1）导线垂直荷载。

已知导线垂直荷载为 2.34kN。

（2）拉线垂直荷载。

查拉线垂直荷载表（见图 2-1-1-126）：

（a）主拉线垂直荷载表为 19.7kN。

（b）辅助拉线垂直荷载为 $2×10.6=21.2\text{kN}$。

（3）底盘选择。

作用在基础的总垂直荷载为

$$2.34+19.7+21.2=43.24 \text{（kN）}$$

从基础允许最大垂直荷载（见图 2-1-1-128）中查出选用 DP6 底盘时基础最大允许垂直荷载为 91.4kN＞43.24kN，故选用 DP6 可满足使用要求。

（八）8 号电杆各部件选择

同 6 号电杆。

（九）9 号电杆

该杆转角度为 47°，故选用耐张转角杆 II（NJ₂）杆型。

1. 绝缘子选择

见杆顶安装工艺图（图 2-1-1-17）。

第一章　10kV及以下裸导线架空配电线路		第一节　10(6)kV裸导线铁横担架空线路
图号	2-1-1-137	图名	进行杆型、绝缘子、横担、拉线、基础等选型设计步骤和举例（六）

277

2. 横担选择

线路转角度大于45°应按终端杆型选择。方法同1号电杆各部件选择。

3. 拉线选择

方法同1号电杆各部件选择。

4. 底盘选择

（1）导线垂直荷载。

方法同1号电杆各部件选择，但导线总垂直荷载应为：3×780＝2340（N）＝2.34kN，导线垂直荷载不能按一半计算。

（2）拉线垂直荷载。

从拉线垂直荷载表（见图2-1-1-126）中查出拉线垂直荷载应为2×19.7＝39.4（kN）。

（3）底盘选择。

使用在电杆基础的总垂直荷载为

2.34＋39.4＝41.74（kN）

选用DP6底盘时最大允许垂直荷载为

91.4kN＞41.74kN

故选用DP6可满足使用要求。

（十）10号电杆

该电杆为终端杆Ⅰ（D₁）杆型（见图2-1-1-19），其各部件选择方法与1号电杆相同。

（十一）11号电杆

该电杆为隔离开关杆Ⅱ（GK₂）杆型（见图2-1-1-35）。

该杆型不宜作为耐张杆使用。

横担按照耐张杆型选择。从10(6)kV铁横担选择表（三）（见图2-1-1-112）中查出角钢规格为2×L63×6。

本例全线杆塔一览图见图2-1-1-139。

电杆编号	1	2、3	4	5	6、8	7	9	10	11
杆型示意图	[示意图] 1700 5850 1200 600 500 150	[示意图] 1700 7800 500	[示意图] 1700 7800 500	[示意图] 1700 7800 500	[示意图] 1700 7800 500	[示意图] 1700 7650 500 150	[示意图] 1700 7200 450 500 150 200 200	[示意图] 1700 7650 500 150 200 200	[示意图] 1700 7650 500 150
杆型（代号）	D₅	K₁	ZJ₁	ZJ₂	Z₁	NJ₁	NJ₂	D₁	GK₂
安装图图号	2-1-1-23	2-1-1-12	2-1-1-14	2-1-1-15	2-1-1-10	2-1-1-16	2-1-1-17	2-1-1-19	2-1-1-35
电杆	φ190×10×F	φ190×10×F	φ190×10×I	φ190×10×F	φ190×10×F	φ190×10×F	φ190×10×F	φ190×10×F	φ190×10×F
横担	2×∟90×8(2Ⅲ₃)	∟63×6(I₃)	∟63×6(I₃)	2×∟63×6(2I₃)	∟63×6(I₃)	2×∟63×6(2 I₃)	2×∟90×8(2Ⅲ₂)两组	2×∟90×8(2Ⅲ₂)	2×∟63×6(2 I₃)
拉线	GJ-50			GJ-50		GJ-50+GJ-25/2组	GJ-50/2组	GJ-50	
底盘	DP6			DP6		DP6	DP6	DP6	
卡盘			KP8						
拉线盘	LP6			LP6		LP6/3个	LP6/2个	LP6	
备注									

	第一章 10kV及以下裸导线架空配电线路		第一节 10(6)kV裸导线铁横担架空线路
图号	2-1-1-139	图名	进行杆型、绝缘子、横担、拉线、基础等选型设计步骤和举例（八）

279

本部分为10(6)kV瓷横担架空线路，主要内容为：说明、杆型一览图、各类杆型杆顶安装图、瓷横担绝缘子组装图、横担制造图、杆顶支座制造图、避雷器安装支座制造图等。

一、设计气象条件

设计选取最大风速为30m/s、25m/s 2级，覆冰厚度为0mm、5mm、10mm、15mm 4级。

二、导线

(1) 导线、避雷线型号及截面为LJ-16～120、LGJ-16～120、GJ-25～50。

(2) 导线、避雷线的安全系数见表1。

表1　　　　　导线安全系数

导线规格	安全系数	导线规格	安全系数
LJ-25 LJ-35 LJ-50	2.5、3.0	LGJ-16	2.5、3.0
LJ-70 LJ-95	3.0	LGJ-25 LGJ-35	3.0
LJ-120	4.0	LGJ-50 LGJ-70	3.5
GJ-25 GJ-35 GJ-50	4.0	LGJ-95 LGJ-120	4.0

三、导线排列方式

导线均采用三角形排列，带架空地线的导线采用上字型排列。

四、线间距离及挡距

(1) 导线间水平距离为1.4m，当直线杆横担距

顶相固定处为0.3m（承力杆距杆顶导线固定处为0.5m）时，其最大允许挡距为90m；当直线杆横担距杆顶为0.5m（承力杆距杆顶导线固定处为0.8m）时，其最大允许挡距为120m。

(2) 高、低压合架时，高压横担距杆顶抱箍距离为0.3m，其使用挡距为50m。

(3) 根据瓷横担的机械强度，其最大允许挡距见图2-1-2-59。

五、杆型

本图集杆型有32种，具体杆型详见杆型一览图（图2-1-2-3～图2-1-2-10）。

六、电杆

电杆采用环形钢筋混凝土电杆（GB 396）和环形预应力混凝土电杆（GB 4623），详见本章第一节有关内容。

七、土壤

选用常用的6种土壤，其有关数据见土壤特性表（表2）。

表2　　　　土壤特性表

土壤名称		重力密度 γ/(kN/m³)	计算 上拔角 α/(°)	计算 抗剪角 β/(°)	被动土 抗力特性 m/(kN/m³)	许可 耐压力 P/kPa
大块碎石		19.6	32	40	90.16	392
中沙、粗沙		17.64	30	37	70.56	392
细沙、粉沙		15.68	23	28	43.41	196
黏土	坚硬	17.64	30	45	102.9	294
	硬塑	16.66	25	35	61.45	225.4
	可塑	15.68	20	30	47.04	176.4

八、横担及绝缘子

（1）本书采用全瓷式和胶装式两种瓷横担绝缘子，书中的杆型图及杆顶安装图均按胶装式瓷横担绝缘子画出。当采用胶装式瓷横担绝缘子，横担距杆顶距离为0.5m时，应选用杆顶支座（一）；横担距杆顶距离为0.3时，选用杆顶支座（二）。当采用全瓷式瓷横担绝缘子时，杆顶支座（一）或（二）应换成杆顶支座（三）和横担（一），在瓷横担绝缘子组装图中，两种形式均画出。

（2）直线杆中瓷横担绝缘子与电杆固定采用铁横担，采用角钢制作。

（3）承力杆采用瓷拉棒，瓷拉棒的使用范围详见图2-1-2-59。若采用大截面导线其机械强度不能满足要求时，可改用铁横担悬式绝缘子串固定。承力杆固定瓷拉棒铁横担的规格及使用范围详见图2-1-2-54～图2-1-2-58。

九、拉线

（1）拉线方式分为：普通拉线、V形拉线、水平拉线、弓形拉线4种。

（2）拉线材料均采用镀锌钢绞线（GB 1200），并按GB 1200中的公称抗拉强度为$1270N/mm^2$进行设计。

（3）底把采用拉线棒，并带UT型线夹调整拉线松紧。

（4）拉线根据规程要求装设拉紧绝缘子。

十、基础

底盘、卡盘和拉线盘全部为预制钢筋混凝土构件。

十一、防雷、接地

（1）带避雷线的配电线路，每基电杆不连避雷线的工频接地电阻，在雷季干燥时，不宜超过表3所列数值。

（2）雷电活动强烈的地方和经常发生雷击故障的杆塔和线段，如采取设置避雷器的保护方式时，其接地电阻也应符合表3的规定。

（3）在居民区无避雷线的钢筋混凝土电杆宜接地，接地电阻不宜超过30Ω。（沥青路面或有运行经验地区的钢筋混凝土杆不必另设人工接地装置）

（4）柱上油开关、负荷开关及电缆终端的避雷器，其接地线应与设备的金属外壳连接，其接地电阻不应超过10Ω。

（5）电力线路之间以及电力线路与弱电线路交叉根据规范要求接地时，其接地电阻不宜超过表3所列数值的2倍。

表3　　带避雷线的线路杆塔的工频接地电阻（Ω）

土壤电阻率/(Ω·m)	工频接地电阻
100及以下	10
100以上至500	15
500以上至1000	20
1000以上至2000	25
2000以上	30

十二、金具

本书采用的电力金具符合《架空线路用预绞式金具技术条件》（DL/T 763）等标准的要求。

第一章　10kV及以下裸导线架空配电线路		第二节　10（6）kV裸导线瓷横担架空线路	
图号	2-1-2-2	图名	说明（二）

序 号	1	2	3	4
杆型名称	直线杆	直线杆	直线杆	直线杆
型 号	CZ_1	CZ_2	CZ_3	CZ_4
安装图图号	2-1-2-11	2-1-2-12	2-1-2-13	2-1-2-14
杆 型 示 意 图				
附 注		用于防风		用于防风

说明：基础见图2-1-1-92～图2-1-1-100。

第一章　10kV及以下裸导线架空配电线路		第二节　10(6)kV裸导线瓷横担架空线路
图号	2-1-2-3	图名　32种瓷横担线路杆型总揽（一）

序　号	5	6	7	8
杆型名称	跨越杆	跨越杆	直线转角杆（Ⅰ）	直线转角杆（Ⅱ）
型　号	CK₁	CK₂	CZJ₁	CZJ₂
安装图图号	2-1-2-15	2-1-2-16	2-1-2-17	2-1-2-18
杆型示意图				
附　注	需加拉线时可加虚线所示拉线	用于防风	适用转角范围见附录	适用转角范围见附录

说明：基础见图2-1-1-92～图2-1-1-100。

序 号	9	10	11	12
杆型名称	耐张转角杆（Ⅰ）	耐张转角杆（Ⅱ）	耐张杆	终端杆
型 号	CNJ₁	CNJ₂	CN	CD₁
安装图图号	2-1-2-19	2-1-2-20	2-1-2-21	2-1-2-22
杆 型 示 意 图				
附 注	适用于45°以下转角	适用于45°以上转角	可兼5°以下转角	架空引入

说明：基础见图2-1-1-92～图2-1-1-100。

第一章　10kV及以下裸导线架空配电线路	第二节　10(6)kV裸导线瓷横担架空线路
图号　2-1-2-5	图名　**32种瓷横担线路杆型总揽（三）**

序　号	13	14	15	16
杆型名称	终端杆（Ⅱ）	终端杆（Ⅲ）	终端杆（Ⅳ）	终端杆（Ⅴ）
型　号	CD₂	CD₃	CD₄	CD₅
安装图图号	2-1-2-23	2-1-2-24	2-1-2-25	2-1-2-26
杆 型 示 意 图				
附　注	架空引入带避雷器	一根电缆引入带避雷器	两根电缆引入带避雷器	一根电缆引入带跌开式熔断器

说明：基础见图2-1-1-92～图2-1-1-100。

序　号	17	18	19	20
杆型名称	终端杆（Ⅵ）	直线分歧杆（Ⅰ）	直线分歧杆（Ⅱ）	直线分歧杆（Ⅲ）
型　号	CD_6	CZF_1	CZF_2	CZF_3
安装图图号	2-1-2-27	2-1-2-28	2-1-2-29	2-1-2-30
杆型示意图				
附　注	两根电缆引入带跌开式熔断器	架空T字分歧	电缆分歧	电缆分歧带跌开式熔断器

说明：基础见图2-1-1-92～图2-1-1-100。

序　号	21	22	23	24
杆型名称	直线分歧杆（Ⅳ）	转角分歧杆（Ⅰ）	转角分歧杆（Ⅱ）	转角分歧杆（Ⅲ）
型　号	CZF₄	CJF₁	CJF₂	CJF₃
安装图图号	2-1-2-31	2-1-2-32	2-1-2-33	2-1-2-34
杆型示意图				
附　注	架空T字分歧带跌开式熔断器	架空分歧	电缆分歧适用于45°及以下转角	电缆分歧带跌开式熔断器　适用于45°及以下转角

说明：基础见图2-1-1-92～图2-1-1-100。

序　号	25	26	27	28
杆型名称	跌开式熔断器安装杆	避雷器安装杆	隔离开关安装杆（Ⅰ）	隔离开关安装杆（Ⅱ）
型　号	CRW	CFS	CGK₁	CGK₂
安装图图号	2-1-2-35	2-1-2-36	2-1-2-37	2-1-2-38
杆型示意图				
附　注		单　极	单　极	三极联动

说明：基础见图2-1-1-92～图2-1-1-100。

序 号	29	30	31	32
杆型名称	负荷开关、油断路器安装杆	带避雷线直线杆	带避雷线、避雷器终端杆（Ⅰ）	带避雷线、避雷器终端杆（Ⅱ）
型 号	CFK、CDK	CBZ	CBD₁	CBD₂
安装图图号	2-1-2-39	2-1-2-40	2-1-2-41	2-1-2-42
杆型示意图				
附 注			避雷器终端高压线通过	全部终端

说明：基础见图2-1-1-92～图2-1-1-100。

说明：序号4中括号内的型号用于横担距杆顶300mm时。

明 细 表

序号	名 称	规 格		单位	数量	附 注
1	电杆	$\phi170$	$\phi190$	根	1	长度由工程设计定
2	U形抱箍	I_2	I_3	副	2	见图2-1-1-61
3	M形抱铁	II	III	个	2	见图2-1-1-60
4	杆顶支座（一）、（二）	I_1（II_1）	I_2（II_2）	副	1	见图2-1-2-49、图2-1-2-50
5	瓷横担绝缘子	S-10/2.5		套	3	见图2-1-2-43

第一章　10kV及以下裸导线架空配电线路		**第二节　10(6)kV裸导线瓷横担架空线路**
图号	2-1-2-11	图名	CZ₁型直线杆I杆顶组装工艺图

说明：序号4中括号内的型号用于横担距杆顶300mm时。

明 细 表

序号	名 称	规 格		单位	数量	附 注
1	电杆	$\phi170$	$\phi190$	根	1	长度由工程设计定
2	U形抱箍	I_2	I_3	副	2	见图2-1-1-61
3	M形抱铁	II	III	个	2	见图2-1-1-60
4	杆顶支座（一）、（二）	I_1（II_1）	I_2（II_2）	副	1	见图2-1-2-49、图2-1-2-50
5	瓷横担绝缘子	S-10/2.5		套	3	见图2-1-2-43
6	拉线	GJ-25		组	2	见图2-1-2-47、图2-1-2-48

第一章	10kV及以下裸导线架空配电线路	第二节 10(6)kV裸导线瓷横担架空线路
图号	2-1-2-12	图名 CZ₂型直线杆II杆顶组装工艺图

明 细 表

序号	名 称	规 格		单位	数量	附 注
1	电杆	φ170	φ190	根	1	长度由工程设计定
2	横担	I₂	I₃	副	2	见图2-1-2-45
3	M形抱铁	II	III	个	2	见图2-1-1-60
4	杆顶支座抱箍（三）	II	III	副	1	见图2-1-1-62
5	瓷横担绝缘子	S-10/2.5		套	6	见图2-1-2-43
6	方头螺栓	M16×240	M16×260	个	2	
7	方螺母	M16		个	2	
8	垫圈	16		个	4	
9	弯板			个	2	见图2-1-1-78

第一章　10kV及以下裸导线架空配电线路		第二节　10(6)kV裸导线瓷横担架空线路
图号	2-1-2-13	图名	CZ₃型直线杆III杆顶组装工艺图

明　细　表

序号	名　称	规　格		单位	数量
1	电杆	$\phi170$	$\phi190$	根	1
2	横担	I_2	I_3	副	2
3	M形抱铁	II	III	个	2
4	拉线	GJ-25		组	2
5	瓷横担绝缘子	S-10/2.5		套	6
6	杆顶支座抱箍（三）	II	III	副	1
7	方头螺栓	M16×240	M16×260	个	2
8	方螺母	M16		个	2
9	垫圈	16		个	4
10	弯板			个	2

第一章	10kV及以下裸导线架空配电线路	第二节　10(6)kV裸导线瓷横担架空线路	
图号	2-1-2-14	图名	CZ₄型直线杆IV杆顶组装工艺图

说明：需加拉线时可加虚线所示拉线。

明 细 表

序号	名 称	规 格		单位	数量
1	电杆	$\phi 170$	$\phi 190$	根	1
2	横担	I_2	I_3	副	2
3	M形抱铁	II	III	个	2
4	拉线	GJ-25		组	1
5	瓷横担绝缘子	S-10/2.5		套	6
6	杆顶支座抱箍（三）	II	III	副	1
7	方头螺栓	M16×240	M16×260	个	2
8	方螺母	M16		个	2
9	垫圈	16		个	4
10	弯板			个	2

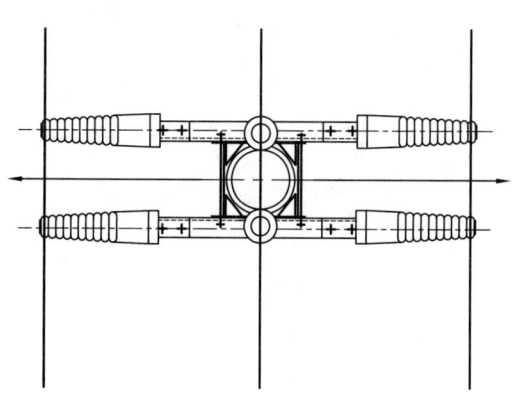

500
(300)

100

400

680

明 细 表

序号	名 称	规 格		单位	数量
1	电杆	$\phi170$	$\phi190$	根	1
2	横担	I$_2$	I$_3$	副	2
3	M形抱铁	II	III	个	2
4	拉线	GJ-25		组	2
5	瓷横担绝缘子	S-10/2.5		套	6
6	杆顶支座抱箍（三）	II	III	副	1
7	方头螺栓	M16×240	M16×260	个	2
8	方螺母	M16		个	2
9	垫圈	16		个	4
10	弯板			个	2

说明：1.若设卡盘可满足倾覆要求时，可取消拉线。
　　　2.序号4中括号内的型号用于横担距杆顶300mm时。

明　细　表

序号	名　　称	规　　格		单位	数量
1	电杆	$\phi170$	$\phi190$	根	1
2	U形抱箍	I_2	I_3	副	2
3	M形抱铁	II	III	个	2
4	杆顶支座（一）、（二）	I_1（II_1）	I_2（II_2）	副	1
5	瓷横担绝缘子	S-10/2.5或S-10/5.0		套	3
6	拉线			组	1

第一章	10kV及以下裸导线架空配电线路	第二节 10(6)kV裸导线瓷横担架空线路
图号	2-1-2-17	图名	CZJ₁型直线转角杆I杆顶组装工艺图

说明：若设卡盘可满足倾覆要求时，可取消拉线。

明 细 表

序号	名　称	规　格		单位	数量
1	电杆	$\phi170$	$\phi190$	根	1
2	横担	I_2	I_3	副	2
3	M形抱铁	II	III	个	2
4	拉线	GJ-25		组	1
5	瓷横担绝缘子	S-10/2.5		套	6
6	杆顶支座抱箍（三）	II	III	副	1
7	方头螺栓	M16×240	M16×260	个	2
8	方螺母	M16		个	2
9	垫圈	16		个	4
10	弯板			个	2

第一章　10kV及以下裸导线架空配电线路		第二节　10(6)kV裸导线瓷横担架空线路
图号	2-1-2-18	图名　CZJ₂型直线转角杆II杆顶组装工艺图

主拉线

辅助拉线

说明：1. 本图适用于45°及以下转角。
　　　2. 辅助拉线截面按耐张杆选择。
　　　3. 主拉线根据转角度数选择。

明 细 表

序号	名　称	规　格		单位	数量
1	电杆	ϕ170	ϕ190	根	1
2	M形抱铁	II	III	个	2
3	杆顶支座抱箍（一）	II	III	副	1
4	拉线及中导线抱箍（二）	II₂	III₃	副	1
5	横担	见图2-1-2-56～图2-1-2-58		副	1
6	拉板			副	2
7	瓷横担绝缘子	S-10/2.5或S-10/5.0		套	3
8	棒形悬式绝缘子	SL-15/4		套	6
9	并沟线夹	JB型		个	6
10	拉线	见图2-1-1-113、图2-1-1-114		组	3

第一章 10kV及以下裸导线架空配电线路	第二节 10(6)kV裸导线瓷横担架空线路
图号　2-1-2-19	图名　CNJ₁型耐张转角杆I杆顶组装工艺图

说明: 1.本图适用于45°以上转角。
2.拉线截面按终端杆型选择。

明 细 表

序号	名 称	规 格		单位	数量
1	电杆	φ170	φ190	根	1
2	M形抱铁	II	III	个	4
3	拉线及中导线抱箍(二)	II₂	III₃	副	1
4	横担			副	2
5	瓷横担绝缘子	S-10/2.5或S-10/5.0		套	2
6	棒形悬式绝缘子	SL-15/4		套	6
7	并沟线夹	JB型		个	6
8	拉线			组	2

第一章 10kV及以下裸导线架空配电线路	第二节 10(6)kV裸导线瓷横担架空线路
图号 2-1-2-20	图名 CNJ₂型耐张转角杆II杆顶组装工艺图

说明：本图可兼用于5°以下转角。

明 细 表

序号	名 称	规 格		单位	数量
1	电杆	φ170	φ190	根	1
2	M形抱铁	II	III	个	2
3	杆顶支座抱箍（一）	II	III	副	1
4	横担			副	1
5	瓷横担绝缘子	S-10/2.5或S-10/5.0		套	1
6	棒形悬式绝缘子	SL-15/4		套	6
7	并沟线夹	JB型		个	6
8	拉线			组	2
9	拉板			副	2

第一章 10kV及以下裸导线架空配电线路		第二节 10(6)kV裸导线瓷横担架空线路
图号	2-1-2-21	图名	CN型耐张杆杆顶组装工艺图

明　细　表

序号	名　称	规　格		单位	数量
1	电杆	φ170	φ190	根	1
2	M形抱铁	II	III	个	2
3	杆顶支座抱箍（一）	II	III	副	1
4	横担			副	1
5	瓷横担绝缘子	S-10/2.5或S-10/5.0		套	1
6	棒形悬式绝缘子	SL-15/4		套	6
7	并沟线夹	JB型		个	6
8	拉线			组	1
9	拉板			副	2

图号	2-1-2-22	图名	CD₁型终端杆 I 杆顶组装工艺图

明 细 表				
序号	名 称	规 格	单位	数量
1	电杆	$\phi170$　$\phi190$	根	1
2	M形抱铁	II　III	个	2
3	杆顶支座抱箍（三）	II　III	副	1
4	横担		副	1
5	瓷横担绝缘子	S-10/2.5或S-10/5.0	套	1
6	棒形悬式绝缘子	SL-15/4	套	6
7	避雷器	FS4-10（6）	个	3
8	并沟线夹	JB型	个	9
9	拉板		副	2
10	避雷器固定支架		副	3
11	拉线		组	1
12	接地装置		处	1

第一章　10kV及以下裸导线架空配电线路	第二节　10(6)kV裸导线瓷横担架空线路
图号　2-1-2-23	图名　CD₂型终端杆II杆顶组装工艺图

明 细 表

序号	名 称	规 格		单位	数量
1	电杆	ϕ170	ϕ190	根	1
2	M形抱铁	II	III	个	2
3	杆顶支座抱箍(一)	II	III	副	1
4	横担			副	1
5	瓷横担绝缘子	S-10/2.5或S-10/5.0		套	1
6	棒形悬式绝缘子	SL-15/4		套	3
7	电缆终端盒			组	1
8	避雷器	FS4-10(6)		个	3
9	并沟线夹	JB型		个	3
10	拉板			副	1
11	避雷器固定支架			副	3
12	拉线			组	1
13	接地装置			处	1

第一章 10kV及以下裸导线架空配电线路	第二节 10(6)kV裸导线瓷横担架空线路
图号 2-1-2-24	图名 CD₃型终端杆III杆顶组装工艺图

明 细 表

序号	名　称	规　格		单位	数量
1	电杆	ϕ170	ϕ190	根	1
2	M形抱铁	II	III	个	2
3	杆顶支座抱箍（三）	II	III	副	1
4	横担			副	1
5	瓷横担绝缘子	S-10/2.5或S-10/5.0		套	5
6	棒形悬式绝缘子	SL-15/4		套	3
7	电缆终端盒			组	2
8	避雷器	FS4-10（6）		个	3
9	并沟线夹	JB型		个	6
10	拉板			副	1
11	避雷器固定支架			副	3
12	拉线			组	1
13	接地装置			处	1

第一章　10kV及以下裸导线架空配电线路	第二节　10(6)kV裸导线瓷横担架空线路
图号　　2-1-2-25	图名　　CD₄型终端杆Ⅳ杆顶组装工艺图

说明：序号3、5中括号内的型号用于横担距
杆顶支座抱箍为500mm时。

明 细 表

序号	名 称	规 格		单位	数量
1	电杆	$\phi170$	$\phi190$	根	1
2	M形抱铁	II	III	个	2
3	M形抱铁	III（II）	IV（III）	个	1
4	杆顶支座抱箍（一）	II	III	副	1
5	U形抱箍	I_3（I_2）	I_4（I_3）	副	1
6	横担			副	1
7	跌开式熔断器固定横担			副	1
8	瓷横担绝缘子	S-10/2.5或S-10/5.0		套	1
9	棒形悬式绝缘子	SL-15/4		套	3
10	电缆终端盒			组	1
11	避雷器	FS4-10（6）		个	3
12	跌开式熔断器	RW9-10		个	3
13	并沟线夹	JB型		个	3
14	拉板			副	1
15	避雷器固定支架			副	3
16	跌开式熔断器固定支架			副	3
17	拉线			组	1
18	接地装置			处	1

第一章	10kV及以下裸导线架空配电线路	第二节 10(6)kV裸导线瓷横担架空线路
图号	2-1-2-26	图名 CD₅型终端杆V杆顶组装工艺图

说明：序号3中括号内的型号用于横担
距杆顶支座抱箍为500mm时。

明 细 表

序号	名　　称	规　　格		单位	数量
1	电杆	$\phi170$	$\phi190$	根	1
2	M形抱铁	II	III	个	2
3	M形抱铁	III（II）	IV（III）	个	2
4	杆顶支座抱箍（二）	II	III	副	1
5	方头螺栓	M16×270	M16×290	个	2
6	方螺母	M16		个	2
7	垫圈	16		个	4
8	横担			副	1
9	跌开式熔断器固定横担			副	1
10	瓷横担绝缘子	S-10/2.5或S-10/5.0		套	5
11	棒形悬式绝缘子	SL-15/4		套	3
12	电缆终端盒			组	2
13	避雷器	FS4-10（6）		个	3
14	跌开式熔断器	RW4-10（6）		个	6
15	并沟线夹	JB型		个	6
16	拉板			副	1
17	避雷器固定支架			副	3
18	跌开式熔断器固定支架			副	6
19	拉线			组	1
20	接地装置			处	1

第一章	10kV及以下裸导线架空配电线路		第二节　10(6)kV裸导线瓷横担架空线路
图号	2-1-2-27	图名	CD₆型终端杆Ⅵ杆顶组装工艺图

说明：序号4中括号内的型号用于横担
距杆顶300mm时。

明 细 表

序号	名 称	规 格		单位	数量
1	电杆	$\phi170$	$\phi190$	根	1
2	M形抱铁	II	III	个	2
3	U形抱箍	I_2	I_3	副	2
4	杆顶支座（一）、（二）	$I_1(II_1)$	$I_2(II_2)$	副	1
5	横担			副	1
6	瓷横担绝缘子	S-10/2.5或S-10/5.0		套	4
7	棒形悬式绝缘子	S-15/4		套	3
8	并沟线夹	JB型		个	3
9	拉板			组	1

第一章　**10kV及以下裸导线架空配电线路**	第二节　10(6)kV裸导线瓷横担架空线路
图号　　2-1-2-28	图名　　**CZF₁型直线分歧杆I杆顶组装工艺图**

说明：序号3、4中括号内的型号用于横担距杆顶300mm时。

明　细　表

序号	名　称	规　格		单位	数量
1	电杆	$\phi170$	$\phi190$	根	1
2	M形抱铁	II	III	个	4
3	杆顶支座（一）、（二）	$I_1(II_1)$	$I_2(II_2)$	副	1
4	避雷器安装支座（一）、（二）	$I_1(II_1)$	$I_2(II_2)$	副	1
5	瓷横担绝缘子	S-10/2.5或S-10/5.0		套	4
6	避雷器	FS4-10（6）		个	3
7	电缆终端盒			组	1
8	避雷器固定支架			副	3
9	并沟线夹	JB型		个	6
10	拉板			副	1
11	接地装置			处	1

图号	2-1-2-29	图名	CZF₂型直线分歧杆II杆顶组装工艺图

说明：序号4、5中括号内的型号用于横担距杆顶300mm时。

明　细　表

序号	名　　　称	规　　格		单位	数量
1	电杆	ϕ170	ϕ190	根	1
2	M形抱铁	II	III	个	5
3	U形抱箍	I_2	I_3	副	1
4	杆顶支座（一）、（二）	I_1（II_1）	I_2（II_2）	副	1
5	避雷器安装支座（一）、（二）	I_1（II_1）	I_2（II_2）	副	1
6	跌开式熔断器固定横担			副	1
7	瓷横担绝缘子	S-10/2.5或S-10/5.0		套	2
8	瓷横担绝缘子	S-10/2.5或S-10/5.0		套	2
9	避雷器	FS4-10（6）		个	3
10	跌开式熔断器	RW9-10		个	3
11	电缆终端盒			组	1
12	并沟线夹	JB型		个	6
13	避雷器固定支架			副	3
14	跌开式熔断器固定支架			副	3
15	拉板			副	1
16	拉地装置			处	1

序号	名　　称	规　　格		单位	数量
1	电杆	$\phi170$	$\phi190$	根	1
2	M形抱铁	II	III	个	6
3	杆顶支座（一）、（二）	I_1（II_1）	I_2（II_2）	副	1
4	避雷器安装支座（一）、（二）	I_1（II_1）	I_2（II_2）	副	1
5	跌开式熔断器固定横担			副	1
6	瓷横担绝缘子	S-10/2.5或S-10/5.0		套	2
7	避雷器	FS4-10（6）		个	3
8	跌开式熔断器	RW9-10		个	3
9	棒形悬式绝缘子	SL-15/4		套	3
10	并沟线夹	JB型		个	9
11	拉线			组	1
12	接地装置			处	1
13	避雷器固定支架			副	3

第一章　10kV及以下裸导线架空配电线路		第二节　10(6)kV裸导线瓷横担架空线路
图号	2-1-2-31	图名　CZF₄型直线分歧杆IV杆顶组装工艺图

明 细 表

说明：本图适用于45°及以下转角。

明 细 表

序号	名 称	规 格		单位	数量
1	电杆	$\phi170$	$\phi190$	根	1
2	M形抱铁	II	III	个	4
3	杆顶支座抱箍（一）	II	III	副	1
4	拉线及中导线抱箍（二）	II_2	II_3	副	1
5	横担			副	1
6	横担			副	1
7	拉板			块	2
8	⊔形板			块	2
9	瓷横担绝缘子	S-10/2.5或S-10/5.0		套	3
10	棒形悬式绝缘子	SL-15/4		套	9
11	并沟线夹	JB型		个	9
12	拉线			组	2
13	拉线			组	1

第一章　10kV及以下裸导线架空配电线路	第二节　10(6)kV裸导线瓷横担架空线路
图号　2-1-2-32	图名　CJF₁型转角分歧杆 I 杆顶组装工艺图

说明：1.本图适用于45°及以下转角。
　　　2.辅助拉线截面按耐张杆选择。
　　　　主拉线根据转角度数选择。

主拉线

辅助拉线

明　细　表

序号	名　称	规　格		单位	数量
1	电杆	$\phi170$	$\phi190$	根	1
2	M形抱铁	II	III	个	2
3	杆顶支座抱箍（三）	II	III	副	1
4	拉线及中导线抱箍（二）	II 2	II 3	副	1
5	横担			副	1
6	拉板			副	2
7	瓷横担绝缘子	S-10/2.5或S-10/5.0		套	4
8	棒形悬式绝缘子	SL-15/4		套	6
9	并沟线夹	JB型		个	12
10	拉线			组	3
11	避雷器	FS4-10（6）		个	3
12	避雷器固定支架			副	3
13	电缆终端盒			组	1
14	接地装置			处	1

第一章　10kV及以下裸导线架空配电线路		第二节　10(6)kV裸导线瓷横担架空线路	
图号	2-1-2-33	图名	CJF₂型转角分歧杆II杆顶组装工艺图

说明: 1. 序号2、5中括号内的型号用于横担
　　　 距拉线及中导线抱箍为500mm时。
　　　2. 辅助拉线截面按耐张杆选择。
　　　3. 主拉线根据转角度数选择。
　　　4. 本图适用于45°及以下转角。

主拉线

辅助拉线

明 细 表

序号	名　称	规　格		单位	数量
1	电杆	φ170	φ190	根	1
2	M形抱铁	III（II）	IV（III）	个	2
3	杆顶支座抱箍（三）	II	III	副	1
4	拉线及中导线抱箍（二）	II_2	II_3	副	1
5	U形抱箍	I_3（I_2）	I_4（I_3）	副	1
6	横担			副	1
7	跌开式熔断器固定横担			副	1
8	拉线			组	3
9	瓷横担绝缘子	S-10/2.5或S-10/5.0		套	4
10	棒形悬式绝缘子	SL-15/4		套	6
11	拉板			块	2
12	并沟线夹	JB型		个	12
13	电缆终端盒			组	1
14	避雷器	FS4-10（6）		个	3
15	跌开式熔断器	RW9-10		个	3
16	避雷器固定支架			副	3
17	跌开式熔断器固定支架			副	3
18	接地接置			处	1

第一章　10kV及以下裸导线架空配电线路	第二节　10(6)kV裸导线瓷横担架空线路
图号　2-1-2-34　图名	CJF₃型转角分歧杆杆顶组装工艺图

说明：序号3、5中括号内的型号用
于横担距拉线及中导线抱箍
为500mm时。

明 细 表

序号	名 称	规 格		单位	数量
1	电杆	φ170	φ190	根	1
2	M形抱铁	II	III	个	2
3	M形抱铁	III（II）	IV（III）	个	1
4	拉线及中导线抱箍（二）	II₂	II₃	副	1
5	U形抱箍	I₃（I₂）	I₄（I₃）	副	1
6	横担			副	1
7	跌开式熔断器固定横担			根	1
8	瓷横担绝缘子	S-10/2.5或S-10/5.0		套	2
9	棒形悬式绝缘子	SL-15/4		套	6
10	跌开式熔断器	RW9-10		套	3
11	拉板			副	2
12	跌开式熔断器固定支架			副	3

第一章　10kV及以下裸导线架空配电线路		第二节　10(6)kV裸导线瓷横担架空线路
图号	2-1-2-35	图名	CRW型跌开式熔断器杆杆顶组装工艺图

说明：序号3、4中括号内的型号用于横担
　　　距杆顶300mm时。

明　细　表

序号	名　称	规　格		单位	数量
1	电杆	$\phi170$	$\phi190$	根	1
2	M形抱铁	II	III	个	4
3	杆顶支座（一）、（二）	$I_1（II_1）$	$I_2（II_2）$	副	1
4	避雷器安装支座（一）、（二）	$I_1（II_1）$	$I_2（II_2）$	副	1
5	瓷横担绝缘子	S-10/2.5或S-10/5.0		套	1
6	瓷横担绝缘子	S-10/2.5或S-10/5.0		套	2
7	避雷器	FS4-10（6）		个	3
8	并沟线夹	JB型		个	3
9	避雷器固定支架			副	3
10	接地装置			处	1

图号	2-1-2-36	图名	CFS型避雷器杆杆顶组装工艺图

	明 细 表			
序号	名 称	规 格	单位	数量
1	电杆	$\phi170$ $\phi190$	根	1
2	M形抱铁	II III	个	2
3	拉线及中导线抱箍（二）	II_2 II_3	副	1
4	单极隔离开关横担		副	1
5	户外单极隔离开关	GW1-10	个	3
6	棒形悬式绝缘子	SL-15/4	套	6
7	拉板		副	2
8	接地装置		处	1

第一章　10kV及以下裸导线架空配电线路	第二节　10(6)kV裸导线瓷横担架空线路
图号　2-1-2-37　图名	CGK₁型隔离开关杆Ⅰ杆顶组装工艺图

操作杆固定抱箍及卡箍设置表

杆高/m ＼ 操作杆长度/m	个数及位置 距杆顶距离/m		
	1	2	3
9	6.2	2.0	−	−
10	7.1	2.0	5.0	−
11	8.0	2.0	5.5	−
12	8.9	2.0	6.0	−
15	11.5	2.0	5.5	9.0

明 细 表

序号	名 称	规 格		单位	数量
1	电杆	$\phi170$	$\phi190$	根	1
2	杆顶支座抱箍（三）	II	III	副	1
3	隔离开关托架	II	III	副	1
4	撑角抱箍	II	III	副	1
5	隔离开关操作杆	Dg25水煤气管		m	6.2~11.5
6	隔离开关操作杆固定抱箍			副	1~3
7	隔离开关操作杆卡箍			副	1~3
8	隔离开关操动机构固定抱箍			副	2
9	拉板			块	2
10	棒形悬式绝缘子	SL−15/4		套	6
11	户外高压隔离开关	GW4−10		台	1
12	手动操动机构	CS11		套	1
13	接地装置			处	1

第一章 10kV及以下裸导线架空配电线路	第二节 10(6)kV裸导线瓷横担架空线路
图号 2-1-2-38	图名 CGK₂型隔离开关杆II杆顶组装工艺图

说明：1. 根据工程实际需要选用负荷开关或油断路器。
　　　2. 开关两侧若只有一侧为电源时，只需在电源侧装避雷器。

明　细　表

序号	名　　称	规　　格		单位	数量
1	电杆	φ170	φ190	根	1
2	M形抱铁	II	III	个	2
3	M形抱铁	III	IV	个	4
4	杆顶支座抱箍（三）	II	III	副	1
5	横担			副	1
6	瓷横担绝缘子	S-10/2.5或S-10/5.0		套	2
7	棒形悬式绝缘子	SL-15/4		套	6
8	柱上高压负荷开关	FW11-10		台	1
	柱上高压油断路器	DW10-10 II			
9	避雷器	FS4-10（6）		个	3
10	并沟线夹	JB型		个	6
11	拉板			副	2
12	油开关安装支架			副	1
13	避雷器固定支架			副	6
14	接地装置			处	1

图号	2-1-2-39	图名	CFK型或CDK型负荷开关杆或油断路器杆杆顶组装工艺图

明　细　表

序号	名　称	规　格	单位	数量
1	电杆	ϕ190	根	1
2	U形抱铁	I₄	个	2
3	M形抱铁	IV	个	2
4	杆顶支座抱箍（一）		副	1
5	横担		根	1
6	横担		根	1
7	瓷横担绝缘子	S-10/2.5或S-10/5.0	套	3
8	避雷线固定支架		副	1
9	接地装置		处	1

第一章　10kV及以下裸导线架空配电线路		第二节　10(6)kV裸导线瓷横担架空线路
图号	2-1-2-40	图名

（明细表第2行 U形抱铁 规格 I_4）

CBZ型带避雷线直线杆杆顶组装工艺图

明 细 表

序号	名 称	规 格	单位	数量
1	电杆	ϕ190-12（15）	根	1
2	U形抱铁	I$_4$	个	1
3	M形抱铁	IV型	个	3
4	横担		根	1
5	横担		根	1
6	避雷器固定横担		副	1
7	瓷横担绝缘子	S-10/2.5或S-10/5.0	套	3
8	避雷器	FS4-10（6）	个	3
9	并沟线夹	JB型	个	3
10	UT型线夹	NUT-1	个	1
11	避雷器固定支架		副	3
12	拉线	截面与避雷线规格相同	组	1
13	接地装置		处	1
14	拉板		个	1

明细表

序号	名　称	规　格	单位	数量
1	电杆	ϕ190	根	1
2	M形抱铁	IV	个	2
3	杆顶支座抱箍（一）	IV	副	1
4	横担		副	1
5	瓷横担绝缘子	S-10/2.5或S-10/5.0	套	1
6	瓷拉棒绝缘子	SL-15/4	套	3
7	电缆终端盒		组	1
8	避雷器	FS4-10（6）	个	3
9	并沟线夹	JB型	个	3
10	UT型线夹	NUT-1	个	1
11	拉板		副	2
12	避雷器固定支架		副	3
13	V形拉线		组	1
14	接地装置		处	1

第一章　10kV及以下裸导线架空配电线路		第二节　10（6）kV裸导线瓷横担架空线路
图号	2-1-2-42	图名	CBD₂型带避雷线、避雷器终端杆Ⅱ杆顶组装工艺图

序号1

序号2

瓷横担绝缘子组装图

瓷横担绝缘子主要尺寸（mm）和性能

序号	瓷横担绝缘子型号	线槽与安装孔中心距离 L	绝缘距离 L_1	线槽尺寸		安装尺寸		稳定径直径 d_2 ±0.5	安装孔与稳定孔中心距 a（±1）	最小公称爬电距离	额定弯曲破坏负荷 /kN
				L_2	R	孔直径 d_1 ±0.5	高度 h ≤				
1	S-10/2.5	390	315	22	11	18	14	6.5	40	320	2.5
	S1-10/2.5（S2-10/2.5）	440	365							380	
									（30）		
2	S-10/5.0（S1-10/5.0）	400	320	28	14		140	11.0	40（30）	360	5.0

（一）

说明：1.（一）为两边相棒形悬式绝缘子的组装方式
　　　　（在横担上安装）。
　　　2.（二）为顶相（中相）棒形悬式绝缘子的组
　　　　装方式（在抱箍上安装）。

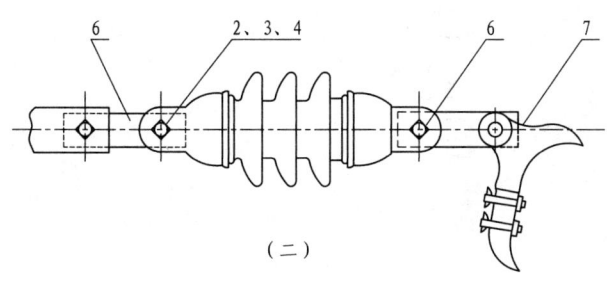

（二）

耐张线夹选择表

型　号	适用导线范围	
	铝绞线	钢芯铝绞线
NLD-1	LJ-25～50	LGJ-16～35
NLD-2	LJ-70～95	LGJ-50～70
NLD-3	LJ-120	LGJ-95～120

明　细　表

序号	名　　称	规　　格	单位	数　量	
				（一）	（二）
1	棒形悬式绝缘子	SL-15/4	个	1	1
2	方头螺栓	M16×50	个		1
3	方螺母	M16	个		1
4	垫圈	16	个		2
5	U形挂环	UL-10	副	1	
6	拉板		副	1	2
7	耐张线夹	见选择表	个	1	1

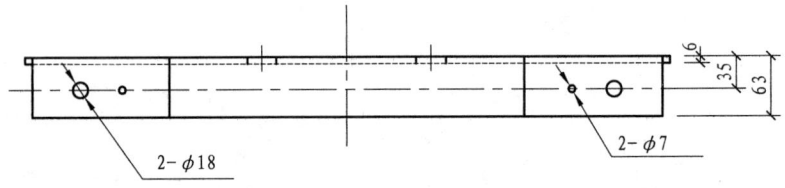

说明：横担应热镀锌。

横担规格及适用范围

型 号	L	安装距离（距杆顶）	
		$\phi170$	$\phi190$
I_2	210	1.5m以内	—
I_3	220	1.5～3.0m	1.5m以内
I_4	240	—	1.5～3.0m

明 细 表

序号	名 称	规 格	单位	数量
1	角钢	$L63×6×680$	根	1

说明：横担应热镀锌。

明 细 表

序号	名 称	规 格	单位	数量
1	角钢	L63×6×440	根	1

第一章　10kV及以下裸导线架空配电线路	第二节　10(6)kV裸导线瓷横担架空线路
图号　2-1-2-46　图名	角钢横担加工制造图（二）

组装图

序号1

说明：1. 横担及各零件均应热镀锌。
　　　2. 用于安装避雷器时，改瓷横担安装孔
　　　　 为1个 ϕ18避雷器安装孔。

各种型号横担的尺寸及适用范围(mm)

型 号	b	δ	D	C	螺栓规格	螺母	垫圈	l	电杆梢径
$2I_2$	63	6	18	35	M16×240	M16	16	220	ϕ170
$2I_3$					M16×260			240	ϕ190
$2II_2$	75	8	22	42	M18×240	M18	18	220	ϕ170
$2II_3$					M18×260			240	ϕ190
$2III_2$	90	8	22	49	M20×240	M20	20	220	ϕ170
$2III_3$					M20×260			240	ϕ190

明 细 表

序号	名　称	规　格	单位	数量
1	角钢	$Lb×\delta×1500$	根	2
2	方头螺栓	见上表	个	4
3	方螺母	见上表	个	4
4	垫圈	见上表	个	8

第一章　10kV及以下裸导线架空配电线路	第二节　10(6)kV裸导线瓷横担架空线路
图号　　2-1-2-47　　图名	角钢横担加工制造图（三）

组装图

序号1

序号2

说明：1. 横担及各零件均应热镀锌。
2. 用于安装避雷器时，改瓷横担安装孔为1个 $\phi18$ 避雷器安装孔。
3. 表中的*表示横担带斜材。

各种型号横担的尺寸及适用范围(mm)

型 号	螺栓规格	螺母	垫圈	l	电杆梢径
2I½*	M16×240	M16	16	220	$\phi170$
2I³*	M16×260			240	$\phi190$

明 细 表

序号	名 称	规 格	单位	数量
1	角钢	$L63\times6\times1500$	根	2
2	角钢	$L63\times6\times620$	根	2
3	方头螺栓	见上表	个	4
4	方螺母	见上表	个	4
5	垫圈	见上表	个	8

第一章 10kV及以下裸导线架空配电线路	第二节 10(6)kV裸导线瓷横担架空线路
图号 2-1-2-48	图名 角钢横担加工制造图（四）

各型支座尺寸（mm）

型　号	l	电杆梢径
I_1	200	$\phi170$
I_2	210	$\phi190$

说明：各件均应热镀锌。

明　细　表

序号	名　称	规　格	单位	数量
1	角钢	$L63\times6\times680$	根	1
2	角钢	$L50\times5\times600$	根	1
3	扁钢	$-50\times5\times300$	块	1

第一章　10kV及以下裸导线架空配电线路		第二节　10(6)kV裸导线瓷横担架空线路
图号	2-1-2-49	图名　杆顶支座加工制造图（一）

各型支座尺寸（mm）

型　号	l	电杆梢径
II$_1$	200	$\phi170$
II$_2$	210	$\phi190$

说明：各件均应热镀锌。

明　细　表

序号	名　　称	规　　格	单位	数量
1	角钢	$L63\times6\times680$	根	1
2	角钢	$L50\times5\times400$	根	1

第一章　10kV及以下裸导线架空配电线路	第二节　10(6)kV裸导线瓷横担架空线路
图号　2-1-2-50	图名　杆顶支座加工制造图（二）

说明：各零件均应热镀锌。

各型抱箍尺寸（mm）

型 号	D	下料长L	电杆梢径
III$_2$	172	370	$\phi170$
III$_3$	192	400	$\phi190$

明 细 表

序号	名 称	规 格	单位	数量
1	扁钢	−60×6×400	块	2
2	扁钢	−60×6×L	块	2
3	方头螺栓	M16×70	个	2
4	方螺母	M16	个	2
5	垫圈	16	个	4

各型支座尺寸及适用范围(mm)

型 号	螺栓规格	螺母	垫圈	l	电杆梢径
I₁	M16×220	M16	16	200	ϕ170
I₂	M16×240	M16	16	210	ϕ190

说明: 各件均应热镀锌。

明 细 表

序号	名 称	规 格	单位	数量
1	角钢	L50×5×700	根	1
2	角钢	L50×5×500	根	1
3	扁钢	−50×5×300	块	1
4	扁钢	−45×5×45	块	1
5	方头螺栓	见上表	个	4
6	方螺母	见上表	个	4
7	垫圈	见上表	个	8

第一章 10kV及以下裸导线架空配电线路	第二节 10(6)kV裸导线瓷横担架空线路
图号 2-1-2-52 图名	避雷器安装支座加工制造图（一）

各型支座尺寸及适用范围(mm)

型 号	螺栓规格	螺母	垫圈	l	电杆梢径
II₁	M16×220	M16	16	200	φ170
II₂	M16×240	M16	16	210	φ190

说明：各件均应热镀锌。

明 细 表

序号	名 称	规 格	单位	数量
1	角钢	L50×5×700	根	1
2	角钢	L50×5×300	根	1
3	扁钢	−45×5×45	块	1
4	方头螺栓	见上表	个	2
5	方螺母	见上表	个	2
6	垫圈	见上表	个	4

第一章　10kV及以下裸导线架空配电线路	第二节　10(6)kV裸导线瓷横担架空线路
图号　2-1-2-53	图名　避雷器安装支座加工制造图（二）

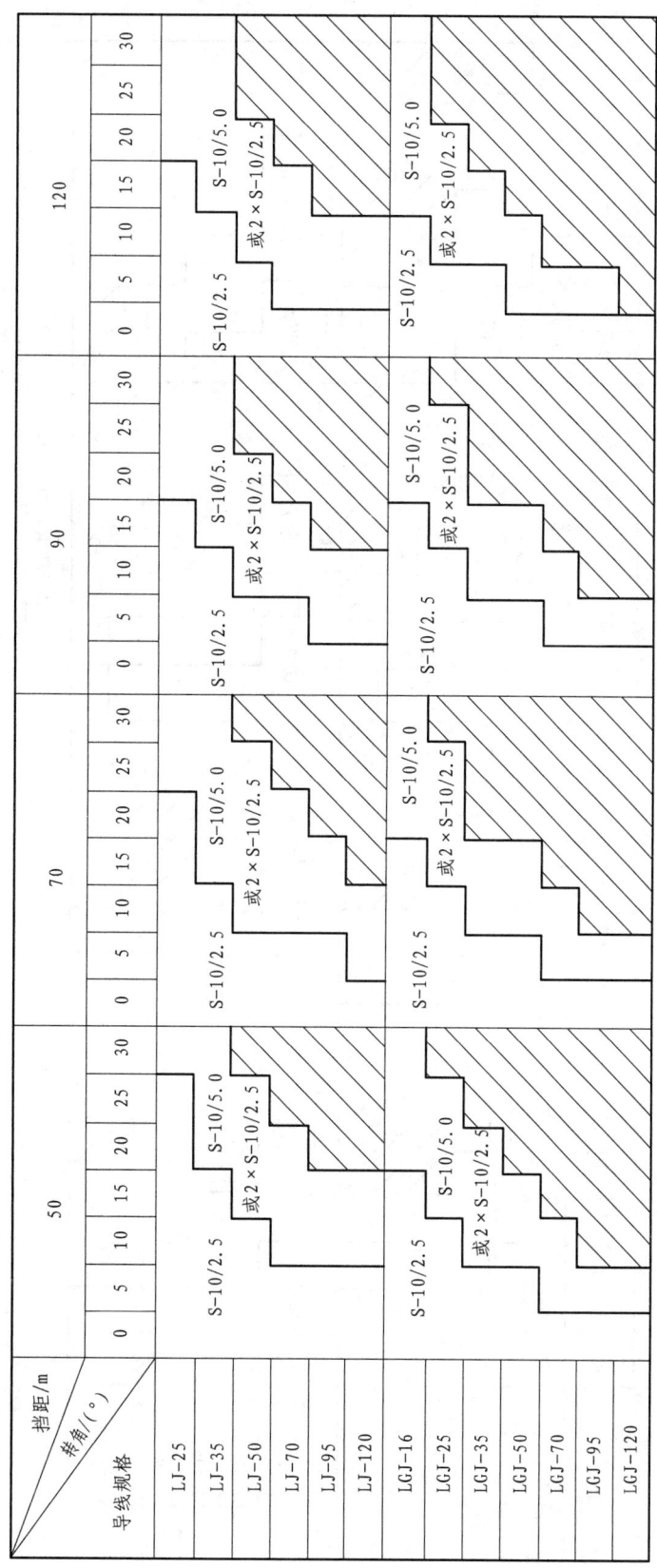

说明：1. 表内斜线部分采用棒形悬式绝缘子。
2. 本表适用于顶相瓷横担选择。

第一章　10kV及以下裸导线架空配电线路	第二节　10(6)kV裸导线瓷横担架空线路
图号　2-1-2-54	图名　瓷横担绝缘子适用范围表（v=25m/s）

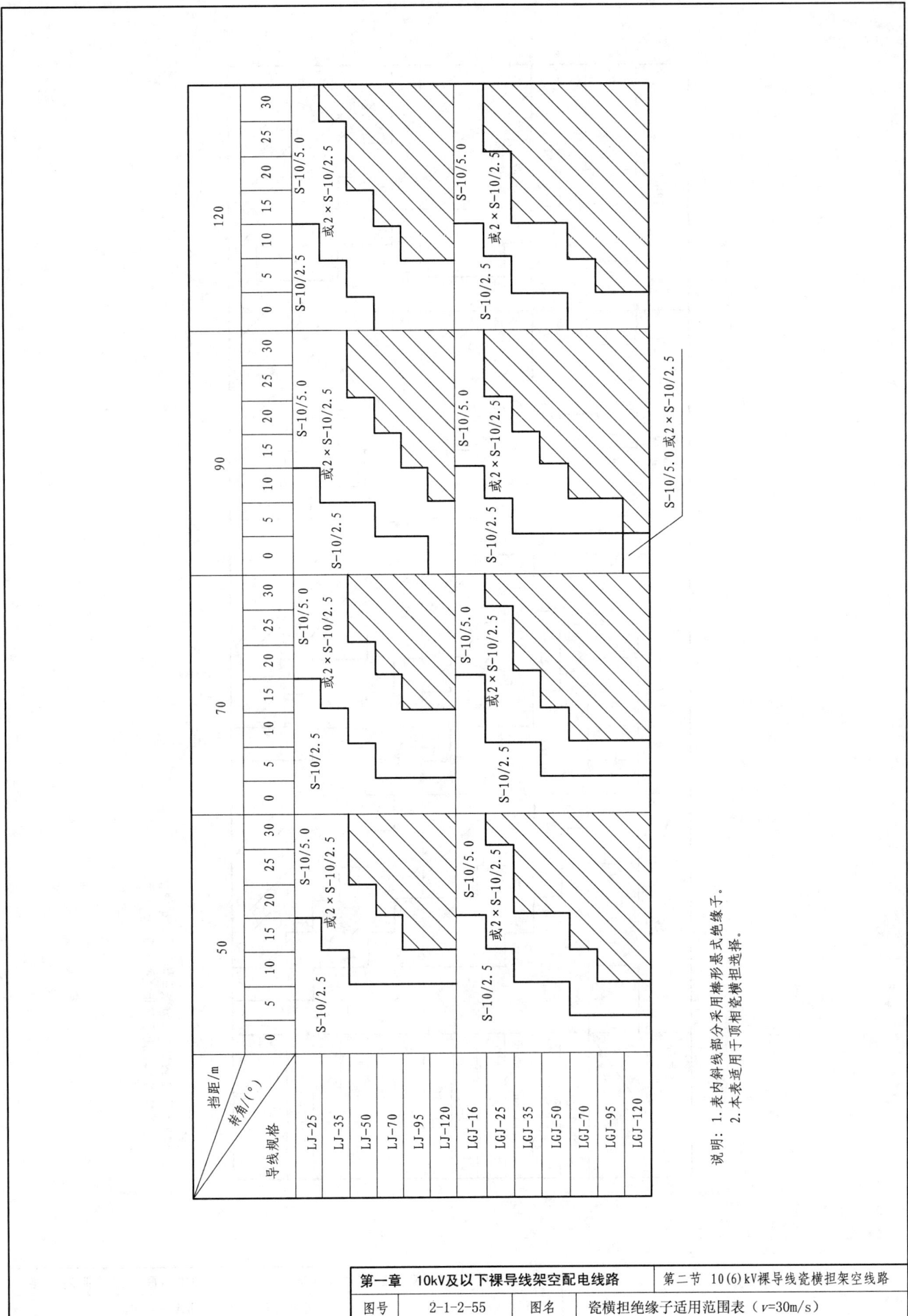

说明：1. 表内斜线部分采用棒形悬式绝缘子。
2. 本表适用于顶相瓷横担选择。

	第一章　10kV及以下裸导线架空配电线路	第二节　10(6)kV裸导线瓷横担架空线路
图号	2-1-2-55	图名　瓷横担绝缘子适用范围表（v=30m/s）

杆型 挡距/m 覆冰厚度/mm 导线规格	直线（CZ）及直线转角I（CZJ₁）															
	50				70				90				120			
	0	5	10	15	0	5	10	15	0	5	10	15	0	5	10	15
LJ-25	$L63\times6$(I)				$L63\times6$(I)				$L63\times6$(I)				$L63\times6$(I)			$L75\times8$(II)
LJ-35																
LJ-50																
LJ-70																
LJ-95												$L75\times8$(II)				
LJ-120																
LGJ-16	$L63\times6$(I)				$L63\times6$(I)				$L63\times6$(I)				$L63\times6$(I)			$L75\times8$(II)
LGJ-25																
LGJ-35																
LGJ-50																
LGJ-70																
LGJ-95												$L75\times8$(II)				
LGJ-120																

说明：用于直线杆型（CZ）、直线转角杆型（CZJ₁），在覆冰厚度为0~15mm、代表
挡距为50~120m、使用不同导线规格时的横担规格选择。

杆型 挡距/m 覆冰厚度/mm 导线规格	直线转角Ⅱ（CZJ₂）															
	50				70				90				120			
	0	5	10	15	0	5	10	15	0	5	10	15	0	5	10	15
LJ-25																
LJ-35																
LJ-50		2×L63×6(2Ⅰ)				2×L63×6(2Ⅰ)				2×L63×6(2Ⅰ)				2×L63×6(2Ⅰ)		
LJ-70																
LJ-95																
LJ-120																
LGJ-16																
LGJ-25																
LGJ-35																
LGJ-50		2×L63×6(2Ⅰ)				2×L63×6(2Ⅰ)				2×L63×6(2Ⅰ)				2×L63×6(2Ⅰ)		
LGJ-70																
LGJ-95																
LGJ-120																

注：用于直线转角杆型（CZJ₂）横担规格选择，适用范围同图2-1-2-56说明。

第一章　10kV及以下裸导线架空配电线路	第二节 10(6)kV裸导线瓷横担架空线路
图号　2-1-2-57	图名　10(6)kV瓷横担线路角钢横担选择表（二）

杆型 档距/m 覆冰厚度/mm 导线规格	耐张、终端 50				70				90				120				终端 —			
	0	5	10	15	0	5	10	15	0	5	10	15	0	5	10	15	0	5	10	15
LJ-25																	2×L63×6(2I)			
LJ-35																	2×L63×6(2I)			
LJ-50	2×L63×6(2I)				2×L63×6(2I)				2×L63×6(2I)				2×L63×6(2I)				2×L75×8(2II)			
LJ-70																	2×L75×8(2II)			
LJ-95																	2×L75×8(2II)			
LJ-120									2×L75×8(2II)								2×L90×8(2III)			
LGJ-16																	2×L63×6(2I)			
LGJ-25																	2×L63×6(2I)			
LGJ-35	2×L63×6(2I)				2×L63×6(2I)				2×L63×6(2I)				2×L63×6(2I)				2×L75×8(2II)			
LGJ-50																	2×L75×8(2II)			
LGJ-70																	2×L90×8(2III)			
LGJ-95	2×L75×8(2II)				2×L75×8(2II)				2×L75×8(2II)				2×L75×8(2II)				2×L63×6*(2I*)			
LGJ-120																				

说明：表中的*表示横担带斜材。

注：用于所有耐张杆、终端杆型的横担规格选择，适用范围同图2-1-2-56说明。

瓷拉棒适用范围表

型　号	机械破坏（抗拉）负荷/kg	适用导线/mm
SL-15/4	40	LJ-120及以下
SL-15/4	40	LGJ-95及以下

边相瓷横担绝缘子最大允许挡距表（m）

导线规格 \ 导线种类 覆冰厚度/mm	LJ				LGJ			
	0	5	10	15	0	5	10	15
16	—	—	—	—				90
25				80			120	80
35			120			120		
50	120	120		70	120		100	60
70							90	
95			90	60			80	
120			75	50		100	70	50

说明：1. 表格瓷横担绝缘子最大允许挡距适用于风速 $v=30m/s$ 以内。
2. LGJ-95以上导线的承力杆采用悬式绝缘子串。
3. 双瓷横担绝缘子最大允许挡距增加一倍，但不超过120m。
4. 用于10(6)kV线路、风速 $v=30m/s$ 以内。

一、选型设计具体步骤

利用本图集进行杆型、绝缘子、横担、拉线、基础等选型设计的具体步骤如下。

第一步：电杆选择

1. 直线杆（包括跨越杆）

对于不设拉线的直线型小转角杆及设备杆，其电杆选择应满足条件如下：

单回路线路：

$$M_B \geq M_D$$

带避雷线的单回路线路：

$$M_B \geq M_D'$$

式中 M_B——电杆标准检验弯矩值，kN·m，见图 2-1-1-124、图 2-1-1-125；

M_D——导线在地面处引起的弯矩值，N·m；

M_D'——避雷线及导线在地面处引起的弯矩值，N·m。

M_D、M_D' 的计算公式如下：

$$M_D = FH_1 + 2FH_2 = F(H_1 + 2H_2)$$

$$M_D' = F'H + FH_1 + 2FH_2$$

式中 F——导线水平力，N，由 10(6)kV 转角水平力表（见图 2-1-1-118~图 2-1-1-121）查出；

F'——避雷线水平力，N，由 10(6)kV 转角水平力表（见图 2-1-1-118、图 2-1-1-120）查出；

H_1——上导线对地面距离，m；

H_2——下导线对地面距离，m；

H——避雷线对地面距离，m。

2. 设拉线的电杆选择

为统一电杆规格，该类电杆一般可先按直线杆选择，然后按下述方法校验（杆型 CZJ$_1$、CZJ$_2$ 可不做校验）。

条件： $$M_B' \geq M_L$$

式中 M_B'——拉线抱箍处电杆允许弯矩值，N·m，由电杆制造厂家提供；

M_L——导线对拉线抱箍处产生的弯矩值，N·m。

当不满足上述条件时应重新选择电杆规格。

为简化计算，采用下列公式：

$$M_L = Fh_1 \quad \text{（拉线抱箍在横担上方）}$$

$$M_L = F(h_1 + 2h_2) \quad \text{（拉线抱箍在横担下方）}$$

式中 F——导线允许拉力或水平力，N，见图 2-1-1-118~图 2-1-1-121；

h_1——上导线距拉线抱箍处的垂直距离，m；

h_2——下导线距拉线抱箍处的垂直距离，m。

第二步：倾覆校验及卡盘选择

电杆倾覆校验应满足条件如下。

单回路线路：

$$M_Q \geqslant M_D$$

带避雷线的单回路线路：

$$M_Q \geqslant M_D'$$

式中 M_Q——允许倾覆弯矩值，N·m，由电杆及卡盘允许倾覆弯矩表（见图2-1-1-122、图2-1-1-123）直接查出，如果加大电杆埋深，可用所列修正系数乘以所查数值对 M_Q 进行修正；

共他符号意义同前。

注意事项：

(1) 带拉线的电杆不需要进行倾覆验算。

(2) 18m电杆均设补强拉线。

第三步：电杆主要部件选择

利用表格及安装图进行选择，选择步骤如下：

(1) 绝缘子选择。

(2) 横担选择。

(3) 拉线及其附件选择。

(4) 底盘选择。

(5) 其他部件的选择（如开关设备、电缆终端盒、接地装置等自行选择，不再说明）。

二、选型设计举例

有一段10kV单回路架空线路，路径经过的气象条件：风速 $v=25\text{m/s}$，导线覆冰厚度为10mm，土壤为坚硬黏土。导线规格为LJ-95（安全系数 $k=3.0$），代表挡距为70m，假定电杆长度均为

10m，导线为扁三角排列，正在运行的变电所出线为电缆方式，规划（设计的）变电所进线为架空方式，路径直线平面示意图如下：

1号杆——终端杆Ⅴ（CD₅）；

2号杆——跨越杆Ⅰ（CK₁）；

3号杆——跨越杆Ⅰ（CK₁）；

4号杆——直线转角杆Ⅰ（CZJ₁）；

5号杆——直线转角杆Ⅱ（CZJ₂）；

6号杆——直线杆（CZ₁）；

7号杆——耐张转角杆Ⅰ（CNJ₁）；

8号杆——直线杆Ⅰ（CZ₁）；

9号杆——耐张转角杆Ⅱ（CNJ₂）；

10号杆——终端杆Ⅰ（CD₁）；

11号杆——隔离开关杆Ⅰ（CGK₁）。

第一步：电杆选择

（一）2号、3号、6号、8号、11号电杆选择

根据本例要求从10(6)kV转角水平力表（一）（$v=25\text{m/s}$）（见图2-1-1-118）中查出转角为0°、代表挡距为70m一栏中每根导线水平力 $F=401.5\text{N}$，计算如下：

$$\begin{aligned}
M_D &= F(H_1+2H_2)\\
&= 401.5 \times [(10-1.7+0.5)\\
&\quad +2 \times (10-1.7-0.3)]\\
&= 9.957 \ (\text{kN} \cdot \text{m})
\end{aligned}$$

第一章　10kV及以下裸导线架空配电线路		第二节　10(6)kV裸导线瓷横担架空线路
图号	2-1-2-61	图名
		进行杆型、绝缘子、横担、拉线、基础等选型设计步骤和举例（二）

340

再从环形钢筋混凝土电杆标准检验弯矩表（见图 2-1-1-124）中查出杆高为 10m，满足条件 $M_B \geqslant M_D$ 的电杆规格的 M_B 值如下。

$\phi 170 \times 10 \times D$：

$$M_B = 14.09 \text{kN} \cdot \text{m}$$

$\phi 190 \times 10 \times F$：

$$M_B = 18.11 \text{kN} \cdot \text{m}$$

以上两种规格的电杆均能满足本例使用要求。本例选用 $\phi 190 \times 10 \times F$。根据需要也可选用环形预应力混凝土电杆（见图 2-1-1-125）。

（二）4 号电杆选择

本杆为 $2°51'$ 小转角杆型，如不设拉线，从 10（6）kV 转角水平力表（一）（$v=25$m/s）（见图 2-1-1-118）中，在转角为 4°、代表挡距为 70m 一栏中查出每根导线水平力 $F=737.4$N，计算 M_D 如下：

$$\begin{aligned} M_D &= F(H_1 + 2H_2) \\ &= 737.4 \times [(10-1.7+0.5) \\ &\quad + 2 \times (10-1.7-0.3)] \\ &= 18288 \text{（N} \cdot \text{m）} = 18.29 \text{kN} \cdot \text{m} \end{aligned}$$

再从图 2-1-1-124 中查出杆高为 10m，满足条件 $M_B > M_D$ 电杆规格的 M_B 值如下：

$\phi 190 \times 10 \times H$：$M_B = 22.14 \text{kN} \cdot \text{m}$

如设拉线，则与 2 号、3 号、6 号、8 号、11 号选择相同，即选 $\phi 190 \times 10 \times F$ 电杆。

（三）1 号、9 号、10 号电杆选择

按终端杆受力情况验算，从导线允许拉力表（见图 2-1-1-131）查出 LJ-95 的允许拉力 $F=4817$N，则：$M_L = 4817 \times (0.75 + 2 \times 0.25) = 6021$（N·m）（9 号杆）；$M_L = Fh_1 = 4817 \times 0.3 = 1445$（N·m）（1、10 号杆）。

已知某厂生产的 $\phi 190 \times 10 \times F$ 电杆，距杆顶 0.9m、0.45m 处允许使用弯矩为 8500N·m > 6021N·m、6000N·m > 1445N·m，满足要求。

（四）5 号、7 号电杆选择

以 7 号电杆为例，从 10（6）kV 转角水平力表（二）（$v=25$m/s）（见图 2-1-1-119）中查出 45° 转角 LJ-95 的水平力为 4057N，则：$M_L = 4057 \times 0.3 = 1217$（N·m），选 $\phi 190 \times 10 \times F$ 满足要求。

第二步：倾覆校验及卡盘选择

（一）2 号、3 号、6 号、8 号、11 号电杆选择

根据本例所给条件，从电杆及卡盘允许倾覆弯矩表（一）（$v=25$m/s）（见图 2-1-1-122）中查出坚硬黏土及对应的 $\phi 190$、10m 电杆一栏里允许倾覆弯矩 $M_Q = 16361$N·m > $M_D = 9595$N·m，说明当埋深 1.7m 无卡盘时能满足倾覆要求。

（二）4 号电杆校验及卡盘选择

因 $M_Q = 16361$N·m < $M_D = 18288$N·m，可知本杆在埋深为 1.7m 无卡盘时不能满足倾覆要求，可采用卡盘或加大其埋深两种方法解决。

1. 采用卡盘方法

查图 2-1-1-122，可知当采用卡盘型号为 KP8 时：

$$M_Q = 22552 \text{N} \cdot \text{m} > M_D = 18288 \text{N} \cdot \text{m}$$

可满足倾覆要求。

2. 采用加大埋深的方法

当埋深为 2.0m 时，埋深增加量 $= 2.0 - 1.7 = 0.3$（m），查出修正系数表得修正系数为 1.48，M_Q 修正如下：

$$M_Q = 16361 \times 1.48 \approx 24214 \text{（N} \cdot \text{m）} > 18288 \text{N} \cdot \text{m}$$

即 $M_Q > M_D$ 满足倾覆要求。

第一章　10kV及以下裸导线架空配电线路		第二节　10（6）kV裸导线瓷横担架空线路
图号	2-1-2-62	图名　进行杆型、绝缘子、横担、拉线、基础等选型设计步骤和举例（三）

由上述两种方法均能满足倾覆要求，可任选一种。

第三步：电杆主要部件选择

（一）1号电杆

选用带跌开式熔断器的终端杆 Ⅴ（CD₅）。

1. 绝缘子选择

见图2-1-2-26。

2. 横担选择

根据导线为LJ-95、覆冰厚度为10mm的条件，查10(6)kV瓷横担线路角钢横担选择表（三）（见图2-1-2-58）的终端杆一栏，选用2×L75×8规格横担，再根据电杆梢径为φ190，从横担加工制造图（三）（见图2-1-2-47）中查出当角钢规格为L75×8时横担型号为2Ⅱ₃。

3. 拉线选择

（1）拉线截面选择。

根据导线为LJ-95、终端杆、风速v＝25m/s，如选用普通拉线的型式（对地夹角β＝45°），从10(6)kV普通、弓形拉线截面选择表（一）v＝25m/s（见图2-1-1-113）查出拉线规格为GJ-35，可满足使用要求。

（2）选择拉线盘型号及埋深。

根据土壤特征从拉线盘埋深选择表（见图2-1-1-126）中查出坚硬黏土一栏，当拉线盘型号为LP6，其埋深为1.3m时，可满足使用要求。

拉线的组装及零配件应按照单、双钢绞线普通拉线组装图（见图2-1-1-47、图2-1-1-48）进行选型组装。

4. 底盘选择

（1）导线垂直荷载。

根据导线为LJ-95，覆冰厚度为10mm，代表挡距为70m，从导线垂直荷载表（见图2-1-1-127）中查出每根导线垂直荷载为616N，终端杆按其一半计算，即616/2＝308（N），导线根数为3根，总垂直荷载为

$$3×308＝924（N）≈0.92kN$$

（2）拉线垂直荷载。

根据拉线规格为GJ-35，β＝45°，从拉线垂直荷载表（见图2-1-1-126）中查出拉线垂直荷载为14.8kN。

（3）底盘选择。

作用在电杆基础的总垂直荷载为导线与拉线垂直荷载之和，即：0.92＋14.8＝15.72（kN），从基础允许最大垂直荷载表（见图2-1-1-128）中查出φ190、10m长电杆、坚硬黏土、当无底盘时，基础允许最大垂直荷载为3.1kN＜15.72kN，不能满足要求，需加装底盘；当选用DP6底盘时，基础允许最大垂直荷载为91.4kN＞15.72kN，故选用DP6可满足使用要求。

（二）2号电杆

因跨越公路，故选跨越杆Ⅰ（CK₁）。

1. 绝缘子选择

见图2-1-2-15。

2. 横担选择

根据导线为LJ-95，覆冰厚度为10mm，挡距为70m的跨越杆，从10(6)kV瓷横担线路角钢横担选择表（一）（见图2-1-2-56）中选出L63×6规格横担，再根据电杆梢径为φ190，从横担加工制造图（一）（见图2-1-2-45）中查出当角钢规格为L63×6时，横担型号为Ⅰ₃。

3. 底盘选择

(1) 导线垂直荷载。

已知导线总垂直荷载为 $3 \times 616 = 1848$ (N) = 1.85kN。

(2) 底盘选择。

方法基本与1号电杆各部件选择中底盘选择相同，由于本杆不设拉线，故总垂直荷载即为 1.85kN，无底盘时基础允许最大垂直荷载为 3.1kN > 1.85kN，则不需要加底盘。

(三) 3号电杆

各部件选择与2号电杆相同。

(四) 4号电杆

1. 绝缘子选择

由于4号电杆转角度为 $2°15'$，从瓷横担绝缘子适用范围表（$v = 25\text{m/s}$）（见图 2-1-2-54）代表挡距为70m、转角为 $5°$ 一栏中查出 S-210Z/250 瓷横担即可满足使用要求。可选用直线转角杆 I（CZJ_1）杆型（见图 2-1-2-17）。

2. 横担选择

与2号电杆各部件选择中横担选择相似，即从 $L63 \times 6$ 杆顶支座加工制造图（一）（见图 2-1-2-49）中查出支座型号为 I_2。

3. 底盘选择

与2号电杆各部件选择中底盘选择方法相同。

(五) 5号电杆

1. 绝缘子选择

根据线路转角为 $9°5'$，从瓷横担绝缘子适用转

角范围表（$v = 25\text{m/s}$）（见图 2-1-2-54）代表挡距为70m、转角为 $10°$ 一栏中查出 $2 \times S-210Z/250$ 瓷横担绝缘子可满足使用要求，且应选用直线转角杆 II（CZJ_2）杆型（见图 2-1-2-18）。

2. 横担选择

根据导线为 LJ-95，覆冰厚度为10mm，代表挡距为70m，杆型为 CZJ_2，从 10(6)kV 瓷横担线路角钢横担选择表（二）（见图 2-1-2-57）中选出 $2 \times L63 \times 6$ 规格横担，再根据电杆梢径为 $\phi 190$ 从横担加工制造图（三）（见图 2-1-2-47）中查出当角钢规格为 $L63 \times 6$ 时，横担型号为 $2I_3$。

3. 拉线选择

(1) 拉线截面选择。

根据导线为 LJ-95、CZJ_2 杆杆型、风速 $v = 25\text{m/s}$，如拉线为普通型式（拉线对地夹角 $\beta = 60°$），从 10(6)kV 普通、弓形拉线截面选择表（一）（$v = 25\text{m/s}$）（见图 2-1-1-112）转角为 $15°$、代表挡距为70m 一栏中查出拉线为 GJ-25 可满足使用要求。

(2) 选择拉线盘型号及埋深。

根据土壤特为坚硬黏土，从拉线盘埋深选择表（见图 2-1-1-126）中查出拉线规格为 GJ-25、$\beta = 60°$ 时，选用拉线盘型号为 LP6，其埋深为 1.3m 可满足要求。

拉线组装和零配件应按照单、双钢绞线普通拉线组装图（见图 2-1-1-47）进行选型组装。

第一章 10kV及以下裸导线架空配电线路		第二节 10(6)kV裸导线瓷横担架空线路
图号	2-1-2-64	图名	进行杆型、绝缘子、横担、拉线、基础等选型设计步骤和举例（五）

343

4. 底盘选择

（1）导线垂直荷载。

已知导线总垂直荷载为 $3×616≈1848$ （N）＝1.85kN。

（2）拉线垂直荷载。

根据拉线规格为 GJ-25，$β＝60°$，从拉线垂直荷载表（见图 2-1-1-126）中查出拉线垂直荷载为 13.0kN。

（3）底盘选择。

作用在电杆基础的最大垂直荷载为

$$1.85＋13＝14.85 （kN）$$

从基础允许最大垂直荷载表（见图 2-1-1-128）中查出 DP6 允许垂直荷载为 91.4kN＞14.85kN。

故选用 DP6 可满足使用要求。

（六）6 号电杆

绝缘子的选择见杆顶安装图 2-1-2-11，其余各部件选择与 4 号电杆各部件选择内容、方法相同。

（七）7 号电杆

该杆型转角为 42°30′，故应选用耐张转角杆 I（CNJ₁）。

1. 绝缘子选择

查耐张转角杆 I（CNJ₁）杆顶安装图（见图 2-1-2-19）。

2. 横担选择

从 10(6)kV 瓷横担线路角钢横担选择表（三）（见图 2-1-2-58）中查出耐张横担一栏，根据覆冰厚度为 10mm，代表挡距为 70mm，选出横担为 $2×L63×6$，再根据电杆梢径为 $φ190mm$，从"横担加工制造图（三）"（见图 2-1-2-47）中查出角钢规格为 $L63×6$ 时，横担型号为 2 I₃。

3. 拉线选择

（1）拉线截面选择。

a. 主拉线的选择。

从 10(6)kV 普通、弓形拉线截面选择表（一）（$v＝25m/s$）（见图 2-1-1-113）中 45°转角杆、$β＝45°$、代表挡距为 70m 一栏查出 GJ-35 可满足使用要求。

b. 辅助拉线的选择。

方法同上，但辅助拉线一律按耐张杆型选择，$β＝45°$时，选用 GJ-25 拉线可满足使用要求。

（2）选择拉线盘型号及其埋深。

根据已知条件从拉线盘埋深选择表（见图 2-1-1-126）中查出主拉线采用 LP6，埋深为 1.3m，辅助拉线采用 LP6，埋深为 1.3m，可满足使用要求。

4. 底盘选择

（1）导线垂直荷载。

已知导线垂直荷载为 1.85kN。

（2）拉线垂直荷载。

查拉线垂直荷载表（见图 2-1-1-126）。

（a）主拉线垂直荷载为 14.8kN。

（b）辅助拉线垂直荷载为 2×10.6＝21.2（kN）。

（3）底盘选择。

作用在基础的总垂直荷载为

1.85＋14.8＋21.2＝37.85（kN）

从基础允许最大垂直荷载表（见图 2-1-1-128）中查出选用 DP6 底盘时基础最大允许垂直荷载为

91.4kN＞37.85kN

故选择 DP6 可满足使用要求。

（八）8 号电杆各部件选择同 6 号电杆

（九）9 号电杆

该杆转角为 47°，故选用耐张转角杆型Ⅱ（CNJ_2）杆型。

1. 绝缘子选择

见图 2-1-2-20。

2. 横担选择

线路转角大于 45°应按终端杆选择。方法同 1 号电杆各部件选择。

3. 拉线选择

方法同 1 号电杆各部件选择。

4. 底盘选择

（1）导线垂直荷载。

方法同 1 号电杆各部件，但导线总垂直荷载应为

3×616＝1848（N）＝1.85kN

导线垂直荷载不能按一半计算。

（2）拉线垂直荷载。

从拉线垂直荷载表（见图 2-1-1-126）中查出拉线垂直荷载应为

2×14.8＝29.6（kN）

（3）底盘选择。

作用在电杆基础的总垂直荷载为

1.85＋29.6＝31.45（kN）

选用 DP6 底盘时最大允许垂直荷载为

91.4kN＞31.45kN

故选用 DP6 可满足要求。

（十）10 号电杆

该电杆为终端杆Ⅰ（CD_1）杆型（见图 2-1-2-22），其各部件选择方法与 1 号电杆相同。

（十一）11 号电杆

该电杆为隔离开关杆Ⅰ（CGK_1）杆型（见图 2-1-2-37）。

该杆型不宜作为耐张杆使用。

横担按照耐张杆型选择。从 10(6)kV 瓷横担线路角钢横担选择表（三）（见图 2-1-2-58）中查出角钢规格为 2×L63×6，横担型号为 2Ⅰ。

本例全线杆塔一览表见图 2-1-2-67。

第一章　10kV及以下裸导线架空配电线路		第二节　10(6)kV裸导线瓷横担架空线路
图号	2-1-2-66	图名	进行杆型、绝缘子、横担、拉线、基础等选型设计步骤和举例（七）

345

电杆编号	1	2、3	4	5	6、8	7	9	10	11
杆型示意图									
杆型（代号）	CD_5	CK_1	CZJ_1	CZJ_2	CZ_1	CNJ_1	CNJ_2	CD_1	CGK_1
安装图图号	2-1-2-25	2-1-2-14	2-1-2-16	2-1-2-17	2-1-2-10	2-1-2-18	2-1-2-19	2-1-2-21	2-1-2-36
电杆	$\phi190\times10\times F$	$\phi190\times10\times F$	$\phi190\times10\times H$	$\phi190\times10\times F$	$\phi190\times10\times F$	$\phi190\times10\times F$	$\phi190\times10\times F$	$\phi190\times10\times F$	$\phi190\times10\times F$
横担	$2\times L75\times8$（$2Ⅱ_3$)	$L63\times6$（$Ⅰ_3$)	$L63\times6$（$Ⅰ_2$)	$2\times L63\times6$（$2Ⅰ_3$)	$L63\times6$（$Ⅰ_2$)	$2\times L63\times6$（$2Ⅰ_3$)	$2\times L75\times8$（$2Ⅱ_3$)两组	$2\times L75\times8$（$2Ⅱ_3$)	$2\times L63\times6$（$2Ⅰ_3$)
拉线	GJ-35			GJ-25		GJ-35+GJ-25/2组	GJ-35/2组	GJ-35	
底盘	DP6			DP6		DP6	DP6	DP6	
卡盘			KP8						
拉线盘	LP6			LP6		LP6/3个	LP6/2个	LP6	
备注									

图号	2-1-2-67	图名	进行杆型、绝级子、横担、拉线、基础等选型设计步骤和举例（八）

一、气象条件设计

设计选取最大风速为 30m/s、25m/s 2 级，覆冰厚度为 0mm、5mm、10mm、15mm 4 级。

二、导线

（1）导线型号及截面为 LJ-16～240。

（2）导线的安全系数见表 1。

表 1 　　　　　　　导线安全系数

导线规格	安全系数
LJ-16 LJ-25 LJ-35 LJ-50	2.5、3.0
LJ-70 LJ-95	3.0
LJ-120 LJ-150 LJ-185 LJ-210 LJ-240	4.0

三、导线排列

导线均为水平排列，各排横担上的导线根数分为二、四两种。

四、线间距离及挡距

导线间水平距离为 0.4m，考虑登杆需要，接近电杆两侧导线各距电杆中心 0.3m。最大允许挡距为 50m。

五、杆型

本设计按二、四线两种导线排列共有 22 种单元杆型，具体杆型详见 22 种低压线路杆型总揽。

六、电杆

电杆采用环形钢筋混凝土电杆 [《环形钢筋混凝土电杆》（GB 396）] 和环形预应力混凝土电杆 [《环形预应力混凝土电杆》（GB 4623）]，详见本章第一节有关内容。

七、土壤

选用常用的 6 种土壤，其有关数据见表 2。

八、横担

横担一律采用角钢铁横担。图中 * 为带斜材横担。

九、绝缘子

（1）直线杆采用 PD-1T 型针式绝缘子；按针式绝缘子选择表的适用范围也可用于直线转角杆。

（2）承力杆采用 ED 型蝶式绝缘子，其中导线为 LJ-16～150 用 ED-2 型；LJ-185～240 用 ED-1 型。

第一章　10kV及以下裸导线架空配电线路	第三节　1kV以下裸导线架空配电线路		
图号	2-1-3-1	图名	说明（一）

十、拉线

（1）拉线方式分为：普通拉线、V形拉线、水平拉线、弓形拉线4种。

（2）拉线材料均采用镀锌钢绞线［《镀锌钢绞线》（GB 1200）］，并按 GB 1200 中的公称抗拉强度为 $1270N/mm^2$ 进行设计。

（3）底把采用拉线棒，并带 UT 型线夹调整拉线松紧。

（4）拉线根据规程要求装设拉紧绝缘子。

表2　　　　　土 壤 特 性 表

土壤名称		重力密度 $\gamma/(kN/m^3)$	计算上拔角 $\alpha(°)$	计算抗剪角 $\beta(°)$	被动土抗力特性 $m/(kN/m^3)$	许可耐压力 P/kPa
大块碎石		19.6	32	40	90.16	392
中沙、粗沙		17.64	30	37	70.56	392
细沙、粉沙		15.68	23	28	43.41	196
黏土	坚硬	17.64	30	45	102.9	294
	硬塑	16.66	25	35	61.45	225.4
	可塑	15.68	20	30	47.04	176.4

十一、基础

底盘、卡盘和拉线盘全部为预制钢筋混凝土构件。

十二、防雷、接地

（1）中性点直接接地的低压电力网中采用 TN 系统时，保护线应在电源处接地；架空线路的干线和分支线的终端以及沿线每 1km 处保护线应重复接地；当架空线路在引入车间或大型建筑物处且距接地点超过 50m 时，保护线也应重复接地。每个重复接地装置的接地电阻不应大于 10Ω。

（2）为防止雷电波沿低压配电线路侵入建筑物，接户线上的绝缘子铁脚宜接地，其接地电阻不宜大于 30Ω。公共场所的引入线、绝缘子铁脚应接地。如低压配电线路的钢筋混凝土电杆的自然接地电阻不大于 30Ω 时，可不另设人工接地装置。

（3）符合下列条件之一者绝缘子铁脚可不接地：

1）年平均雷暴日数不超过 30 的地区。

2）低压线被建筑物屏蔽的地区。

3）引入线与低压干线接地点距离不超过 50m 的地方。

4）土壤电阻率在 $200\Omega \cdot m$ 及以下的地区。

十三、高低压合架线路

（1）高低压合架的最大挡距为 50m。

（2）高低压合架时，高低压横担间的最小垂直距离直线杆为 1.2m，转角、分歧杆为 1.0m。

（3）高低压合架时，电杆、拉线及基础等的选择各见其相应的选择表。

十四、电力金具

本图集采用的电力金具符合《架空线路用预绞式金具技术条件》（DL/T 763）等标准的要求。

序号	杆型名称	型号	横担	附注	杆型示意图	序号	杆型名称	型号	横担	附注	杆型示意图
1	直线杆	2Z	2Z			6	十字横担耐张转角杆	2NJ₃/2J₃	2J₃		
2	耐张杆	2N	2N			7	T字分歧杆	2F₁	2Z/2J₃		
3	单针直线转角杆	2ZJ₁	2Z	拉线根据需要装设		8	十字分歧杆	2F₂	2Z/2Z		
4	双针直线转角杆	2ZJ₂	2J₁	拉线根据需要装设		9	架空引入终端杆	2D₁	2D₁		
5	耐张转角杆	2NJ₁	2J₂	1—主拉线；2—辅助拉线		10	电缆引入终端杆	2D₂	2D₂		

图号	2-1-3-3	图名	22种低压线路杆型总揽（一）

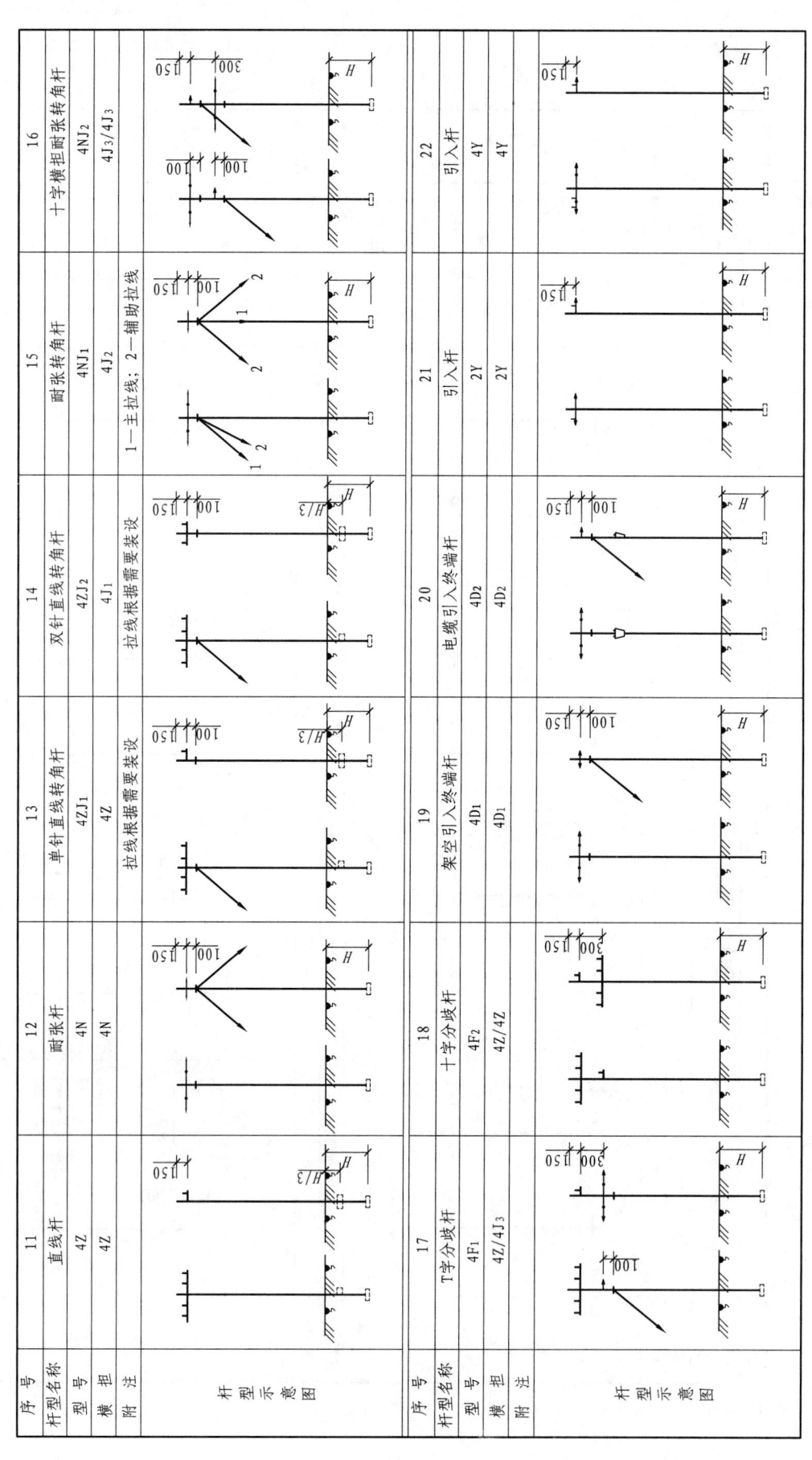

序号	11	12	13	14	15	16
杆型名称	直线杆	耐张杆	单针直线转角杆	双针直线转角杆	耐张转角杆	十字横担耐张转角杆
型号	4Z	4N	4ZJ1	4ZJ2	4NJ1	4NJ2
横担	4Z	4N	4Z	4J1	4J2	4J3/4J3
附注			拉线根据需要装设	拉线根据需要装设	1—主拉线；2—辅助拉线	
杆型示意图						

序号	17	18	19	20	21	22
杆型名称	T字分歧杆	十字分歧杆	架空引入终端杆	电缆引入终端杆	引入杆	引入杆
型号	4F1	4F2	4D1	4D2	2Y	4Y
横担	4Z/4J3	4Z/4Z	4D1	4D2	2Y	4Y
附注						
杆型示意图						

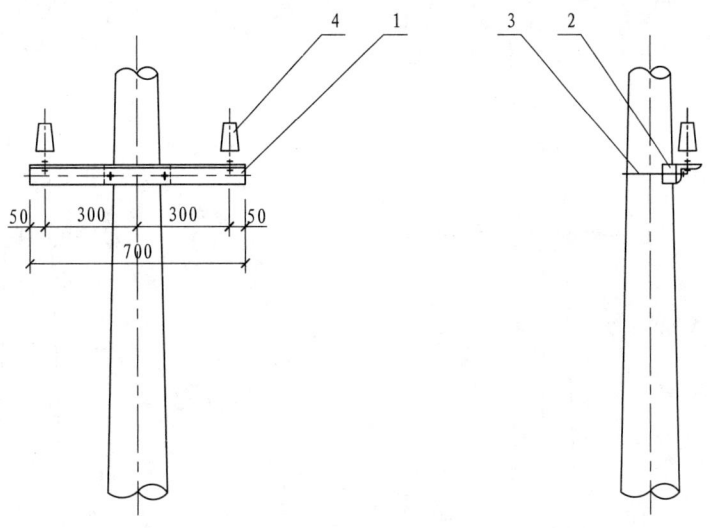

$$50 \quad 300 \quad 300 \quad 50$$
$$700$$

选 型 表

序号	名 称		规 格				
电杆梢径及距杆顶距离	ϕ150	1.5m以内	1.5~3.0m	3.0~4.5m	—	—
	ϕ170	—	1.5m以内	1.5~3.0m	3.0~4.5m	—
	ϕ190	—	—	1.5m以内	1.5~3.0m	3.0~4.5m
1	横 担	I_1	I_2	I_3	I_4	I_5
2	M形抱铁	I	II	III	IV	V
3	U形抱箍	I_1	I_2	I_3	I_4	I_5

横担选择表

导线规格	覆冰厚度/mm			
	0	5	10	15
LJ-16				
LJ-25				
LJ-35				
LJ-50				
LJ-70				
LJ-95		$L50\times5$(I)		
LJ-120				
LJ-150				
LJ-185				
LJ-210				
LJ-240				

说明：适用转角范围见图2-1-3-69。

明 细 表

序号	名 称	规 格	单位	数量
1	横担	见上表	根	1
2	M形抱铁	见上表	个	1
3	U形抱箍	见上表	副	1
4	针式绝缘子	PD-1T	个	2

横担选择表

导线规格	覆冰厚度/mm			
	0	5	10	15
LJ-16				
LJ-25				
LJ-35				
LJ-50				
LJ-70				
LJ-95	2×L50×5(I)			
LJ-120				
LJ-150				
LJ-185				
LJ-210				
LJ-240				

选 型 表

序号	名称	规 格				
电杆梢径及距杆顶距离	$\phi150$	1.5m以内	1.5~3.0m	3.0~4.5m	—	—
	$\phi170$	—	1.5m以内	1.5~3.0m	3.0~4.5m	—
	$\phi190$	—	—	1.5m以内	1.5~3.0m	3.0~4.5m
1	横担	I_1	I_2	I_3	I_4	I_5
2	M形抱铁	I	II	III	IV	V

明 细 表

序号	名 称	规 格	单位	数量
1	横担	见上表	副	1
2	M形抱铁	见上表	个	2
3	铁拉板	−40×4×270	副	8
4	蝴蝶型绝缘子	ED	个	4
5	方头螺栓	M12×50	个	4
6	方头螺栓	M16×130	个	4
7	方螺母	M12	个	4
8	方螺母	M16	个	4
9	垫圈	12	个	8
10	垫圈	16	个	8

第一章 10kV及以下裸导线架空配电线路	第三节 1kV以下裸导线架空配电线路
图号 2-1-3-6	图名 2N型耐张杆二线横担杆顶组装工艺图

横担选择表

导线规格	覆冰厚度/mm			
	0	5	10	15
LJ-16				
LJ-25				
LJ-35				
LJ-50				
LJ-70				
LJ-95	2×L50×5(I)			
LJ-120				
LJ-150				
LJ-185				
LJ-210				
LJ-240				

选 型 表

序号	名 称		规 格				
电杆梢径及距杆顶距离	φ150	1.5m以内	1.5～3.0m	3.0～4.5m	—	—
	φ170	—	1.5m以内	1.5～3.0m	3.0～4.5m	—
	φ190	—	—	1.5m以内	1.5～3.0m	3.0～4.5m
1	横担	I₁	I₂	I₃	I₄	I₅
2	M形抱铁	I	II	III	IV	V

说明：适用转角范围见图2-1-3-29。

明 细 表

序号	名 称	规 格	单位	数量
1	横担	见上表	根	1
2	M形抱铁	见上表	个	2
3	针式绝缘子	PD-1T	个	4

说明：本图适用于45°及以下转角。

横担选择表

导线规格	覆冰厚度/mm			
	0	5	10	15
LJ-16				
LJ-25				
LJ-35				
LJ-50				
LJ-70				
LJ-95	$2 \times L50 \times 5$（Ⅰ）			
LJ-120				
LJ-150				
LJ-185				
LJ-210				
LJ-240				

选 型 表

序号	名 称	规 格				
电杆梢径及距杆顶距离	$\phi150$	1.5m以内	1.5～3.0m	3.0～4.5m	—	—
	$\phi170$	—	1.5m以内	1.5～3.0m	3.0～4.5m	—
	$\phi190$	—	—	1.5m以内	1.5～3.0m	3.0～4.5m
1	横担	I_1	I_2	I_3	I_4	I_5
2	M形抱铁	Ⅰ	Ⅱ	Ⅲ	Ⅳ	Ⅴ
3	铁连板	Ⅰ	Ⅰ	Ⅱ	Ⅱ	Ⅲ

明 细 表

序号	名 称	规 格	单位	数量
1	横担	见上表	副	1
2	M形抱铁	见上表	个	2
3	铁拉板	见上表	块	2
4	铁连板	$-40 \times 4 \times 270$	块	8
5	蝴蝶型绝缘子	ED	个	4
6	针式绝缘子	PD-1T	个	2
7	方头螺栓	M12×50	个	4
8	方头螺栓	M16×130	个	4
9	方螺母	M12	个	4
10	方螺母	M16	个	4
11	垫圈	12	个	8
12	垫圈	16	个	8

第一章　10kV及以下裸导线架空配电线路	第三节　1kV以下裸导线架空配电线路
图号　2-1-3-8	图名　2J₂型转角杆二线横担杆顶组装工艺图

说明：跳线用针式绝缘子可根据实际需要
安装在电杆的左侧或右侧。

横担选择表

导线规格	覆冰厚度/mm			
	0	5	10	15
LJ-16				
LJ-25				
LJ-35	2×L50×5（Ⅰ）			
LJ-50				
LJ-70				
LJ-95				
LJ-120				
LJ-150	2×L63×6（Ⅱ）			
LJ-185				
LJ-210	2×L75×8（Ⅲ）			
LJ-240				

选 型 表

序号	名 称		规 格				
电杆梢径及距杆顶距离	φ150	1.5m以内	1.5~3.0m	3.0~4.5m	—	—
	φ170	—	1.5m以内	1.5~3.0m	3.0~4.5m	—
	φ190	—	—	1.5m以内	1.5~3.0m	3.0~4.5m
1	横 担		Ⅰ₁ Ⅱ₁ Ⅲ₁	Ⅰ₂ Ⅱ₂ Ⅲ₂	Ⅰ₃ Ⅱ₃ Ⅲ₃	Ⅰ₄ Ⅱ₄ Ⅲ₄	Ⅰ₅ Ⅱ₅ Ⅲ₅
2	M形抱铁		Ⅰ	Ⅱ	Ⅲ	Ⅳ	Ⅴ

明 细 表

序号	名 称	规 格	单位	数量
1	横 担	见上表	副	1
2	M形抱铁	见上表	个	2
3	铁拉板	-40×4×270	块	4
4	针式绝缘子	PD-1T	个	1
5	蝴蝶型绝缘子	ED	个	2
6	方头螺栓	M12×50	个	2
7	方头螺栓	M16×130	个	2
8	方螺母	M12	个	2
9	方螺母	M16	个	2
10	垫 圈	12	个	4
11	垫 圈	16	个	4

50 | 300 | 300 | 50
700

横担选择表

导线规格	覆冰厚度/mm			
	0	5	10	15
LJ-16				
LJ-25				
LJ-35	2×L50×5（Ⅰ）			
LJ-50				
LJ-70				
LJ-95				
LJ-120				
LJ-150	2×L63×6（Ⅱ）			
LJ-185				
LJ-210	2×L75×8（Ⅲ）			
LJ-240				

选 型 表

序号	名 称		规 格				
电杆梢径及距杆顶距离	φ150	1.5m以内	1.5~3.0m	3.0~4.5m	—	—
	φ170	—	1.5m以内	1.5~3.0m	3.0~4.5m	—
	φ190	—	—	1.5m以内	1.5~3.0m	3.0~4.5m
1	横 担	Ⅰ₁ Ⅱ₁ Ⅲ₁	Ⅰ₂ Ⅱ₂ Ⅲ₂	Ⅰ₃ Ⅱ₃ Ⅲ₃	Ⅰ₄ Ⅱ₄ Ⅲ₄	Ⅰ₅ Ⅱ₅ Ⅲ₅
2	M形抱铁	Ⅰ	Ⅱ	Ⅲ	Ⅳ	Ⅴ

明 细 表

序号	名 称	规 格	单位	数量
1	横担	见上表	副	1
2	M形抱铁	见上表	个	2
3	铁拉板	−40×4×270	个	8
4	蝴蝶型绝缘子	ED	个	4
5	方头螺栓	M12×50	个	4
6	方头螺栓	M16×130	个	4
7	方螺母	M12	个	4
8	方螺母	M16	个	4
9	垫圈	12	个	8
10	垫圈	16	个	8

第一章 10kV及以下裸导线架空配电线路	第三节 1kV以下裸导线架空配电线路
图号 2-1-3-10	图名 2D₁型终端杆二线横担杆顶组装工艺图

横担选择表

导线规格	覆冰厚度/mm			
	0	5	10	15
LJ-16	2×L50×5(Ⅰ)			
LJ-25				
LJ-35				
LJ-50				
LJ-70				
LJ-95	2×L63×6(Ⅱ)			
LJ-120				
LJ-150				
LJ-185				
LJ-210	2×L75×8(Ⅲ)			
LJ-240				

选 型 表

序号	名 称		规　　　　　格				
电杆梢径及距杆顶距离	φ150	1.5m以内	1.5~3.0m	3.0~4.5m	—	—
	φ170	—	1.5m以内	1.5~3.0m	3.0~4.5m	—
	φ190	—	—	1.5m以内	1.5~3.0m	3.0~4.5m
1	横担		Ⅰ₁Ⅱ₁Ⅲ₁	Ⅰ₂Ⅱ₂Ⅲ₂	Ⅰ₃Ⅱ₃Ⅲ₃	Ⅰ₄Ⅱ₄Ⅲ₄	Ⅰ₅Ⅱ₅Ⅲ₅
2	M形抱铁		Ⅰ	Ⅱ	Ⅲ	Ⅳ	Ⅴ

明 细 表

序号	名　称	规　格	单位	数量
1	横担	见上表	副	1
2	M形抱铁	见上表	个	2
3	铁拉板	-40×4×270	块	4
4	蝴蝶型绝缘子	ED	个	2
5	方头螺栓	M12×50	个	2
6	方头螺栓	M16×130	个	2
7	方螺母	M12	个	2
8	方螺母	M16	个	2
9	垫圈	12	个	4
10	垫圈	16	个	4

第一章　10kV及以下裸导线架空配电线路	第三节　1kV以下裸导线架空配电线路
图号　　2-1-3-11　　图名	2D₂型终端杆二线横担杆顶组装工艺图

4　1　　3　2

50　400　300　300　400　50

1500

横担选择表

导线规格	覆冰厚度/mm			
	0	5	10	15
LJ-16				
LJ-25				
LJ-35				
LJ-50	*L*50×5（Ⅰ）			
LJ-70				
LJ-95				
LJ-120			*L*63×6（Ⅱ）	
LJ-150				
LJ-185				*L*75×8（Ⅲ）
LJ-210				
LJ-240				

说明：单针式绝缘子在不同导线截面时，
　　　适用转角范围见图2-1-3-29。

选　型　表

序号	名　称		规　　　　格				
电杆梢径及距杆顶距离		φ150	1.5m以内	1.5~3.0m	3.0~4.5m	—	—
		φ170	—	1.5m以内	1.5~3.0m	3.0~4.5m	—
		φ190	—	—	1.5m以内	1.5~3.0m	3.0~4.5m
1	横　担		Ⅰ₁Ⅱ₁Ⅲ₁	Ⅰ₂Ⅱ₂Ⅲ₂	Ⅰ₃Ⅱ₃Ⅲ₃	Ⅰ₄Ⅱ₄Ⅲ₄	Ⅰ₅Ⅱ₅Ⅲ₅
2	M形抱铁		Ⅰ	Ⅱ	Ⅲ	Ⅳ	Ⅴ
3	U形抱箍		Ⅰ₁	Ⅰ₂	Ⅰ₃	Ⅰ₄	Ⅰ₅

明　细　表

序号	名　称	规　格	单位	数量
1	横担	见上表	根	1
2	M形抱铁	见上表	个	1
3	U形抱箍	见上表	副	1
4	针式绝缘子	PD-1T	个	4

图号	2-1-3-12	图名	4Z型直线杆四线横担杆顶组装工艺图

横担选择表

导线规格	覆冰厚度/mm			
	0	5	10	15
LJ-16				
LJ-25	2×L50×5(Ⅰ)			
LJ-35				
LJ-50				
LJ-70	2×L63×6(Ⅱ)			
LJ-95				
LJ-120				
LJ-150				
LJ-185	2×L75×8(Ⅲ)			
LJ-210				
LJ-240				

选 型 表

序号	名 称	规 格				
电杆梢径及距杆顶距离	φ150	1.5m以内	1.5~3.0m	3.0~4.5m	—	—
	φ170	—	1.5m以内	1.5~3.0m	3.0~4.5m	—
	φ190	—	—	1.5m以内	1.5~3.0m	3.0~4.5m
1	横 担	Ⅰ₁ Ⅱ₁ Ⅲ₁	Ⅰ₂ Ⅱ₂ Ⅲ₂	Ⅰ₃ Ⅱ₃ Ⅲ₃	Ⅰ₄ Ⅱ₄ Ⅲ₄	Ⅰ₅ Ⅱ₅ Ⅲ₅
2	M形抱铁	Ⅰ	Ⅱ	Ⅲ	Ⅳ	Ⅴ

明 细 表

序号	名 称	规 格	单位	数量
1	横担	见上表	副	1
2	M形抱铁	见上表	个	2
3	铁拉板	-40×4×270	副	16
4	蝴蝶型绝缘子	ED	个	8
5	方头螺栓	M12×50	个	8
6	方头螺栓	M16×130	个	8
7	方螺母	M12	个	8
8	方螺母	M16	个	8
9	垫圈	12	个	16
10	垫圈	16	个	16

第一章 10kV及以下裸导线架空配电线路		第三节 1kV以下裸导线架空配电线路
图号	2-1-3-13	图名 4N型耐张杆四线横担杆顶组装工艺图

横担选择表

导线规格	覆冰厚度/mm			
	0	5	10	15
LJ-16				
LJ-25				
LJ-35				
LJ-50				
LJ-70	2×L50×5(Ⅰ)			
LJ-95				
LJ-120				
LJ-150				
LJ-185				2×L63×6 (Ⅱ)
LJ-210				
LJ-240				

选 型 表

序号	名 称		规 格									
	电杆梢径及距杆顶距离	φ150	1.5m以内		1.5~3.0m		3.0~4.5m		—		—	
		φ170	—		1.5m以内		1.5~3.0m		3.0~4.5m		—	
		φ190	—		—		1.5m以内		1.5~3.0m		3.0~4.5m	
1	横担		Ⅰ₁	Ⅱ₁	Ⅰ₂	Ⅱ₂	Ⅰ₃	Ⅱ₃	Ⅰ₄	Ⅱ₄	Ⅰ₅	Ⅱ₅
2	M形抱铁		Ⅰ		Ⅱ		Ⅲ		Ⅳ		Ⅴ	

说明：双针式绝缘子在不同截面导线时，
适用转角范围见图2-1-3-29。

明 细 表

序号	名 称	规 格	单位	数量
1	横担	见上表	副	1
2	M形抱铁	见上表	个	2
3	针式绝缘子	PD-1T	个	8

第一章　10kV及以下裸导线架空配电线路	第三节　1kV以下裸导线架空配电线路
图号　2-1-3-14	图名　4J₁型转角杆四线横担杆顶组装工艺图

说明: 本图适用于45°及以下转角。

横担选择表

导线规格	覆冰厚度/mm			
	0	5	10	15
LJ-16				
LJ-25	2×L50×5(Ⅰ)			
LJ-35				
LJ-50				
LJ-70	2×L63×6(Ⅱ)			
LJ-95				
LJ-120				
LJ-150				
LJ-185	2×L75×8(Ⅲ)			
LJ-210				
LJ-240				

选 型 表

序号	名 称	规 格				
电杆梢径及距杆顶距离	φ150	1.5m以内	1.5~3.0m	3.0~4.5m	—	—
	φ170	—	1.5m以内	1.5~3.0m	3.0~4.5m	—
	φ190	—	—	1.5m以内	1.5~3.0m	3.0~4.5m
1	横担	Ⅰ₁ Ⅱ₁ Ⅲ₁	Ⅰ₂ Ⅱ₂ Ⅲ₂	Ⅰ₃ Ⅱ₃ Ⅲ₃	Ⅰ₄ Ⅱ₄ Ⅲ₄	Ⅰ₅ Ⅱ₅ Ⅲ₅
2	M形抱铁	Ⅰ	Ⅱ	Ⅲ	Ⅳ	Ⅴ
3	铁连板	Ⅰ	Ⅰ	Ⅱ	Ⅱ	Ⅲ

明 细 表

序号	名 称	规 格	单位	数量
1	横担	见上表	副	1
2	M形抱铁	见上表	个	2
3	铁连板	见上表	块	4
4	铁拉板	-40×4×270	块	16
5	蝴蝶型绝缘子	ED	个	8
6	针式绝缘子	PD-1T	个	4
7	方头螺栓	M12×50	个	8
8	方头螺栓	M16×130	个	8
9	方螺母	M12	个	8
10	方螺母	M16	个	8
11	垫圈	12	个	16
12	垫圈	16	个	16

6、8、10
5
4
7、9、11
3

2 1

50 400 300 300 400 50
1500

说明：1.跳线用针式绝缘子，可根据实际需要
　　　安装在电杆的左侧或右侧。
　　 2.选择表中的*表示横担带斜材。

横担选择表

导线规格	覆冰厚度/mm			
	0	5	10	15
LJ-16	2×L63×6(Ⅱ)			
LJ-25				
LJ-35	2×L75×8(Ⅲ)			
LJ-50				
LJ-70				
LJ-95	2×L90×8(Ⅳ)			
LJ-120				
LJ-150	2×L50×5*(Ⅰ)			
LJ-185				
LJ-210				
LJ-240				

2×L63×6*(Ⅱ)

选 型 表

序号	名 称	规　　　格				
电杆梢径及距杆顶距离	φ150	1.5m以内	1.5～3.0m	3.0～4.5m	—	—
	φ170	—	1.5m以内	1.5～3.0m	3.0～4.5m	
	φ190	—	—	1.5m以内	1.5～3.0m	3.0～4.5m
1	横　担	I₁* II₁* II₁ III₁ IV₁	I₂* II₂* II₂ IV₂	I₃* II₃* III₃ III₃ IV₃	I₄* II₄ II₄* III₄ IV₄	I₅* II₅* II₅ III₅ IV₅
2	M形抱铁	I	II	III	IV	V

明 细 表

序号	名　　称	规　　格	单位	数量
1	横担	见上表	副	1
2	M形抱铁	见上表	个	2
3	铁拉板	−40×4×270	块	8
4	针式绝缘子	PD-1T	个	2
5	蝴蝶型绝缘子	ED	个	4
6	方头螺栓	M12×50	个	4
7	方头螺栓	M16×130	个	4
8	方螺母	M12	个	4
9	方螺母	M16	个	4
10	垫圈	12	个	8
11	垫圈	16	个	8

第一章　10kV及以下裸导线架空配电线路		第三节　1kV以下裸导线架空配电线路
图号	2-1-3-16	图名　4J3型轩角杆四线横担杆顶组装工艺图

说明：选择表中的*表示横担带斜材。

横担选择表

导线规格	覆冰厚度/mm			
	0	5	10	15
LJ-16	2×L63×6(II)			
LJ-25				
LJ-35	2×L75×8(III)			
LJ-50				
LJ-70				
LJ-95	2×L90×8(IV)			
LJ-120				
LJ-150	2×L50×5*(I)			
LJ-185				
LJ-210				
LJ-240				

2×L63×6*(II)

选 型 表

序号	名 称	规 格				
	电杆梢径及距杆顶距离	$\phi150$	1.5m以内	1.5～3.0m	3.0～4.5m	—	—
		$\phi170$	—	1.5m以内	1.5～3.0m	3.0～4.5m	—
		$\phi190$	—	—	1.5m以内	1.5～3.0m	3.0～4.5m
1	横 担		I_1^* II_1^* III_1^* IV_1^*	I_2^* II_2^* III_2 IV_2	I_3^* II_3^* III_3 IV_3	I_4^* II_4^* III_4 IV_4	I_5^* II_5^* III_5 IV_5
2	M形抱铁		I	II	III	IV	V

明 细 表

序号	名 称	规 格	单位	数量
1	横担	见上表	副	1
2	M形抱铁	见上表	个	2
3	铁拉板	−40×4×270	块	16
4	蝴蝶型绝缘子	ED	个	8
5	方头螺栓	M12×50	个	8
6	方头螺栓	M16×130	个	8
7	方螺母	M12	个	8
8	方螺母	M16	个	8
9	垫圈	12	个	16
10	垫圈	16	个	16

第一章 10kV及以下裸导线架空配电线路	第三节 1kV以下裸导线架空配电线路
图号 2-1-3-17	图名 4D₁型终端杆四线横担组装工艺图

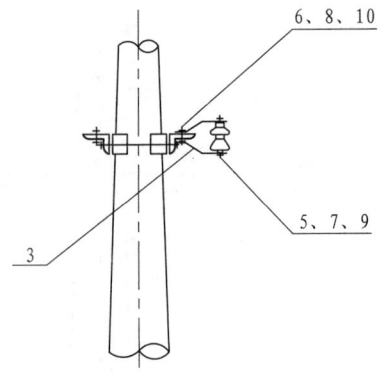

说明：选择表中的*表示横担带斜材。

50 | 400 | 300 | 300 | 400 | 50
1500

横担选择表

导线规格	覆冰厚度/mm			
	0	5	10	15
LJ-16	2×L63×6(Ⅱ)			
LJ-25				
LJ-35	2×L75×8(Ⅲ)			
LJ-50				
LJ-70				
LJ-95	2×L90×8(Ⅳ)			
LJ-120				
LJ-150	2×L50×5*(Ⅰ)			
LJ-185				
LJ-210				
LJ-240				2×L63×6*(Ⅱ)

选型表

序号	名称	规格				
电杆梢径及距杆顶距离	φ150	1.5m以内	1.5~3.0m	3.0~4.5m	—	—
	φ170	—	1.5m以内	1.5~3.0m	3.0~4.5m	—
	φ190	—	—	1.5m以内	1.5~3.0m	3.0~4.5m
1	横担	I₁* II₁ III₁* IV₁	I₂* II₂ II₂* III₂ V₂	I₃* II₃ III₃* III₃ V₃	I₄* II₄ III₄* III₄ IV₄	I₅* II₅ III₅* III₅ IV₅
2	M形抱铁	I	II	III	IV	V

明细表

序号	名称	规格	单位	数量
1	横担	见上表	副	1
2	M形抱铁	见上表	个	2
3	铁拉板	-40×4×270	块	8
4	蝴蝶型绝缘子	ED	个	4
5	方头螺栓	M16×130	个	4
6	方头螺栓	M12×50	个	4
7	方螺母	M16	个	4
8	方螺母	M12	个	4
9	垫圈	16	个	8
10	垫圈	12	个	8

第一章　10kV及以下裸导线架空配电线路	第三节　1kV以下裸导线架空配电线路
图号　2-1-3-18	图名　4D₂型终端杆四线横担组装工艺图

说明：跳线用针式绝缘子，可根据实际需要安装在电杆的左侧或右侧。

选型表

序号	名称		规　　格			
电杆梢径及距杆顶距离	ϕ150	1.5m以内	1.5～3.0m	3.0～4.5m	—	—
	ϕ170	—	1.5m以内	1.5～3.0m	3.0～4.5m	—
	ϕ190	—	—	1.5m以内	1.5～3.0m	3.0～4.5m
1	横　担	I_1	I_2	I_3	I_4	I_5
2	M形抱铁	I	II	III	IV	V

明细表

序号	名　　称	规　格	单位	数量
1	横担	见上表	副	1
2	M形抱铁	见上表	个	1
3	铁拉板	−40×4×270	块	4
4	蝴蝶型绝缘子	ED	个	2
5	针式绝缘子	PD-1T	个	1
6	U形抱箍		副	1
7	方头螺栓	M12×50	个	2
8	方头螺栓	M16×130	个	2
9	方螺母	M12	个	2
10	方螺母	M16	个	2
11	垫圈	12	个	4
12	垫圈	16	个	4

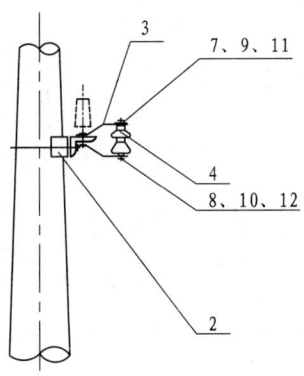

说明：跳线用针式绝缘子，可根据实际需要安装在电杆的左侧或右侧。

选型表

序号	名称		规　　格				
电杆梢径及距杆顶距离	φ150	1.5m以内	1.5～3.0m	3.0～4.5m	—	—
	φ170	—	1.5m以内	1.5～3.0m	3.0～4.5m	—
	φ190	—	—	1.5m以内	1.5～3.0m	3.0～4.5m
1	横担	I_1	I_2	I_3	I_4	I_5
2	M形抱铁	I	II	III	IV	V

明细表

序号	名　　称	规　　格	单位	数量
1	横担	L50×5(I)	副	1
2	M形抱铁	见上表	个	1
3	铁拉板	−40×4×270	块	8
4	蝴蝶型绝缘子	ED	个	4
5	针式绝缘子	PD-1T	个	2
6	U形抱箍		副	1
7	方头螺栓	M16×130	个	8
8	方头螺栓	M12×50	个	8
9	方螺母	M16	个	8
10	方螺母	M12	个	8
11	垫圈	16	个	16
12	垫圈	12	个	16

第一章　10kV及以下裸导线架空配电线路	第三节　1kV以下裸导线架空配电线路
图号　　2-1-3-20	图名　　4Y型引入杆四线横担杆顶组装工艺图

终端杆PEN线重复接地

分歧杆PEN线重复接地

TN-C系统重复接地

单根水平接地体的接地电阻值（Ω）

土壤电阻率/(Ω·m)	接地体材料及尺寸/mm		接地体长度 L/m										
			5	10	15	20	25	30	35	40	50	60	80	100
100	扁钢	40×4	23.4	13.9	10.1	8.1	6.7	5.8	5.1	4.6	3.8	3.3	2.5	2.1
	圆钢	φ12	25.0	14.7	10.7	8.5	7.0	6.1	5.3	4.8	4.0	3.4	2.7	2.2
250	扁钢	40×4	58.5	34.8	25.3	20.3	16.9	14.5	12.8	11.5	9.5	8.2	6.4	5.3
	圆钢	φ12	63.0	36.8	26.8	21.2	17.6	15.2	13.4	12.0	9.9	8.5	6.7	5.5
500	扁钢	40×4	117.0	69.5	50.5	40.5	33.7	29.0	25.5	22.9	19.0	16.3	12.7	10.6
	圆钢	φ12	125.0	73.5	53.5	42.3	35.2	30.4	26.7	23.9	19.8	17.0	13.3	11.0

说明：1. 引下线固定方式，也可以采用φ4
镀锌铁线缠绕。
2. 电杆有接地螺母时，接地引下线可
直接接到接地螺母上。

明　细　表

序号	名　称	规　格	单位	数量	附注
1	保护管	φ30, L=2200	根	1	可用钢管、角钢
2	引下线抱箍	Ⅰ型	副		数量由杆高定
3	引下线抱箍	Ⅱ型	副	2	
4	并沟线夹	JB型	副	1	
5	接地引下线	φ8圆钢	m		数量由杆高定
6	接地体	见上表	m		L
7	并沟线夹	JB型	副		

第一章　10kV及以下裸导线架空配电线路		第三节　1kV以下裸导线架空配电线路	
图号	2-1-3-21	图名	TN-C系统在终端杆、分歧杆处PEN线重复接地安装工艺图

说明：横担及零件应热镀锌。

各种型号横担的尺寸及适用范围（mm）

型号	b	δ	C	l	电杆梢径及距杆顶距离		
					ϕ150	ϕ170	ϕ190
I_1				180	1.5m以内	—	—
I_2				200	1.5～3.0m	1.5m以内	—
I_3	50	5	28	220	3.0～4.5m	1.5～3.0m	1.5m以内
I_4				240	—	3.0～4.5m	1.5～3.0m
I_5				260	—	—	3.0～4.5m

明 细 表

序号	名 称	规 格	单位	数量
1	角钢	$Lb×δ×700$	根	1

第一章　10kV及以下裸导线架空配电线路	第三节　1kV以下裸导线架空配电线路
图号　2-1-3-22	图名　二线横担加工制造图（一）

组装图

序号1

说明：横担及零件应热镀锌。

各种型号横担的尺寸及适用范围（mm）

型号	b	δ	D	螺栓规格	螺母	垫圈	C	l	电杆梢径及距杆顶距离		
									φ150	φ170	φ190
I₁				M16×220				180	1.5m以内	—	
I₂				M16×240				200	1.5～3.0m	1.5m以内	—
I₃	50	5	18	M16×260	M16	16	28	220	3.0～4.5m	1.5～3.0m	1.5m以内
I₄				M16×280				240	—	3.0～4.5m	1.5～3.0m
I₅				M16×300				260	—	—	3.0～4.5m
II₁				M16×220				180	1.5m以内	—	
II₂				M16×240				200	1.5～3.0m	1.5m以内	
II₃	63	6	18	M16×260	M16	16	35	220	3.0～4.5m	1.5～3.0m	1.5m以内
II₄				M16×280				240	—	3.0～4.5m	1.5～3.0m
II₅				M16×300				260	—	—	3.0～4.5m
III₁				M16×220				180	1.5m以内	—	
III₂				M16×240				200	1.5～3.0m	1.5m以内	
III₃	75	8	22	M16×260	M18	18	42	220	3.0～4.5m	1.5～3.0m	1.5m以内
III₄				M16×280				240	—	3.0～4.5m	1.5～3.0m
III₅				M16×300				260	—	—	3.0～4.5m

明细表

序号	名 称	规 格	单位	数量
1	角钢	Lb×δ×700	根	2
2	方头螺栓	见上表	个	4
3	方螺母	见上表	个	4
4	垫圈	见上表	个	8

第一章 10kV及以下裸导线架空配电线路		第三节 1kV以下裸导线架空配电线路
图号	2-1-3-23	图名 二线横担加工制造图（二）

说明：横担及零件应热镀锌。

各种型号横担的尺寸及适用范围（mm）

型号	l	电杆梢径及距杆顶距离		
		$\phi150$	$\phi170$	$\phi190$
I_1	180	1.5m以内	—	—
I_2	200	1.5～3.0m	1.5m以内	—
I_3	220	3.0～4.5m	1.5～3.0m	1.5m以内
I_4	240	—	3.0～4.5m	1.5～3.0m
I_5	260	—	—	3.0～4.5m

明　细　表

序号	名　　称	规　　格	单位	数量
1	角钢	$L50\times5\times700$	根	1

第一章　10kV及以下裸导线架空配电线路	第三节　1kV以下裸导线架空配电线路
图号　　2-1-3-24　　图名	二线横担加工制造图（三）

各种型号横担的尺寸及适用范围（mm）

型号	b	δ	D	C	l	电杆梢径及距杆顶距离		
						$\phi150$	$\phi170$	$\phi190$
I$_1$					180	1.5m以内	—	—
I$_2$					200	1.5～3.0m	1.5m以内	—
I$_3$	50	5	18	28	220	3.0～4.5m	1.5～3.0m	1.5m以内
I$_4$					240	—	3.0～4.5m	1.5～3.0m
I$_5$					260	—	—	3.0～4.5m
II$_1$					180	1.5m以内	—	—
II$_2$					200	1.5～3.0m	1.5m以内	—
II$_3$	63	6	18	35	220	3.0～4.5m	1.5～3.0m	1.5m以内
II$_4$					240	—	3.0～4.5m	1.5～3.0m
II$_5$					260	—	—	3.0～4.5m
III$_1$					180	1.5m以内	—	—
III$_2$					200	1.5～3.0m	1.5m以内	—
III$_3$	75	8	22	42	220	3.0～4.5m	1.5～3.0m	1.5m以内
III$_4$					240	—	3.0～4.5m	1.5～3.0m
III$_5$					260	—	—	3.0～4.5m

说明：横担及零件应热镀锌。

明 细 表

序号	名 称	规 格	单位	数量
1	角钢	$Lb\times\delta\times1500$	根	1

第一章　10kV及以下裸导线架空配电线路	第三节　1kV以下裸导线架空配电线路
图号　2-1-3-25	图名　四线横担加工制造图（一）

8-φ14

1

组装图

| 50 | 400 | 300 | 300 | 400 | 50 |
1500

2、3、4

δ
C
b
δ
C
b

2-φD

2-D×35

l

δ
C
b

1500

序号1

各种型号横担的尺寸及适用范围（mm）

型号	b	δ	D	螺栓规格	螺母	垫圈	C	l	电杆梢径及距杆顶距离		
									φ150	φ170	φ190
I₁				M16×220				180	1.5m以内	—	
I₂				M16×240				200	1.5~3.0m	1.5m以内	—
I₃	50	5	18	M16×260	M16	16	28	220	3.0~4.5m	1.5~3.0m	1.5m以内
I₄				M16×280				240	—	3.0~4.5m	1.5~3.0m
I₅				M16×300				260	—	—	3.0~4.5m
II₁				M16×220				180	1.5m以内	—	
II₂				M16×240				200	1.5~3.0m	1.5m以内	—
II₃	63	6	18	M16×260	M16	16	35	220	3.0~4.5m	1.5~3.0m	1.5m以内
II₄				M16×280				240	—	3.0~4.5m	1.5~3.0m
II₅				M16×300				260	—	—	3.0~4.5m
III₁				M16×220				180	1.5m以内	—	—
III₂				M16×240				200	1.5~3.0m	1.5m以内	
III₃	75	8	22	M16×260	M18	18	42	220	3.0~4.5m	1.5~3.0m	1.5m以内
III₄				M16×280				240		3.0~4.5m	1.5~3.0m
III₅				M16×300				260		—	3.0~4.5m
IV₁				M16×220				180	1.5m以内	—	—
IV₂				M16×240				200	1.5~3.0m	1.5m以内	
IV₃	90	8	22	M16×260	M20	20	49	220	3.0~4.5m	1.5~3.0m	1.5m以内
IV₄				M16×280				240	—	3.0~4.5m	1.5~3.0m
IV₅				M16×300				260	—	—	3.0~4.5m

说明：横担及零件应热镀锌。

明　细　表

序号	名　　称	规　格	单位	数量
1	角钢	Lb×δ×1500	根	2
2	方头螺栓	见上表	个	4
3	方螺母	见上表	个	4
4	垫圈	见上表	个	8

组装图

序号1

序号2

各种型号横担的尺寸及适用范围（mm）

型号	b	δ	D	螺栓规格	螺母	垫圈	C	l	电杆梢径及距杆顶距离		
									$\phi150$	$\phi170$	$\phi190$
I_1^*				M16×220				180	1.5m以内	—	—
I_2^*				M16×240				200	1.5～3.0m	1.5m以内	—
I_3^*	50	5	18	M16×260	M16	16	28	220	3.0～4.5m	1.5～3.0m	1.5m以内
I_4^*				M16×280				240	—	3.0～4.5m	1.5～3.0m
I_5^*				M16×300				260	—	—	3.0～4.5m
II_1^*				M16×220				180	1.5m以内	—	—
II_2^*				M16×240				200	1.5～3.0m	1.5m以内	—
II_3^*	63	6	18	M16×260	M16	16	35	220	3.0～4.5m	1.5～3.0m	1.5m以内
II_4^*				M16×280				240	—	3.0～4.5m	1.5～3.0m
II_5^*				M16×300				260	—	—	3.0～4.5m

说明：横担及零件应热镀锌。

明 细 表

序号	名 称	规 格	单位	数量
1	角钢	$Lb×\delta×1500$	根	2
2	角钢	$Lb×\delta×635$	根	2
3	方头螺栓	见上表	个	4
4	方螺母	见上表	个	8
5	垫圈	见上表	个	12

说明：横担及零件应热镀锌。

各种型号横担的尺寸及适用范围（mm）

型号	l	电杆梢径及距杆顶距离		
		$\phi150$	$\phi170$	$\phi190$
I_1	180	1.5m以内	—	—
I_2	200	1.5～3.0m	1.5m以内	—
I_3	220	3.0～4.5m	1.5～3.0m	1.5m以内
I_4	240	—	3.0～4.5m	1.5～3.0m
I_5	260	—	—	3.0～4.5m

明　细　表

序号	名　　称	规　　格	单位	数量
1	角钢	$Lb\times\delta\times1500$	根	1

第一章　10kV及以下裸导线架空配电线路		第三节　1kV以下裸导线架空配电线路
图号	2-1-3-28	图名　四线横担加工制造图（四）

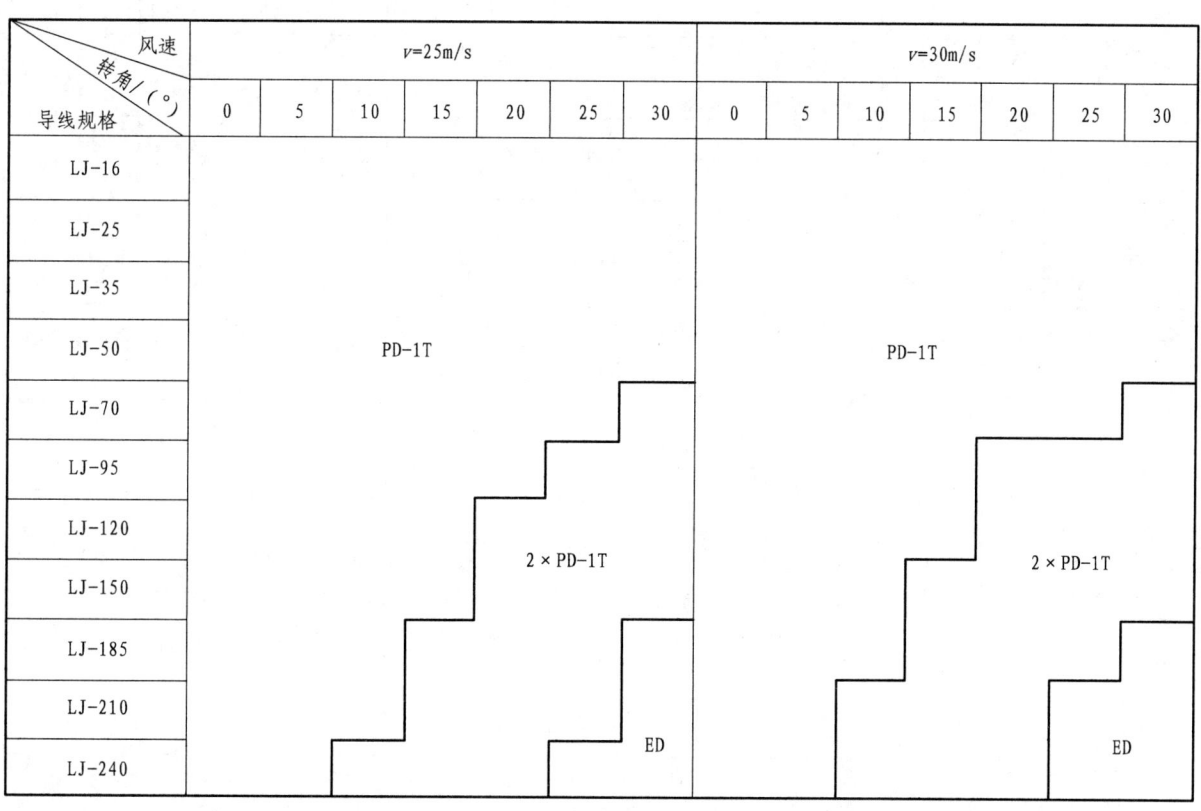

风速 转角/(°) 导线规格	v=25m/s							v=30m/s						
	0	5	10	15	20	25	30	0	5	10	15	20	25	30
LJ-16														
LJ-25														
LJ-35														
LJ-50			PD-1T							PD-1T				
LJ-70														
LJ-95														
LJ-120					2×PD-1T							2×PD-1T		
LJ-150														
LJ-185														
LJ-210														
LJ-240							ED						ED	

第一章 10kV及以下裸导线架空配电线路		第三节 1kV以下裸导线架空配电线路
图号	2-1-3-29	图名	用于1kV以下线路PD-1T、ED绝缘子适用范围表

单位：mm²

导线规格	安全系数	耐张 45°	耐张 60°	终端 45°	终端 60°	5°转角杆 45°	5°转角杆 60°	15°转角杆 45°	15°转角杆 60°	30°转角杆 45°	30°转角杆 60°	45°转角杆 45°	45°转角杆 60°
		\multicolumn{12}{c}{$v=25\text{m/s}$}											
LJ-16	2.5	0.76	1.07	2.53	3.58	0.48	0.68	0.92	1.30	1.55	2.19	2.16	3.06
LJ-16	3.0	0.64	0.90	2.11	2.98	0.43	0.62	0.81	1.15	1.33	1.88	1.83	2.59
LJ-25	2.5	1.17	1.65	3.88	5.50	0.66	0.93	1.3?	1.88	2.31	3.28	3.26	4.60
LJ-25	3.0	0.97	1.37	3.23	4.57	0.61	0.87	1.16	1.64	1.99	2.82	2.78	3.93
LJ-35	2.5	1.53	2.18	5.13	7.26	0.83	1.18	1.71	2.41	3.02	4.26	4.28	6.06
LJ-35	3.0	1.28	1.81	4.28	6.05	0.74	1.05	1.49	2.10	2.58	3.65	3.63	5.13
LJ-50	2.5	2.12	3.00	7.07	9.99	1.07	1.51	2.30	3.24	4.09	5.78	5.84	8.25
LJ-50	3.0	1.77	2.50	5.89	8.33	0.96	1.36	1.99	2.82	3.47	4.91	4.92	6.95
LJ-70	3.0	2.44	3.45	8.13	11.50	1.24	1.77	2.66	3.77	4.75	6.70	6.73	9.52
LJ-95	3.0	3.22	4.55	10.74	15.18	1.57	2.23	3.43	4.85	6.16	8.71	8.81	12.45
LJ-120	4.0	3.24	4.59	10.82	15.30	1.66	2.34	3.54	5.01	6.29	8.90	8.93	12.64
LJ-150	4.0	3.90	5.51	12.98	18.37	1.92	2.72	4.18	5.90	7.49	10.60	10.69	15.11
LJ-185	4.0	4.74	6.72	15.84	22.41	2.19	3.09	4.94	6.98	8.98	12.70	12.87	18.20
LJ-210	4.0	5.39	7.62	17.97	25.42	2.45	3.46	5.55	7.85	10.14	14.33	14.56	20.57
LJ-240	4.0	6.06	8.57	20.20	28.57	2.69	3.80	6.18	8.75	11.36	16.07	16.32	23.08
		\multicolumn{12}{c}{$v=30\text{m/s}$}											
LJ-16	2.5	0.76	1.07	2.53	3.58	0.59	0.83	1.02	1.46	1.66	2.34	2.28	3.21
LJ-16	3.0	0.64	0.90	2.11	2.98	0.55	0.77	0.92	1.30	1.45	2.04	1.95	2.75
LJ-25	2.5	1.17	1.65	3.88	5.50	0.81	1.15	1.47	2.07	2.47	3.49	3.40	4.82
LJ-25	3.0	0.97	1.37	3.23	4.57	0.74	1.05	1.31	1.85	2.12	3.00	2.90	4.11
LJ-35	2.5	1.54	2.18	5.13	7.26	0.98	1.39	1.88	2.65	3.19	4.51	4.44	6.27
LJ-35	3.0	1.28	1.81	4.28	6.05	0.92	1.30	1.66	2.34	2.73	3.86	3.78	5.34
LJ-50	2.5	2.12	3.00	7.07	9.99	1.26	1.79	2.49	3.52	4.28	6.06	6.01	8.50
LJ-50	3.0	1.77	2.50	5.89	8.33	1.16	1.64	2.19	3.09	3.68	5.19	5.11	7.23
LJ-70	3.0	2.44	3.45	8.13	11.50	1.49	2.10	2.90	4.11	4.96	7.01	6.94	9.83
LJ-95	3.0	3.22	4.55	10.74	15.18	1.83	2.59	3.71	5.26	6.44	9.12	9.05	12.79
LJ-120	4.0	3.24	4.59	10.82	15.30	1.99	2.82	3.85	5.44	6.60	9.33	9.24	13.07
LJ-150	4.0	3.90	5.51	12.98	18.37	2.28	3.21	4.52	6.40	7.84	11.09	11.02	15.58
LJ-185	4.0	4.74	6.72	15.84	22.41	2.56	3.62	5.29	7.48	9.33	13.20	13.21	18.69
LJ-210	4.0	5.39	7.62	17.97	25.42	2.86	3.98	5.94	8.40	10.51	14.86	14.92	21.10
LJ-240	4.0	6.06	8.57	20.20	28.57	3.11	4.39	6.60	9.33	11.76	16.62	16.70	21.67

注：1. 本表为每根导线所需拉线截面。
　　2. 弓形拉线查β＝45°一栏。

说明：用于风速 $v=25\text{m/s}$、$v=30\text{m/s}$ 时拉线截面的选择。根据杆型、拉线对地夹角β、导线规格，可直接从表中查出所需拉线截面。当线路转角大于45°时，拉线截面应按终端杆型选择。

单位：mm²

导线规格	安全系数	v=25m/s					
风速 杆型		耐张	终端	5°转角杆	15°转角杆	30°转角杆	45°转角杆
LJ－16	2.5	0.55	1.81	0.35	0.67	1.12	1.56
LJ－16	3.0	0.45	1.51	0.32	0.58	0.97	1.33
LJ－25	2.5	0.84	2.79	0.48	0.97	1.67	2.35
LJ－25	3.0	0.69	2.32	0.44	0.84	1.43	2.00
LJ－35	2.5	1.30	4.33	0.60	1.23	2.18	3.08
LJ－35	3.0	1.08	3.61	0.55	1.08	1.86	2.60
LJ－50	2.5	1.52	5.07	0.77	1.65	2.95	4.19
LJ－50	3.0	1.27	4.22	0.70	1.43	2.51	3.54
LJ－70	3.0	1.76	5.84	0.91	1.92	3.40	4.83
LJ－95	3.0	2.31	7.71	1.13	2.47	4.44	6.32
LJ－120	4.0	2.33	7.76	1.21	2.55	4.53	6.43
LJ－150	4.0	2.80	9.33	1.39	3.01	5.38	7.67
LJ－185	4.0	3.41	11.37	1.59	3.56	6.46	9.25
LJ－210	4.0	3.87	12.91	1.76	3.99	7.29	10.46
LJ－240	4.0	4.35	14.51	1.94	4.46	8.16	11.72

导线规格	安全系数	v=30m/s					
风速 杆型		耐张	终端	5°转角杆	15°转角杆	30°转角杆	45°转角杆
LJ－16	2.5	0.55	1.81	0.42	0.74	1.21	1.64
LJ－16	3.0	0.45	1.51	0.41	0.67	1.04	1.41
LJ－25	2.5	0.84	2.79	0.59	1.07	1.77	2.45
LJ－25	3.0	0.69	2.32	0.54	0.94	1.53	2.09
LJ－35	2.5	1.30	4.33	0.72	1.36	2.30	3.19
LJ－35	3.0	1.08	3.61	0.67	1.20	1.98	2.72
LJ－50	2.5	1.52	5.07	0.92	1.79	3.09	4.32
LJ－50	3.0	1.27	4.22	0.85	1.57	2.65	3.68
LJ－70	3.0	1.76	5.84	1.08	2.09	3.58	5.00
LJ－95	3.0	2.31	7.71	1.33	2.67	4.63	6.51
LJ－120	4.0	2.33	7.76	1.43	2.78	4.75	6.65
LJ－150	4.0	2.80	9.33	1.65	3.26	5.63	7.91
LJ－185	4.0	3.41	11.37	1.84	3.81	6.71	9.49
LJ－210	4.0	3.87	12.91	2.03	4.27	7.56	10.72
LJ－240	4.0	4.35	14.51	2.24	4.75	8.45	12.00

说明：本表为每根导线所需拉线截面。

注：用于风速 v=25m/s、v=30m/s 时拉线截面的选择，适用范围
同图 2－1－3－30。

第一章　10kV及以下裸导线架空配电线路		第三节　1kV以下裸导线架空配电线路
图号	2－1－3－31	图名 220V/380V水平拉线（水平部分）截面选择表

单位：mm²

导线规格	安全系数β	v=25m/s 耐张 45°	耐张 60°	终端 45°	终端 60°	5°转角杆 45°	5°转角杆 60°	15°转角杆 45°	15°转角杆 60°	30°转角杆 45°	30°转角杆 60°	45°转角杆 45°	45°转角杆 60°
LJ-16	2.5	0.66	0.84	2.19	2.79	0.41	0.53	0.79	1.01	1.35	1.72	1.88	2.40
LJ-16	3.0	0.55	0.69	1.82	2.32	0.39	0.49	0.69	0.89	1.16	1.48	1.60	2.04
LJ-25	2.5	1.00	1.28	3.35	4.27	0.58	0.73	1.16	1.48	2.00	2.57	2.83	3.61
LJ-25	3.0	0.84	1.07	2.79	3.56	0.53	0.68	1.01	1.29	1.72	2.19	2.31	3.06
LJ-35	2.5	1.56	1.99	5.20	6.63	0.72	0.92	1.49	1.90	2.61	3.34	3.70	4.72
LJ-35	3.0	1.30	1.66	4.33	5.53	0.66	0.84	1.29	1.65	2.24	2.85	3.13	3.99
LJ-50	2.5	1.83	2.33	6.11	7.77	0.93	1.19	1.99	2.54	3.54	4.51	5.04	6.42
LJ-50	3.0	1.52	1.95	5.08	6.48	0.84	1.07	1.73	2.20	3.02	3.85	4.26	5.43
LJ-70	3.0	2.10	2.68	7.02	8.95	1.09	1.39	2.31	2.94	4.10	5.22	5.82	7.41
LJ-95	3.0	2.78	3.54	9.27	11.81	1.36	1.74	2.96	3.78	5.32	6.79	7.60	9.68
LJ-120	4.0	2.80	3.57	9.34	11.90	1.45	1.84	3.07	3.91	5.44	6.94	7.73	9.85
LJ-150	4.0	3.37	4.28	11.21	14.29	1.68	2.13	3.62	4.61	6.47	8.25	9.22	11.75
LJ-185	4.0	4.10	5.23	13.68	17.43	1.90	2.42	4.27	5.45	7.76	9.90	11.12	14.17
LJ-210	4.0	4.65	5.93	15.51	19.34	2.11	2.67	4.80	6.13	8.77	11.17	12.58	16.02
LJ-240	4.0	5.23	6.67	17.44	22.22	2.33	2.97	5.35	6.83	9.81	12.50	14.10	17.96

导线规格	安全系数β	v=30m/s 耐张 45°	耐张 60°	终端 45°	终端 60°	5°转角杆 45°	5°转角杆 60°	15°转角杆 45°	15°转角杆 60°	30°转角杆 45°	30°转角杆 60°	45°转角杆 45°	45°转角杆 60°
LJ-16	2.5	0.66	0.84	2.19	2.79	0.51	0.66	0.90	1.14	1.45	1.84	1.98	2.52
LJ-16	3.0	0.55	0.69	1.82	2.32	0.54	0.62	0.80	1.01	1.25	1.60	1.70	2.16
LJ-25	2.5	1.00	1.28	3.35	4.27	0.70	0.90	0.32	1.63	2.13	2.72	2.94	3.75
LJ-25	3.0	0.84	1.07	2.79	3.56	0.66	0.83	1.14	1.45	1.84	2.34	2.52	3.21
LJ-35	2.5	1.56	1.99	5.20	6.63	0.87	1.11	1.63	2.08	2.76	3.51	3.84	4.89
LJ-35	3.0	1.30	1.66	4.33	5.53	0.80	1.02	1.44	1.83	2.37	3.03	3.27	4.17
LJ-50	2.5	1.83	2.33	6.11	7.77	1.11	1.41	2.16	2.76	3.71	4.73	5.20	6.63
LJ-50	3.0	1.52	1.95	5.08	6.48	1.01	1.29	1.90	2.41	3.24	4.06	4.42	5.63
LJ-70	3.0	2.10	2.68	7.02	8.95	1.30	1.66	2.52	3.20	4.30	5.48	6.01	7.66
LJ-95	3.0	2.78	3.54	9.27	11.81	1.60	2.04	3.20	4.09	5.57	7.09	7.82	9.97
LJ-120	4.0	2.80	3.57	9.34	11.90	1.72	2.19	3.34	4.25	5.71	7.27	7.99	10.18
LJ-150	4.0	3.37	4.28	11.21	14.29	1.98	2.53	3.92	5.00	6.77	8.63	9.50	12.11
LJ-185	4.0	4.10	5.23	13.68	17.43	2.21	2.82	4.58	5.84	8.06	10.28	11.41	14.55
LJ-210	4.0	4.65	5.93	15.51	19.77	2.45	3.12	5.13	6.54	9.09	11.58	12.89	16.42
LJ-240	4.0	5.23	6.67	7.79	22.22	2.69	3.42	5.71	7.27	10.16	12.93	14.42	18.38

说明：本表为每根导线所需拉线截面。

注：用于风速 v=25m/s、v=30m/s 时拉线截面的选择，适用范围同图2-1-3-31。

第一章 10kV及以下裸导线架空配电线路	第三节 1kV以下裸导线架空配电线路
图号 2-1-3-32	图名 220V/380V水平拉线（垂直部分）截面选择表

单位：mm²

导线规格	安全系数	风速 v=25m/s									
线路转角		0°	2°	4°	6°	8°	10°	15°	25°	35°	45°
LJ-16	2.5	117	156	196	235	275	314	412	606	795	977
LJ-16	3.0	117	150	183	216	249	281	363	524	681	832
LJ-25	2.5	148	209	269	330	390	451	601	898	1189	1470
LJ-25	3.0	148	198	249	300	350	400	525	773	1014	1248
LJ-35	2.5	173	253	334	414	494	574	773	1166	1551	1923
LJ-35	3.0	173	240	307	374	441	507	673	1000	1320	1629
LJ-50	2.5	206	317	428	538	648	758	1033	1575	2104	2618
LJ-50	3.0	206	299	391	483	575	666	895	1346	1787	2214
LJ-70	3.0	248	375	502	629	756	883	1198	1822	2431	3022
LJ-95	3.0	286	454	622	790	958	1125	1541	2365	3170	3951
LJ-120	4.0	327	496	666	835	1004	1172	1592	2421	3232	4018
LJ-150	4.0	361	565	768	971	1174	1376	1880	2875	3849	4794
LJ-185	4.0	368	616	864	1112	1359	1606	2221	3437	4627	5782
LJ-210	4.0	394	676	957	1238	1519	1799	2496	3876	5227	6537
LJ-240	4.0	421	737	1053	1369	1684	1999	2784	4335	5853	7327

导线规格	安全系数	风速 v=30m/s									
杆型		0°	2°	4°	6°	8°	10°	15°	25°	35°	45°
LJ-16	2.5	168	208	247	287	326	366	463	656	844	1025
LJ-16	3.0	168	201	234	267	300	333	414	574	730	880
LJ-25	2.5	213	274	334	395	455	516	666	962	1251	1530
LJ-25	3.0	213	264	314	365	415	465	590	836	1076	1308
LJ-35	2.5	249	330	410	490	570	650	849	1241	1624	1994
LJ-35	3.0	249	316	383	450	517	583	749	1075	1393	1700
LJ-50	2.5	297	408	519	629	739	849	1123	1663	2191	2702
LJ-50	3.0	297	390	482	574	665	757	985	1435	1873	2298
LJ-70	3.0	357	484	611	738	865	992	1307	1928	2536	3123
LJ-95	3.0	412	581	748	916	1083	1251	1666	2488	3290	4068
LJ-120	4.0	471	640	810	979	1147	1316	1734	2562	3369	4151
LJ-150	4.0	521	724	927	1130	1332	1535	2038	3031	4001	4941
LJ-185	4.0	530	778	1026	1274	1521	1768	2382	3596	4782	5932
LJ-210	4.0	568	850	1131	1412	1692	1972	2669	4046	5392	6698
LJ-240	4.0	606	922	1239	1554	1869	2184	2967	4516	6030	7498

说明：本表为每根导线水平力值。

注：可配合电杆及卡盘允许倾覆弯矩表（一）v=25m/s、（二）v=30m/s使用，根据导线悬挂高度，可算出地面弯矩值。

第一章 10kV及以下裸导线架空配电线路		第三节 1kV以下裸导线架空配电线路
图号	2-1-3-33	图名 220V/380V线路转角水平力表

一、选型设计步骤

利用本图集进行杆型、绝缘子、横担、拉线、基础等选型设计。步骤如下。

第一步：杆型组合

单回路架空线路可直接选用 22 种低压线路杆型总揽（见图 2-1-3-3~图 2-1-3-5），双回路或多回路可根据具体情况利用杆型总揽组合；220V/380V 与 10(6)kV 同杆架设的架空线路可以利用本图集低压部分与高压部分组合而成。同杆架设的低压双回路或多回路线路，横担间的垂直距离：直线杆为 0.6m，分歧或转角杆为 0.3m。低压与 10(6)kV 线路同杆架设横担间的垂直距离：直线杆为 1.2m，分歧或转角杆为 1.0m。本图集列出的杆顶组装工艺图仅为示例图，可供具体工程设计杆型组合时参考。

第二步：电杆选择

1. 直线杆（包括跨越杆）、不设拉线的直线型小转角杆及设备杆选择

其电杆强度应满足条件如下：

$$M_B \geqslant M_D$$

式中　M_B——电杆标准检验弯矩值，kN·m，见图 2-1-1-124、图 2-1-1-125；

　　　M_D——导线在地面处引起的弯矩值，N·m。

$$M_D = \sum_{i=1}^{n} N_i F_i H_i$$
$$= N_1 F_1 H_1 + N_2 F_2 H_2 + \cdots + N_n F_n H_n$$

式中　n——回路数；

　　　N_i——第 i 回路导线根数；

　　　F_i——第 i 回路导线水平力，N；

　　　H_i——第 i 回路导线对地距离，m。

2. 设拉线的电杆选择

为统一电杆规格，该类电杆一般可先按直线杆选择，然后按下述方法校验。

条件：　　　　　$M_B' \geqslant M_L$

式中　M_B'——拉线抱箍处电杆允许弯矩值，N·m，由电杆制造厂家提供；

　　　M_L——导线对拉线抱箍处产生的弯矩值，N·m。

$$M_D = \sum_{i=1}^{n} N_i F_i h_i$$
$$= N_1 F_1 h_1 + N_2 F_2 h_2 + \cdots + N_n F_n h_n$$

式中　n——回路数；

　　　N_i——第 i 回路导线根数；

　　　F_i——第 i 回路导线水平力或允许拉力，N；

　　　h_i——第 i 回路导线对拉线抱箍处距离，m。

第一章　10kV及以下裸导线架空配电线路		第三节　1kV以下裸导线架空配电线路
图号	2-1-3-34	图名　进行杆型、绝缘子、横担、拉线、基础等选型设计步骤和举例（一）

当不满足上述条件时应重新选择电杆规格。

第三步：倾覆校验及卡盘选择

电杆倾覆校验应满足下列条件：

$$M_Q \geqslant M_D$$

式中　M_Q——允许倾覆弯矩值，由电杆及卡盘允许倾覆弯矩表（见图2－1－1－22、图2－1－1－23）直接查出，如果加大电杆埋深，可用修正系数对M_Q进行修正。

注意事项：

（1）对电杆进行倾覆校验时，不考虑带拉线的单元杆型的影响（见本例3号电杆选择）。

（2）18m电杆均设补强拉线。

第四步：主要部件选择

利用相关表格及杆顶装置工艺图进行选择，选择步骤如下：

1. 绝缘子、横担选择

绝缘子选择由PD－1T、ED绝缘子适用范围表（见图2－1－3－29）查出；横担选择由杆型总揽图（见图2－1－3－3、图2－1－3－4）查出其对应杆型组装图的页号，再从组装图横担选择表中查出横担规格。

2. 拉线选择

由拉线截面选择表（见图2－1－3－30～图2－1－3－32）、拉线盘埋深选择表（见图2－1－1－126）查出。

3. 底盘选择

利用导线规格及导线垂直荷载表（见图2－1－1－127、图2－1－1－129～图2－1－1－131）、拉线垂直荷载表（见图2－1－1－126）计算出总垂直荷载后，再由基础允许最大垂直荷载表（见图2－1－1－128）确定是否装设底盘以及装设底盘的规格。

4. 其他部件选择

电缆终端盒、接地装置、加强型基础等自行选择，不再说明。

二、选型设计举例

有一段三回路低压架空线路，路径经过的气象条件：风速$v=25m/s$，覆冰厚度为5mm，土壤为坚硬黏土，代表挡距为50m，导线规格分别为4×LJ－50、4×LJ－35、2×LJ－16，安全系数均为3.0，电杆为$\phi170\times10$（以选环形钢筋混凝土电杆为例）。路径直线平面示意图如下：

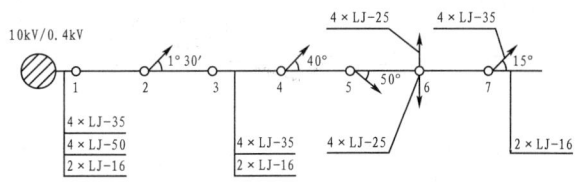

（一）1号电杆

1. 杆型组合

变电所为架空出线，三条回路均为终端，由杆型一揽图选出各回路单元杆型分别为4D₁、4D₁、2D₁，则杆型组合为：4D₁－4D₁－2D₁。

第一章	10kV及以下裸导线架空配电线路	第三节　1kV以下裸导线架空配电线路
图号	2-1-3-35	图名	进行杆型、绝缘子、横担、拉线、基础等选型设计步骤和举例（二）

381

2. 电杆选择

根据拉线抱箍所设的位置（本例在第二排横担下 100mm 处），其上方导线为 4×LJ-50、4×LJ-35，从导线允许拉力表（见图 2-1-1-131）中查出允许拉力分别为 2643N、1920N，计算 M_L 如下：

$$M_D = \sum_{i=1}^{2} N_i F_i h_i = N_1 F_1 h_1 + N_2 F_2 h_2$$

式中　$N_1 = N_2 = 4$；

$F_1 = 2643N$；

$h_1 = 0.7m$；

$F_2 = 1920N$；

$h_2 = 0.1m$。

则　$M_L = 4 \times 2643 \times 0.7 + 4 \times 1920 \times 0.1$

≈ 8168（N·m）

已知某厂生产的 $\phi 170 \times 10 \times G$ 型电杆，距杆顶距离为 0.85m 时，允许弯矩 $M_B' = 8500$ N·m $> M_L$，可满足使用要求。

3. 主要部件选择

（1）绝缘子、横担选择。

已知杆型为 $4D_1 - 4D_1 - 2D_1$，查图 2-1-3-17、图 2-1-3-10 组装图，绝缘子均为 ED 型。根据覆冰厚度为 5mm，从相应的横担选择表中查出横担规格分别为 $2 \times L75 \times 8$（Ⅲ）、$2 \times L75 \times 8$（Ⅲ）、$2 \times L50 \times 5$（Ⅰ）。

（2）拉线选择。

确定采用普通拉线，取 $\beta = 45°$，从 220V/380V 普通、弓形截面选择表（见图 2-1-3-30）（$v = 25$m/s）中终端杆型一栏查出每根导线所需拉线截面如下：

LJ-50 为 5.89mm²

LJ-35 为 4.28mm²

LJ-16 为 2.11mm²

计算拉线总截面为：

$4 \times 5.89 + 4 \times 4.28 + 2 \times 2.11 = 44.9$（mm²）

应选择 GJ-50 拉线。

从拉线盘深埋选择表（图 2-1-1-126）坚硬黏土一栏拉线盘选 LP6，埋深为 1.4m，可满足要求。

（3）底盘选择。

从导线垂直荷载表（见图 2-1-1-127、图 2-1-1-129）覆冰厚度为 5mm 一栏中查出终端杆按一半计算：

LJ-50 为 165N　　　$4 \times 165/2 = 330$N

LJ-35 为 132N　　　$4 \times 132/2 = 264$N

LJ-16 为 91N　　　$2 \times 91/2 = 91$N

从拉线垂直荷载表（见图 2-1-1-126）$\beta = 45°$ 一栏中查出 GJ-50 垂直荷载为 19.7kN。

总垂直荷载为：

$0.33 + 0.264 + 0.091 + 19.7 = 20.385$（kN）

第一章　10kV及以下裸导线架空配电线路		第三节　1kV以下裸导线架空配电线路
图号	2-1-3-36	图名
		进行杆型、绝缘子、横担、拉线、基础等选型设计步骤和举例（三）

382

从基础允许最大垂直荷载表（见图 2-1-1-128）坚硬黏土一栏中查出 DP6 允许垂直荷载为 91.7kN＞20.385kN，则选底盘 DP6 时即可满足要求。

（二）2 号电杆

1. 杆型组合

转角度为 1°30′，杆型组合为：4ZJ₁ - 4ZJ₁ - 2ZJ₁。

2. 电杆选择

从 220V/380V 转角水平力表（见图 2-1-3-33）$v＝25m/s$、转角为 2°一栏中查出 LJ-50、LJ-35、LJ-16 水平力分别为：299N、240N、150N。

$$M_D = \sum_{i=1}^{3} N_i F_i H_i = N_1 F_1 H_1 + N_2 F_2 H_2 + N_3 F_3 H_3$$

式中　$N_1=4$　　$F_1=299N$　　$H_1=8.15m$

　　　　$N_2=4$　　$F_2=240N$　　$H_2=7.55m$

　　　　$N_3=2$　　$F_3=150N$　　$H_3=6.95m$

则：$M_D = 4×299×8.15 + 4×240×7.55$

$$+ 2×150×6.95$$

$$≈19080（N·m）$$

$$≈19.08kN·m$$

从环形钢筋混凝土电杆标准检验弯矩表（见图 2-1-1-124）中查出电杆为 φ170×10×G，其 $M_B=20.12kN·m＞M_D$，不设拉线可满足要求。

3. 倾覆校验及卡盘选择

从电杆及卡盘允许倾覆弯矩（一）（$v＝25m/s$）（见图 2-1-1-122）坚硬黏土一栏中查出选用 KP8 时 $M_Q=22124N·m＞M_D$，可满足要求。

也可不加卡盘而加大埋深以满足 $M_B≥M_D$，方法如下：

查出当无卡盘时允许倾覆弯矩值为 15933N·m，

当埋深 1.9m 时，埋深增加量为 1.9－1.7＝0.2（m），修正系数为 1.32，则

$$M_Q=15933×1.32≈21032（N·m）。也满足条$$

件 $M_Q＞M_D$。

4. 主要部件选择

（1）绝缘子、横担选择。

从 PD-1T、ED 绝缘子适用范围表（见图 2-1-3-29）$v＝25m/s$、转角为 5°一栏中查出三种规格的导线在 1°30′ 转角时均采用 PD-1T。从表（见图 2-1-3-5、图 2-1-3-12）中查出三条回路的横担规格均为 L50×5（Ⅰ）。

（2）底盘选择。

已知导线垂直荷载为 660＋528＋182＝1370（N），由表（见图 2-1-1-128）中查出无底盘时允许最大垂直荷载为

$$3.0kN＞1.37kN$$

可不加底盘。

注意：

本杆为小转角电杆，也可采用拉线方式加强，若采用弓形拉线，从表（见图 2-1-3-30）转角为 5°、$β＝45°$ 一栏中查出每根导线所需拉线截面后，计算拉线总截面为

$$4×0.96＋4×0.74＋2×0.43＝7.66（mm^2）$$

则应选择 GJ-25 拉线。从表（见图 2-1-1-126）弓形拉线、坚硬黏土一栏中查出选用拉线盘型号为 LP6，埋深为 1.3m，并由拉线垂直荷载表 $β＝90°$ 一栏中查出拉线垂直荷载为 10.6kN，则总垂直荷载为

$$1.37＋10.6＝11.97（kN）$$

第一章	10kV及以下裸导线架空配电线路		第三节 1kV以下裸导线架空配电线路
图号	2-1-3-37	图名	进行杆型、绝缘子、横担、拉线、基础等选型设计步骤和举例（四）

383

选DP6即可满足要求。

(三) 3号电杆

1. 杆型组合

第一、第三回路为直线型，第二回路为带电缆头终端型，杆型组合为 $4Z-4D_2-2Z$。

2. 电杆选择

只需考虑一、三回路产生的水平力，从表（见图 2-1-3-33）$v=25m/s$、转角为 $0°$ 一栏中查出：

$LJ-35$ $F_1=173N$ $N_1=4$ $H_1=8.15m$

$LJ-16$ $F_2=117N$ $N_2=2$ $H_2=6.95m$

则：$M_D=4\times173\times8.15+2\times117\times6.95$

≈7266（N·m）$\approx7.27kN·m$

从表中查出 $\phi170\times10\times D$ 型电杆 $M_B=14.09$ kN·m $>M_D$，可满足要求。

拉线抱箍设在第二排横担下 100mm 处，计算 M_L 时其上方仅需考虑 $4\times LJ-50$ 产生的拉力（见图 2-1-1-131），计算如下：

$M_L=4\times2643\times0.1\approx1057$（N·m）

已知某厂生产的 $\phi170\times10\times D$ 型电杆，距杆顶距离为 0.85m 时允许弯矩 $M_B'=6000N·m>M_L$，可满足要求。

3. 倾覆校验及卡盘选择

从表（见图 2-1-1-122）中查出无卡盘时 $M_Q=15933>M_D$，满足要求。

4. 主要部件选择

(1) 绝缘子、横担选择。

一、三回路采用 PD-1T、二回路选择 ED 型绝缘子。

横担选择见图 2-1-3-12、图 2-1-3-18、

图 2-1-3-5 上的表，其规格分别为 $L50\times5$（Ⅰ）、$2\times L75\times8$（Ⅲ）、$L50\times5$（Ⅰ）。

(2) 拉线选择。

从表（见图 2-1-3-30）终端、$\beta=45°$ 一栏中查出 $LJ-50$ 每根导线所需拉线截面为 $5.89mm^2$ 后，计算拉线总截面为

$4\times5.89=23.56$（mm^2）

则应选择 GJ-25 拉线。

从表中查出拉线盘型号为 LP6，埋深为 1.3m。

(3) 底盘选择。

从表（见图 2-1-1-126）中查出拉线垂直荷载为 10.6kN，总垂直荷载为

$4\times0.132+4\times0.165/2+2\times0.091+10.6$

$=11.64$（kN）

从表（见图 2-1-1-128）中查出基础允许最大垂直荷载 DP6 为

$91.7kN>11.64kN$（可满足要求）

(四) 4号电杆

1. 杆型组合

两条回路均为 $40°$ 转角，杆型组合为 $4NJ_1-2NJ_1$。

2. 电杆选择

拉线抱箍设在第二排横担下 100mm 处，计算 M_L 时需考虑：$4\times LJ-35$、$2\times LJ-16$ 产生的水平力，计算如下：

$M_L=4\times1629\times0.7+2\times832\times0.1$

≈4728（N·m）

已知 $\phi170\times10\times D$ 型电杆 $M_3'=6000N·m>M_L$，可满足要求。

3. 主要部件选择

（1）绝缘子、横担选择。

绝缘子选 ED 型。

横担选择（见图 2-1-3-15、图 2-1-3-8）表，其规格均为 $2×L50×5$（Ⅰ）。

（2）拉线选择。

1）主拉线选择。

拉线设置一组，选择如下：

从表（见图 2-1-3-30）45°转角、$β=45°$一栏中查出 LJ-35、LJ-16 每根导线所需拉线截面分别为 $3.63mm^2$、$1.83mm^2$ 后，计算拉线总截面为

$$4×3.63+2×1.83=18.18 （mm^2）$$

则应选择 GJ-25 拉线。从表中查出拉线盘型号为 LP6，埋深为 1.3m。

2）辅助拉线选择。

拉线设置两组，每组拉线应按耐张杆选择，步骤如下：

从表（见图 2-1-3-30）耐张一栏中查出每根导线所需拉线截面分别为 $1.28mm^2$、$0.64mm^2$ 后，计算拉线总截面为

$$4×1.28+2×0.64=6.4 （mm^2）$$

则应选择 GJ-25 拉线，从（1）中可知应选 LP6，埋深 1.3m。

（3）底盘选择。

LJ-35、LJ-16 每根导线垂直荷载分别为 132N、91N，拉线垂直荷载为

$$3×10.6=31.8 （kN）$$

总垂直荷载为

$$4×0.132+2×0.091+31.8=32.51 （kN）$$

从表（见图 2-1-1-128）中查出基础允许最大垂直荷载 DP6 为 91.7kN＞32.51kN，可满足使用要求。

（五）5 号电杆

1. 杆型组合

两条回路均为 50°转角，杆型组合为 4NJ₂-4NJ₂。

2. 电杆选择

拉线抱箍有两处，只验算上拉线抱箍处的 M_L（按终端杆型计算）。

$$M_L=4×1920×0.7+2×947×0.1$$
$$=5565 （N·m）$$

已知某厂生产的 $φ170×10×G$ 型电杆，距杆顶距离为 0.85m 处，允许弯矩 $M'_B=8500N·m＞5565N·m$，可满足要求。

3. 主要部件选择

（1）绝缘子、横担选择。

绝缘子选择为 ED 型。

横担选择见图 2-1-3-16、图 2-1-3-9 分别为 $2×L75×8$（Ⅲ）$/2×L75×8$（Ⅲ）、$2×L50×5$（Ⅰ）$/2×L50×5$（Ⅰ）。

（2）拉线选择。

拉线为两组。每组拉线选择如下：

从表（见图 2-1-3-30）终端 $β=45°$一栏中查出 LJ-35、LJ-16 每根导线所需拉线截面分别为 $4.28mm^2$、$2.11mm^2$ 后，计算拉线总截面为

$$4×4.28+2×2.11=21.34 （mm^2）$$

则应选择 GJ-25 拉线。

从表（见图 2-1-1-126）中查出拉线盘型号为 LP6，埋深为 1.3m。

（3）底盘选择。

总垂直荷载＝$4×132+2×91+2×10.6=$ 21.91kN，应选用 DP6。

（六）6 号电杆

1. 杆型组合

第一回路为十字分歧，第二回路为直线，杆型组合为：4F₂-2Z。

2. 电杆选择

从表（见图 2-1-3-33）0°一栏中查出 LJ-35、LJ-16，水平分别为 173N、117N，计算 M_D 如下：

$$M_D=4×173×8.15+2×117×7.55$$
$$≈7407 （N·m）$$
$$≈7.41kN·m$$

从表中查出电杆为 $\phi170 \times 10 \times D$、$M_B = 14.09kN \cdot m > M_D$，可满足要求。

3. 倾覆校验及卡盘选择

从表（见图2-1-1-122）中查出 $M_Q = 15933 N \cdot m > M_D$ 可满足要求，不需加卡盘。

4. 主要部件选择

（1）绝缘子及横担选择。

绝缘子均为 PD-1T 型。

横担选择见图2-1-3-12、图2-1-3-5，分别为：$L50 \times 5(\text{I})/L50 \times 5(\text{I})$、$L50 \times 5(\text{I})$。

（2）底盘选择。

从表（见图2-1-1-127）中查出 LJ-35、LJ-25、LJ-16 每根导线垂直荷载分别为：132N、114N、91N，总垂直荷载为

$4 \times 0.132 + 4 \times 0.114 + 2 \times 0.091 = 1.166$（kN）

从表（见图2-1-1-128）中查出无底盘基础允许最大垂直荷载为 3.0kN > 1.166kN，不加底盘可满足要求。

（七）7号电杆

1. 杆型组合

第一回路为15°转角，第二回路为直线，杆型组合为：$4ZJ_1-2Z$。

2. 电杆选择

从表（见图2-1-3-33）中查出 LJ-35 水平力为673N，计算 M_L 如下：

$$M_L = 4 \times 673 \times 0.7 = 1884 \text{ （N} \cdot \text{m）}$$

已知 $\phi170 \times 10 \times D$ 型电杆 $M_B' = 6000N \cdot m >$

M_L，可满足要求。

3. 主要部件选择

（1）绝缘子、横担选择。

从表（见图2-1-3-29）转角0°和15°中查出两回路绝缘子均选 PD-1T。

横担选择见图2-1-3-12、图2-1-3-5，均为 $L50 \times 5(\text{I})$。

（2）拉线选择。

从表（见图2-1-3-30）转角为15°、$\beta = 45°$一栏中查出 LJ-35 每根导线所需拉线截面为 $1.49mm^2$ 后，再计算总截面为

$$4 \times 1.49 = 5.96 \text{ （mm}^2\text{）}$$

则应选择 GJ-25 拉线。拉线盘为 LP6，埋深为 1.3m。

（3）底盘选择。

LJ-35、LJ-16 每根导线垂直荷载分别为 132N、91N，拉线垂直荷载为 10.6kN，总垂直荷载为

$$4 \times 0.132 + 2 \times 0.091 + 10.6 = 11.31 \text{ （kN）}$$

从表（见图2-1-1-128）中查出基础允许最大垂直荷载 DP6 为 91.7kN > 11.31kN，可满足要求。

（八）本例杆型一览表

见图2-1-3-41。

（九）单元杆型组合示例图

见图2-1-3-42。

第一章	10kV及以下裸导线架空配电线路	第三节 1kV以下裸导线架空配电线路
图号	2-1-3-40	图名	进行杆型、绝缘子、横担、拉线、基础等选型设计步骤和举例（七）

本例杆型一览表

电杆编号	1	2	3	4	5	6	7
杆型示意图							
杆型代号	4D₁-4D₁-2D₁	4ZJ₁-4ZJ₁-2ZJ₁	4Z-4D₂-2Z	4NJ₁-2NJ₁	4NJ₂-2NJ₂	4F₂-2Z	4ZJ₁-2Z
电杆	ϕ170×10×G	ϕ170×10×G	ϕ170×10×D	ϕ170×10×D	ϕ170×10×G	ϕ170×10×D	ϕ170×10×D
第一回路横担	2×L75×8（III）	L50×5（I）	L50×5（I）	2×L50×5（I）	2×L75×8（III）/2×L75×8（III）	L50×5（I）/L50×5（I）	L50×5（I）
第二回路横担	2×L75×8（III）	L50×5（I）	2×L75×8（III）	2×L50×5（I）	2×L50×5（I）/2×L50×5（I）	L50×5（I）	L50×5（I）
第三回路横担	2×L50×5（I）	L50×5（I）	L50×5（I）				
拉线	GJ-50		GJ-25	1.GJ-25; 2.GJ-25/2组	GJ-25/2组		GJ-25
拉线盘	LP6		LP6	LP6/3个	LP6/2个		LP6
卡盘		KP8					
底盘	DP6		DP6	DP6	DP6		DP6
备注				1—主拉线; 2—辅助拉线			

单元杆型组合示例

型 号	4Z-4Z	4N-4N	4ZJ₁-4ZJ₁	4ZJ₁-2ZJ₂	4NJ₁-4NJ₁
杆型示意图					
第一回路横担	4Z	4N	4Z	4J₁	4J₂
第二回路横担	4Z	4N	4Z	2J₁	4J₂
附 注					1—主拉线；2—辅助拉线

型 号	4Z-4NJ₂	4Z-4Z/4Y	4F-4F₁	4D₁-2D₁	4Z-4D₂
杆型示意图					
第一回路横担	4Z	4Z	4Z/4Z	4D₁	4Z
第二回路横担	4J₃/4J₃	4Z/4Y	4Z/4J₃	2D₁	4D₂
附 注					

第一章 10kV及以下裸导线架空配电线路　　第三节 1kV以下裸导线架空配电线路

图号	2-1-3-42	图名	进行杆型、绝缘子、横担、拉线、基础等选型设计步骤和举例（九）

一、气象条件

设计选取最大风速为 30m/s 和 25m/s 两级，覆冰厚度为 0mm、5mm、10mm、15mm 四级。

二、适用范围

（1）线路走廊狭窄，架设常规裸导线线路与建筑物的间距不能满足安全要求的地段。

（2）高层建筑物邻近地区，城镇住宅小区内。

（3）工矿企业厂区及生活区。

（4）人口密集地区。

（5）游览区和林带区。

（6）空气严重污秽地区。

（7）建筑施工现场。

三、绝缘导线

1. 绝缘导线型号及截面

（1）JKYJ 25～240 铜芯交联聚乙烯绝缘架空电缆［见《额定电压 10kV、35kV 架空绝缘电缆》（GB 14049）］。

（2）JKLYJ 25～240 铝芯交联聚乙烯绝缘架空电缆［见《额定电压 10kV、35kV 架空绝缘电缆》（GB 14049）］。

（3）JKLYJ/Q 25～240 铝芯轻型交联聚乙烯薄绝缘架空电缆［见《额定电压 10kV、35kV 架空绝缘电缆》（GB 14049）］。

2. 绝缘导线安全系数

JKYJ、JKLYJ、JKLYJ/Q 型绝缘导线安全系数见表 1。

表 1　　　　　　绝缘导线安全系数

绝缘导线截面 /mm²	安全系数	
	JKYJ 型	JKLYJ JKLYJ/Q 型
25、35、50	6.0	3.0
70、95	6.5	3.5
120、150、185、240	7.0	4.0

四、导线排列、线间距离及挡距

（1）导线均采用三角排列。

（2）本设计为单回路架设，适用于平地、丘陵的地形条件。

（3）线间距离：横担上导线线间水平距离为 750mm，上、下导线间距为 625mm。

（4）挡距为 50～80m。

五、杆型

详见杆型一览表，共 24 种杆型。

六、电杆

1. 种类

（1）环形钢筋混凝土电杆（见 GB 396）。

（2）环形预应力混凝土电杆（见 GB 4623）。

2. 长度

10m、11m、12m、13m、15m 5 种。

3. 梢径

φ170mm、φ190mm 两种。

七、土壤

选用常见的 6 种土壤，其技术数据见表 2。

表 2　　　　　　土壤技术数据

土壤名称		计算容重 r_0/ (kN/m³)	计算上拔角 α	计算摩阻角 β	土压力参数 m/ (kN/m³)	容许承载应力 R/ (kN/m²)
中密碎石土		19.6	—	—	—	550
稍湿中密细沙		16	26°	30°	46	190
稍湿中密中粗沙		17	28°	35°	63	290
黏土 亚黏土 轻亚黏土	硬塑	17	25°	35°	63	250
	可塑	16	20°	30°	48	150
	软塑	15	10°	15°	26	100

八、横担

一律采用角钢铁横担，主材角钢最小规格为 L50×5mm。

转角杆横担应根据转角大小及导线截面不同分别采用单横担、双横担或十字横担，上、下层横担间的垂直距离为 0.3m。

九、绝缘子

1. 直线杆

使用针式绝缘子或棒式绝缘子，在条件允许时，转角杆也可用。当电压为 6kV 时用 P-10T；当电压为 10kV 时，用 P-15T 或 PS-10T。

2. 承力杆

采用 2 片 XP-7（C）悬式绝缘子组合方式。

十、拉线

1. 拉线方式

分为普通拉线、V 形拉线、水平拉线 3 种。

2. 拉线强度

设计安全系数不小于 2.0，最小规格不小于 25mm^2。

3. 拉线材料

全部用镀锌钢绞线（GB 1200），并按（GB 1200）标准中的公称抗拉线强度 1270N/mm^2 进行计算。

4. 底把

采用拉线棒，并带 UT 型线夹调整拉线松紧。

5. 根据规程要求拉线应装拉紧绝缘子。

十一、基础

底盘、卡盘和拉线盘均采用普通钢筋混凝土预制构件，强度设计安全系数取 1.7。混凝土标号不低于 200 号。

十二、防雷、接地

（1）6～10kV 绝缘线路在居民区的钢筋混凝土电杆宜接地，接地电阻不应大于 30Ω。

（2）柱上开关设备应装设防雷装置，经常开路运行而又带电的柱上开关设备两侧，均应装设防雷装置，其接地装置的接地电阻不应大于 10Ω。开关设备的金属外壳（底座）应接地，接地电阻不大于 10Ω。

（3）6～10kV 绝缘线路如在 0.5km 的线段内无防雷设施时，宜装设一组避雷器。

（4）雷电活动强烈的地方和经常发生雷击故障的杆塔和线段，宜采取设置避雷器的保护方式，其接地电阻应符合规范的规定。

（5）架空绝缘线路之间以及架空绝缘线路与弱电线路交叉，根据规范要求需接地时，其接地电阻应符合规范的规定。

十三、金具

本图集金具选用应符合国家标准以及有关企业标准。

本图集中使用的横担、支架、抱箍及各种金属零配件均应热镀锌。

序 号	1	2	3	4	5
杆型名称	直线杆Ⅰ	直线杆Ⅱ	跨越杆Ⅰ	跨越杆Ⅱ	直线转角杆Ⅰ
型 号	Z_1	Z_2	K_1	K_2	ZJ_1
装置图图号	2-2-1-8	2-2-1-9	2-2-1-10	2-2-1-11	2-2-1-12
杆型示意图					
附 注		用于防风	如需要时可加虚线所示拉线	用于防风	

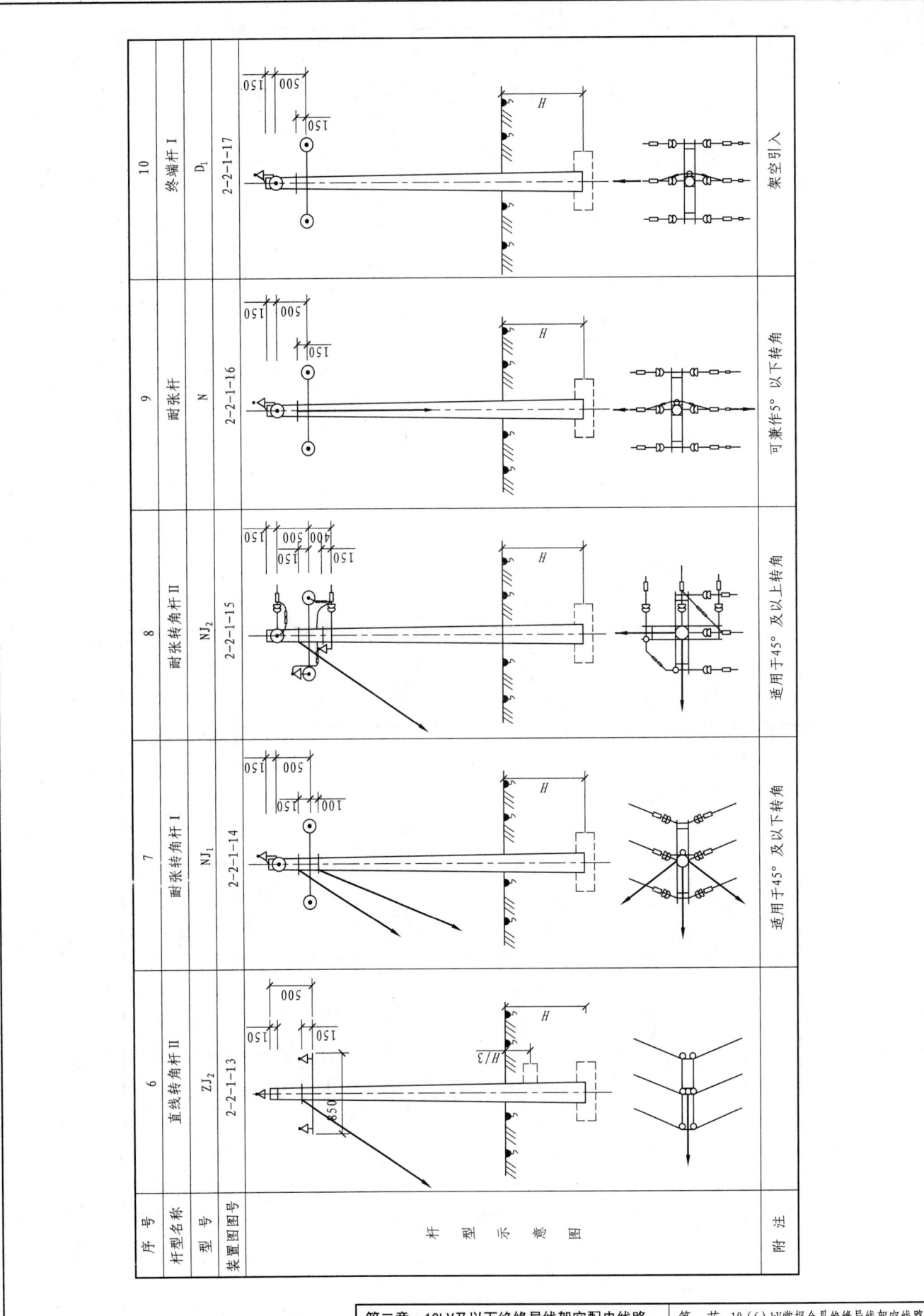

序号	10	9	8	7	6
杆型名称	终端杆Ⅰ	耐张杆	耐张转角杆Ⅱ	耐张转角杆Ⅰ	直线转角杆Ⅱ
型号	D_1	N	NJ_2	NJ_1	ZJ_2
装置图图号	2-2-1-17	2-2-1-16	2-2-1-15	2-2-1-14	2-2-1-13
杆型示意图					
附注	架空引入	可兼作5°以下转角	适用于45°及以上转角	适用于45°及以下转角	

序 号	11	12	13	14	15
杆型名称	终端杆Ⅱ	终端杆Ⅲ	终端杆Ⅳ	直线分支杆Ⅰ	直线分支杆Ⅱ
型 号	D₂	D₃	D₄	ZF₁	ZF₂
装置图图号	2-2-1-18	2-2-1-19	2-2-1-20	2-2-1-21	2-2-1-22
杆型示意图					
附 注	架空引入带避雷器	电缆引入	电缆引入带跌开式熔断器	架空T字分支	电缆分支

第二章　10kV及以下绝缘导线架空配电线路		第一节　10(6)kV常规金具绝缘导线架空线路
图号	2-2-1-5	图名	24种常用杆型总揽(三)

序号	16	17	18	19
杆型名称	直角分支杆Ⅲ	转角分支杆Ⅰ	转角分支杆Ⅱ	转角分支杆Ⅲ
型号	ZF_3	JF_1	JF_2	JF_3
装置图图号	2-2-1-23	2-2-1-24	2-2-1-25	2-2-1-26
杆型示意图				
附注	电缆分支带跌开式熔断器	架空分支	电缆分支适用于45°及以下转角	电缆分支带跌开式熔断器，适用于45°及以下转角

图号	2-2-1-6	图名	24种常用杆型总揽(四)

序　号	20	21	22	23	24
杆型名称	跌开式熔断器安装杆	避雷器安装杆	隔离开关安装杆Ⅰ	隔离开关安装杆Ⅱ	负荷开关、断路器安装杆
型　号	RW	FS	GK₁	GK₂	FK、DK
装置图图号	2-2-1-27	2-2-1-28	2-2-1-29	2-2-1-30	2-2-1-31
杆型示意图					
附　注			单极	三极联动	

图号	2-2-1-7	图名	24种常用杆型总揽(五)

明　细　表

序号	名　　称	规　　　格						单位	数量
1	电杆	$\phi170$			$\phi190$			根	1
2	U形抱箍	I_1	II_1	III_1	I_2	II_2	III_2	副	1
3	M形抱铁	I			II			个	1
4	杆顶支座抱箍(一)	I			II			副	1
5	横担							副	1
6	针式绝缘子	P-15(10)T						个	3

明 细 表

序号	名 称	规 格		单位	数量
1	电杆	$\phi170$	$\phi190$	根	1
2	U形抱箍	I_1 II_1 III_1	I_2 II_2 III_2	副	1
3	M形抱铁	I	II	个	1
4	杆顶支座抱箍（一）	I	II	副	1
5	横担			副	1
6	针式绝缘子	P-15(10)T		个	3
7	拉线			组	2

第二章	10kV及以下绝缘导线架空配电线路	第一节	10(6)kV常规金具绝缘导线架空线路
图号	2-2-1-9	图名	直线杆II(Z₂)装置图

说明: 如实际需要,可加装一组拉线,其位置如虚线所示。

明 细 表

序号	名 称	规 格		单位	数量
1	电杆	ϕ170	ϕ190	根	1
2	U形抱箍	I$_1$ II$_1$ III$_1$	I$_2$ II$_2$ III$_2$	副	1
3	M形抱铁	I	II	个	2
4	杆顶支座抱箍(二)	I	II	副	1
5	横担			副	2
6	针式绝缘子	P-15(10)T		个	6
7	并沟线夹	JBL/JBT/JJB/JJP		个	6
8	拉线			组	1

明 细 表

序号	名 称	规 格						单位	数量
1	电杆	$\phi170$			$\phi190$			根	1
2	U形抱箍	I_1	II_1	III_1	I_2	II_2	III_2	副	1
3	M形抱铁	I			II			个	1
4	杆顶支座抱箍（二）	I			II			副	1
5	横担							副	2
6	针式绝缘子	P-15(10)T						个	6
7	并沟线夹	JBL/JBT/JJB/JJP						个	6
8	拉线							组	1

明　细　表

序号	名　称	规　格						单位	数量
1	电杆	$\phi170$			$\phi190$			根	1
2	U形抱箍	I_1	II_1	III_1	I_2	II_2	III_2	副	1
3	M形抱铁	I			II			个	1
4	杆顶支座抱箍（一）	I			II			副	2
5	横担							副	1
6	针式绝缘子	P-15(10)T						个	3
7	拉线							组	1

明　细　表

序号	名　　称	规　　格		单位	数量
1	电杆	φ170	φ190	根	1
2	M形抱铁	I	II	个	2
3	杆顶支座抱箍(二)	I	II	副	1
4	横担			副	1
5	针式绝缘子	P-15(10)T		个	6
6	拉线			组	1

第二章　10kV及以下绝缘导线架空配电线路		第一节　10(6)kV常规金具绝缘导线架空线路
图号	2-2-1-13	图名　直线转角杆II(ZJ₂)装置图

401

说明：1. 本图适用于45°及以下转角。
2. 辅助拉线按耐张杆型选择截面，主拉线根据转角度数选择。

明 细 表

序号	名 称	规 格		单位	数量
1	电杆	φ170	φ190	根	1
2	M形抱铁	I	II	个	2
3	杆顶支座抱箍(一)	I	II	副	1
4	拉线及中导线抱箍(一)	II₁	II₂	副	1
5	横担			副	1
6	拉板			块	1
7	针式绝缘子	P-15(10)T		个	3
8	耐张绝缘子串			串	6
9	并沟线夹	JBL/JBT/JJB/JJP		个	6
10	拉线			组	3

第二章 10kV及以下绝缘导线架空配电线路	第一节 10(6)kV常规金具绝缘导线架空线路
图号　2-2-1-14　图名	耐张转角杆 I (NJ₁)装置图

序号	名　称	规　格	单位	数量
1	电杆	φ170	φ190	根	1
2	M形抱铁			个	4
3	拉线及中导线抱箍（一）	I	II	副	1
4	横担	II₁	II₂	副	2
5	针式绝缘子			个	2
6	耐张绝缘子串	P-15 (10) T		串	6
7	并沟线夹	JBL/JBT/JJB/JJP		个	6
8	拉线			组	2

说明：本图可兼作5°以下转角使用。

明 细 表

序号	名 称	规 格		单位	数量
1	电杆	φ170	φ190	根	1
2	M形抱铁	I	II	个	2
3	杆顶支座抱箍（一）	I	II	副	1
4	横担			副	1
5	拉板			块	2
6	针式绝缘子	P-15(10)T		个	1
7	耐张绝缘子串			串	6
8	并沟线夹	JBL/JBT/JJB/JJP		个	6
9	拉线			组	2

明 细 表

序号	名 称	规 格		单位	数量
1	电杆	φ170	φ190	根	1
2	M形抱铁	I	II	个	2
3	杆顶支座抱箍(一)	I	II	副	1
4	横担			副	1
5	拉板			块	2
6	针式绝缘子	P-15(10)T		个	1
7	耐张绝缘子串			串	6
8	并沟线夹	JBL/JBT/JJB/JJP		个	6
9	拉线			组	2

第二章 10kV及以下绝缘导线架空配电线路	第一节 10(6)kV常规金具绝缘导线架空线路
图号 2-2-1-17	图名 终端杆 I (D₁) 装置图

明 细 表

序号	名 称	规 格		单位	数量
1	电杆	φ170	φ190	根	1
2	M形抱铁	Ⅰ	Ⅱ	个	2
3	杆顶支座抱箍(二)	Ⅰ	Ⅱ	副	1
4	横担			副	1
5	拉板			块	2
6	针式绝缘子	P-15(10)T		个	1
7	耐张绝缘子串			串	6
8	并沟线夹	JBL/JBT/JJB/JJP		个	6
9	拉线			组	1
10	避雷器	Y5WS-12.7(7.6)		个	3
11	避雷器固定支架			副	3
12	接地装置			处	1

		明　细　表			
序号	名　称	规　格		单位	数量
1	电杆	$\phi 170$	$\phi 190$	根	1
2	M形抱铁	I	II	个	2
3	杆顶支座抱箍（一）	I	II	副	1
4	横担			副	1
5	拉线			组	1
6	针式绝缘子	P-15(10)T		个	1
7	耐张绝缘子串			串	3
8	电缆终端头			组	1
9	避雷器	Y5WS-12.7(7.6)		个	3
10	并沟线夹	JBL/JBT/JJB/JJP		个	3
11	拉板			块	1
12	针式绝缘子固定支架			副	1
13	避雷器固定支架			副	3
14	接地装置			处	1

明 细 表

序号	名 称	规 格					单位	数量
1	电杆	ϕ170		ϕ190			根	1
2	M形抱铁	I		II			个	2
3	杆顶支座抱箍（一）	I		II			副	1
4	U形抱箍	I$_1$	II$_1$	III$_1$	I$_2$	II$_2$ III$_2$	副	1
5	横担						副	1
6	跌开式熔断器固定横担						根	1
7	拉线						组	1
8	针式绝缘子	P-15(10)T					个	1
9	耐张绝缘子串						串	3
10	电缆终端头						组	1
11	避雷器	Y5WS-12.7(7.6)					个	3
12	跌开式熔断器	RW11-10（6）					个	3
13	并沟线夹	JBL/JBT/JJB/JJP					个	3
14	拉板						块	1
15	针式绝缘子固定支架						副	1
16	避雷器固定支架						副	3
17	跌开式熔断器固定支架						副	3
18	接地装置						处	1

图号	2-2-1-20	图名	终端杆Ⅳ(D$_4$)装置图

明 细 表

序号	名 称	规 格		单位	数量
1	电杆	ϕ170	ϕ190	根	1
2	M形抱铁	I	II	个	3
3	杆顶支座抱箍(一)	I	II	副	1
4	横担			副	1
5	横担			副	1
6	拉板			块	1
7	针式绝缘子	P-15(10)T		个	4
8	耐张绝缘子			串	3
9	并沟线夹	JBL/JBT/JJB/JJP		个	3
10	拉线			组	1
11	U形抱箍	I_1 II_1 III_1	I_2 II_2 III_2	副	1

明 细 表

序号	名 称	规 格		单位	数量
1	电杆	φ170	φ190	根	1
2	U形抱箍	I₁ II₁ III₁	I₂ II₂ III₂	副	1
3	M形抱铁	I	II	个	1
4	杆顶支座抱箍(二)	I	II	副	1
5	横担			根	1
6	针式绝缘子	P-15(10)T		个	4
7	避雷器	Y5WS-12.7(7.6)		个	3
8	并沟线夹	JBL/JBT/JJB/JJP		个	6
9	电缆终端头			组	1
10	针式绝缘子固定支架			副	1
11	避雷器固定支架			副	3
12	接地装置			处	1

明 细 表

序号	名　称	规　格		单位	数量
1	电杆	$\phi170$	$\phi190$	根	1
2	U形抱箍	I_1 II_1 III_1	I_2 II_2 III_2	副	1
3	M形抱铁	I	II	个	1
4	杆顶支座抱箍（二）	I	II	副	1
5	横担			根	1
6	跌开式熔断器固定横担			根	1
7	针式绝缘子	P-15(10)T		个	4
8	避雷器	Y5WS-12.7(7.6)		个	3
9	跌开式熔断器	RW11-10(6)		个	3
10	并沟线夹	JBL/JBT/JJB/JJP		个	6
11	电缆终端头			组	1
12	针式绝缘子固定支架			副	1
13	避雷器固定支架			副	3
14	跌开式熔断器固定支架			副	3
15	接地装置			处	1

第二章　10kV及以下绝缘导线架空配电线路		第一节　10(6)kV常规金具绝缘导线架空线路
图号	2-2-1-23	图名　直线分支杆III(ZF₃)装置图

411

说明：本图适用于45°及以下转角。

明 细 表

序号	名 称	规 格		单位	数量
1	电杆	φ170	φ190	根	1
2	M形抱铁	I	II	个	1
3	杆顶支座抱箍（一）	I	II	副	1
4	拉线及中导线抱箍（二）	II₁	II₂	副	1
5	横担			副	1
6	横担			副	1
7	拉板			块	3
8	针式绝缘子	P-15(10)T		个	4
9	耐张绝缘子串			串	9
10	并沟线夹	JBL/JBT/JJB/JJP		个	9
11	拉线			组	2
12	拉线			组	1

第二章 10kV及以下绝缘导线架空配电线路		第一节 10(6)kV常规金具绝缘导线架空线路
图号	2-2-1-24	图名	转角分支杆 I (JF₁) 装置图

主拉线

辅助拉线

说明：本图适用于45°及以下转角。辅助拉线按耐张杆型选择截面，主拉线根据转角度数选择。

明 细 表

序号	名 称	规 格		单位	数量
1	电杆	$\phi170$	$\phi190$	根	1
2	M形抱铁	I	II	个	2
3	杆顶支座抱箍(二)	I	II	副	1
4	拉线及中导线抱箍(二)	II_1	II_2	副	1
5	横担			副	1
6	拉板			块	2
7	针式绝缘子	P-15(10)T		个	4
8	耐张绝缘子串			串	6
9	并沟线夹	JBL/JBT/JJB/JJP		个	12
10	拉线			组	3
11	避雷器	Y5WS-12.7(7.6)		个	3
12	避雷器固定支架			副	3
13	针式绝缘子固定支架			副	1
14	电缆终端头			组	1
15	接地装置			处	1

第二章 10kV及以下绝缘导线架空配电线路	第一节 10(6)kV常规金具绝缘导线架空线路
图号　2-2-1-25	图名　转角分支杆II(JF₂)装置图

说明：辅助拉线按耐张杆型选择截面，主拉线根据转角度数选择。

明 细 表

序号	名 称	规 格		单位	数量
1	电杆	$\phi170$	$\phi190$	根	1
2	M形抱铁	I	II	个	1
3	杆顶支座抱箍(二)	I	II	副	1
4	拉线及中导线抱箍(二)	II₁	II₂	副	1
5	U形抱箍	I₁II₁III₁	I₂II₂III₂	副	1
6	横担			副	1
7	跌开式熔断器固定横担			根	1
8	拉线			组	3
9	针式绝缘子	P-15(10)T		个	4
10	耐张绝缘子串			串	6
11	电缆终端头			组	1
12	避雷器	Y5WS-12.7(7.6)		个	3
13	跌开式熔断器	RW11-10(6)		个	3
14	并沟线夹	JBL/JBT/JJB/JJP		个	12
15	拉板			块	2
16	针式绝缘子固定支架			副	1
17	避雷器固定支架			副	3
18	跌开式熔断器固定支架			副	3
19	接地装置			处	1

明 细 表

序号	名 称	规 格						单位	数量
1	电杆	$\phi170$		$\phi190$				根	1
2	M形抱铁	I		II				个	2
3	拉线及中导线抱箍(一)	II_1		II_2				副	1
4	U形抱箍	I_1	II_1	III_1	I_2	II_2	III_2	副	1
5	横担							副	1
6	跌开式熔断器固定横担							根	1
7	针式绝缘子	P-15(10)T						个	2
8	耐张绝缘子串							串	6
9	跌开式熔断器	RW11-10(6)						个	3
10	拉板							块	2
11	针式绝缘子固定支架							副	2
12	跌开式熔断器固定支架							副	3

明 细 表

序号	名 称	规 格		单位	数量
1	电杆	$\phi 170$	$\phi 190$	根	1
2	杆顶支座抱箍（二）	I	II	个	1
3	U形抱箍	I_1 II_1 III_1	I_2 II_2 III_2	副	1
4	M形抱铁	I	II	个	1
5	横担			副	1
6	针式绝缘子	P-15（10）T		个	3
7	避雷器	Y5WS-12.7（7.6）		个	3
8	并沟线夹	JBL/JBT/JJB/JJP		个	3
9	避雷器固定支架			副	3
10	接地装置			副	1

明 细 表

序号	名 称	规 格		单位	数量
1	电杆	φ170	φ190	根	1
2	M形抱铁	I	II	个	2
3	拉线及中导线抱箍（一）	I₁	II₂	副	1
4	单板隔离开关横担			副	1
5	户外单板隔离开关	GW9-10		个	3
6	耐张绝缘子串			串	6
7	拉板			块	2
8	接地装置			处	1

明细表

序号	名称	规格	单位	数量
1	电杆	φ170 φ190	根	1
2	杆顶支座抱箍（二）	I	副	1
3	三极隔离开关托架	I Ⅱ	副	1
4	撑角抱箍	I Ⅱ	副	1
5	三极隔离开关操作杆	DG25	m	3
6	三极隔离开关操作杆固定抱箍		副	3
7	三极隔离开关操作杆卡箍		副	2
8	三极隔离开关操动机构固定抱箍		副	2
9	拉板		块	6
10	耐张绝缘子串		串	1
11	户外高压隔离开关	GW4-15A	台	1
12	手动操动机构	CS11	套	1
13	接地装置		处	1

图号	2-2-1-30	图名	隔离开关杆Ⅱ(GK₂)装置图

说明：1. 根据工程设计需要选用负荷开关或断路器。
2. 开关两侧若只有一侧为电源时，只需在电源侧装避雷器。

明 细 表

序号	名 称	规 格	单位	数量
1	电杆	φ170 φ190	根	1
2	M形抱铁	I II	个	2
3	M形抱铁	II III	个	2
4	杆顶支座抱箍（二）	I II	副	1
5	横担		副	1
6	针式绝缘子	P-15（10）T	个	2
7	耐张绝缘子串		串	6
8	负荷开关	FZW	台	1
	柱上断路器	ZW		
9	避雷器	Y5WS-12.7（7.6）	个	6
10	并沟线夹	JBL/JBT/JJB/JJP	个	6
11	拉板		块	2
12	针式绝缘子固定支架		副	2
13	断路器安装支架		副	1
14	避雷器固定支架		副	6
15	接地装置		处	1

耐张线夹选择表

型 号	普通型绝缘线截面积/mm²	薄型绝缘线截面积/mm²	型 号	普通型绝缘线截面积/mm²	薄型绝缘线截面积/mm²
NLL-2L	—	25～50	JNL-1	25～50	70～95
NLL-3L	25～50	70～95	JNL-2	70～95	120～150
NLL-4L	70～95	120～150	JNL-3	120～150	185～240
NLL-5L	120～150	185～240	JNX-4	185～240	—
NLL-285	35～95	35～150	NXY-2	70～95	120～150
JNX-3	25～50	70～120	NXY-3	120～150	185～240
JNX-4	70～120	150～240	NXY-4	185～240	—
JNX-5	150～240	—			

明 细 表

序号	名 称	规 格	单位	数 量 球形	数 量 槽形
1	耐张线夹	见上表	个	1	1
2	盘形悬式绝缘子	XP-7	个	2	
3	盘形悬式绝缘子	XP-7C	个		2
4	碗头挂板	W-7B	个	1	
5	平行挂板	PS-7	个		1
6	球头挂环	Q-7	个	1	
7	直角挂板	Z-7	个	1	
8	U形挂环	U-7	个		1

第二章 10kV及以下绝缘导线架空配电线路	第一节 10(6)kV常规金具绝缘导线架空线路
图号 2-2-1-32	图名 耐张串装置图

WDZ户外整体式
WD户外鼎足式 电缆终端头安装

WDC户外全瓷式
WDH户外环氧树脂式 电缆终端头安装

明 细 表（一）

序号	名称编号		规格 1	规格 2	规格 3	规格 4	规格 5	单位	数量
1	电缆终端头		WDC、WDH	WDZ	WD-232	WD-233	WD-234	1	1
2	高压电缆/mm²	6kV	16~240	16~240	16~70	95~185	240	根	
		10kV			16~50	70~150	185~240		
3	电缆终端头固定支架		I	II				副	1
4	加固抱箍							副	1

明 细 表（二）

序号	名称编号		规格 1	2	3	4	5	6	7	8	9	10	11	12	单位	数量
	电缆终端头距杆顶安装距离		1.5 3.0m	1.5 3.0m	1.5 3.0m	3.0 4.5m	1.5 3.0m	1.5 3.0m	1.5 3.0m	3.0 4.5m	1.5 3.0m	3.0 4.5m	1.5 3.0m	3.0 4.5m	位号	
5	电杆	梢径	ϕ170			ϕ190									根	1
		长度	10	11	12	10	11	12	13	15						
6	U形抱箍		I_2	I_3		I_3		I_4	I_3	I_4	I_3	I_4			副	1
7	电缆固定抱箍II		II_1 3.0m II_2		II_2 3.0m II_3		II_3 4.5m II_5								副	1
8	电缆固定抱箍III		规格与数量由工程设计确定												副	
9	电缆固定抱箍IV		IV_3/IV_4		IV_4/IV_5		IV_4/IV_5	IV_5/IV_6		IV_6/IV_7	IV_7/IV_8				副	各1
10	电缆保护钢管		长度2250mm												根	1
11	接地装置														处	1

ST热缩电缆终端头安装

明 细 表 （一）

序号	名称编号	规 格					单位	数量
		1	2	3	4	5		
1	热缩电缆终端头	ST-34	ST-35	ST-36	ST-37	ST-38	个	1
2	高压电缆/mm² 6kV	25～35	50～95	120～185	240	—	根	1
	10kV	—	25～35	50～70	95～150	185～240	根	1

明 细 表 （二）

序号	名称编号	规 格													单位	数量
		1	2	3	4	5	6	7	8	9	10	11	12		
	电缆终端头距杆顶安装距离	1.5～3.0m	1.5～3.0m	1.5～3.0m	3.0～4.5m	1.5～3.0m	1.5～3.0m	1.5～3.0m	3.0～4.5m	1.5～3.0m	3.0～4.5m	1.5～3.0m	3.0～4.5m	位	量
3	电杆 梢径	φ170				φ190								根	1
	长度	10	11	12	10	11	12		13		15				
4	电缆固定抱箍 I	I₁		I₂		I₂		I₃	I₂	I₃	I₂	I₃		副	1
5	电缆固定抱箍 II	II₁	3.0m	II₂		II₂	3.0m	II₃		4.5m	II₅			副	1
6	电缆固定抱箍 III	规格与数量由工程设计确定												副	
7	电缆固定抱箍 IV	IV₃/IV₄		IV₄/IV₅		IV₅/IV₆		IV₆/IV₇		IV₇/IV₈				各	1
8	电缆保护钢管	长度2250mm												根	1
9	接地装置													处	1

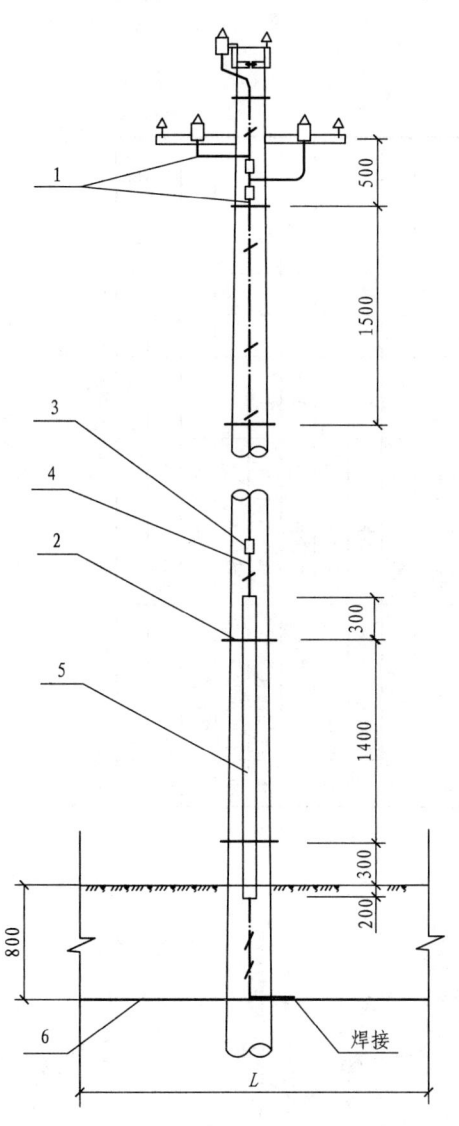

说明：1. 电杆接地要求及各种情况下的接地电阻值见说明书。当土壤电阻率和接地体材料与上表不符时，应另行计算。

2. 如电杆上还装有其他需要接地的设备，也应与接地引下线相连接，每一个连接处增加一个并沟线夹。

3. 接地引下线亦可采用抱箍的固定方式，抱箍制造见图2-2-1-52。

4. 电杆有接地螺母时，可取消接地引下线。

焊接

单根水平接地体的接地电阻值（Ω）

土壤电阻率 /(Ω·m)	接地体材料及尺寸/mm		接地体长度 L /m											
			5	10	15	20	25	30	35	40	50	60	80	100
100	扁钢	40×4	23.4	13.9	10.1	8.1	6.74	5.8	5.1	4.58	3.8	3.26	2.54	2.12
	圆钢	$\phi12$	25	14.7	10.7	8.46	7.04	6.08	5.34	4.78	3.96	3.40	2.66	2.20
250	扁钢	40×4	58.5	34.8	25.3	20.3	16.9	14.5	12.8	11.5	9.5	8.2	6.4	5.3
	圆钢	$\phi12$	63	36.8	26.75	21.15	17.6	15.2	13.35	11.95	9.9	8.5	6.65	5.5
500	扁钢	40×4	117	69.5	50.5	40.5	33.7	29	25.5	22.9	19	16.3	12.7	10.6
	圆钢	$\phi12$	125	73.5	53.5	42.3	35.2	30.4	26.7	23.9	19.8	17	13.3	11

明　细　表

序号	名　称	规　格	单位	数量	附　注
1	接地引下线	25mm² 绝缘线	m		数量由工程定
2	镀锌铁线	$\phi3.0$	m	—	
3	并沟线夹	JBL/JBT/JJB/JJP	个	3	
4	接地线	$\phi8$圆钢	m	—	数量依杆高定
5	保护管	$\phi30×2200$	根	1	材料自选
6	接地体	圆钢或扁钢	m	L	长度见上表

第二章　10kV及以下绝缘导线架空配电线路		第一节　10(6)kV常规金具绝缘导线架空线路
图号	2-2-1-35	图名　接地装置安装工艺图

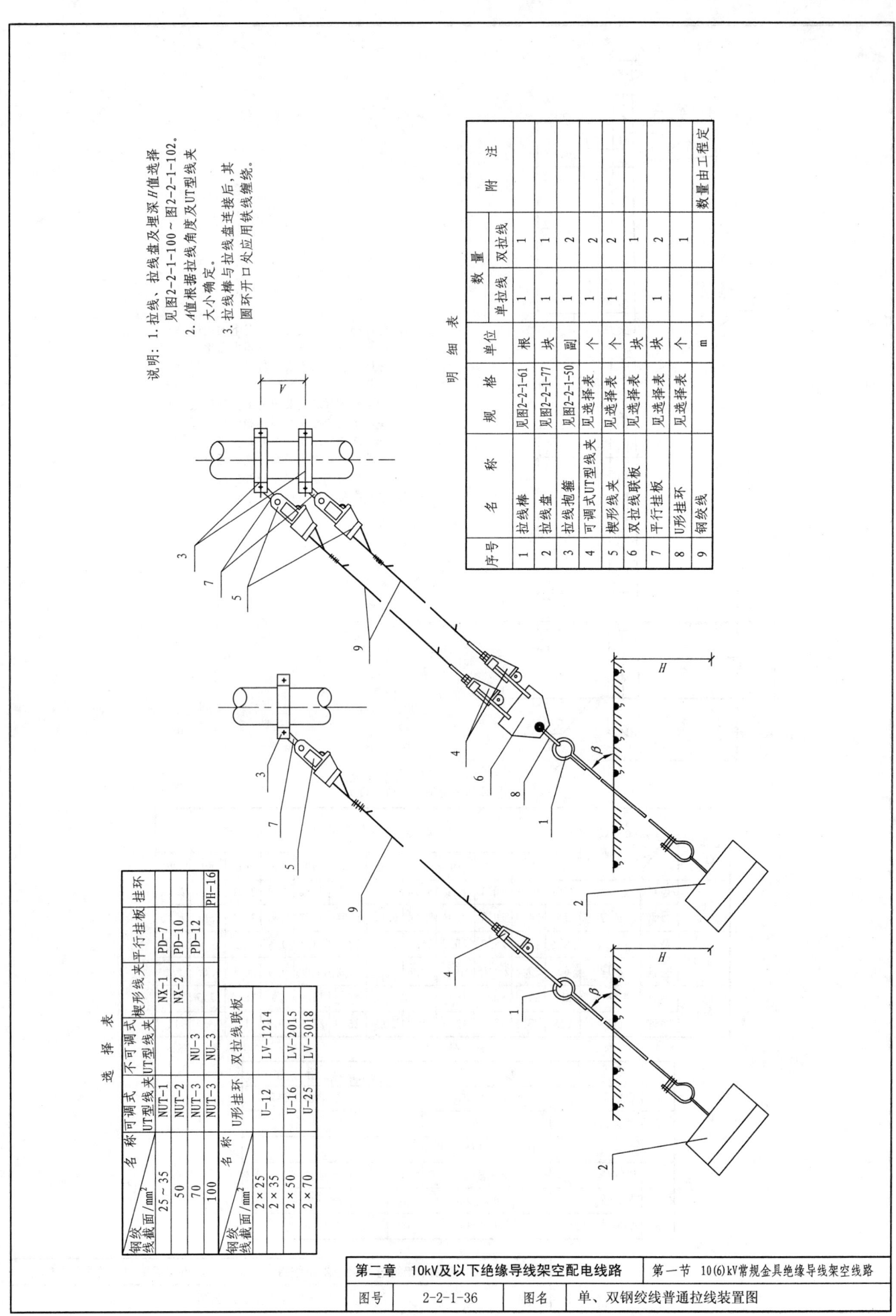

说明: 1. 拉线、拉线盘及埋深见图2-2-1-100～图2-2-1-102。

2. H值根据拉线角度及UT型线夹大小确定。

3. 拉线棒与拉线盘连接后,其圆环开口处应用铁线缠绕。

选 择 表

名称	可调式UT型线夹	不可调式UT型线夹	楔形线夹	平行挂板	挂环
钢绞线截面/mm²					
25～35	NUT-1		NX-1	PD-7	
50	NUT-2		NX-2	PD-10	
70	NUT-3	NU-3		PD-12	
100	NUT-3	NU-3			PH-16

名称	U形挂环	双拉线联板
钢绞线截面/mm²		
2×25	U-12	LV-1214
2×35	U-16	
2×50	U-16	LV-2015
2×70	U-25	LV-3018

明 细 表

序号	名 称	规 格	单位	数量 单拉线	数量 双拉线	附 注
1	拉线棒	见图2-2-1-61	根	1	1	
2	拉线盘	见图2-2-1-77	块	1	1	
3	拉线抱箍	见图2-2-1-50	副	1	2	
4	可调式UT型线夹	见选择表	个	1	2	
5	楔形线夹	见选择表	个	1	2	
6	双拉线联板	见选择表	块		1	
7	平行挂板	见选择表	块	1	2	
8	U形挂环	见选择表	个	1	1	
9	钢绞线		m			数量由工程定

选 择 表

名 称 钢绞线截面/mm²	可调式 UT型线夹	不可调式 UT型线夹	楔形线夹	平行挂板	挂环
25～35	NUT-1		NX-1	PD-7	
50	NUT-2		NX-2	PD-10	
70	NUT-3	NU-3		PD-12	
100	NUT-3	NU-3			PH-16

说明： 1. 拉线、拉线盘及埋深值选择
见图2-2-1-100～图2-2-1-102。
2. 拉线棒与拉线盘连接后，其圆
环开口处应用线缠绕。

明 细 表

序号	名 称	规 格	单位	数 量	附 注
1	拉线棒	见图2-2-1-61	根	1	
2	拉线盘	见图2-2-1-77	块	1	
3	拉线抱箍	见图2-2-1-50	副	2	
4	可调式UT型线夹	见选择表	个	2	
5	楔形线夹	见选择表	个	2	
6	平行挂板	见选择表	块	2	
7	钢绞线				数量由工程定

说明: 1.拉线、拉线盘及埋深 H 值选择见图2-2-1-100~图2-2-1-102。
　　　2.A 值根据拉线角度及UT型线夹大小确定。
　　　3.拉线棒与拉线盘连接后,其圆环开口处应用铁线缠绕。

选 择 表

名 称 钢绞线截面/mm²	可调式 UT型线夹	不可调式 UT型线夹	楔形线夹	平行挂板	挂环
25~35	NUT-1		NX-1	PD-7	
50	NUT-2		NX-2	PD-10	
70	NUT-3	NU-3		PD-12	
100	NUT-3	NU-3			PH-16

名 称 钢绞线截面/mm²	U形挂环	双拉线联板
2×25	U-12	LV-1214
2×35	U-12	LV-1214
2×50	U-16	LV-2015
2×70	U-25	LV-3018

明 细 表

序号	名 称	规 格	单位	数量	附 注
1	拉线棒	见图2-2-1-61	根	1	
2	拉线盘	见图2-2-1-77	块	1	
3	拉线抱箍	见图2-2-1-51	副	4	
4	可调式UT型线夹	见选择表	个	4	
5	楔形线夹	见选择表	个	4	
6	双拉线联板	见选择表	块	1	
7	平行挂板	见选择表	块	4	
8	U形挂环	见选择表	个	1	
9	钢绞线		m		数量由工程定

第二章　10kV及以下绝缘导线架空配电线路	第一节　10(6)kV常规金具绝缘导线架空线路
图号　2-2-1-38	图名　双钢绞线水平拉线装置图

选 择 表

名 称 钢绞 线截面/mm²	可调式 UT型线夹	不可调式 UT型线夹	楔形线夹	平行挂板	挂环
25～35	NUT-1		NX-1	PD-7	
50	NUT-2		NX-2	PD-10	
70	NUT-3	NU-3		PD-12	
100	NUT-3	NU-3			PH-16

名 称 钢绞 线截面/mm²	U形挂环	双拉线联板
2×25	U-12	LV-1214
2×35	U-12	LV-1214
2×50	U-16	LV-2015
2×70	U-25	LV-3018

说明:1. 拉线、拉线盘及埋深H值选择见图2-2-1-100～图2-2-1-102。
　　　2. 拉线棒与拉线盘连接后,其圆环开口处应用铁线缠绕。

材 料 表

序号	名 称	规 格	单位	数量	附 注
1	拉线棒	见图2-2-1-61	根	1	
2	拉线盘	见图2-2-1-77	块	1	
3	拉线抱箍	见图2-2-1-50	副	2	
4	可调式UT型线夹	见选择表	副	2	
5	楔形线夹	见选择表	副	2	
6	双拉线联板	见选择表	块	1	
7	平行挂板	见选择表	块	2	
8	U形挂板	见选择表	块	1	
9	钢绞线		m		数量由工程定

第二章　10kV及以下绝缘导线架空配电线路	第一节　10(6)kV常规金具绝缘导线架空线路
图号　2-2-1-39	图名　V形拉线装置图

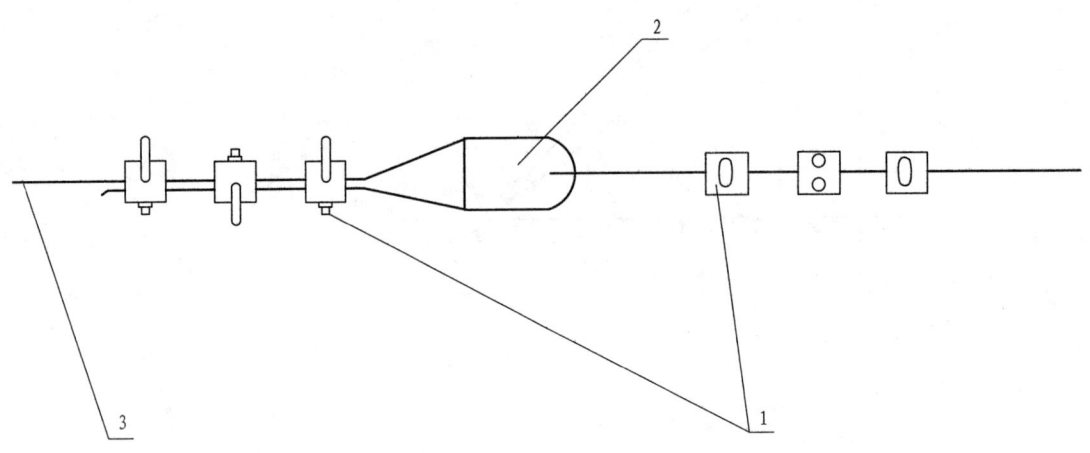

选 型 表

钢铰线	GJ-25	GJ-35	GJ-50	GJ-70	GJ-100
钢线卡子	JK-1		JK-2		—
拉紧绝缘子	J-4.5		J-9		153002
UT型线夹					NU-3
					NUT-3

说明: GJ-100时序号1采用可调式UT型、不可调式UT型线夹各一个。

明 细 表

序 号	名 称	规 格	单 位	数 量	备 注
1	钢线卡子	见选型表	个	6	
2	拉紧绝缘子	见选型表	个	1	
3	钢绞线		m		由工程定数量、规格

A-A

说明：撑杆埋深以1m左右为宜，其底部应垫以底盘或石块。

明　细　表

序号	名　　称	规　　格			单位	数量
电杆梢径及距杆顶距离	$\phi170$	1.5m以内	1.5～3m	—	单位	数量
	$\phi190$	—	1.5m以内	1.5～3m		
1	撑杆支架	I	II	III	副	1
2	M形抱铁	I	II	III	个	4
3	U形抱箍	I			副	1
4	撑杆顶铁	$L63×6$			块	1
5	方头螺栓	M16×230	M16×250	M16×270	个	4
6	方螺母	M16			个	4
7	垫圈	16			个	8

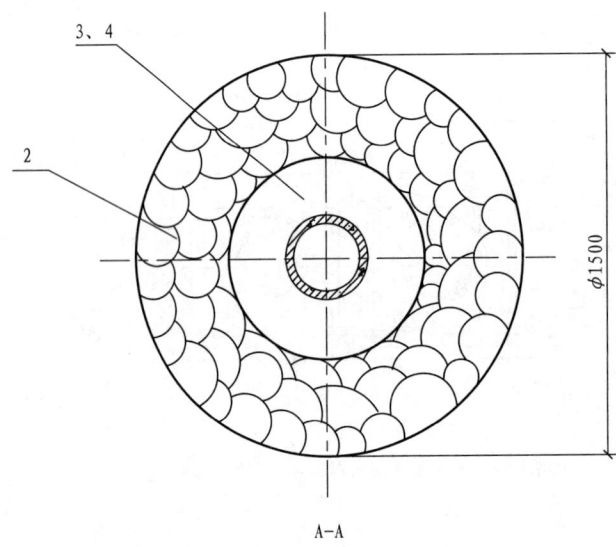

A-A

说明：1.底盘的增设根据底盘选择表确定。
　　　2.h值根据工程设计确定。

材　料　表

序号	名　称	规　格	单位	数量	附　注
1	电杆		根	1	
2	浆砌片石		m³	1.5	
3	砂子		m³	0.4	
4	碎石、素土		m³		分层夯实

A-A

序号2

I   B-B

说明: 底盘的增设根据底盘选择表确定。

明　细　表

序号	名　称	规　格	单位	数量	备　注
1	电杆		根	1	
2	混凝土桩		根	34	
3	圈筋	φ4.0镀锌铁线	圈	6	
4	箍筋	φ4.0×450	根	5	
5	主筋	φ6×1500	根	4	
6	混凝土	200号	m³	0.023	
7	碎石、素土		m³		分层夯实

第二章　10kV及以下绝缘导线架空配电线路	第一节　10(6)kV常规金具绝缘导线架空线路
图号　2-2-1-43	图名　混凝土桩加强型基础

A—A

说明：1.混凝土管内所填素土应夯实，根据工程需要可用水泥封住管的顶部和底部。
2.底盘的增设根据底盘选择表确定。
3.混凝土管内当用大块碎石和水泥浆浇注时，可不设底盘。
4.混凝土管为成品。

明　细　表

序号	名　称	规　格		单位	数量	附　注
1	电杆	φ170	φ190	根	1	
2	混凝土管	φ1200×1000		根		数量在工程设计中确定
3	素土、碎石			m³		数量在工程设计中确定

第二章　10kV及以下绝缘导线架空配电线路		第一节　10(6)kV常规金具绝缘导线架空线路
图号	2-2-1-44	图名	混凝土管加强型基础

850

$2-\phi18$
避雷器安装孔

$3-\phi22$

220   220

50   375   375   50

各种型号横担的尺寸及适用范围(mm)

型号	b	δ	D	C	l	电杆梢径
I_1	63	6	18	35	220	$\phi170$
I_2					240	$\phi190$
II_1	75	8	22	42	220	$\phi170$
II_2					240	$\phi190$
III_1	90	8	22	49	220	$\phi170$
III_2					240	$\phi190$

明 细 表

序号	名 称	规 格	单位	数量
1	角钢	$L b \times \delta \times 850$	根	1

第二章 10kV及以下绝缘导线架空配电线路	第一节 10(6)kV常规金具绝缘导线架空线路
图号 2-2-1-45	图名 单横担加工图

组装图

序号1

各种型号横担的尺寸及适用范围（mm）

型号	b	δ	D	C	螺栓规格	螺母	垫圈	l	电杆梢径
2I₁	63	6	18	35	M16×240	M16	16	220	φ170
2I₂					M16×260			240	φ190
2II₁	75	8	22	42	M18×240	M18	18	220	φ170
2II₂					M18×260			240	φ190
2III₁	90	8	22	49	M20×240	M20	20	220	φ170
2III₂					M20×260			240	φ190

明　细　表

序号	名　称	规　格	单位	数量
1	角钢	$Lb×\delta×850$	根	2
2	五孔连板	$-60×6×L$	副	2
3	方头螺栓	见上表	个	4
4	方螺母	见上表	个	4
5	垫圈	见上表	个	8

第二章　10kV及以下绝缘导线架空配电线路	第一节　10(6)kV常规金具绝缘导线架空线路
图号　2-2-1-46	图名　双横担加工图

各种型号横担的尺寸适用范围(mm)

型号	b	δ	D	C	螺栓规格	螺母	垫圈	电杆梢径	
$2\mathrm{I}_1^*$	63	6	18	35	M16×240	M16	16	220	$\phi170$
$2\mathrm{I}_2^*$					M16×260			240	$\phi190$
$2\mathrm{III}_1^*$	75	8	22	42	M18×240	M18	18	220	$\phi170$
$2\mathrm{III}_2^*$					M18×260			240	$\phi190$

明 细 表

序号	名 称	规 格	单位	数量
1	角钢	$Lb×\delta×850$	根	2
2	角钢	$Lb×\delta×359$	根	2
3	五孔连板	$-6×6×L$	副	2
4	方头螺栓	见上表	个	4
5	方螺母	见上表	个	8
6	垫圈	见上表	个	12

（一）型

说明：积雪地区根据运行经验序号1可加长至200mm。

各型抱箍尺寸(mm)

型号	D	下料长L	适用梢径
I	172	370	$\phi170$
II	192	400	$\phi190$

明　细　表

序号	名　　　称	规　　格	单位	数量
1	角钢	$L63\times6\times180$	块	1
2	扁钢	$-60\times6\times L$	块	2
3	扁钢	$-56\times6\times56$	块	1
4	方头螺栓	$M16\times70$	个	2
5	方螺母	$M16$	个	2
6	垫圈	16	个	4

第二章　10kV及以下绝缘导线架空配电线路	第一节　10(6)kV常规金具绝缘导线架空线路
图号　2-2-1-48	图名　杆顶支座抱箍（一）型加工图

（二）型

说明：积雪地区根据运行经验序号1可加长至200mm。

各型抱箍尺寸（mm）

型号	D	下料长L	适用梢径
I	172	370	φ170
II	192	400	φ190

明 细 表

序号	名　称	规　格	单位	数量
1	角钢	L63×6×180	块	2
2	扁钢	−60×6×L	块	2
3	扁钢	−56×6×56	块	2
4	方头螺栓	M16×70	个	2
5	方螺母	M16	个	2
6	垫圈	16	个	4

第二章　10kV及以下绝缘导线架空配电线路	第一节　10(6)kV常规金具绝缘导线架空线路
图号　2-2-1-49	图名　杆顶支座抱箍（二）型加工图

序号2

（一）型

说明：序号2在拉线为GJ-50及以下时取消。

各型抱箍尺寸适用范围(mm)

型号	适用拉线及导线	b	δ	C	φd	R	下料长L	螺栓	螺母	垫圈	电杆梢径及距杆顶距离	
											φ170	φ190
I₁	GJ-25～50	50	5	30	φ18	90	385	M16×90	M16	16	1.5m以内	—
I₂						100	415				1.5～3.0m	1.5m以内
I₃						110	445				—	1.5～3.0m
II₁	GJ-70 JKYJ-25～240 JKLYJ-25～240 JKLYJ/Q-25～240	60	6	30	φ20	90	385	M18×90	M18	18	1.5m以内	—
II₂						100	415				1.5～3.0m	1.5m以内
II₃						110	445				—	1.5～3.0m
III₁	GJ-100	70	7	40	φ26	90	425	M24×110	M24	24	1.5m以内	—
III₂						100	455				1.5～3.0m	1.5m以内
III₃						110	490				—	1.5～3.0m

明　细　表

序号	名　　称	规　格	单位	数量
1	扁钢	-b×δ×L	块	2
2	扁钢		块	4
3	方头螺栓	见上表	个	2
4	方螺母	见上表	个	2
5	垫圈	见上表	个	4

第二章　10kV及以下绝缘导线架空配电线路		第一节　10(6)kV常规金具绝缘导线架空线路
图号	2-2-1-50	图名	拉线及中导线抱箍（一）型加工图

序号2

序号3

（二）型

各型抱箍尺寸适用范围(mm)

型号	适用拉线及导线	b	δ	C	φd	R	下料长L	螺栓	螺母	垫圈	电杆梢径及距杆顶距离	
											φ170	φ190
I₁	GJ-25~50	50	5	30	φ18	90	385	M16×90	M16	16	1.5m以内	——
I₂						100	415				1.5~3.0m	1.5m以内
I₃						110	445				——	1.5~3.0m
II₁	GJ-70 JKYJ-25~240 JKLYJ-25~240 JKLYJ/Q-25~240	60	6	30	φ20	90	385	M18×90	M18	18	1.5m以内	——
II₂						100	415				1.5~3.0m	1.5m以内
II₃						110	445				——	1.5~3.0m
III₁	GJ-100	70	7	40	φ26	90	425	M24×110	M24	24	1.5m以内	——
III₂						100	455				1.5~3.0m	1.5m以内
III₃						110	490				——	1.5~3.0m

明 细 表

序号	名 称	规 格	单位	数量
1	扁钢	-b×δ×L	块	2
2	扁钢		块	8
3	扁钢	-b×10×70	块	4
4	方头螺栓	见上表	个	2
5	方螺母	见上表	个	2
6	垫圈	见上表	个	4

第二章 10kV及以下绝缘导线架空配电线路	第一节 10(6)kV常规金具绝缘导线架空线路
图号 2-2-1-51	图名 拉线及中导线抱箍（二）型加工图

形式(一)

形式(二)

各型抱箍尺寸适用范围(mm)

型号	下料长L_1	下料长L_2	R	电杆梢径及距杆顶距离		
				$\phi150$	$\phi170$	$\phi190$
I$_1$	408	345	80	0~1.5m	—	
I$_2$	443	380	90	1.5~3.0m	0~1.5m	—
I$_3$	473	410	100	3.0~4.5m	1.5~3.0m	0~1.5m
I$_4$	503	440	110	—	3.0~4.5m	1.5~3.0m
I$_5$	538	475	120	—	—	3.0~4.5m
II$_1$	568	505	130	4.5~6.0m	—	
II$_2$	598	535	140	6.0~7.5m	4.5~6.0m	—
II$_3$	628	565	150	7.5~9.0m	6.0~7.5m	4.5~6.0m
II$_4$	663	600	160		7.5~9.0m	6.0~7.5m
II$_5$	693	630	170		—	7.5~9.0m

明 细 表

序号	名 称	规 格	单位	数量	附 注
1	扁钢	-30×3×L_1	块	1	
2	扁钢	-30×3×L_2	块	1	
3	扁钢	-30×3×L_2	块	2	
4	方头螺栓	M10×70	个	2	GB8-88
5	方螺母	M10	个	2	GB39-88
6	垫圈	10	个	4	GB95-85

第二章 10kV及以下绝缘导线架空配电线路	第一节 10(6)kV常规金具绝缘导线架空线路
图号 2-2-1-52	图名 接地引下线抱箍加工图

明 细 表

序号	名　称	规　格	单位	数量	附　注
1	角钢	$L 50 \times 5 \times 300$	块	1	
2	方头螺栓	$M16 \times 50$	个	1	GB8-88
3	方螺母	M16	个	1	GB39-88
4	垫圈	16	个	2	GB95-85

第二章　10kV及以下绝缘导线架空配电线路	第一节　10(6)kV常规金具绝缘导线架空线路
图号　2-2-1-53	图名　避雷器固定支架加工图

441

序号1

各种型号横担的尺寸及适用范围(mm)

型号	b	δ	D	C	螺栓规格	螺母	垫圈	l	电杆梢径
I_1	63	6	18	35	$M16 \times 240$	M16	16	210	$\phi170$
I_2					$M16 \times 260$			230	$\phi190$
II_1	75	8	22	42	$M18 \times 240$	M18	18	210	$\phi170$
II_2					$M18 \times 260$			230	$\phi190$
III_1	90	8	22	49	$M18 \times 240$	M20	20	210	$\phi170$
III_2					$M18 \times 260$			230	$\phi190$

明 细 表

序号	名 称	规 格	单位	数量
1	角钢	$L b \times \delta \times 2000$	根	2
2	角钢	$L 50 \times 5 \times 510$	根	3
3	五孔连板	$-60 \times 6 \times L$	副	2
4	方头螺栓	见上表	个	4
5	方螺母	见上表	个	4
6	垫圈	见上表	个	8
7	方头螺栓	$M16 \times 130$	个	9
8	方螺母	M16	个	9
9	垫圈	16	个	18

第二章　10kV及以下绝缘导线架空配电线路	第一节　10(6)kV常规金具绝缘导线架空线路

图号	2-2-1-54	图名	单极隔离开关横担加工图

序号5

明 细 表

序号	名 称	规 格	单位	数量
1	扁钢	$-50 \times 5 \times 177$	块	1
2	方头螺栓	$M16 \times 50$	个	1
3	方螺母	$M16$	个	1
4	垫圈	16	个	2
5	角钢	$L50 \times 5 \times 1800$	根	1

斜撑（一）

斜撑（二）

横担（一）

横担（二）

组装图

斜撑尺寸表（mm）

梢 径	$\phi170$	$\phi190$
l	230	250
下料长 L	1080	1100

说明：A值根据开关设备确定。

明 细 表

序号	名 称	规 格 $\phi170$	规 格 $\phi190$	单位	数量
1	横担（一）	$L63×6×1205$		根	1
2	横担（二）	$L63×6×1205$		根	1
3	扁钢	$-80×6×92$		块	4
4	斜撑（一）	$L50×5×L$		根	1
5	斜撑（二）	$L50×5×L$		根	1
6	方头螺栓	$M16×270$	$M16×290$	个	5
7	方螺母	M16		个	5
8	垫圈	16		个	10

隔离开关托架

托架左撑角

托架右撑角

托架尺寸（mm）

型号	l值	适应梢径
I	246	φ170
II	266	φ190

明　细　表

序号	名　　称	规　　格	单位	数量
1	角钢	L63×6×2200	根	2
2	角钢	L63×6×600	根	2
3	角钢	L63×6×330	根	2
4	角钢	L50×5×1096	根	2
5	角钢	L50×5×1096	根	2
6	托架拉板		块	4
7	方头螺栓	M16×50	个	24
8	方头螺栓	M12×50	个	2
9	方螺母	M16	个	24
10	方螺母	M12	个	2
11	垫圈	16	个	48
12	垫圈	12	个	4

第二章　　10kV及以下绝缘导线架空配电线路	第一节　10(6)kV常规金具绝缘导线架空线路
图号　　2-2-1-57	图名　　三极隔离开关托架加工图

托架拉板

撑角抱箍尺寸(mm)

型号	φ值	下料长L	适用电杆梢径
I	180	410	φ170
II	200	445	φ190

明 细 表

序号	名 称	规 格	单位	数量
1	扁钢	$-60 \times 6 \times 220$	根	1
2	扁钢	$-50 \times 6 \times L$	根	2
3	方头螺栓	$M12 \times 70$	个	2
4	方螺母	M12	个	2
5	垫圈	12	个	4

第二章　10kV及以下绝缘导线架空配电线路		第一节　10(6)kV常规金具绝缘导线架空线路
图号	2-2-1-58	图名

托架拉板及撑角抱箍加工图

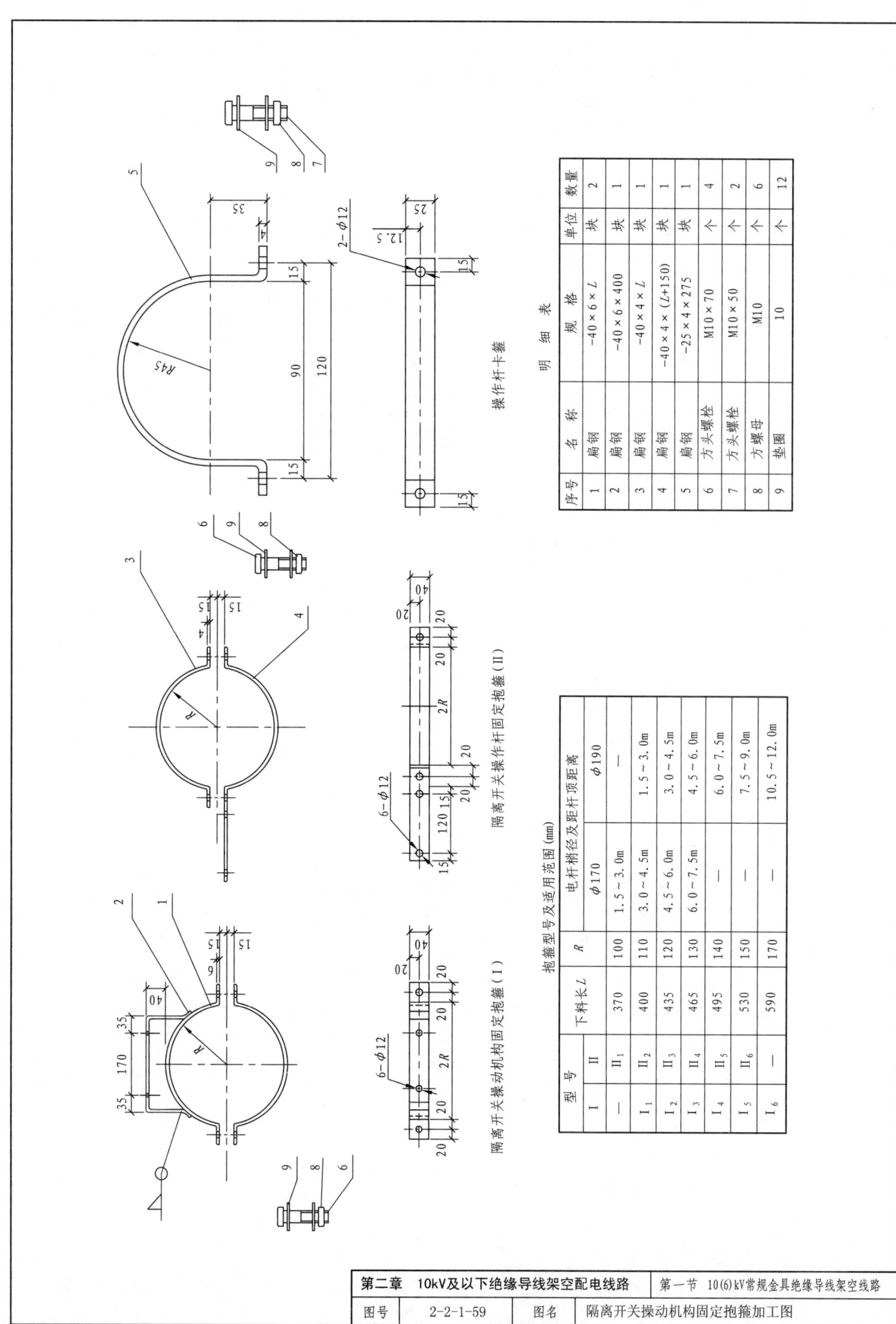

操作杆卡箍

明 细 表

序号	名称	规 格	单位	数量
1	扁钢	$-40 \times 6 \times L$	块	2
2	扁钢	$-40 \times 6 \times 400$	块	1
3	扁钢	$-40 \times 4 \times L$	块	1
4	扁钢	$-40 \times 4 \times (L+150)$	块	1
5	扁钢	$-25 \times 4 \times 275$	块	1
6	方头螺栓	$M10 \times 70$	个	4
7	方头螺栓	$M10 \times 50$	个	2
8	方头螺母	$M10$	个	6
9	垫圈	10	个	12

隔离开关操作杆固定抱箍（Ⅱ）

隔离开关操动机构固定抱箍（Ⅰ）

抱箍型号及适用范围 (mm)

型 号		下料长 L	R	电杆梢径及距杆顶距离	
Ⅰ	Ⅱ			$\phi 170$	$\phi 190$
—	Ⅱ	370	100	$1.5 \sim 3.0m$	—
Ⅰ₁	Ⅱ₁	400	110	$3.0 \sim 4.5m$	$1.5 \sim 3.0m$
Ⅰ₂	Ⅱ₂	435	120	$4.5 \sim 6.0m$	$3.0 \sim 4.5m$
Ⅰ₃	Ⅱ₃	465	130	$6.0 \sim 7.5m$	$4.5 \sim 6.0m$
Ⅰ₄	Ⅱ₄	495	140	—	$6.0 \sim 7.5m$
Ⅰ₅	Ⅱ₅	530	150	—	$7.5 \sim 9.0m$
Ⅰ₆	Ⅱ₆	590	170	—	$10.5 \sim 12.0m$

各型M形抱箍尺寸及适用范围（mm）

型号	l	L	电杆梢径及距杆顶距离		
			$\phi150$	$\phi170$	$\phi190$
Ⅰ	133	180	1.5m以内	—	—
Ⅱ	139	200	1.5～3.0m	1.5m以内	—
Ⅲ	145	220	3.0～4.5m	1.5～3.0m	1.5m以内
Ⅳ	151	240	—	3.0～4.5m	1.5～3.0m
Ⅴ	157	260	—	—	3.0～4.5m

明 细 表

序 号	名 称	规 格	单 位	数 量
1	扁钢	$-60\times5\times(L+70)$	根	1
2	扁钢	$-60\times5\times95$	根	2
3	扁钢	$-50\times5\times160$	根	1

拉线棒尺寸及适用范围

拉线棒型号		I₁	I₂	I₃	II₁	II₂	II₃	II₄	II₅	III₁	III₂	III₃	III₄	III₅
ϕd/mm		$\phi 16$	$\phi 19$	$\phi 22$	$\phi 16$	$\phi 19$	$\phi 22$	$\phi 28$	$\phi 32$	$\phi 16$	$\phi 19$	$\phi 22$	$\phi 28$	$\phi 32$
l/mm		2100			2700					3300				
下料长 L/mm		2610			3230					3830				
拉线盘埋深/m	$\beta=45°$	—			1.3~1.6					1.7~2.0				
	$\beta=60°$	1.3~1.5			1.6~2.1					2.2~2.6				

拉线棒型号		IV₁	IV₂	IV₃	IV₄	IV₅	V₁	V₂	V₃	V₄	V₅	VI₃	VI₄	VI₅
ϕd/mm		$\phi 16$	$\phi 19$	$\phi 22$	$\phi 28$	$\phi 32$	$\phi 16$	$\phi 19$	$\phi 22$	$\phi 28$	$\phi 32$	$\phi 22$	$\phi 28$	$\phi 32$
l/mm		3900					4500					5100		
下料长 L/mm		4430					5030					5630		
拉线盘埋深/m	$\beta=45°$	2.1~2.5					2.6~2.8					2.9~3.0		
	$\beta=60°$	2.7~2.8					2.9~3.0					—		

拉线与拉线棒对照表

拉线规格	GJ-25	GJ-35	GJ-50	GJ-70	GJ-100	2×GJ-70
拉线棒直径/mm	$\phi 16$	$\phi 16$	$\phi 16$	$\phi 19$	$\phi 22$	$\phi 28$

明 细 表

序号	名 称	规 格	单位	数量
1	圆钢	$\phi d \times L$	根	1

第二章 10kV及以下绝缘导线架空配电线路		第一节 10(6)kV常规金具绝缘导线架空线路
图号	2-2-1-61	图名　拉线棒加工图

说明：半圆弧间锻打锤扁。

各型抱箍尺寸及适用范围（mm）

型号	适用横担规格	φd	a	b	螺母	垫圈	R	下料长L	电杆梢径及距杆顶距离		
									φ150	φ170	φ190
I₁							80	550	0～1.5m	—	—
I₂	L50						90	605	1.5～3.0m	0～1.5m	—
I₃	L63	φ16	33.5	6	M16	16	100	660	3.0～4.5m	1.5～3.0m	0～1.5m
I₄							110	710	—	3.0～4.5m	1.5～3.0m
I₅							120	760	—	—	3.0～4.5m
II₁							80	550	0～1.5m	—	—
II₂							90	605	1.5～3.0m	0～1.5m	—
II₃	L75	φ18	36.3	7	M18	18	100	660	3.0～4.5m	1.5～3.0m	0～1.5m
II₄							110	710	—	3.0～4.5m	1.5～3.0m
II₅							120	760	—	—	3.0～4.5m
III₁							80	550	0～1.5m	—	—
III₂							90	605	1.5～3.0m	0～1.5m	—
III₃	L90	φ20	39.3	8	M20	20	100	660	3.0～4.5m	1.5～3.0m	0～1.5m
III₄							110	710	—	3.0～4.5m	1.5～3.0m
III₅							120	760	—	—	3.0～4.5m
IV₁							80	550	0～1.5m	—	—
IV₂							90	605	1.5～3.0m	0～1.5m	—
IV₃	L100	φ22	42.2	9	M22	22	100	660	3.0～4.5m	1.5～3.0m	0～1.5m
IV₄							110	710	—	3.0～4.5m	1.5～3.0m
IV₅							120	760	—	—	3.0～4.5m

明　细　表

序号	名　称	规　格	单位	数量	附　注
1	圆钢	φd×L	根	1	
2	方螺母	见上表	个	2	GB39
3	垫圈	见上表	个	2	GB95

各型抱箍尺寸及适用范围

型号		I_1	I_2	I_3	I_4	I_5	II_1	II_2	II_3	II_4	II_5	III_1	III_2	III_3	III_4	III_5	III_6	III_7	III_8	IV_1	IV_2	IV_3	IV_4	IV_5	IV_6	IV_7	IV_8	IV_9
l/mm		350					210					60								45								
R_1																												
S		根据所保护的外径确定																										
R/mm		90	100	110	120	130	90	100	110	120	130	90	100	110	120	130	140	150	160	100	110	120	130	140	150	160	170	180
电杆梢径及抱箍距杆顶距离	$\phi150$	1.5~3.0m	3.0~4.5m	4.5~6.0m	—	—	1.5~3.0m	3.0~4.5m	4.5~6.0m	—	—	1.5~3.0m	3.0~4.5m	4.5~6.0m	6.0~7.5m	7.5~9.0m	9.0~10.5m	—	—	3.0~4.5m	4.5~6.0m	6.0~7.5m	7.5~9.0m	9.0~10.5m	—	—	—	—
	$\phi170$	—	1.5~3.0m	3.0~4.5m	4.5~6.0m	—	—	1.5~3.0m	3.0~4.5m	4.5~6.0m	—	—	1.5~3.0m	3.0~4.5m	4.5~6.0m	6.0~7.5m	7.5~9.0m	9.0~10.5m	—	—	3.0~4.5m	4.5~6.0m	6.0~7.5m	7.5~9.0m	9.0~10.5m	—	—	—
	$\phi190$	—	—	1.5~3.0m	3.0~4.5m	4.5~6.0m	—	—	1.5~3.0m	3.0~4.5m	4.5~6.0m	—	—	1.5~3.0m	3.0~4.5m	4.5~6.0m	6.0~7.5m	7.5~9.0m	9.0~10.5m	—	—	3.0~4.5m	4.5~6.0m	6.0~7.5m	7.5~9.0m	9.0~10.5m	10.5~12.0m	12.0~13.5m

说明：1. 材料表中L_1、L_2、L_3为下料长度。
　　　2. 固定电缆头处采用40×6扁钢。

明　细　表

序号	名　称	规　格	单位	数量	附　注
1	扁钢	$-40 \times 4 \times L_1$	块	1	L_1根据工程定
2	扁钢	$-40 \times 4 \times L_2$	块	1	L_2根据工程定
3	扁钢	$-40 \times 4 \times L_3$	块	1	L_3根据工程定
4	方头螺栓	$M10 \times 60$	个	4	GB8
5	方螺母	M10	个	4	GB39
6	垫圈	10	个	8	GB95

第二章　10kV及以下绝缘导线架空配电线路	第一节　10(6)kV常规金具绝缘导线架空线路
图号　2-2-1-63　　图名　电缆固定抱箍加工图	

组装图

说明：括号内尺寸用于序号1。

明 细 表

序号	名 称	规 格	单位	数量	附 注
1	抱箍	−25×4×163	块	2	
2	抱箍	−25×4×144	块	2	
3	连板	−25×4×70	块	4	
4	撑铁	−40×4×230	块	2	
5	扁钢	−40×4×360	块	1	
6	方头螺栓	M10×40	个	4	GB8
7	方螺母	M10	个	4	GB39
8	垫圈	10	个	8	GB95

第二章　10kV及以下绝缘导线架空配电线路	第一节　10(6)kV常规金具绝缘导线架空线路
图号　2-2-1-64	图名　电缆终端头固定支架（Ⅰ）型加工图

固定支架安装尺寸表（mm）

电缆终端头型号	额定电压/kV	类别	电缆标称截面/mm²	A	B
WDZ	0.6/1	4芯	25~240	220	160
WD141	0.6/1	4芯	25~95	250	125
WD142	0.6/1		120~240		
WD131	0.6/1	3芯	25~95		173
WD132	0.6/1		120~240		

明 细 表

序号	名 称	规 格	单位	数量	附 注
1	扁钢	−80×8×1000	块	1	
2	扁钢	−80×8×(290+B)	块	1	
3	方头螺栓	M16×50	个	3	GB8
4	方螺母	M16	个	3	GB39
5	垫圈	16	个	6	GB95

加固抱箍

序号1

序号2

序号3

说明：当采用WD型户外鼎足式电缆终端头时序号1取消。

明　细　表

序号	名　　称	规　格	单位	数量	附　注
1	上抱箍	−25×4×195	个	2	
2	下抱箍	−25×4×133	个	2	
3	撑铁	−40×4×301	根	2	
4	方头螺栓	M10×40	个	4	GB8
5	螺母	M10	个	4	GB39
6	垫圈	10	个	8	GB95

明 细 表

序号	名　称	规　格	单位	数量	附　注
1	扁钢	−50×5×250	块	1	
2	方头螺栓	M16×50	个	1	GB8
3	方螺母	M16	个	1	GB39
4	垫圈	16	个	2	GB95

撑杆支架

$2-\phi 18\times 35$

撑杆顶铁

$4-\phi 18\times 35$

撑杆支架展开图

各种撑杆支架尺寸及适用范围（m）

型号	l	电杆梢径及距杆顶距离			螺栓长度
		$\phi 150$	$\phi 170$	$\phi 190$	
I	180	1.5m以内	—	—	M16×210
II	200	1.5～3.0m	1.5m以内	—	M16×230
III	220	—	1.5～3.0m	1.5m以内	M16×250
IV	240	—	—	1.5～3.0m	M16×270

明 细 表

序号	名 称	规 格	单位	数量
1	角钢	$L63\times 6\times (174+2l)$	根	1
2	角钢	$L63\times 6\times (100+l)$	根	1

各型五孔连板尺寸及适用范围（mm）

型号	l	L	电杆梢径及距杆顶距离					
			ϕ170			ϕ190		
			L63×6	L75×8	L90×8	L63×6	L75×8	L90×8
I	255	545	1.65m以上	——	——	——	——	——
II	285	575	——	1.65m以上	——	1.65m以上	1.65m以上	——
III	305	595	——	——	1.65m以上	——	——	1.65m以上

明 细 表

序号	名 称	规 格	单位	数量	附 注
1	扁钢	-60×6×L	块	1	
2	方头螺栓	M16×50	个	2	GB8
3	方螺母	M16	个	2	GB39
4	垫圈	16	个	4	GB95

A–A

尺寸表（mm）

型号	R	b	c	卡盘处主杆直径
KP8-1	140	313	132	243~276
KP8-2	160	307	152	289~321
KP8-3	185	285	177	333~369

明 细 表

序号	名称	规格	长度/mm	单位	数量	质量/kg		
						一件	小计	合计
1	主钢筋	$\phi8$	840	根	4	0.33	1.3	
2	主钢筋	$\phi8$	852	根	4	0.34	1.4	
3	箍筋	$\phi6$	700	根	2	0.16	0.3	
4	箍筋	$\phi6$	760	根	6	0.17	1.0	
5	U形抱箍	$\phi18$带帽垫	1060 1160 1290	副	1	2.2 2.4 2.7	2.2 2.4 2.7	
6	混凝土	200号	—	m³	0.036	部件总质量		90

说明：卡盘强度：极限抗弯矩3.53kN·m。
　　　极限土抗力25.68kN。

第二章　10kV及以下绝缘导线架空配电线路		第一节　10(6)kV常规金具绝缘导线架空线路
图号	2-2-1-70	图名　KP8卡盘制作图

A–A

尺寸表（mm）

型号	R	b	c	卡盘处主杆直径
KP10-1	140	413	132	243~276
KP10-2	160	407	152	289~321
KP10-3	185	385	177	333~369

明 细 表

序号	名称	规格	长度/mm	单位	数量	质量/kg 一件	质量/kg 小计	质量/kg 合计
1	主钢筋	$\phi 10$	1017	根	4	0.66	2.6	
2	主钢筋	$\phi 10$	1082	根	4	0.67	2.7	
3	箍筋	$\phi 6$	700	根	2	0.16	0.3	
4	箍筋	$\phi 6$	760	根	8	0.17	1.4	
5	U形抱箍	$\phi 18$带帽垫	1060 1160 1290	副	1	2.2 2.4 2.7	2.2 2.4 2.7	
6	混凝土	200号	—	m³	0.045	部件总质量		113

说明：卡盘强度：极限抗弯矩5.49kN·m。
　　　　　极限土抗力33.7kN。

A—A

尺寸表(mm)

型号	R	b	c	卡盘处主杆直径
KP12-1	140	513	132	243~276
KP12-2	160	507	152	289~321
KP12-3	185	485	177	333~369

明 细 表

序号	名 称	规 格	长度/mm	单位	数量	质量/kg 一件	质量/kg 小计	质量/kg 合计
1	主钢筋	φ12	1290	根	4	1.15	4.6	
2	主钢筋	φ12	1302	根	4	1.16	4.6	
3	箍筋	φ6	700	根	2	0.16	0.3	
4	箍筋	φ6	760	根	8	0.17	1.4	
5	U形抱箍	φ18带帽垫	1060 1160 1290	副	1	2.2 2.4 2.7	2.2 2.4 2.7	
6	混凝土	200号	—	m³	0.054	部件总质量		135

说明:卡盘强度:极限抗弯矩7.84kN·m。
极限土抗力41.65kN。

第二章 10kV及以下绝缘导线架空配电线路	第一节 10(6)kV常规金具绝缘导线架空线路
图号 2-2-1-72	图名 KP12卡盘制作图

A—A

尺寸表 (mm)

型号	D	R	b	适用主杆根径
DP6-1	310	155	145	257~290
DP6-2	360	180	120	303~337
DP6-3	410	205	95	350~390

明 细 表

序号	名称	规格	长度/mm	单位	数量	质量/kg 一件	质量/kg 小计	质量/kg 合计
1	钢筋	$\phi 6$	615	根	8	0.14	1.1	1.4
2	吊环	$\phi 6$	650	个	2	0.14	0.3	
3	混凝土	200号	—	m³	0.06	部件总质量		150

说明: 1. 吊环与钢筋钩好后扎牢。
      2. 底盘强度: 极限下压力185.22kN。

A—A

尺寸表(mm)

型 号	D	R	b	适用主杆根径
DP8-1	310	155	245	257~290
DP8-2	360	180	220	303~337
DP8-3	410	205	195	350~390

明 细 表

序号	名称	规格	长度/mm	单位	数量	质 量/kg		
						一件	小计	合计
1	钢筋	$\phi8$	840	根	12	0.33	4.0	4.3
2	吊环	$\phi6$	650	个	2	0.14	0.3	
3	混凝土	200号	—	m³	0.11	部件总质量		275

说明: 1. 吊环与钢筋钩好后扎牢。
      2. 底盘强度: 极限下压力234.22kN。

第二章　10kV及以下绝缘导线架空配电线路	第一节　10(6)kV常规金具绝缘导线架空线路
图号　2-2-1-74　图名	DP8底盘制作图

尺寸表(mm)

型 号	D	R	b	a	适用主杆根径
DP10-1	310	155	105	520	257～290
DP10-2	360	180	110	580	303～337
DP10-3	410	205	115	640	350～390

明 细 表

序号	名称	规格	长度/mm	单位	数量	质 量/kg 一件	质 量/kg 小计	质 量/kg 合计
1	钢筋	$\phi10$	1070	根	16	0.66	10.6	11.2
2	吊环	$\phi6$	650	个	4	0.14	0.6	
3	混凝土	200号	—	m³	0.15	部件总质量		375

说明：1.吊环与钢筋钩好后扎牢。
      2.底盘强度：极限下压力307.72kN。

第二章 10kV及以下绝缘导线架空配电线路	第一节 10(6)kV常规金具绝缘导线架空线路
图号 2-2-1-75	图名 DP10底盘制作图

明　细　表

序号	名称	LP6 规格	长度/mm	单位	数量	质量/kg 一件	质量/kg 小计	质量/kg 合计	LP8 规格	长度/mm	单位	数量	质量/kg 一件	质量/kg 小计	质量/kg 合计
1	主钢筋	$\phi 8$	640	根	4	0.25	1.0		$\phi 8$	870	根	6	0.54	3.2	
2	副钢筋	$\phi 6$	315	根	7	0.07	0.5		$\phi 6$	415	根	7	0.09	0.6	
3	短钢筋	$\phi 6$	150	根	2	0.03	0.1	6.9	$\phi 6$	150	根	2	0.03	0.1	9.6
4	拉环	$\phi 24$	—	副	1	5.1	5.1		$\phi 24$	—	副	1	5.5	5.5	
5	吊环	$\phi 6$	420	个	2	0.09	0.2		$\phi 6$	420	个	2	0.09	0.2	
6	混凝土	200号	—	m³	0.029	部件总质量		73	200号	—	m³	0.05	部件总质量		125

说明：1.拉环见图2-2-1-78。
　　　2.在浇制混凝土以前，用铁丝将拉环与短钢筋扎牢。
　　　3.吊环必须与主钢筋钩好后扎牢。
　　　4.拉线盘强度：极限拉力为77kN（LP6）、131kN（LP8）。

第二章　10kV及以下绝缘导线架空配电线路	第一节　10(6)kV常规金具绝缘导线架空线路
图号　2-2-1-76	图名　LP6、LP8拉线盘制作图

明　细　表

序号	名称	LP10							LP12					
		规格	长度/mm	单位	数量	质量/kg			规格	长度/mm	单位	数量	质量/kg		
						一件	小计	合计					一件	小计	合计
1	主钢筋	$\phi12$	1090	根	6	0.97	5.8		$\phi10$	1265	根	8	0.78	6.2	
2	副钢筋	$\phi6$	515	根	7	0.11	0.8	13.7	$\phi6$	615	根	9	0.14	1.3	14.6
3	短钢筋	$\phi6$	150	根	2	0.03	0.1		$\phi6$	150	根	2	0.03	0.1	
4	拉环	$\phi28$	—	副	1	6.8	6.8		$\phi28$	—	副	1	6.8	6.8	
5	吊环	$\phi6$	420	个	2	0.09	0.2		$\phi6$	420	个	2	0.09	0.2	
6	混凝土	200号	—	m³	0.076	部件总质量		190	200号	—	m³	0.12	部件总质量		300

说明：1. 拉环见图2-2-1-78。
　　　2. 在浇制混凝土以前，用铁丝将拉环与短钢筋扎牢。
　　　3. 吊环必须与主钢筋钩好后扎牢。
　　　4. 拉线盘强度：极限拉力为172kN（LP10）、189kN（LP12）。

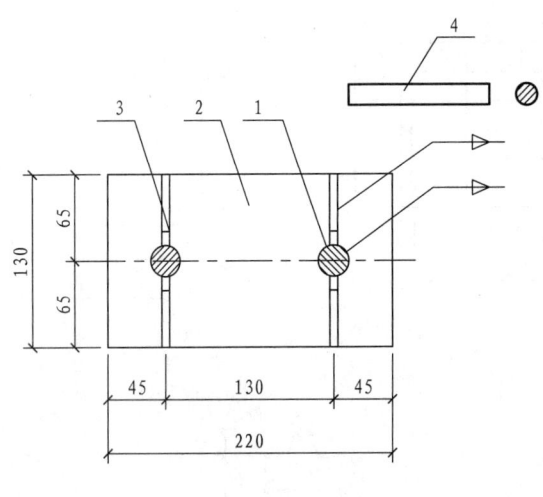

A-A

明 细 表

序号	名 称	规 格	长度/mm	单位	数量	质量/kg		
						一件	小计	合计
1	拉环	ϕ24	576	根	1	2.05	2.1	
2	钢板	−130×10	220	块	1	2.25	2.3	5.1
3	加劲板	−50×6	50	块	4	0.12	0.5	
4	加强短筋	ϕ16	106	根	1	0.16	0.2	

序号	名 称	规 格	长度/mm	单位	数量	质量/kg		
						一件	小计	合计
1	拉环	ϕ28	572	根	1	2.74	2.7	
2	钢板	−130×14	220	块	1	3.15	3.2	6.8
3	加劲板	−50×6	50	块	4	0.12	0.5	
4	加强短筋	ϕ24	98	根	1	0.35	0.4	

说明: 1. ϕ24拉环配合LP6、LP8使用; ϕ28拉
环配合LP10、LP12使用。

2. 拉环在加强短筋以上要求热镀锌防腐,
其余部分要求将铁锈除净。

第二章　10kV及以下绝缘导线架空配电线路	第一节　10(6)kV常规金具绝缘导线架空线路
图号　2-2-1-78	图名　拉环加工图

说明：表内斜线部分采用悬式绝缘子。

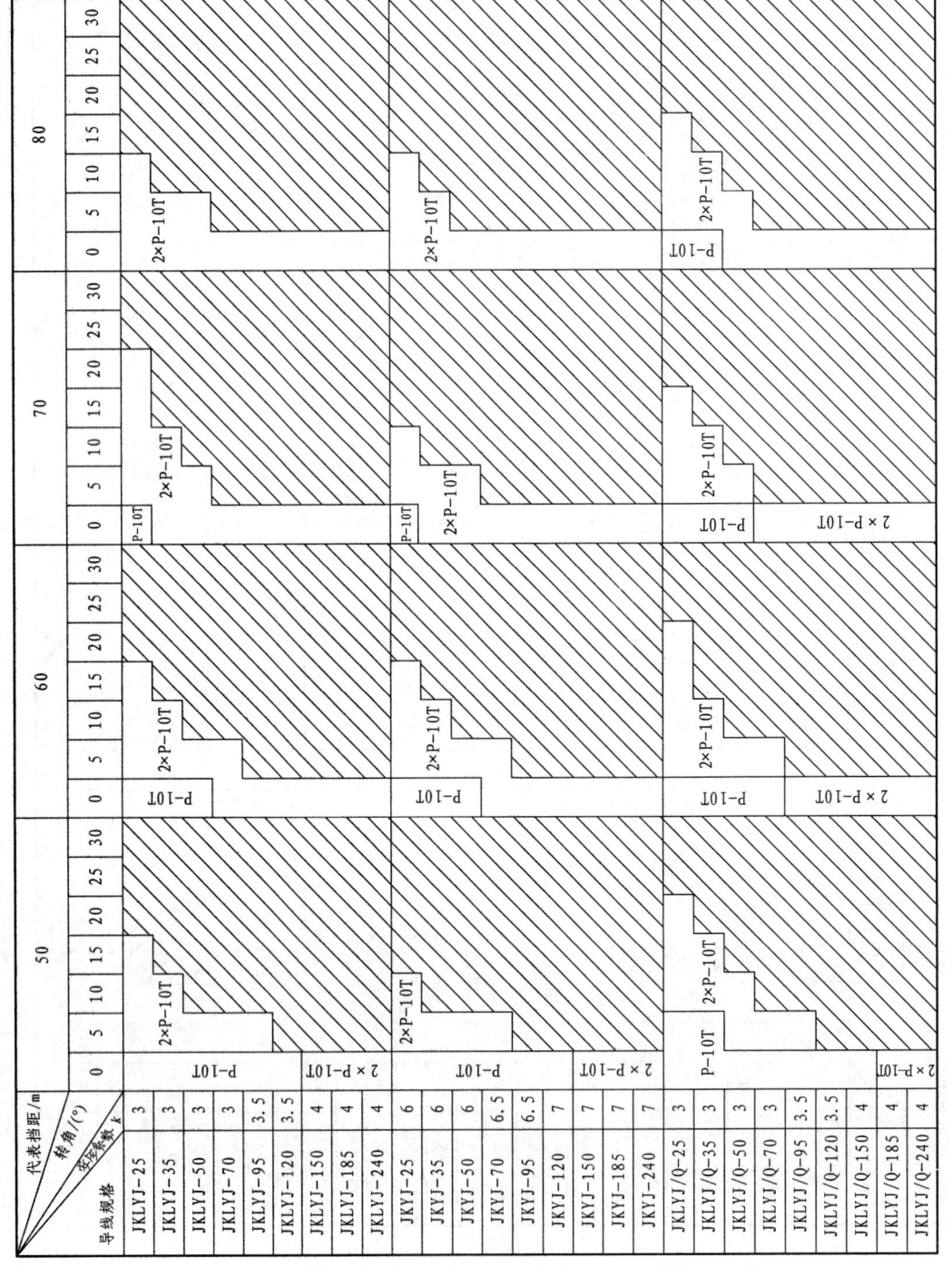

说明：表内斜线部分采用悬式绝缘子。

第二章 10kV及以下绝缘导线架空配电线路	第一节 10(6)kV常规金具绝缘导线架空线路
图号 2-2-1-80	图名 用于6kV线路风速v=30m/s绝缘子选择表

说明：表内斜线部分采用悬式绝缘子。

说明：表内斜线部分采用悬式绝缘子。

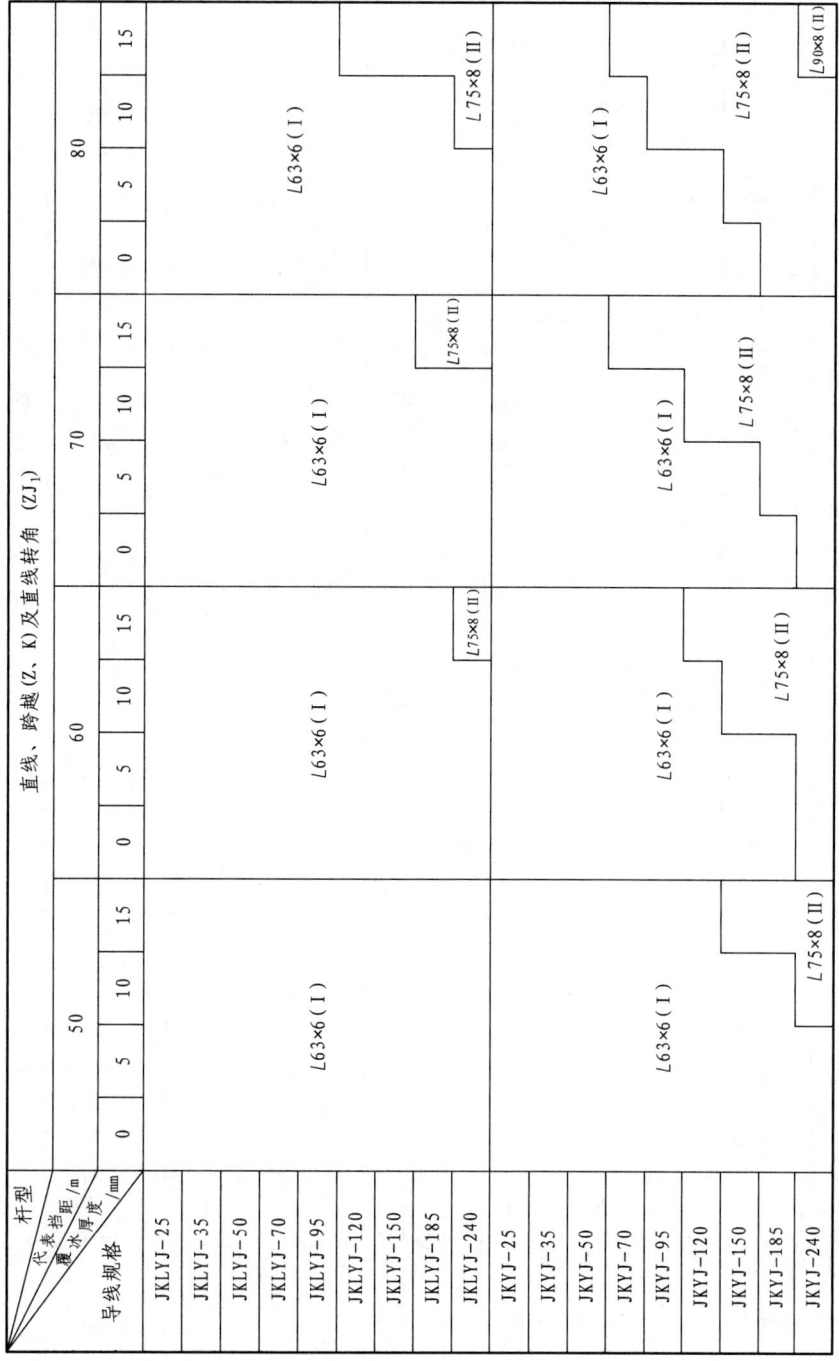

直线、跨越(Z、K)及直线转角(ZJ₁)

杆型 代表档距 /m 覆冰厚度 /mm 导线规格	50			60			70			80		
	0	5	10	15	0	5	10	15	0	5	10	15	0	5	10	15
JKLYJ-25												
JKLYJ-35												
JKLYJ-50												
JKLYJ-70												
JKLYJ-95	L63×6(Ⅰ)				L63×6(Ⅰ)				L63×6(Ⅰ)			
JKLYJ-120												
JKLYJ-150												
JKLYJ-185								L75×8(Ⅱ)				
JKLYJ-240				L75×8(Ⅱ)								
JKYJ-25												
JKYJ-35												
JKYJ-50	L63×6(Ⅰ)				L63×6(Ⅰ)				L63×6(Ⅰ)			
JKYJ-70								L75×8(Ⅱ)				
JKYJ-95							L75×8(Ⅱ)					
JKYJ-120						L75×8(Ⅱ)					L75×8(Ⅱ)	
JKYJ-150												
JKYJ-185				L75×8(Ⅱ)								
JKYJ-240												L90×8(Ⅱ)

注:直线转角Ⅱ(ZJ₂)选用2L63×6(2Ⅰ)型横担,适用任何组合。

使用普通绝缘不同导线规格时耐张杆横担选择表

导线规格	代表挡距/m 耐张横担（覆冰厚度 0/5/10/15mm，挡距 50、60、70、80m）
JKLYJ-25	2∟63×6(2Ⅰ)
JKLYJ-35	2∟63×6(2Ⅰ)
JKLYJ-50	2∟63×6(2Ⅰ)
JKLYJ-70	2∟63×6(2Ⅰ)
JKLYJ-95	2∟63×6(2Ⅰ)
JKLYJ-120	2∟63×6(2Ⅰ)
JKLYJ-150	2∟75×8(2Ⅱ)
JKLYJ-185	2∟75×8(2Ⅱ)
JKLYJ-240	2∟75×8(2Ⅱ)
JKYJ-25	2∟63×6(2Ⅰ)
JKYJ-35	2∟63×6(2Ⅰ)
JKYJ-50	2∟63×6(2Ⅰ)
JKYJ-70	2∟63×6(2Ⅰ)
JKYJ-95	2∟63×6(2Ⅰ)
JKYJ-120	2∟75×8(2Ⅱ)
JKYJ-150	2∟75×8(2Ⅱ)
JKYJ-185	2∟75×8(2Ⅱ)
JKYJ-240	2∟75×8(Ⅲ)

（注：各代表挡距 50、60、70、80m 及覆冰厚度 0、5、10、15mm 下，横担选择规格随导线规格分区，区间分界随挡距与覆冰厚度呈阶梯状变化。主要选型规格为：2∟63×6(2Ⅰ)、2∟75×8(2Ⅱ)、2∟75×8(Ⅲ)。）

图号　2-2-1-84　　图名　使用普通绝缘不同导线规格时耐张杆横担选择表

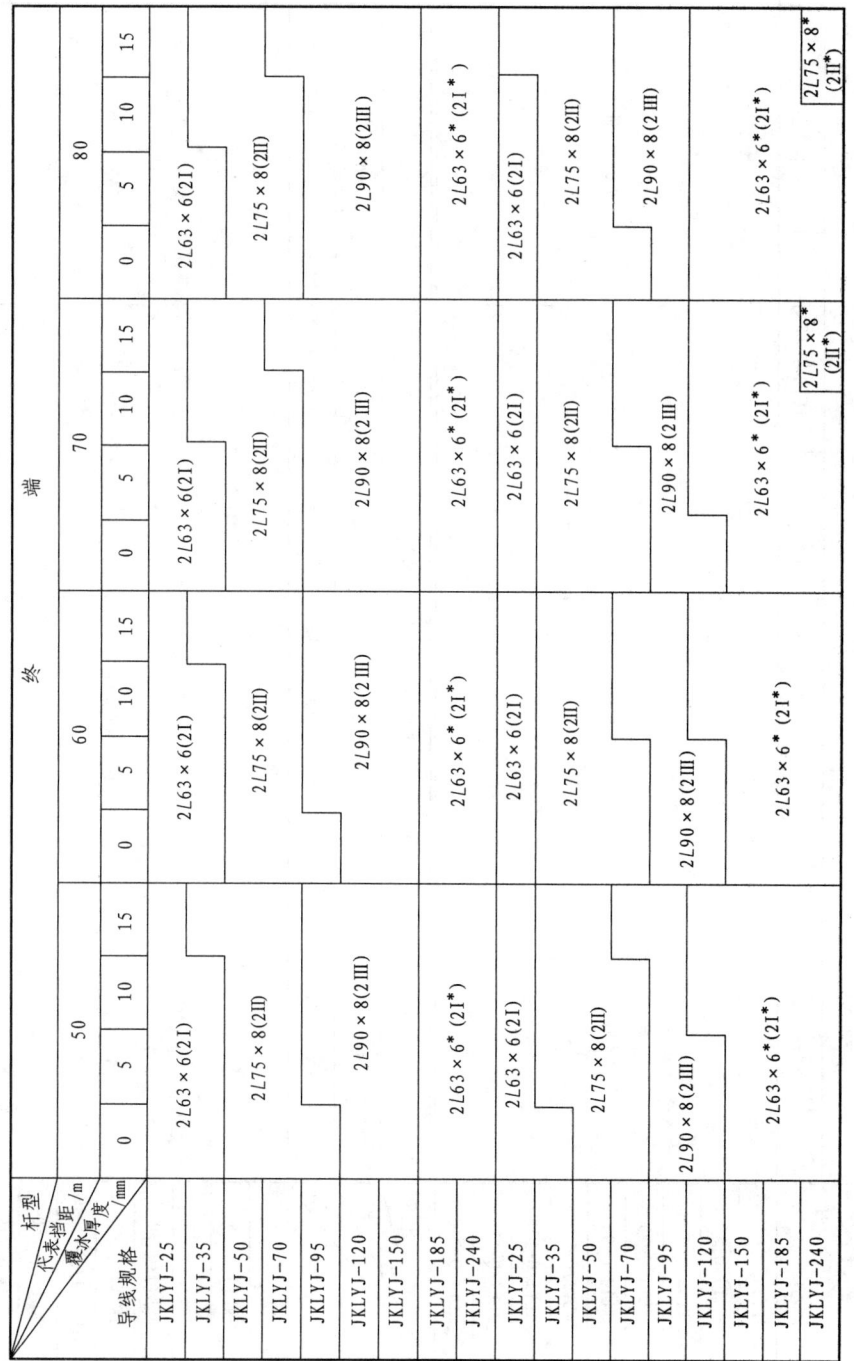

注：带*者为带斜材横担。

第二章 10kV及以下绝缘导线架空配电线路	第一节 10(6)kV常规金具绝缘导线架空线路
图号 2-2-1-85	图名 使用普通绝缘不同导线规格时终端杆横担选择表

473

杆型：直线、跨越(Z、K)及直线转角I(ZJ1)

导线规格＼代表档距/m 覆冰厚度/mm	50				60				70				80			
	0	5	10	15	0	5	10	15	0	5	10	15	0	5	10	15
JKLYJ/Q-25	L63×6(I)															
JKLYJ/Q-35																
JKLYJ/Q-50																
JKLYJ/Q-70																
JKLYJ/Q-95																
JKLYJ/Q-120																
JKLYJ/Q-150																
JKLYJ/Q-185												L75×8(II)				
JKLYJ/Q-240																L75×8(I)

杆型：直线转角II(ZJ2)

导线规格＼代表档距/m 覆冰厚度/mm	50				60				70				80			
	0	5	10	15	0	5	10	15	0	5	10	15	0	5	10	15
JKLYJ/Q-25	2L63×6(2I)															
JKLYJ/Q-35																
JKLYJ/Q-50																
JKLYJ/Q-70																
JKLYJ/Q-95																
JKLYJ/Q-120																
JKLYJ/Q-150																
JKLYJ/Q-185																
JKLYJ/Q-240																

图号	2-2-1-86
图名	使用薄绝缘不同导线规格时横担选择表

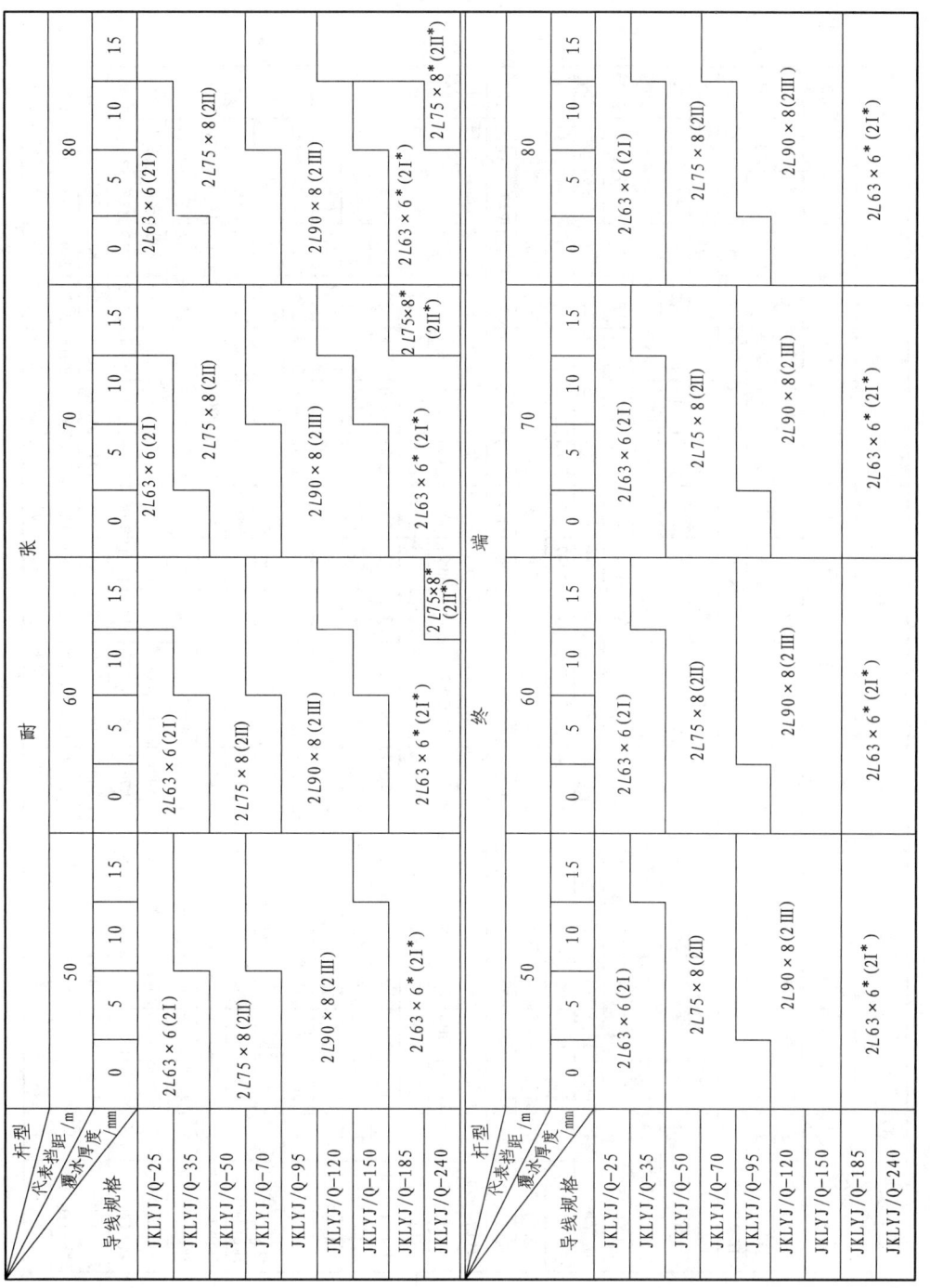

耐张

导线规格	代表挡距 50m			60m			70m			80m		
覆冰厚度/mm	0 5	10	15	0 5	10	15	0 5	10	15	0 5	10	15
JKLYJ/Q-25	2L63×6(2I)			2L63×6(2I)			2L63×6(2I)			2L63×6(2I)		
JKLYJ/Q-35												
JKLYJ/Q-50	2L75×8(2II)			2L75×8(2II)			2L75×8(2II)			2L75×8(2II)		
JKLYJ/Q-70												
JKLYJ/Q-95	2L90×8(2III)			2L90×8(2III)			2L90×8(2III)			2L90×8(2III)		
JKLYJ/Q-120												
JKLYJ/Q-150												
JKLYJ/Q-185	2L63×6*(2I*)			2L63×6*(2I*)			2L63×6*(2I*)		2L75×8*(2II*)	2L63×6*(2I*)		2L75×8*(2II*)
JKLYJ/Q-240						2L75×8*(2II*)						

终端

导线规格	代表挡距 50m			60m			70m			80m		
覆冰厚度/mm	0 5	10	15	0 5	10	15	0 5	10	15	0 5	10	15
JKLYJ/Q-25	2L63×6(2I)			2L63×6(2I)			2L63×6(2I)			2L63×6(2I)		
JKLYJ/Q-35												
JKLYJ/Q-50	2L75×8(2II)			2L75×8(2II)			2L75×8(2II)			2L75×8(2II)		
JKLYJ/Q-70												
JKLYJ/Q-95	2L90×8(2III)			2L90×8(2III)			2L90×8(2III)			2L90×8(2III)		
JKLYJ/Q-120												
JKLYJ/Q-150												
JKLYJ/Q-185	2L63×6*(2I*)			2L63×6*(2I*)			2L63×6*(2I*)			2L63×6*(2I*)		
JKLYJ/Q-240												

注：带*者为带斜材横担。

图号	2-2-1-87	图名	使用薄绝缘不同导线规格时耐张、终端杆横担选择表

単位：N

第二章　10kV及以下绝缘导线架空配电线路　　第一节　10(6)kV常规金具绝缘导线架空线路

| 图号 | 2-2-1-88 | 图名 | 风速v=25m/s，线路转角0°～8°不同导线转角水平力表 |

风速v=25m/s，线路转角0°～8°不同导线转角水平力表

导线规格	安全系数k	转角0°				转角2°				转角4°				转角6°				转角8°			
档距/m		50	60	70	80	50	60	70	80	50	60	70	80	50	60	70	80	50	60	70	80
JKLYJ-25	3	317.2	380.7	444.1	507.6	404.6	468	531.4	594.8	491.4	554.7	618	681.5	577.6	640.7	703.8	766.8	663.9	726	788.8	851.7
JKLYJ-35	3	340.2	408.3	476.3	544.3	460.5	528.5	596.5	664.5	580.2	648.1	715.9	783.8	699.2	766.9	834.5	902.2	817.3	884.7	952.1	1019
JKLYJ-50	3	370.1	444.1	518.1	592.2	533	607	680	754.9	695.4	769.2	842.9	916.8	856.6	930.3	1004	1077	1017	1090	1164	1237
JKLYJ-70	3	375.1	450.1	525.1	600.1	615.7	690.7	765.7	840.6	855.6	930.5	1005	1080	1094	1169	1244	1318	1332	1406	1481	1555
JKLYJ-95	3.5	413	495.6	578.2	660.8	686.5	769.1	851.8	934.2	959.2	1042	1124	1206	1231	1313	1395	1477	1501	1582	1664	1746
JKLYJ-120	3.5	442.5	531	619.5	708	788	876.5	964.9	1053	1133	1221	1309	1397	1476	1564	1652	1740	1817	1905	1992	2080
JKLYJ-150	4	476.7	571.6	666.7	762	842.8	938.1	1033	1128	1209	1304	1399	1494	1573	1668	1762	1857	1935	2029	2124	2218
JKLYJ-185	4	509.6	611.9	713.9	815.9	976.1	1078	1180	1282	1441	1543	1645	1746	1904	2006	2107	2209	2365	2466	2567	2668
JKLYJ-240	4	556.9	667.6	778.8	890.1	1161	1272	1384	1495	1765	1876	1987	2097	2366	2476	2587	2698	2964	3074	3185	3295
JKLYJ-25	6	317.2	380.7	444.1	507.6	415.5	478.9	542.3	605.6	513.3	576.6	639.9	703.2	610.4	673.5	736.6	799.7	706.9	769.8	832.5	895.3
JKLYJ-35	6	340.2	408.3	476.3	544.3	478.6	544.5	612.5	680.2	610.2	680.0	747.1	815.8	747.1	814.8	882.4	950.1	881.1	948.5	1016	1083
JKLYJ-50	6	370.1	444.1	518.1	592.2	561.7	635.8	709.8	783.8	752.6	826.9	900.6	974.4	943	1017	1090	1164	1132	1205	1279	1352
JKLYJ-70	6.5	375.1	450.1	525.1	600.1	626.7	701.7	776.7	851.7	877.1	952.6	1027	1102	1128	1202	1277	1351	1376	1450	1525	1599
JKLYJ-95	6.5	413	495.6	578.2	660.8	753.9	836.5	918.9	1001	1094	1176	1258	1341	1432	1514	1596	1679	1769	1851	1933	2014
JKLYJ-120	6.5	442.5	531	619.5	708	840.2	928.7	1017	1106	1237	1325	1413	1502	1632	1720	1808	1896	2025	2113	2200	2288
JKLYJ-150	7	476.7	571.6	666.7	762	969.4	1065	1160	1255	1462	1557	1652	1747	1952	2047	2142	2236	2440	2534	2629	2723
JKLYJ-185	7	509.6	611.9	713.9	815.9	1126	1228	1330	1432	1741	1843	1945	2047	2354	2456	2557	2658	2964	3065	3166	3267
JKLYJ-240	7	556.9	667.6	778.8	890.1	1352	1463	1574	1685	2146	2257	2368	2479	2937	3048	3158	3269	3725	3835	3945	4055
JKLYJ/Q-25	3	252.9	303.4	354	404.4	340.2	390.8	441.3	491.9	427.6	477.6	528.1	578.1	513.6	563.9	614.2	664.5	599.4	649.6	699.6	749.7
JKLYJ/Q-35	3	275.9	331	386.2	441.4	396.4	451.3	506.4	561.6	516	571	626.1	681.1	635.2	690	744.9	799.8	753.6	808.2	862.9	917.5
JKLYJ/Q-50	3	305.7	366.9	428	489	468.7	529.8	590.9	652	631	692	753	814	792.6	853.4	914.2	975.1	953.3	1014	1074	1135
JKLYJ/Q-70	3	344.8	413.8	482.7	551.7	585.5	654.4	723.3	792.2	825.4	894.2	963	1032	1064	1133	1202	1270	1302	1370	1439	1507
JKLYJ/Q-95	3.5	381.6	457.9	534.2	610.6	655.1	731.4	807.8	883.9	927.8	1004	1080	1156	1199	1275	1351	1427	1470	1545	1621	1696
JKLYJ/Q-120	3.5	379.3	455.2	531	606.9	724.9	800.7	876.5	952.3	1070	1145	1221	1297	1413	1488	1564	1639	1755	1830	1905	1980
JKLYJ/Q-150	4	413	495.6	578.2	660.8	779.8	862.3	944.9	1027	1146	1228	1310	1393	1510	1592	1674	1756	1873	1954	2036	2118
JKLYJ/Q-185	4	446.7	536.1	625.4	714.8	912.9	1002	1092	1181	1378	1467	1556	1645	1841	1930	2019	2108	2303	2391	2480	2568
JKLYJ/Q-240	4	493.1	591.7	690.3	788.9	1098	1196	1295	1394	1701	1800	1898	1997	2303	2401	2499	2597	2902	2999	3097	3195

说明：本表为每根绝缘线水平力值。

导线规格	安全系数k	转角/(°) 10 代表档距/m 50	60	70	80	15 50	60	70	80	25 50	60	70	80	35 50	60	70	80	45 50	60	70	80
JKLYJ-25	3	747.9	810.4	872.9	935.4	955.5	1017	1078	1139	1347	1405	1462	1520	1698	1750	1802	1854	1998	2043	2087	2132
JKLYJ-35	3	934.5	1001	1068	1136	1222	1288	1354	1419	1767	1829	1891	1952	2259	2314	2370	2426	2681	2730	2778	2826
JKLYJ-50	3	1176	1249	1322	1395	1567	1639	1710	1782	2311	2378	2445	2512	2984	3045	3105	3166	3567	3619	3671	3724
JKLYJ-70	3	1601	1682	1763	1843	2182	2261	2340	2419	3288	3362	3436	3510	4294	4361	4428	4495	5170	5228	5286	5343
JKLYJ-95	3.5	1806	1895	1983	2072	2465	2552	2639	2727	3723	3805	3887	3968	4868	4942	5016	5090	5865	5929	5993	6056
JKLYJ-120	3.5	2196	2291	2386	2481	3031	3124	3217	3310	4625	4712	4800	4887	6078	6158	6237	6316	7347	7416	7484	7552
JKLYJ-150	4	2338	2440	2542	2645	3224	3324	3424	3525	4915	5009	5103	5198	6457	6542	6628	6713	7803	7877	7950	8024
JKLYJ-185	4	2869	2978	3088	3198	3997	4104	4212	4319	6153	6254	6355	6455	8122	8213	8304	8396	9845	9923	10002	10081
JKLYJ-240	4	3609	3728	3848	3967	5074	5191	5309	5426	7878	7988	8098	8208	10443	10542	10642	10741	12690	12776	12862	12948
JKYJ-25	6	802.4	864.9	927.3	989.8	1037	1098	1159	1221	1480	1537	1595	1652	1878	1930	1982	2034	2220	2264	2309	2354
JKYJ-35	6	1014	1081	1148	1215	1341	1406	1472	1538	1961	2023	2084	2146	2522	2577	2633	2689	3006	3054	3102	3150
JKYJ-50	6	1320	1393	1465	1538	1781	1853	1924	1996	2660	2727	2794	2861	3458	3519	3579	3640	4151	4204	4256	4308
JKYJ-70	6.5	1656	1737	1818	1898	2264	2343	2422	2501	3422	3496	3570	3644	4476	4543	4610	4677	5394	5452	5510	5567
JKYJ-95	6.5	2141	2229	2318	2407	2964	3051	3138	3226	4538	4620	4702	4783	5974	6048	6122	6196	7228	7292	7356	7420
JKYJ-120	7	2456	2551	2646	2741	3418	3511	3604	3697	5257	5344	5432	5519	6936	7015	7094	7173	8405	8473	8541	8609
JKYJ-150	7	2968	3070	3172	3275	4163	4263	4363	4464	6448	6543	6637	6731	8538	8624	8709	8794	10369	10442	10516	10589
JKYJ-185	7	3616	3726	3835	3945	5111	5218	5326	5433	7972	8073	8174	8274	10591	10682	10773	10864	12888	12967	13045	13124
JKYJ-240	7	4558	4677	4797	4917	6489	6606	6723	6841	10188	10298	10408	10518	13578	13678	13777	13877	16556	16642	16727	16813
JKLYJ/Q-25	3	684.5	734.2	784.1	833.9	893.4	942.2	991.1	1040	1289	1335	1381	1427	1646	1687	1729	1770	1952	1988	2024	2060
JKLYJ/Q-35	3	871.1	925.4	979.8	1034	1160	1213	1266	1320	1709	1759	1809	1859	2206	2251	2296	2342	2636	2675	2714	2753
JKLYJ/Q-50	3	1113	1173	1233	1293	1505	1564	1623	1682	2252	2308	2363	2419	2931	2981	3032	3082	3521	3564	3608	3651
JKLYJ/Q-70	3	1538	1606	1674	1742	2119	2186	2253	2319	3229	3292	3354	3417	4241	4298	4354	4411	5124	5173	5222	5271
JKLYJ/Q-95	3.5	1738	1813	1888	1963	2399	2472	2546	2620	3661	3730	3799	3868	4812	4874	4937	4999	5816	5870	5924	5978
JKLYJ/Q-120	3.5	2128	2209	2291	2372	2964	3044	3124	3204	4562	4637	4712	4787	6022	6090	6158	6225	7299	7357	7416	7474
JKLYJ/Q-150	4	2270	2359	2447	2536	3157	3244	3331	3418	4853	4934	5016	5098	6401	6475	6548	6622	7755	7818	7882	7946
JKLYJ/Q-185	4	2801	2897	2993	3089	3930	4024	4118	4213	6090	6179	6267	6355	8066	8145	8225	8305	9796	9865	9934	10003
JKLYJ/Q-240	4	3541	3647	3753	3859	5008	5111	5215	5319	7816	7913	8011	8108	10386	10475	10563	10651	12642	12718	12794	12870

说明：本表为每根绝缘线水平力值。

第二章 10kV及以下绝缘导线架空配电线路		第一节 10(6)常规金具绝缘导线架空线路
图号	2-2-1-89	图名 风速v=25m/s，线路转角10°～45°不同导线转角水平力表

单位：N

导线规格	安全系数 k	转角 0°				转角 2°				转角 4°				转角 6°				转角 8°			
	代表档距/m	50	60	70	80	50	60	70	80	50	60	70	80	50	60	70	80	50	60	70	80
JKLYJ-25	3	456.8	548.2	639.5	730.9	544.1	635.4	726.7	818	630.6	721.8	812.9	904.1	716.5	807.3	898.2	989	801.4	891.9	982.3	1073
JKLYJ-35	3	489.9	587.9	685.9	783.9	610.1	708	805.9	903.8	729.5	827.3	925	1023	848.1	945.5	1043	1140	965.6	1063	1160	1257
JKLYJ-50	3	532.9	639.5	746.1	852.7	695.7	802.3	908.8	1015	857.7	964	1070	1177	1019	1125	1231	1337	1178	1284	1389	1495
JKLYJ-70	3	540.1	648.1	756.2	864.2	780.7	888.6	996.6	1105	1020	1128	1236	1344	1259	1366	1473	1581	1495	1602	1709	1816
JKLYJ-95	3.5	594.7	713.7	832.6	951.6	868.1	987	1106	1225	1140	1259	1378	1496	1411	1530	1648	1766	1681	1798	1916	2034
JKLYJ-120	3.5	637.2	764.6	892.1	1020	982.6	1110	1237	1365	1327	1454	1581	1708	1669	1796	1923	2050	2010	2136	2262	2389
JKLYJ-150	4	685.8	822.9	960.1	1097	1052	1189	1326	1464	1418	1554	1691	1828	1781	1918	2054	2190	2143	2278	2414	2550
JKLYJ-185	4	734.3	881.2	1028	1175	1200	1347	1494	1641	1665	1811	1958	2104	2127	2273	2420	2566	2587	2733	2878	3024
JKLYJ-240	4	801.1	961.3	1121	1282	1406	1566	1726	1886	2009	2169	2328	2488	2609	2769	2928	3087	3207	3365	3524	3682
JKYJ-25	6	456.8	548.2	639.5	730.9	555	646.3	737.6	828.9	652.5	743.7	834.8	925.9	749.2	840.1	931	1022	845.1	935.5	1026	1116
JKYJ-35	6	489.9	587.9	685.9	783.9	626.1	724	821.9	919.8	761.5	859.2	957	1055	896	993.4	1091	1188	1029	1126	1223	1320
JKYJ-50	6	532.9	639.5	746.1	852.7	724.6	831.1	937.6	1044	915.4	1022	1128	1234	1105	1211	1317	1423	1293	1399	1504	1610
JKYJ-70	6.5	540.1	648.1	756.2	864.2	791.7	899.7	1008	1116	1042	1150	1258	1366	1292	1399	1507	1614	1540	1646	1753	1860
JKYJ-95	6.5	594.7	713.7	832.6	951.6	935.4	1054	1173	1292	1275	1394	1512	1631	1613	1731	1850	1968	1949	2067	2185	2302
JKLYJ-120	7	637.2	764.6	892.1	1020	1035	1162	1290	1417	1431	1558	1685	1812	1826	1952	2079	2206	2218	2344	2470	2597
JKLYJ-150	7	685.8	822.9	960.1	1097	1179	1316	1453	1590	1671	1808	1944	2081	2160	2297	2433	2570	2648	2783	2919	3055
JKLYJ-185	7	734.3	881.2	1028	1175	1351	1497	1644	1791	1965	2112	2258	2405	2577	2723	2869	3016	3186	3332	3477	3623
JKLYJ-240	7	801.1	961.3	1121	1282	1597	1757	1917	2077	2390	2550	2710	2869	3181	3340	3499	3659	3967	4126	4285	4443
JKLYJ/Q-25	3	364.1	436.1	509.8	582.6	451.4	524.2	597	669.8	538.2	610.8	683.5	756.1	624.1	696.7	769.1	841.6	709.6	781.7	853.9	926
JKLYJ/Q-35	3	397.2	476.7	556.1	635.6	517.5	596.8	676.2	755.6	637.1	716.3	795.6	874.8	755.9	834.9	913.9	992.9	873.8	952.5	1031	1110
JKLYJ/Q-50	3	440.3	528.3	616.4	704.4	603.1	691.1	779.1	867.1	765.2	853.1	940.9	1029	926.4	1014	1102	1189	1086	1174	1261	1348
JKLYJ/Q-70	3	496.5	595.8	695.1	794.4	737.1	836.1	935.6	1035	976.8	1076	1175	1274	1215	1314	1413	1512	1452	1551	1649	1747
JKLYJ/Q-95	3.5	549.5	659.5	769.3	879.2	822.9	932.7	1043	1152	1095	1205	1315	1424	1366	1476	1585	1694	1636	1745	1853	1962
JKLYJ/Q-120	3.5	546.2	655.2	764.7	873.9	891.6	1001	1110	1219	1236	1345	1454	1563	1579	1687	1796	1905	1920	2028	2136	2244
JKLYJ/Q-150	4	594.7	713.7	832.6	951.6	961.4	1080	1199	1318	1327	1446	1574	1683	1691	1809	1927	2046	2052	2170	2288	2406
JKLYJ/Q-185	4	643.3	771.9	900.6	1029	1109	1238	1367	1495	1574	1702	1831	1959	2037	2165	2293	2421	2497	2625	2752	2879
JKLYJ/Q-240	4	710	852.1	994.1	1136	1315	1457	1599	1741	1918	2060	2201	2343	2519	2660	2801	2942	3116	3257	3398	3538

说明：本表为每根绝缘线水平力值。

单位：N

导线规格	代表挡距/m	转角/(°) 10				15				25				35				45			
安装挡距 k		50	60	70	80	50	60	70	80	50	60	70	80	50	60	70	80	50	60	70	80
JKLYJ-25	3	885.4	975.3	1065	1155	1090	1179	1267	1355	1474	1557	1640	1722	1813	1888	1962	2037	2096	2161	2226	2290
JKLYJ-35	3	1082	1178	1275	1371	1367	1461	1556	1651	1903	1992	2080	2169	2381	2462	2542	2622	2787	2857	2926	2995
JKLYJ-50	3	1336	1441	1546	1651	1725	1827	1930	2033	2458	2555	2652	2748	3117	3205	3292	3379	3682	3757	3833	3908
JKLYJ-70	3	1730	1837	1943	2050	2308	2412	2517	2621	3406	3504	3602	3700	4401	4490	4578	4667	5262	5339	5415	5492
JKLYJ-95	3.5	1948	2065	2182	2299	2605	2720	2834	2949	3854	3962	4070	4177	4986	5084	5181	5279	5967	6051	6135	6219
JKLYJ-120	3.5	2348	2474	2599	2725	3180	3303	3426	3549	4765	4880	4996	5111	6205	6309	6414	6518	7457	7547	7637	7727
JKLYJ-150	4	2501	2636	2772	2907	3384	3517	3649	3782	5066	5190	5314	5439	6593	6706	6818	6931	7921	8018	8115	8212
JKLYJ-185	4	3044	3189	3333	3478	4169	4311	4452	4594	6314	6447	6580	6714	8268	8388	8509	8629	9970	10074	10178	10282
JKLYJ-240	4	3800	3958	4116	4273	5262	5416	5571	5726	8054	8199	8345	8490	10602	10733	10864	10996	12828	12941	13054	13168
JKYJ-25	6	939.8	1030	1120	1210	1172	1260	1348	1436	1606	1689	1772	1855	1993	2067	2142	2217	2318	2383	2447	2512
JKYJ-35	6	1161	1258	1354	1451	1485	1580	1675	1769	2097	2185	2274	2363	2644	2724	2805	2885	3111	3181	3250	3319
JKYJ-50	6	1480	1585	1690	1795	1938	2041	2144	2247	2808	2904	3001	3098	3592	3679	3766	3854	4266	4342	4417	4493
JKYJ-70	6.5	1785	1892	1998	2105	2390	2494	2599	2703	3540	3638	3736	3834	4583	4671	4760	4848	5486	5563	5639	5716
JKYJ-95	6.5	2283	2400	2517	2634	3104	3219	3333	3448	4669	4777	4884	4992	6092	6190	6287	6384	7330	7414	7499	7583
JKYJ-120	7	2608	2733	2859	2984	3567	3690	3813	3936	5397	5512	5628	5743	7063	7167	7271	7376	8514	8604	8694	8784
JKYJ-150	7	3131	3267	3402	3537	4323	4456	4588	4721	6599	6723	6848	6972	8675	8787	8899	9012	10486	10583	10680	10777
JKYJ-185	7	3792	3936	4081	4225	5283	5425	5566	5708	8133	8266	8400	8533	10737	10857	10977	11098	13014	13118	13222	13326
JKYJ-240	7	4749	4907	5065	5223	6677	6831	6986	7141	10364	10510	10655	10800	13737	13869	14000	14131	16693	16806	16920	17033
JKLYJ/Q-25	3	794.1	865.8	937.5	1009	1001	1071	1142	1212	1390	1456	1522	1588	1737	1796	1856	1916	2031	2082	2134	2185
JKLYJ/Q-35	3	990.6	1069	1147	1225	1277	1354	1431	1507	1819	1891	1963	2035	2305	2370	2436	2501	2722	2778	2834	2890
JKLYJ/Q-50	3	1245	1332	1419	1505	1635	1720	1805	1890	2374	2454	2534	2614	3042	3114	3186	3258	3616	3679	3741	3803
JKLYJ/Q-70	3	1688	1785	1883	1981	2266	2362	2458	2554	3367	3457	3547	3637	4366	4447	4528	4610	5232	5302	5372	5442
JKLYJ/Q-95	3.5	1903	2011	2120	2228	2561	2667	2773	2879	3813	3913	4012	4112	4949	5039	5129	5219	5935	6013	6091	6168
JKLYJ/Q-120	3.5	2258	2366	2474	2581	3092	3197	3303	3408	4682	4781	4880	4979	6130	6220	6309	6399	7392	7469	7547	7624
JKLYJ/Q-150	4	2412	2529	2646	2763	3296	3411	3526	3641	4983	5091	5199	5307	6519	6616	6714	6811	7856	7941	8025	8109
JKLYJ/Q-185	4	2954	3081	3208	3335	4081	4205	4329	4454	6232	6348	6465	6582	8193	8299	8404	8510	9906	9997	10088	10179
JKLYJ/Q-240	4	3710	3850	3990	4130	5174	5311	5448	5585	7972	8100	8229	8358	10527	10644	10760	10876	12763	12864	12964	13065

说明：本表为每根绝缘线水平力值。

单位: kN·m

梢径/mm	杆长/m	埋深/m	硬 塑 黏 土				可 塑 黏 土				软 塑 黏 土			
			无卡盘	KP8	KP10	KP12	无卡盘	KP8	KP10	KP12	无卡盘	KP8	KP10	KP12
170	10	1.7	7.775	10.238	11.200	12.162	4.615	6.444	7.232	7.967	1.077	2.064	2.449	2.835
	11	1.8	9.679	12.376	13.454	14.533	5.727	7.710	8.612	9.436	1.310	2.391	2.823	3.255
	12	1.9	11.908	14.835	16.037	17.238	7.031	9.194	10.185	11.103	1.588	2.761	3.243	3.725
190	10	1.7	7.961	10.327	11.290	12.252	4.718	6.475	7.262	7.997	1.060	2.009	2.394	2.780
	11	1.8	9.893	12.482	13.560	14.639	5.844	7.744	8.646	9.470	1.284	2.322	2.754	3.186
	12	1.9	12.154	14.960	16.162	17.364	7.162	9.233	10.225	11.143	1.552	2.677	3.159	3.640
	13	2.0	14.832	17.861	19.193	20.524	8.734	10.964	12.067	13.084	1.893	3.107	3.641	4.175
	15	2.3	26.082	29.877	31.638	33.399	15.696	18.466	19.942	21.288	4.140	5.661	6.367	7.073

梢径/mm	杆长/m	埋深/m	中沙、粗沙				细沙、粉沙			
			无卡盘	KP8	KP10	KP12	无卡盘	KP8	KP10	KP12
170	10	1.7	5.633	8.096	9.058	10.020	3.444	5.261	5.970	6.680
	11	1.8	6.986	9.683	10.762	11.840	4.259	6.248	7.043	7.838
	12	1.9	8.566	11.492	12.694	13.896	5.212	7.370	8.256	9.142
190	10	1.7	5.818	8.185	9.147	10.109	3.537	5.283	5.992	6.702
	11	1.8	7.200	9.789	10.868	11.946	4.363	6.272	7.067	7.863
	12	1.9	8.811	11.618	12.819	14.021	5.328	7.397	8.284	9.170
	13	2.0	10.728	13.757	15.089	16.420	6.486	8.721	9.703	10.685
	15	2.3	18.904	22.699	24.460	26.221	11.802	14.601	15.900	17.198

第二章 10kV及以下绝缘导线架空配电线路		第一节 10(6)kV常规金具绝缘导线架空线路
图号	2-2-1-92	图名	风速v=25m/s，5种土壤下电杆及卡盘允许抗倾覆力矩表

480

单位：kN·m

梢径 /mm	杆长 /m	埋深 /m	硬 塑 黏 土				可 塑 黏 土				软 塑 黏 土			
			无卡盘	KP8	KP10	KP12	无卡盘	KP8	KP10	KP12	无卡盘	KP8	KP10	KP12
170	10	1.7	6.991	9.454	10.416	11.378	3.830	5.660	6.447	7.183	0.292	1.279	1.665	2.050
	11	1.8	8.690	11.386	12.465	13.543	4.738	6.721	7.623	8.447	0.321	1.401	1.834	2.266
	12	1.7	10.685	13.611	14.813	16.015	5.807	7.970	8.962	9.880	0.365	1.538	2.020	2.501
190	10	1.8	7.107	9.473	10.436	11.398	3.864	5.621	6.408	7.143	0.206	1.155	1.540	1.926
	11	1.7	8.818	11.407	12.485	13.564	4.769	6.669	7.571	8.395	0.209	1.247	1.679	2.111
	12	1.8	10.828	13.634	14.836	16.037	5.836	7.907	8.898	9.817	0.226	1.350	1.832	2.314
	13	1.7	13.221	16.251	17.582	18.914	7.124	9.354	10.456	11.474	0.283	1.497	2.031	2.564
	15	1.8	23.843	27.638	29.399	31.160	13.458	16.228	17.703	19.049	1.902	3.423	4.128	4.834

梢径 /mm	杆长 /m	埋深 /m	中沙、粗沙				细沙、粉沙			
			无卡盘	KP8	KP10	KP12	无卡盘	KP8	KP10	KP12
170	10	1.7	4.848	7.311	8.273	9.235	2.660	4.476	5.186	5.895
	11	1.8	5.997	8.694	9.772	10.851	3.270	5.258	6.054	6.849
	12	1.9	7.342	10.269	11.470	12.672	3.988	6.146	7.033	7.919
190	10	1.7	4.964	7.331	8.293	9.255	2.683	4.429	5.138	5.848
	11	1.8	6.125	8.714	9.793	10.871	3.288	5.197	5.992	6.788
	12	1.9	7.485	10.291	11.493	12.695	4.002	6.071	6.957	7.843
	13	2.0	9.117	12.147	13.478	14.810	4.876	7.110	8.092	9.074
	15	2.3	16.665	20.460	22.221	23.983	9.564	12.574	13.661	14.960

第二章　10kV及以下绝缘导线架空配电线路	第一节　10(6)kV常规金具绝缘导线架空线路
图号　2-2-1-93	图名　风速 $v=30\text{m/s}$，5种土壤下电杆及卡盘允许抗倾覆力矩表

环形钢筋混凝土电杆整根锥形杆标准检验弯矩

单位:kN·m

φ170（稍径/mm）

标准荷载/kN			D	E	F	G	H
		稍径/mm	1.75	2.00	2.25	2.50	2.75
L/m	L1/m	L2/m					
10.00	8.05	1.70	14.09	16.10	18.11	20.12	22.14
11.00	8.85	1.90		17.70	19.91	22.12	24.34
12.00	9.75	2.00		19.50	21.94	24.38	26.81
13.00	10.55	2.20					
15.00	12.25	2.50					

φ190（稍径/mm）

标准荷载/kN			F	G	H	I	J	K	L
		稍径/mm	2.25	2.50	2.75	3.00	3.50	4.00	5.00
L/m	L1/m	L2/m							
10.00	8.05	1.70	18.11	20.12	22.14	24.15			
11.00	8.85	1.90	19.91	22.12	24.34	26.55			
12.00	9.75	2.00	21.94	24.38	26.81	29.25	34.12	39.00	
13.00	10.55	2.20	23.74	26.38	29.01	31.65	36.93	42.20	
15.00	12.25	2.50	27.56	30.62	33.69	36.75	42.88		52.75

环形预应力混凝土电杆整根锥形杆标准检验弯矩

单位:kN·m

φ170（稍径/mm）

标准荷载/kN			D	E	G	I	J
		稍径/mm	1.75	2.00	2.50	3.00	3.50
L/m	L1/m	L2/m					
10.00	8.05	1.70	14.08	16.10	20.12	24.15	28.18
11.00	8.85	1.90		17.70	22.12	26.55	
12.00	9.75	2.00		19.50	24.38		
13.00	10.55	2.20					
15.00	12.25	2.50					

φ190（稍径/mm）

标准荷载/kN			E	G	I	J	K
		稍径/mm	2.00	2.50	3.00	3.50	4.00
L/m	L1/m	L2/m					
10.00	8.05	1.70	16.10	20.12	24.15		
11.00	8.85	1.90	17.70	22.12	26.55		
12.00	9.75	2.00	19.50	24.38	29.25	34.12	39.00
13.00	10.55	2.20	21.10	26.38	31.65	36.93	42.20
15.00	12.25	2.50	24.50	30.62	36.75	42.88	

第二章　10kV及以下绝缘导线架空配电线路	第一节　10(6)kV常规金具绝缘导线架空线路
图号　2-2-1-94　　图名	环形钢筋/预应力混凝土电杆标准检验弯矩表

单位：mm²

杆型 导线规格	安全系数k	代表档距/m β	耐张 45°60°	耐张 45°60°60°	终端	5°转角杆 45°(50 60 70 80)	5°转角杆 60°(50 60 70 80)	15°转角杆 45°	15°转角杆 60°	30°转角杆 45°	30°转角杆 60°	45°转角杆 45°	45°转角杆 60°
JKYJ-25	6.0		—	—	25	25	25	25	25	25	25	25	25
JKYJ-35	6.0		—	—	25	25	25	25	25	25	25	25	25
JKYJ-50	6.0			25	35	25	25	25	25	25	25	25	25
JKYJ-70	6.5			35	50	25	25	25	25	25	25	25	25
JKYJ-95	6.5		35	50	75	25	25	35	35	35	35	35	35
JKYJ-120	7.0		50	75	100	25	25	50	50	50	50	50	50
JKYJ-150	7.0		70	70	100	25	25	50	70	70	70	70	70
JKYJ-185	7.0		100	100/2×70		25	25						100
JKYJ-240	7.0					25	25						
JKLYJ-25	3.0				25	25	25	25	25	25	25	25	25
JKLYJ-35	3.0				25	25	25	25	25	25	25	25	25
JKLYJ-50	3.0			25	25	25	25	25	25	25	25	25	25
JKLYJ-70	3.0			35	35	25	25	25	35	35	35	35	35
JKLYJ-95	3.5			50	50	25	25	35	50	50	50	50	50
JKLYJ-120	3.5			50	50	25	25	35	50	50	50	50	50
JKLYJ-150	4.0			70	70	25	25					70	70
JKLYJ-185	4.0			70/100	70/100	25	25						
JKLYJ-240	4.0					25	25						
JKLYJ/Q-25	3.0				25	25	25	25	25	25	25	25	25
JKLYJ/Q-35	3.0				25	25	25	25	25	25	25	25	25
JKLYJ/Q-50	3.0			25	25	25	25	25	25	25	25	25	25
JKLYJ/Q-70	3.0			35	35	25	25	25	35	35	35	35	35
JKLYJ/Q-95	3.5			50	50	25	25	35	50	35	50	50	50
JKLYJ/Q-120	3.5			50	50	25	25	35	50	50	50	50	50
JKLYJ/Q-150	4.0			70	70	25	25			35		35	70
JKLYJ/Q-185	4.0			70	70	25	25			50		50	70
JKLYJ/Q-240	4.0			100	100	25	25						

第二章 10kV及以下绝缘导线架空配电线路		第一节 10(6)kV常规金具绝缘导线架空线路
图号 2-2-1-95	图名	普通V形拉线截面选择表（v=25m/s）

普通V形拉线截面选择表（v=30m/s）

单位：mm²

导线规格	代表档距/m	耐张 45°/60°/60°	终端 45°/45°/60°	5°转角杆 45°(50·60·70·80)	5°转角杆 60°	15°转角杆 45°	15°转角杆 60°	30°转角杆 45°	30°转角杆 60°	45°转角杆 45°	45°转角杆 60°
JKYJ-25	6.0	25	25	25	25	25	25	25	25	25	25
JKYJ-35	6.0	25	25	25	25	25	25	25	25	25	25
JKYJ-50	6.0	25	35	25	25	25	25	25	25	25	35
JKYJ-70	6.5	25	50	25	25	25	35	35	35	35	50
JKYJ-95	6.5	25	35	25	25	25	35	35	35	50	70
JKYJ-120	7.0	25	50 70	25	25	25	35	50	50	70	100
JKYJ-150	7.0	25	70 100	25	25	35	50	50	70	70	2×70
JKYJ-185	7.0	25	100	25	25	35	50	50	70	70	—
JKYJ-240	7.0	25	100&2×70	25	25	35	50	50	70	—	—
JKLYJ-25	3.0	25	25	25	25	25	25	25	25	25	25
JKLYJ-35	3.0	25	25	25	25	25	25	25	25	25	25
JKLYJ-50	3.0	25	35	25	25	25	25	25	35	25	35
JKLYJ-70	3.0	25	35	25	25	25	35	25	35	35	50
JKLYJ-95	3.5	25	50	25	25	25	35	35	50	35	50
JKLYJ-120	3.5	25	70	25	25	25	35	35	50	50	70
JKLYJ-150	4.0	25	70	25	25	25	35	35	50	50	70
JKLYJ-185	4.0	25	100	25	25	25	35	35	50	70	100
JKLYJ-240	4.0	25	100	25	25	25	35	35	50	70	100
JKLYJ/Q-25	3.0	25	25	25	25	25	25	25	25	25	25
JKLYJ/Q-35	3.0	25	25	25	25	25	25	25	25	25	25
JKLYJ/Q-50	3.0	25	35	25	25	25	25	25	35	25	35
JKLYJ/Q-70	3.0	25	35	25	25	25	35	25	35	35	50
JKLYJ/Q-95	3.5	25	50	25	25	25	35	35	50	35	50
JKLYJ/Q-120	3.5	25	50	25	25	25	35	35	50	50	70
JKLYJ/Q-150	4.0	25	70	25	25	25	35	35	50	50	70
JKLYJ/Q-185	4.0	25	70	25	25	25	35	35	50	70	100
JKLYJ/Q-240	4.0	25	100	25	25	25	35	35	50	70	100

图号　2-2-1-96　　图名　普通V形拉线截面选择表（v=30m/s）

单位：mm²

水平拉线（水平部分）截面选择表

导线规格	代表档距 β / m	5° 转角杆 45° (50 60 70 80)	5° 转角杆 60° (50 60 70 80)	15° 转角杆 45° (50 60 70 80)	15° 转角杆 60° (50 60 70 80)	30° 转角杆 45° (50 60 70 80)	30° 转角杆 60° (50 60 70 80)	45° 转角杆 45° (50 60 70 80)	45° 转角杆 60° (50 60 70 80)
JKYJ-25	6.0	25	25	25	25	25	25	25	25
JKYJ-35	6.0	25	25	25	25	25	25	25	25
JKYJ-50	6.0	25	25	25	25	25	25	25	25
JKYJ-70	6.5	25	25	25	25	25	25	25	25
JKYJ-95	6.5	25	25	25	25	25	25	25	25
JKYJ-120	7.0	25	25	25	25	25	25	35	35
JKYJ-150	7.0	25	25	25	25	35	35	50	35
JKYJ-185	7.0	25	25	25	25	35	50	50	50
JKYJ-240	7.0	25	25	25	25	35	50	50	50
JKLYJ-25	3.0	25	25	25	25	25	25	25	25
JKLYJ-35	3.0	25	25	25	25	25	25	25	25
JKLYJ-50	3.0	25	25	25	25	25	25	25	25
JKLYJ-70	3.5	25	25	25	25	25	25	25	25
JKLYJ-95	3.5	25	25	25	25	25	25	25	25
JKLYJ-120	4.0	25	25	25	25	25	25	35	35
JKLYJ-150	4.0	25	25	25	25	25	25	35	50
JKLYJ-185	4.0	25	25	25	25	25	35	50	50
JKLYJ-240	4.0	25	25	25	25	25	35	50	50
JKLYJ/Q-25	3.0	25	25	25	25	25	25	25	25
JKLYJ/Q-35	3.0	25	25	25	25	25	25	25	25
JKLYJ/Q-50	3.0	25	25	25	25	25	25	25	25
JKLYJ/Q-70	3.0	25	25	25	25	25	25	25	25
JKLYJ/Q-95	3.5	25	25	25	25	25	25	25	25
JKLYJ/Q-120	3.5	25	25	25	25	25	25	25	25
JKLYJ/Q-150	4.0	25	25	25	25	25	25	35	35
JKLYJ/Q-185	4.0	25	25	25	25	25	35	35	35
JKLYJ/Q-240	4.0	25	25	25	25	25	35	50	50

图号	2-2-1-97	图名	水平拉线（水平部分）截面选择表（v=25m/s，v=30m/s）

単位：mm²

导线规格	代表档距/m (β)	5°转角杆 45°	5°转角杆 60°	15°转角杆 45°	15°转角杆 60°	30°转角杆 45°	30°转角杆 60°	45°转角杆 45°	45°转角杆 60°
JKYJ-25	6.0	25	25	25	25	25	25	25	25
JKYJ-35	6.0	25	25	25	25	25	25	25	25
JKYJ-50	6.0	25	25	25	25	25	25	25	25
JKYJ-70	6.5	25	25	25	25	25	25	25	25
JKYJ-95	6.5	25	25	25	25	25	25	25	25
JKYJ-120	7.0	25	25	25	25	25	25	25	25
JKYJ-150	7.0	25	25	25	25	25	25	35	35
JKYJ-185	7.0	25	25	25	25	35	35	50	50
JKYJ-240	7.0	25	25	25	25	50	50	50	70
JKLYJ-25	3.0	25	25	25	25	25	25	25	25
JKLYJ-35	3.0	25	25	25	25	25	25	25	25
JKLYJ-50	3.0	25	25	25	25	25	25	25	25
JKLYJ-70	3.0	25	25	25	25	25	25	25	25
JKLYJ-95	3.5	25	25	25	25	25	25	25	25
JKLYJ-120	3.5	25	25	25	25	25	25	25	25
JKLYJ-150	4.0	25	25	25	25	25	35	35	50
JKLYJ-185	4.0	25	25	25	25	35	35	35	50
JKLYJ-240	4.0	25	25	25	25	35	35	35	50
JKLYJ/Q-25	3.0	25	25	25	25	25	25	25	25
JKLYJ/Q-35	3.0	25	25	25	25	25	25	25	25
JKLYJ/Q-50	3.0	25	25	25	25	25	25	25	25
JKLYJ/Q-70	3.0	25	25	25	25	25	25	25	25
JKLYJ/Q-95	3.5	25	25	25	25	25	25	25	25
JKLYJ/Q-120	3.5	25	25	25	25	25	25	25	25
JKLYJ/Q-150	4.0	25	25	25	25	25	35	35	35
JKLYJ/Q-185	4.0	25	25	25	25	35	35	35	50
JKLYJ/Q-240	4.0	25	25	25	25	35	35	35	50

水平拉线(垂直部分)截面选择表（v=30m/s）　单位：mm²

导线规格	代表档距 L(m)	安全系数 K_z	5°转角杆 45° (50/60/70/80)	5°转角杆 60°	15°转角杆 45°	15°转角杆 60°	30°转角杆 45°	30°转角杆 60°	45°转角杆 45°	45°转角杆 60°
JKYJ-25	6.0		25	25	25	25	25	25	25	25
JKYJ-35	6.0		25	25	25	25	25	25	25	25
JKYJ-50	6.0		25	25	25	25	25	25	25	25
JKYJ-70	6.5		25	25	25	25	25	25	25	25
JKYJ-95	6.5		25	25	25	25	25	25	25	25
JKYJ-120	7.0		25	25	25	25	25	25	25	25
JKYJ-150	7.0		25	25	25	25	25	35	25	35
JKYJ-185	7.0		25	25	25	25	35	35	35	50
JKYJ-240	7.0		25	25	25	25	50	50	50	70
JKLYJ-25	3.0		25	25	25	25	25	25	25	25
JKLYJ-35	3.0		25	25	25	25	25	25	25	25
JKLYJ-50	3.0		25	25	25	25	25	25	25	25
JKLYJ-70	3.0		25	25	25	25	25	25	25	25
JKLYJ-95	3.5		25	25	25	25	25	25	25	25
JKLYJ-120	3.5		25	25	25	25	25	25	25	25
JKLYJ-150	4.0		25	25	25	25	35	35	35	35
JKLYJ-185	4.0		25	25	25	25	35	50	35	50
JKLYJ-240	4.0		25	25	25	25	35	50	50	50
JKLYJ/Q-25	3.0		25	25	25	25	25	25	25	25
JKLYJ/Q-35	3.0		25	25	25	25	25	25	25	25
JKLYJ/Q-50	3.0		25	25	25	25	25	25	25	25
JKLYJ/Q-70	3.0		25	25	25	25	25	25	25	25
JKLYJ/Q-95	3.5		25	25	25	25	25	25	25	25
JKLYJ/Q-120	3.5		25	25	25	25	25	25	25	25
JKLYJ/Q-150	4.0		25	25	25	25	35	35	35	35
JKLYJ/Q-185	4.0		25	25	25	25	35	35	35	50
JKLYJ/Q-240	4.0		25	25	25	25	35	50	50	50

拉线盘埋深选择表（适用于直线杆）

单位：m

普通、水平拉线

拉线规格	拉线夹角β	中沙、粗沙 LP6	LP8	LP10	细沙、粉沙 LP6	LP8	LP10	硬塑黏土 LP8	LP10	LP12	可塑黏土 LP8	LP10	LP12	软塑黏土 LP8	LP10	LP12
CJ-25	45°	1.3			1.3			1.3								
CJ-25	60°	1.3			1.3			1.3								
GJ-35	45°	1.3	1.3		1.3	1.3		1.3								
GJ-35	60°	1.4	1.4	1.3	1.5	1.5	1.4	1.3	1.4							
GJ-50	45°	1.5	1.5	1.4	1.6	1.6	1.5	1.5	1.5	1.3	1.3	1.3	1.3			
GJ-50	60°	1.6	1.6	1.5		1.7	1.6	1.6	1.6	1.3	1.4	1.3	1.4			
GJ-70	45°		1.7	1.6		1.9	1.7	1.7	1.7	1.5	1.4	1.4	1.5			
GJ-70	60°		1.8	1.7		2.0	1.8	2.0	1.8	1.6	2.0	1.6	1.7		2.0	
GJ-100	45°		1.9	1.8		2.1	1.9		1.9	1.7		1.7	1.8		2.3	
GJ-100	60°		2.1	2.0					2.2	1.8		2.2	1.9		3.0	
2XGJ-70	45°			2.2			2.2		3.0	2.0			2.1			1.3
2XGJ-70	60°			2.3			2.3			2.2						1.4
2XGJ-100	45°			2.4			2.4			2.3						1.5
2XGJ-100	60°			2.6						2.4						1.6

拉线垂直荷载表

单位：kN

拉线规格	GJ-25	GJ-35	GJ-50	GJ-70	GJ-100	2XGJ-70
垂直荷载 β=45°	13.06	16.69	25.28	35.44	45.30	70.88
垂直荷载 β=60°	16.00	20.44	30.96	43.41	55.48	86.82

第二章 10kV及以下绝缘导线架空配电线路		第一节 10(6)kV常规金具绝缘导线架空线路	
图号	2-2-1-100	图名	适用于直线杆拉线盘埋深选择表、拉线垂直荷载表

488

拉线盘埋深选择表（适用于直线转角或耐张杆）

单位：m

普通、水平拉线

拉线规格	拉线来角 β	中沙、粗沙 LP6	中沙、粗沙 LP8	中沙、粗沙 LP10	细沙、粉沙 LP8	细沙、粉沙 LP10	硬塑黏土 LP8	硬塑黏土 LP10	硬塑黏土 LP12	可塑黏土 LP8	可塑黏土 LP10	可塑黏土 LP12	软塑黏土 LP8	软塑黏土 LP10	软塑黏土 LP12
GJ-25	45°	1.3			1.4		1.3								
	60°	1.4			1.5		1.3								
GJ-35	45°	1.4	1.3		1.6	1.4	1.4	1.3							
	60°	1.5	1.4		1.8	1.6	1.5	1.3							
GJ-50	45°	1.8	1.5	1.4	1.9	1.8	1.6	1.5	1.4	1.4	1.4	1.3			
	60°		1.6	1.5	2.0	1.9	1.8	1.6	1.5	1.8	1.5	1.4			
GJ-70	45°		1.8	1.6	2.1	2.0		1.8	1.6		1.8	1.6			1.5
	60°		1.9	1.8		2.1		1.9	1.7		2.3	1.7		2.9	1.6
GJ-100	45°		2.0	1.8		2.4		2.0	1.8			1.9			2.0
	60°		2.1	2.0		2.6		2.1	2.0			2.0			2.4
2XGJ-70	45°			2.2		2.7			2.3			2.2			
	60°			2.4					2.4						
2XGJ-100	45°			2.5					2.5						
	60°			2.6					2.7						

拉线垂直荷载表

单位：kN

拉线规格	垂直荷载 β=45°	垂直荷载 β=60°
GJ-25	13.06	16.00
GJ-35	16.69	20.44
GJ-50	25.28	30.96
GJ-70	35.44	43.41
GJ-100	45.30	55.48
2XGJ-70	70.88	86.82

拉线盘埋深选择表（适用于转角或终端杆）普通、水平拉线　　单位：m

拉线规格	β	中沙、粗沙 LP6	中沙、粗沙 LP8	中沙、粗沙 LP10	细沙、粉沙 LP8	细沙、粉沙 LP10	硬塑黏土 LP8	硬塑黏土 LP10	硬塑黏土 LP12	可塑黏土 LP8	可塑黏土 LP10	可塑黏土 LP12	软塑黏土 LP8	软塑黏土 LP10	软塑黏土 LP12
GJ-25	45°	1.4													
GJ-25	60°	1.5													
GJ-35	45°	1.5	1.4	1.3	1.4		1.3		1.3						
GJ-35	60°	1.6	1.5	1.4	1.5	1.4	1.4	1.3	1.4						
GJ-50	45°		1.7	1.6	1.6	1.5	1.5	1.4	1.5		1.4	1.3			
GJ-50	60°		1.8	1.7	1.8	1.7	1.6	1.5	1.7		1.5	1.3			
GJ-70	45°		1.9	1.8	1.9	1.8	1.8	1.7	1.8		1.6	1.4			
GJ-70	60°		2.1	1.9	2.1	2.0		1.8	2.0		1.7	1.5			
GJ-100	45°		2.1	2.0		2.1		2.0	2.0			1.8			
GJ-100	60°			2.2		2.2		2.1	2.2			1.9			1.8
2XGJ-70	45°			2.4		2.3		2.2	2.5			2.1			2.2
2XGJ-70	60°			2.6		2.6			2.7			2.9			3.0

拉线垂直荷载表　　单位：kN

拉线规格	垂直荷载	GJ-25	GJ-35	GJ-50	GJ-70	GJ-100	2XGJ-70
	β=45°	13.06	16.69	25.28	35.44	45.30	70.88
	β=60°	16.00	20.44	30.96	43.41	55.48	86.82

单位：N

导线规格 \ 覆冰厚度代表/mm \ 挡距/m	0				5				10				15			
	50	60	70	80	50	60	70	80	50	60	70	80	50	60	70	80
JKLYJ-25	94	113	132	150	224	269	314	359	424	509	593	678	831	997	1163	1330
JKLYJ-35	114	136	159	182	251	301	351	401	457	549	640	731	879	1055	1231	1407
JKLYJ-50	142	170	199	227	288	346	403	461	504	604	705	806	946	1135	1324	1514
JKLYJ-70	185	222	259	296	343	411	480	548	570	684	798	912	1040	1248	1456	1663
JKLYJ-95	234	280	327	374	404	485	566	646	644	772	901	1030	1143	1372	1600	1829
JKLYJ-120	278	334	390	445	458	550	642	733	708	849	991	1133	1232	1478	1724	1971
JKLYJ-150	335	402	468	535	526	631	736	841	786	944	1101	1258	1339	1607	1875	2143
JKLYJ-185	396	475	554	633	598	718	837	957	870	1044	1218	1392	1453	1743	2034	2324
JKLYJ-240	490	588	686	784	708	849	991	1132	994	1193	1392	1591	1621	1945	2269	2593
JKYJ-25	183	220	256	293	313	376	439	501	513	615	718	821	938	1126	1313	1501
JKYJ-35	235	282	329	376	372	446	521	595	578	694	810	926	1025	1230	1435	1640
JKYJ-50	313	375	438	500	459	551	642	734	674	809	944	1079	1151	1381	1611	1841
JKYJ-70	432	519	605	692	590	708	826	944	818	981	1145	1308	1337	1604	1871	2139
JKYJ-95	567	680	793	907	737	885	1032	1179	977	1172	1368	1563	1543	1851	2160	2469
JKYJ-120	697	836	976	1115	877	1052	1228	1403	1126	1352	1577	1802	1734	2081	2428	2774
JKYJ-150	862	1035	1207	1380	1054	1264	1475	1686	1314	1577	1840	2103	1973	2367	2762	3156
JKYJ-185	1046	1255	1465	1674	1248	1498	1748	1998	1520	1824	2128	2432	2233	2680	3126	3573
JKYJ-240	1328	1594	1860	2126	1546	1855	2164	2474	1833	2199	2566	2932	2627	3152	3677	4203
JKLYJ/Q-25	69	82	96	110	180	215	251	287	360	432	504	575	731	877	1023	1169
JKLYJ/Q-35	86	103	121	138	204	245	285	326	391	469	547	626	777	932	1087	1243
JKLYJ/Q-50	112	134	157	179	239	286	334	382	435	522	609	696	840	1008	1176	1344
JKLYJ/Q-70	151	181	212	242	290	348	406	464	498	597	697	796	930	1115	1301	1487
JKLYJ/Q-95	194	232	271	310	343	412	481	549	562	675	787	900	1020	1225	1429	1633
JKLYJ/Q-120	235	282	329	377	395	474	553	631	623	748	873	997	1105	1326	1548	1769
JKLYJ/Q-150	288	346	403	461	459	550	642	734	698	838	977	1117	1209	1450	1692	1934
JKLYJ/Q-185	346	416	485	554	528	633	739	844	779	934	1090	1246	1318	1582	1846	2109
JKLYJ/Q-240	435	522	609	696	632	758	885	1011	898	1077	1257	1437	1480	1776	2072	2368

说明：本表为每根绝缘线垂直荷载表。

基础最大垂直荷载表

单位: kN

电杆梢径 /mm	杆长 /mm	埋深 /mm	大块碎石				中沙、粗沙				细沙、粉沙			
			无底盘	DP6	DP8	DP10	无底盘	DP6	DP8	DP10	无底盘	DP6	DP8	DP10
170	10	1.7	16.7	192.4	340.2	530.8	9.0	99.3	175.0	272.9	5.0	61.8	108.4	168.9
170	11	1.8	17.8	194.8	344.3	537.1	9.6	101.5	178.6	278.3	5.3	63.0	110.2	171.6
170	12	1.9	18.8	197.3	348.4	543.3	10.3	103.6	182.1	283.7	5.7	64.1	112.0	174.2
190	10	1.7	17.9	192.7	340.5	531.2	9.6	99.6	175.3	273.2	5.3	62.1	108.6	169.1
190	11	1.8	19.0	195.2	344.6	537.4	10.3	101.8	178.9	278.6	5.7	63.2	110.5	171.8
190	12	1.9	20.1	197.7	348.8	543.7	11.0	103.9	182.5	284.0	6.1	64.4	112.3	174.6
190	13	2.0	21.3	200.3	353.0	550.0	11.7	106.2	186.1	289.5	6.5	65.7	114.2	177.3
190	15	2.3	23.9	207.8	365.5	568.9	13.4	112.7	197.0	305.9	7.5	69.2	119.8	185.5

电杆梢径 /mm	杆长 /mm	埋深 /mm	硬塑黏土				可塑黏土				软塑黏土			
			无底盘	DP6	DP8	DP10	无底盘	DP6	DP8	DP10	无底盘	DP6	DP8	DP10
170	10	1.7	7.5	81.9	144.0	224.4	4.6	46.3	80.7	125.7	3.1	29.2	50.5	78.5
170	11	1.8	8.0	82.5	144.8	225.5	4.9	46.8	81.5	126.8	3.4	30.0	51.7	80.2
170	12	1.9	8.4	83.1	145.7	226.7	5.2	47.4	82.3	127.8	3.6	30.8	52.9	82.0
190	10	1.7	8.1	82.1	144.2	224.7	4.9	46.5	81.0	125.9	3.4	29.4	50.7	78.7
190	11	1.8	8.5	82.8	145.1	225.8	5.2	47.1	81.8	127.0	3.6	30.3	52.0	80.5
190	12	1.9	9.0	83.4	146.0	227.0	5.5	47.7	82.6	128.2	3.9	31.1	53.2	82.3
190	13	2.0	9.5	84.1	146.9	228.3	5.8	48.4	83.5	129.3	4.1	32.0	54.5	84.1
190	15	2.3	10.5	86.1	149.6	231.9	6.6	50.2	86.0	132.7	4.8	34.5	58.3	89.6

第二章　10kV及以下绝缘导线架空配电线路	第一节　10(6)kV常规金具绝缘导线架空线路
图号　2-2-1-104	图名　基础最大垂直荷载表

额定电压10kV交联聚乙烯架空绝缘电缆表 (JKYJ、JKLYJ)

标称截面 /mm²	导线最少单线根数	导线直径(参考值) /mm	导体屏蔽层最小厚度(近似值) /mm	绝缘标称厚度 /mm	外径 /mm	计算截面 /mm²	20℃时导体电阻不大于 /(Ω/km)		导体拉断力不小于 /N	
							铜芯	铝芯	铜芯	铝芯
25	6	6.0	0.5	3.4	13.8	149.495	0.749	1.200	8465	3762
35	6	7.0	0.5	3.4	14.8	171.946	0.540	0.868	11731	5177
50	6	8.3	0.5	3.4	16.1	203.48	0.399	0.641	16502	7011
70	12	10.0	0.5	3.4	17.8	248.718	0.276	0.443	23461	10354
95	15	11.6	0.6	3.4	19.6	301.566	0.199	0.320	31757	13727
120	18	13.0	0.6	3.4	20.1	346.185	0.158	0.253	39911	17339
150	18	14.6	0.6	3.4	22.6	400.947	0.128	0.206	49505	21033
185	30	16.2	0.6	3.4	24.2	459.727	0.1021	0.164	61846	26732
240	34	18.4	0.6	3.4	26.4	547.114	0.0777	0.125	79823	34679

额定电压10kV交联聚乙烯架空绝缘电缆表 (JKLYJ/Q)

标称截面 /mm²	导线中单线最少根数	导线直径(参考值) /mm	绝缘标称厚度 /mm	外径 /mm	计算截面 /mm²	20℃时导体电阻不大于 /(Ω/km)	导体拉断力不小于 /N
25	6	6.0	2.5	11.0	94.985	1.200	3762
35	6	7.0	2.5	12.0	113.04	0.868	5177
50	6	8.3	2.5	13.3	138.859	0.641	7011
70	12	10.0	2.5	15.0	176.625	0.443	10354
95	15	11.6	2.5	16.6	216.315	0.320	13727
120	18	13.0	2.5	18.0	254.34	0.253	17339
150	18	14.6	2.5	19.6	301.566	0.206	21033
185	30	16.2	2.5	21.2	352.81	0.164	26732
240	34	18.4	2.5	23.4	429.835	0.125	34679

说明：本表摘自国家标准《额定电压10kV架空绝缘电缆》(GB/T 14049)。

第二章 10kV及以下绝缘导线架空配电线路	第一节 10(6)kV常规金具绝缘导线架空线路
图号 2-2-1-105	图名 架空绝缘电缆规格性能表

架空绝缘电缆允许拉力表

标称截面/mm²	安全系数	计算拉断力/N	允许拉力/N
JKLYJ-25	3.0	3762	1254
JKLYJ-35	3.0	5177	1726
JKLYJ-50	3.0	7011	2337
JKLYJ-70	3.0	10354	3451
JKLYJ-95	3.5	13727	3922
JKLYJ-120	3.5	17339	4954
JKLYJ-150	4.0	21033	5258
JKLYJ-185	4.0	26732	6683
JKLYJ-240	4.0	34679	8670
JKLYJ/Q-25	3.0	3762	1254
JKLYJ/Q-35	3.0	5177	1726
JKLYJ/Q-50	3.0	7011	2337
JKLYJ/Q-70	3.0	10354	3451
JKLYJ/Q-95	3.5	13727	3922
JKLYJ/Q-120	3.5	17339	4954
JKLYJ/Q-150	4.0	21033	5258
JKLYJ/Q-185	4.0	26732	6683
JKLYJ/Q-240	4.0	34679	8670
JKYJ-25	6.0	8465	1411
JKYJ-35	6.0	11731	1955
JKYJ-50	6.0	16502	2750
JKYJ-70	6.5	23461	3609
JKYJ-95	6.5	31759	4886
JKYJ-120	7.0	39911	5702
JKYJ-150	7.0	49505	7072
JKYJ-185	7.0	61846	8835
JKYJ-240	7.0	79823	11403

说明：耐张杆张力按允许拉力的30％计算。

镀锌钢绞线表(GJ)

标称截面积/mm²	钢绞线直径/mm	结构根数/直径/mm	全部钢筋断面积/mm²	全部钢筋/(kg/100m)	钢丝破断拉力总和 kN，不小于
25	6.9	7/2.3	29.08	23.09	36.93
35	7.8	7/2.6	37.17	29.51	47.20
50	9.6	7/3.2	56.30	44.70	71.50
70	11.5	19/2.3	78.94	62.84	100.25
100	13.0	19/2.6	100.88	80.30	128.12

说明：本表摘自国家标准《镀锌钢绞线》(GB 1200)。

第二章　10kV及以下绝缘导线架空配电线路	第一节　10(6)kV常规金具绝缘导线架空线路
图号　2-2-1-106	图名　架空绝缘电缆允许拉力表，镀锌钢绞线规格表

一般在配电线路工程设计中，先根据电压等级、负荷容量、送电距离、远景规划等要求，确定绝缘导线的线种和规格，经选线勘测后，根据平面图及纵（横）断面图，进行杆塔定位，确定杆高、代表挡距等，再根据该地区的气象条件、土壤种类等资料，利用本图集进行杆型、绝缘子、横担、拉线、基础等选型设计，一般步骤如下：

第一步：电杆选择

1. 直线杆（包括跨越杆）

对于不设拉线的直线型小转角杆及设备杆，其电杆选择应满足下列条件：

$$M_B \geqslant M_D$$

式中　M_B——电杆标准检验弯矩值，N·m，见图2-2-1-94；

　　　M_D——绝缘导线在地面处引起的弯矩值，N·m。

M_B、M_D的计算公式如下：

$$M_D = FH_1 + 2FH_2$$

式中　F——绝缘导线水平力，N，由转角水平力表（见图2-2-1-88～2-图2-1-99）查出；

　　　H_1——上绝缘导线对地面垂直距离，m；

　　　H_2——下绝缘导线对地面垂直距离，m。

2. 设拉线的电杆

在某一条配电线路内为了统一电杆规格，该类型电杆一般可先按直线类杆型选择，然后按下述方法校验（ZJ_1、ZJ_2杆型可不校验）。条件：

$$M_B \geqslant M_L$$

式中　M_B——拉线抱箍处电杆允许弯矩，N·m，由电杆厂家提供；

　　　M_L——绝缘导线对拉线抱箍处产生的弯矩

值，N·m。

当不满足上述条件时应重新选择电杆规格。

为简化计算，M_L值可采用下列公式：

（1）当拉线抱箍固定在横担上方时：

$$M_L = Fh_1$$

（2）当拉线抱箍固定在横担下方时：

$$M_L = F(h_1 + 2h_2)$$

式中　F——绝缘导线允许拉力或水平力，N_1由图2-2-1-106或图2-2-1-88～图2-2-1-91查出；

　　　h_1——上绝缘导线距拉线抱箍处的垂直距离，m；

　　　h_2——下绝缘导线距拉线抱箍处的垂直距离，m。

第二步：倾覆校验及卡盘选择

电杆倾覆校验应满足下列条件：

$$M_Q \geqslant M_D$$

式中　M_Q——允许倾覆力矩值，N·m，由电杆及卡盘抗倾覆力矩表（见图2-2-1-92、图2-2-1-93）直接查出。

注意事项：带拉线的电杆可不进行倾覆校验。

第三步：电杆主要部件、电气设备的选择

选择步骤如下：

（1）针式绝缘子选择。

（2）横担选择。

（3）拉线及其附件选择。

（4）底盘选择。

（5）电气设备、其他部件选择（如开关设备、熔断器、避雷器、电缆终端盒、接地装置等均自行选择，不再举例说明）。

有一条10kV绝缘导线架空线路，路径经过的气象条件：风速$v=25$m/s、导线覆冰厚度10mm、土壤为硬塑黏土、绝缘导线规格为JKYJ-70（安全系数$K=6.5$）、代表挡距为70m，假定电杆高度均为10m，横担距顶相的距离为500mm。正在运行的变电所出线为电缆方式，规划（设计的）变电所进线为架空方式，路径平面示意图（直线表达方式）如下：

1号杆——终端杆（D_4）

2号杆——跨越杆（K_1）

3号杆——跨越杆（K_1）

4号杆——直线转角杆（ZJ_1）

5号杆——直线转角杆（ZJ_2）

6号杆——直线杆（Z_1）

7号杆——耐张转角杆（NJ_1）

8号杆——直线杆（Z_1）

9号杆——耐张转角杆（NJ_2）

10号杆——终端杆（D_1）

11号杆——隔离开关杆（GK_2）

一、电杆选择

（一）2号、3号、6号、8号、11号电杆选择

根据本例要求，从转角水平力表（$v=25$m/s）（见图2-2-1-88）查出转角为0°、代表挡距为70m一栏中每根绝缘导线水平力$F=525.1$N，计算M_D如下：

$$M_D = F(H_1 + 2H_2)$$
$$= 525.1 \times [(10-1.7) + 2 \times (10-1.7-0.5)]$$
$$= 12550 \ (\text{N} \cdot \text{m})$$

再从环形钢筋混凝土电杆标准检验弯矩表（见图2-2-1-94）中查出杆高为10m、满足条件

$M_B \geqslant M_D$要求的电杆规格及其M_B值如下：

$$\phi190 \times 10 \times F \quad M_B = 18110\text{N} \cdot \text{m}$$

该电杆能满足本例使用要求，故选用$\phi190 \times 10 \times F$。

根据需要也可选用环形预应力混凝土电杆（见图2-2-1-94）。

（二）4号电杆选择

本例为2°51′小转角杆型，如不设拉线，从转角水平力表（$v=25$m/s）（见图2-2-1-88）查出转角为4°、代表挡距为70m一栏中每根绝缘导线水平力$F=1027$N，计算M_D如下：

$$M_D = F(H_1 + 2H_2)$$
$$= 1027 \times [(10-1.7) + 2 \times (10-1.7-0.5)]$$
$$= 24545 \ (\text{N} \cdot \text{m})$$

再从图2-2-1-94中查出杆高为10m、满足条件$M_B \geqslant M_D$要求的电杆规格及其M_B值如下：

$$\phi190 \times 10 \times I \quad M_B = 24150\text{N} \cdot \text{m}$$

因转角为2°51′，小于4°，可满足要求。

如设拉线则与2号、3号、6号、8号、11号电杆选择相同，即选$\phi190 \times 10 \times F$电杆。

（三）1号、9号、10号电杆选择

按终端杆受力情况验算，从架空绝缘电缆允许拉力表（见图2-2-1-106）中查出JKYJ-70的允许拉力$F=3609$N，则9号杆

$$M_L = F(h_1 + 2h_2)$$
$$= 3609 \times (0.75 + 2 \times 0.25)$$
$$= 4511.3 \ (\text{N} \cdot \text{m})$$

1号、10号杆

$$M_L = Fh_1 = 3609 \times 0.35 = 1263.2 \ (\text{N} \cdot \text{m})$$

已知某厂生产的$\phi190 \times 10 \times F$电杆，距杆顶0.9m处，允许使用弯矩为8500N·m>4511.3N·m，9号杆满足要求。若距杆顶0.5m处，允许使用弯矩为6500N·m>1263.2N·m，1、10号杆满足要求。

第二章	10kV及以下绝缘导线架空配电线路	第一节 10（6）kV常规金具绝缘导线架空线路
图号	2-2-1-108	图名 选型设计举例（一）

（四）5号、7号电杆选择

以7号电杆为例，从转角水平力表（见图2-2-1-89）中查出45°转角JKYJ-70的水平力为5510N，则

$$M_L = 5510 \times 0.35 = 1928.5 \text{（N·m）}$$

选$\phi 190 \times 10 \times F$满足要求。

二、倾覆校验及卡盘选择

（一）2号、3号、6号、8号、11号电杆校验

根据本例所给条件，从电杆及卡盘抗倾覆力矩表（$v = 25\text{m/s}$）（见图2-2-1-92）硬塑黏土及对应的$\phi 190\text{mm}$、10m电杆一栏中查出允许倾覆力矩为

$$M_Q = 7961\text{N·m（小于}M_D = 12550\text{N·m）}$$

说明当埋深为1.7m，无卡盘时不能满足倾覆要求。需加KP12卡盘，埋深为1.8m。

（二）4号电杆校验及卡盘选择

因$M_Q = 7961\text{N·m}$，$M_D = 24545\text{N·m}$，可知本杆在埋深为1.7m，无卡盘时不能满足倾覆要求，可采用卡盘和加大埋深两种方法解决。

1. 采用卡盘方法

查电杆及卡盘抗倾覆力矩表（$v = 25\text{m/s}$）（见图2-2-1-92），可知当采用卡盘型号为KP12时

$$M_Q = 12252\text{N·m}$$
$$M_D = 24545\text{N·m}$$

加卡盘亦不能满足倾覆要求。

2. 采用加大埋深方法

经计算埋深为2.2m时，$M_Q = 28466\text{N·m} > 24545\text{N·m}$，即$M_Q > M_D$满足倾覆要求。

三、电杆主要部件选择

（一）1号电杆选择

选用带跌开式熔断器的终端杆。

1. 绝缘子选择

见图2-2-1-32。

2. 横担选择

根据绝缘导线为JKYJ-70、覆冰厚度为10mm的条件，查横担选择表（见图2-2-1-85）的终端杆一栏，选用$2\angle 90 \times 8$规格横担；再根据电杆梢径为$\phi 190$（mm）从横担加工图（见图2-2-1-46）中查当角钢规格为$2\angle 90 \times 8$时，横担型号为2III_2。

3. 拉线选择

（1）拉线截面选择。根据绝缘导线为JKYJ-70、终端杆、风速$v = 25\text{m/s}$，如选用普通拉线的形式（拉线对地夹角$\beta = 45°$），从普通、V形拉线截面选择表（$v = 25\text{m/s}$）（见图2-2-1-95）中查出拉线规格为GJ-25，可满足使用要求。

（2）选择拉线盘型号及其埋深。根据土壤特征从拉线盘埋深选择表（见图2-2-1-106）中查硬塑黏土一栏，当拉线盘型号为LP8，其埋深为1.3m时，可满足使用要求。

拉线的组装及零配件应按照单、双钢绞线普通拉线组装图（见图2-2-1-36）进行选型组装。

4. 底盘选择

（1）绝缘导线垂直荷载。根据绝缘导线为JKYJ-70、覆冰厚度为10mm、代表挡距为70m，从导线垂直荷载表（见图2-2-1-103）中查出每根绝缘导线垂直荷载为1145N，终端杆按其一半计算，即1145/2 = 572.5（N），绝缘导线根数为3根，总垂直荷载为

$3 \times 572.5 = 1717.5$ （N）$= 1.7175$kN

（2）拉线垂直荷载。根据拉线规格为 GJ-25、$\beta = 45°$，从拉线垂直荷载表（见图 2-2-1-102）中查出拉线垂直荷载为 13.06kN。

（3）底盘选择。作用在电杆基础的总垂直荷载为绝缘导线垂直荷载与拉线垂直荷载之和，即 $1.7175 + 13.06 = 14.778$（kN），从基础最大垂直荷载表（见图 2-2-1-104）中查出 $\phi 190$（mm）、长 10m 电杆、硬塑黏土，当无底盘时基础允许最大垂直荷载为 8.1kN＜14.778kN 不能满足要求，则需加装底盘。当选用 DP6 底盘时，基础最大垂直荷载为 82.1kN＞14.778kN，故选用 DP6 可满足使用要求。

（二）2 号电杆选择

因跨越公路，故选用跨越杆。

1. 绝缘子选择

见图 2-2-1-10。

2. 横担选择

根据绝缘导线为 JKYJ-70、覆冰厚度为 10mm、代表挡距为 70m 的跨越杆，从横担选择表（见图 2-2-1-83）选出∠63×6 规格横担；再根据电杆梢径为 $\phi 190$（mm），从横担加工图（见图 2-2-1-45）中查出当角钢规格为∠63×6 时，横担型号为 I_2 型。

3. 底盘选择

（1）绝缘导线垂直荷载。已知绝缘导线总垂直荷载为 $3 \times 1145 = 3435$（N）$= 3.435$kN。

（2）底盘选择。选择方法基本与 1 号电杆各部件选择中底盘选择相同。由于本杆不设拉线，故总垂直荷载即为 3.435kN。无底盘时基础允许最大垂直荷载为 8.1kN＞3.435kN，则不需要加装底盘。

（三）3 号电杆选择

各部件选择与 2 号电杆相同。

（四）4 号电杆选择

1. 绝缘子选择

由于 4 号电杆转角角度为 2°15′，从 PT-15T 绝缘子选择表（$v = 25$m/s）（见图 2-2-1-81），查出代表挡距为 70m，转角为 5°一栏中 2×P-15T 绝缘子可满足使用要求，可选用直线转角杆（ZJ_2）杆型（见图 2-2-1-13）。

2. 横担选择

与 2 号电杆各部件选择中横担选择相同，即选用∠63×6 规格横担，型号为 I_2 型。

3. 底盘选择

与 1 号电杆各部件选择中底盘选择相同。

（五）5 号电杆选择

1. 绝缘子选择

根据线路转角度数为 18°5′，从绝缘子选择表（$v = 25$m/s）（见图 2-2-1-83）查出代表挡距为 70m，转角为 20°一栏中 2×P-15T 绝缘子不能满足使用要求，应选用耐张转角杆（NJ_1）杆型。

第二章　10kV及以下绝缘导线架空配电线路		第一节　10（6）kV常规金具绝缘导线架空线路	
图号	2-2-1-110	图名	选型设计举例（三）

2. 横担选择

根据绝缘导线为 JKYJ－70、覆冰厚度为10mm、代表挡距为70m 的 NJ_1 杆型，从横担选择表（见图2－2－1－84）选出 $2\angle 63\times 6$ 规格横担，再根据电杆梢径为 $\phi 190$，从横担加工图（见图2－2－1－46）中查出角钢规格为 $\angle 63\times 6$ 时，横担型号为 $2I_2$。

3. 拉线选择

（1）拉线截面选择。根据绝缘导线为 JKYJ－70、NJ_1 杆型、风速 $v=25m/s$，如选用拉线为普通型式（拉线对地夹角 $\beta=60°$），从普通、V 形拉线截面选择表（$v=25m/s$）（见图2－2－1－95）查出转角为30°、代表挡距为70m 一栏中拉线为 GJ－25 可满足要求。

（2）选择拉线盘及其埋深。根据土壤为硬塑黏土，从拉线盘埋深选择表（见图2－2－1－102）查出当拉线规格为 GJ－25，$\beta=60°$ 时，选用拉线盘型号为 LP8，其埋深为1.3m 可满足使用要求。

拉线组装和零配件按照单、双钢绞线普通拉线组装图（见图2－2－1－36）进行选型组装。

4. 底盘选择

（1）绝缘导线垂直荷载。已知绝缘导线总垂直荷载为 $3\times 1145=3435$（N）$=3.435kN$。

（2）拉线垂直荷载。根据拉线规格为 GJ－25、$\beta=60°$，从拉线垂直荷载表（见图2－2－1－102）中查出拉线垂直荷载为16kN。

（3）底盘选择。作用在电杆基础的最大垂直荷载为 $3.435+16=19.435$（kN）。

从基础最大垂直荷载表（见图2－2－1－104）中查出底盘为 DP6 时，基础最大垂直荷载为 $82.1kN>19.435kN$。

故选用 DP6 底盘可满足使用要求。

（六）6 号电杆选择

绝缘子的选择见电杆装置图（见图2－2－1－8），其余各部件选择与2号电杆各部件选择内容、方法相同。

（七）7 号电杆选择

根据线路转角度数为 $42°30'$，故选用耐张转角杆 NJ_1。

1. 绝缘子选择

见耐张转角杆 NJ_1 杆装置图（见图2－2－1－14）。

2. 横担选择

从横担选择表（见图2－2－1－84）查出耐张横担、覆冰厚度为10mm、代表挡距为70m 一栏中选出 $2\angle 63\times 6$ 规格横担，再根据电杆梢径 $\phi 190mm$，从横担加工图（见图2－2－1－46）中查出当角钢规格为 $\angle 63\times 6$ 时，横担型号为 $2I_2$。

3. 拉线选择

（1）拉线截面选择：

①主拉线选择。从普通、V 形拉线截面选择表（$v=25m/s$）（见图2－2－1－95）查出 $45°$ 转角杆、$\beta=45°$、代表挡距为70m 一栏中 GJ－25 可满足使用要求。②辅助拉线选择。方法同上，但辅助拉线一律按耐张杆型选择，$\beta=45°$ 时，选用 GJ－25 拉线可满足使用要求。

（2）选择拉线盘型号及其埋深。根据已知条件从拉线盘埋深选择表（见图 2-2-1-102）中查出主拉线采用 LP8、埋深为 1.3m，辅助拉线采用 LP8、埋深为 1.3m 可满足使用要求。

4. 底盘选择

（1）绝缘导线垂直荷载。已知绝缘导线垂直荷载为 3.435kN。

（2）拉线垂直荷载。查拉线垂直荷载表（见图 2-2-1-102）。

①主拉线垂直荷载为 13.06kN；②辅助拉线垂直荷载为 2×13.06＝26.12kN。

（3）底盘选择。作用在基础的总垂直荷载为 3.435＋13.06＋26.12＝42.615（kN），从基础最大垂直荷载表（见图 2-2-1-104）中查出选用 DP6 底盘时，基础最大垂直荷载为 82.1kN＞42.615kN，故选用 DP6 可满足使用要求。

（八）8 号电杆选择

各部件选择同 6 号电杆。

（九）9 号电杆选择

根据线路转角度数为 47°，故选用耐张转角杆 NJ₂。

1. 绝缘子选择

见耐张转角杆 NJ₂ 杆顶安装图（见图 2-2-1-15）。

2. 横担选择

线路转角角数大于 45°应按终端杆型选择，方法同 1 号电杆各部件选择。

3. 拉线选择

方法同 1 号电杆各部件选择。

4. 底盘选择

（1）绝缘导线垂直荷载。方法同 1 号电杆各部件选择，但绝缘导线总垂直荷载应为

$$3×1145＝3435（N）＝3.435kN$$

（2）拉线垂直荷载。从拉线垂直荷载表（见图 2-2-1-102）中查出拉线垂直荷载应为

$$2×13.06＝26.12（kN）$$

（3）底盘选择。作用在电杆基础的总垂直荷载为 3.435＋26.12＝29.555（kN），选用 DP6 底盘时，最大允许垂直荷载为 82.1kN＞29.555kN，故选用 DP6 可满足使用要求。

（十）10 号电杆选择

各部件选择同 6 号电杆。

该电杆为终端杆 D₁ 杆型（见图 2-2-1-17），其各部件选择方法与 1 号电杆相同。

（十一）11 号电杆选择

该电杆为隔离开关杆杆型（见图 2-2-1-30），该杆型不应作为耐张杆使用。

横担按耐张杆型选择，从横担选择表（见图 2-2-1-84）中查出角钢规格为 2∠63×6。

四、全线杆塔一览表

见图 2-2-1-113。

全线杆塔一览表

电杆编号	1	2、3	4	5	7	6、8	9	10	11
杆型示意图									
杆型（代号）	D4	K1	ZJ1	ZJ2	NJ1	Z1	NJ2	D1	GK2
装置图图号	2-2-1-20	2-2-1-10	2-2-1-12	2-2-1-13	2-2-1-14	2-2-1-8	2-2-1-15	2-2-1-17	2-2-1-30
电杆	φ190×10×F	φ190×10×F	φ190×10×F	φ190×10×F	φ190×10×F	φ190×10×F	φ190×10×F	φ190×10×F	φ190×10×F
横担	2L90×8(2Ⅲ2)	L63×6(I2)	L63×6(I2)	2L63×6(2I2)	2L63×6(2I2)	L63×6(I2)	2×(2L90×8)(2Ⅲ2)	(2L90×8)(2Ⅲ2)	2L63×6(2I2)
拉线	GJ-25			GJ-25	GJ-25+GJ-25/2组		GJ-25/2组	GJ-25	
底盘	DP6			DP6	DP6		DP6	DP6	
卡盘		KP12				KP12			KP12
拉线盘	LP8			LP8	LP8/3个		LP8/2个	LP8	
附注									

注：本表内容可根据需要增减。

一、金具现状及新型节能金具开发

配电线路在采用与送电线路相同截面的导线时，由于配电线路挡距小。拉力小，对其机械强度、线夹握力等要求相应地较小。目前配电线路基本上是沿用送电线路的金具。由于送电线路金具的强度要求高，设计时充分考虑了这一特殊要求，大部分连接金具都采用了钢铁等黑色金属。如承受导线张力的耐张线夹，目前配电线路设计也都采用标准型的螺栓耐张线夹，这种线夹采用可锻铸铁，用铸造的方法制成，粗大笨重，以应用最广泛的NLD线夹为例，重量就达4.2kg。而国外用于配电线路的铝合金耐张线夹重量仅为0.2kg，两者重量之比竟达1：20。

在电能损失方面，为了满足强度要求，采用了磁性材料（如钢和铁），这些磁性材料和螺栓形成了闭合回路，通电后在交变磁场的作用下产生磁滞涡流损失，每时每刻都在损耗着电能。这一损失基本上与电流的平方成正比。目前电力线路上大量采用钢制U形螺栓用作导线的连接。据有关文献资料报道，一个U形螺栓的电能损失达几十瓦，全国U形螺栓的电能损失就非常巨大。鉴于这样的现状，如果能根据配电线路低电压、大电流、量多面广的特点，开发出配电线路金具代替目前广泛套用的送电线路金具，应用前景是非常广阔的。

二、选用新型材料

配电金具由于挡距小、拉力小，在同样条件下对强度要求相对低些。根据配电线路的特点，应增加对铝合金等有色金属的使用来代替黑色金属。铝合金的导电性能好，重量轻，加工方便且耐腐蚀。随着科学技术的发展，铝合金的强度也逐渐提高。如添加了稀土的铝镁硅系合金，其抗拉强度已达280MPa，几乎接近A3钢，且它的延伸率达到8%以上。

铜合金由于其比重较大、加工复杂，应用前景没有铝合金广，但近年出现了新的铜合金材料，如上海电器科学研究所研制有一种新型铜合金，导电率几乎和纯铜一样，抗拉强度接近A3钢。其他材料如工程塑料等，国内开发的品种也较多。在非承力的配电金具开发中，应大量采用新材料，尤其应注重以铝合金来代替铸铁。

三、采用新工艺

传统的电力金具生产工艺主要是铸造，从悬垂线夹、防振金具直至并沟线夹，几乎都用人工浇铸的方法。电力金具特别是拉线金具不允许断裂，也不允许变形。铸造工艺由于它的不直观性，始终存在着肉眼难以发现的夹渣、砂眼等铸造缺陷，成为事故隐患。

第二章　10kV及以下绝缘导线架空配电线路	第二节　10(6)kV新型节能金具绝缘导线(剥除绝缘层)架空线路
图号　2-2-2-1	图名　新型节能金具和科学施工方法(一)

配电金具的开发既然作为一种新品开发，应该大力摒弃传统的加工工艺，在其外形设计中充分考虑工艺结构要求，采用压力铸造、冷挤压、型材拉制等新工艺，实践证明，采用这种新工艺加工的电力金具，外型美观、加工方便、结构合理、轻巧简便，可以大量减少材料的损耗。

新的配电线路金具设计，除应采用新材料、新工艺满足其强度和电气性能要求外，不可忽视产品的美观性和节能要求。在设计开发中，应充分考虑配电金具和城市环境的协调。因此，工业造型的美术设计应引入配电金具的开发设计过程中，使其满足外型美观的要求。

为了减少磁滞电能的损失，在采用钢和铁等磁性材料时，设计中还应注意不能形成闭合磁环。目前国外采用磁性材料制造的配电金具都是开口的，绝对没有形成闭合回路之虞。

四、推行科学施工方法

配电金具的开发应用主要是配电金具产品的设计生产，但是为了适应线路运行的要求，充分体现产品的优良特性，还应大力推行与之相配套的配电金具安装的科学施工方法。长期以来，我们以传统的施工方法来安装电力金具，这在很大程度上削弱了金具性能的发挥，仅以螺栓的紧固为例，普遍认为拧得越紧越好。然而，实验证明紧固力的增加并不能相应增大接触压力，它们之间不存在线性关系。这是由于过大的紧固力使材质产生蠕变，接触电阻反而增大。

国外对拧紧力矩的问题越来越重视，日本和美国等都对拧紧力矩作出统一的规定。因此，配电金具开发的同时还应对其施工方法作出与之相配套的适当规定，这和线路金具的运行可靠性有着很大关系，如螺栓的拧紧力矩、金具施工前的表面处理和采用压接方法施工的压接尺寸等。科学的施工方法，除了在安装时认真实施外，在配电金具的设计中亦因充分考虑这一因素。采用简洁、方便的结构，既要考虑加工方便也要考虑安装方便，同时，应设计和选择与配电金具配套的施工工具，使其和配电金具成为系列产品。

JNK₁型
适用25~50mm²

JNXQ型

规格	适用范围	握力/kN	破坏荷重/kN
JNXQ₁	TJ70~TJ95mm²	21.58	33.2
JNXQ₂	LJ70~LJ95mm²	9.40	14.5
TNXQ₃	TJ120~TJ150mm²	33.6	51.8
JNXQ₄	LJ120~LJ150mm²	15.2	24.3

配电铝合金耐张线夹NXLH型　　　　　　　　　　　　　　绝缘耐张线夹NXJ/JNXJ

绝缘耐张线夹WKC/WKH型

规　格	适用范围	握力/kN	破坏荷重/kN
WKC_1	$TJ50 \sim TJ70mm^2$	15.7	24.1
WKC_2	$TJ95 \sim TJ120mm^2$	26.8	41.2
WKC_3	$TJ150mm^2$	33.6	51.8
WKH_1	$LJ50 \sim LJ95mm^2$	9.4	14.5
WKH_2	$LJ120 \sim LJ150mm^2$	15.2	23.4
WKH_3	$LJ185 \sim LJ240mm^2$	23.6	36.3
$NXJ_{10 \times 50}$	$50mm^2$	10.0	11.0
$NXJ_{10 \times 70}$	$70mm$	11.0	12.0
$NXJ_{10 \times 120}$	$95 \sim 120mm^2$	11.0	12.0
$NXJ_{10 \times 185}$	$150 \sim 185mm^2$	11.0	12.0
$NXLH_1$	$LJ50 \sim LJ70mm^2$	> 7.11	> 19.42
$NXLH_2$	$LJ95 \sim LJ120mm^2$	> 12.02	> 10.95
$JNXJ_{4 \times 35}$	$4 \times 35mm^2$		

第二章　10kV及以下绝缘导线架空配电线路		第二节　10(6)kV新型节能金具绝缘导线(剥除绝缘层)架空线路
图号	2-2-2-4	图名　绝缘耐张线夹及其绝缘罩(二)

JQT$_2$、JQT$_3$黄铜钳型线夹及其绝缘罩

JQT$_1$黄铜钳型线夹及其绝缘罩

JBL异形并沟线夹及其绝缘罩

JDT铜单槽线夹

规格	适用范围
JBL$_1$	LJ16～70/LGJ16～70mm^2
JBL$_2$	LJ35～120/LGJ35～120mm^2
JBL$_3$	LJ95～300/LGJ95～300mm^2
JDT$_1$	TJ50～TJ70mm^2
JDT$_2$	TJ95～TJ120mm^2
JQT$_2$	TJ95mm^2
JQT$_3$	TJ150mm^2
JQT$_1$	TJ25～TJ70mm^2

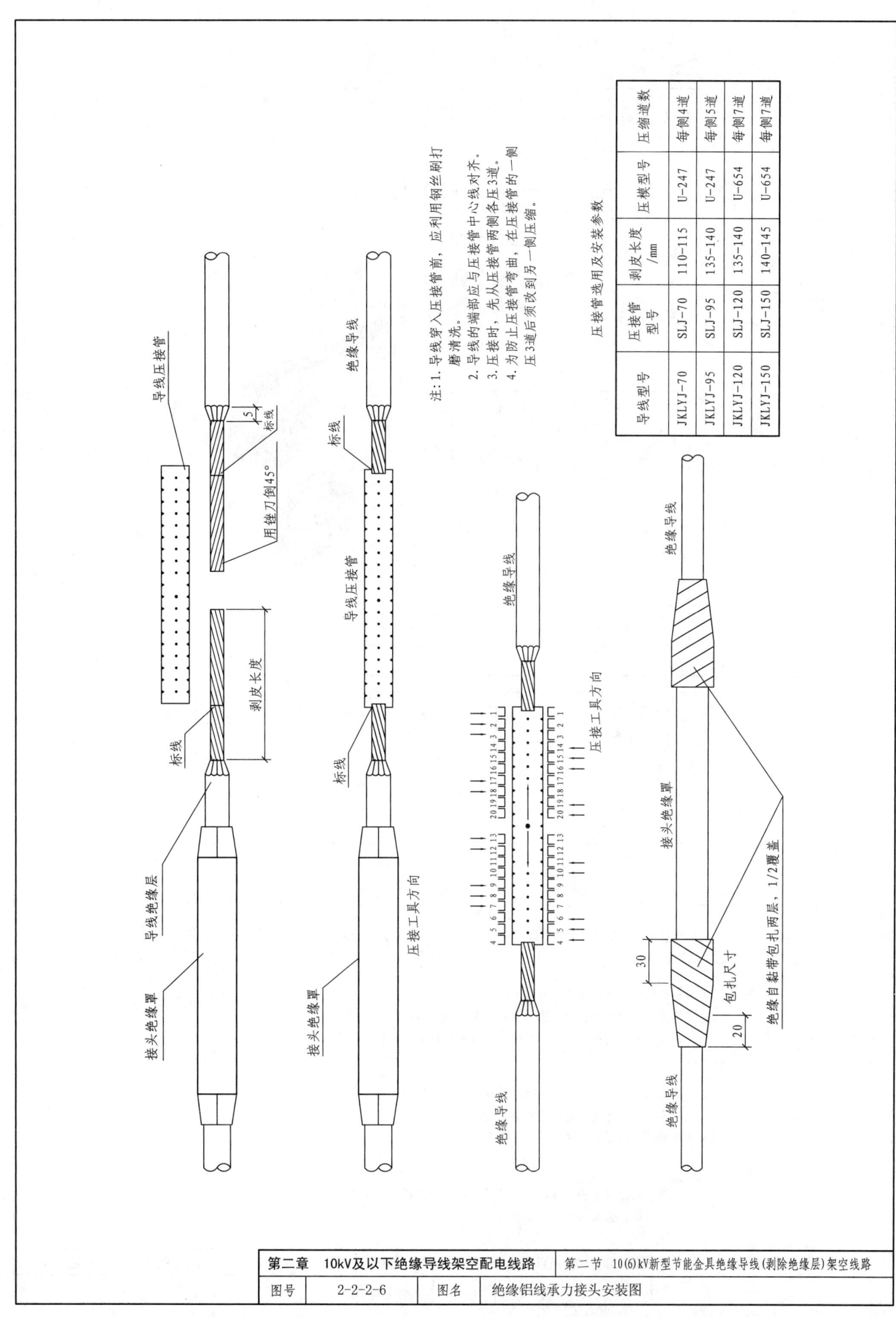

压接管选用及安装参数

导线型号	压接管型号	压模型号	剥皮长度/mm	压缩道数
JKLYJ-70	SLJ-70	U-247	110~115	每侧4道
JKLYJ-95	SLJ-95	U-247	135~140	每侧5道
JKLYJ-120	SLJ-120	U-654	135~140	每侧7道
JKLYJ-150	SLJ-150	U-654	140~145	每侧7道

注：1. 导线穿入压接管前，应利用钢丝刷打磨清洗。
2. 导线的端部应与压接管中心线对齐。
3. 压接时，先从压接管两侧各压3道。
4. 为防止压接弯曲，在压接管的一侧压3道后须改到另一侧压缩。

AD 绝缘胶带 　　　　　　　　　　　　　　（黑色黏性聚乙烯胶带）

厚0.5mm×宽20mm×长10mm

东京电力(株)用品

东京电力规格6Y-23

＜AEW＞旭电机株式会社

尺寸

项 目	标准尺寸	公差
厚/mm	0.5	±0.05
宽/mm	20	±1.0
长/m	10	以上

规 格	适用范围
6Y-23	连接部分的绝缘处理

特点

项 目	特 性	试 验 条 件
绝缘耐力/（kV/0.5mm）	15以上	JISC2110
体积电阻率/（Ω·cm）	$1×10^{15}$以上	JISC2107
抗拉/[N/m²（kgf/㎡）]	3（0.3）以上	JISK6301
延伸率/%	400以上	
加 抗拉/[N/m²(kgf/m²)]	2.5（0.25）以上	JISK6301
热 延伸率/%	350	（100℃，96h加热后）
黏着力/（kgf/m）	20（2）	重合法
耐臭氧性	无异常	JISK6301（200ppm，40℃，延伸率200％，1h）
耐盐雾性/次	101	JISC3005（4kV,喷雾10min,停止20s）

特长

电气特性和机械特性超群，耐气候性能、防水性能、耐湿性能、耐药品性能都十分良好。

使用方法

（1）将包扎部分的油、灰尘去除干净。

（2）在使用时，轻轻地将胶带拉紧使其宽度变细约2mm，以半重形式绕扎。

（3）在绕扎达到一定厚度后，将胶带剪断用手在胶带上轻轻按一下。

用途

（1）用于高压电力电缆的端末处理以及连接部位的绝缘处理。

（2）用于高压电力电缆绝缘体损坏部位的修理。

（3）用于高压绝缘罩毂安装部位的绝缘处理。

注意事项

（1）聚乙烯胶层上没有隔离层，所以不用剥离任何东西就可使用。

（2）天气寒冷时，请稍加热后再使用。

第二章　10kV及以下绝缘导线架空配电线路	第二节　10(6)kV新型节能金具绝缘导线(剥除绝缘层)架空线路
图号　2-2-2-7　图名	自黏性绝缘胶带

楔形线夹

穿刺线夹

规格	适用范围
JKT₅	TJ240~TJ300mm²
JKT₄	TJ150~TJ185mm²
JKT₃	TJ95~TJ120mm²
JKT₂	TJ50~TJ70mm²
JKT₁	TJ16~TJ35mm²

JKT铜底座线卡子

规格	适用范围
DT₁	TJ25mm²
DT₂	TJ35mm²
DT₃	TJ50mm²
DT₄	TJ70mm²
DT₅	TJ95mm²
DT₆	TJ120mm²
DT₇	TJ150mm²
DT₈	TJ185mm²
DT₉	TJ240mm²
DT₁₀	TJ300mm²

DT堵油式接线端子

第二章	10kV及以下绝缘导线架空配电线路		第二节 10(6)kV新型节能金具绝缘导线(剥除绝缘层)架空线路
图号	2-2-2-8	图名	楔形线夹、穿刺线夹、卡子、端子

509

10kV XP-4G-1 悬式绝缘子及其绝缘罩

10kV SL-15/30 双铁头瓷拉棒

10kV PS-15/2.5 棒形针式绝缘子

第二章 10kV及以下绝缘导线架空配电线路	第二节 10(6)kV新型节能金具绝缘导线(剥除绝缘层)架空线路	
图号	2-2-2-9	图名	绝缘子

二眼板及其绝缘罩

JKY耐候型绝缘扎线

10kV铜绝缘导线用验电接地环及其绝缘罩

第二章 10kV及以下绝缘导线架空配电线路		第二节 10(6)kV新型节能金具绝缘导线(剥除绝缘层)架空线路
图号	2-2-2-10	图名	二眼板、接地环、扎线

导线压接用12T液压钳

铜绞线、铝绞线断线用SH320断线钳

绝缘导线剥皮用剥线刀

第二章　10kV及以下绝缘导线架空配电线路		第二节　10(6)kV新型节能金具绝缘导线(剥除绝缘层)架空线路
图号	2-2-2-11	图名	施工工具

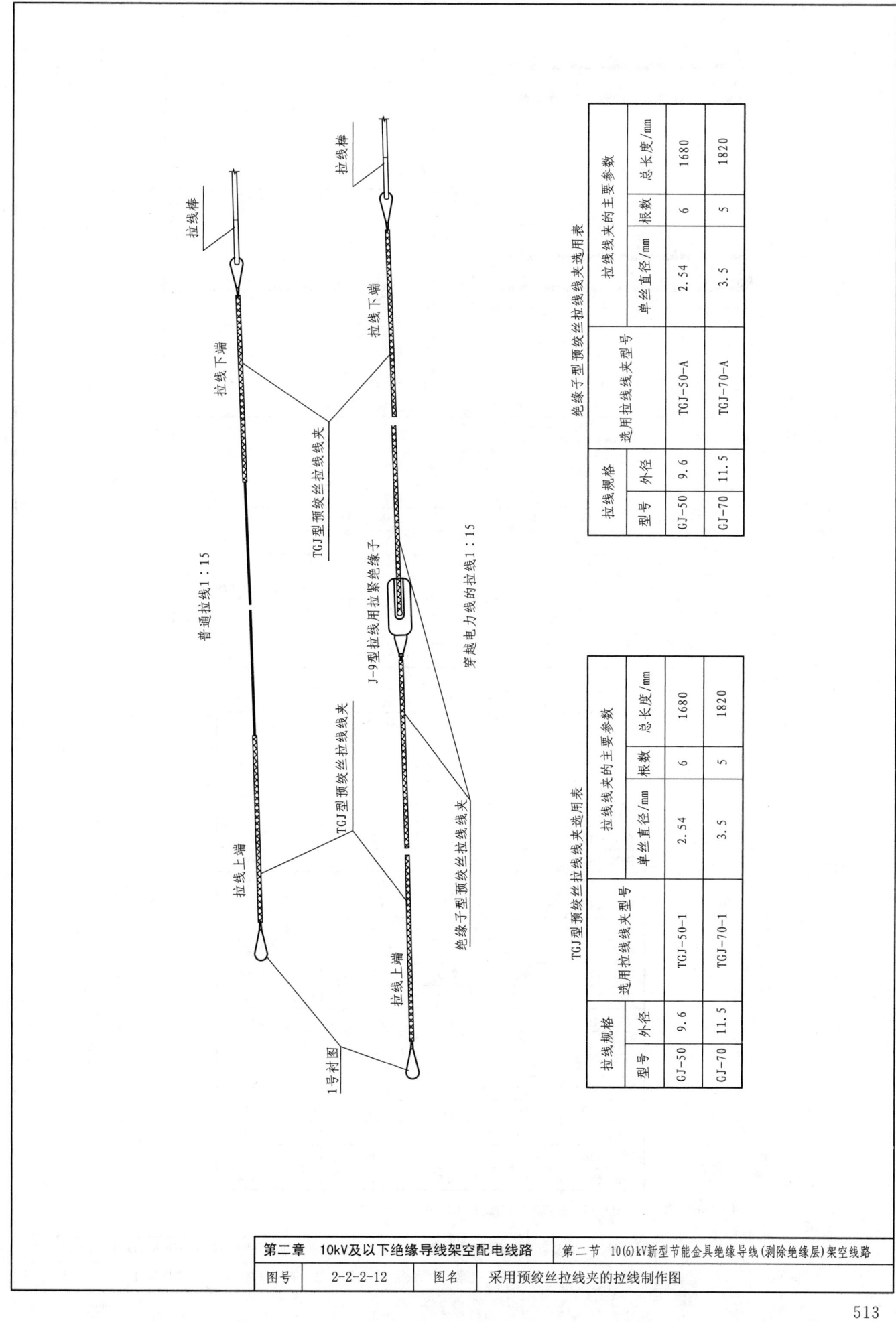

普通拉线 1 : 15

拉线上端

拉线下端

1号衬图

拉线上端

TGJ型预绞丝拉线线夹

TGJ型预绞丝拉线线夹

J-9型拉线用拉紧绝缘子

穿越电力线的拉线 1 : 15

拉线下端

绝缘子型预绞丝拉线线夹

TGJ型预绞丝拉线线夹

拉线棒

TGJ型预绞丝拉线线夹选用表

拉线规格		选用拉线线夹型号	拉线线夹的主要参数		
型号	外径		单丝直径/mm	根数	总长度/mm
GJ-50	9.6	TGJ-50-1	2.54	6	1680
GJ-70	11.5	TGJ-70-1	3.5	5	1820

绝缘子型预绞丝拉线线夹选用表

拉线规格		选用拉线线夹型号	拉线线夹的主要参数		
型号	外径		单丝直径/mm	根数	总长度/mm
GJ-50	9.6	TGJ-50-A	2.54	6	1680
GJ-70	11.5	TGJ-70-A	3.5	5	1820

C:\My Documents\3ci\2-3-12a.tif

C:\My Documents\3ci\2-3-12b.tif

用于拉紧绝缘子上预绞丝拉线线夹性能表

产品型号	钢绞线		拉线线夹尺寸/mm		最低握持强度/kg
	标称截面积/mm²	外表直径/mm	L	D	
TWGG-22I	22	6.0	570	65	2520
TWGG-30I	30	6.9	610	65	3270
TWGG-35I	35	7.8	660	65	4180
TWGG-45I	45	8.7	710	65	5200
TWGG-55I	55	9.6	750	65	6300
TWGG-65I	65	10.5	800	65	7560
TWGG-90I	90	12.0	900	65	8000
TWGG-135I	135	15.0	1000	65	12000

用于拉线终端（花兰螺栓）预绞丝拉线线夹性能表

产品型号	钢绞线		拉线线夹尺寸/mm		最低握持强度/kg
	标称截面积/mm²	外表直径/mm	L	D	
TWGG-1401T	14	4.8	460	35	1620
TWGG-1801T	18	5.4	550	35	2040
TWGG-2201T	22	6.0	580	35	2520
TWGG-3001T	30	6.9	610	35	3270
TWGG-3501T	35	7.8	660	35	4180
TWGG-4501T	45	8.7	710	40	5200
TWGG-5501T	55	9.6	750	40	6300
TWGG-6501T	65	10.5	800	40	7560
TWGG-9001T	90	12.0	900	40	8000
TWGG-1351T	135	15.0	1000	40	12000
TWGG-$\frac{5}{16}$inT	40	7.9	790	40	5080
TWGG-$\frac{3}{8}$inT	50	9.1	890	40	6980
TWGG-2202T	22	6.0	910	35	2520
TWGG-3002T	30	6.9	950	35	3270
TWGG-3502T	35	7.8	1000	35	4180
TWGG-4502T	45	8.7	1050	40	5200
TWGG-5502T	55	9.6	1090	40	6300
TWGG-6502T	65	10.5	1140	40	7560

注：TWGG-5501T相当于GJ-50，TWGG6501T相当于GJ-70。

第二章　10kV及以下绝缘导线架空配电线路	第二节　10（6）kV新型节能金具绝缘导线(剥除绝缘层)架空线路	
图号	2-2-2-13	图名	台湾大伟电工厂生产的预绞丝拉线线夹规格尺寸

颈状部分

应用长度 ± 45

$2\frac{1}{4}$in直径(C)
$2\frac{7}{8}$in直径(F)

柱形针式绝缘子

$2\frac{1}{4}$in直径(C)
$2\frac{7}{8}$in直径(F)
$3\frac{1}{2}$in直径(J)

针式绝缘子

预绞丝绑线绑扎导体工艺（顶绑）

针式、柱形针式绝缘子顶端导体绑扎用预绞丝绑线规格

产品型号			应用长度 /mm	导体尺寸 直径近似值 /mm
绝缘子型式				
C—颈状部分	F—颈状部分	J—颈状部分		
TWTT-7C	TWTT-7F	TWTT-7J	610	7.06
TWTT-8C	TWTT-8F	TWTT-8J	640	8.39
TWTT-9C	TWTT-9F	TWTT-9J	665	9.41
TWTT-10C	TWTT-10F	TWTT-10J	740	10.43
TWTT-11C	TWTT-11F	TWTT-11J	760	11.51
TWTT-12C	TWTT-12F	TWTT-12J	790	12.78
TWTT-14C	TWTT-14F	TWTT-14J	820	14.36
TWTT-16C	TWTT-16F	TWTT-16J	840	16.41
TWTT-17C	TWTT-17F	TWTT-17J	865	17.79
TWTT-19C	TWTT-19F	TWTT-19J	880	19.70
TWTT-22C	TWTT-22F	TWTT-22J	930	22.03
TWTT-24C	TWTT-24F	TWTT-24J	990	24.59
TWTT-26C	TWTT-26F	TWTT-26J	1030	26.16
TWTT-28C	TWTT-28F	TWTT-28J	1070	28.21

第二章	10kV及以下绝缘导线架空配电线路		第二节 10(6)kV新型节能金具绝缘导线(剥除绝缘层)架空线路
图号	2-2-2-14	图名	台湾大伟电工厂生产的预绞丝绑线规格尺寸(一)

应用长度 ±45

颈状部分

$2\frac{1}{4}$in直径(C)
$2\frac{7}{8}$in直径(F)

柱形针式绝缘子

针式绝缘子

$2\frac{1}{4}$in直径(C)
$2\frac{7}{8}$in直径(F)

卷盘形绝缘子

$1\frac{3}{4}$in

$1\frac{1}{16}$in

$\frac{11}{16}$in

3in

$3\frac{1}{8}$in

预绞丝绑线绑扎导体工艺（侧绑）

针式、柱形针式、卷盘形绝缘子侧面导体绑扎用预绞丝绑线规格

产品型号			应用长度 /mm	导体尺寸 直径近似值 /mm
针式、柱形针式绝缘子		卷盘形绝缘子		
C—颈状部分	F—颈状部分			
TWST-4PC	TWST-4PF	TWST-4S	535	5.14
TWST-5PC	TWST-5PF	TWST-5S	535	5.98
TWST-6PC	TWST-6PF	TWST-6S	585	6.77
TWST-7PC	TWST-7PF	TWST-7S	635	7.95
TWST-9PC	TWST-9PF	TWST-9S	635	9.09
TWST-10PC	TWST-10PF	TWST-10S	635	10.17
TWST-11PC	TWST-11PF	TWST-11S	685	11.46
TWST-12PC	TWST-12PF	TWST-12S	685	12.78
TWST-14PC	TWST-14PF	TWST-14S	740	14.36
TWST-16PC	TWST-16PF	TWST-16S	790	16.08
TWST-17PC	TWST-17PF	TWST-17S	790	17.93
TWST-19PC	TWST-19PF	TWST-19S	790	19.84
TWST-21PC	TWST-21PF	TWST-21S	790	21.67
TWST-23PC	TWST-23PF	TWST-23S	790	23.63

明　细　表

序号	规　格　名　称	单位	数量
1	PS-15/2.5棒形针式绝缘子	只	3
2	耐候型绝缘扎线	卷	3
3	-8×50中相垫高支架	块	1
4	M16×35单帽螺栓	只	2
5	B16圆垫圈	个	2
6	1296角钢四路横担(连托架)	根	1
7	φ190抱箍	副	0.5
8	M16×180单帽螺栓	只	2

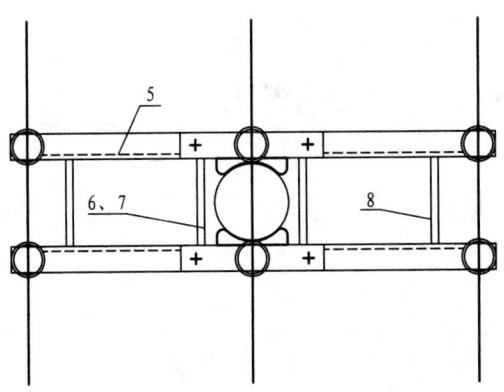

明 细 表

序号	规 格 名 称	单位	数量
1	PS-15/2.5棒形针式绝缘子	只	6
2	耐候型绝缘扎线	卷	6
3	-8×50中相垫高支架	块	2
4	M16×35单帽螺栓	只	4
5	1296角钢四路横担(连托架)	根	2
6	M16×280单帽螺栓	只	2
7	B16圆垫圈	个	4
8	M16×290双头四帽螺栓	只	2

第二章　10kV及以下绝缘导线架空配电线路		第二节　10(6)kV新型节能金具绝缘导线(剥除绝缘层)架空线路
图号	2-2-2-17	图名
		10kV架空绝缘导线三角排列直线跨越杆装置图

518

明 细 表

序号	规 格 名 称	单位	数量
1	PS-15/2.5棒形针式绝缘子	只	3
2	耐候型绝缘扎线	卷	3
3	1600角钢四路横担	根	1
4	M16×35单帽螺栓	只	1
5	1170角钢斜撑	根	1
6	φ190抱箍	副	1.5
7	M16×75单帽螺栓	只	2
8	M16×180单帽螺栓	只	2
9	B16圆垫圈	个	2
10	φ190圆杆托架	块	1

第二章　10kV及以下绝缘导线架空配电线路		第二节　10(6)kV新型节能金具绝缘导线(剥除绝缘层)架空线路
图号	2-2-2-18	图名　10kV架空绝缘导线水平排列直线杆装置图

519

明 细 表

序号	规 格 名 称	单位	数量
1	PS-15/2.5棒形针式绝缘子	只	6
2	耐候型绝缘扎线	卷	6
3	1600角钢四路横担	根	2
4	M16×35单帽螺栓	只	2
5	1170角钢斜撑	根	2
6	φ190抱箍	副	1
7	M16×75单帽螺栓	只	2
8	M16×290双头四帽螺栓	只	2
9	M16×280单帽螺栓	只	2
10	B16圆垫圈	个	4
11	φ190圆杆托架	块	2

第二章　10kV及以下绝缘导线架空配电线路	第二节　10(6)kV新型节能金具绝缘导线(剥除绝缘层)架空线路
图号　　2-2-2-19　　　图名	10kV架空绝缘导线水平排列直线跨越杆装置图

明　细　表

序号	规 格 名 称	单位	数量
1	PS-15/2.5棒形针式绝缘子	只	3
2	耐候型绝缘扎线	卷	3
3	1600角钢四路横担	根	1
4	M16×35单帽螺栓	只	1
5	1170角钢斜撑	根	1
6	φ190抱箍	副	1.5
7	M16×75单帽螺栓	只	2
8	M16×180单帽螺栓	只	2
9	B16圆垫圈	个	2
10	φ190圆杆托架	块	1

明　细　表

序号	规　格　名　称	单位	数量
1	PS-15/2.5棒形针式绝缘子	只	3
2	耐候型绝缘扎线	卷	3
3	-8×50中相垫高支架	块	1
4	M16×35单帽螺栓	只	2
5	B16圆垫圈	个	2
6	GJ-35板线装置	套	1
7	φ190抱箍	副	1.5
8	M16×75单帽螺栓	只	2
9	1296角钢四路横担（连托架）	根	1
10	M16×180单帽螺栓	只	2

第二章　10kV及以下绝缘导线架空配电线路		第二节　10(6)kV新型节能金具绝缘导线(剥除绝缘层)架空线路
图号	2-2-2-21	图名
		10kV架空绝缘导线三角排列0°～15°转角杆装置图

522

明　细　表

序号	规格名称	单位	数量
1	PS-15/2.5棒形针式绝缘子	只	3
2	耐候型绝缘扎线	卷	3
3	1600角钢四路横担	根	1
4	M16×35单帽螺栓	只	1
5	1170角钢斜撑	根	1
6	φ190抱箍	副	2.5
7	M16×75单帽螺栓	只	4
8	GJ-35拉线装置	套	1
9	M16×180单帽螺栓	只	2
10	B16圆垫圈	个	2
11	φ190圆杆托架	块	1

第二章　10kV及以下绝缘导线架空配电线路	第二节　10(6)kV新型节能金具绝缘导线(剥除绝缘层)架空线路
图号　2-2-2-22	图名　10kV架空绝缘导线水平排列0°～15°转角杆装置图

明　细　表

序号	规　格　名　称	单位	数量
1	PS-15/2.5棒形针式绝缘子	只	6
2	耐候型绝缘扎线	卷	6
3	-8×50中相垫高支架	块	2
4	M16×35单帽螺栓	只	4
5	GJ-35拉线装置	套	1
6	φ190抱箍	副	1
7	M16×75单帽螺栓	只	2
8	1296角钢四路横担（连托架）	根	2
9	M16×280单帽螺栓	只	2
10	B16圆垫圈	个	4
11	M16×290双头四帽螺栓	只	2

第二章　10kV及以下绝缘导线架空配电线路	第二节　10(6)kV新型节能金具绝缘导线(剥除绝缘层)架空线路		
图号	2-2-2-23	图名	10kV架空绝缘导线三角排列15°～30°转角杆装置图

明 细 表

序号	规 格 名 称	单位	数量
1	PS-15/2.5棒形针式绝缘子	只	6
2	耐候型绝缘扎线	卷	6
3	1600角钢四路横担	根	2
4	M16×35单帽螺栓	只	2
5	1170角钢斜撑	根	2
6	φ190抱箍	副	2
7	M16×75单帽螺栓	只	4
8	GJ-35拉线装置	套	1
9	M16×290双头四帽螺栓	只	2
10	M16×280单帽螺栓	只	2
11	B16圆垫圈	个	4
12	φ190圆杆托架	块	2

第二章　10kV及以下绝缘导线架空配电线路		第二节　10(6)kV新型节能金具绝缘导线(剥除绝缘层)架空线路	
图号	2-2-2-24	图名	10kV架空绝缘导线水平排列15°～30°转角杆装置图

明 细 表

序号	规 格 名 称	单位	数量
1	10kV绝缘导线耐张串装置	串	6
2	PS-15/2.5棒形针式绝缘子	只	1
3	耐候型绝缘扎线	卷	1
4	φ190抱箍	副	1
5	M16×75单帽螺栓	只	2
6	GJ-35拉线装置	套	1
7	M16×290双头四帽螺栓	只	2
8	M16×280单帽螺栓	只	2
9	B16圆垫圈	个	4
10	10kV绝缘导线接续装置	套	3
11	1296角钢四路横担（连托架）	根	2

明　细　表

序号	规　格　名　称	单位	数量
1	10kV绝缘导线耐张串装置	串	6
2	1600角钢四路横担（连托架）	根	4
3	PS-15/2.5棒形针式绝缘子	只	3
4	耐候型绝缘扎线2m/卷	卷	3
5	GJ-35拉线装置	套	2
6	ϕ190抱箍	副	2
7	M16×75单帽螺栓	只	4
8	M16×290双头四帽螺栓	只	4
9	10kV绝缘导线接续装置	套	3
10	M16×280单帽螺栓	只	4
11	B16圆垫圈	个	8

第二章　10kV及以下绝缘导线架空配电线路	第二节　10(6)kV新型节能金具绝缘导线(剥除绝缘层)架空线路
图号　2-2-2-26　　图名	10kV架空绝缘导线30°～90°转角杆(顺向)装置图

明　细　表

序号	规 格 名 称	单位	数量
1	10kV绝缘导线耐张串装置	串	6
2	1600角钢四路横担（连托架）	根	4
3	PS-15/2.5棒形针式绝缘子	只	2
4	耐候型绝缘扎线2m/卷	卷	2
5	GJ-35拉线装置	套	2
6	φ190抱箍	副	2
7	M16×75单帽螺栓	只	4
8	M16×290双头四帽螺栓	只	4
9	10kV绝缘导线接续装置	套	3
10	M16×280单帽螺栓	只	4
11	B16圆垫圈	个	8

第二章　10kV及以下绝缘导线架空配电线路	第二节　10(6)kV新型节能金具绝缘导线(剥除绝缘层)架空线路
图号　2-2-2-27　图名	10kV架空绝缘导线30°～90°转角杆(逆向)装置图

明 细 表

序号	规 格 名 称	单位	数量
1	10kV绝缘导线耐张串装置	串	6
2	PS-15/2.5棒形针式绝缘子	只	1
3	耐候型绝缘扎线	卷	1
4	M16×290双头四帽螺栓	只	2
5	M16×280单帽螺栓	只	2
6	B16圆垫圈	个	4
7	10kV绝缘导线接续装置	套	3
8	1296角钢四路横担（连托架）	根	2

明　细　表

序号	规　格　名　称	单位	数量
1	10kV绝缘导线耐张串装置	串	3
2	GJ-35拉线装置	套	1
3	ϕ190抱箍	副	1
4	M16×75单帽螺栓	只	2
5	M16×290双头四帽螺栓	只	2
6	M16×280单帽螺栓	只	2
7	B16圆垫圈	个	4
8	1296角钢四路横担（连托架）	根	2

序号	规 格 名 称	单位	数量
明 细 表			
1	10kV绝缘导线耐张串装置	串	3
2	1296角钢四路横担(连托架)	根	3
3	PS-15/2.5棒形式绝缘子	只	4
4	耐候型绝缘扎线2m/卷	卷	4
5	-8×50中相垫高支架	块	1
6	M16×35单帽螺栓	只	2
7	GJ-35拉线装置	套	1
8	φ190抱箍	副	2
9	M16×75单帽螺栓	只	2
10	M16×290双头四帽螺栓	只	2
11	M16×280单帽螺栓	只	2
12	B16圆垫圈	个	4
13	M16×180单帽螺栓	只	2
14	10kV绝缘导线接续装置	套	3

第二章	10kV及以下绝缘导线架空配电线路	第二节　10(6)kV新型节能金具绝缘导线(剥除绝缘层)架空线路
图号	2-2-2-30	图名　10kV架空绝缘导线直线支接杆装置图

序号	规格名称	单位	数量
1	PS-15/2.5棒形形式针式绝缘子	只	6
2	耐候型绝缘扎线	卷	6
3	10kV绝缘导线接续装置	套	6
4	1600角钢四路横担	根	1
5	M16×35单帽螺栓	只	3
6	B16圆垫圈	个	4
7	1170角钢斜撑	根	1
8	φ205抱箍	副	1
9	M16×90单帽螺栓	只	2
10	1296角钢四路横担（连托架）	根	1
11	M16×180单帽螺栓	只	4
12	φ190抱箍	副	1
13	-8×50中相垫高支架	块	1
14	φ190圆杆托架	块	1

明 细 表

第二章 10kV及以下绝缘导线架空配电线路	第二节 10(6)kV新型节能金具绝缘导线(剥除绝缘层)架空线路
图号　2-2-2-31　图名	10kV架空绝缘导线十字杆装置图

注：适用范围为35～50mm²。

明 细 表

序号	规 格 名 称	单位	数量
1	JNK₁绝缘耐张线夹	只	1
2	XP-40C-1悬式绝缘子	只	2
3	φ12×16销钉式U形挂环	只	1
4	耐候型绝缘扎线	卷	1
5	JNK₁耐张线夹用绝缘罩	只	1
6	XP-40C-1悬式绝缘子用绝缘罩	只	1

注：适用范围为70~150mm²。

明 细 表

序号	规 格 名 称	单位	数量
1	JNXQ$_{1/3}$绝缘耐张线夹	只	1
2	XP-40C-1悬式绝缘子	只	2
3	ϕ12×16销钉式U形挂环	只	1
4	AD自黏性绝缘胶带	卷	适量
5	JNKQ耐张线夹用绝缘罩	只	1
6	XP-40C-1悬式绝缘子用绝缘罩	只	1

注：适用范围为70~150mm²。

明 细 表

序号	规 格 名 称	单位	数量
1	WKC系列绝缘耐张线夹	只	1
2	二眼板	只	1
3	XP-40C悬式绝缘子	只	2
4	φ12×16销钉式U形挂环	只	1
5	AD自黏性绝缘胶带	卷	适量
6	WKC耐张线夹用绝缘罩	只	1
7	二眼板用绝缘罩	只	1
8	XP-40C悬式绝缘子用绝缘罩	只	1

第二章　10kV及以下绝缘导线架空配电线路		第二节　10(6)kV新型节能金具绝缘导线(剥除绝缘层)架空线路
图号	2-2-2-34	图名　10kV架空绝缘导线(铜芯)耐张串装置图(二)

注：适用范围为50～150mm²。

明　细　表

序号	规　格　名　称	单位	数量
1	WKC 系列绝缘耐张线夹	只	1
2	SL-15/30 瓷拉棒	只	1
3	$\phi12 \times 16$ 销钉式U形挂环	只	1
4	AD自黏性绝缘胶带	卷	适量
5	WKC耐张线夹用绝缘罩	只	1
6	SL-15/30瓷拉棒用绝缘罩	只	1

注：适用范围为50～240mm²。

序号	规 格 名 称	单位	数量
1	WKC-系列绝缘耐张线夹	只	1
2	二眼板	只	2
3	XP-40C-1悬式绝缘子	只	2
4	φ12×16销钉式U形挂环	只	1
5	AD自黏性绝缘胶带	卷	适量
6	WKH-耐张线夹用绝缘罩	只	1
7	二眼板用绝缘罩	只	1
8	XP-40C-1悬式绝缘子用绝缘罩	只	1

注：适用范围为70~150mm²。

明 细 表

序号	规 格 名 称	单位	数量
1	JNXQ$_{2/4}$绝缘耐张线夹	只	1
2	XP-40C-1悬式绝缘子	只	2
3	ϕ12×16销钉式U形挂环	只	1
4	AD自黏性绝缘胶带	卷	适量
5	JNKQ 耐张线夹用绝缘罩	只	1
6	XP-40C-1 悬式绝缘子用绝缘罩	只	1

注：适用范围为50～240mm²。

明　细　表

序号	规 格 名 称	单位	数量
1	WKH系列绝缘耐张线夹	只	1
2	二眼板	只	2
3	XP-40C悬式绝缘子	只	1
4	ϕ12×16销钉式U形挂环	只	1
5	AD自黏性绝缘胶带	卷	适量
6	WKH耐张线夹用绝缘罩	只	1
7	二眼板用绝缘罩	只	1
8	XP-40C悬式绝缘子用绝缘罩	只	1

注：适用范围为50~240mm²。

明 细 表

序号	规 格 名 称	单位	数量
1	WKH系列绝缘耐张线夹	只	1
2	SL-15/30瓷拉棒	只	1
3	φ12×16销钉式U形挂环	只	1
4	AD自黏性绝缘胶带	卷	适量
5	WKH耐张线夹用绝缘罩	只	1
6	SL-15/30瓷拉棒用绝缘罩	只	1

第二章　10kV及以下绝缘导线架空配电线路	第二节　10(6)kV新型节能金具绝缘导线(剥除绝缘层)架空线路
图号　2-2-2-39　图名	10kV架空绝缘导线(铝芯)耐张串装置图(三)

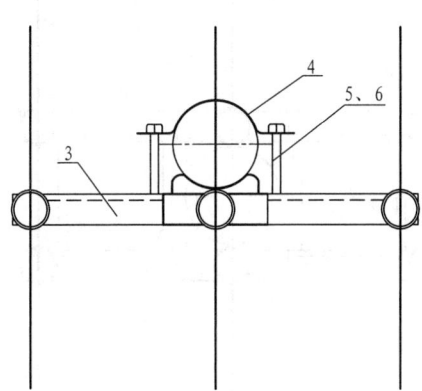

明 细 表

序号	规 格 名 称	单位	数量
1	PS-15/2.5棒形针式绝缘子	只	3
2	耐候型绝缘扎线	卷	3
3	绝缘导线横担（连托架、垫高支架）	根	1
4	ϕ190抱箍	副	0.5
5	M16×180单帽螺栓	只	2
6	B16圆垫圈	个	2

第二章	10kV及以下绝缘导线架空配电线路	第三节 10(6)kV新型节能金具绝缘导线(不剥除绝缘层)架空线路
图号	2-2-3-1	图名 　10kV架空绝缘导线直线杆装置图

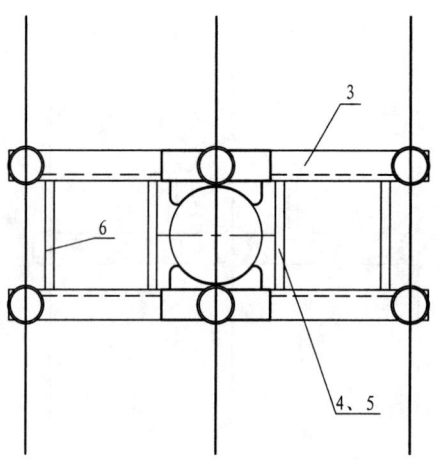

明 细 表

序号	规 格 名 称	单位
1	PS-15/2.5棒形针式绝缘子	只
2	耐候型绝缘扎线	卷
3	绝缘导线横担（连托架、垫高支架）	根
4	M16×280单帽螺栓	只
5	B16圆垫圈	个
6	M16×290双头四帽螺栓	只

第二章 10kV及以下绝缘导线架空配电线路	第三节 10(6)kV新型节能金具绝缘导线(不剥除绝缘层)架空线路
图号 2-2-3-2 图名	10kV架空绝缘导线直线跨越杆装置图

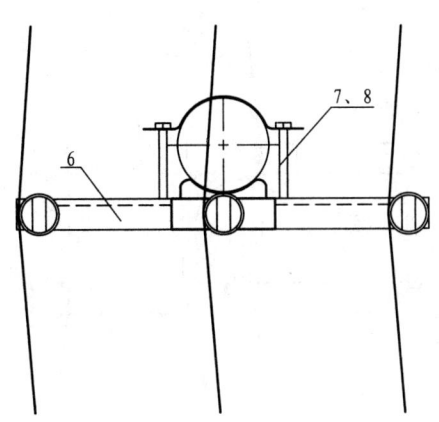

明 细 表

序号	规 格 名 称	单位	数量
1	PS-15/2.5棒形针式绝缘子	只	3
2	耐候型绝缘扎线	卷	3
3	GJ-35拉线装置	套	1
4	ϕ190抱箍	副	1.5
5	M16×75单帽螺栓	只	2
6	绝缘导线横担（连托架、垫高支架）	根	1
7	M16×180单帽螺栓	只	2
8	B16圆垫圈	个	2

第二章　10kV及以下绝缘导线架空配电线路	第三节　10(6)kV新型节能金具绝缘导线(不剥除绝缘层)架空线路
图号　2-2-3-3	图名　10kV架空绝缘导线0°～15°转角杆装置图

明 细 表

序号	规 格 名 称	单位	数量
1	PS-15/2.5棒形针式绝缘子	只	6
2	耐候型绝缘扎线	卷	6
3	GJ-35拉线装置	套	1
4	φ190抱箍	副	1
5	M16×75单帽螺栓	只	2
6	绝缘导线横担（连托架、垫高支架）	根	2
7	M16×280单帽螺栓	只	2
8	B16圆垫圈	个	4
9	M16×290双头四帽螺栓	只	2

第二章　10kV及以下绝缘导线架空配电线路	第三节　10(6)kV新型节能金具绝缘导线(不剥除绝缘层)架空线路
图号　　2-2-3-4　　　　图名	10kV架空绝缘导线15°～30°转角杆装置图

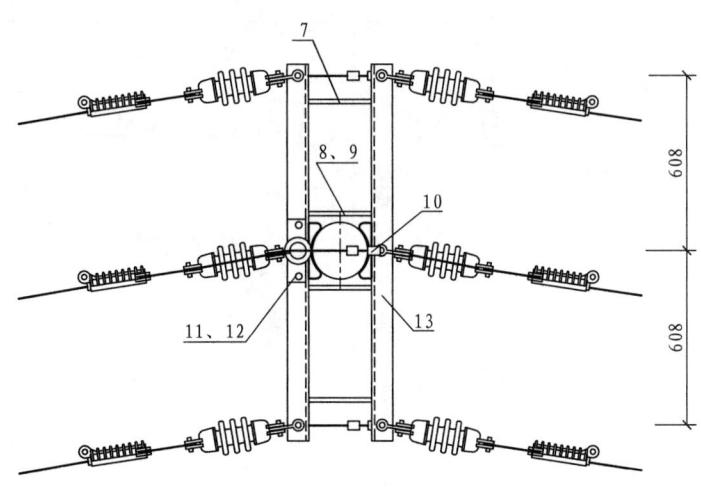

明 细 表

序号	规 格 名 称	单位	数量
1	10kV绝缘导线耐张串装置	串	6
2	PS-15/2.5棒形针式绝缘子	只	1
3	耐候型绝缘扎线	卷	1
4	GJ-35拉线装置	套	1
5	φ190抱箍	副	1
6	M16×75单帽螺栓	只	2
7	M16×290双头四帽螺栓	只	2
8	M16×280单帽螺栓	只	2
9	B16圆垫圈	个	4
10	10kV绝缘导线接续装置	套	3
11	-8×50中相垫高支架	块	1
12	M16×35单帽螺栓	只	2
13	1296角钢四路横担（连托架）	根	2

第二章	10kV及以下绝缘导线架空配电线路	第三节 10(6)kV新型节能金具绝缘导线(不剥除绝缘层)架空线路
图号	2-2-3-5	图名 10kV架空绝缘导线30°～45°转角耐张杆装置图

明 细 表

序号	规 格 名 称	单位	数量
1	10kV绝缘导线耐张串装置	串	6
2	PS-15/2.5棒形针式绝缘子	只	1
3	耐候型绝缘扎线	卷	1
4	GJ-35板线装置	套	2
5	φ190抱箍	副	2
6	M16×75单帽螺栓	只	4
7	1296角钢四路横担（连托架）	根	4
8	M16×280单帽螺栓	只	4
9	B16圆垫圈	个	8
10	M16×290双头四帽螺栓	只	4
11	10kV绝缘导线接续装置	套	3

第二章　10kV及以下绝缘导线架空配电线路	第三节　10(6)kV新型节能金具绝缘导线(不剥除绝缘层)架空线路
图号　2-2-3-6	图名　10kV架空绝缘导线45°～90°转角耐张杆装置图

明 细 表

序号	规 格 名 称	单位	数量
1	10kV绝缘导线耐张串装置	串	6
2	PS-15/2.5棒形针式绝缘子	只	1
3	耐候型绝缘扎线	卷	1
4	M16×290双头四帽螺栓	只	2
5	M16×280单帽螺栓	只	2
6	B16圆垫圈	个	4
7	10kV绝缘导线接续装置	套	3
8	-8×50中相垫高支架	块	1
9	M16×35单帽螺栓	只	2
10	1296角钢四路横担(连托架)	根	2

第二章　10kV及以下绝缘导线架空配电线路		第三节　10(6)kV新型节能金具绝缘导线(不剥除绝缘层)架空线路
图号	2-2-3-7	图名　10kV架空绝缘导线直线分段耐张杆装置图

547

明　细　表

序号	规　格　名　称	单位	数量
1	10kV绝缘导线耐张串装置	串	3
2	GJ-35拉线装置	套	1
3	ϕ190抱箍	副	1
4	M16×75单帽螺栓	只	2
5	1296角钢四路横担（连托架）	根	2
6	M16×290双头四帽螺栓	只	2
7	M16×280单帽螺栓	只	2
8	B16圆垫圈	个	4

第二章　10kV及以下绝缘导线架空配电线路		第三节　10(6)kV新型节能金具绝缘导线(不剥除绝缘层)架空线路
图号	2-2-3-8	图名

10kV架空绝缘导线终端耐张杆装置图

明　细　表

序号	规　格　名　称	单位	数量
1	10kV绝缘导线耐张串装置	串	3
2	PS-15/2.5棒形针式绝缘子	只	4
3	耐候型绝缘扎线	卷	4
4	GJ-35拉线装置	套	1
5	φ190抱箍	副	1.5
6	M16×75单帽螺栓	只	2
7	1296角钢四路横担（连托架）	根	2
8	M16×290双头四帽螺栓	只	2
9	M16×280单帽螺栓	只	2
10	B16圆垫圈	个	6
11	M16×180单帽螺栓	只	2
12	绝缘导线横担（连托架、垫高支架）	根	1
13	10kV绝缘导线接续装置	套	3

第二章 10kV及以下绝缘导线架空配电线路	第三节 10(6)kV新型节能金具绝缘导线(不剥除绝缘层)架空线路
图号　　2-2-3-9　　图名	10kV架空绝缘导线直线支接杆装置图

明 细 表

序号	规 格 名 称	单位	数量
1	PS-15/2.5棒形针式绝缘子	只	6
2	耐候型绝缘扎线	卷	6
3	10kV绝缘导线接续装置	套	6
4	1296角钢四路横担	根	1
5	M16×90单帽螺栓	只	2
6	960角钢斜撑	根	1
7	φ205抱箍	副	1
8	M16×90单帽螺栓	只	2
9	绝缘导线横担（连托架、垫高支架）	根	1
10	M16×180单帽螺栓	只	4
11	B16圆垫圈	个	4
12	φ190抱箍	副	1
13	φ190圆杆托架	块	1

第二章　10kV及以下绝缘导线架空配电线路	第三节　10(6)kV新型节能金具绝缘导线(不剥除绝缘层)架空线路
图号　2-2-3-10　图名	10kV架空绝缘导线十字杆装置图

明 细 表

序号	规 格 名 称	单位	数量
1	NXJ系列绝缘耐张线夹（10kV）	只	1
2	SL-15/30瓷拉棒	只	1
3	$\phi12\times\phi16$销钉式U形挂环	只	1

一、适用范围

(1) 线路走廊狭窄，架设常规裸导线线路与建筑物的间距不能满足安全要求的地段。

(2) 高层建筑物邻近地区，城镇住宅小区内。

(3) 工矿企业厂区及生活区。

(4) 人口密集地区。

(5) 游览区和林带区。

(6) 空气严重污秽地区。

(7) 建筑施工现场。

二、气象条件

设计选取最大风速为 30m/s 和 25m/s 两级，覆冰厚度为 0mm、5mm、10mm、15mm 4 级。

三、绝缘导线及排列

1. 绝缘导线型号及截面

JKYJ-0.6/1-25～240 铜芯交联聚乙烯绝缘架空电缆［见《额定电压 1kV 及以下架空绝缘电缆》(GB 12527)］。

JKLYJ-0.6/1-25～240 铝芯交联聚乙烯绝缘架空电缆［见《额定电压 1kV 及以下架空绝缘电缆》(GB 12527)］。

2. 绝缘导线安全系数

绝缘导线安全系数见表 1。

表 1　导线安全系数表

绝缘导线截面 /mm²	安全系数	
	JKYJ 型	JKLYJ 型
25、35、50	6.0	3.0
70、95	6.5	3.5
120、150、185、240	7.0	4.0

3. 绝缘导线排列

(1) 采用水平和垂直两种排列。

(2) 水平排列：按各排横担上的绝缘导线根数分二、四、六线 3 种。

(3) 垂直排列：按电杆上的绝缘导线根数分二、四线 2 种。

四、线间距离及挡距

(1) 线间距离为 0.3m，最大允许挡距为 50m。

(2) 考虑登杆需要，水平排列接近电杆两侧绝缘导线各距电杆中心为 0.25m。

五、杆型

本设计按二、四、六线 3 种绝缘导线水平排列和二、四线绝缘导线垂直排列共有 43 种单元杆型，详见单元杆型一览表。

六、电杆

1. 电杆种类

(1) 环形钢筋混凝土电杆。

(2) 环形预应力混凝土电杆。

2. 电杆长度

10m、11m、12m、13m、15m 5 种。

3. 电杆梢径

ϕ150mm、ϕ170mm、ϕ190mm 3 种。

七、土壤

选用常见的 6 种土壤，其技术数据见表 2。

表 2　土壤特性表

土壤名称		计算容重 r_0/(kN/m³)	计算上拔角 α	计算摩阻角 β	土压力参数 m/(kN/m³)	容许承载应力 R/(kN/m²)
中密碎石土		—	—	—	—	550
稍湿中密细沙		16	26°	30°	46	190
稍湿中密中粗沙		17	28°	35°	63	290
黏土 亚黏土 轻亚黏土	硬塑	17	25°	35°	63	250
	可塑	16	20°	30°	48	150
	软塑	15	10°	15°	26	100

第二章　10kV及以下绝缘导线架空配电线路			第四节　1kV以下常规金具绝缘导线架空线路
图号	2-2-4-1	图名	说明（一）

八、横担

（1）一律采用角钢铁横担，主材角钢最小规格为$L50\times5mm$。

（2）转角杆横担。根据转角大小及导线截面不同分别采用单横担、双横担或十字横担，上、下层横担间的垂直距离为0.3m。

九、绝缘子

（1）水平排列采用PD-1T型针式绝缘子，一般用于直线杆，也可用于直线转角杆。垂直排列均采用EX型线轴式绝缘子。

（2）承力杆采用ED型蝶式绝缘子，其中绝缘导线为$150mm^2$及以下用ED-2型，$185\sim240mm^2$用ED-1型或XP-7C悬式绝缘子。

十、拉线

（1）拉线方式分为：普通拉线、V形拉线、水平拉线3种。

（2）拉线强度设计安全系数不小于2.0，最小规格不小于$25mm^2$。

（3）拉线材料全部采用镀锌钢绞线（GB 1200），并按GB 1200标准中的公称抗拉强度$1270N/mm^2$进行计算。

（4）底把拉线采用拉线棒，并带VT型线夹调整拉线松紧。

（5）拉线根据规程要求，装设拉紧绝缘子。

十一、基础

底盘、卡盘、拉线盘均采用普通钢筋混凝土预制构件，强度设计安全系数取1.7。混凝土标号不低于200号。

十二、防雷、接地

（1）中性点直接接地的低压配电系统，如果采用TN接地系统时，其中性保护线应在电源变压器处接地，其接地电阻值不应大于4Ω；在干线和分支线的终端以及沿线每1km处，应将中性保护线重复接地，该台区的低压网络的每个重复接地的电阻不应大于10Ω。

（2）引入杆上接户线的绝缘子铁脚宜接地，其接地电阻不大于30Ω。

十三、高、低压合架线路

（1）高、低压合架线路，仅在本图集中画出合架杆顶安装示例图，具体工程可由设计单位自行组合杆型。

（2）高、低压合架时，高压部分见本篇第二章第一节。

（3）高、低压合架线路的最大挡距为50m。

（4）高、低压合架时，高、低压横担间的最小垂直距离为1.0m。

（5）高、低压合架时，电杆、拉线及基础等的选择，各见其相应的选择表。

十四、电力金具

本图集金具选用应符合国家标准、行业标准及部分企业标准。

十五、防腐措施

本图集中选用的金具及金属零部件均应热镀锌。

第二章 10kV及以下绝缘导线架空配电线路		第四节 1kV以下常规金具绝缘导线架空线路
图号	2-2-4-2	图名　说明（二）

杆型名称	直线杆	耐张杆	单针直线转角杆	双针直线转角杆	耐张转角杆
型号	2Z	2N	2ZJ₁	2ZJ₂	2NJ₁
杆型示意图					
横担	2Z	2N	2Z	2J₁	2J₂
附注	见图2-2-4-8	见图2-2-4-9	见图2-2-4-10，拉线根据需要装设	见图2-2-4-11，拉线根据需要装设	见图2-2-4-11，1—主拉线；2—辅助拉线

杆型名称	十字横担耐张转角杆	T字分支杆	十字分支杆	架空引入终端杆	电缆引入终端杆
型号	2NJ₂	2F₁	2F₁	2D₁	2D₂
杆型示意图					
横担	2J₃/2J₃	2Z/2J₃	2Z/2Z	2D₁	2D₂
附注	见图2-2-4-12	见图2-2-4-8、2-2-4-12	见图2-2-4-8	见图2-2-4-13	见图2-2-4-14

杆型名称	直线杆	耐张杆	单针直线转角杆	双针直线转角杆	耐张转角杆
型号	4Z	4N	4ZJ₁	4ZJ₂	4NJ₁
杆型示意图					
横担	4Z	4N	4Z	4J₁	4J₂
附注	见图2-2-4-15	见图2-2-4-16	见图2-2-4-15,拉线根据需要装设	见图2-2-4-17,拉线根据需要装设	见图2-2-4-18,1—主拉线,2—辅助拉线

杆型名称	十字横担耐张转角杆	T字分支杆	十字分支杆	架空引入终端杆	电缆引入路终端杆
型号	4NJ₂	4F₁	4F₂	4D₁	4D₂
杆型示意图					
横担	4J₃/4J₃	4Z/4J₃	4Z/4Z	4D₁	4D₂
附注	见图2-2-4-19	见图2-2-4-15,图2-2-4-19	见图2-2-4-15	见图2-2-4-20	见图2-2-4-21

第二章　10kV及以下绝缘导线架空配电线路	第四节　1kV以下常规金具绝缘导线架空线路
图号　2-2-4-4	图名　四线单元杆型示意图

杆型名称	直线杆	耐张杆	单针直线转角杆	双针直线转角杆	耐张转角杆
型号	6Z	6N	6ZJ₁	6ZJ₂	6NJ₁
杆型示意图					
横担	见图2-2-4-22	见图2-2-4-23	见图2-2-4-22,拉线根据需要装设	见图2-2-4-24,拉线根据需要装设	见图2-2-4-25,1-主拉线,2-辅助拉线
附注					
杆型名称	十字横担耐张转角杆	T字分支杆	十字分支杆	架空引入终端杆	电缆引入终端杆
型号	6NJ₂	6F₁	6F₂	6D₁	6D₂
杆型示意图					
横担	6J₃/6J₃	6Z/6J₃	6Z/6Z	6D₁	6D₂
附注	见图2-2-4-26	见图2-2-4-22、图2-2-4-26	见图2-2-4-22	见图2-2-4-27	见图2-2-4-28

第二章　10kV及以下绝缘导线架空配电线路		第四节　1kV以下常规金具绝缘导线架空线路
图号	2-2-4-5	图名　六线单元杆型示意图

杆型名称	直线杆	耐张杆	转角杆	架空引入终端杆	电缆引入终端杆
型号	2CZ	2CN	2CZJ	2CD₁	2CD₂
杆型示意图					
横担	CZ2Z	CZ2N	CZ2J	CZ2D₁	CZ2D₂
附注	见图2-2-4-29	见图2-2-4-30	见图2-2-4-31	见图2-2-4-32	见图2-2-4-33
杆型名称	直线杆	耐张杆	转角杆	架空引入终端杆	电缆引入终端杆
型号	4CZ	4CN	4CZJ	4CD₁	4CD₂
杆型示意图					
横担	CZ4Z	CZ4N	CZ4J	CZ4D₁	CZ4D₂
附注	见图2-2-4-34	见图2-2-4-35	见图2-2-4-36	见图2-2-4-37	见图2-2-4-38

杆型名称	引入杆	引入杆	引入杆
型 号	2Y	4Y	6Y
杆 型 示 意 图			
横 担	2Y	4Y	6Y
附 注	见图2-2-4-39	见图2-2-4-40	见图2-2-4-41

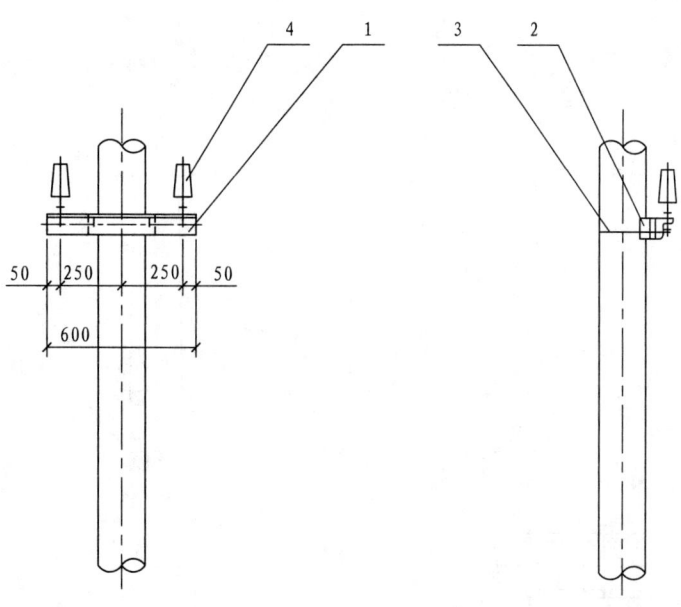

选 型 表

序号	名称		规 格								
电杆梢径及 距杆顶距离	φ150	1.5m以内		1.5～3.0m		3.0～4.5m		—		—	
	φ170	—		1.5以内		1.5～3.0m		3.0～4.5m		—	
	φ190	—		—		1.5以内		1.5～3.0m		3.0～4.5m	
1	横担	I₁	II₁	I₂	II₂	I₃	II₃	I₄	II₄	I₅	II₅
2	M形抱铁	I		II		III		IV		V	
3	U形抱箍	I₁		I₂		I₃		I₄		I₅	

横 担 选 择 表

导线规格	覆冰厚度/mm				导线规格	覆冰厚度/mm			
	0	5	10	15		0	5	10	15
JKYJ-25					JKLYJ-25				
JKYJ-35					JKLYJ-35				
JKYJ-50	L50×5(I)				JKLYJ-50				
JKYJ-70					JKLYJ-70	L50×5(I)			
JKYJ-95					JKLYJ-95				
JKYJ-120					JKLYJ-120				
JKYJ-150					JKLYJ-150				
JKYJ-185			L63×6(II)		JKLYJ-185				
JKYJ-240					JKLYJ-240			L63×6(II)	

明 细 表

序号	名称	规格	单位	数量
1	横担	见上表	副	1
2	M形抱箍	见上表	副	1
3	U形抱箍	见上表	副	1
4	针式绝缘子	PD-1T	个	2

说明：适用转角范围见图2-2-4-71～图2-2-4-75。

第二章 10kV及以下绝缘导线架空配电线路	第四节 1kV以下常规金具绝缘导线架空线路
图号	2-2-4-8	图名	2Z直线杆装置图

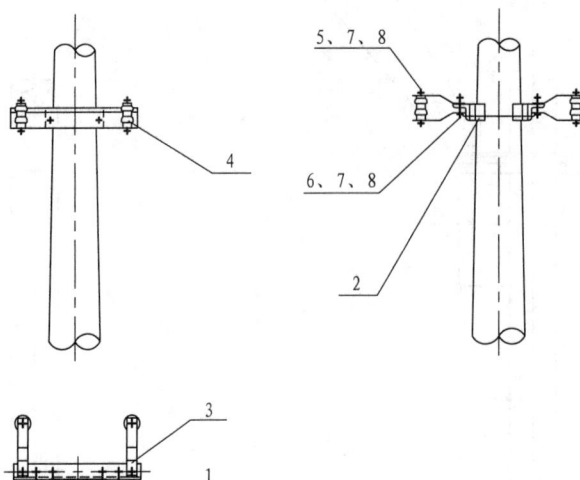

選型表

序号	名称	规格				
	电杆梢径及距杆顶距离	φ150	1.5m以内	1.5~3.0m	3.0~4.5m	—	—
		φ170	—	1.5m以内	1.5~3.0m	3.0~4.5m	—
		φ190	—	—	1.5m以内	1.5~3.0m	3.0~4.5m
1	横担	2Ⅰ₁ 2Ⅱ₁ 2Ⅲ₁	2Ⅰ₂ 2Ⅱ₂ 2Ⅲ₂	2Ⅰ₃ 2Ⅱ₃ 2Ⅲ₃	2Ⅰ₄ 2Ⅱ₄ 2Ⅲ₄	2Ⅰ₅ 2Ⅱ₅ 2Ⅲ₅
2	M形抱铁	Ⅰ	Ⅱ	Ⅲ	Ⅳ	Ⅴ

横担选择表

导线规格	覆冰厚度/mm				导线规格	覆冰厚度/mm			
	0	5	10	15		0	5	10	15
JKYJ-25					JKLYJ-25				
JKYJ-35	2∟50×5 (2Ⅰ)				JKLYJ-35	2∟50×5 (2Ⅰ)			
JKYJ-50					JKLYJ-50				
JKYJ-70					JKLYJ-70				
JKYJ-95					JKLYJ-95				
JKYJ-120	2∟63×6 (2Ⅱ)				JKLYJ-120				
JKYJ-150					JKLYJ-150	2∟63×6 (2Ⅱ)			
JKYJ-185	2∟75×8 (2Ⅲ)				JKLYJ-185				
JKYJ-240					JKLYJ-240	2∟75×8 (2Ⅲ)			

明细表

序号	名称	规格	单位	数量
1	横担	见上表	副	1
2	M形抱铁	见上表	个	2
3	铁拉板（一）	−40×4×270	块	8
4	蝶式绝缘子	ED	个	4
5	方头螺栓	M16×130	个	4
6	方头螺栓	M16×50	个	4
7	方螺母	M16	个	8
8	垫圈	16	个	16

说明：适用转角范围见图2-2-4-71~图2-2-4-75。

选 型 表

序号	名称	规 格				
	电杆梢径及距杆顶距离	φ150	1.5m以内	1.5~3.0m	3.0~4.5m	—	—
		φ170	—	1.5以内	1.5~3.0m	3.0~4.5m	—
		φ190	—	—	1.5以内	1.5~3.0m	3.0~4.5m
1	横担		2I₁2II₁2III₁2IV₁	2I₂2II₂2III₂2IV₂	2I₃2II₃2III₃2IV₃	2I₄2II₄2III₄2IV₄	2I₅2II₅2III₅2IV₅
2	M形抱铁		I	II	III	IV	V

横 担 选 择 表

导线规格	覆冰厚度/mm				导线规格	覆冰厚度/mm			
	0	5	10	15		0	5	10	15
JKYJ-25	2∟50×5(2I)				JKLYJ-25	2∟50×5(2I)			
JKYJ-35					JKLYJ-35				
JKYJ-50	2∟63×6(2II)				JKLYJ-50	2∟63×6(2II)			
JKYJ-70					JKLYJ-70				
JKYJ-95					JKLYJ-95				
JKYJ-120	2∟75×8(2III)				JKLYJ-120				
JKYJ-150					JKLYJ-150	2∟75×8(2III)			
JKYJ-185					JKLYJ-185				
JKYJ-240	2∟90×8(2IV)				JKLYJ-240				

明 细 表

序号	名称	规格	单位	数量
1	横担	见上表	副	1
2	M形抱铁	见上表	个	2
3	针式绝缘子	PD-1T	个	4

说明：本图适用于45°及以下转角。

选 型 表

序号	名称		规格				
电杆梢径及距杆顶距离	φ150	1.5m以内	1.5~3.0m	3.0~4.5m	—	—
	φ170	—	1.5m以内	1.5~3.0m	3.0~4.5m	—
	φ190	—	—	1.5m以内	1.5~3.0m	3.0~4.5m
1	横担	2ⅠⅠ₁ 2ⅡⅡ₁ 2ⅢⅢ₁ 2ⅣⅣ₁ 2ⅤⅤ₁	2ⅠⅠ₂ 2ⅡⅡ₂ 2ⅢⅢ₂ 2ⅣⅣ₂ 2ⅤⅤ₂	2ⅠⅠ₃ 2ⅡⅡ₃ 2ⅢⅢ₃ 2ⅣⅣ₃ 2ⅤⅤ₃	2ⅠⅠ₄ 2ⅡⅡ₄ 2ⅢⅢ₄ 2ⅣⅣ₄ 2ⅤⅤ₄	2ⅠⅠ₅ 2ⅡⅡ₅ 2ⅢⅢ₅ 2ⅣⅣ₅ 2ⅤⅤ₅
2	M形抱铁	Ⅰ	Ⅱ	Ⅲ	Ⅳ	Ⅴ
3	铁连板	Ⅰ	Ⅰ	Ⅱ	Ⅱ	Ⅲ

横担选择表

导线规格	覆冰厚度/mm				导线规格	覆冰厚度/mm			
	0	5	10	15		0	5	10	15
JKYJ-25	2L50×5(2Ⅰ)				JKLYJ-25	2L50×5(2Ⅰ)			
JKYJ-35	2L63×6(2Ⅱ)				JKLYJ-35	2L63×6(2Ⅱ)			
JKYJ-50					JKLYJ-50				
JKYJ-70	2L75×8(2Ⅲ)				JKLYJ-70				
JKYJ-95					JKLYJ-95	2L75×8(2Ⅲ)			
JKYJ-120					JKLYJ-120				
JKYJ-150	2L90×8(2Ⅳ)				JKLYJ-150				
JKYJ-185					JKLYJ-185	2L90×8(2Ⅳ)			
JKYJ-240	2L100×10(2Ⅴ)				JKLYJ-240				

明 细 表

序号	名 称	规 格	单位	数量
1	横担	见上表	副	1
2	M形抱铁	见上表	个	2
3	铁连板	见上表	块	2
4	铁拉板（一）	-40×4×270	块	8
5	蝶式绝缘子	ED	个	4
6	针式绝缘子	PD-1T	个	2
7	方头螺栓	M16×130	个	4
8	方头螺栓	M16×50	个	4
9	方螺母	M16	个	8
10	垫圈	16	个	16

第二章　10kV及以下绝缘导线架空配电线路	第四节　1kV以下常规金具绝缘导线架空线路
图号　2-2-4-11	图名　2J₂转角杆装置图

说明：跳线用针式绝缘子可根据实际需要
安装在电杆的左侧或右侧。

选 型 表

序号	名 称		规 格				
	电杆梢径及距杆顶距离	ϕ150	1.5m以内	1.5~3.0m	3.0~4.5m	—	—
		ϕ170	—	1.5m以内	1.5~3.0m	3.0~4.5m	—
		ϕ190	—	—	1.5m以内	1.5~3.0m	3.0~4.5m
1	横担		$2I_1$ $2II_1$ $2III_1$ $2IV_1$ $2V_1$	$2I_2$ $2II_2$ $2III_2$ $2IV_2$ $2V_2$	$2I_3$ $2II_3$ $2III_3$ $2IV_3$ $2V_3$	$2I_4$ $2II_4$ $2III_4$ $2IV_4$ $2V_4$	$2I_5$ $2II_5$ $2III_5$ $2IV_5$ $2V_5$
2	M形抱铁		I	II	III	IV	V

横 担 选 择 表

导线规格	覆冰厚度/mm				导线规格	覆冰厚度/mm			
	0	5	10	15		0	5	10	15
JKYJ-25	$2L50\times5$（$2I$）				JKLYJ-25	$2L50\times5$（$2I$）			
JKYJ-35	$2L63\times6$（$2II$）				JKLYJ-35	$2L63\times6$（$2II$）			
JKYJ-50					JKLYJ-50				
JKYJ-70	$2L75\times8$（$2III$）				JKLYJ-70	$2L75\times8$（$2III$）			
JKYJ-95					JKLYJ-95				
JKYJ-120					JKLYJ-120				
JKYJ-150	$2L90\times8$（$2IV$）				JKLYJ-150				
JKYJ-185					JKLYJ-185	$2L90\times8$（$2IV$）			
JKYJ-240	$2L100\times10$（$2V$）				JKLYJ-240				

明 细 表

序号	名 称	规 格	单位	数量
1	横担	见上表	副	1
2	M形抱铁	见上表	个	2
3	铁拉板(一)	$-40\times4\times270$	块	4
4	针式绝缘子	PD-1T	个	1
5	蝶式绝缘子	ED	个	2
6	方头螺栓	M16×130	个	2
7	方头螺栓	M16×50	个	2
8	方螺母	M16	个	4
9	垫圈	16	个	8

第二章 10kV及以下绝缘导线架空配电线路	第四节 1kV以下常规金具绝缘导线架空线路
图号 2-2-4-12	图名 2J₃转角杆装置图

选 型 表

序号	名 称		规 格				
	电杆梢径及距杆顶距离	φ150	1.5m以内	1.5～3.0m	3.0～4.5m	—	—
		φ170	—	1.5m以内	1.5～3.0m	3.0～4.5m	—
		φ190	—	—	1.5m以内	1.5～3.0m	3.0～4.5m
1	横担		2 I₁2 II₁2III₁2IV₁2V₁	2 I₂2 II₂2III₂2IV₂2V₂	2 I₃2 II₃2III₃2IV₃2V₃	2 I₄2 II₄2III₄2IV₄2V₄	2 I₅2 II₅2III₅2IV₅2V₅
2	M形抱铁		I	II	III	IV	V

横 担 选 择 表

导线规格	覆冰厚度/mm				导线规格	覆冰厚度/mm			
	0	5	10	15		0	5	10	15
JKYJ-25	2L50×5（2 I）				JKLYJ-25	2L50×5（2 I）			
JKYJ-35	2L63×6（2 II）				JKLYJ-35	2L63×6（2 II）			
JKYJ-50					JKLYJ-50				
JKYJ-70	2L75×8（2III）				JKLYJ-70	2L75×8（2III）			
JKYJ-95					JKLYJ-95				
JKYJ-120					JKLYJ-120				
JKYJ-150	2L90×8（2IV）				JKLYJ-150				
JKYJ-185					JKLYJ-185	2L90×8（2IV）			
JKYJ-240	2L100×10（2V）				JKLYJ-240				

明 细 表

序号	名 称	规 格	单位	数量
1	横担	见上表	副	1
2	M形抱铁	见上表	个	2
3	铁拉板（一）	-40×4×270	块	8
4	蝶式绝缘子	ED	个	4
5	方头螺栓	M16×130	个	4
6	方头螺栓	M16×50	个	4
7	方螺母	M16	个	8
8	垫圈	16	个	16

第二章 10kV及以下绝缘导线架空配电线路	第四节 1kV以下常规金具绝缘导线架空线路
图号 2-2-4-13	图名 2D₁终端杆装置图

选 型 表

序号	名 称		规 格				
电杆梢径及 距杆顶距离	φ150	1.5m以内	1.5~3.0m	3.0~4.5m	—	—
	φ170	—	1.5m以内	1.5~3.0m	3.0~4.5m	—
	φ190	—	—	1.5m以内	1.5~3.0m	3.0~4.5m
1	横担	$2I_1 2II_1 2III_1 2IV_1 2V_1$	$2I_2 2II_2 2III_2 2IV_2 2V_2$	$2I_3 2II_3 2III_3 2IV_3 2V_3$	$2I_4 2II_4 2III_4 2IV_4 2V_4$	$2I_5 2II_5 2III_5 2IV_5 2V_5$
2	M形抱铁	I	II	III	IV	V

横 担 选 择 表

导线规格	覆冰厚度/mm				导线规格	覆冰厚度/mm			
	0	5	10	15		0	5	10	15
JKYJ-25	$2L50×5$（2I）				JKLYJ-25	$2L50×5$（2I）			
JKYJ-35	$2L63×6$（2II）				JKLYJ-35	$2L63×6$（2II）			
JKYJ-50					JKLYJ-50				
JKYJ-70	$2L75×8$（2III）				JKLYJ-70	$2L75×8$（2III）			
JKYJ-95					JKLYJ-95				
JKYJ-120					JKLYJ-120				
JKYJ-150	$2L90×8$（2IV）				JKLYJ-150				
JKYJ-185					JKLYJ-185	$2L90×8$（2IV）			
JKYJ-240	$2L100×10$（2V）				JKLYJ-240				

明 细 表

序号	名 称	规 格	单位	数量
1	横担	见上表	副	1
2	M形抱铁	见上表	个	2
3	铁拉板（一）	$-40×4×270$	块	4
4	蝶式绝缘子	ED	个	2
5	方头螺栓	M16×130	个	2
6	方头螺栓	M16×50	个	2
7	方螺母	M16	个	4
8	垫圈	16	个	8

说明：单针式绝缘子在不同截面导线时适用的
转角范围见图2-2-4-71～图2-2-4-75。

选 型 表

序号	名 称	规 格				
电杆梢径及距杆顶距离	$\phi150$	1.5m以内	1.5～3.0m	3.0～4.5m	—	—
	$\phi170$	—	1.5m以内	1.5～3.0m	3.0～4.5m	—
	$\phi190$	—	—	1.5m以内	1.5～3.0m	3.0～4.5m
1	横担	$2I_1$ $2II_1$ $2III_1$ $2IV_1$	$2I_2$ $2II_2$ $2III_2$ $2IV_2$	$2I_3$ $2II_3$ $2III_3$ $2IV_3$	$2I_4$ $2II_4$ $2III_4$ $2IV_4$	$2I_5$ $2II_5$ $2III_5$ $2IV_5$
2	M形抱铁	I	II	III	IV	V
3	U形抱箍	I_1 II_1 III_1	I_2 II_2 III_2	I_3 II_3 III_3	I_4 II_4 III_4	I_5 II_5 III_5

横 担 选 择 表

导线规格	覆冰厚度/mm				导线规格	覆冰厚度/mm			
	0	5	10	15		0	5	10	15
JKYJ-25					JKLYJ-25	$L50\times5$（I）			
JKYJ-35	$L63\times6$（II）				JKLYJ-35				
JKYJ-50					JKLYJ-50				
JKYJ-70					JKLYJ-70	$L63\times6$（II）			
JKYJ-95					JKLYJ-95				
JKYJ-120	$L75\times8$（III）				JKLYJ-120				
JKYJ-150					JKLYJ-150				
JKYJ-185					JKLYJ-185				
JKYJ-240	$L90\times8$（IV）				JKLYJ-240	$L75\times8$（III）			

明 细 表

序号	名 称	规 格	单位	数量
1	横担	见上表	副	1
2	M形抱铁	见上表	个	1
3	U形抱箍	见上表	副	1
4	针式绝缘子	PD-1T	个	4

第二章 10kV及以下绝缘导线架空配电线路	第四节 1kV以下常规金具绝缘导线架空线路
图号 2-2-4-15	图名 4Z直线杆装置图

选 型 表

序号	名 称	规 格				
	电杆梢径及距杆顶距离	φ150	1.5m以内	1.5~3.0m	3.0~4.5m	—	—
		φ170	—	1.5m以内	1.5~3.0m	3.0~4.5m	—
		φ190	—	—	1.5m以内	1.5~3.0m	3.0~4.5m
1	横担		2II₁ 2III₁ 2IV₁ 2V₁	2II₂ 2III₂ 2IV₂ 2V₂	2II₃ 2III₃ 2IV₃ 2V₃	2II₄ 2III₄ 2IV₄ 2V₄	2II₅ 2III₅ 2IV₅ 2V₅
2	M形抱铁		I	II	III	IV	V

横 担 选 择 表

导线规格	覆冰厚度/mm				导线规格	覆冰厚度/mm			
	0	5	10	15		0	5	10	15
JKYJ-25	2L63×6（2II）				JKLYJ-25	2L63×6（2II）			
JKYJ-35					JKLYJ-35				
JKYJ-50	2L75×8（2III）				JKLYJ-50	2L75×8（2III）			
JKYJ-70					JKLYJ-70				
JKYJ-95					JKLYJ-95				
JKYJ-120	2L90×8（2IV）				JKLYJ-120	2L90×8（2IV）			
JKYJ-150					JKLYJ-150				
JKYJ-185	2L100×10（2V）				JKLYJ-185				
JKYJ-240					JKLYJ-240	2L100×10（2V）			

明 细 表

序号	名 称	规 格	单位	数量
1	横担	见上表	根	1
2	M形抱铁	见上表	个	2
3	铁拉板（一）	-40×4×270	块	16
4	蝶式绝缘子	ED	个	8
5	方头螺栓	M16×130	个	8
6	方头螺栓	M16×50	个	8
7	方螺母	M16	个	16
8	垫圈	16	个	32

第二章 10kV及以下绝缘导线架空配电线路	第四节 1kV以下常规金具绝缘导线架空线路
图号 2-2-4-16	图名 4N耐张杆装置图

说明：双针式绝缘子在不同截面导线时，适用的
转角范围见图2-2-4-71～图2-2-4-75。

50 | 300 | 250 | 250 | 300 | 50

1200

选 型 表

序号	名 称		规 格				
电杆梢径及距杆顶距离	φ150	1.5m以内	1.5～3.0m	3.0～4.5m	—	—
	φ170	—	1.5m以内	1.5～3.0m	3.0～4.5m	—
	φ190	—	—	1.5m以内	1.5～3.0m	3.0～4.5m
1	横担	2Ⅲ₁2Ⅳ₁2Ⅴ₁2Ⅱ₁*2Ⅲ₁*	2Ⅲ₂2Ⅳ₂2Ⅴ₂2Ⅱ₂*2Ⅲ₂*	2Ⅲ₃2Ⅳ₃2Ⅴ₃2Ⅱ₃*2Ⅲ₃*	2Ⅲ₄2Ⅳ₄2Ⅴ₄2Ⅱ₄*2Ⅲ₄*	2Ⅲ₅2Ⅳ₅2Ⅴ₅2Ⅱ₅*2Ⅲ₅*
2	M形抱铁		Ⅱ	Ⅲ	Ⅳ	Ⅴ

横 担 选 择 表

导线规格	覆冰厚度/mm				导线规格	覆冰厚度/mm			
	0	5	10	15		0	5	10	15
JKYJ-25	2L75×8(2Ⅲ)				JKLYJ-25	2L75×8(2Ⅲ)			
JKYJ-35					JKLYJ-35				
JKYJ-50	2L90×8(2Ⅳ)				JKLYJ-50				
JKYJ-70					JKLYJ-70	2L90×8(2Ⅳ)			
JKYJ-95	2L100×10(2Ⅴ)				JKLYJ-95				
JKYJ-120					JKLYJ-120	2L100×10(2Ⅴ)			
JKYJ-150	2L63×6*(2Ⅱ*)				JKLYJ-150				
JKYJ-185					JKLYJ-185				
JKYJ-240		2L75×8*(2Ⅲ*)			JKLYJ-240	2L63×6*(2Ⅱ*)			

明 细 表

序号	名 称	规 格	单位	数量
1	横担	见上表	副	1
2	M形抱铁	见上表	个	2
3	针式绝缘子	PD-1T	个	8

第二章 10kV及以下绝缘导线架空配电线路	第四节 1kV以下常规金具绝缘导线架空线路
图号 2-2-4-17	图名 4J₁转角杆装置图

说明：本图适用于45°及以下转角。

选 型 表

序号	名 称		规 格				
	电杆梢径及距杆顶距离	$\phi150$	1.5m以内	1.5～3.0m	3.0～4.5m	—	—
		$\phi170$	—	1.5m以内	1.5～3.0m	3.0～4.5m	—
		$\phi190$	—	—	1.5m以内	1.5～3.0m	3.0～4.5m
1	横担		$2III_1 2IV_1 2V_1 2II_1 2III_1^*$	$2III_2 2IV_2 2V_2 2II_2^* 2III_2^*$	$2III_3 2IV_3 2V_3 2II_3^* 2III_3^*$	$2III_4 2IV_4 2V_4 2II_4^* 2III_4^*$	$2III_5 2IV_5 2V_5 2II_5^* 2III_5^*$
2	M形抱铁		I	II	III	IV	V
3	铁连板		I	I	II	II	III

横 担 选 择 表

导线规格	覆冰厚度/mm				导线规格	覆冰厚度/mm			
	0	5	10	15		0	5	10	15
JKYJ-25	$2L75 \times 8 (2III)$				JKLYJ-25	$2L75 \times 8 (2III)$			
JKYJ-35	$2L90 \times 8 (2IV)$				JKLYJ-35	$2L90 \times 8 (2IV)$			
JKYJ-50					JKLYJ-50				
JKYJ-70	$2L100 \times 10 (2V)$				JKLYJ-70	$2L100 \times 10 (2V)$			
JKYJ-95					JKLYJ-95				
JKYJ-120	$2L63 \times 6^* (2II^*)$				JKLYJ-120				
JKYJ-150					JKLYJ-150	$2L63 \times 6^* (2II^*)$			
JKYJ-185					JKLYJ-185				
JKYJ-240	$2L75 \times 8^* (2III^*)$				JKLYJ-240				

明 细 表

序号	名 称	规 格	单位	数量
1	横担	见上表	副	1
2	M形抱铁	见上表	个	2
3	铁连板	见上表	块	4
4	铁拉板（一）	$-40 \times 4 \times 270$	块	16
5	蝶式绝缘子	ED	个	8
6	针式绝缘子	PD-1T	个	4
7	方头螺栓	$M16 \times 130$	个	8
8	方头螺栓	$M16 \times 50$	个	8
9	方螺母	M16	个	16
10	垫圈	16	个	32

说明:跳线用针式绝缘子可根据实际
需要安装在电杆的左侧或右侧。

选 型 表

序号	名 称	规 格				
	电杆梢径及 距杆顶距离	$\phi150$	1.5m以内	1.5～3.0m	3.0～4.5m	—	—
		$\phi170$	—	1.5m以内	1.5～3.0m	3.0～4.5m	—
		$\phi190$	—	—	1.5m以内	1.5～3.0m	3.0～4.5m
1	横担		$2Ⅲ_1 2Ⅳ_1 2Ⅴ_1 2Ⅱ_1^* 2Ⅲ_1^*$	$2Ⅲ_2 2Ⅳ_2 2Ⅴ_2 2Ⅱ_2^* 2Ⅲ_2^*$	$2Ⅲ_3 2Ⅳ_3 2Ⅴ_3 2Ⅱ_3^* 2Ⅲ_3^*$	$2Ⅲ_4 2Ⅳ_4 2Ⅴ_4 2Ⅱ_4^* 2Ⅲ_4^*$	$2Ⅲ_5 2Ⅳ_5 2Ⅴ_5 2Ⅱ_5^* 2Ⅲ_5^*$
2	M形抱铁		Ⅰ	Ⅱ	Ⅲ	Ⅳ	Ⅴ

横担选择表

导线规格	覆冰厚度/mm				导线规格	覆冰厚度/mm			
	0	5	10	15		0	5	10	15
JKYJ-25	$2L75×8(2Ⅲ)$				JKLYJ-25	$2L75×8(2Ⅲ)$			
JKYJ-35	$2L90×8(2Ⅳ)$				JKLYJ-35	$2L90×8(2Ⅳ)$			
JKYJ-50	$2L100×10(2Ⅴ)$				JKLYJ-50				
JKYJ-70					JKLYJ-70	$2L100×10(2Ⅴ)$			
JKYJ-95					JKLYJ-95				
JKYJ-120	$2L63×6^*(2Ⅱ^*)$				JKLYJ-120				
JKYJ-150					JKLYJ-150				
JKYJ-185					JKLYJ-185	$2L63×6^*(2Ⅱ^*)$			
JKYJ-240	$2L75×8^*(2Ⅲ^*)$				JKLYJ-240				

明 细 表

序号	名 称	规 格	单位	数量
1	横担	见上表	副	1
2	M形抱铁	见上表	个	2
3	铁拉板(一)	$-40×4×270$	块	8
4	针式绝缘子	PD-1T	个	2
5	蝶式绝缘子	ED	个	4
6	方头螺栓	$M16×130$	个	4
7	方头螺栓	$M16×50$	个	4
8	方螺母	M16	个	8
9	垫圈	16	个	16

第二章　10kV及以下绝缘导线架空配电线路　　第四节　1kV以下常规金具绝缘导线架空线路

| 图号 | 2-2-4-19 | 图名 | $4J_3$转角杆装置图 |

570

| 50 | 300 | 250 | 250 | 300 | 50 |

1200

选 型 表

序号	名 称		规 格				
电杆梢径及距杆顶距离	ϕ150	1.5m以内	1.5~3.0m	3.0~4.5m	—	—
	ϕ170	—	1.5m以内	1.5~3.0m	3.0~4.5m	—
	ϕ190	—	—	1.5m以内	1.5~3.0m	3.0~4.5m
1	横担	2III₁ 2IV₁ 2V₁	2II₁* 2III₂ 2III₂ 2IV₂ 2V₂ 2II₂*	2III₃ 2III₃ 2IV₃ 2V₃ 2II₃*	2III₄ 2IV₄ 2V₄ 2II₄*	2III₅ 2IV₅ 2V₅ 2II₅* 2III₅*
2	M形抱铁	I	II	III	IV	V

横 担 选 择 表

导线规格	覆冰厚度/mm				导线规格	覆冰厚度/mm			
	0	5	10	15		0	5	10	15
JKYJ-25	2L75×8(2III)				JKLYJ-25	2L75×8(2III)			
JKYJ-35	2L90×8(2IV)				JKLYJ-35	2L90×8(2IV)			
JKYJ-50	2L100×10(2V)				JKLYJ-50	2L100×10(2V)			
JKYJ-70					JKLYJ-70				
JKYJ-95	2L63×6*(2II*)				JKLYJ-95				
JKYJ-120					JKLYJ-120	2L63×6*(2II*)			
JKYJ-150					JKLYJ-150				
JKYJ-185					JKLYJ-185				
JKYJ-240	2L75×8*(2III*)				JKLYJ-240				

明 细 表

序号	名 称	规 格	单位	数量
1	横担	见上表	副	1
2	M形抱铁	见上表	个	2
3	铁拉板(一)	−40×4×270	块	16
4	蝶式绝缘子	ED	个	8
5	方头螺栓	M16×130	个	8
6	方头螺栓	M16×50	个	8
7	方螺母	M16	个	16
8	垫圈	16	个	32

第二章 10kV及以下绝缘导线架空配电线路	第四节 1kV以下常规金具绝缘导线架空线路
图号　2-2-4-20	图名　4D₁终端杆装置图

序号	名 称	规 格				
	电杆梢径及距杆顶距离	φ150	1.5m以内	1.5～3.0m	3.0～4.5m	—	—
		φ170	—	1.5m以内	1.5～3.0m	3.0～4.5m	—
		φ190	—	—	1.5m以内	1.5～3.0m	3.0～4.5m
1	横担	2Ⅲ₁ 2Ⅳ₁ 2Ⅴ₁ 2Ⅱ*₁ 2Ⅲ*₁	2Ⅲ₂ 2Ⅳ₂ 2Ⅴ₂ 2Ⅱ*₂ 2Ⅲ*₂	2Ⅲ₃ 2Ⅳ₃ 2Ⅴ₃ 2Ⅱ*₃ 2Ⅲ*₃	2Ⅲ₄ 2Ⅳ₄ 2Ⅴ₄ 2Ⅱ*₄ 2Ⅲ*₄	2Ⅲ₅ 2Ⅳ₅ 2Ⅴ₅ 2Ⅱ*₅ 2Ⅲ*₅
2	M形抱铁	Ⅰ	Ⅱ	Ⅲ	Ⅳ	Ⅴ

横 担 选 择 表

导线规格	覆冰厚度/mm				导线规格	覆冰厚度/mm			
	0	5	10	15		0	5	10	15
JKYJ-25	2∟75×8(2Ⅲ)				JKLYJ-25	2∟75×8(2Ⅲ)			
JKYJ-35	2∟90×8(2Ⅳ)				JKLYJ-35	2∟90×8(2Ⅳ)			
JKYJ-50	2∟100×10(2Ⅴ)				JKLYJ-50				
JKYJ-70					JKLYJ-70	2∟100×10(2Ⅴ)			
JKYJ-95	2∟63×6*(2Ⅱ*)				JKLYJ-95				
JKYJ-120					JKLYJ-120				
JKYJ-150					JKLYJ-150	2∟63×6*(2Ⅱ*)			
JKYJ-185					JKLYJ-185				
JKYJ-240	2∟75×8*(2Ⅲ*)				JKLYJ-240				

明 细 表

序号	名 称	规 格	单位	数量
1	横担	见上表	副	1
2	M形抱铁	见上表	个	2
3	铁拉板（一）	−40×4×270	块	8
4	蝶式绝缘子	ED	个	8
5	方头螺栓	M16×130	个	8
6	方头螺栓	M16×50	个	8
7	方螺母	M16	个	8
8	垫圈	16	个	16

第二章 10kV及以下绝缘导线架空配电线路	第四节 1kV以下常规金具绝缘导线架空线路
图号 2-2-4-21	图名 4D₂终端杆装置图

选　型　表

序号	名　称	规　　　　格				
电杆梢径及距杆顶距离	φ150	1.5m以内	1.5～3.0m	3.0～4.5m	—	—
	φ170	—	1.5m以内	1.5～3.0m	3.0～4.5m	—
	φ190	—	—	1.5m以内	1.5～3.0m	3.0～4.5m
1	横担	II₁ III₁ IV₁ V₁	II₂ III₂ IV₂ V₂	II₃ III₃ IV₃ V₃	II₄ III₄ IV₄ V₄	II₅ III₅ IV₅ V₅
2	M形抱铁	I	II	III	IV	V
3	U形抱箍	I₁ II₁ III₁ IV₁	I₂ II₂ III₂ IV₂	I₃ II₃ III₃ IV₃	I₄ II₄ III₄ IV₄	I₅ II₅ III₅ IV₅

横　担　选　择　表

导线规格	覆冰厚度/mm				导线规格	覆冰厚度/mm			
	0	5	10	15		0	5	10	15
JKYJ-25	L63×6(II)				JKLYJ-25				
JKYJ-35					JKLYJ-35				
JKYJ-50	L75×8(III)				JKLYJ-50	L63×6(II)			
JKYJ-70					JKLYJ-70				
JKYJ-95					JKLYJ-95				
JKYJ-120					JKLYJ-120				
JKYJ-150	L90×8(IV)				JKLYJ-150	L75×8(III)			
JKYJ-185					JKLYJ-185				
JKYJ-240	L100×10(V)				JKLYJ-240	L90×8(IV)			

明　细　表

序号	名　称	规　格	单位	数量
1	横担	见上表	副	1
2	M形抱铁	见上表	个	1
3	U形抱箍	见上表	副	1
4	针式绝缘子	PD-1T	个	6

第二章　10kV及以下绝缘导线架空配电线路	第四节　1kV以下常规金具绝缘导线架空线路
图号　　2-2-4-22	图名　　6Z直线杆装置图

选型表

序号	名　称		规　格				
	电杆梢径及距杆顶距离	$\phi150$	1.5m以内	1.5~3.0m	3.0~4.5m	—	—
		$\phi170$	—	1.5m以内	1.5~3.0m	3.0~4.5m	—
		$\phi190$	—	—	1.5m以内	1.5~3.0m	3.0~4.5m
1	横担		2III_1 2IV_1 2V_1 2II_1^* 2III_1^* 2IV_1^*	2III_2 2IV_2 2V_2 2II_2^* 2III_2^* 2IV_2^*	2III_3 2IV_3 2V_3 2II_3^* 2III_3^* 2IV_3^*	2III_4 2IV_4 2V_4 2II_4^* 2III_4^* 2IV_4^*	2III_5 2IV_5 2V_5 2II_5^* 2III_5^* 2IV_5^*
2	M形抱铁		I	II	III	IV	V

横担选择表

导线规格	覆冰厚度/mm				导线规格	覆冰厚度/mm			
	0	5	10	15		0	5	10	15
JKYJ-25	$2L75\times8\,(2\text{III})$				JKLYJ-25	$2L75\times8\,(2\text{III})$			
JKYJ-35					JKLYJ-35				
JKYJ-50	$2L90\times8\,(2\text{IV})$				JKLYJ-50				
JKYJ-70					JKLYJ-70	$2L90\times8\,(2\text{IV})$			
JKYJ-95	$2L100\times10\,(2\text{V})$				JKLYJ-95				
JKYJ-120					JKLYJ-120	$2L100\times10\,(2\text{V})$			
JKYJ-150	$2L75\times8^*\,(2\text{III}^*)$				JKLYJ-150				
JKYJ-185					JKLYJ-185			$2L75\times8^*\,(2\text{III}^*)$	
JKYJ-240	$2L90\times8^*\,(2\text{IV}^*)$				JKLYJ-240	$2L63\times6^*\,(2\text{II}^*)$			

明细表

序号	名　称	规　格	单位	数量
1	横担	见上表	副	1
2	M形抱铁	见上表	个	2
3	铁拉板(一)	$-40\times4\times270$	块	24
4	蝶式绝缘子	ED	个	12
5	方头螺栓	$M16\times130$	个	12
6	方头螺栓	$M16\times50$	个	12
7	方螺母	M16	个	24
8	垫圈	16	个	48

第二章　10kV及以下绝缘导线架空配电线路		第四节　1kV以下常规金具绝缘导线架空线路	
图号	2-2-4-23	图名	6N耐张杆装置图

选 型 表

序号	名 称		规 格				
	电杆梢径及距杆顶距离	φ150	1.5m以内	1.5~3.0m	3.0~4.5m	—	—
		φ170	—	1.5m以内	1.5~3.0m	3.0~4.5m	—
		φ190	—	—	1.5m以内	1.5~3.0m	3.0~4.5m
1	横担		2IV₁ 2V₁ 2II₁* 2III₁* 2IV₁*	2IV₂ 2V₂ 2II₂* 2III₂* 2IV₂*	2IV₃ 2V₃ 2II₃* 2III₃* 2IV₃*	2IV₄ 2V₄ 2II₄* 2III₄* 2IV₄*	2IV₅ 2V₅ 2II₅* 2III₅* 2IV₅*
2	M形抱铁		I	II	III	IV	V

横 担 选 择 表

导线规格	覆冰厚度/mm				导线规格	覆冰厚度/mm			
	0	5	10	15		0	5	10	15
JKYJ-25	2L90×8(2IV)				JKLYJ-25	2L90×8(2IV)			
JKYJ-35	2L100×10(2V)				JKLYJ-35				
JKYJ-50					JKLYJ-50	2L100×10(2V)			
JKYJ-70	2L63×6*(2II*)				JKLYJ-70				
JKYJ-95					JKLYJ-95	2L63×6*(2II*)			
JKYJ-120	2L75×8*(2III*)				JKLYJ-120				
JKYJ-150					JKLYJ-150				
JKYJ-185					JKLYJ-185				
JKYJ-240	2L90×8*(2IV*)				JKLYJ-240	2L75×8*(2III*)			

明 细 表

序号	名 称	规 格	单位	数量
1	横担	见上表	副	1
2	M形抱铁	见上表	个	2
3	针式绝缘子	PD-1T	个	12

说明: 本图适用于45°及以下转角。

50 | 300 | 300 | 250 | 250 | 300 | 300 | 50

1800

选 型 表

序号	名 称	规 格				
电杆梢径及 距杆顶距离	$\phi150$	1.5m以内	1.5~3.0m	3.0~4.5m	—	—
	$\phi170$	—	1.5m以内	1.5~3.0m	3.0~4.5m	—
	$\phi190$	—	—	1.5m以内	1.5~3.0m	3.0~4.5m
1	横担	$2V_1$ $2II_1^*$ $2III_1^*$ $2IV_1^*$ $2V_1^*$	$2V_2$ $2II_2^*$ $2III_2^*$ $2IV_2^*$ $2V_2^*$	$2V_3$ $2II_3^*$ $2III_3^*$ $2IV_3^*$ $2V_3^*$	$2V_4$ $2II_4^*$ $2III_4^*$ $2IV_4^*$ $2V_4^*$	$2V_5$ $2II_5^*$ $2III_5^*$ $2IV_5^*$ $2V_5^*$
2	M形抱铁	I	II	III	IV	V
3	铁连板	I	I	II	II	III

横 担 选 择 表

导线规格	覆冰厚度/mm				导线规格	覆冰厚度/mm			
	0	5	10	15		0	5	10	15
JKYJ-25	$2L100×10(2V)$				JKLYJ-25	$2L100×10(2V)$			
JKYJ-35					JKLYJ-35				
JKYJ-50	$2L63×6^*(2II^*)$				JKLYJ-50	$2L63×6^*(2II^*)$			
JKYJ-70	$2L75×8^*(2III^*)$				JKLYJ-70				
JKYJ-95					JKLYJ-95				
JKYJ-120					JKLYJ-120				
JKYJ-150	$2L90×8^*(2IV^*)$				JKLYJ-150				
JKYJ-185					JKLYJ-185				
JKYJ-240	$2L100×10^*(2V^*)$				JKLYJ-240	$2L75×8^*(2III^*)$			

明 细 表

序号	名 称	规 格	单位	数量
1	横担	见上表	副	1
2	M形抱铁	见上表	个	2
3	铁连板	见上表	块	6
4	铁拉板(一)	$-40×4×270$	块	24
5	蝶式绝缘子	ED	个	12
6	针式绝缘子	PD-1T	个	6
7	方头螺栓	$M16×130$	个	12
8	方头螺栓	$M16×50$	个	12
9	方螺母	M16	个	24
10	垫圈	16	个	48

说明： 跳线用针式绝缘子可根据实际需要
安装在电杆的左侧或右侧。

选 型 表

序号	名 称	规 格				
	电杆梢径及距杆顶距离 $\phi150$	1.5m以内	1.5~3.0m	3.0~4.5m	—	—
	$\phi170$	—	1.5m以内	1.5~3.0m	3.0~4.5m	—
	$\phi190$	—	—	1.5m以内	1.5~3.0m	3.0~4.5m
1	横担	$2IV_1$ $2V_1$ $2II_1^*$ $2III_1^*$ $2IV_1^*$	$2IV_2$ $2V_2$ $2II_2^*$ $2III_2^*$ $2IV_2^*$	$2IV_3$ $2V_3$ $2II_3^*$ $2III_3^*$ $2IV_3^*$	$2IV_4$ $2V_4$ $2II_4^*$ $2III_4^*$ $2IV_4^*$	$2IV_5$ $2V_5$ $2II_5^*$ $2III_5^*$ $2IV_5^*$
2	M形抱铁	I	II	III	IV	V

横 担 选 择 表

导线规格	覆冰厚度/mm				导线规格	覆冰厚度/mm			
	0	5	10	15		0	5	10	15
JKYJ-25	$2L100\times10\,(2V)$				JKLYJ-25	$2L90\times8\,(2IV)$			
JKYJ-35					JKLYJ-35	$2L100\times10\,(2V)$			
JKYJ-50	$2L63\times6^*\,(2II^*)$				JKLYJ-50				
JKYJ-70					JKLYJ-70	$2L63\times6^*\,(2II^*)$			
JKYJ-95	$2L75\times8^*\,(2III^*)$				JKLYJ-95				
JKYJ-120					JKLYJ-120				
JKYJ-150					JKLYJ-150				
JKYJ-185					JKLYJ-185	$2L75\times8^*\,(2III^*)$			
JKYJ-240	$2L90\times8^*\,(2IV^*)$				JKLYJ-240				$2L90\times8^*\,(2IV^*)$

明 细 表

序号	名 称	规 格	单位	数量
1	横担	见上表	副	1
2	M形抱铁	见上表	个	2
3	铁拉板(一)	$-40\times4\times270$	块	12
4	蝶式绝缘子	ED	个	6
5	针式绝缘子	PD-1T	个	3
6	方头螺栓	M16×130	个	6
7	方头螺栓	M16×50	个	6
8	方螺母	M16	个	12
9	垫圈	16	个	24

第二章 10kV及以下绝缘导线架空配电线路		第四节 1kV以下常规金具绝缘导线架空线路
图号	2-2-4-26	图名 6J₃转角杆装置图

图名 $6J_3$转角杆装置图

577

选 型 表

序号	名 称	规 格				
	电杆梢径及距杆顶距离 φ150	1.5m以内	1.5~3.0m	3.0~4.5m	—	—
	φ170	—	1.5m以内	1.5~3.0m	3.0~4.5m	—
	φ190	—	—	1.5m以内	1.5~3.0m	3.0~4.5m
1	横担	$2IV_1$ $2V_1$ $2II^*_1$ $2III^*_1$ $2IV^*_1$	$2IV_2$ $2V_2$ $2II^*_2$ $2III^*_2$ $2IV^*_2$	$2IV_3$ $2V_3$ $2II^*_3$ $2III^*_3$ $2IV^*_3$	$2IV_4$ $2V_4$ $2II^*_4$ $2III^*_4$ $2IV^*_4$	$2IV_5$ $2V_5$ $2II^*_5$ $2III^*_5$ $2IV^*_5$
2	M形抱铁	I	II	III	IV	V

横 担 选 择 表

导线规格	覆冰厚度/mm				导线规格	覆冰厚度/mm			
	0	5	10	15		0	5	10	15
JKYJ-25	$2∟100×10(2V)$				JKLYJ-25	$2∟90×8(2IV)$			
JKYJ-35					JKLYJ-35	$2∟100×10(2V)$			
JKYJ-50	$2∟63×6^*(2II^*)$				JKLYJ-50				
JKYJ-70					JKLYJ-70	$2∟63×6^*(2II^*)$			
JKYJ-95	$2∟75×8^*(2III^*)$				JKLYJ-95				
JKYJ-120					JKLYJ-120				
JKYJ-150					JKLYJ-150				
JKYJ-185					JKLYJ-185	$2∟75×8^*(2III^*)$			
JKYJ-240	$2∟90×8^*(2IV^*)$				JKLYJ-240				$2∟90×8^*(2IV^*)$

明 细 表

序号	名 称	规 格	单位	数量
1	横担	见上表	副	1
2	M形抱铁	见上表	个	2
3	铁拉板（一）	-40×4×270	块	24
4	蝶式绝缘子	ED	个	12
5	方头螺栓	M16×130	个	12
6	方头螺栓	M16×50	个	12
7	方螺母	M16	个	24
8	垫圈	16	个	48

第二章　10kV及以下绝缘导线架空配电线路	第四节　1kV以下常规金具绝缘导线架空线路
图号　2-2-4-27	图名　$6D_1$终端杆装置图

说明：1.虚线部分表示可装在电杆左侧或右侧。
　　　2.此图为一回架空进线，一回电缆进线。

50 300 300 250 250 300 300 50
1800

选 型 表

序号	名　称	规　　格				
	电杆梢径及距杆顶距离	$\phi150$	1.5m以内	1.5~3.0m	3.0~4.5m	—	—
		$\phi170$	—	1.5m以内	1.5~3.0m	3.0~4.5m	—
		$\phi190$	—	—	1.5m以内	1.5~3.0m	3.0~4.5m
1	横担	$2IV_1$ $2V_1$ $2II_1^*$ $2III_1^*$ $2IV_1^*$	$2IV_2$ $2V_2$ $2II_2^*$ $2III_2^*$ $2IV_2^*$	$2IV_3$ $2V_3$ $2II_3^*$ $2III_3^*$ $2IV_3^*$	$2IV_4$ $2V_4$ $2II_4^*$ $2III_4^*$ $2IV_4^*$	$2IV_5$ $2V_5$ $2II_5^*$ $2III_5^*$ $2IV_5^*$
2	M形抱铁	I	II	III	IV	V

横 担 选 择 表

导线规格	覆冰厚度/mm				导线规格	覆冰厚度/mm			
	0	5	10	15		0	5	10	15
JKYJ-25	$2L100\times10(2V)$				JKLYJ-25	$2L90\times8(2IV)$			
JKYJ-35					JKLYJ-35	$2L100\times10(2V)$			
JKYJ-50	$2L63\times6^*(2II^*)$				JKLYJ-50				
JKYJ-70					JKLYJ-70	$2L63\times6^*(2II^*)$			
JKYJ-95	$2L75\times8^*(2III^*)$				JKLYJ-95				
JKYJ-120					JKLYJ-120				
JKYJ-150					JKLYJ-150				
JKYJ-185					JKLYJ-185	$2L75\times8^*(2III^*)$			
JKYJ-240	$2L90\times8^*(2IV^*)$				JKLYJ-240				$2L90\times8^*(2IV^*)$

明 细 表

序号	名　　称	规　　格	单位	数量
1	横担	见上表	副	1
2	M形抱铁	见上表	个	2
3	铁拉板（一）	$-40\times4\times270$	块	18
4	蝶式绝缘子	ED	个	9
5	方头螺栓	M16×130	个	9
6	方头螺栓	M16×50	个	9
7	方螺母	M16	个	18
8	垫圈	16	个	36

第二章　10kV及以下绝缘导线架空配电线路		第四节　1kV以下常规金具绝缘导线架空线路
图号	2-2-4-28	图名　6D₂终端杆装置图

4、5、6

槽 钢 横 担 选 择 表

导线规格	线路转角/（°）				导线规格	线路转角/（°）			
	6	10	25	45		6	10	25	45
JKYJ-25					JKLYJ-25				
JKYJ-35	I				JKLYJ-35	I			II
JKYJ-50			II		JKLYJ-50				
JKYJ-70		II			JKLYJ-70				
JKYJ-95					JKLYJ-95			II	
JKYJ-120					JKLYJ-120				
JKYJ-150			III		JKLYJ-150				
JKYJ-185					JKLYJ-185		II		III
JKYJ-240					JKLYJ-240				

明 细 表

序号	名 称	规 格	单位	数量
1	槽钢横担	见上表	根	1
2	槽钢抱箍	见图2-2-4-62	副	2
3	线轴式绝缘子	EX	个	2
4	方头螺栓	M16×130	个	2
5	方螺母	M16	个	2
6	垫圈	16	个	4

第二章　　10kV及以下绝缘导线架空配电线路		第四节　1kV以下常规金具绝缘导线架空线路
图号	2-2-4-29	图名	CZ2Z直线杆装置图

说明：铁拉板根据槽钢规格不同可选择(一)型或(二)型。

槽钢横担选择表

导线规格	线路转角/(°)				导线规格	线路转角/(°)			
	6	10	25	45		6	10	25	45
JKYJ-25	I				JKLYJ-25	I			
JKYJ-35					JKLYJ-35				II
JKYJ-50			II		JKLYJ-50				
JKYJ-70					JKLYJ-70			II	
JKYJ-95					JKLYJ-95				
JKYJ-120					JKLYJ-120				
JKYJ-150				III	JKLYJ-150				
JKYJ-185					JKLYJ-185		II		III
JKYJ-240					JKLYJ-240				

明　细　表

序号	名　　称	规　　格	单位	数量
1	槽钢横担	见上表	根	2
2	槽钢抱箍	见图2-2-4-62	副	2
3	铁拉板	(一)型或(二)型	块	8
4	线轴式绝缘子	EX	个	4
5	针式绝缘子	PD-1T	个	2
6	针式绝缘子支架(一)	L50×5×400	根	1
7	并沟线夹	JBL/JBT/JJB/JJP	个	4
8	方头螺栓	M16×130	个	8
9	方螺母	M16	个	8
10	垫圈	16	个	16

第二章　10kV及以下绝缘导线架空配电线路		第四节　1kV以下常规金具绝缘导线架空线路
图号	2-2-4-30	图名	CZ2N耐张杆装置图

4、5、6

槽钢横担选择表

导线规格	线路转角/（°）				导线规格	线路转角/（°）			
	6	10	25	45		6	10	25	45
JKYJ-25					JKLYJ-25				
JKYJ-35	I				JKLYJ-35	I			II
JKYJ-50					JKLYJ-50				
JKYJ-70		II			JKLYJ-70				
JKYJ-95					JKLYJ-95			II	
JKYJ-120					JKLYJ-120				
JKYJ-150					JKLYJ-150				
JKYJ-185			III		JKLYJ-185		II		III
JKYJ-240					JKLYJ-240				

明　细　表

序号	名　　称	规　　格	单位	数量
1	槽钢横担	见上表	根	1
2	槽钢抱箍	见图2-2-4-62	副	2
3	线轴式绝缘子	EX	个	2
4	方头螺栓	M16×130	个	2
5	方螺母	M16	个	2
6	垫圈	16	个	4

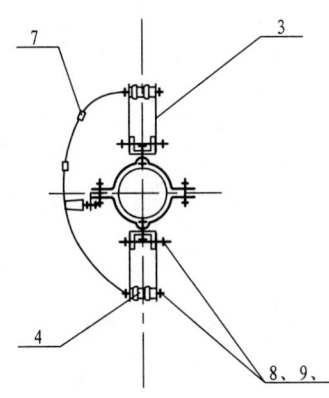

说明：铁拉板根据槽钢规格不同可选择（一）型或（二）型。

槽钢横担选择表

导线规格	线路转角/（°）				导线规格	线路转角/（°）			
	6	10	25	45		6	10	25	45
JKYJ-25					JKLYJ-25				
JKYJ-35	Ⅰ				JKLYJ-35	Ⅰ			Ⅱ
JKYJ-50					JKLYJ-50				
JKYJ-70			Ⅱ		JKLYJ-70				
JKYJ-95					JKLYJ-95			Ⅱ	
JKYJ-120					JKLYJ-120				
JKYJ-150				Ⅲ	JKLYJ-150				
JKYJ-185					JKLYJ-185		Ⅱ		Ⅲ
JKYJ-240					JKLYJ-240				

明 细 表

序号	名 称	规 格	单位	数量
1	槽钢横担	见上表	根	2
2	槽钢抱箍	见图2-2-4-62	副	2
3	铁拉板	（一）型或（二）型	块	8
4	线轴式绝缘子	EX	个	4
5	针式绝缘子	PD-1T	个	2
6	针式绝缘子支架（一）	50×5×400	根	1
7	并沟线夹	JBL/JBT/JJB/JJP	个	4
8	方头螺栓	M16×130	个	8
9	方螺母	M16	个	8
10	垫圈	16	个	16

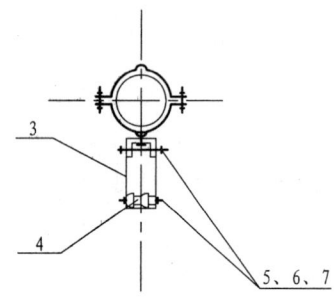

说明：铁拉板根据槽钢规格不同可选择（一）型或（二）型。

槽钢横担选择表

导线规格	线路转角/(°)				导线规格	线路转角/(°)			
	6	10	25	45		6	10	25	45
JKYJ-25					JKLYJ-25				
JKYJ-35	I				JKLYJ-35				II
JKYJ-50					JKLYJ-50	I			
JKYJ-70			II		JKLYJ-70				
JKYJ-95					JKLYJ-95			II	
JKYJ-120					JKLYJ-120				
JKYJ-150					JKLYJ-150				
JKYJ-185			III		JKLYJ-185		II		III
JKYJ-240					JKLYJ-240				

明　细　表

序号	名　　称	规　　格	单位	数量
1	槽钢横担	见上表	根	1
2	槽钢抱箍	见图2-2-4-62	副	2
3	铁拉板	（一）型或（二）型	块	4
4	线轴式绝缘子	EX	个	2
5	方头螺栓	M16×130	个	4
6	方螺母	M16	个	6
7	垫圈	16	个	12

第二章　10kV及以下绝缘导线架空配电线路		第四节　1kV以下常规金具绝缘导线架空线路
图号	2-2-4-33	图名
		CZ2D₂终端杆装置图

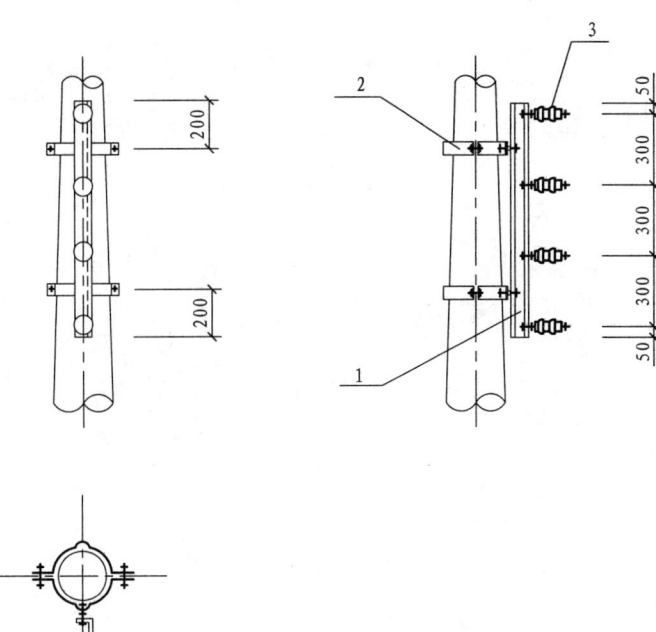

槽钢横担选择表

导线规格	线路转角/(°)				导线规格	线路转角/(°)			
	6	10	25	45		6	10	25	45
JKYJ-25					JKLYJ-25				
JKYJ-35	I				JKLYJ-35				II
JKYJ-50					JKLYJ-50	I			
JKYJ-70			II		JKLYJ-70				
JKYJ-95					JKLYJ-95			II	
JKYJ-120					JKLYJ-120				
JKYJ-150					JKLYJ-150				III
JKYJ-185			III		JKLYJ-185		II		
JKYJ-240					JKLYJ-240				

明　细　表

序号	名　称	规　格	单位	数量
1	槽钢横担	见上表	根	1
2	槽钢抱箍	见图2-2-4-62	副	2
3	线轴式绝缘子	EX	个	4
4	方头螺栓	M16×130	个	4
5	方螺母	M16	个	4
6	垫圈	16	个	8

说明：铁拉板根据槽钢规格不同可选择（一）型或（二）型。

槽钢横担选择表

导线规格	线路转角/(°)				导线规格	线路转角/(°)			
	6	10	25	45		6	10	25	45
JKYJ-25	I				JKLYJ-25	I			II
JKYJ-35					JKLYJ-35				
JKYJ-50			II		JKLYJ-50				
JKYJ-70					JKLYJ-70				
JKYJ-95					JKLYJ-95			II	
JKYJ-120					JKLYJ-120				
JKYJ-150			III		JKLYJ-150				III
JKYJ-185					JKLYJ-185		II		
JKYJ-240					JKLYJ-240				

明 细 表

序号	名　称	规　格	单位	数量
1	槽钢横担	见上表	根	2
2	槽钢抱箍	见图2-2-4-62	副	2
3	铁拉板	见图2-2-4-63	块	16
4	线轴式绝缘子	EX	个	8
5	针式绝缘子	PD-1T	个	4
6	针式绝缘子支架（二）	L50×5×1000	根	1
7	并沟线夹	JBL/JBT/JJB/JJP	个	8
8	方头螺栓	M16×130	个	16
9	方螺母	M16	个	16
10	垫圈	16	个	32

第二章　10kV及以下绝缘导线架空配电线路		第四节　1kV以下常规金具绝缘导线架空线路
图号	2-2-4-35	图名	CZ4N耐张杆装置图

4、5、6

槽 钢 横 担 选 择 表

导线规格	线路转角/(°)				导线规格	线路转角/(°)			
	6	10	25	45		6	10	25	45
JKYJ-25					JKLYJ-25				
JKYJ-35	I				JKLYJ-35				II
JKYJ-50					JKLYJ-50	I			
JKYJ-70			II		JKLYJ-70				
JKYJ-95					JKLYJ-95			II	
JKYJ-120					JKLYJ-120				
JKYJ-150					JKLYJ-150				
JKYJ-185			III		JKLYJ-185		II		III
JKYJ-240					JKLYJ-240				

明 细 表

序号	名 称	规 格	单位	数量
1	槽钢横担	见上表	根	1
2	槽钢抱箍	见图2-2-4-62	副	2
3	线轴式绝缘子	EX	个	4
4	方头螺栓	M16×130	个	4
5	方螺母	M16	个	4
6	垫圈	16	个	8

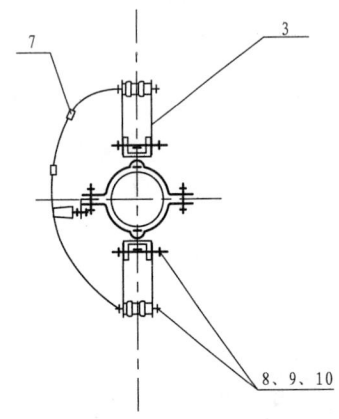

说明：铁拉板根据槽钢规格不同可选择（一）型或（二）型。

槽钢横担选择表

导线规格	线路转角/（°）				导线规格	线路转角/（°）			
	6	10	25	45		6	10	25	45
JKYJ-25					JKLYJ-25				
JKYJ-35	I				JKLYJ-35	I			II
JKYJ-50					JKLYJ-50				
JKYJ-70		II			JKLYJ-70				
JKYJ-95					JKLYJ-95			II	
JKYJ-120					JKLYJ-120				
JKYJ-150			III		JKLYJ-150				
JKYJ-185					JKLYJ-185		II		III
JKYJ-240					JKLYJ-240				

明 细 表

序号	名 称	规 格	单位	数量
1	槽钢横担	见上表	根	2
2	槽钢抱箍	见图2-2-4-62	副	2
3	铁拉板（二）	见图2-2-4-63	块	16
4	线轴式绝缘子	EX	个	8
5	针式绝缘子	PD-1T	个	4
6	针式绝缘子支架（二）	L50×5×1000	根	1
7	并沟线夹	JBL/JBT/JJB/JJP	个	8
8	方头螺栓	M16×130	个	16
9	方螺母	M16	个	16
10	垫圈	16	个	32

第二章　10kV及以下绝缘导线架空配电线路		第四节　1kV以下常规金具绝缘导线架空线路
图号	2-2-4-37	图名	CZ4D₁终端杆装置图

说明：铁拉板根据槽钢规格不同可选择(一)型或(二)型。

槽钢横担选择表

导线规格	线路转角/(°)				导线规格	线路转角/(°)			
	6	10	25	45		6	10	25	45
JKYJ-25					JKLYJ-25				
JKYJ-35	I				JKLYJ-35	I			II
JKYJ-50					JKLYJ-50				
JKYJ-70			II		JKLYJ-70				
JKYJ-95					JKLYJ-95			II	
JKYJ-120					JKLYJ-120				
JKYJ-150					JKLYJ-150				
JKYJ-185			III		JKLYJ-185			II	III
JKYJ-240					JKLYJ-240				

明 细 表

序号	名 称	规 格	单位	数量
1	槽钢横担	见上表	根	1
2	槽钢抱箍	见图2-2-4-62	副	2
3	铁拉板	见图2-2-4-63	块	8
4	线轴式绝缘子	EX	个	4
5	方头螺栓	M16×130	个	8
6	方螺母	M16	个	8
7	垫圈	16	个	16

50 60 190 250 50

600

说明：根据需要针式绝缘子也可装设在横担另一侧。

选 型 表

序号	名　称		规		格	
电杆梢径及距杆顶距离	$\phi150$	1.5m以内	1.5～3.0m	3.0～4.5m	—	—
	$\phi170$	—	1.5m以内	1.5～3.0m	3.0～4.5m	—
	$\phi190$	—	—	1.5m以内	1.5～3.0m	3.0～4.5m
1	横担	I_1	I_2	I_3	I_4	I_5
2	M形抱铁	I	II	III	IV	V
3	U形抱箍	I_1	I_2	I_3	I_4	I_5

明 细 表

序号	名　称	规　格	单位	数量
1	横担	见上表	副	1
2	M形抱铁	见上表	个	1
3	铁拉板（一）	－40×4×270	块	4
4	蝶式绝缘子	ED	个	2
5	针式绝缘子	PD-1T	个	1
6	U形抱箍	见上表	副	1
7	方头螺栓	M16×130	个	2
8	方头螺栓	M16×50	个	2
9	方螺母	M16	个	4
10	垫圈	16	个	8

说明: 根据需要针式绝缘子也可安装在横担另一侧。

选 型 表

序号	名 称		规 格				
	电杆梢径及距杆顶距离	φ150	1.5m以内	1.5~3.0m	3.0~4.5m	—	—
		φ170	—	1.5m以内	1.5~3.0m	3.0~4.5m	—
		φ190	—	—	1.5m以内	1.5~3.0m	3.0~4.5m
1	横担		I₁	I₂	I₃	I₄	I₅
2	M形抱铁		I	II	III	IV	V
3	U形抱箍		I₁	I₂	I₃	I₄	I₅

明 细 表

序号	名 称	规 格	单位	数量
1	横担	见上表	副	1
2	M形抱铁	见上表	个	1
3	铁拉板(一)	-40×4×270	块	8
4	蝶式绝缘子	ED	个	4
5	针式绝缘子	PD-1T	个	2
6	U形抱箍	见上表	副	1
7	方头螺栓	M16×130	个	8
8	方头螺栓	M12×50	个	8
9	方螺母	M16	个	16
10	垫圈	16	个	32

第二章 10kV及以下绝缘导线架空配电线路		第四节 1kV以下常规金具绝缘导线架空线路
图号	2-2-4-40	图名　4Y引入杆装置图

说明:根据需要针式绝缘子也可安装在横担另一侧。

选 型 表

序号	名　称		规　　格				
电杆梢径及距杆顶距离	$\phi150$	1.5m以内	1.5~3.0m	3.0~4.5m	—	—
	$\phi170$	—	1.5m以内	1.5~3.0m	3.0~4.5m	—
	$\phi190$	—	—	1.5m以内	1.5~3.0m	3.0~4.5m
1	横担	I_1	I_2	I_3	I_4	I_5
2	M形抱铁	I	II	III	IV	V
3	U形抱箍	I_1	I_2	I_3	I_4	I_5

明 细 表

序号	名　称	规　　格	单位	数量
1	横担	见上表	副	1
2	M形抱铁	见上表	个	1
3	铁拉板(一)	$-40\times4\times270$	块	12
4	蝶式绝缘子	ED	个	6
5	针式绝缘子	PD-1T	个	3
6	U形抱箍	见上表	副	1
7	方头螺栓	M16×130	个	6
8	方头螺栓	M12×50	个	6
9	方螺母	M16	个	12
10	垫圈	16	个	24

各种型号横担的尺寸及适用范围(mm)

型号	l	电杆梢径及距杆顶距离		
		$\phi150$	$\phi170$	$\phi190$
I₁	180	0~1.5m	—	—
I₂	200	1.5~3.0m	0~1.5m	—
I₃	220	3.0~4.5m	1.5~3.0m	0~1.5m
I₄	240	—	3.0~4.5m	1.5~3.0m
I₅	260	—	—	3.0~4.5m

明　细　表

序号	名　称	规　格	单位	数量
1	角钢	$L50\times5\times600$	根	1

第二章　10kV及以下绝缘导线架空配电线路	第四节　1kV以下常规金具绝缘导线架空线路
图号　2-2-4-42 　　图名	$L50\times6\times600$二线横担加工图

各种型号横担的尺寸及适用范围(mm)

型号	b	δ	C	l	电杆梢径及距杆顶距离		
					$\phi 150$	$\phi 170$	$\phi 190$
I₁				180	0~1.5m	—	—
I₂				200	1.5~3.0m	0~1.5m	
I₃	50	5	28	220	3.0~4.5m	1.5~3.0m	0~1.5m
I₄				240	—	3.0~4.5m	1.5~3.0m
I₅				260	—	—	3.0~4.5m
II₁				180	0~1.5m	—	—
II₂				200	1.5~3.0m	0~1.5m	
II₃	63	6	35	220	3.0~4.5m	1.5~3.0m	0~1.5m
II₄				240	—	3.0~4.5m	1.5~3.0m
II₅				260	—	—	3.0~4.5m

明 细 表

序号	名 称	规 格	单位	数量	附 注
1	角钢	$Lb \times \delta \times 600$	根	1	

组装图

序号1

明 细 表

序号	名 称	规 格	单位	数量
1	角钢	$Lb×δ×600$	根	2
2	方头螺栓	见下表	个	4
3	方螺母	见下表	个	4
4	垫圈	见下表	个	8

各种型号横担的尺寸及适用范围(mm)

型号	b	$δ$	D	C	螺栓规格	螺母	垫圈	l	电杆梢径及距杆顶距离		
									$\phi150$	$\phi170$	$\phi190$
I_1					M16×220			180	0~1.5m	—	—
I_2					M16×240			200	1.5~3.0m	0~1.5m	—
I_3	50	5	18	28	M16×260	M16	16	220	3.0~4.5m	1.5~3.0m	0~1.5m
I_4					M16×280			240	—	3.0~4.5m	1.5~3.0m
I_5					M16×300			260		—	3.0~4.5m
II_1					M16×220			180	0~1.5m	—	—
II_2					M16×240			200	1.5~3.0m	0~1.5m	—
II_3	63	6	18	35	M16×260	M16	16	220	3.0~4.5m	1.5~3.0m	0~1.5m
II_4					M16×280			240	—	3.0~4.5m	1.5~3.0m
II_5					M16×300			260	—	—	3.0~4.5m
III_1					M18×220			180	0~1.5m	—	—
III_2					M18×240			200	1.5~3.0m	0~1.5m	—
III_3	75	8	22	42	M18×260	M18	18	220	3.0~4.5m	1.5~3.0m	0~1.5m
III_4					M18×280			240		3.0~4.5m	1.5~3.0m
III_5					M18×300			260	—	—	3.0~4.5m
IV_1					M20×220			180	0~1.5m	—	—
IV_2					M20×240			200	1.5~3.0m	0~1.5m	—
IV_3	90	8	22	49	M20×260	M20	20	220	3.0~4.5m	1.5~3.0m	0~1.5m
IV_4					M20×280			240	—	3.0~4.5m	1.5~3.0m
IV_5					M20×300			260	—	—	3.0~4.5m
V_1					M22×220			180	0~1.5m	—	—
V_2					M22×240			200	1.5~3.0m	0~1.5m	—
V_3	100	10	24	55	M22×260	M22	22	220	3.0~4.5m	1.5~3.0m	0~1.5m
V_4					M22×280			240	—	3.0~4.5m	1.5~3.0m
V_5					M22×300			260	—	—	3.0~4.5m

明　细　表

序号	名　称	规　格	单位	数量
1	角钢	$Lb \times \delta \times 1200$	根	1

各种型号横担的尺寸及适用范围(mm)

型号	b	δ	D	C	l	电杆梢径及距杆顶距离		
						φ150	φ170	φ190
I₁					180	0~1.5m	—	—
I₂	50	5	18	28	200	1.5~3.0m	0~1.5m	—
I₃					220	3.0~4.5m	1.5~3.0m	0~1.5m
I₄					240	—	3.0~4.5m	1.5~3.0m
I₅					260	—	—	3.0~4.5m
II₁					180	0~1.5m	—	—
II₂	63	6	18	35	200	1.5~3.0m	0~1.5m	—
II₃					220	3.0~4.5m	1.5~3.0m	0~1.5m
II₄					240	—	3.0~4.5m	1.5~3.0m
II₅					260	—	—	3.0~4.5m
III₁					180	0~1.5m	—	—
III₂	75	8	22	42	200	1.5~3.0m	0~1.5m	—
III₃					220	3.0~4.5m	1.5~3.0m	0~1.5m
III₄					240	—	3.0~4.5m	1.5~3.0m
III₅					260	—	—	3.0~4.5m
IV₁					180	0~1.5m	—	—
IV₂	90	8	22	49	200	1.5~3.0m	0~1.5m	—
IV₃					220	3.0~4.5m	1.5~3.0m	0~1.5m
IV₄					240	—	3.0~4.5m	1.5~3.0m
IV₅					260	—	—	3.0~4.5m

第二章　10kV及以下绝缘导线架空配电线路		第四节　1kV以下常规金具绝缘导线架空线路
图号	2-2-4-45	图名　$Lb \times \delta \times 1200$四线横担加工图

组装图

序号1

明 细 表

序号	名　称	规　格	单位	数量
1	角钢	$Lb \times \delta \times 1200$	根	2
2	方头螺栓	见下表	个	4
3	方螺母	见下表	个	4
4	垫圈	见下表	个	8

各种型号横担的尺寸及适用范围(mm)

型号	b	δ	D	螺栓规格	螺母	垫圈	C	l	电杆梢径及距杆顶距离		
									$\phi150$	$\phi170$	$\phi190$
$2\,\mathrm{II}_1$	63	6	18	M16×220	M16	16	35	180	0~1.5m	—	—
$2\,\mathrm{II}_2$				M16×240				200	1.5~3.0m	0~1.5m	—
$2\,\mathrm{II}_3$				M16×260				220	3.0~4.5m	1.5~3.0m	0~1.5m
$2\,\mathrm{II}_4$				M16×280				240	—	3.0~4.5m	1.5~3.0m
$2\,\mathrm{II}_5$				M16×300				260	—	—	3.0~4.5m
$2\,\mathrm{III}_1$	75	8	22	M18×220	M18	18	42	180	0~1.5m	—	—
$2\,\mathrm{III}_2$				M18×240				200	1.5~3.0m	0~1.5m	—
$2\,\mathrm{III}_3$				M18×260				220	3.0~4.5m	1.5~3.0m	0~1.5m
$2\,\mathrm{III}_4$				M18×280				240	—	3.0~4.5m	1.5~3.0m
$2\,\mathrm{III}_5$				M18×300				260	—	—	3.0~4.5m
$2\,\mathrm{IV}_1$	90	8	22	M20×220	M20	20	49	180	0~1.5m	—	—
$2\,\mathrm{IV}_2$				M20×240				200	1.5~3.0m	0~1.5m	—
$2\,\mathrm{IV}_3$				M20×260				220	3.0~4.5m	1.5~3.0m	0~1.5m
$2\,\mathrm{IV}_4$				M20×280				240		3.0~4.5m	1.5~3.0m
$2\,\mathrm{IV}_5$				M20×300				260			3.0~4.5m
$2\,\mathrm{V}_1$	100	10	24	M22×220	M22	22	55	180	0~1.5m	—	—
$2\,\mathrm{V}_2$				M22×240				200	1.5~3.0m	0~1.5m	—
$2\,\mathrm{V}_3$				M22×260				220	3.0~4.5m	1.5~3.0m	0~1.5m
$2\,\mathrm{V}_4$				M22×280				240	—	3.0~4.5m	1.5~3.0m
$2\,\mathrm{V}_5$				M22×300				260	—	—	3.0~4.5m

组装图

序号1

序号2

各种型号横担的尺寸及适用范围(mm)

型号	b	δ	D	螺栓规格	螺母	垫圈	C	l	电杆梢径及距杆顶距离		
									φ150	φ170	φ190
2Ⅱ*₁				M16×220				180	1.5m以内		
2Ⅱ*₂				M16×240				200	1.5~3.0m	1.5m以内	
2Ⅱ*₃	63	6	18	M16×260	M16	16	35	220	3.0~4.5m	1.5~3.0m	1.5m以内
2Ⅱ*₄				M16×280				240	—	3.0~4.5m	1.5~3.0m
2Ⅱ*₅				M16×300				260	—	—	3.0~4.5m
2Ⅲ*₁				M18×220				180	1.5m以内	—	—
2Ⅲ*₂				M18×240				200	1.5~3.0m	1.5m以内	—
2Ⅲ*₃	75	8	22	M18×260	M18	18	42	220	3.0~4.5m	1.5~3.0m	1.5m以内
2Ⅲ*₄				M18×280				240	—	3.0~4.5m	1.5~3.0m
2Ⅲ*₅				M18×300				260	—	—	3.0~4.5m

明 细 表

序号	名 称	规 格	单位	数量
1	角钢	Lb×δ×1200	根	2
2	角钢	Lb×δ×505	根	2
3	方头螺栓	见上表	个	4
4	方螺母	见上表	个	8
5	垫圈	见上表	个	12

第二章 10kV及以下绝缘导线架空配电线路	第四节 1kV以下常规金具绝缘导线架空线路
图号 2-2-4-47	图名 Lb×δ×1200四线加斜材双横担加工图

各种型号横担的尺寸及适用范围(mm)

型号	l	电杆梢径及距杆顶距离		
		$\phi150$	$\phi170$	$\phi190$
I$_1$	180	0～1.5m	—	—
I$_2$	200	1.5～3.0m	0～1.5m	—
I$_3$	220	3.0～4.5m	1.5～3.0m	0～1.5m
I$_4$	240	—	3.0～4.5m	1.5～3.0m
I$_5$	260	—	—	3.0～4.5m

明 细 表

序号	名 称	规 格	单位	数量
1	角钢	$L50\times5\times1200$	根	1

第二章 10kV及以下绝缘导线架空配电线路		第四节 1kV以下常规金具绝缘导线架空线路
图号	2-2-4-48	图名	$L50\times5\times1200$四线横担加工图

599

各种型号导担横的尺寸及适用范围 (mm)

型号	l	电杆梢径及距距杆顶距离			
		$\phi150$	$\phi170$	$\phi190$	
I₁	180	0～1.5m	—	—	
I₂	200	1.5～3.0m	0～1.5m	—	
I₃	220	3.0～4.5m	1.5～3.0m	0～1.5m	
I₄	240	—	3.0～4.5m	1.5～3.0m	
I₅	260	—	—	3.0～4.5m	

明 细 表

序号	名 称	规 格	单位	数量
1	角钢	$L50×5×1800$	根	1

各种型号横担的尺寸及适用范围 (mm)

型号	b	δ	D	C	l	电杆梢径及距杆顶距离		
						φ150	φ170	φ190
II₁	63	6	18	35	180	0～1.5m	—	—
II₂					200	1.5～3.0m	0～1.5m	—
II₃					220	3.0～4.5m	1.5～3.0m	0～1.5m
II₄					240	—	3.0～4.5m	1.5～3.0m
II₅					260	—	—	3.0～4.5m
III₁	75	8	22	42	180	0～1.5m	—	—
III₂					200	1.5～3.0m	0～1.5m	—
III₃					220	3.0～4.5m	1.5～3.0m	0～1.5m
III₄					240	—	3.0～4.5m	1.5～3.0m
III₅					260	—	—	3.0～4.5m

型号	b	δ	D	C	l	电杆梢径及距杆顶距离		
						φ150	φ170	φ190
IV₁	90	8	22	49	180	0～1.5m	—	—
IV₂					200	1.5～3.0m	0～1.5m	—
IV₃					220	3.0～4.5m	1.5～3.0m	0～1.5m
IV₄					240	—	3.0～4.5m	1.5～3.0m
IV₅					260	—	—	3.0～4.5m
V₁	100	10	24	55	180	0～1.5m	—	—
V₂					200	1.5～3.0m	0～1.5m	—
V₃					220	3.0～4.5m	1.5～3.0m	0～1.5m
V₄					240	—	3.0～4.5m	1.5～3.0m
V₅					260	—	—	3.0～4.5m

明 细 表

序号	名 称	规 格	单位	数量
1	角钢	$Lb×δ×1800$	根	1

第二章 10kV及以下绝缘导线架空配电线路	第四节 1kV以下常规金具绝缘导线架空线路
图号 2-2-4-50	图名 $Lb×δ×1800$六线横担加工图

各种型号横担的尺寸及适用范围(mm)

型号	b	δ	D	螺栓规格	螺母垫圈	C	l	电杆梢径及距杆顶距离 φ150	φ170	φ190
2Ⅱ₁	63	6	16	M16×220	18	35	180	0~1.5m	—	—
2Ⅱ₂				M16×240			200	1.5~3.0m	0~1.5m	—
2Ⅱ₃				M16×260			220	3.0~4.5m	1.5~3.0m	0~1.5m
2Ⅱ₄				M16×280			240	—	3.0~4.5m	1.5~3.0m
2Ⅱ₅				M16×300			260	—	—	3.0~4.5m
2Ⅲ₁	75	8	18	M18×220	22	42	180	0~1.5m	—	—
2Ⅲ₂				M18×240			200	1.5~3.0m	0~1.5m	—
2Ⅲ₃				M18×260			220	3.0~4.5m	1.5~3.0m	0~1.5m
2Ⅲ₄				M18×280			240	—	3.0~4.5m	1.5~3.0m
2Ⅲ₅				M18×300			260	—	—	3.0~4.5m
2Ⅳ₁	90	8	20	M20×220	22	49	180	0~1.5m	—	—
2Ⅳ₂				M20×240			200	1.5~3.0m	0~1.5m	—
2Ⅳ₃				M20×260			220	3.0~4.5m	1.5~3.0m	0~1.5m
2Ⅳ₄				M20×280			240	—	3.0~4.5m	1.5~3.0m
2Ⅳ₅				M20×300			260	—	—	3.0~4.5m
2Ⅴ₁	100	10	22	M22×220	24	55	180	0~1.5m	—	—
2Ⅴ₂				M22×240			200	1.5~3.0m	0~1.5m	—
2Ⅴ₃				M22×260			220	3.0~4.5m	1.5~3.0m	0~1.5m
2Ⅴ₄				M22×280			240	—	3.0~4.5m	1.5~3.0m
2Ⅴ₅				M22×300			260	—	—	3.0~4.5m

明细表

序号	名称	规格	单位	数量
1	角钢	Lb×δ×1800	根	2
2	方头螺栓	见上表	个	4
3	方头螺母	见上表	个	4
4	垫圈	见上表	个	8

组装图

序号1

第二章　10kV及以下绝缘导线架空配电线路	第四节　1kV以下常规金具绝缘导线架空线路
图号　2-2-4-51	图名　Lb×δ×1800六线双横担加工图

各种型号横担的尺寸及适用范围(mm)

型号	b	δ	D	C	螺栓规格	螺母	垫圈	l	电杆梢径及距杆顶距离 φ150	φ170	φ190
2II₁*	63	6	18	35	M16×220	M16	16	180	0~1.5m	—	—
2II₂					M16×240			200	1.5~3.0m	0~1.5m	—
2II₃					M16×260			220	3.0~4.5m	1.5~3.0m	0~1.5m
2II₄					M16×280			240	—	3.0~4.5m	1.5~3.0m
2II₅*					M16×300			260	—	—	3.0~4.5m
2III₁*	75	8	22	42	M18×220	M18	18	180	0~1.5m	—	—
2III₂					M18×240			200	1.5~3.0m	0~1.5m	—
2III₃					M18×260			220	3.0~4.5m	1.5~3.0m	0~1.5m
2III₄					M18×280			240	—	3.0~4.5m	1.5~3.0m
2III₅*					M18×300			260	—	—	3.0~4.5m
2IV₁*	90	8	22	49	M20×220	M20	20	180	0~1.5m	—	—
2IV₂					M20×240			200	1.5~3.0m	0~1.5m	—
2IV₃					M20×260			220	3.0~4.5m	1.5~3.0m	0~1.5m
2IV₄					M20×280			240	—	3.0~4.5m	1.5~3.0m
2IV₅*					M20×300			260	—	—	3.0~4.5m
2V₁*	100	10	24	55	M22×220	M22	22	180	0~1.5m	—	—
2V₂					M22×240			200	1.5~3.0m	0~1.5m	—
2V₃					M22×260			220	3.0~4.5m	1.5~3.0m	0~1.5m
2V₄*					M22×280			240	—	3.0~4.5m	1.5~3.0m
2V₅*					M22×300			260	—	—	3.0~4.5m

明 细 表

序号	名称	规格	单位	数量
1	角钢	Lb×δ×1800	根	2
2	角钢	Lb×δ×495	个	4
3	方头螺栓	见上表	个	6
4	方头螺母	见上表	个	12
5	垫圈	见上表	个	18

组装图

序号1

序号2

第二章 10kV及以下绝缘导线架空配电线路	第四节 1kV以下常规金具绝缘导线架空线路
图号 2-2-4-52	图名 Lb×δ×1800六线加斜材双横担加工图

抱箍安装孔

δ

b

线轴式绝缘子安装孔

400

80   2-φ18   80

δ
C
d

2-φD

50   300   50

2
4
3

各种型号槽钢横担加工尺寸(mm)

型号	b	δ	d	C	D	螺栓规格	螺母	垫圈
I	63	4.8	40	23	18	M16×50	M16	16
II	80	5.0	43	25	20	M18×50	M18	18
III	100	5.3	48	27	24	M22×60	M22	22

明　细　表

序号	名　　称	规　　格	单位	数量	附　注
1	槽钢	见上表	根	1	
2	方头螺栓	见上表	个	2	GB8
3	方螺母	见上表	个	2	GB39
4	垫圈	见上表	个	4	GB95

各种型号槽钢横担加工尺寸(mm)

型号	b	δ	d	C	D	螺栓规格	螺母	垫圈
I	63	4.8	40	23	18	M16×50	M16	16
II	80	5.0	43	25	20	M18×50	M18	18
III	100	5.3	48	27	24	M22×60	M22	22

明 细 表

序号	名 称	规 格	单位	数量	附 注
1	槽钢	见上表	根	1	
2	方头螺栓	见上表	个	2	GB8
3	方螺母	见上表	个	2	GB39
4	垫圈	见上表	个	4	GB95

4-φ18　抱箍安装孔　　　　　　　　　　2-φD　线轴式绝缘子安装孔

200　　　　　　　　　　　　　　　　　　200

50　　300　　　　300　　　　300　　50

各种型号槽钢尺寸及适用范围(mm)

型号	b	δ	d	C	D	螺栓规格	螺母	垫圈
I	63	4.8	40	23	18	M16×50	M16	16
II	80	5.0	43	25	20	M18×50	M18	18
III	100	5.3	48	27	24	M22×60	M22	22

明 细 表

序号	名　称	规　格	单位	数量
1	槽钢	见上表	根	1
2	方头螺栓	见上表	个	2
3	方螺母	见上表	个	2
4	垫圈	见上表	个	4

各种型号槽钢尺寸及适用范围(mm)

型号	b	δ	d	C	D	螺栓规格	螺母	垫圈
I	63	4.8	40	23	18	M16×50	M16	16
II	80	5.0	43	25	20	M18×50	M18	18
III	100	5.3	48	27	24	M22×60	M22	22

明 细 表

序号	名 称	规 格	单位	数量
1	槽钢	见上表	根	1
2	方头螺栓	见上表	个	2
3	方螺母	见上表	个	2
4	垫圈	见上表	个	4

WDZ户外整体式
WD户外鼎足式 电缆终端头安装

WDC户外全瓷式
WDH户外环氧树脂式 电缆终端头安装

序号	名 称	规 格				单位	数量
	编 号	1	2	3	4		
1	电缆终端头	WDH	WDC	WDZ	WD	个	1
2	低压电缆截面 /mm²	25～240				根	1
3	电缆终端头 固定支架	I		II		副	1
4	加固抱箍					副	1

序号	名 称		规 格											单位	数量
	编 号		1	2	3	4	5	6	7	8	9	10			
	电缆终端头距杆顶安装距离		1.5～3.0m	1.5～3.0m	1.5～3.0m	1.5～3.0m	1.5～3.0m	1.5～4.5m	1.5～3.0m	1.5～4.5m	1.5～4.5m	1.5～4.5m		单位	数量
5	电杆	梢径	φ150		φ170		φ190						根	1
		长度	10	11	10	11	10	11	12		15			
6	U形抱箍		I₂	I₃		I₄		I₄	I₅	I₄		I₅	副	1
7	电缆固定抱箍II		II₁ 2.25m II₂		II₂ 2.25m II₃			II₃ 2.25m II₄		3.75m II₅			副	1
8	电缆固定抱箍III		规格与数量由工程设计确定										副	1
9	电缆固定抱箍IV		IV₂ IV₃	IV₃ IV₄	IV₃ IV₄	IV₄ IV₅	IV₅ IV₆	IV₅ IV₆	IV₆ IV₇		IV₈ IV₉		副	各1
10	电缆保护钢管		长度为2250mm										根	1
11	接地装置												处	1

第二章 10kV及以下绝缘导线架空配电线路		第四节 1kV以下常规金具绝缘导线架空线路	
图号	2-2-4-57	图名	电缆终端头安装图

STY热缩电缆终端头安装

电缆终端头

序号	名称 编号	规格			单位	数量
		1	2	3		
1	热缩电缆终端头	STY-1/4×1	STY-1/4×2	STY-1/4×3	个	1
2	低压电缆截面/mm²	25~50	70~120	150~240	根	1

序号	名称 编号	规格										单位	数量
		1	2	3	4	5	6	7	8	9	10		
	电缆终端头距杆顶安装距离	1.5~3.0m	1.5~3.0m	1.5~3.0m	1.5~3.0m	1.5~3.0m	1.5~4.5m	1.5~3.0m	1.5~4.5m	1.5~4.5m	1.5~4.5m	单位	数量
3	电杆 梢径	φ150		φ170		φ190						根	1
	长度	10		11		10	11	10	11	12	15		
4	电缆固定抱箍Ⅰ	I₁		I₂		I₃	I₄	I₃	I₄	I₃	I₄	副	1
5	电缆固定抱箍Ⅱ	Ⅱ₁ 2.25m		Ⅱ₁ Ⅱ₂ 2.25m Ⅱ₃		Ⅱ₃ 2.25m Ⅱ₄ 3.75m Ⅱ₅						副	1
6	电缆固定抱箍Ⅲ	规格与数量由工程设计确定										副	1
7	电缆固定抱箍Ⅳ	Ⅳ₁ Ⅳ₂	Ⅳ₃ Ⅳ₃	Ⅳ₃ Ⅳ₄	Ⅳ₄ Ⅳ₅	Ⅳ₅ Ⅳ₆	Ⅳ₅ Ⅳ₆	Ⅳ₆ Ⅳ₇	Ⅳ₈ Ⅳ₉			各	1
8	电缆保护钢管	长度为2250mm										根	1
9	接地装置											处	1

终端杆保护中性线重复接地

分支杆保护中性线重复接地

保护中性线重复接地

说明：1.引下线固定，也可以用φ4.0mm镀锌铁线缠绕。
　　　2.电杆有接地螺母时，可取消接地引下线。

单根水平接地体的接地电阻值(Ω)

土壤电阻率/(Ω·m)	接地体材料及尺寸/mm		接地体长度L/m											
			5	10	15	20	25	30	35	40	50	60	80	100
100	扁钢	40×4	23.4	13.9	10.1	8.1	6.74	5.8	5.1	4.58	3.8	3.26	2.54	2.12
	圆钢	φ12	25	14.7	10.7	8.46	7.04	6.08	5.34	4.78	3.96	3.40	2.66	2.20
250	扁钢	40×4	58.5	34.8	25.3	20.3	16.9	14.5	12.8	11.5	9.5	8.2	6.4	5.3
	圆钢	φ12	63	36.8	26.75	21.15	17.6	15.2	13.35	11.95	9.9	8.5	6.65	5.5
500	扁钢	40×4	117	69.5	50.3	40.5	33.7	29	25.5	22.9	19	16.3	12.7	10.6
	圆钢	φ12	125	73.5	53.5	42.3	35.2	30.4	26.7	23.9	19.8	17	13.3	11

明　细　表

序号	名　称	规　格	单位	数量
1	保护管	φ=30，L=2200	根	1
2	引下线抱箍	I 型	个	—
3	引下线抱箍	II 型	个	2
4	并沟线夹	JBL/JBT/JJB/JJP	个	1
5	接地引下线	φ8圆钢	m	—
6	接地线夹子	BD型并沟线夹	个	1
7	接地体	见上表	m	L

第二章　10kV及以下绝缘导线架空配电线路	第四节　1kV以下常规金具绝缘导线架空线路
图号　2-2-4-59	图名　保护中性线重复接地安装工艺图

明 细 表

1	耐张线夹	NLD型	个	1
2	盘形悬式绝缘子	XP-7C	个	1
3	平行挂板	PS-7	个	1
4	U形挂环	U-7	个	1

图号	2-2-4-60	图名	NLD型耐张串装置图

序号2

说明: 型号I时取消序号2。

各型抱箍尺寸及适用范围(mm)

型号	适用拉线	δ	b	c	ϕd	R	下料长L	螺栓	螺母	垫圈	电杆梢径及距杆顶安装距离		
											$\phi150$	$\phi170$	$\phi190$
I$_1$						80	350				0~1.5m	—	—
I$_2$						90	385				1.5~3.0m	0~1.5m	—
I$_3$	GJ-25~50	5	50	30	$\phi18$	100	415	M16×90	M16	16	3.0~4.5m	1.5~3.0m	0~1.5m
I$_4$						110	445				—	3.0~4.5m	1.5~3.0m
I$_5$						120	480				—	—	3.0~4.5m
II$_1$						80	350				0~1.5m	—	—
II$_2$						90	385				1.5~3.0m	0~1.5m	—
II$_3$	GJ-70	6	60	30	$\phi20$	100	415	M18×90	M18	18	3.0~4.5m	1.5~3.0m	0~1.5m
II$_4$						110	445				—	3.0~4.5m	1.5~3.0m
II$_5$						120	480				—	—	3.0~4.5m
III$_1$						80	350				0~1.5m	—	—
III$_2$						90	385				1.5~3.0m	0~1.5m	—
III$_3$	GJ-100	7	70	40	$\phi26$	100	415	M24×110	M24	24	3.0~4.5m	1.5~3.0m	0~1.5m
III$_4$						110	445				—	3.0~4.5m	1.5~3.0m
III$_5$						120	480				—	—	3.0~4.5m

明 细 表

序号	名 称	规 格	单位	数量
1	扁钢	$-b×\delta×L$	块	2
2	扁钢		块	4
3	方头螺栓	见上表	个	2
4	方螺母	见上表	个	2
5	垫圈	见上表	个	4

第二章 10kV及以下绝缘导线架空配电线路	第四节 1kV以下常规金具绝缘导线架空线路
图号 2-2-4-61	图名 拉线抱箍加工图

序号2

各型抱箍尺寸及适用范围(mm)

型号	槽钢规格	δ	b	c	φd	R	下料长L	螺栓	螺母	垫圈	电杆梢径及距杆顶安装距离		
											φ150	φ170	φ190
I₁	63	5	50	30	φ18	80	413	M16×90	M16	16	1.5m以内	—	—
I₂						90	448				1.5~3.0m	1.5m以内	—
I₃						100	478				3.0~4.5m	1.5~3.0m	1.5m以内
I₄						110	508				—	3.0~4.5m	1.5~3.0m
I₅						120	543				—	—	3.0~4.5m
II₁	80	6	60	30	φ20	80	413	M18×90	M18	18	1.5m以内	—	—
II₂						90	448				1.5~3.0m	1.5m以内	—
II₃						100	478				3.0~4.5m	1.5~3.0m	1.5m以内
II₄						110	508				—	3.0~4.5m	1.5~3.0m
II₅						120	543				—	—	3.0~4.5m
III₁	100	7	70	40	φ26	80	453	M24×110	M24	24	1.5m以内	—	—
III₂						90	488				1.5~3.0m	1.5m以内	—
III₃						100	518				3.0~4.5m	1.5~3.0m	1.5m以内
III₄						110	548				—	3.0~4.5m	1.5~3.0m
III₅						120	583				—	—	3.0~4.5m

明 细 表

序号	名 称	规 格	单位	数量
1	扁钢	−b×δ×L	块	2
2	扁钢		块	4
3	方头螺栓	见上表	个	2
4	方螺母	见上表	个	2
5	垫圈	见上表	个	4

第二章 10kV及以下绝缘导线架空配电线路		第四节 1kV以下常规金具绝缘导线架空线路
图号	2-2-4-62	图名 槽钢抱箍加工图

（一）

（二）

2-φ14×55

各型铁连板尺寸(mm)

型号	Ⅰ	Ⅱ	Ⅲ
l	257	297	347
L	357	397	447

明　细　表

序号	名　称	规　格	单位	数量
1	扁钢	-40×4×270	块	1
2	扁钢	-40×4×255	块	1
3	扁钢	-40×4×L	块	1

第二章　10kV及以下绝缘导线架空配电线路	第四节　1kV以下常规金具绝缘导线架空线路
图号　　2-2-4-63	图名　　铁拉板(一)、(二)型及铁连板加工图

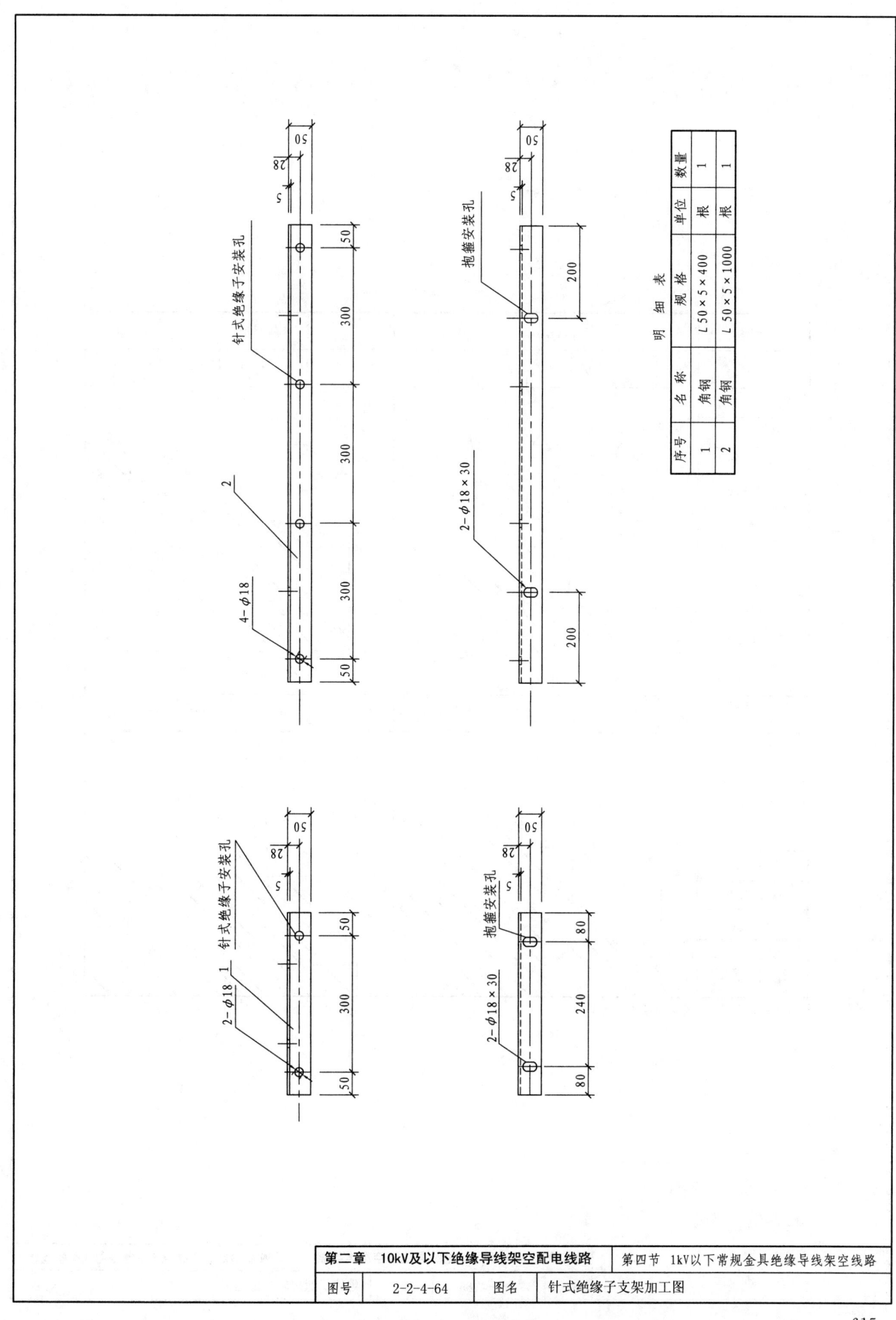

明细表

序号	名称	规格	单位	数量
1	角钢	L 50×5×400	根	1
2	角钢	L 50×5×1000	根	1

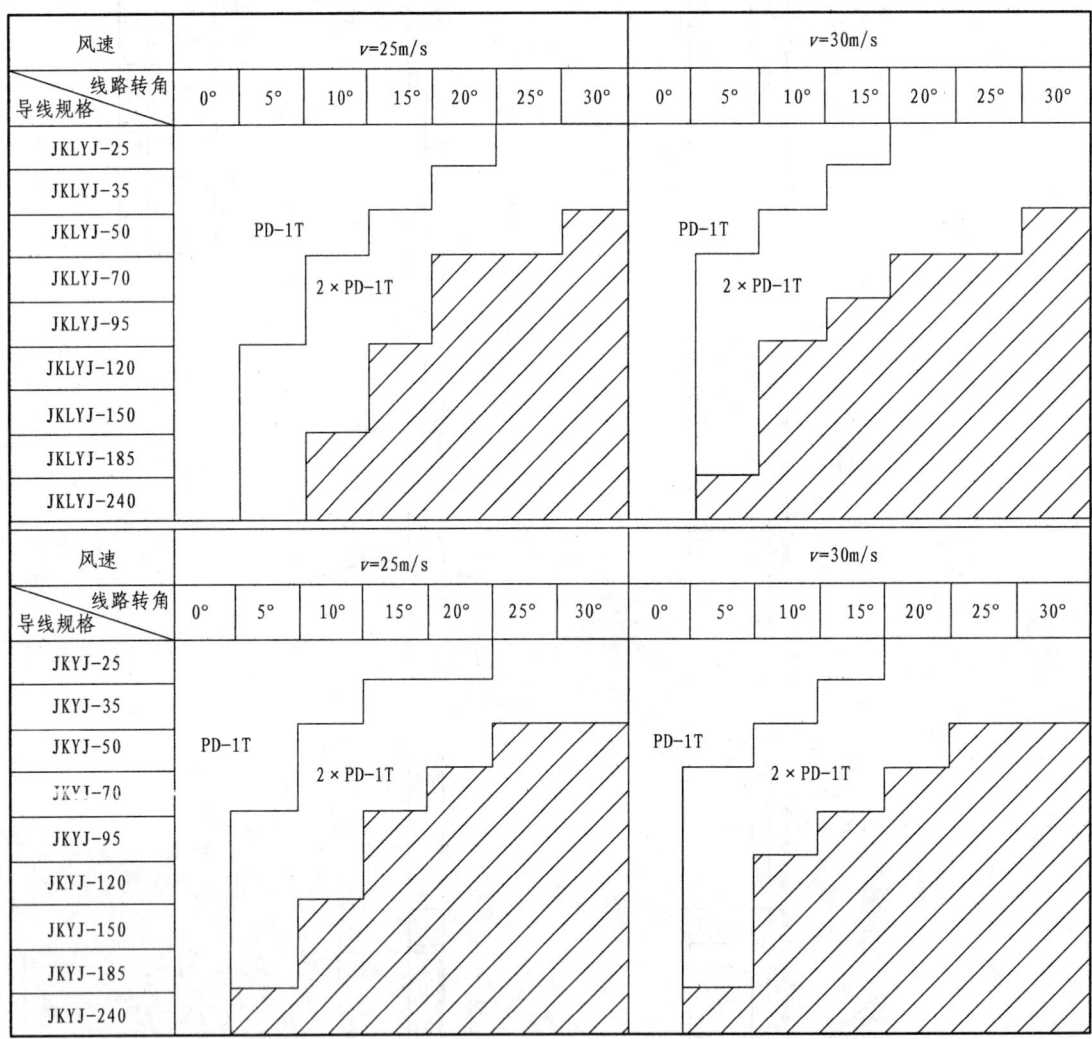

风速	$v=25\text{m/s}$							$v=30\text{m/s}$						
导线规格 \ 线路转角	0°	5°	10°	15°	20°	25°	30°	0°	5°	10°	15°	20°	25°	30°
JKLYJ-25														
JKLYJ-35														
JKLYJ-50														
JKLYJ-70														
JKLYJ-95														
JKLYJ-120														
JKLYJ-150														
JKLYJ-185														
JKLYJ-240														

风速	$v=25\text{m/s}$							$v=30\text{m/s}$						
导线规格 \ 线路转角	0°	5°	10°	15°	20°	25°	30°	0°	5°	10°	15°	20°	25°	30°
JKYJ-25														
JKYJ-35														
JKYJ-50														
JKYJ-70														
JKYJ-95														
JKYJ-120														
JKYJ-150														
JKYJ-185														
JKYJ-240														

说明: 表内斜线部分采用蝶式绝缘子。

第二章　10kV及以下绝缘导线架空配电线路	第四节　1kV以下常规金具绝缘导线架空线路
图号　　2-2-4-65	图名　　绝缘子适用转角范围表

单位：N

导线规格	安全系数 K	风速 线路转角	$v=25m/s$									
			0°	2°	4°	6°	8°	10°	15°	25°	35°	45°
JKLYJ-25	3		193	237	281	324	368	411	519	731	938	1138
JKLYJ-35	3		225	285	346	406	465	525	674	967	1253	1529
JKLYJ-50	3		257	339	420	502	583	664	865	1263	1651	2027
JKLYJ-70	3		294	415	535	655	775	895	1193	1781	2356	2913
JKLYJ-95	3.5		340	477	614	750	887	1023	1361	2030	2683	3316
JKLYJ-120	3.5		372	545	718	890	1063	1235	1662	2508	3335	4136
JKLYJ-150	4		384	567	750	933	1116	1299	1753	2651	3528	4379
JKLYJ-185	4		426	659	892	1125	1357	1589	2167	3308	4425	5508
JKLYJ-240	4		480	783	1085	1387	1689	1990	2740	4222	5672	7079

导线规格	安全系数 K	风速 线路转角	$v=30m/s$									
			0°	2°	4°	6°	8°	10°	15°	25°	35°	45°
JKLYJ-25	3		278	322	365	409	452	496	603	814	1019	1217
JKLYJ-35	3		324	385	445	505	564	624	772	1064	1347	1620
JKLYJ-50	3		371	452	534	615	696	777	978	1374	1759	2131
JKLYJ-70	3		424	544	664	784	904	1024	1321	1908	2480	3033
JKLYJ-95	3.5		490	627	763	900	1036	1172	1510	2176	2826	3454
JKLYJ-120	3.5		536	709	882	1054	1226	1398	1825	2668	3491	4287
JKLYJ-150	4		552	736	919	1102	1285	1467	1920	2815	3689	4535
JKLYJ-185	4		613	846	1079	1312	1544	1776	2352	3491	4604	5681
JKLYJ-240	4		692	994	1297	1598	1900	2200	2949	4428	5874	7275

说明：本表为每根绝缘线水平力值。

第二章　10kV及以下绝缘导线架空配电线路	第四节　1kV以下常规金具绝缘导线架空线路
图号　2-2-4-66	图名　JKLYJ型导线转角水平力表

导线规格	安全系数k	风速 v=25m/s									
线路转角		0°	2°	4°	6°	8°	10°	15°	25°	35°	45°
JKYJ-25	6	193	242	291	341	389	438	560	799	1033	1258
JKYJ-35	6	225	293	362	430	497	565	734	1066	1391	1705
JKYJ-50	6	257	353	449	545	641	736	973	1442	1900	2343
JKYJ-70	6.5	294	420	546	672	797	922	1234	1850	2451	3034
JKYJ-95	6.5	340	511	681	851	1021	1191	1613	2447	3263	4054
JKYJ-120	7	372	571	770	969	1167	1365	1858	2832	3784	4708
JKYJ-150	7	384	630	877	1123	1369	1615	2226	3436	4619	5767
JKYJ-185	7	426	734	1042	1350	1657	1964	2728	4240	5720	7155
JKYJ-240	7	480	878	1276	1673	2070	2466	3453	5405	7316	9172

导线规格	安全系数k	风速 v=30m/s									
线路转角		0°	2°	4°	6°	8°	10°	15°	25°	35°	45°
JKYJ-25	6	278	327	376	425	474	523	644	882	1114	1337
JKYJ-35	6	324	393	461	529	596	664	832	1163	1485	1796
JKYJ-50	6	371	467	562	658	754	849	1086	1553	2008	2448
JKYJ-70	6.5	424	550	675	801	926	1051	1362	1976	2575	3154
JKYJ-95	6.5	490	660	831	1001	1170	1340	1761	2593	3406	4192
JKYJ-120	7	536	735	934	1132	1330	1528	2020	2992	3940	4859
JKYJ-150	7	552	799	1046	1292	1538	1783	2394	3601	4780	5923
JKYJ-185	7	613	921	1229	1537	1844	2151	2914	4423	5898	7328
JKYJ-240	7	692	1090	1487	1884	2281	2677	3663	5612	7518	9367

说明：本表为每根绝缘线水平力值。

第二章　10kV及以下绝缘导线架空配电线路	第四节　1kV以下常规金具绝缘导线架空线路
图号　2-2-4-67	图名　JKYJ型导线转角水平力表

电杆及卡盘允许抗倾覆力矩表（v=25m/s）　　　　　　　　　　单位：kN·m

梢径/mm	杆长/m	埋深/m	硬塑黏土				可塑黏土				软塑黏土			
			无卡盘	KP8	KP10	KP12	无卡盘	KP8	KP10	KP12	无卡盘	KP8	KP10	KP12
150	10	1.7	7.589	10.149	11.111	12.073	4.511	6.414	7.202	7.937	1.093	2.119	2.504	2.890
	11	1.8	9.465	12.270	13.348	14.427	5.611	7.676	8.578	9.402	1.336	2.460	2.892	3.324
170	10	1.7	7.775	10.238	11.200	12.162	4.615	6.444	7.232	7.967	1.077	2.064	2.449	2.835
	11	1.8	9.679	12.376	13.454	14.533	5.727	7.710	8.612	9.436	1.310	2.391	2.823	3.255
	12	1.9	11.908	14.835	16.037	17.238	7.031	9.194	10.185	11.103	1.588	2.761	3.243	3.725
190	10	1.7	7.961	10.327	11.290	12.252	4.718	6.475	7.262	7.997	1.060	2.009	2.394	2.780
	11	1.8	9.893	12.482	13.560	14.639	5.844	7.744	8.646	9.470	1.284	2.322	2.754	3.186
	12	1.9	12.154	14.960	16.162	17.364	7.162	9.233	10.225	11.143	1.552	2.677	3.159	3.640
	13	2.0	14.832	17.861	19.193	20.524	8.734	10.964	12.067	13.084	1.893	3.107	3.641	4.175
	15	2.3	26.082	29.877	31.638	33.399	15.696	18.466	19.942	21.288	4.140	5.661	6.367	7.073

梢径/mm	杆长/m	埋深/m	中沙、粗沙				细沙、粉沙			
			无卡盘	KP8	KP10	KP12	无卡盘	KP8	KP10	KP12
150	10	1.7	5.447	8.006	8.968	9.930	3.351	5.239	5.948	6.658
	11	1.8	6.773	9.577	10.656	11.734	4.155	6.223	7.019	7.814
170	10	1.7	5.633	8.096	9.058	10.020	3.444	5.261	5.970	6.680
	11	1.8	6.986	9.683	10.762	11.840	4.259	6.248	7.043	7.838
	12	1.9	8.566	11.492	12.694	13.896	5.212	7.370	8.256	9.142
190	10	1.7	5.818	8.185	9.147	10.109	3.537	5.283	5.992	6.702
	11	1.8	7.200	9.789	10.868	11.946	4.363	6.272	7.067	7.863
	12	1.9	8.811	11.618	12.819	14.021	5.328	7.397	8.284	9.170
	13	2.0	10.728	13.757	15.089	16.420	6.486	8.721	9.703	10.685
	15	2.3	18.904	22.699	24.460	26.221	11.802	14.601	15.900	17.198

电杆及卡盘允许抗倾覆力矩表（v=30m/s）

单位：kN·m

梢径/mm	杆长/m	埋深/m	硬塑黏土				可塑黏土				软塑黏土			
			无卡盘	KP8	KP10	KP12	无卡盘	KP8	KP10	KP12	无卡盘	KP8	KP10	KP12
150	10	1.7	6.875	9.434	10.396	11.358	3.796	5.699	6.487	7.222	0.378	1.404	1.798	2.175
	11	1.8	8.561	11.366	12.444	13.523	4.707	6.772	7.674	8.498	0.432	1.556	1.988	2.421
170	10	1.7	6.991	9.454	10.416	11.378	3.830	5.660	6.447	7.183	0.292	1.279	1.665	2.050
	11	1.8	8.690	11.386	12.465	13.543	4.738	6.721	7.623	8.447	0.321	1.401	1.834	2.266
	12	1.7	10.685	13.611	14.813	16.015	5.807	7.970	8.962	9.880	0.365	1.538	2.020	2.501
190	10	1.8	7.107	9.473	10.436	11.398	3.864	5.621	6.408	7.143	0.206	1.155	1.540	1.926
	11	1.7	8.818	11.407	12.485	13.564	4.769	6.669	7.571	8.395	0.209	1.247	1.679	2.111
	12	1.8	10.828	13.634	14.836	16.037	5.836	7.907	8.898	9.817	0.226	1.350	1.832	2.314
	13	1.7	13.221	16.251	17.582	18.914	7.124	9.354	10.456	11.474	0.283	1.497	2.031	2.564
	15	1.8	23.843	27.638	29.399	31.160	13.458	16.228	17.703	19.049	1.902	3.423	4.128	4.834

梢径/mm	杆长/m	埋深/m	中沙、粗沙				细沙、粉沙			
			无卡盘	KP8	KP10	KP12	无卡盘	KP8	KP10	KP12
150	10	1.7	4.732	7.291	8.253	9.216	2.637	4.524	5.233	5.943
	11	1.8	5.869	8.673	9.752	10.830	3.251	5.320	6.115	6.910
170	10	1.7	4.848	7.311	8.273	9.235	2.660	4.476	5.186	5.895
	11	1.8	5.997	8.694	9.772	10.851	3.270	5.258	6.054	6.849
	12	1.7	7.342	10.269	11.470	12.672	3.988	6.146	7.033	7.919
190	10	1.8	4.964	7.331	8.293	9.255	2.683	4.429	5.138	5.848
	11	1.7	6.125	8.714	9.793	10.871	3.288	5.197	5.992	6.788
	12	1.8	7.485	10.291	11.493	12.695	4.002	6.071	6.957	7.843
	13	1.7	9.117	12.147	13.478	14.810	4.876	7.110	8.092	9.074
	15	1.8	16.665	20.460	22.221	23.983	9.564	12.574	13.661	14.960

环形钢筋混凝土电杆整根锥形杆标准检验弯矩

单位：kN·m

稍径/mm 分组：Φ150、Φ170、Φ190

标准荷载/kN →	B 1.25	C 1.50	D 1.75	E 2.00	F 2.25	G 2.50	H 2.75	3.00	J 3.50	K 4.00	L 5.00
L=10.00 L1=8.05 L2=1.70		12.08	14.09	16.10	18.11	20.12	22.14	24.15			
L=11.00 L1=8.85 L2=1.90			15.49	17.70	19.91	22.12	24.34	26.55			
L=12.00 L1=9.75 L2=2.00				19.50	21.94	24.38	26.81	29.25	34.12	39.00	
L=13.00 L1=10.55 L2=2.20					23.74	26.38	29.01	31.65	36.93	42.20	52.75
L=15.00 L1=12.25 L2=2.50					27.56	30.62	33.69	36.75	42.88		

预应力钢筋混凝土电杆整根锥形杆标准检验弯矩

单位：kN·m

稍径/mm 分组：Φ150、Φ170、Φ190

标准荷载/kN →	B 1.25	C 1.50	C1 1.65	D 1.75	E 2.00	F 2.25	G 2.50	I 3.00	J 3.50	K 4.00
L=10.00 L1=8.05 L2=1.70		12.08	13.28	14.08	16.10	18.11	20.12	24.15	28.18	
L=11.00 L1=8.85 L2=1.90		13.28		15.49	17.70	19.91	22.12	26.55		
L=12.00 L1=9.75 L2=2.00					19.50		24.38	29.25	34.12	39.00
L=13.00 L1=10.55 L2=2.20					21.10		26.38	31.65	36.93	42.20
L=15.00 L1=12.25 L2=2.50					24.50		30.62	36.75	42.88	

单位：mm²

导线规格	安全系数 k	耐张 45°	耐张 60°	终端 45°	终端 60°	5°转角杆 45°	5°转角杆 60°	15°转角杆 45°	15°转角杆 60°	30°转角杆 45°	30°转角杆 60°	45°转角杆 45°	45°转角杆 60°
						v=25m/s							
JKLYJ-25	3	0.93	1.31	3.08	4.35	0.74	1.05	1.27	1.80	2.05	2.90	2.79	3.95
JKLYJ-35	3	1.28	1.80	4.24	5.99	0.92	1.30	1.65	2.34	2.73	3.86	3.75	5.31
JKLYJ-50	3	1.73	2.44	5.74	8.11	1.13	1.60	2.12	3.00	3.58	5.06	4.98	7.04
JKLYJ-70	3	2.55	3.61	8.47	11.98	1.46	2.07	2.93	4.14	5.08	7.19	7.15	10.12
JKLYJ-95	3.5	2.90	4.10	9.63	13.62	1.67	2.37	3.34	4.73	5.79	8.19	8.14	11.51
JKLYJ-120	3.5	3.66	5.18	12.16	17.20	1.97	2.79	4.08	5.77	7.18	10.15	10.15	14.36
JKLYJ-150	4	3.89	5.50	12.91	18.26	2.07	2.92	4.30	6.09	7.59	10.74	10.75	15.20
JKLYJ-185	4	4.94	6.99	16.41	23.20	2.48	3.50	5.32	7.52	9.50	13.44	13.52	19.12
JKLYJ-240	4	6.41	9.07	21.29	30.10	3.04	4.29	6.73	9.51	12.16	17.19	17.38	24.58
						v=30m/s							
JKLYJ-25	3	0.93	1.31	3.08	4.35	0.95	1.34	1.48	2.09	2.25	3.19	2.99	4.22
JKLYJ-35	3	1.28	1.80	4.24	5.99	1.17	1.65	1.90	2.68	2.96	4.19	3.98	5.63
JKLYJ-50	3	1.73	2.44	5.74	8.11	1.41	1.99	2.40	3.39	3.85	5.44	5.23	7.40
JKLYJ-70	3	2.55	3.61	8.47	11.98	1.78	2.52	3.24	4.59	5.39	7.62	7.45	10.53
JKLYJ-95	3.5	2.90	4.10	9.63	13.62	2.04	2.89	3.71	5.24	6.15	8.69	8.48	11.99
JKLYJ-120	3.5	3.66	5.18	12.16	17.20	2.38	3.36	4.48	6.34	7.57	10.70	10.53	14.88
JKLYJ-150	4	3.89	5.50	12.91	18.26	2.48	3.51	4.71	6.67	7.99	11.30	11.13	15.74
JKLYJ-185	4	4.94	6.99	16.41	23.20	2.93	4.15	5.78	8.17	9.95	14.07	13.95	19.73
JKLYJ-240	4	6.41	9.07	21.29	30.10	3.55	5.03	7.24	10.24	12.66	17.90	17.86	25.26

说明：本表为每根绝缘线所需拉线截面。

第二章　10kV及以下绝缘导线架空配电线路	第四节　1kV以下常规金具绝缘导线架空线路
图号　2-2-4-71	图名　JKLYJ型导线普通拉线截面选择表

单位：mm²

杆型 / 导线规格 / 安全系数 k	耐张		终端		5°转角杆		15°转角杆		30°转角杆		45°转角杆	
β	45°	60°	45°	60°	45°	60°	45°	60°	45°	60°	45°	60°
	v=25m/s											
JKYJ-25 6	1.07	1.51	3.54	5.00	0.78	1.10	1.37	1.94	2.25	3.18	3.09	4.37
JKYJ-35 6	1.45	2.04	4.80	6.79	0.97	1.37	1.80	2.55	3.02	4.27	4.18	5.92
JKYJ-50 6	2.03	2.88	6.75	9.55	1.22	1.73	2.39	3.38	4.11	5.81	5.75	8.13
JKYJ-70 6.5	2.67	3.77	8.86	12.53	1.49	2.11	3.03	4.28	5.28	7.47	7.45	10.54
JKYJ-95 6.5	3.61	5.11	12.00	16.96	1.88	2.66	3.96	5.60	7.02	9.92	9.95	14.08
JKYJ-120 7	4.22	5.96	14.00	19.80	2.13	3.02	4.56	6.45	8.13	11.50	11.56	16.35
JKYJ-150 7	5.23	7.40	17.36	24.55	2.46	3.47	5.47	7.73	9.90	14.00	14.16	20.02
JKYJ-185 7	6.53	9.24	21.69	30.68	2.94	4.15	6.70	9.47	12.24	17.31	17.57	24.84
JKYJ-240 7	8.43	11.93	28.00	39.59	3.62	5.12	8.48	11.99	15.63	22.11	22.52	31.84

杆型 / 导线规格 / 安全系数 k	耐张		终端		5°转角杆		15°转角杆		30°转角杆		45°转角杆	
β	45°	60°	45°	60°	45°	60°	45°	60°	45°	60°	45°	60°
	v=30m/s											
JKYJ-25 6	1.07	1.51	3.54	5.00	0.98	1.39	1.58	2.24	2.45	3.47	3.28	4.64
JKYJ-35 6	1.45	2.04	4.80	6.79	1.21	1.72	2.04	2.89	3.25	4.60	4.41	6.24
JKYJ-50 6	2.03	2.88	6.75	9.55	1.50	2.12	2.67	3.77	4.37	6.19	6.01	8.50
JKYJ-70 6.5	2.67	3.77	8.86	12.53	1.81	2.56	3.34	4.73	5.59	7.91	7.74	10.95
JKYJ-95 6.5	3.61	5.11	12.00	16.96	2.25	3.18	4.32	6.12	7.37	10.42	10.29	14.56
JKYJ-120 7	4.22	5.96	14.00	19.80	2.54	3.59	4.96	7.01	8.52	12.05	11.93	16.87
JKYJ-150 7	5.23	7.40	17.36	24.55	2.87	4.06	5.88	8.31	10.30	14.56	14.54	20.56
JKYJ-185 7	6.53	9.24	21.69	30.68	3.40	4.80	7.15	10.12	12.68	17.93	17.99	25.44
JKYJ-240 7	8.43	11.93	28.00	39.59	4.14	5.85	8.99	12.72	16.13	22.81	23.00	32.52

说明：本表为每根绝缘线所需拉线截面。

第二章 10kV及以下绝缘导线架空配电线路	第四节 1kV以下常规金具绝缘导线架空线路
图号 2-2-4-72	图名 JKYJ型导线普通拉线截面选择表

单位：mm²

导线规格	安全系数 k	v=25m/s						v=30m/s					
		耐张	终端	5°转角杆	15°转角杆	30°转角杆	45°转角杆	耐张	终端	5°转角杆	15°转角杆	30°转角杆	45°转角杆
JKLYJ-25	3	0.66	2.18	0.53	0.91	1.47	2.01	0.66	2.18	0.68	1.06	1.62	2.14
JKLYJ-35	3	0.90	3.00	0.66	1.19	1.96	2.69	0.90	3.00	0.84	1.36	2.13	2.86
JKLYJ-50	3	1.22	4.06	0.81	1.53	2.57	3.57	1.22	4.06	1.01	1.72	2.76	3.76
JKLYJ-70	3	1.80	5.99	1.05	2.10	3.65	5.13	1.80	5.99	1.28	2.33	3.87	5.35
JKLYJ-95	3.5	2.05	6.81	1.20	2.40	4.16	5.84	2.05	6.81	1.47	2.66	4.41	6.09
JKLYJ-120	3.5	2.59	8.60	1.42	2.93	5.15	7.29	2.59	8.60	1.71	3.22	5.43	7.56
JKLYJ-150	4	2.75	9.13	1.48	3.09	5.45	7.72	2.75	9.13	1.78	3.38	5.74	7.99
JKLYJ-185	4	3.49	11.60	1.78	3.82	6.82	9.71	3.49	11.60	2.11	4.15	7.14	10.01
JKLYJ-240	4	4.53	15.05	2.18	4.83	8.73	21.48	4.53	15.05	2.55	5.20	9.09	12.82
JKYJ-25	6	0.75	2.50	0.56	0.99	1.62	2.22	0.75	2.50	0.71	1.14	1.76	2.36
JKYJ-35	6	1.02	3.39	0.70	1.29	2.17	3.00	1.02	3.39	0.87	1.47	2.34	3.17
JKYJ-50	6	1.44	4.77	0.88	1.72	2.95	4.13	1.44	4.77	1.08	1.91	3.14	4.31
JKYJ-70	6.5	1.89	6.27	1.07	2.17	3.79	5.35	1.89	6.27	1.30	2.40	4.01	5.56
JKYJ-95	6.5	2.55	8.48	1.35	2.84	5.04	7.15	2.55	8.48	1.61	3.10	5.29	7.39
JKYJ-120	7	2.98	9.90	1.53	3.27	5.84	8.30	2.98	9.90	1.82	3.56	6.11	8.56
JKYJ-150	7	3.70	12.28	1.76	3.92	7.11	10.16	3.70	12.28	2.06	4.22	7.39	10.44
JKYJ-185	7	4.62	15.34	2.11	4.81	8.79	12.61	4.62	15.34	2.44	5.14	9.10	12.92
JKYJ-240	7	5.96	19.80	2.60	6.09	11.22	16.17	5.96	19.80	2.97	6.46	11.58	16.51

说明：本表为每根绝缘线所需拉线截面。

第二章 10kV及以下绝缘导线架空配电线路	第四节 1kV以下常规金具绝缘导线架空线路
图号　2-2-4-73	图名　水平拉线（水平部分）截面选择表

单位：mm²

杆型		耐张		终端		5°转角杆		15°转角杆		30°转角杆		45°转角杆	
导线规格	安全系数k / 风速 β	45°	60°	45°	60°	45°	60°	45°	60°	45°	60°	45°	60°
		v=25m/s											
JKLYJ-25	3	0.80	1.13	2.65	3.74	0.55	0.66	0.95	1.12	1.53	1.81	2.09	2.47
JKLYJ-35	3	1.10	1.55	3.64	5.15	0.69	0.81	1.24	1.46	2.04	2.41	2.80	3.31
JKLYJ-50	3	1.49	2.10	4.93	6.98	0.85	1.00	1.59	1.88	2.67	3.16	3.71	4.39
JKLYJ-70	3	2.19	3.10	7.29	10.31	1.09	1.29	2.19	2.59	3.80	4.49	5.34	6.32
JKLYJ-95	3.5	2.49	3.53	8.28	11.71	1.25	1.48	2.50	2.95	4.32	5.11	6.08	7.19
JKLYJ-120	3.5	3.15	4.46	10.46	14.79	1.47	1.74	3.05	3.60	5.36	6.34	7.58	8.97
JKLYJ-150	4	3.34	4.73	11.10	15.70	1.54	1.83	3.21	3.80	5.67	6.70	8.03	9.49
JKLYJ-185	4	4.25	6.01	14.11	19.96	1.85	2.19	3.97	4.70	7.09	8.39	10.10	11.94
JKLYJ-240	4	5.51	7.80	18.31	25.89	2.27	2.68	5.02	5.94	9.08	10.74	12.98	15.35

杆型		耐张		终端		5°转角杆		15°转角杆		30°转角杆		45°转角杆	
导线规格	安全系数k / 风速 β	45°	60°	45°	60°	45°	60°	45°	60°	45°	60°	45°	60°
		v=30m/s											
JKLYJ-25	3	0.80	1.13	2.65	3.74	0.71	0.84	1.11	1.31	1.68	1.99	2.23	2.64
JKLYJ-35	3	1.10	1.55	3.64	5.15	0.87	1.03	1.42	1.67	2.21	2.62	2.97	3.51
JKLYJ-50	3	1.49	2.10	4.93	6.98	1.05	1.24	1.79	2.12	2.87	3.40	3.91	4.62
JKLYJ-70	3	2.19	3.10	7.29	10.31	1.33	1.57	2.42	2.86	4.02	4.76	5.56	6.58
JKLYJ-95	3.5	2.49	3.53	8.28	11.71	1.52	1.80	2.77	3.27	4.59	5.43	6.33	7.49
JKLYJ-120	3.5	3.15	4.46	10.46	14.79	1.77	2.10	3.35	3.96	5.65	6.68	7.86	9.29
JKLYJ-150	4	3.34	4.73	11.10	15.70	1.85	2.19	3.52	4.16	5.97	7.06	8.31	9.83
JKLYJ-185	4	4.25	6.01	14.11	19.96	2.19	2.59	4.31	5.10	7.43	8.78	10.41	12.32
JKLYJ-240	4	5.51	7.80	18.31	25.89	2.65	3.14	5.41	6.39	9.45	11.18	13.33	15.77

说明：本表为每根绝缘线所需拉线截面。

第二章　10kV及以下绝缘导线架空配电线路	第四节　1kV以下常规金具绝缘导线架空线路
图号　2-2-4-74	图名　JKLYJ型导线水平拉线（垂直部分）截面选择表

单位：mm²

杆型 导线规格	安全系数 k / 风速 β	耐张 45°	耐张 60°	终端 45°	终端 60°	5°转角杆 45°	5°转角杆 60°	15°转角杆 45°	15°转角杆 60°	30°转角杆 45°	30°转角杆 60°	45°转角杆 45°	45°转角杆 60°
							v=25m/s						
JKLYJ-25	6	0.92	1.30	3.04	4.30	0.58	0.69	1.03	1.21	1.68	1.99	2.31	2.73
JKLYJ-35	6	1.24	1.76	4.13	5.84	0.73	0.86	1.34	1.59	2.25	2.67	3.12	3.70
JKLYJ-50	6	1.75	2.47	5.81	8.21	0.91	1.08	1.78	2.11	3.07	3.63	4.29	5.08
JKLYJ-70	6.5	2.30	3.25	7.62	10.78	1.12	1.32	2.26	2.68	3.95	4.67	5.56	6.58
JKLYJ-95	6.5	3.11	4.39	10.32	14.59	1.40	1.66	2.96	3.50	5.24	6.20	7.43	8.79
JKLYJ-120	7	3.63	5.13	12.04	17.02	1.59	1.88	3.41	4.03	6.07	7.18	8.63	10.21
JKLYJ-150	7	4.50	6.36	14.93	21.12	1.83	2.17	4.08	4.83	7.39	8.74	10.57	12.50
JKLYJ-185	7	5.62	7.95	18.65	26.38	2.19	2.59	5.00	5.91	9.14	10.81	13.12	15.51
JKLYJ-240	7	7.25	10.26	24.08	34.05	2.70	3.20	6.33	7.49	11.67	13.80	16.81	19.88

杆型 导线规格	安全系数 k / 风速 β	耐张 45°	耐张 60°	终端 45°	终端 60°	5°转角杆 45°	5°转角杆 60°	15°转角杆 45°	15°转角杆 60°	30°转角杆 45°	30°转角杆 60°	45°转角杆 45°	45°转角杆 60°
							v=30m/s						
JKLYJ-25	6	0.92	1.30	3.04	4.30	0.73	0.87	1.18	1.40	1.83	2.17	2.45	2.90
JKLYJ-35	6	1.24	1.76	4.13	5.84	0.91	1.07	1.53	1.80	2.43	2.87	3.29	3.89
JKLYJ-50	6	1.75	2.47	5.81	8.21	1.12	1.32	1.99	2.35	3.27	3.86	4.49	5.31
JKLYJ-70	6.5	2.30	3.25	7.62	10.78	1.35	1.60	2.50	2.95	4.17	4.94	5.78	6.84
JKLYJ-95	6.5	3.11	4.39	10.32	14.59	1.68	1.99	3.23	3.82	5.50	6.51	7.68	9.09
JKLYJ-120	7	3.63	5.13	12.04	17.02	1.89	2.24	3.70	4.38	6.36	7.52	8.91	10.53
JKLYJ-150	7	4.50	6.36	14.93	21.12	2.14	2.53	4.39	5.19	7.69	9.09	10.86	12.84
JKLYJ-185	7	5.62	7.95	18.65	26.38	2.54	3.00	5.34	6.32	9.47	11.20	13.43	15.89
JKLYJ-240	7	7.25	10.26	24.08	34.05	3.09	3.66	6.71	7.94	12.04	14.25	17.17	20.31

说明：本表为每根绝缘线所需拉线截面。

额定电压1kV及以下交联聚乙烯架空绝缘电缆表（JKYJ、JKLYJ）

导线标称截面/mm²	导线中最少单线根数		导线直径（参考值）/mm	绝缘标称厚度/mm	单芯电缆平均外径上限/mm	计算截面/mm²	20℃时导体电阻不大于/（Ω/km）		导体拉断力不小于/N	
	铜 芯	铝 芯					铜 芯	铝 芯	铜 芯	铝 芯
25	6	6	6.0	1.2	9.4	55.390	0.749	1.200	8465	3762
35	6	6	7.0	1.4	11.0	75.39	0.540	0.868	11731	5177
50	6	6	8.4	1.4	12.3	98.47	0.399	0.641	16502	7011
70	12	12	10.0	1.4	14.1	128.61	0.276	0.443	23461	10354
95	15	15	11.6	1.6	16.5	171.95	0.199	0.320	31759	13727
120	18	15	13.0	1.6	18.1	206.02	0.158	0.253	39911	17339
150	18	15	14.6	1.8	20.2	260.02	0.128	0.206	49505	21033
185	30	30	16.2	2.0	22.5	320.31	0.1021	0.164	61846	26732
240	34	30	18.4	2.2	25.6	408.07	0.0777	0.125	79823	34679

镀锌钢绞线表（GJ）

标称截面积/mm²	钢绞线直径/mm	结构根数/直径/mm	全部钢筋断面积/mm²	全部钢筋重量/（kg/mm）	钢丝破断拉力总和/kN，不小于
25	6.9	7/2.3	29.08	23.09	36.93
35	7.8	7/2.6	37.17	29.51	47.20
50	9.6	7/3.2	56.30	44.70	71.50
70	11.5	19/2.3	78.94	62.84	100.25
100	13.0	19/2.6	100.88	80.30	128.12

第二章　10kV及以下绝缘导线架空配电线路		第四节　1kV以下常规金具绝缘导线架空线路
图号	2-2-4-76	图名
		导线规格表、镀锌钢绞线规格表

单根绝缘线垂直荷载表   单位: N

覆冰厚度 /mm 导线规格	0	5	10	15
JKLYJ-25	51	144	306	537
JKLYJ-35	69	172	344	585
JKLYJ-50	95	207	389	640
JKLYJ-70	130	253	446	708
JKLYJ-95	174	311	518	794
JKLYJ-120	214	361	577	863
JKLYJ-150	270	431	661	960
JKLYJ-185	333	507	751	1064
JKLYJ-240	427	619	881	1212
覆冰厚度 /mm 导线规格	0	5	10	15
JKYJ-25	139	232	394	625
JKYJ-35	189	292	463	704
JKYJ-50	267	380	561	812
JKYJ-70	374	497	690	952
JKYJ-95	503	640	846	1122
JKYJ-120	627	773	990	1275
JKYJ-150	790	951	1181	1480
JKYJ-185	973	1148	1392	1705
JKYJ-240	1253	1446	1708	2039

第二章　10kV及以下绝缘导线架空配电线路	第四节　1kV以下常规金具绝缘导线架空线路
图号　2-2-4-77　　图名	单根绝缘导线垂直荷载表

一般在配电线路工程设计中，先根据电压等级、负荷容量、送电距离、远景规划等要求，确定绝缘导线的线种、回路数和规格，经选线勘测后，根据平面图及纵（横）断面图，进行杆塔定位，确定杆高、挡距等，再根据该地区的气象条件、土壤种类等资料，利用本图集进行杆型、绝缘子、横担、拉线、基础等选型设计，一般步骤如下：

第一步：杆型组合

单回路架空绝缘线路可直接选用单元杆型图，双回路或多回路可根据具体情况利用单元杆型图组合；380V/220V 与 6～10kV 同杆架设的架空绝缘线路也可以利用第三章与第二章图组合而成。

第二步：电杆选择

1. 直线杆（包括跨越杆）选择

对于不设拉线的直线型小转角杆的选择，其电杆强度应满足下式要求：

$$M_B \geqslant M_D$$

式中 M_B——电杆标准检验弯矩值，$N \cdot m$（见图 2-2-4-70）；

M_D——绝缘导线在电杆地面处引起的弯矩值，$N \cdot m$。

$$M_D = \sum_{i=1}^{n} N_i F_i H_i$$
$$= N_1 F_1 H_1 + N_2 F_2 H_2 + \cdots + N_n F_n H_n$$

n——回路数；

N_i——第 i 回路绝缘导线根数；

F_i——第 i 回路绝缘导线水平力，N；

H_i——第 i 回路绝缘导线对地距离，m。

2. 设拉线的电杆选择

为统一电杆规格，该类电杆一般可先按直线杆选择，然后接下式校验：

$$M'_B \geqslant M_L$$

式中 M'_B——拉线抱箍处电杆允许弯矩值，$N \cdot m$，由电杆制造厂家提供；

M_L——绝缘导线对电杆拉线抱箍处产生的弯矩值，$N \cdot m$。

$$M_L = \sum_{i=1}^{n} N_i F_i h_i$$
$$= N_1 F_1 h_1 + N_2 F_2 h_2 + \cdots + N_n F_n h_n$$

n——回路数；

N_i——第 i 回路绝缘导线根数；

F_i——第 i 回路绝缘导线水平力或允许拉力，N；

h_i——第 i 回路绝缘导线对拉线抱箍处距离，m。

当不能满足上述要求时，应重新选择电杆规格。

第三步：倾覆校验及卡盘选择

电杆倾覆校验应满足下式要求：

$$M_Q \geqslant M_D$$

式中 M_Q——允许倾覆弯矩值，$N \cdot m$，由电杆及卡盘允许抗倾覆力矩表（见图 2-2-4-68）直接查出，带拉线的电杆不进行倾覆校验（见图 2-2-4-81 中的 3 号电杆选择）。

第四步：主要部件选择

利用附录中表格及安装图进行选择，选择步骤如下：

1. 绝缘子、横担选择

（1）绝缘子选择由绝缘子适用转角范围表（见图 2-2-4-65）查出。

（2）横担选择由单元杆型图（见图 2-2-4-3）查出其对应杆型装置图的图号，再从装置图横担选择表中查出横担规格。

2. 拉线选择

由拉线选择表、拉线盘埋深选择表中查出。

3. 底盘选择

利用导线规格表（见图 2-2-4-76）、导线垂直荷载表（见图 2-2-4-77）、拉线垂直荷载表（见图 2-2-4-100）计算出总垂直荷载后，再由基础允许最大垂直荷载表（见图 2-2-1-104）确定是否装设底盘以及装设底盘的规格。

4. 其他部件选择

电缆终端盒、接地装置、加强型基础等自行选择，不再说明。

有一路段三回路低压架空绝缘线路,路径经过的气象条件:风速 $v=25\text{m/s}$、导线覆冰厚度 5mm,土壤为硬塑黏土,挡距为 50m,绝缘导线规格分别为 4XJKLYJ-50、4XJKLYJ-35、2XJKLYJ-25,安全系数均为 3.0,电杆均为 $\phi190\times10\text{m}$ (以选环形钢筋混凝土电杆为例)。路径平面示意图(直线表达方式)如下:

杆塔一览表见图 2-2-4-85,选择方法如下:

一、1号电杆

(一)杆型组合

变电所为架空出线,三条回路均为终端,由单元杆型图选出各回路单元杆型分别为 $4D_1$、$4D_1$、$2D_1$,则杆型组合为:$4D_1-4D_1-2D_1$。

(二)电杆选择

根据拉线抱箍所设的位置(本例在第二排横担下 100mm 处),其上方绝缘导线为 4XJKLYJ-50、4XJKLYJ-35,从导线允许拉力表(见图 2-2-1-106)中查出拉力分别为 2337N、1726N,计算 M_L 如下:

$$M_L=\sum_{i=1}^{2}N_iF_ih_i=N_1F_1h_1+N_2F_2h_2$$

其中: $N_1=N_2=4$

$F_1=2337\text{N}$ $h_1=0.7\text{m}$

$F_2=1726\text{N}$ $h_2=0.1\text{m}$

则 $M_L=4\times2337\times0.7+4\times1726\times0.1$
$=7234 (\text{N}\cdot\text{m})$

已知某厂生产的 $\phi190\times10\times\text{I}$ 型电杆,距杆顶距离为 1.0m 时,允许弯矩 $M_B'=11520\text{N}\cdot\text{m}>M_L$,可满足使用要求。

(三)主要部件选择

1. 绝缘子、横担选择

已知杆型为 $4D_1-4D_1-2D_1$,查横担组装图绝缘子均为 ED 型。根据覆冰厚度为 5mm,从相应的横担选择表中查出横担规格为:$2 \llcorner 90\times8$ (2Ⅳ)、$2 \llcorner 90\times8$ (2Ⅳ)、$2 \llcorner 50\times5$ (2Ⅰ)。

2. 拉线选择

确定采用普通拉线,取 $\beta=45°$,从普通拉线截面选择表(见图 2-2-1-95)终端杆型一栏中查出每根绝缘导线所需拉线截面如下:

JKLYJ-50   5.74mm²

JKLYJ-35   4.24mm²

JKLYJ-25   3.08mm²

计算拉线总截面为

$4\times5.74+4\times4.24+2\times3.08=46.08 (\text{mm}^2)$

应选择 GJ-50 拉线。

从拉线盘埋深选择表(见图 2-2-1-102)硬塑黏土一栏中查出拉线盘 LP8,埋深为 1.8m,可满足要求。

3. 底盘选择

从导线垂直荷载表（见图 2-2-1-103）覆冰厚度为 5mm 一栏中查出终端杆按一半计算：

JKLYJ-50 207N $4\times207/2=414$（N）

JKLYJ-35 172N $4\times172/2=344$（N）

JKLYJ-25 144N $2\times144/2=144$（N）

从拉线垂直荷载表（见图 2-2-1-102），$\beta=45°$ 一栏中查出 GJ-50 垂直荷载为 25.28kN。

总垂直荷载为

$0.414+0.344+0.144+25.28=26.182$（kN）

从基础允许最大垂直荷载表（见图 2-2-1-104）硬塑黏土一栏中查出 DP6 允许垂直荷载为 82.3kN≥26.182kN，故选底盘为 DP6，可满足使用要求。

二、2 号电杆

（一）杆型组合

线路转角角度为 1°30′，杆型组合为：4ZJ$_1$-4ZJ$_1$-2ZJ$_1$。

（二）电杆选择

从转角水平力表转角为 2°一栏中查出：

JKLYJ-50 339N

JKLYJ-35 285N

JKLYJ-25 237N

$$M_D=\sum_{i=1}^{3}N_iF_ih_i$$
$$=N_1F_1h_1+N_2F_2h_2+N_3F_3h_3$$

其中：

$N_1=4$ $F_1=339N$ $H_1=8.15m$

$N_2=4$ $F_2=285N$ $H_2=7.55m$

$N_3=2$ $F_3=237N$ $H_3=6.95m$

则 $M_D=4\times339\times8.15+4\times285\times7.55+2\times237\times6.95$
$=22952.7$（N·m）

从环形钢筋混凝土电杆标准检验弯矩表中查出电杆为 $\phi190\times10\times$ Ⅰ，其 $M_B=23676N\cdot m>M_D$，不设拉线可满足使用要求。

（三）倾覆校验及卡盘选择

从电杆及卡盘允许抗倾覆力矩表硬塑黏土一栏中查出选用 KP12 时，$M_Q=12252N\cdot m<M_D$ 不能满足使用要求，不仅需加卡盘还需加大埋深以满足 $M_B>M_D$ 要求，其选用方法如下：

从电杆及卡盘允许抗倾覆力矩表中查出当无卡盘时抗倾覆力矩值为 7961N·m，经计算当埋深 2.0m 时，其抗倾覆力矩值为 11782.28N·m，两种方法均采用方能满足 $M_B>M_D$ 的要求。

（四）主要部件选择

1. 绝缘子、横担选择

从绝缘子适用转角范围表（$v=25m/s$）5°转角一栏中查出 3 种规格的绝缘导线在 1°30′转角时均采用 PD-1T 型绝缘子。实际杆型组合为 4Z-4Z-2Z，从横担组装图横担选择表中查出 3 条回路的横担规格分别为 L63×6（Ⅱ）、L63×6（Ⅱ）、L50×5（Ⅰ）。

2. 底盘选择

已知绝缘导线垂直荷载为 $828+688+288=1804N$，从基础允许最大垂直荷载表中查出无底盘时，允许最大垂直荷载为

8.1kN>1.804kN

可不设底盘。

三、3 号电杆

（一）杆型组合

第一、三回路为直线型，第二回路为带电缆头终端杆型，杆型组合为 4Z-4D$_2$-2Z。

（二）电杆选择

只需考虑一、三回路产生的水平力，从转角水平力表线路转角为0°一栏中查出：

JKLYJ-50 $N_1=4$ $F_1=257N$ $H_1=8.15m$

JKLYJ-25 $N_2=2$ $F_2=193N$ $H_2=6.95m$

则 $M_D=4\times257\times8.15+2\times193\times6.95$

$=11060.9$（N·m）

从环形钢筋混凝土电杆标准检验弯矩表中查出 $\phi190\times10\times F$ 型电杆 $M_B=17755N\cdot m>M_D$，可满足使用要求。

拉线抱箍设在第二排横担下100mm处，计算 M_L 时，其上方仅需考虑4XJKLYJ-35产生的拉力，从导线允许拉力表中查出拉力为1726N，计算如下：

$$M_L=4\times1726\times0.1=690（N\cdot m）$$

已知某厂生产的 $\phi190\times10\times F$ 型电杆，距杆顶距离为1.0m时允许弯矩 $M_B'=11520N\cdot m>M_L$ 可满足使用要求。

（三）倾覆校验及卡盘选择

从电杆及卡盘允许抗倾覆力矩表中查出采用KP10卡盘时，$M_Q=11290N\cdot m>M_D$，方可满足使用要求。

（四）主要部件选择

1. 绝缘子、横担选择

一、三回路采用PD-1T型、二回路采用ED型绝缘子。

横担选择，从横担组装图横担选择表中查出其规格分别为：$L63\times6$（Ⅱ）、$2L90\times8$（2Ⅳ）、$L50\times5$（Ⅰ）。

2. 拉线选择

从普通拉线截面选择表终端，$\beta=45°$ 一栏中查

出 JKLYJ-35 每根绝缘导线所需拉线截面为 $4.24mm^2$ 后，计算拉线总截面为

$$4\times4.24=16.96（mm^2）$$

则应选择GJ-25拉线。

从拉线盘埋深选择表中查出拉线盘型号为LP8，埋深为1.3m。

3. 底盘选择

从拉线垂直荷载表中查出拉线垂直荷载为13.06kN，总垂直荷载为

$$4\times0.207+4\times(0.172/2)+2\times0.144+13.06$$

$$=14.52（kN）$$

从基础允许最大垂直荷载表中查出基础允许最大垂直荷载DP6为82.3kN>14.52kN，可满足使用要求。

四、4号电杆

（一）杆型组合

两条回路均为40°转角，杆型组合为 $4NJ_1-2NJ_1$。

（二）电杆选择

拉线抱箍设在第二排横担下100mm处，计算 M_L 时需考虑4XJKLYJ-50、2XJKLYJ-25产生的水平力，计算如下：

$$M_L=4\times2027\times0.7+2\times1138\times0.1$$

$$=5903.2（N\cdot m）$$

已知 $\phi190\times10\times Ⅰ$ 型电杆 $M_B'=11520N\cdot m>M_L$ 可满足使用要求。

（三）主要部件选择

1. 绝缘子、横担选择

绝缘子选用ED型绝缘子。

横担选择，从横担组装图横担选择表中查出其规格为 $2L90\times8$（2Ⅳ）、$2L50\times5$（2Ⅰ）。

第二章 10kV及以下绝缘导线架空配电线路	第四节 1kV以下常规金具绝缘导线架空线路
图号 2-2-4-82	图名 选型设计举例（三）

2. 拉线选择

（1）主拉线选择。拉线设置一组，选择如下：

1）从普通拉线截面选择表，45°转角，$\beta=45°$一栏中查出 JKLYJ-50、JKLYJ-25，每根绝缘导线所需拉线截面分别为 4.98mm²、2.79mm² 后，计算拉线总截面为

$$4\times4.98+2\times2.79=25.5\ (\text{mm}^2)$$

则应选择 GJ-35 拉线。

2）从拉线盘埋深选择表中查出拉线盘型号为 LP8，埋深为 1.5m。

（2）辅助拉线选择。拉线设置两组，每组拉线应按耐张杆选择，其步骤如下：从普通拉线截面选择表耐张一栏中查出每根绝缘导线所需拉线截面分别为 1.73mm²、0.93mm² 后，计算拉线总截面为

$$4\times1.73+2\times0.93=8.78\ (\text{mm}^2)$$

则应选择 GJ-25 拉线，从拉线盘埋深选择表中查出拉线盘为 LP8，埋深为 1.3m。

3. 底盘选择

JKLYJ-50、JKLYJ-25 每根绝缘导线垂直荷载分别为 207N、144N，拉线垂直荷载为 $16.69+2\times13.06=42.81$kN，总垂直荷载为

$$4\times0.207+2\times0.144+42.81=43.926\ (\text{kN})$$

从基础允许最大垂直荷载表中查出基础允许最大垂直荷载 DP6 为 82.3kN＞43.926kN，可满足使用要求。

五、5 号电杆

（一）杆型组合

两条回路均为 50°转角，杆型组合为 $4\text{NJ}_2-2\text{NJ}_2$。

（二）电杆选择

拉线抱箍有两处，只验算上拉线抱箍处的 M_L

（按终端杆型计算）。

$$M_\text{L}=4\times2337\times0.7+2\times1254\times0.1$$
$$=6794.4\ (\text{N}\cdot\text{m})$$

已知某厂生产的 $\phi190\times10\times\text{I}$ 型电杆，距杆顶距离为 1.0m 处允许弯矩 $M_\text{B}'=11520\text{N}\cdot\text{m}＞6794.4\text{N}\cdot\text{m}$，可满足使用要求。

（三）主要部件选择

1. 绝缘子、横担选择

绝缘子选用 ED 型绝缘子。

横担选择，从横担组装图横担选择表中查出其规格为 $2\llcorner90\times8\ (2\text{Ⅳ})\ /2\llcorner90\times8\ (2\text{Ⅳ})$、$2\llcorner50\times5\ (2\text{Ⅰ})\ /2\llcorner50\times5\ (2\text{Ⅰ})$。

2. 拉线选择

拉线为两组，每组拉线选择如下：

从普通拉线截面选择表终端 $\beta=45°$ 一栏中查出 JKLYJ-50、JKLYJ-25，每根绝缘导线所需拉线截面分别为 5.74mm²、3.08mm² 后，计算拉线总截面为

$$4\times5.74+2\times3.08=29.12\ (\text{mm}^2)$$

则应选择 GJ-35 拉线。

从拉线盘埋深选择表中查出拉线盘型号为 LP8，埋深为 1.5mm。

3. 底盘选择

总垂直荷载$=4\times0.207+2\times0.144+2\times16.69$
$$=34.496\ (\text{kN})$$

应选择底盘型号为 DP6。

六、6 号电杆

（一）杆型组合

第一回路为十字分支杆，第二回路为直线，杆型组合为 $4\text{F}_2-2\text{Z}$。

（二）电杆选择

从转角水平力表 0°一栏中查出 JKLYJ-50、JKLYJ-25 水平力分别为 257N、193N，计算 M_D 如下：

$$M_D = 4 \times 257 \times 8.15 + 2 \times 193 \times 7.55$$
$$= 11292.5 \ (N \cdot m)$$

从环形钢筋混凝土电杆标准检验弯矩表中查出电杆为 $\phi190 \times 10 \times I$，$M_B = 23676N \cdot m > M_D$，可满足使用要求。

（三）倾覆校验及卡盘选择

从电杆及卡盘允许抗倾覆力矩表中查出 $M_Q = 7961N \cdot m < M_D$，不能满足使用要求，需加 KP12 卡盘，方能满足使用要求。

（四）主要部件选择

1. 绝缘子、横担选择

绝缘子均为 PD-1T 型。

横担选择，从横担组装图横担选择表中查出其规格均为 $L63 \times 6$ （II）/$L63 \times 6$ （II）、$L50 \times 5$ （I）。

2. 底盘选择

从导线垂直荷载表中查出 JKLYJ-50、JKLYJ-50、JKLYJ-25 每根绝缘导线垂直荷载分别为 207N、207N、144N，总垂直荷载为

$$4 \times 0.207 + 4 \times 0.207 + 2 \times 0.144 = 1.944 \ (kN)$$

从基础允许最大垂直荷载表中查出无底盘基础允许最大垂直荷载为 8.1kN＞1.944kN，不加底盘可满足使用要求。

七、7号电杆

（一）杆型组合

第一回路为 15°转角，第二回路为直线，杆型组合为 $4ZJ_2-2Z$。

（二）电杆选择

从转角水平力表中查出 JKLYJ-50 水平力为 865N，计算 M_L 如下：

$$M_L = 4 \times 865 \times 0.7 = 2422 \ (N \cdot m)$$

已知 $\phi190 \times 10 \times I$ 型电杆 $M'_B = 11520N \cdot m > M_L$，可满足使用要求。

（三）主要部件选择

1. 绝缘子、横担选择

从绝缘子适用转角范围表中查出转角 0°回路绝缘子为 PD-1T 型，15°转角回路绝缘子为 2XPD-1T 型。

横担选择，从横担组装图横担选择表中查出其规格为 $2L75 \times 8$ （2III）、$L50 \times 5$ （I）。

2. 拉线选择

从普通拉线截面选择表 15°转角杆，$\beta = 45°$一栏中查出 JKLYJ-50 每根绝缘导线所需拉线截面为 2.12mm² 后，再计算总截面为

$$4 \times 2.12 = 8.48 \ (mm^2)$$

则应选择 GJ-25 拉线，拉线盘为 LP8，埋深为 1.3m。

3. 底盘选择

JKLYJ-50、JKLYJ-25 每根绝缘导线垂直荷载分别为 207N、144N，拉线垂直荷载为 13.06kN，总垂直荷载为

$$4 \times 0.207 + 2 \times 0.144 + 13.06 = 14.176 \ (kN)$$

从基础允许最大垂直荷载表中查出基础最大垂直荷载 DP6 为 82.3kN＞14.176kN，可满足使用要求。

八、杆塔一览表

见图 2-2-4-85。

杆塔一览表

电杆型号	1	2	3	4	5	6	7
杆型示意图							
杆型代号	4D₁-4D₁-2D₁	4Z-4Z-2Z	4Z-4D₁-2Z	4NJ₁-2NJ₁	4NJ₂-2NJ₂	4F₁-2Z	4ZJ₁-2Z
装置图图号	2-2-4-20、2-2-4-13	2-2-4-15、2-2-4-8	2-2-4-15、2-2-4-21、2-2-4-8	2-2-4-18、2-2-4-11	2-2-4-19、2-2-4-12	2-2-4-15、2-2-4-8	2-2-4-17、2-2-4-8
电杆	$\phi190\times10\times I$	$\phi190\times10\times I$	$\phi190\times10\times F$	$\phi190\times10\times I$	$\phi190\times10\times I$	$\phi190\times10\times I$	$\phi190\times10\times I$
第一回路横担	2L90×8（2IV）	L63×6（II）	L63×6（II）	2L90×8（2IV）	2L90×8(2IV)/2L90×8(2IV)	L63×6(II)/L63×6(II)	2L75×8（2III）
第二回路横担	2L90×8（2IV）	L63×6（II）	2L90×8（2IV）	2L50×5（2I）	2L50×5(2I)/2L50×5(2I)	L50×5（I）	L50×5（I）
第三回路横担	2L50×5（2I）	L50×5（I）	L50×5（I）				
拉线	GJ-50		GJ-25	1.GJ-35；2.GJ-25/2组	GJ-35/2组		GJ-25
拉线盘	LP8		LP8	LP8/3个	LP8/2个		LP8
卡盘		KP12	KP10			KP12	
底盘	DP6		DP6	DP6	DP6		DP6
附注				1—主拉线；2—辅助拉线			

注：本表内容可根据需要增减。

第二章　10kV及以下绝缘导线架空配电线路	第四节　1kV以下常规金具绝缘导线架空线路
图号　2-2-4-85	图名　选型设计举例（六）

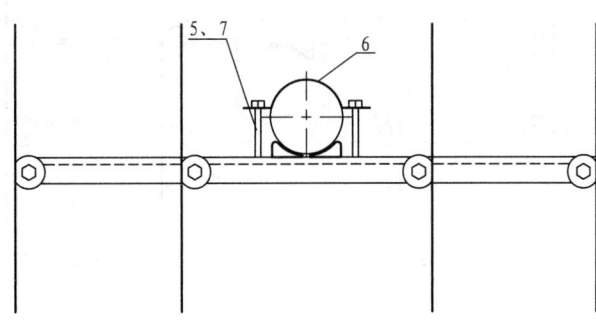

明 细 表

编号	规 格 名 称	单位	数量
1	1600角钢四路横担（连托架）	根	1
2	低压2#蝴蝶绝缘子	只	4
3	耐候型绝缘扎线	卷	4
4	M16×140单帽螺栓	只	4
5	B16圆垫圈	个	6
6	φ190抱箍	副	0.5
7	M16×180单帽螺栓	只	2

明 细 表

编号	规 格 名 称	单位	数量
1	1600角钢四路横担（连托架）	根	2
2	低压2#蝴蝶绝缘子	只	8
3	耐候型绝缘扎线	卷	8
4	M16×140单帽螺栓	只	8
5	B16圆垫圈	个	12
6	M160×290双头四帽螺栓	只	2
7	M16×280单帽螺栓	只	2

第二章 10kV及以下绝缘导线架空配电线路	第五节 1kV以下新型节能金具绝缘导线（剥除绝缘层）架空线路
图号　2-2-5-2　图名	绝缘导线直线跨越杆装置图

明 细 表

编号	规 格 名 称	单位	数量
1	1600角钢四路横担（连托架）	根	1
2	低压2#蝴蝶绝缘子	只	4
3	耐候型绝缘扎线	卷	4
4	M16×140单帽螺栓	只	4
5	B16圆垫圈	个	6
6	CJ-35拉线装置	套	1
7	φ190抱箍	副	1.5
8	M16×75单帽螺栓	只	2
9	M16×180单帽螺栓	只	2

第二章　10kV及以下绝缘导线架空配电线路	第五节　1kV以下新型节能金具绝缘导线（剥除绝缘层）架空线路
图号 　2-2-5-3	图名 　绝缘导线0°～15°转角杆装置图

明 细 表

编号	规 格 名 称	单位	数量
1	1600角钢四路横担（连托架）	根	2
2	低压2#蝴蝶绝缘子	只	8
3	耐候型绝缘扎线	卷	8
4	M16×140单帽螺栓	只	8
5	B16圆垫圈	个	12
6	CJ-35拉线装置	套	1
7	φ190抱箍	副	1
8	M16×75单帽螺栓	只	2
9	M16×290双头四帽螺栓	只	2
10	M16×280单帽螺栓	只	2

第二章 10kV及以下绝缘导线架空配电线路	第五节 1kV以下新型节能金具绝缘导线（剥除绝缘层）架空线路
图号　　2-2-5-4	图名　　绝缘导线15°～30°转角杆装置图

<table>
明　细　表
</table>

编号	规　格　名　称	单位	数量
1	0.4kV绝缘导线耐张串装置	串	8
2	0.4kV绝缘导线接续装置	套	4
3	GJ-35拉线装置	套	1
4	φ190抱箍	副	1
5	M16×75单帽螺栓	只	2
6	1600角钢四路横担（连托架）	根	2
7	M16×290双头四帽螺栓	只	2
8	M16×280单帽螺栓	只	2
9	B16圆垫圈	个	4

明　细　表

编号	规　格　名　称	单位	数量
1	0.4kV绝缘导线耐张串装置	串	8
2	1600角钢四路横担（连托架）	根	4
3	低压2#蝴蝶绝缘子	只	4
4	耐候型绝缘扎线	卷	2
5	M16×140单帽螺栓	只	2
6	GJ-35拉线装置	套	2
7	φ190抱箍	副	2
8	M16×75单帽螺栓	副	4
9	0.4kV绝缘导线接续装置	套	4
10	M16×290双头四帽螺栓	只	4
11	M16×280单帽螺栓	只	4
12	B16圆垫圈	个	10

第二章　10kV及以下绝缘导线架空配电线路	第五节　1kV以下新型节能金具绝缘导线（剥除绝缘层）架空线路
图号　2-2-5-6	图名　绝缘导线45°～90°转角耐张杆装置图

明　细　表

编号	规 格 名 称	单位	数量
1	0.4kV绝缘导线耐张串装置	串	8
2	0.4kV绝缘导线接续装置	套	4
3	1600角钢四路横担（连托架）	根	2
4	M16×290双头四帽螺栓	只	2
5	M16×280单帽螺栓	只	2
6	B16圆垫圈	个	4

明　细　表

编号	规 格 名 称	单位	数量
1	0.4kV绝缘导线耐张串装置	串	4
2	GJ-35拉线装置	套	1
3	ϕ190抱箍	副	2
4	M16×75单帽螺栓	只	2
5	1600角钢四路横担(连托架)	根	2
6	M16×290双头四帽螺栓	只	2
7	M16×280单帽螺栓	只	2
8	B16圆垫圈	个	4

第二章　10kV及以下绝缘导线架空配电线路	第五节　1kV以下新型节能金具绝缘导线（剥除绝缘层）架空线路
图号　　2-2-5-8	图名　　绝缘导线终端耐张杆装置图

明 细 表

编号	规 格 名 称	单位	数量
1	0.4kV绝缘导线耐张串装置	串	4
2	低压2#蝴蝶绝缘子	只	4
3	耐候型绝缘扎线	卷	4
4	1600角钢四路横担（连托架）	根	3
5	M16×140单帽螺栓	只	4
6	B16圆垫圈	个	10
7	CJ-35拉线装置	套	1
8	φ190抱箍	副	1.5
9	M16×75单帽螺栓	只	2
10	M16×290双头四帽螺栓	只	2
11	M16×280单帽螺栓	只	2
12	M16×180单帽螺栓	只	2
13	0.4kV绝缘导线接续装置	套	4

第二章　10kV及以下绝缘导线架空配电线路	第五节　1kV以下新型节能金具绝缘导线（剥除绝缘层）架空线路
图号　2-2-5-9	图名　绝缘导线直线支接杆装置图

明 细 表

编号	规 格 名 称	单位	数量
1	1600角钢四路横担（连托架）	根	2
2	0.4kV绝缘导线接续装置	套	8
3	M16×140单帽螺栓	只	8
4	B16圆垫圈	个	12
5	低压2#蝴蝶绝缘子	只	8
6	耐候型绝缘扎线	卷	8
7	M16×180单帽螺栓	只	4
8	φ190抱箍	副	1

注：适用范围为 $35 \sim 50 \, \mathrm{mm}^2$。

明 细 表

编号	规 格 名 称	单位	数量
1	JNK$_1$ 绝缘耐张线夹	只	1
2	0.4kV小悬式绝缘子	只	1
3	ϕ12×16销钉式U形挂环	只	1
4	耐张型绝缘扎线	卷	1
5	JNK$_1$ 耐张线夹用绝缘罩	只	1

第二章 10kV及以下绝缘导线架空配电线路		第五节 1kV以下新型节能金具绝缘导线（剥除绝缘层）架空线路
图号	2-2-5-11	图名	绝缘导线（铜芯或铝芯）耐张串装置图

647

注：适用范围为70～150mm²。

明　细　表

编号	规 格 名 称	单位	数量
1	JNXQ1/3绝缘耐张线夹	只	1
2	0.4kV小悬式绝缘子	只	1
3	φ12×16销钉式U形挂环	只	1
4	AD自黏性绝缘胶带	卷	适量
5	JNXQ耐张线夹用绝缘罩	只	1

第二章　10kV及以下绝缘导线架空配电线路	第五节　1kV以下新型节能金具绝缘导线（剥除绝缘层）架空线路
图号　2-2-5-12　　图名	绝缘导线（铜芯）耐张串装置图（一）

注：适用范围为50~150mm²。

明 细 表

编号	规 格 名 称	单位	数量
1	WKC系列绝缘耐张线夹	只	1
2	二眼板	块	2
3	0.4kV小悬式绝缘子	只	1
4	φ12×16销钉式U形挂环	只	1
5	AD自黏性绝缘胶带	卷	适量
6	WKC耐张线夹用绝缘罩	只	1
7	二眼板用绝缘罩	只	1

第二章 10kV及以下绝缘导线架空配电线路	第五节 1kV以下新型节能金具绝缘导线（剥除绝缘层）架空线路
图号 2-2-5-13 图名	绝缘导线（铜芯）耐张串装置图（二）

注：适用范围为70~150mm²。

明 细 表

编号	规 格 名 称	单位	数量
1	JNXQ₂/₄绝缘耐张线夹	只	1
2	0.4kV小悬式绝缘子	只	1
3	φ12×16销钉式U形挂环	只	1
4	AD自黏性绝缘胶带	卷	适量
5	JNXQ耐张线夹用绝缘罩	只	1

第二章　10kV及以下绝缘导线架空配电线路	第五节　1kV以下新型节能金具绝缘导线（剥除绝缘层）架空线路
图号　2-2-5-14　　图名	绝缘导线（铝芯）耐张串装置图（一）

注：适用范围为50～240mm²。

明 细 表

编号	规 格 名 称	单位	数量
1	WKH系列绝缘耐张线夹	只	1
2	二眼板	块	2
3	0.4kV小悬式绝缘子	只	1
4	φ12×16销钉式U形挂环	只	1
5	AD自黏性绝缘胶带	卷	适量
6	WKH耐张线夹用绝缘罩	只	1
7	二眼板用绝缘罩	只	1

第二章　10kV及以下绝缘导线架空配电线路	第五节　1kV以下新型节能金具绝缘导线（剥除绝缘层）架空线路	
图号　2-2-5-15	图名	绝缘导线（铝芯）耐张串装置图（二）

明　细　表

编号	规 格 名 称	单位	数量
1	绝缘导线横担	根	1
2	低压2#蝴蝶绝缘子	只	4
3	耐候型绝缘扎线	卷	4
4	M16×140单帽螺栓	只	4
5	B16圆垫圈	个	6
6	φ190抱箍	副	0.5
7	M16×180单帽螺栓	只	2
8	φ190圆杆托架	块	1

第二章　10kV及以下绝缘导线架空配电线路	第六节　1kV以下新型节能金具绝缘导线（不剥除绝缘层）架空线路
图号　2-2-6-1　图名	绝缘导线直线杆装置图

明 细 表

编号	规 格 名 称	单位	数量
1	绝缘导线横担	根	2
2	低压2#蝴蝶绝缘子	只	8
3	耐候型绝缘扎线	卷	8
4	M16×140单帽螺栓	只	8
5	B16圆垫圈	个	12
6	M16×290双头四帽螺栓	只	2
7	M16×280单帽螺栓	只	2
8	φ190圆杆托架	块	2

明 细 表

编号	规 格 名 称	单位	数量
1	绝缘导线横担	根	1
2	低压2#蝴蝶绝缘子	只	4
3	耐候型绝缘扎线	卷	4
4	M16×140单帽螺栓	只	4
5	B16圆垫圈	个	6
6	GJ-35拉线装置	套	1
7	φ190抱箍	副	1.5
8	M16×75单帽螺栓	只	2
9	M16×180单帽螺栓	只	2
10	φ190圆杆托架	块	1

明　细　表

编号	规　格　名　称	单位	数量
1	绝缘导线横担	根	2
2	低压2#蝴蝶绝缘子	只	8
3	耐候型绝缘扎线	卷	8
4	M16×140单帽螺栓	只	8
5	B16圆垫圈	个	12
6	GJ-35拉线装置	套	1
7	φ190抱箍	副	1
8	M16×75单帽螺栓	只	2
9	M16×290双头四帽螺栓	只	2
10	M16×280单帽螺栓	只	2
11	φ190圆杆托架	块	2

第二章　10kV及以下绝缘导线架空配电线路	第六节　1kV以下新型节能金具绝缘导线（不剥除绝缘层）架空线路
图号　2-2-6-4　　图名	绝缘导线15°～30°转角耐张杆装置图

明　细　表

编号	规 格 名 称	单位	数量
1	0.4kV绝缘导线耐张装置	串	8
2	GJ-35拉线装置	套	1
3	φ190抱箍	副	1
4	M16×75单帽螺栓	只	2
5	绝缘导线横担	根	2
6	M16×290双头四帽螺栓	只	2
7	φ190元杆托架	块	2
8	M16×280单帽螺栓	只	2
9	B16圆垫圈	个	4
10	0.4kV绝缘导线接续装置	套	4

第二章　10kV及以下绝缘导线架空配电线路	第六节　1kV以下新型节能金具绝缘导线（不剥除绝缘层）架空线路
图号　　2-2-6-5　　　图名	绝缘导线30°～45°转角耐张杆装置图

明 细 表

编号	规 格 名 称	单位	数量
1	0.4kV绝缘导线耐张串装置	串	8
2	GJ-35拉线装置	套	2
3	φ190抱箍	副	2
4	M16×75单帽螺栓	只	4
5	绝缘导线横担	根	4
6	M16×290双头四帽螺栓	只	4
7	φ190圆杆托架	块	4
8	M16×280单帽螺栓	只	4
9	B16圆垫圈	个	8
10	0.4kV绝缘导线接续装置	套	4

第二章 10kV及以下绝缘导线架空配电线路	第六节 1kV以下新型节能金具绝缘导线（不剥除绝缘层）架空线路
图号 2-2-6-6	图名 绝缘导线45°～90°转角耐张杆装置图

明　细　表

编号	规 格 名 称	单位	数量
1	0.4kV绝缘导线耐张装置	串	8
2	绝缘导线横担	根	2
3	M16×290双头四帽螺栓	只	2
4	φ190圆杆托架	块	2
5	M16×280单帽螺栓	只	2
6	B16圆垫圈	个	4
7	0.4kV绝缘导线接续装置	套	4

明 细 表

编号	规 格 名 称	单位	数量
1	0.4kV绝缘导线耐张装置	串	4
2	GJ-35拉线装置	套	1
3	φ190抱箍	副	1
4	M16×75单帽螺栓	只	2
5	绝缘导线横担	根	2
6	M16×290双头四帽螺栓	只	2
7	φ190圆杆托架	块	2
8	M16×280单帽螺栓	只	2
9	B16圆垫圈	个	4

第二章　10kV及以下绝缘导线架空配电线路	第六节　1kV以下新型节能金具绝缘导线（不剥除绝缘层）架空线路
图号　　2-2-6-8	图名　　绝缘导线终端耐张杆装置图

明 细 表

编号	规 格 名 称	单位	数量
1	0.4kV绝缘导线耐张装置	串	4
2	低压2#蝴蝶绝缘子	只	4
3	耐候型绝缘扎线	卷	4
4	M16×140单帽螺栓	只	4
5	B16圆垫圈	个	10
6	GJ-35拉线装置	套	1
7	φ190抱箍	副	1.5
8	M16×90单帽螺栓	只	2
9	绝缘导线横担	根	3
10	M16×290双头四帽螺栓	只	2
11	M16×280单帽螺栓	只	2
12	M16×180单帽螺栓	只	2
13	φ190圆杆托架	块	3
14	0.4kV绝缘导线接续装置	套	4

明 细 表

编号	规 格 名 称	单位	数量
1	850绝缘导线横担	根	2
2	0.4kV绝缘导线接续装置	套	8
3	M16×140单帽螺栓	只	8
4	B16圆垫圈	个	12
5	ED-1低压2#蝴蝶绝缘子	只	8
6	耐候型绝缘扎线	卷	8
7	M16×180单帽螺栓	只	4
8	φ190抱箍	副	1
9	φ190圆杆托架	块	2

明　细　表

编号	规　格　名　称	单位	数量
1	NXJ系列绝缘耐张线夹(1kV)	只	1
2	0.4kV小悬式绝缘子	只	1
3	φ12×16销钉式U形挂环	只	1

第二章　10kV及以下绝缘导线架空配电线路	第六节　1kV以下新型节能金具绝缘导线（不剥除绝缘层）架空线路
图号　2-2-6-11　图名	绝缘导线（铜芯或铝芯）耐张串装置图

明 细 表

编号	规 格 名 称	数量
1	JBL异型铝并沟线夹	2
2	JBL并沟线夹用绝缘罩	2

明 细 表

编号	规 格 名 称	数量
1	JBT铜铝过渡并沟线夹	2
2	JBL并沟线夹用绝缘罩	2

明 细 表

编号	规 格 名 称	数量
1	JBT$_1$ 黄铜线夹	1
2	JQT$_1$ 黄铜线夹用绝缘罩	1

第二章 10kV及以下绝缘导线架空配电线路	第七节 10kV及以下绝缘导线新型节能金具接续装置
图号 2-2-7-3 图名 铜芯绝缘导线黄铜线夹装置图	

明　细　表

编号	规　格　名　称	数量
1	JQT$_{2/3}$ 黄铜钳形线夹	2
2	JQT$_{2/3}$ 黄铜线夹用绝缘罩	2

明 细 表

编号	规 格 名 称	数 量
1	JDT铜单槽线夹	2
2	JDT铜单槽线夹用绝缘罩	2

第二章 10kV及以下绝缘导线架空配电线路	第七节 10kV及以下绝缘导线新型节能金具接续装置
图号 2-2-7-5 图名	铜芯绝缘导线铜单槽线夹装置图

667

明 细 表

编号	规 格 名 称	数 量
1	AMP楔形线夹	1
2	AMP楔形线夹用绝缘罩	1

明　细　表

编号	规格名称	数量
1	AMP穿刺线夹	1

图号	2-2-7-7	图名	铜芯绝缘导线穿刺线夹装置图

明　细　表

编号	规 格 名 称	数 量
1	绝缘导线用铜直线压接套管	1
2	绝缘导线压接管绝缘罩	1
3	AD自黏性绝缘胶带	卷

明　细　表

编号	规 格 名 称	数量
1	绝缘导线用铜直线压接套管	1
2	绝缘导线压接管绝缘罩	1
3	AD自黏性绝缘胶带	卷

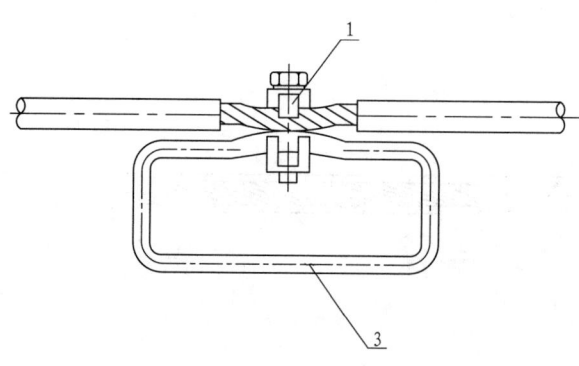

明　细　表

编号	规　格　名　称	数量
1	JQT$_{2/3}$黄铜线夹	1
2	JQT$_{2/3}$黄铜线夹用绝缘罩	1
3	铜验电接地环	1

第二章　10kV及以下绝缘导线架空配电线路	第七节　10kV及以下绝缘导线新型节能金具接续装置
图号　2-2-7-10	图名　铜芯绝缘导线验电接地装置图

明 细 表

编号	规 格 名 称	数量
1	JBL异型铝并沟线夹	1
2	JBL铝并沟线夹用绝缘罩	1
3	验电接地环	1

第二章 10kV及以下绝缘导线架空配电线路	第七节 10kV及以下绝缘导线新型节能金具接续装置	
图号	2-2-7-11	图名 铝芯绝缘导线验电接地装置图